C 語言程式設計：入門與實務演練

（第三版）（附範例光碟）

吳卓俊　編著

 全華圖書股份有限公司　印行

國家圖書館出版品預行編目資料

C語言程式設計：入門與實務演練/吳卓俊編著.
— 三版. — 新北市：全華圖書股份有限公司,
2021.08
　面；　公分
ISBN 978-986-503-817-5(平裝附光碟片)
1.C(電腦程式語言)
312.32C　　　　　　　　　110011176

C 語言程式設計：入門與實務演練

（第三版）（附範例光碟）

作者 / 吳卓俊

發行人 / 陳本源

執行編輯 / 王詩蕙

封面設計 / 吳采玲

版面設計/ 吳采玲、林治勳

出版者 / 全華圖書股份有限公司

郵政帳號 / 0100836-1 號

印刷者 / 宏懋打字印刷股份有限公司

圖書編號 / 06318027

三版二刷 / 2022 年 9 月

定價 / 新台幣 650 元

ISBN / 978-986-503-817-5(平裝附光碟片)

全華圖書 / www.chwa.com.tw

全華網路書店 Open Tech / www.opentech.com.tw

若您對書籍內容、排版印刷有任何問題，歡迎來信指導 book@chwa.com.tw

臺北總公司(北區營業處)
地址：23671 新北市土城區忠義路 21 號
電話：(02) 2262-5666
傳真：(02) 6637-3695、6637-3696

南區營業處
地址：80769 高雄市三民區應安街 12 號
電話：(07) 381-1377
傳真：(07) 862-5562

中區營業處
地址：40256 臺中市南區樹義一巷 26 號
電話：(04) 2261-8485
傳真：(04) 3600-9806(高中職)
　　　(04) 3601-8600(大專)

序

　　筆者自接觸程式設計迄今已逾 33 年，在大學授課也正好滿 20 年，個人的學習歷程以及在課堂累積的教學經驗，再再提醒我任何技術與知識的學習，都必須仰賴正確的觀念以及勤奮不怠的態度，才能將書本上的內容轉換為自身的專業能力。做為 C 語言的初學入門書籍，本書在內容上力求正確詳盡，除了說明 C 語言的語法規則外，更使用大量的範例來解析程式設計的觀念以及思維方法。衷心期盼讀者們不僅能從本書學習到 C 語言的基礎，更盼望讀者們都能從範例程式中吸取程式設計的奧義，並透過每章末的課後練習累積深化自身的程式設計能力！

　　本書「C 語言程式設計入門與實務演練」自 2016 年 10 月初版發行後，獲得多所大學資訊相關學系採用，做為大一程式設計課程教材；同時也受到許多讀者錯愛，做為其自學之用。本書內容涵蓋了 C 語言的入門基礎（包含資料型態、運算式、格式化的輸入與輸出、條件與流程控制、迴圈以及陣列等主題），以及進階應用（包含了指標、字串、使用者自定資料型態、記憶體管理等主題），並提供大量的程式範例供讀者參考。

　　此次新版（第三版）相較於舊版大幅度地增加範例程式達 165 個，且提供完整的解析，詳細並逐步地說明解題的技巧與程式設計的過程，除了可以幫助讀者瞭解程式碼的意義與語法規則外，更可以讓讀者們擁有程式設計最為重要的思維技巧與邏輯觀念。本書更提供多達 542 題配合章節內容的課後練習，讀者們可以透過作答的過程檢驗自己的學習狀況，同時累積可觀的程式設計經驗。

　　本書還進一步提供了 23 個進階的實務程式演練，涵蓋了各種真實情境下的程式設計應用問題，相關的主題包含 AI 程式設計（例如 1A2B 遊戲與五子棋）、撲克牌遊戲（Lucky 7 與 21 點）、數據轉換與資料處理、函式庫的製作、學生成績管理、商品管理以及應用在即時系統（Real-Time Systems）的可排程性分析工具等主題。這些都是非常適合初學者學習（足夠簡單、易於理解），同時具有未來拓展性的應用題目。相信這些實務程式演練，可以讓讀者將每章所學習到的知識，轉換為實際開發應用程式的能力！

　　本書雖力求完美，但筆者學識與經驗仍有不足，如有謬誤之處尚祈見諒並請不吝指正。

吳卓俊 junwu.tw@gmail.com

於屏東 2021 年 7 月

編排說明

本書含有大量的範例程式，為了讓讀者易於閱讀，所有範例程式除了都清楚標示程式碼的行號外，並在上方顯示程式的相關資訊，包含其原始程式檔名、測試檔檔名以及其所在的路徑（以本書隨附光碟的根目錄為基準，使用相對路徑表示），以便利讀者下載與使用。請參考下面的例子：

Example 9-13：**計算學生成績總和與平均**

Location:/Examples/ch9
Filename:SumAndAverage.c
Testing File:SumAndAverage.in

```
1  #include <stdio.h>
2  #define STUDENTS 50  // 定義學生人數
3  int main()
4  {
5      int scores[STUDENTS]; // 宣告學生成績陣列
6      int sum=0, i;
```

另一方面，程式設計的工作講究邏輯性與正確性，有時就連一個小小的輸出格式錯誤，都有可能造成嚴重的後果。為了讓讀者能夠更清楚地識別程式的執行結果（畢竟 The devils is in the details！魔鬼藏在細節裡！），本書特別將執行結果中的空白鍵、enter 鍵（代表使用者輸入時的 enter 鍵，或是程式執行時所輸出的換行）與 tab 鍵，分別使用 △、⏎ 與 |←——→| 圖示加以標示，並且將屬於使用者輸入的部份（包含指令與資料輸入）使用方框加以標示。請參考下面的例子：

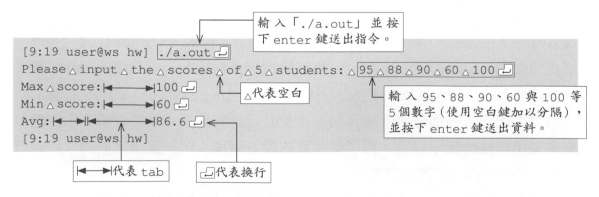

專屬網站

為了提供讀者更完整的服務，本書設有專屬網站（網址 https://sites.google.com/view/cgroundup/home，或使用右方的 QR-Code）提供章節內容試閱、範例程式與實務演練檔案下載、章節內容更新與補充資料、勘誤表以及開發 C 語言程式的相關軟體下載連結，歡迎有需要的讀者多加利用。

光碟內容說明

本書所有的程式範例與實務演練的完整程式碼，以及課後練習所需要的資料、測試或原始程式等檔案，都收錄在本書隨附光碟中。此外，本書的專屬網頁（https://sites.google.com/view/cgroundup/home）亦提供獨立的範例程式檔案，讀者可以自行選擇所需的檔案下載。

光碟內容含有以下 3 個資料夾：

- Examples：此資料夾中含有 ch1、ch2、…、ch16 等共 16 個子資料夾，每個子資料夾中存放了該章所有的範例原始程式，請讀者自行參考使用。
- Projects：此資料夾存放有本書所有實務程式演練的完整程式，分別位於子資料夾 1、2、…、23 當中，請有需要的讀者自行取得相關的檔案。
- Exercises：本書部份章節的課後練習需要一些額外的檔案，讀者可以在此資料夾裡的 ch9、ch11 與 ch12 等子資料夾當中，取得所需要的資料、測試或原始程式檔案。

除特別說明以外，本書絕大部份的範例程式都可以在 Windows、Linux 與 Mac OS 等不同作業系統上使用。使用 Windows 系統的讀者，若還沒有自己慣用的程式開發工具，筆者建議你可以先使用 Dev-C++ 做為主要的開發工具，待日後累積了一定程度的程式設計經驗後，再轉移到其它更進階的開發工具。選擇使用 Dev-C++ 的讀者，可以先將光碟內容複製到硬碟中，後續只需要在 Dev-C++ 的選單中，使用「檔案 | 開啟舊檔」，選取所需要的原始程式檔案，就可以在 Dev-C++ 中練習本書所有的範例程式與實務演練。

除了上述資料夾內容外，光碟中另收錄了以下兩個 PDF 檔案：

- 補充習題：全書各章的課後習題，含簡答題與選擇題。
- 補充程式練習題：限於篇幅，部份章末尚有更多的程式練習題收錄於此。

目錄

Chapter 05　格式化輸入與輸出

Chapter 06　條件敘述

Chapter 07　迴圈

目録

Chapter 08　陣列

Chapter 09　函式

Chapter 10　指標

Chapter 11　字串

目錄

Chapter 16　前置處理器指令

附錄

索引

電子書（收錄於本書隨附光碟中）

補充習題

補充程式練習題

程式演練目錄

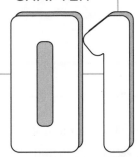

CHAPTER

Hello, World

Hello, World。歡迎進入 C 語言程式設計的世界！本章將為讀者簡介 C 語言的發展歷程、特性與其程式設計流程，並以一個著名的 Hello World 程式為例，分別針對慣用 Linux、Mac OS 與 Microsoft Windows 的讀者，介紹並示範詳細的程式開發過程。讀者只要依據本章的說明，就可以完成你的第一個 C 語言程式，並為後續的學習備妥所需的程式開發環境。

1-1　C 語言簡介

C 語言的發展與 Unix 作業系統密不可分，早期著名的 Unix Version 4，就是使用 C 語言所設計開發的；其後隨著 Unix 系統不斷移植到新的作業環境，C 語言也就隨之拓展到更多平台之上。由於 C 語言具備優異的執行效率（efficiency）與高度的可移植性（portability），很快地就成為眾多程式設計師的首選，廣泛地被採用來設計作業系統、系統程式、工具程式以及各式各樣的應用程式；與此同時，C 語言的語法與觀念，也成為了後續許多程式語言學習或致敬的對象，只要把 C 語言學好，你就掌握了當代程式語言的共同基礎。

1-1-1　起源

早期的 Unix 作業系統是由美國貝爾實驗室（Bell Laboratories）的丹尼斯 · 里奇（Dennis Ritchie）與肯 · 湯普森（Ken Thompson）在 PDP-7 電腦上以組合語言（assembly language）[1] 進行開發，雖然執行效率很高，但卻不易開發與維護。所以後來當 Unix 計劃要移植到新的 PDP-11 電腦時，他們希望能使用高階程式語言（high-level programming language）重新改寫整個作業系統，但是在當時卻沒有適合的程式語言可擔此重任。湯普森先嘗試使用他在 1969 年修改自 BCPL（Basic Combined Programming Language，由英國劍橋大學的馬丁 · 里察德（Martin Richards）所開發而得）的 B 語言，可惜因缺乏對 PDP-11 特性的支援而以失敗告終。後續在 1972 年，里奇再以 B 語言為基礎，設計出一套新的高階程式語言 ─ C 語言，並用來在 Unix Version 2 裡開發一些工具程式。由於使用 C 語言所寫的程式，不但比組合語言更容易開發與維護，且其執行效率也很接近組合語言，他們兩人開始合力使用 C 語言將整個 Unix 作業系統改寫，其最終成果就是 1973 年所發表的 Unix Version 4。

後來隨著 Unix 作業系統被陸續地移植到其他電腦系統上，C 語言也隨之拓展到了許多不同的作業平台與電腦系統之上。由於 C 語言具備很多優點，其中又以它的效率最為著稱，很快地就成為了產業界普遍使用的程式語言；你想想，連作業系統都能設計了，C 語言的執行效率還有什麼好質疑的嗎？

1　組合語言（assembly language）是接近處理器指令的低階程式語言，以其執行的效率著稱。

1-1-2　特點

C 語言有很多優點，不但是目前產業界使用最廣的程式語言之一，同時也是許多現代程式語言的共通基礎，因此廣泛地被採用做為許多大學資訊相關學系的第一個程式語言。以下將 C 語言的一些特點摘要如下：

❖ 精簡但強大（simple but powerful）：C 語言是一個非常精簡的語言，相較很多其他的程式語言，它僅有少量的指令卻能夠設計出包含作業系統在內的各式應用，可說是既精簡又強大的程式語言。C 語言的語法雖然精簡，但其所支援的資料型態、算術運算與邏輯運算都相當地完整，讓 C 語言可以實現各式各樣運算的需求。

❖ 高效率（high efficiency）：由於 C 語言原始的用途是實作 Unix 作業系統，因此如何在記憶體有限的情況下，讓作業系統仍能夠快速地運作，就成為了 C 語言設計的目標之一。從結果來看，C 語言的確做到了這一點，它支援包含位元運算、記憶體存取在內的低階操作，甚至允許在 C 語言的程式中使用組合語言的程式碼，因此其程式的執行效率相當高。

❖ 高度可移植性（high portability）：由於 C 語言隨著 Unix 系統被移植到許多不同的電腦系統上，因此成為了可移植性（portability）相當高的程式語言 — 使用 C 語言所撰寫的程式，往往僅需要小幅度的修改（如果不涉及硬體功能的差異，甚至完全不需要修改），就可以在其他電腦平台上編譯並加以執行。

❖ 良好的彈性與延展性（high flexibility and scalability）：雖然 C 語言是用以設計 Unix 系統的程式語言，但這並沒有限制住 C 語言的用途。事實上，從小型的嵌入式系統（embedded system）到大型的電腦與伺服器（mainframe and server）上，都可以看到 C 語言的身影。C 語言不但適合開發簡單的小型程式，由於 C 語言支援模組化設計，因此大型的軟體也可以使用 C 語言來進行設計。

1-1-3　標準化歷程

在 1978 年，布萊恩·柯林漢（Brian Kernighan）與 C 語言的創造者丹尼斯·里奇（Dennis Ritchie）合著了「The C Programming Language」一書，成為了當時人手一本的聖經[2]。當時 C 語言還未展開標準化，人們就將這本書內所規範的 C 語言，稱之為「K&R C」，成為了無形中的一種標準。後來到了 1983 年，美國國家標準協會（American National Standards Institute，ANSI）開始著手制定 C 語言的標準，並於 1989 年頒佈 ANSI 標準 X3.159-1989；後續在 1990 年，通過成為國際標準組織（International Organization for Standardization，ISO）與國際電工委員會（International Electrotechnical Commission，IEC）的標準 ISO/IEC 9899:1990 — 這兩個標準依其發佈的時間，一般將其簡稱為 C89 與 C90 標準[3]，又常被稱為 ANSI C。

2　我們通常將特定領域或學門最為重要參考書籍稱為「聖經」。

3　不過 C89 與 C90 除了排版及章節編號的差異外，其內容完全相同；其差別在於制定 C89 的 ANSI 是屬於美國國內的組織，但制定 C90 的 ISO 與 IEC 則為國際性組織。

由於有了這些國際標準可遵循，在不同平台上的 C 語言或在實作上存在一些差異，但在語法規則上就有了共通遵循的標準。對於 C 語言而言，標準化是一個相當重要的動作，因爲這讓我們得以在不同平台上，都能使用一個統一的 C 語言標準。除了 C89 與 C90 之外，後續還有被稱爲 C99、C 11 與 C17 的標準，分別代表由 ISO 與 IEC 於 1999 年、2011 年以及 2017 年，所發佈的 ISO/IEC 9899:1999、ISO/IEC 9899:2011 以及 ISO/IEC 9899:2018[4] 標準。

1-2 C 語言程式設計流程

使用 C 語言進行程式設計（也就是寫程式[5]）的流程十分簡單，可概分爲撰寫原始程式碼（source code）、編譯（compilation）與執行（execution/run）。請參考圖 1-1，其步驟包含：

(1) 以文字編輯器（text editor）撰寫原始程式（source code）；
(2) 完成後，產生副檔名 .c 的原始程式檔；
(3) 將原始程式檔交由編譯器（compiler）進行編譯；
(4) 編譯成功後，會產生目的碼（object code）；
(5) 若是編譯時發生錯誤，則重新回到步驟 (1) 進行除錯（debug）；
(6) C 語言的 compiler 會自動啓動聯結程式（linker），將目的碼與函式庫（library）結合以產生符合作業系統要求的可執行檔（executable file），例如 Windows 平台下的 EXE 檔，或是 Unix/Linux 系統中的 ELF 檔[6]；
(7) 若在聯結時發生錯誤，一樣會回到步驟 (1) 進行除錯；
(8) 聯結成功則會產生可執行檔；
(9) 最後就可在作業平台上執行程式。

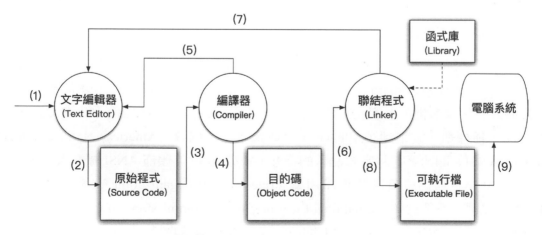

圖 1-1：C 語言程式的設計流程

4　此標準於 2017 完稿，但在 2018 年 6 月才發表，因此一般仍稱之為 C17 標準。
5　「程式設計」一詞，在台灣又常稱為「寫程式」。
6　ELF 為 Executable and Linkable Format，是 Unix/Linux 系統目前的標準可執行檔格式。

本章後續將以一個「Hello World」[7]程式範例，講解並實際示範 C 語言程式的開發流程。「Hello World」是一個終端機（console）模式的程式，其執行結果會在終端機輸出一個「Hello World!」字串。相較於現代的視窗應用程式，終端機模式的程式必須以文字指令進行操作，其執行結果也較為單調乏味；但開發終端機模式的程式，不需要瞭解視窗應用程式背後複雜的機制與開發環境，有助於讓我們先專注學習程式設計的邏輯與概念，對於程式設計的初學者來說是較為適合的。

> ⊕ 資訊補給站　終端機（Console）
>
> 　　早期的作業系統，其所有的操作都必須在終端機（console）中完成。所謂的終端機指的是作業系統中一個用以操作的管道，它只支援標準輸入與輸出，也就是只接受來自鍵盤的輸入以及回應在螢幕上的文字輸出。雖然現代的作業系統提供了較具親和力且容易操作的視窗界面，但多半仍保留有終端機程式供我們使用，例如在 Microsoft Windows 系統中的「命令列提示字元」，或是在 Linux/Unix/MacOS 中的「terminal」都是這一類型的操作環境。目前仍有許多的應用程式（包含許多伺服器軟體）還是在終端機中執行，我們將其稱為「終端機模式」的程式。

1-3
開始前的準備

　　本節主要將說明在開始進行 C 語言程式設計前，應準備的各種軟體工具，包含文字編輯器（text editor）以及 C 語言的編譯器（compiler）。由於程式碼只是單純的文字格式，因此我們可使用任何一套文字編輯器來進行程式的撰寫，例如 Atom、Sublime Text、Microsoft Visual Studio Code 或是 Notepad++。

　　另一方面，目前絕大多數的作業平台上都能找到適用的 C 語言編譯器，以 Linux 系統為例，讀者可以直接使用其預設已安裝好的 C 語言編譯器 ─「cc」或是「gcc」，其中 cc 是源自於 Unix 系統的 C's compiler，gcc 則是由 GNU 所提供的 GNU compiler collection（GNU 的編譯器工具集）。至於在 Microsoft Windows 作業系統上，並沒有預設的 C 語言編譯器，讀者可以選擇安裝 MinGW[8] 或 Cygwin[9]，以得到 Linux 相容的作業環境；或者是安裝 Microsoft Visual Studio、Dev-C++、NetBeans、Eclipse 等 IDE 整合開發環境（integrated

---

7　Hello World 程式是由布萊恩·柯林漢所寫，原本是 B 語言的示範程式。後來在他與丹尼斯·里奇合著的「The C Programming Language」一書裡使用了這個範例，做為對初學者展示的第一個 C 語言程式範例。後來 Hello World 程式逐漸成為了一種傳統，幾乎所有程式設計師在接觸一個新的程式語言時，都會從 Hello World 程式開始學習。

8　MinGW 是 Minimalist GNU for Windows 的縮寫，顧名思義是一套在 Windows 環境中的 GNU 工具集，其中也包含了 C 語言的 compiler 與相關工具，可參考 http://www.mingw.org。

9　Cygwin 其實是一套在 Windows 環境中提供 Unix-like 的操作環境，其中當然也包含了 GNU 的 C 語言 compiler，可參考 http://www.cygwin.com。

development environment），並使用其中的 C 語言編譯器。若讀者慣用的是 Mac OS 系統，則可以安裝 Xcode 來取得 C 語言的編譯工具。

因此，本書在此給不同平台的學習者，提供以下的建議：

❖ Linux 平台：如果你是 Linux（或是其他 Unix-like 的平台，例如 freeBSD、illumos/Solaris 或是 Darwin/OS X 等）的使用者，那麼你有很大的機會不必另行安裝 C 語言的開發與編譯工具。你可以直接在終端機裡，使用 vi、vim、emacs、pico、nano 或是 joe 等文書編輯器編寫程式，並使用 cc 或 gcc 進行編譯即可。這是筆者最推薦的開發環境之一。我們將在 1-4 節，針對如何在 Linux 系統上開發 C 語言的程式進行說明。

❖ Mac OS 平台：Mac OS 其實也可以算是 Unix-like 的平台之一，它也有提供終端機軟體，但預設並未提供 C 語言的編譯工具。你可以安裝免費的 Xcode 開發工具，就可以取得名為 clang 的 C 語言編譯器。Mac OS 也為 clang 建立了 cc 與 gcc 的連結，所以讀者可以如同前述的 Linux 環境一樣，進行 C 語言的程式設計與編譯等工作。我們將在 1-4 節介紹如何在 Mac OS 系統上開發 C 語言的程式。

❖ Microsoft Windows 平台：如果讀者在 Windows 系統上安裝 Cygwin 或 MinGW，就可以在 Winows 系統中得到類似 Unix/Linux 的操作環境，並參考 1-4 節的說明，學習如何使用終端機來進行程式的開發。除此之外，我們也將在 1-5 節介紹一套在 Windows 系統中著名的開發工具 Dev-C++，讓慣用 Windows 的使用者可以更為容易地進行 C 語言設計的學習。請參考 1-5 節的說明，下載並安裝 Dev-C++。

以下我們在 1-4 節先以 Linux/Mac OS 系統為例，說明如何進行程式的開發；並在後續的 1-5 節介紹如何使用在 Windows 系統中的 Dev-C++ 來進行 C 語言程式的開發。請慣用不同系統的讀者，自行參考相關的介紹。

1-4
在 Linux/Mac OS 系統中開發程式

本節針對慣用 Linux 或 Mac OS 的讀者，說明如何進行 C 語言程式的開發。由於 C 語言的原始程式檔案格式為純文字，所以你可以使用任一套文字編輯器來編寫程式。現在，請使用你偏好的文字編輯器來編輯一個名為「Hello.c」的檔案，並鍵入以下內容：

Example 1-1：你的第一個C語言程式
Location:/Examples/ch1
Filename: Hello.c

```
1  /* This is my first C program */
2  #include <stdio.h>
3
4  int main()
5  {
6      printf("Hello World!\n");
7  }
```

　　C語言的原始程式碼（source code）只是一般的文字檔（text file），如果沒有經過編譯是無法執行的。簡單來說，文字檔是我們人類看得懂的編碼方式，而一個可執行檔（executable file）則是由電腦才能理解的機器指令所組成 — 通常又稱為二進位檔（binary file）。所以我們需要使用編譯器（compiler）來將原始程式轉換為電腦能執行的二進位檔案。以 Linux 系統為例，我們可以使用下面的指令來進行編譯：

```
[1:18 user@ws example] cc△Hello.c⏎
```

　　若沒有任何的錯誤訊息產生，那麼就表示你已經順利地完成了編譯的動作。如果你有看到任何的錯誤訊息，那麼請再仔細檢查一下是否原始程式有輸入錯誤的地方，修改後請再次進行編譯，直到沒有問題為止。

ⓘ 資訊補給站：提示字串（Prompt String）
　　在上述例子中，最前面的 [1:18 user@ws example] 是所謂的提示字串（prompt string），其中包含現在的系統時間、使用者帳號、伺服器名稱以及目前的工作目錄，接在提示字串後面的才是我們所輸入的指令，以上面這個例子來說，其所輸入的指令為「cc Hello.c」。

　　cc 預設會將編譯好的程式，在目前目錄下產生一個名為 a.out 的檔案。請檢查你的目錄下是否多了一個名為 a.out 的檔案？請用以下指令執行這個可執行檔：

```
[1:18 user@ws example] ./a.out⏎
```

　　如果一切順利，你應該可以看到以下的輸出結果

```
[1:18 user@ws example] ./a.out⏎
Hello△World!⏎
[1:18 user@ws example]
```

　　其實 cc 是 C's compiler 的縮寫，是內建於 Unix 系統上的 C 語言編譯器，不過因為授權問題，在 Linux 系統上大多是連結到另一個常見的 C 語言編譯器 gcc，其全名為 GNU compiler collection（其中不但有 C 語言的編譯器，也有其他程式語言的編譯器）。換句話

說，在大部份的 Linux 系統上，cc 與 gcc 其實都是相同的一個檔案 — gcc。請使用以下指令再次進行編譯與執行，你應該會得到完全一樣的結果：

```
[1:18 user@ws example] gcc△Hello.c↵
[1:18 user@ws example] ./a.out↵
Hello△World!↵
[1:18 user@ws example]
```

你還可以使用編譯器的 -o 參數，來指定所輸出的可執行檔檔名，例如以下的例子，將 Hello.c 編譯成為 hello 並加以執行：

```
[1:18 user@ws example] gcc△Hello.c△-o△hello↵
[1:18 user@ws example] ./hello↵
Hello△World!↵
[1:18 user@ws example]
```

本節針對 Linux 與 Mac OS 開發 C 語言程式的過程，提供了詳細的說明。建議讀者依照這些步驟實際操作一遍，以掌握開發 C 語言程式的要領。本書隨附光碟也收錄了全書所有的程式範例原始程式，你也可以直接載入這些範例，以節省自行輸入的時間。關於本書隨附光碟的詳細使用說明，請參考文前的「光碟內容說明」。

1-5 在 Windows 系統中開發程式

本節將針對慣用 Windows 的使用者，介紹一套常用的 C 語言開發工具：Dev-C++，它是由 Bloodshed Software 公司的柯林‧拉普拉斯（Colin Laplace）所推出的一套 C++ 語言的整合開發環境（Integrated Development Environment，IDE）軟體，可以在同一個環境中進行 C 語言原始程式的編寫、編譯與執行等開發工作。讀者可以至 SourceForge 上取得由 Orwell 所維護的最新版本（截至 2021 年 6 月，Orwell 所釋出的 Dev-C++ 最新版本為 5.11 版）。有興趣的讀者可以在 http://orwelldevcpp.blogspot.com 下載到最新版本的 Dev-C++ 並以滑鼠雙擊後，啟動其安裝程序。當你完成 Dev-C++ 的安裝後，接下來請依照以下的說明，使用 Dev-C++ 來完成 Example 1-1 的程式碼編寫、編譯與執行等動作：

1. 啟動 Dev-C++ 後，請在選單中選取「檔案 | 開新檔案 | 原始碼」，建立一個新的原始程式。你也可以在 Dev-C++ 的工具列上，直接以滑鼠點擊圖示 ▉，或者是使用「Ctrl+N」快速鍵，來建立一個新的原始程式。完成上述動作後，你將會在畫面中央得到一個新增的「新文件」，如圖 1-2 所示，請在此處將 Example 1-1 的程式碼加以輸入。為了便利讀者輸入程式，我們在此將 Example 1-1 再列示如下：

Example 1-1：你的第一個C語言程式　　　　　　　Location:/Examples/ch1
　　　　　　　　　　　　　　　　　　　　　　　Filename: Hello.c

```
1  /* This is my first C program */
2  #include <stdio.h>
3
4  int main()
5  {
6      printf("Hello World!\n");
7  }
```

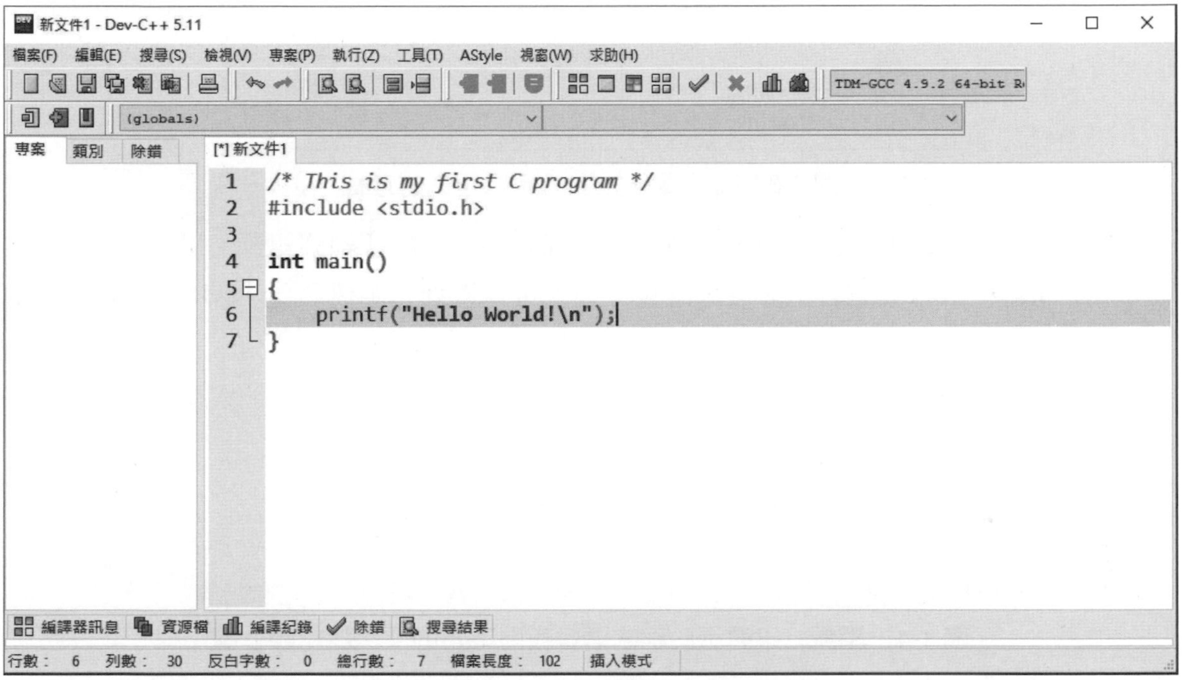

圖 1-2：在 Dev-C++ 裡編寫原始程式碼

2. 當你將 Example 1-1 的原始程式碼在 Dev-C++ 裡編寫完成後，就可以使用編譯器
　將其轉換為可執行檔，請在選單中選取「執行 | 編譯」，或是使用「F9」快速鍵進
　行編譯。要注意的是，當你第一次進行編譯前，Dev-C++ 會先要求你將原始程式
　碼存檔後，才能進行編譯。請建立或指定適當的目錄來存放你的程式，不過要特
　別注意的是 Dev-C++ 預設會將檔案儲存為 C++ 語言的原始程式，而不是 C 語言
　的原始程式。請參考圖 1-3，為你的原始程式命名為「Hello.c」，並且選擇存檔類
　型為「C source files (*.c)」，完成後請按下「存檔」按鈕。後續，Dev-C++ 就會開
　始進行編譯。

圖 1-3：在編譯前先進行原始程式的存檔

3.　原始程式碼的編譯結果，將會顯示在程式碼下方的「編譯紀錄」區域，如圖 1-4
所示。一旦完成程式碼的編譯後，你就可以得到一個檔名為「hello.exe」的可執
行檔。

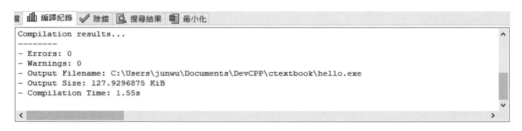

圖 1-4：編譯結果顯示於程式碼編輯區下方的「編譯紀錄」區

4.　接下來請在選單中選取「執行 | 執行」或是使用「F10」快速鍵，來執行這個
已編譯完成的 hello.exe 可執行檔。一旦我們對 Dev-C++ 下達了執行的命令
後，Dev-C++ 會啟動一個「命令提示字元」的應用程式（也就是 Microsoft
Windows 系統的 Console 環境），並在此程式中執行我們所編譯完成的 hello.
exe 可執行檔，其執行畫面如圖 1-5 所示。你可以看到此程式輸出了「Hello
World!」字串，並在按下任意鍵後結束。

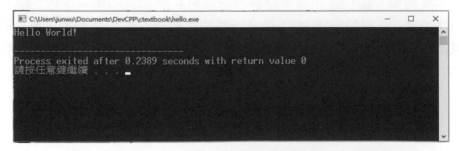

圖 1-5：Dev-C++ 使用命令提示字元來顯示執行結果

我們已經使用 Dev-C++ 示範了 Example 1-1 的 Hello.c 程式的開發與執行過程,建議讀者依照前述的步驟實際進行一遍,以掌握 Dev-C++ 的使用方式。本書後續的程式範例,也都可以使用 Dev-C++ 來進行開發,在本書隨附的光碟中,也提供所有程式範例的原始程式,你可以使用 Dev-C++ 來載入這些程式 [10],並加以測試其執行結果。關於本書隨附光碟的詳細使用說明,請參考「光碟內容說明」。

1-6
程式碼說明

本節將為讀者詳細說明前述 Example 1-1 中的 Hello.c 程式內容。

1-6-1　程式進入點

首先這種在終端機模式下執行的程式,大多具備以下的架構:

```
int main()
{
    程式碼
}
```

當一個程式在執行時,電腦系統會將其載入到主記憶體,並從程式當中特定的位置開始一行一行、逐行地執行程式碼。這個所謂的特定位置,也就是指程式首先被執行的地方,我們稱之為程式進入點(entry point)。事實上,絕大多數的程式語言都有類似的機制用以啟動程式的執行,其中終端機模式的 C 語言程式,其程式進入點就是程式中的 main() — 我們將它稱為 main() 函式 [11](main function)。

在前面的程式碼中,第一行的「int main()」就是在定義程式的進入點 — 使用 int main() 開頭,並在其後一對緊接的大括號 {},將所要執行的程式碼包裹在內;當程式在執行時,就會從左大括號開始,一行一行地執行程式碼,直到遇到右大括號為止。因此,一個簡單的 C 語言程式,就是將欲由電腦執行的功能,以符合 C 語言語法規則的方式寫成程式碼,並且是要依序寫在 int main() 的大括號內。

1-6-2　註解

在 Example 1-1 Hello.c 的開頭處,有以下這一行:

```
/* This is my first C program */
```

10　使用 Dev-C++ 選單中的「檔案 | 開啟舊檔」,就可以載入這些程式範例的原始程式。
11　關於函式(function)以及 main() 函式,在本書第 9 章將會有詳細的說明。

其實這一行程式碼對於程式的執行沒有任何作用，只是所謂的註解（comment）。在程式語言中，凡是註解的部份，編譯器在進行編譯時都會略過此一部份，因此註解並不會對程式的執行造成任何的影響，其目的只是為程式碼做一些說明，或是在程式開頭處提供例如版本、版權宣告、作者資訊、撰寫日期及程式碼的說明等。在 C 語言中註解使用的方式有以下兩種方式：

1. 單行註解（single-line comment）：以「//」開頭到行尾的部份，皆視為註解。這種單行註解，可以放在每一行的開頭，或是在行中其他位置。例如：

```
// 這是 C 的註解
int i; // 宣告變數 i
// int maybe wrong here;
```

2. 多行註解（multi-line comment）：以「/*」開頭到「*/」結尾的部份，皆視為註解。這種方式可將多行的內容都視為註解。例如：

```
/* 這也是 C 的註解，可用於單行的註解 */
/* 這種方式也可以應用在多行的註解
   對於需要較多說明的時候
   可以使用這種方式 */
```

特別要說明的是，註解有時不一定只是做程式碼的說明，還可以暫時把可能有問題的程式碼加以註解，以便進行程式的偵錯，這在程式設計上是常用的一種除錯的方式。

1-6-3　印出字串

最後要說明的是在 Hello.c 的 main() 函式裡，唯一的一行程式碼：

```
printf("Hello World!\n");
```

像這樣的一行程式碼，我們稱之為敘述（statement），也就是要告訴電腦要幫我們執行的工作為何。在 main 函式裡，可以有一行以上的敘述，每一行都必須以分號「;」結尾。「println（"Hello World!\n"）;」是一個標準的敘述，其作用是輸出「Hello World!」字串到螢幕上。所謂的字串是指字元（character）的組合，並由雙引號標註。例如：

```
"Hello World\n"      ← 是正確的字串

Hello World\n        ← 缺乏雙引號標註，並不是正確的字串

"Hello World\n       ← 缺乏右方的雙引號標註，所以不是正確的字串
```

其實 printf 也是一個函式，請先思考以下的數學函數：

```
f(x)=2x+5
```

此函數名稱為「f」，並且有一個引數（argument）x，它會依據 x 的數值來計算「2x+5」的結果，例如 f(3) 的值為 11 或者 f(5) 的值為 15。以此類推，printf 的功能可定義如下：

```
printf(s) = 將 s 輸出到螢幕上
```

也就是說，printf 可以被視為是接受一個字串 s 做為引數的函數，其功能為將 s 字串輸出到螢幕上。

注意　Function 到底是函數？還是函式？

　　其實 function 的中譯就是函數，但本書為了區別數學上的 function（函數），特別將程式語言中的 function 譯做「函式」。此外，為了統一起見，本書後續將使用「函式名稱 ()」的型式，來表示 C 語言的函式，例如在 Example 1-1 Hello.c 中的 main() 函式與 printf() 函式即為一例。更明確地說，若有一個名為 fun 的函式存在，我們將會把它表示為 fun() 或 fun() 函式。

　　現在還剩下一個問題沒有解答 — 在「"Hello World!\n"」當中的「\n」又是什麼呢？其實很簡單，請你自己修改一下 Hello.c 的程式，將其中的「\n」拿掉，再編譯與執行看看有何差異，你不就可以得到答案了嗎？快去自己動手試試吧！

1-6-4　函式標頭檔

　　在 C 語言中，已預先定義好許多有用的函式（function），我們可以視需要在程式中選擇使用這些函式，來完成特定的工作。函式依功能或性質，被分類存放在不同的函式庫（library）中。C 語言也提供許多函式標頭檔（function header file），其副檔名為 .h，用以定義性質或功能相關的函式。

　　在程式內使用特定的函式前，你必須明確地告訴 C 語言的編譯器，將含有該函式定義的標頭檔載入，這個動作就是透過「#include」這個前置處理器指令（preprocessor directive），來將特定的函式標頭檔加以載入。在 Example 1-1 Hello.c 中的：

```
#include <stdio.h>
```

就是要求載入「stdio.h」檔案，其中定義了與標準輸入輸出 (standard input/output) 相關的函式定義。例如 printf() 函式就包含在 stdio.h 的定義當中，所以我們必須先將 stdio.h 載入，後續編譯器才能正確地處理 printf() 函式。

> ⚠ **資訊補給站：前置處理器指令（Preprocessor Directive）**
>
> 　　所謂的前置處理器指令（preprocessor directive）是在程式中以 # 開頭的程式碼，由包含在編譯器裡的一個稱為前置處理器（preprocessor）的電腦程式來負責執行。具體來說，當一個原始程式在進行編譯時，編譯器會先讓前置處理器執行，當它把程式碼中所有的前置處理器指令都執行完後，才會由編譯器接續進行程式的編譯。
>
> 　　例如 Example 1-1 中的「#include <stdio.h>」，就是一個前置處理器指令，它負責將指定的檔案（此處為 stdio.h）載入到程式裡 ── 其做法就是像「複製 / 貼上」一樣，將 stdio.h 檔案裡的內容，複製一份貼到 Hello.c 裡，取代「#include <stdio.h>」的位置，請參考圖 1-6。
>
>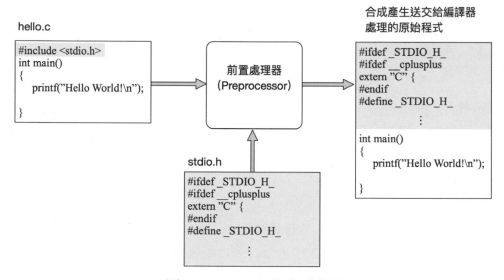
>
> 圖 1-6：#include 指令示意圖
>
> 　　最後還要提醒讀者注意，前置處理器指令是專供前置處理器使用的指令，不同於 C 語言的程式敘述，在其結尾處不需要使用分號。

1-6-5　C 語言程式架構

　　經過上述的說明，相信你對於基本的 C 語言程式設計已經有了初步的概念。我們最後利用本節定義一下 C 語言的程式架構：

1.　每個 C 語言程式都必須要有做為程式進入點的 main() 函式，並在其後以一組大括號「{ }」把要執行的程式碼包裹起來。

2.　在 main() 函式中的程式碼，又被稱為敘述（statement），每行敘述必須以分號「;」做為結尾。例如在 Hello.c 程式中的 main() 函式，其中就包含了一行「printf("Hello World!\n");」的敘述。

3. 敘述（statement）依其功用，在 C 語言中又可再區分爲以下幾種類別（本書後續將分別加以介紹）：

(1) 運算敘述（expression statement），進行算術與邏輯等各式運算的敘述（包含函式呼叫亦屬於此類），詳如第 4 章。

(2) 選擇敘述（selection statement），又稱爲條件敘述（conditional statement），依特定條件改變程式執行動線的敘述，詳如第 6 章。

(3) 重複敘述（iteration statement，或稱迴圈敘述），使得特定程式碼可以反覆執行的敘述，詳如第 7 章。

(4) 複合敘述（compound statement），可搭配選擇敘述、重複敘述等，以一組大括號將多個敘述組合在一起，讓原本的單一敘述改以一個擁有多個敘述的複合敘述取代。此部份將於本書第 6、7 等章節中介紹。

(5) 跳躍敘述（jump statement），用以改變程式執行的動線的敘述，將於本書第 6、7 等章節中介紹。

(6) 標籤敘述（labeled statement）：配合跳躍敘述所使用的標籤，將於本書第 6、7 等章節中介紹。

CH1 本章習題

⏚ 程式練習題

1. 設計一個 C 語言的程式用以印出「This △ is △ my △ very △ first △ C △ program! ↵」，並請將其原始程式儲存於檔案 First.c。

2. 設計一個 C 語言的程式，將其命名為 Glad.c。此程式將輸出你的英文名字以及「I △ am △ glad △ to △ be △ a △ C △ programmer! ↵」，請參考以下的執行結果（請將其中的 Kevin 替換為你的英文名字）：

```
[13:23 user@ws hw] ./a.out↵
Hi,△My△name△is△Kevin.↵
I△am△glad△to△be△a△C△programmer!↵
[13:23 user@ws hw]
```

C

　　本章將透過簡單的範例程式，帶你瞭解基本的程式輸入與輸出處理。我們將介紹一個程式設計模型（programming model）— Input-process-output model（IPO 模型），並且說明如何配合此模型進行程式設計。所謂的程式設計模型指的是一種思考的方法，我們可用以構思問題的解決方案或是用以描述程式的結構。採用適當的模型，將有助於讓程式設計如其他的工程領域一樣，具有一定的進行步驟、規範與方法。本章所要為讀者介紹的 IPO 模型雖然並不能適用於所有的程式設計問題，但是對初學者來說，是一個相當值得參考的模式，只要熟悉這個方法，很多簡單的程式都可以迎刃而解。

　　另外，本章也將就簡單的變數與記憶體空間的使用，做一概念性的說明。輸入與輸出是許多程式最為基礎的功能，在上一章當中，我們介紹了 printf() 函式讓你可以進行資料的輸出；在本章中我們將介紹如何使用另一個 scanf() 函式以取得使用者的輸入。為了增進你對於程式設計的興趣，我們也將在本章中介紹隨機數（random number，或稱為亂數）的使用，並以簡單的程式說明相關輸入、輸出以及資料處理的應用。

2-1
IPO 模型

　　電腦程式的目的是為了要解決特定的問題或滿足特定的需求，而程式設計師的工作就是要達成此一目的。有經驗的程式設計師首先會考慮的是解決問題或滿足需求的「方法」，其次才是思考如何以程式語言來實作這個「方法」。但是對於初學者而言，由於欠缺設計程式的經驗，往往會陷入不知道如何構思「方法」的困境。因此，本章將介紹一個簡單的程式設計模型（programming model）— 輸入 - 處理 - 輸出模型（Input-process-output model，IPO 模型）[1]，希望能幫助初學者迅速擁有構思程式設計「方法」的基本能力。

　　所謂的 IPO 模型是把一個程式的運作分成三個階段：input（輸入）階段、process（處理）階段與 output（輸出）階段，如圖 2-1 所示：

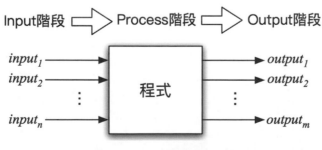

圖 2-1：IPO 模型概念圖

1　可參考 William S. Davis, HIPO (hierarchy plus input-process-output), The Information System Consultant's Handbook: System Analysis and Design, ISBN 978-0-8493-7001-4, 1998, pp. 503-510.

各階段說明如下：

❖ Input 階段：取得使用者輸入的 1 至 n 筆資料，也就是圖中標示為 $input_1$、$input_2$、……、$input_n$ 的部份。當然，有些程式在執行時，並不需要使用者輸入的資料，因此也可以略過此階段。

❖ Process 階段：依據需求進行資料的處理。

❖ Output 階段：依據處理的結果，輸出 1 至 m 筆資料，也就是圖中標示為 $output_1$、$output_2$、……、$output_m$ 的部份。

現在，我們以一個名為 Area.c 的程式為例，詳細說明如何使用 IPO 模型構思並完成相關的程式設計。此程式先在 Input 階段取得使用者所輸入的長（length）與寬（width），接著在 Process 階段進行「面積＝長 × 寬」的運算，最後在 Output 階段輸出運算結果。此程式以 IPO 模型可以表達如圖 2-2：

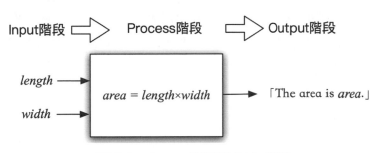

圖 2-2：Area.c 對應的 IPO 模型

換個方式來說，使用 IPO 模型來構思程式時，Area.c 的各個階段可以設計如下（為了方便起見，我們使用 I、P 與 O 分別代表 input、process 與 output 階段）：

❖ I：取得使用者輸入的兩個整數 length 與 width；

❖ P：進行 area=length×width 的運算，也就是將使用者所輸入的長與寬相乘後做為 area 的數值；

❖ O：輸出「The area is *area*」，其中 *area* 是上一階段所計算出的結果。

在進一步詳細說明 input、process 以及 output 階段該如何進行對應的程式設計前，先讓我們來看一下 Area.c 的完整程式碼：

Example 2-1：**取得長、寬並計算面積後輸出**
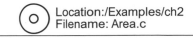
Location:/Examples/ch2
Filename: Area.c

```c
1  #include <stdio.h>
2
3  int main()
4  {
5      int length;
6      int width;
7      int area;
```

```
 8        printf("Please input the length: ");
 9        scanf("%d",&length);
10        printf("Please input the width: ");
11        scanf("%d",&width);
12        area = length * width;
13        printf("The area is %d.\n", area);
14    }
```

接下來，我們將分別就 input、process 以及 output 階段提供詳細的說明。但是在開始前，請先將這個名為 Area.c 的程式碼編輯完成，並且將它加以編譯與執行，然後好好地觀察一下它的執行結果，想想看它是如何進行對應的 input、process 以及 output 階段工作，再對照本節後續的說明來驗證你的想法是否正確！

2-1-1　Input 階段

在 input 的部份，我們所要進行的是取得使用者輸入的資料（在本例中，我們所要取回的是兩個整數）。我們可以使用定義在 stdio.h 中的 scanf() 函式來取得使用者的輸入，其函式原型如表 2-1 所示：

表 2-1：scanf() 的函式原型

原型 （Prototype）	scanf(format , memory_address)	
標頭檔 （Header File）	stdio.h	
參數 （Parameters）	名稱	說明
	format	描述所欲取得的資料之格式
	memory_address	指定取回的資料所存放的記憶體位置

⊕ 資訊補給站　函式原型（Function Prototype）

所謂的函式原型（function prototype）就如同函式的使用說明書一樣，提供了包含函式名稱，以及其輸入與輸出的描述。在篇幅允許的情況下，我們將為讀者整理函式所需要載入的標頭檔（header file）以及相關的輸入與輸出，其中輸入的部份稱之為參數（parameter），輸出的部份則稱為傳回值（return value）。要特別注意的是，為了幫助程式設計的初學者，在此我們所提供的 scanf() 函式的原型尚未符合 C 語言的語法要求，甚至也忽略了其傳回值的部份，我們只是先以比較簡單的方式讓讀者們理解。本書後續將視學習進程，逐步以符合 C 語言語法要求的方式來完整表達各個函式的原型。

從表 2-1 中可得知 scanf() 對應的標頭檔是 stdio.h，要記得在使用前先以「#include」這個前置處理器指令（preprocessor directive）來加以載入，例如在 Area.c 的第 1 行：

```
#include <stdio.h>
```

至於在參數（parameter）的部份則有 format 與 memory_address，其中 format 是用以指定所欲取得的資料之格式，memory_address 則是指定要使用哪個記憶體位置來保存使用者所輸入的資料。其實 scanf() 的函式名稱就是取自於 scan with format 的縮寫，也就是「依格式來取得使用者輸入的資料」之意。因此，其 format 參數就是用以指定格式。該格式是以一個字串（string）[2] 來指定，稱之為格式字串（format string）。以 Area.c 為例，其第 9 行與第 11 行分別使用以下的程式敘述來取得長與寬：

```
scanf("%d",&length);
scanf("%d",&width);
```

上述兩行程式敘述分別使用了 scanf() 函式取得使用者所輸入的長與寬，其中它們的格式字串的內容都是「"%d"」，表示其所要取得的資料是一個 10 進制的整數（decimal integer）。C 語言將「%d」稱為格式指定子（format specifier），並且提供了一些代表不同資料內容的格式指定子供我們使用，本書後續將會提供更完整的說明。

注意　字串內容必須使用 " 雙引號 " 加以包裹

> 　　C 語言規定每個字串（string）的內容，不論是 printf() 函式所要輸出的字串或是 scanf() 函式用來指定格式的格式字串都必須使用雙引號 " " 將其包裹。例如本書第 1 章中的 Hello.c 程式所使用到的「printf("Hello World!\n");」，或是本章所討論的 Area.c 所使用的「scanf("%d",&length);」以及「scanf("%d",&width);」，都使用了雙引號將字串內容加以包裹。

　　至於程式在執行時所取回的輸入資料（也就是由使用者從鍵盤輸入的資料），又該如何保存起來呢？事實上，電腦系統在執行程式時，所有的資料都是存放在記憶體當中。因此 scanf() 的第二個參數，就是指定所欲用來存放資料的記憶體空間在哪個位址。但是記憶體空間是由作業系統負責管理，每當有程式要求使用記憶體空間時，作業系統的動態記憶體配置（或稱做動態記憶體管理）模組就會動態地分配一塊空間給該程式使用。在絕大多數的情況下，其所分配到的位置每次都不相同，在程式中指定存取特定的記憶體位置並沒有意義。因此，我們會先在程式中說明需要一塊記憶體空間來存放資料，並為那塊記憶體空間取一個容易識別的名字，後續在程式中就可以使用該名字來進行資料的操作。例如在 Area.c 中的第 5-7 行就進行了以下的宣告，以取得三塊記憶體空間來存放使用者所輸入的長、寬以及所要計算的面積：

```
int length;
int width;
int area;
```

[2]　所謂的字串（string）是指由一些字元（可包含鍵盤上各式看得見的字元，以及一些看不到的控制字元）所組成的集合。

上述的程式碼，被稱為變數宣告（variable declaration），表達了我們需要三塊記憶體空間來存放數值資料，分別命名為 length、width 與 area，其型態都是由 int 加以指定，代表這三個數值都是 10 進位的整數 [3]。在程式設計的術語裡，這三個用以存放整數數值的 length、width 與 area 都被稱做變數（variable）。更詳細來說，以上的宣告會得到三塊記憶體空間來存放變數 length、width 與 area 的數值內容。當程式在執行時，會產生一個稱為符號表（symbol table）的表格，用以記錄在程式中所有使用到的變數與它們所分配到的記憶體空間，例如 Area.c 的程式經編譯後執行時，其符號表會有如表 2-2 的內容：

表 2-2：Area.c 程式執行時的符號表內容

符號（Symbol）	型態（Type）	記憶體位址（Memory Address）
length	int	100
width	int	200
area	int	300

當變數宣告完成後，我們可以在其名稱前加上一個 & 符號，用以表達該變數所在的記憶體位址，例如變數 lenth 所存放的位置，可以在程式碼中以 &length 來表示。在前述的例子中，變數 length、width 與 area 的記憶體位址分別為 100、200 與 300（意即 &length 為 100、&width 為 200，&area 則為 300）[4]。所以當我們以 scanf("%d", &length) 來取得一個整數時，該整數的值將會被存放到記憶體編號 100 的位址。若假設使用者在程式執行時所輸入的整數是 6，那麼存放在記憶體位址 100 的變數 length，其值為就會被設定為 6，意即 length=6 且 &length=100。最後再強調一次，在程式碼當中的 length、width 與 area 分別代表三個整數變數，&length、&width 與 &area 則分別代表這三個變數的數值所存放的記憶體位址。

⊕ 資訊補給站　真實與相對記憶體位址

其實在程式中的變數，都會在編譯時由編譯器決定並分配一塊固定位址的記憶體空間供其使用。但是由於系統安全的考量，現代的作業系統都採用了名為「隨機記憶體位址空間配置（address space layout randomization，ASLR）」的方法，所以每次載入並執行一個程式的記憶體空間並不相同，連帶使得變數在每次執行時所分配到的記憶體位址也會有所不同。所以編譯器是使用相對的方式來標記配置給變數使用的記憶體位址。舉例來說，假設編譯器將變數 length 分配在編號為 100 的記憶體位址時，其實際的位址還必須加上作業系統分配給程式執行的空間的開頭處才是真正的位址 — 我們將其稱為 length 變數的真實記憶體位址，至於此處的 100 號記憶體位址則被稱為相對記憶體位址。

---

[3] 在大部份的情況下，我們在程式中所使用的整數都是指 10 進位的整數。本書後續除特別說明以外，所稱之整數皆為 10 進位制。

[4] 事實上，電腦系統內的記憶體位址通常皆以 16 進位的數值表達，但為便於討論，在此我們暫先以 10 進位的數值表示。

　　假設 Area.c 在某次執行時，被分配到記憶體空間 2500 到 3524 之處，那麼變數 length 就位於 2500+100 = 2600 的位址上。由於每次程式取得的空間不同，所以變數每次分配到的真實記憶體位址空間自然也就不會一樣。你應該會在計算機概論、作業系統、程式語言、編譯器與系統程式等課程，學習到關於記憶體管理的更多細節。後續本書將不特別區分變數之真實與相對位址。

注意　使用 scanf() 函式常犯的錯誤

　　初學者（以及粗心的人）在使用 scanf() 函式時，有一個常犯的錯誤：將欲存放的記憶體位址寫成了變數。例如「scanf("%d", length);」，這就變成了要求電腦將使用者的輸入存放到一個（非預期的）記憶體位址（其值為 length 的數值）。假設在執行 scanf() 函式前，length=6 且 &length=100，那麼「scanf("%d",length);」的結果就變成把資料寫入到了記憶體位址 6 的地方，而不是變數 length 真正所分配到的位址。

　　通常，我們並不會單獨地使用 scanf() 函式，試試看將 Area.c 的第 8 行與第 10 行移除（更好的方法是先將它註解起來），試試看程式在執行時會發生什麼事？若是你已經知道程式要求你輸入用以代表長與寬的兩個整數，那應該就沒有問題；但若使用者並不知道（或是忘記了），那麼在執行這個程式時，可能會因為電腦沒有任何反應，誤以為程式「當（ㄉㄤ ˋ）」掉了[5]！。所以我們通常會在使用 scanf() 函式取得輸入前，加入一行由 printf() 函式所印出的字串，利用這個字串的內容來提示使用者該做些什麼、或是該輸入什麼樣式的資料。請再試著將第 8 行與第 10 行加回程式中，再看看下面的執行結果：

```
[14:47 user@ws example] ./a.out ⏎
Please △ input △ the △ length: △ 6 ⏎
Please △ input △ the △ width: △ 5 ⏎
The △ area △ is △ 30. ⏎
[14:47 user@ws example]
```

透過「Please input the length:」與「Please input the width:」的幫助，使用者就會瞭解此時應該輸入兩個數字，而不是誤以為電腦「當機」了！我們將這種用以提醒使用者的字串稱為提示字串（prompt string），其字串內容通常不會以 \n 結尾 ─ 因為我們通常會希望使用者緊接在提示字串後面進行相關的輸入。如果你此時還不瞭解 \n 的意義，那表示你還沒有完成在第 1 章中的 1-6-3 小節末要求你自己去找出的答案，趕快去動手試試吧！

5　「當」一詞代表故障或沒有反應，例如電腦發生某種錯誤導致系統沒有回應的時候，我們會說電腦「當機」了。本例中，使用者可能會誤會程式執行發生了錯誤，也就是這個程式的執行「當」掉了。在英文中，則常以 crash 代表相同的意思。

2-1-2　Process 階段

在 process 階段，所要進行的就是相關的資料運算，雖然本書將等到第 4 章才會詳細介紹 C 語言的各種運算方法，但在本章我們將先使用基本的加(+)、減(-)、乘(*)、除(/)等算術運算來進行資料的處理。以 Example 2-1 的 Area.c 為例，其所需進行的是將使用者所輸入的長與寬相乘，並把結果存放到 area 變數裡。要注意的是，由於電腦鍵盤裡並沒有乘法的符號，所以 C 語言和絕大多數的程式語言一樣，都是使用 *（星號）做為代替。請參考第 12 行的程式碼：

```
area = length * width ;
```

在這行程式碼當中，我們使用 * 來進行 length 與 width 兩個變數的相乘，並將結果放入到 area 變數裡（關於運算式更詳細的說明，請參考本書第 4 章）。

要特別注意的是，在程式碼裡的 = 與數學裡的運算意義並不相同，在數學上 A = B 的意義是 A 與 B 的值相等；但是在 C 語言的語法意義上，卻是把 B 的值給 A！換句話說，此處的「area = length * width ;」是先把 length × width 的值計算出來，然後把這個值給 area。換句話說，C 語言的等號[6] 其實是將右邊的值「指定（assign）」給左邊的變數，我們將其稱為「賦值」：

> 許多程式設計書籍都將 assign 譯做「指定」或「指派」，但本書選用與 assign 字面意義較不相同，但更能傳達其實際意涵的「賦值」一詞 — 取其將等號右邊的值賦予給等號左邊的變數之意。

不過為了讓讀者更容易理解，本書後續將視情況交替使用賦值、指定、指派或設定等詞彙，來描述等號的操作。

注意　x=y 不等於 y=x

> 由於等號是將其右邊的數值賦與給左邊的變數，所以 x=y 與 y=x 的運算結果是不一樣的。假設 x 與 y 的數值原本分別為 3 與 5，x=y 會把等號右邊的 y 的數值指派給左邊的 x，因此其結果使得 x 與 y 的數值皆為 5；同理，y=x 則會使兩者的值皆為 3。

2-1-3　Output 階段

最後，Area.c 在 output 階段將把計算出來的面積（也就是長與寬的乘積）加以輸出。請參考程式的第 13 行：

```
printf("The area is %d.\n", area);
```

6　有些程式語言是使用其他符號來表達賦值（assign）的意思，以便和數學上的等號做區別，例如 Pascal 語言是以 A：= B 來做表示把 B 的值給 A。

在這行程式碼中，我們又再次使用了定義在 stdio.h 中的 printf() 函式，但這次有些不一樣的地方，請先參考表 2-3 的 printf() 函式原型：

表 2-3：printf() 的函式原型

原型 （Prototype）	printf (format , values)	
標頭檔 （Header File）	stdio.h	
參數 （Parameters）	名稱	說明
	format	描述所欲輸出的資料之格式
	values	指定要輸出的數值

　　printf() 函式的第一個參數是格式字串（format string），第二個則是數值（values）。其實 printf() 的函式名稱的緣由與 scanf() 函式類似，是取自於 print with format 之意，將指定在後面的數值套用在指定的格式字串後加以輸出。簡單來說，格式字串的內容將會原封不動地輸出，但其中若有格式指定子（format specifier），則使用指定在後面的數值替代後再輸出。因此 Area.c 的第 13 行，就是將變數 area 的數值代入到在格式字串裡的 %d 格式指定子（此處的 %d 仍是代表 10 進位的整數）後再加以輸出。假設 area 的值爲 30，那麼最後輸出的內容將會是「The area is 30. ⏎」，請參考圖 2-3。

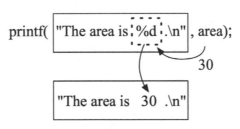

圖 2-3：printf() 的格式指定子與數值的結合

　　有沒有注意到在表 2-3 的 printf() 函式原型中，其第二個參數 values 是以複數的方式呈現！沒錯，這表示我們可以輸出一個或一個以上的數值資料。若有兩筆或兩筆以上的資料時，數值與數值間必須以一個逗號「,」來加以分隔。請試著把第 10 行程式碼改爲以下的內容：

```
printf("The△perimeter△and△the△area△are△%d△and△%d.\n",
    (length+width)*2, area);
```

要注意的是，上面這「一」行程式碼由於字數過多，所以將其寫成了兩行；但請完全不必擔心，在語法上仍是正確的 — 對於 C 語言來說，只要一行程式敘述沒有使用分號做爲結尾，不管你寫成幾行，編譯器都仍會將其看做是一行。其執行結果爲：

```
[14:47 user@ws example] ./a.out ↵
Please △ input △ the △ length: △ 6 ↵
Please △ input △ the △ width: △ 5 ↵
The △ perimeter △ and △ the △ area △ are △ 22 △ and △ 30. ↵
[14:47 user@ws example]
```

這個例子不但輸出了兩個數值，其中第一個數值還是「(length+width)*2」運算的結果 ——
這就表示 printf() 函式，不但能輸出數值，也可以輸出運算的結果。

2-2
IPO 程式設計

在前一節中，我們以 Example 2-1 的 Area.c 為例，說明了它的 IPO 模型。本節將繼
續使用 Area.c 為例，介紹如何以 IPO 模型完成相關的程式設計，後續再使用兩個隨機數
（random number，又稱為亂數）相關的程式範例做更詳細的說明。

2-2-1　矩形面積計算

讓我們再回顧一下 Area.c 的程式碼：

Example 2-1：取得長、寬並計算面積後輸出

Location:/Examples/ch2
Filename: Area.c

```
 1  #include <stdio.h>
 2
 3  int main()
 4  {
 5      int length;
 6      int width;
 7      int area;
 8      printf("Please input the length: ");
 9      scanf("%d",&lenth);
10      printf("Please input the width: ");
11      scanf("%d",&width);
12      area = length * width;
13      printf("The area is %d.\n", area);
14  }
```

先前的（較粗略的）的 IPO 模型分析如下：

❖ I：取得使用者輸入的兩個整數 length 與 width；

❖ P：進行 area=length×width 的運算，也就是將使用者所輸入的長與寬相乘後做為
area 的數值；

❖ O：輸出「The area is *area*」，其中 *area* 是上一階段所計算出的結果。

在上一節的討論中，我們是以 Area.c 為例，來說明 IPO 模型的分析方法。現在讓我們看看該如何完成這個程式，首先回顧在第 1 章 1-6-1 節中的 C 語言終端機模式程式的基本架構：

```
int main()
{
    程式碼
}
```

我們先加上一些註解，讓這個程式更接近 IPO 模型：

```
int main()
{
    // input 階段


    // process 階段


    // output 階段

}
```

這樣還不夠，再加上寫程式可能會用到的標頭檔的載入（header file inclusion）及變數宣告（variable declaration）這兩個部份：

```
// 載入標頭檔

int main()
{
    // 變數宣告

    // input 階段


    // process 階段


    // outpu 階段

}
```

上面這個程式碼片段，通常又被稱為終端機模式程式的 IPO 架構（framework）。現在，讓我們把前面的 IPO 分析套用在這個架構裡：首先是 input 的部份「取得使用者輸入的兩個整數 length 與 width」，我們可以利用 scanf() 函式寫出以下的程式：

```
// 載入標頭檔

int main()
{
    // 變數宣告

    // input 階段
    scanf("%d", &length);    ← 注意！是& length，而不是 length
    scanf("%d", &width);     ← 注意！是& width，而不是 width

    // process 階段


    // outpu 階段

}
```

至於在 process 階段的部份「進行 area=length×width 的運算，也就是將使用者所輸入的長與寬相乘後做為 area 的數值」，可以再把對應的程式碼寫到 process 階段中：

```
// 載入標頭檔

int main()
{
    // 變數宣告

    // input 階段
    scanf("%d", &length);
    scanf("%d", &width);

    // process 階段
    area = length*width;    ← 注意！乘法的運算符號是 *

    // outpu 階段

}
```

接下來 output 階段的部份「輸出 The area is *area*，其中 *area* 是上一階段所計算出的結果」，我們可以在 output 階段裡使用 printf() 函式完成此輸出：

```
// 載入標頭檔

int main()
{
    // 變數宣告
```

```
    // input 階段
    scanf("%d", &length);
    scanf("%d", &width);

    // process 階段
    area = length*width;

    // outpu 階段
    printf("The area is %d.\n", area);
}
```

注意！此處是 area，不是 &area

　　最後，讓我們把程式中所有使用到的變數加到變數宣告（variable declaration）的區段中，以及因為使用到 scanf() 與 printf() 所必須載入的 stdio.h 標頭檔，也要把它加到載入標頭檔（header file inclusion）區段裡：

```
// 載入標頭檔
#include <stdio.h>

int main()
{
    // 變數宣告
    int length;
    int width;
    int area;

    // input 階段
    scanf("%d", &length);
    scanf("%d", &width);

    // process 階段
    area = length*width;

    // outpu 階段
    printf("The area is %d.\n", area);
}
```

It's done！完成了！是不是很簡單？你還可以在 input 階段中再加上提示字串（prompt string），這樣一切就更完美了！後續我們將繼續練習如何使用 IPO 分析與 IPO 架構來完成更多的程式設計。

2-2-2 幸運數字

現在讓我們動手以 IPO 程式設計方法來試著寫一個新的程式，請參考以下的要求：

試寫一個 C 語言程式 LuckyNumber.c，告訴使用者他的「幸運數字」——一個介於 0 ~ 9 之間的數字是多少？此程式執行時應該會有以下的結果：

```
[15:17 user@ws example] ./a.out↵
Your△lucky△number△is△5!↵
[15:17 user@ws example] ./a.out↵
Your△lucky△number△is△8!↵
[15:17 user@ws example] ./a.out↵
Your△lucky△number△is△0!↵
[15:17 user@ws example]
```

注意到了嗎？上面這個程式的執行結果每次都不一樣，就好像丟骰子一樣，沒人知道會出現幾點？像這樣的程式該怎麼寫呢？讓我們用 IPO 模型來試試看吧！首先，分析一下這個程式的要求：

❖ 它沒有要使用者輸入資料的部份

❖ 要像丟骰子一樣，輸出一個介於 0 ~ 9 之間的數字

以 IPO 模型可以表達如下：

❖ I：無；

❖ P：想辦法產生一個介於 0 ~ 9 的數值；

❖ O：把那個你想盡辦法生出來的值加以輸出。

雖然我們還不會使用 C 語言來產生一個介於 0 ~ 9 之間數字，但仍然可以先放入更多的細節：

❖ I：無；

❖ P：想辦法產生一個介於 0 ~ 9 的數值，並將其數值放入變數 lucky；

  ▪ 將一個介於 0 ~ 9 的數值放入變數 lucky

❖ O：把那個你想盡辦法生出來的值加以輸出。

  ▪ 輸出 "Your lucky number is *lucky*"，其中 *lucky* 即為介於 0 ~ 9 的幸運數字

依據現在的 IPO 分析，並結合終端機模式程式的 IPO 架構，我們可以得到下列程式片段：

```c
// 載入標頭檔
#include <stido.h>

int main()
{
    // 變數宣告
```

```
    int lucky;

    // input 階段

    // process 階段
    lucky = 介於 0 ~ 9 之間的數字;

    // outpu 階段
    printf("Your lucky number is %d!\n", lucky);
}
```

現在，只要想辦法解決「如何讓 lucky 是介於 0 ~ 9 之間的數值」這個問題，程式就可以完成了。其實 C 語言已經預先幫我們開發了許多有用的函式，只要能善用這些函式，程式的開發將會是一件很容易的事情。現在這個問題也不例外，我們可以使用定義在 stdlib.h 中的 rand() 函式，來完成 LuckyNumber.c 這個程式，請參考表 2-4 的 rand() 函式原型：

表 2-4：rand() 的函式原型

原型 （Prototype）	int rand ()
標頭檔 （Header File）	stdlib.h
傳回值 （Return Value）	傳回一個隨機產生的整數數值，其值介於 0 至 RAND_MAX 之間。
參數 （Parameters）	無

⊕ 資訊補給站　函式的傳回值

在表 2-4 的函式原型中，我們又增加了一項新的描述：傳回值（return value）。傳回值是代表當函式執行完成後所要傳回的資料之型態，定義於函式原型中函式名稱的前方，以rand()為例，其傳回值就是定義在它名稱前的int，意即傳回的將會是一個int整數。

rand() 函式是一個隨機數產生器（random number generator，又常被稱為亂數產生器），它可以幫我們產生一個隨機數（random number，又稱為亂數）。從表 2-4 中，可得知其使用必須先載入 stdlib.h，且其傳回值為一個介於 0 到 RAND_MAX 之間的一個隨機數，其中的 RAND_MAX 也是定義在 stdlib.h 中，其值為系統中所能產生的最大隨機數的值，在不同系統平台上其值可能會有所不同，你可以使用下列的程式碼片段來取得該 RAND_MAX 在你執行的系統上的值：

```
printf("The value of RAND_MAX is %d.\n", RAND_MAX);
```

當然，你必須先載入 stdlib.h 才能正確地編譯與執行。以 Mac OS 11.0.1 為例，RAND_MAX 的值為 2147483647，那就表示 rand() 函式可回傳一個介於 0 到 2147483647 的整數數值。現在請試試下面的程式片段（你應該有能力完成包含有下列程式碼的一個完整的 C 語言程式吧！？）：

```
printf("A random number %d is generated by rand() function.\n", rand() );
```

它可以隨機產生一個整數值。但是若執行多幾次呢？結果又會如何？如果在一個程式內使用多次 rand()，又會如何呢？例如：

```
printf("A random number %d is generated by rand() function.\n", rand() );
printf("A random number %d is generated by rand() function.\n", rand() );
printf("A random number %d is generated by rand() function.\n", rand() );
printf("A random number %d is generated by rand() function.\n", rand() );
```

有沒有發現其每次所產生的隨機數都一樣？

其實 C 語言的 rand() 函式，是一個假隨機數產生器（pseudo-random number generator，或稱為假亂數產生器），之所以是假（pseudo）的而非真的，就因為它不是真正能夠產生隨機的數，它還必須參考和依靠一個種子數（seed number）的設定，才能產生隨機數。由於我們並沒有在程式中設定這個種子數的數值，因此其結果就等同於每次都設定其為預設值。換言之，每次執行時其種子數皆相同，因此自然會產生一樣的隨機數。為了解決這個問題，我們可以使用 srand() 函式來設定 rand() 函式所需參考的種子數。srand() 也定義在 stdlib.h 中，其參數為所欲設定的種子數，請參考表 2-5 的 srand() 的函式原型：

表 2-5：srand() 的函式原型

原型 （Prototype）	void srand (unsigned int seed)	
標頭檔 （Header File）	stdlib.h	
傳回值 （Return Value）	無。	
參數 （Parameters）	名稱	說明
	seed	以參數 seed 做為假隨機數產生器（pseudo-random number generator）的種子數。注意，其值不能為負值。

⊕ 資訊補給站　**void 型態**

在表 2-5 的函式原型中，我們又看到了一些新的東西 — 寫在 srand() 函式前的 void。void 一詞在英文中，就是空無一物的、沒有的意思，它寫在函式名稱的前面，用以表示 srand() 函式的傳回值的部份，是空無的、沒有的！換句話說，srand() 函式並沒有傳回值。

⊕ 資訊補給站　**unsigned int 型態**

在表 2-5 的函式原型中，除了 void 之外，還有一項新的東西要加以介紹：unsigned int。在 srand() 函式的原型中，其參數 seed 的型態被定義為 unsigned int，表示 seed 是一個整數，而且是沒有正負號（unsigned）的整數！什麼？沒有正負號的整數？是類似絕對值的概念嗎？不是的，其實在電腦系統中的數值都必須存放在記憶體中，假設一個整數使用了 8 個位元來儲存，那麼它可以表達的範圍是多少呢？請參考圖 2-4(a)，在一般情況下我們會使用第一個位元表示數值的正負，這個位元被稱為符號位元（sign bit），其值為 0 時表示數值為非負（non-negative），意即正的值或零，其值為 1 時則表示負的；剩下的 7 個位元則用以表示數值，可以表達 0~127 之間的值，因此使用符號位元的 8 位元整數，其可表達的數植範圍為 -127 ～ +127。同例，在圖 2-4(b) 中，則是不使用符號位元，全部的 8 個位元都用來表達介於 0 到 255 的數值，但因為沒有符號位元，其只能用以表達正的數值，不具備符號位元的 8 位元整數可表示的範圍為 0 ～ 255。

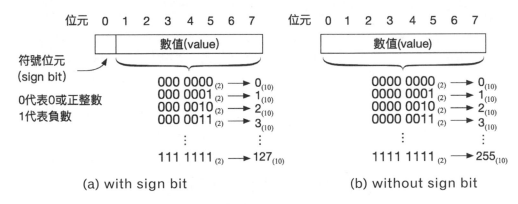

圖 2-4：符號位元在 8 位元整數的作用

在 C 語言的程式中，如果我們需要一個不能（或不會）為負的數值，那麼就可以在宣告前加上一個 unsigned，如此一來這個數值絕對不會有變成負數的可能，同時也可以擴大其可表達的範圍。

例如以下的程式碼片段，將把隨機數（亂數）產生器之種子數設定為 3：

```
srand(3);
printf("A random number %d is generated by rand() function.\n", rand() );
```

多執行幾次看看，你會發現執行結果還是一樣！每次印出的「亂」數還是一點都不「亂」，仍然是同一個數字！其原因在於種子數每次都設定為同一個數值，因此還是只能得到同一個數值！

有鑑於此，我們還需要使用別的方法來讓程式每次執行時，都能夠設定不同的種子數。定義在 time.h 標頭檔中的 time() 函式，若傳入 NULL 參數，就可以傳回自 1970 年 1 月 1 日 00:00:00 起迄今過了多少時間（其值是以秒為單位）。由於時間是一直變動的，所以每次你呼叫 time(NULL) 時，其傳回值也就不盡相同（除非你在同一秒內呼叫多次[7]）。我們可以利用這個函式來做為初始值的設定。請先參考表 2-6：

表 2-6：time() 的函式原型

原型 （Prototype）	time_t time (time_t *seconds)	
標頭檔 （Header File）	time.h	
傳回值 （Return Value）	傳回自 1970 年 1 月 1 日 00:00:00 起迄今已經過多少時間（以秒為單位），其型態為 time_t — 定義在 time.h 內用以表示時間量的型態[8]。	
參數 （Parameters）	名稱	說明
	seconds	seconds 為 time_t 型態的指標，當其值不為 NULL 時，將指向用以儲存自 1970 年 1 月 1 日 00:00:00 起迄今已經過多少秒的記憶體位址。

在參數 seconds 的部份，其型態為 time_t* — 也就是「time_t 型態的指標」，其中 time_t 就是整數的型態，但關於「指標」的部份則超出了本書迄今的學習進程，因此筆者並不打算在此講解 time_t* 詳細的意義，留待本書第 10 章再加以說明。請暫時在使用這個函式時，直接以 NULL[9] 做為參數傳入 time() 即可。請修改程式碼如下：

```
srand( time(NULL) );
printf("A random number %d is generated by rand() function.\n", rand() );
```

請再執行看看每次產生的亂數還會一樣嗎？值得注意的是，在上述的程式碼中，「srand(time(NULL))」的呼叫方式，是先執行裡面的 time(NULL)，取得傳回值後，再繼續呼叫 srand() 函式。就如同數學的函數一樣，假設兩個函數 f(x)=2x 與 g(y)=y+3，f(g(3)) 的值必須先計算 g(3) 的值再傳給 f 做為參數，意即 g(3)=6，f(g(3))=f(6)=12。

考慮以下的程式片段：

```
srand(time(NULL));
lucky=rand();
```

---

[7] 如果在一秒內執行多次，每次的種子數都將相同，又將會再次導致所產生的隨機亂數皆相同的問題。後續本書將於第 3 章 3-5 節（3-33 頁）提供另一種設定亂數種子數的方法，可以解決此問題。
[8] time_t 定義於 time.h 中，通常在 Linux 系統中，是被定義為 32 位元或 64 位元的整數。關於 32 位元與 64 位元的整數可參考本書第 3 章。
[9] 在 C 語言中，NULL 是一種特別的數值，代表沒有數值的意思。

現在 lucky 的數值是一個介於 0 到 RAND_MAX 的整數值了。接下來要解決的問題是，LuckyNumber.c 要求的是一個介於 0 到 9 的整數，而不是一個介於 0 到 RAND_MAX 的整數！那麼我們該如何解決這個問題呢？一個簡單的做法是讓電腦幫我們做一個除法並取其餘數，也就是把 rand() 除以 10，如此一來，其餘數必定是介於 0 到 9 之間的一個整數。

但這個做法又該如何以 C 語言來進行呢？在 C 語言中，除了基本的加減乘除外，還有一個特別的數學運算子 — 餘數運算（modulo），以 % 做為其運算符號。舉例來說，以 A%B 的意義就是 A 除以 B 的餘數。我們可修改上面的程式碼如下：

```
srand(time(NULL));
lucky = rand() % 10;
```

如此一來，變數 lucky 的數值就會是一個介於 0 到 9 之間的整數值了（而且其值每次執行都不相同）。

最後，讓我們把上面的程式碼片段加到 LuckyNumber.c 的 process 階段中，同時也別忘記載入所需的標頭檔，Example 2-2 列出了完整的 LuckyNumber.c 程式碼。

Example 2-2：印出一個隨機的Lucky Number　　Location:/Examples/ch2　Filename: LuckyNumber.c

```
1   // 載入標頭檔
2   #include <stdio.h>
3   #include <stdlib.h>
4   #include <time.h>
5
6   int main()
7   {
8       // 變數宣告
9           int lucky;
10
11      // input 階段
12
13      // process 階段
14          srand(time(NULL));
15          lucky = rand()% 10;
16
17      // output 階段
18          printf("Your lucky number is %d!\n", lucky);
19  }
```

至此，LuckyNumber.c 已經依據 IPO 程式設計方法完成了程式開發。

2-2-3　終極密碼

本章最後再示範一次 IPO 程式設計，請參考以下的要求：

試寫一個 C 語言程式 GuessingNumber.c，先讓使用者輸入一個最小值與最大值，然後由程式產生一個介於兩者間的一個數字後加以輸出（該數字必須大於等於最小值並且小於等於最大值）。程式執行時的畫面可參考如下：

```
[15:17 user@ws example] ./a.out ⏎
Please △ input △ the △ minimal △ number: △ 3 ⏎
Please △ input △ the △ maximal △ number: △ 6 ⏎
Your △ lucky △ number △ is △ 5! ⏎
[15:17 user@ws example] ./a.out ⏎
Please △ input △ the △ minimal △ number: △ 13 ⏎
Please △ input △ the △ maximal △ number: △ 73 ⏎
Your △ lucky △ number △ is 23! ⏎
[15:17 user@ws example]
```

其實這個程式就好像「終極密碼」遊戲一樣，由出題者提示答案的範圍，然後由猜題者（也就是電腦）來猜答案是什麼？本書後續在第 7 章，將會有一個完整版的終極密碼程式供讀者參考（程式演練 9），但此時 GuessingNumber.c 程式只是簡單地讓使者輸入最小值與最大值，然後輸出一個介於兩者間的隨機數而已。

首先讓我們以 IPO 分析這個程式的要求：

❖ I：要求使用者輸入兩個整數，一個是最小值，另一個是最大值；

❖ P：想辦法產生一個介於最小值（含）與最大值（含）之間的隨機數；

❖ O：把那個變數加以輸出。

接著放入更多細節：

❖ I：要求使用者輸入兩個整數，一個是最小值，一個是最大值；

　■ 以 scanf() 取得最小值，放到變數 min 中

　■ 以 scanf() 取得最大值，放到變數 max 中

❖ P：想辦法產生一個介於最小值（含）與最大值（含）之間的隨機數；

　■ 以目前時間設定亂數種子數

　■ 想辦法產生一個介於 min（含）與 max（含）間的隨機數，並將其數值放入變數 guess

❖ O：把 guess 變數加以輸出。

　■ 輸出 "My guess is *guess*"，其中 *guess* 為變數 guess 的數值

我們還可以再詳細一點，把目前已經學會的 C 語言程式語法加到 IPO 分析中：

❖ I：要求使用者輸入兩個整數，一個是最小值，另一個是最大值；
- scanf("%d", &min);
- scanf("%d", &max);

❖ P：想辦法產生一個介於最小值（含）與最大值（含）之間的隨機數；
- 以目前時間設定亂數種子數
  - srand(time(NULL));
- 想辦法產生一個介於 min（含）與 max（含）間的隨機數，並將其數值放入變數 guess
  - guess = 介於 min（含）與 max（含）的隨機數

❖ O：把 guess 變數加以輸出。
- printf("My guess is %d!\n", guess);

我們接著將標頭檔載入（header file inclusion，以 H 做為標記）以及變數的宣告（variable declaration，以 V 做為標記）也加入其中，並放入適當的程式碼：

❖ H：
- #include <stdio.h>
- #include <stdlib.h>
- #include <time.h>

❖ V：
- int guess;
- int min;
- int max;

❖ I：要求使用者輸入兩個整數，一個是最小值，另一個是最大值；
- scanf("%d", &min);
- scanf("%d", &max);

❖ P：想辦法產生一個介於最小值（含）與最大值（含）之間的隨機數；
- 以目前時間設定亂數種子數
  - srand(time(NULL));
- 想辦法產生一個介於 min（含）與 max（含）間的隨機數，並將其數值放入變數 lucky
  - guess = 介於 min 與 max 的隨機數

❖ O：把 guess 變數加以輸出。
- printf("My guess is %d!\n", guess);

在上述的分析中，絕大部份都是已經可以直接加入到終端機模式程式的 IPO 架構裡的程式碼，現在只剩下如何產生介於 min 與 max 的隨機數這個問題。讓我們先假設 min 與 max 的數值分別為 3 與 6（意即所要產生的隨機數就必須是 3, 4, 5, 6 這 4 個數字中的其中一個），我們可以先使用 max-min+1 得出介於 min 與 max 間的數字個數，例如 6-3+1=4，代表介於 3 到 6 的數字共有 4 個；接著再以 rand()%4 得到介於 0 到 3 間的數字，再將其加上最小值 3 後，就可以得到範圍介於 3 到 6 的數值了！因此，我們可以將產生介於 min 與 max 的隨機數的程式碼表示如下：

```
guess = min + (rand()%((max-min)+1));
```

至此，guess 變數就成為了介於 min 到 max 間的隨機數（亂數）了！將這個程式碼寫入我們的 IPO 分析中，並且也順便加入提示使用者輸入的提示字串：

❖ H：
  ■ #include <stdio.h>
  ■ #include <stdlib.h>
  ■ #include <time.h>
❖ V：
  ■ int guess;
  ■ int min;
  ■ int max;
❖ I：要求使用者輸入兩個整數，一個是最小值，另一個是最大值；
  ■ printf("Please input the minimal number: ");
  ■ scanf("%d", &min);
  ■ printf("Please input the maximal number: ");
  ■ scanf("%d", &max);
❖ P：想辦法產生一個介於最小值（含）與最大值（含）之間的隨機數；
  ■ 以目前時間設定亂數種子數
    ● srand(time(NULL));
  ■ 想辦法產生一個介於 min（含）與 max（含）間的隨機數，並將其數值放入變數 guess
    ● guess = min+(rand()%(max-min+1));
❖ O：把 guess 變數加以輸出。
  ■ printf("My guess is %d!\n", guess);

只要把這個 IPO 分析的結果套用在終端機模式程式的 IPO 架構中，GuessingNumber.c 就可以輕易地完成，其完整程式碼如下：

Example 2-3：印出一個介於最小值與最大值之間的隨機數

Location:/Examples/ch2
Filename:GuessingNumber.c

```c
1   // 載入標頭檔
2   #include <stdio.h>
3   #include <stdlib.h>
4   #include <time.h>
5
6   int main()
7   {
8   // 變數宣告
9       int guess;
10      int min;
11      int max;
12
13  // Input 階段
14      printf("Please input the minimal number: ");
15      scanf("%d", &min);
16      printf("Please input the maximal number: ");
17      scanf("%d", &max);
18
19  // Process 階段
20      srand(time(NULL));
21      guess = min+rand()%(max-min+1);
22
23  // Output 階段
24      printf("My guess is %d!\n", guess);
25  }
```

看完了本章所介紹的 Area.c、LuckyNumber.c 以及 GuessingNumber.c 後，相信你應該已經可以掌握基本的 IPO 程式設計方法了。

CH2 本章習題

程式練習題

1. 請設計一個 C 語言的程式（檔名為 DoMath.c），讓使用者依序輸入兩個變數 x 與 y 的數值，計算 2x + 3y 的結果後加以輸出。本題的輸出結果可以參考如下：

```
[9:19 user@ws hw] ./a.out ⏎
Please △ input △ x: △ 3 ⏎
Please △ input △ y: △ 5 ⏎
( △ 2x △ + △ 3y △ ) △ = △ 21. ⏎
[9:19 user@ws hw] ./a.out ⏎
Please △ input △ x: △ 10 ⏎
Please △ input △ y: △ 12 ⏎
( △ 2x △ + △ 3y △ ) △ = △ 56. ⏎
[9:19 user@ws hw]
```

2. 請設計一個 C 語言的程式（檔名為 YearConvert.c），用以轉換西元年為民國年。此程式的執行結果可參考以下的輸出內容：

```
[9:19 user@ws hw] ./a.out ⏎
Please △ input △ a △ year △ in △ AD: △ 2021 ⏎
AD △ 2021 △ is △ ROC △ 110. ⏎
[9:19 user@ws hw] ./a.out ⏎
Please △ input △ a △ year △ in △ AD: △ 1992 ⏎
AD △ 1992 △ is △ ROC △ 81. ⏎
[9:19 user@ws hw] ./a.out ⏎
Please △ input △ a △ year △ in △ AD: △ 2050 ⏎
AD △ 2050 △ is △ ROC △ 139. ⏎
[9:19 user@ws hw]
```

3. 請設計一個 C 語言程式，其檔名為 ShowRandMax.c，將 rand() 函式所可以產生的最大隨機數（又稱為亂數）加以輸出。其輸出結果可參考以下的內容：

```
[9:19 user@ws hw] ./a.out ⏎
The △ maximum △ random △ number △ is △ 2147483647. ⏎
[9:19 user@ws hw]
```

4. 請設計一個 C 語言的程式（檔名為 Dice.c），模擬丟擲一顆骰子的結果（1 點到 6 點），其輸出結果可以參考以下的內容：

```
[9:19 user@ws hw] ./a.out ⏎
Throwing △ the △ dice.... △ 6! ⏎
[9:19 user@ws hw] ./a.out ⏎
Throwing △ the △ dice.... △ 1! ⏎
[9:19 user@ws hw] ./a.out ⏎
```

```
Throwing△the△dice....△2!↵
[9:19 user@ws hw]
```

5. 請設計一個 C 語言的程式（檔名為 TwoDice.c），模擬丟擲兩顆骰子的結果，並
　　將此兩顆骰子的點數相加，其輸出結果可以參考以下的內容：

```
[9:19 user@ws hw] ./a.out↵
Throwing△two△dice...↵
One△dice△shows△2△and△another△dice△shows△6.↵
The△total△score△is△2△+△6△=△8.↵
[9:19 user@ws hw] ./a.out↵
Throwing△two△dice...↵
One△dice△shows△3△and△another△dice△shows△4.↵
The△total△score△is△3△+△4△=△7.↵
[9:19 user@ws hw]
```

6. 請設計一個 C 語言的程式（檔名為 Volume.c），讓使用者輸入一個長方體的長
　　（length）、寬（width）與高（height）（以 cm 為單位，且假設輸入值皆為大於 0
　　的正整數），然後計算並輸出該長方體的體積，其輸出結果可以參考以下的內
　　容：

```
[9:19 user@ws hw] ./a.out↵
Please△input△the△length:△5↵
Please△input△the△width:△6↵
Please△input△the△height:△4↵
The△volume△is△5△x△6△x△4△=△120.↵
[9:19 user@ws hw] ./a.out↵
Please△input△the△length:△10↵
Please△input△the△width:△12↵
Please△input△the△height:△40↵
The△volume△is△10△x△12△x△40△=△4800.↵
[9:19 user@ws hw]
```

7. 請設計一個 C 語言的程式（檔名為 Price.c）讓使者輸入產品的價格（price）及
　　購買的數量（quantity），假設使用者所輸入的值皆為大於 0 的正整數，請計算消
　　費者購買產品的總價後輸出，其執行結果可參考以下的內容：

```
[9:19 user@ws hw] ./a.out↵
Please△input△the△price:△50↵
Please△input△the△quantity:△6↵
The△total△price△is△300.↵
[9:19 user@ws hw] ./a.out↵
Please△input△the△price:△18↵
Please△input△the△quantity:△2↵
The△total△price△is△36.↵
[9:19 user@ws hw]
```

8. 請設計一個 C 語言的程式（檔名為 Rand2Num.c）讓使者輸入一個介於 0 至 100 的整數 A，然後產生一個介於 0 至 A（包含 0 與 A）以及 A 至 100（包含 A 與 100）間的兩個隨機數（又稱為亂數），其執行結果可參考以下的內容：

```
[9:19 user@ws hw] ./a.out⏎
Please △ input △ an △ integer △ (0-100): △ 50 ⏎
Your △ inputed △ integer △ is △ between △ 13 △ and △ 75. ⏎
[9:19 user@ws hw] ./a.out⏎
Please △ input △ an △ integer △ (0-100): △ 82 ⏎
Your △ inputed △ integer △ is △ between △ 38 △ and △ 97. ⏎
[9:19 user@ws hw] ./a.out⏎
Please △ input △ an △ integer △ (0-100): △ 0 ⏎
Your △ inputed △ integer △ is △ between △ 0 △ and △ 39. ⏎
[9:19 user@ws hw] ./a.out⏎
Please △ input △ an △ integer △ (0-100): △ 100 ⏎
Your △ inputed △ integer △ is △ between △ 78 △ and △ 100. ⏎
[9:19 user@ws hw]
```

9. 請設計一個 C 語言程式（檔名為 Reverse.c），讓使用者輸入為一個兩位數（該數字大於等於 10，並且小於等於 99），將其十位數與個位數交換後加以輸出，其執行結果可參考如下：

```
[9:21 user@ws hw] ./a.out⏎
Please △ input △ a △ two-digit △ number △ (10-99): △ 53 ⏎
The △ reversed △ number △ is △ 35. ⏎
[9:21 user@ws hw] ./a.out⏎
Please △ input △ a △ two-digit △ number △ (10-99): △ 19 ⏎
The △ reversed △ number △ is △ 91. ⏎
[9:21 user@ws hw]
```

提示：C 語言可以使用除法 / 以及餘除 % 來取得兩個整數相除的商及餘數

10. 請設計一個 C 語言程式（檔名為 Feet.c），讓使用者分別輸入在籠子內雞與兔子的數量，計算並輸出籠內的動物總共有幾隻腳（每隻雞有兩隻腳，兔子則有四隻腳），其執行結果可參考如下：

```
[9:21 user@ws hw] ./a.out⏎
How △ many △ chickens △ in △ the △ cage? △ 5 ⏎
How △ many △ rabbits △ in △ the △ cage? △ 3 ⏎
There △ are △ 22 △ feet △ in △ the △ cage. ⏎
[9:21 user@ws hw] ./a.out⏎
How △ many △ chickens △ in △ the △ cage? △ 7 ⏎
How △ many △ rabbits △ in △ the △ cage? △ 6 ⏎
There △ are △ 38 △ feet △ in △ the △ cage. ⏎
[9:21 user@ws hw]
```

❖ 本章還有更多程式練習題，請參考光碟中名為「補充程式練習題」的 PDF 檔案。

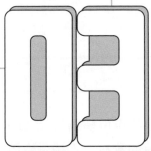

CHAPTER

變數、常數與資料型態

　　程式設計主要的目的是為了解決問題，而大多數的問題都與資料處理相關。在 C 語言中，資料可以使用變數（variable）或常數（constant）來表示，並進行相關的運算或處理。依據資料特性的不同，C 語言又將資料區分為不同的資料型態（data type），例如數值可以分為整數與實數等。本章將就記憶體定址、C 語言的資料型態、變數與常數的宣告及初始化做一說明。

3-1
記憶體定址

　　記憶體（memory）是儲存資料的硬體元件，其最小的單位稱為位元（bit，又常寫做小寫的 b），也就是儲存一個二進制的 0 或 1 的空間。所有的資料（不論是數值、文字符號或程式指令）都是由一系列的 0 與 1 所構成，例如 00010100 可表示一個英文字母 A 或是數值 20。我們將 8 個連續的位元稱為一個位元組（byte，又常寫做大寫的 B），並以 1024（也就是 2^{10}）做為進位基準，例如 1024 個位元組等於 1KB、1024KB 等於 1MB、…，表 3-1 列出了常用的記憶體空間單位，請讀者自行參考。

表 3-1：常見的記憶體單位

記憶體單位	縮寫	空間大小
Bit 位元	b	僅可存放一個 0 或 1 的最小記憶體單位
Byte 位元組	B	1 byte = 8 bits = 2^3 bits
Kilobyte 仟位元組	KB	1 KB = 1024 bytes = 2^{10} bytes
Megabyte 百萬位元組	MB	1 MB = 1024 KB = 2^{20} bytes
Gigabyte 十億位元組	GB	1 GB = 1024 MB = 2^{30} bytes
Terabyte 兆位元組	TB	1 TB = 1024 GB = 2^{40} bytes
Petabyte 仟兆位元組	PB	1 PB = 1024 TB = 2^{50} bytes
Exabyte 百京位元組	EB	1 EB = 1024 PB = 2^{60} bytes
Zettabyte 十垓位元組	ZB	1 ZB = 1024 EB = 2^{70} bytes
Yottabyte 秭位元組	YB	1 YB = 1024 ZB = 2^{80} bytes

　　我們可以對記憶體中的資料進行存取的操作，其中所謂的「存」即為「寫入（write）」之意，是將資料放在特定記憶體位置（該位置上原有的內容將會被取代）；至於所謂的「取」即是「讀取（read）」之意，是將特定記憶體位置內的資料取回（該位置上原有的內容不會被改變），以便進行後續的處理。而為了要讓我們能夠指定所要存取的記憶體位置，電腦系統以位元組（byte）為單位，將其空間加以編號 — 稱為記憶體定址（memory addressing）。換句話說，在記憶體中的每一個位元組，都擁有一個獨一無二的位址編號，以便讓我們可以指定存取特定的位置 — 此編號被稱為「記憶體位址（memory address），其值從 0 開始逐位元加一。以現今電腦系統常見的 8GB 記憶體空間為例，其擁有 2^{33}（也就是 8,589,934,592）個位元組 [1]，所以其位元組的記憶體位址就會從 0 開始，一直編號到 8,589,934,591。當然，電腦系統只能處理二進制的數值，所以 8GB 的記憶體，其位元組的編號應該表達為從 $(0)_2$ 到 $(11111111111111111111111111111111)_2$；不過為了便利起見，我們通常會使用更為精簡的 16 進制來表達，也就是從 0x0 到 0x1ffffffff。

目前大部份的作業系統都是使用 48 位元（也就是 6 個位元組）做為記憶體位址，其定址空間（也就是可以編號的範圍）從 $(00000000\ 00000000\ 00000000\ 00000000\ 00000000\ 00000000)_2$ 開始，到 $(11111111\ 11111111\ 11111111\ 11111111\ 11111111\ 11111111)_2$ 為止，也可以 16 進制表達為從 0x000000000000 到 0xffffffffffff；更具體來說，48 位元的記憶體定址可以表達從 0 到 2^{48}-1，共 2^{48} 個不同的位元組，最多可支援到 256TB 的記憶體空間，足供目前以及未來很長一段時間的所需。

最後還要為讀者補充一點，雖然目前使用的是 48 位元的記憶體定址，但其實作業系統已為記憶體位址配置了 64 個位元（也就是 8 個位元組），只不過目前僅使用其中的 48 位元而已。

🌐 資訊補給站　為何我買的硬碟容量與在電腦上所顯示的不同？

很多人在購買硬碟（或隨身碟產品）時，應該都有這個經驗：在產品上所標示的容量與電腦系統上所顯示的容量並不一致！這個問題的原因在於廠商通常都是選擇使用名為 Systéme International d'Unités（SI，國際單位制）[2] 的度量衡標準來計算其產品容量。由於 SI 是使用 1000 做為進位基準，這和我們在表 3-1 當中所看到的電腦系統使用 1024（也就是 2^{10}）做為進位基準並不相同。所以站在廠商的角度來看 1KB=1000 B、1MB=1000 KB、1GB=1000 MB、1TB=1000 GB …，但是從電腦系統的角度來看 1KB=1024 bytes、1MB=1024 KB、1GB=1024 MB、1TB=1024 GB …；舉例來說，一個廠商所販售的 1TB 硬碟，其容量換算為位元組後，應為：

$$1TB = 1000GB$$
$$= 1000 \times 1000\ MB$$
$$= 1000 \times 1000 \times 1000\ KB$$
$$= 1000 \times 1000 \times 1000 \times 1000\ B$$
$$= 1,000,000,000,000\ B$$

1　8GB 記憶體空間可計算為 $8 \times 1024MB = 8 \times 1024 \times 1024KB = 8 \times 1024 \times 1024 \times 1024B = 2^3 \times 2^{10} \times 2^{10} \times 2^{10}B = 2^{33}B = 8,589,934,592B$。

2　SI 度量衡標準通常又被稱作公制。

若使用 1024 為進位基準再加以換算，其在電腦系統上所顯示的實際容量應為：

1,000,000,000,000 B = (1,000,000,000,000 / 1024) KB

= (976,562,500 / 1024) MB

= (953674.316406 / 1024) GB

= (931.322574615 / 1024) TB

= 0.90949470177 TB

　　有沒有發現其實際容量比起廠商所標示的少了將近 10%，這個差距不可謂不大！為了避免消費糾紛，現在廠商在販售相關產品時，都會清楚地[3]標示其所使用的進位基準，而且近年來也已經有些廠商開始使用「足斤足兩」的 1024 做為進位基準！下次買東西時可要睜大眼睛，看清楚廠商所使用的計算方式為何？才不會花錢當了冤大頭！

3-2 變數與記憶體位址

　　在本書第 2 章中，我們已經粗略地介紹了變數（variable）與記憶體位址（memory address）的關係，只不過當時我們只是簡單的以 100、200 與 300 等 10 進制的整數代表變數的記憶體位址，經過上一節的討論後，讀者應該已經瞭解一個記憶體位址實際上應該是 48 位元的數值。本章將繼續為讀者更清楚地說明變數的概念，並提供更多的相關細節。

　　由於程式設計的需要，我們必須在程式執行的階段利用記憶體空間來存放一些資料，並且可以對這些資料進行運算與處理。我們將這些在程式執行階段所使用到的資料項目稱為變數，C 語言要求所有的變數必須先經過宣告後才能使用。假設我們需要在程式中處理一個整數的運算，那麼我們必須先進行以下的變數宣告（variable declaration）：

```
int x;
```

上述的程式碼宣告了一個名稱為 x 的變數，當程式被執行時，就會被分配到一個足以放置整數的記憶體空間供它使用。所謂的足夠的空間指的是存放一個整數所需的空間，其大小視作業系統而定，通常是 32 位元（bits），也就是 4 個位元組（bytes）。Example 3-1 提供了一個簡單的程式，可以幫我們印出 int 整數型態在系統中所佔用的記憶體空間。

3　使用「非常小的字體」清楚地標示在產品外包裝上的某處。

Example 3-1：印出int型態的資料佔用多少記憶體空間　Location:/Examples/ch3　Filename: IntMemSize.c

```
1  #include<stdio.h>
2
3  int main()
4  {
5      printf("An int takes %lu bits of memory.\n", sizeof(int)*8);
6  }
```

在上面這個程式中，我們是使用 sizeof(int) 來取得 int 整數型態所佔用的記憶體大小，由於其單位為位元組，我們必須將其乘以 8 之後，才能得到對應的位元數。另外還要注意的是 sizeof 的運算結果為 size_t 的型態，必須使用「%lu」格式指定子（format specifier）才能正確地以printf()函式輸出[4]。關於sizeof[5]更詳細的說明，可參考本書第4章中的4-8小節（第4-11頁）。

資訊補給站　size_t 型態定義

　　size_t 被設計用來表示數量、大小等資料，例如可用來表示資料型態所佔的位元組數目、或是用來統計符合條件的資料筆數等用途。事實上，size_t 並不是 C 語言所支援的資料型態，它只是在 stddef.h 裡使用 #define 所定義的型態別名：在 32 位元的作業系統中，size_t 通常被定義為 32 位元的 unsigned int；至於在 64 位元的作業系統上則被定義為 64 位元的 unsigned long int。所以你必須區分 32 位元與 64 位元的系統，分別在 printf() 函式裡使用 %u 與 %lu 來做為其對應的格式指定子（format specifier）。由於目前大多數的作業系統皆為 64 位元，本書後續將使用 %lu 做為 sizeof 的格式指定子。關於 unsigned int 與 unsigned long int，則請參考本章後續 3-4-1 節的說明。

　　在此請先編輯 IntMemSize.c 的檔案內容且加以編譯與執行，看看其輸出的結果為何？以 Mac OS 11.0.1 為例，其執行結果如下：

```
[2:27 user@ws example] ./a.out↵
An△int△takes△32△bits△of△memory.↵
[2:27 user@ws example]
```

當然，在不同作業平台上，這個程式的執行結果並不一定相同[6]。為便利起見，本章後續的例子中，皆假設一個整數是以 4 位元組（也就是 32 位元）來存放。另外，在上一章中我們暫時先以十進制的數值做為記憶體位址，以簡化我們的討論。但從此處開始，本書將使用 16 進制的數值來表示記憶體位址，而這也正是電腦系統所真正使用的方式。

4　在 32 位元的作業系統上，則應使用 %u。
5　有沒有注意到，我們是使用 sizeof 而不是使用 sizeof()? 因為 sizeof 並不是一個函式，它其實是一個如同加、減、乘、除一樣的運算子而已，請參考 4-8 節取得更多說明。
6　在一些早期的系統上，一個 C 語言的 int 整數通常是 16 位元；反觀在較先進的系統上，int 整數也有可能被設計為 64 位元。

讓我們假設程式已經開始執行，並且變數 x 所需的記憶體空間被配置在 0x7ffff34fff00 記憶體位址 [7]，那麼程式的符號表（symbol table）內容為：

表 3-2：符號表內容範例

符號（Symbol）	型態（Type）	記憶體位址（Memory Address）
x	int	0x7ffff34fff00

當中記載了一個名為 x 的符號（symbol），其型態為 int，並且存放於從 0x7ffff34fff00 位址起始的連續 4 個位元組（由於符號表中已記載了 x 的型態為 int，故可以知道其所佔空間為 4 個位元組）。接著假設我們執行以下的程式碼：

```
x=38;
```

在執行這行程式碼時，電腦系統會檢視符號 x 所在的記憶體空間與其型態，然後將數值 38 放入對應的記憶體空間內，請參考圖 3-1：

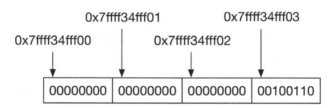

圖 3-1：使用連續 4 個位元組來存放一個整數值 38（橫式）

由於一個整數假設為 32 位元，也就是 4 個位元組，所以我們將會在 0x7ffff34fff00 至 0x7ffff34fff03 的連續 4 個位元組的記憶體空間裡，把代表 38 的二進位數值 100110 儲存在其中。通常描述記憶體空間的圖有兩種畫法，其一為圖 3-1 的橫式，或是如圖 3-2 的直式，兩者意義相同。

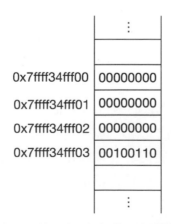

圖 3-2：使用連續 4 個位元組來存放一個整數值 38（直式）

7　此處的 0x7ffff34fff00 記憶體位址，其前綴的 0x 代表此數值為 16 進制（hexadecimal），其後所接的數值共有 12 位數；由於一個 16 進制的數值可對應為一個 4 位數的二進制數值，因此此處 12 位數的記憶體位址就是一個 48 位元的數值。

　　除卻這些細節，通常我們在設計 C 語言程式時，只需要抽像化地將變數 x 表達為記憶體中的某塊位置，不用特別去注意其所在的記憶體位置為何，圖3-3就是我們常用的思考方式。

$$x \boxed{38}$$

圖 3-3：常用的變數在記憶體中的表示法

如第 2 章中所說明過的，如果我們想要知道一個變數到底存放在哪個記憶體位址，可以使用 & 運算子[8]來取得。請參考以下的程式，它宣告了一個整數變數，並將其值以及其所在的記憶體位址都加以輸出。

Example 3-2：印出整數變數值及其記憶體位址　　Location:/Examples/ch3　Filename: ValueAndAddress.c

```
1  #include <stdio.h>
2  int main()
3  {
4      int x;
5      x=38;
6      printf("The value of x is %d.\n",x); // 印出 x 的數值
7      printf("The memory address of x is %p\n", &x); // 印出 x 所在的位址
8  }
```

請編輯 Example 3-2 的 ValueAndAddress.c 程式，並將其編譯後加以執行，看看其執行結果為何。要注意的是，在 printf() 函式中，如果想要輸出記憶體位址，其格式指定子（format specifier）為 %p，如第 7 行所示。

3-2-1　變數宣告

　　變數宣告（variable declaration）的作用，就是定義在程式中所會使用到的資料項目。我們先來看一下 C 語言用以宣告變數的語法（syntax）。請參考以下列的語法說明：

變數宣告（Variable Declaration）語法

type　variable_name $\boxed{=value}^?$ $\boxed{\boxed{,variable\_name}\boxed{=value}^?}^*$;

注意　用以表示語法的符號之意義

　　在上面的語法說明中，使用方框包裹起來的代表的是選擇性的語法單元，其後若接續星號 * 則表示該語法單元可出現 0 次或多次；問號？表示出現 0 次或 1 次。另外還有加號 + 代表其可出現 1 次或多次。後續本書將繼續使用此種表示法做為語法的說明。

8　& 運算子又稱做為 address-of 運算子（取址運算），可參考第 4 章 4-7 節（第 4-11 頁）。

其中 type 為變數的資料型態（data type）、variable_name 為變數的名稱，使用方框包裹起來的部份則是選擇性的（可以有，也可以忽略），可用以定義該變數的初始數值（initial value）。依據此處的語法定義，變數的宣告是由 type（資料型態）起頭，後續可以接一個或一個以上的 variable_name（變數名稱），但任意兩個連續的變數名稱間必須使用一個逗號「,」加以分隔；此外，在每個變數名稱後，可以使用「=value」來為變數給定初始值。由於本書到目前為止只介紹過 int 整數資料型態，所以我們將先使用 int 整數型態來示範變數的宣告，至於其他可以使用的資料型態將在本章稍後加以介紹。

請參考下面的程式碼片段，依據「type variable_name;」的語法（省略了所有選擇性的語法單元），宣告了一個名為 x 的整數變數，並且在後續設定其數值為 38。

```
int x;
  :
x=38;
```

我們也可以依據「type variable_name=value;」語法，將變數宣告與其初始數值的給定，在同一行宣告當中完成：

```
int x=38;
```

要特別注意的是，變數宣告必須要在變數初次被使用前完成，不可以在其被使用後才進行宣告。至於宣告的位置並沒有特別的規定，可以在任何地方進行宣告，只要「在變數初次被使用之前」即可。

注意　未設定初始值的變數之數值是不可知的

> 未設定初始值的變數，其數值是 unknown（未知的），在有些系統中會在配置記憶體空間時，同時將空間內的位元皆設定為 0，但有些則不會。任何一個變數都不應該在未設定數值前就將它拿來運用，否則程式執行時可能會遇到不可預期的錯誤。

依據變數的宣告語法，我們也可以同時宣告有多個相同型態的變數，例如下面的程式碼，同時宣告了三個整數變數 x、y 與 z，其中 x 不指定初始值，y 與 z 的初始值則分別為 3 與 6。要特別注意的是，在任意兩個連續的變數宣告的中間，必須使用逗號「,」將它們加以分隔。

```
int x, y=3, z=6;
```

3-2-2　變數命名規則

變數名稱（variable name）在程式語言中又被稱為識別字（identifier），用以區分在程式中不同的變數[9]。為了識別起見，每一個變數必須擁有獨一無二的變數名稱，其命名規則如下：

1. 只能使用英文大小寫字母、數字與底線 _；
2. C 語言是區分大小寫（case sensitive[10]）的程式語言，意即大小寫會被視為不同的字元；
3. 不能使用數字開頭；
4. 不能與 C 語言的保留字（reserved word）相同。

前三項規則相當容易理解，至於第四項中所謂的保留字（reserved word），又稱為關鍵字（keyword），是在程式語言中具有（事先賦予的）特定意義的文字串組合。由於每個保留字都具有事先定義好的意義與用途，因此我們在宣告變數時，不能與保留字相同。以 ANSI C（或稱為 C89）為例，共有以下 32 個保留字：

auto	extern	sizeof
break	float	static
case	for	struct
char	goto	switch
const	if	typedef
continue	int	union
default	long	unsigned
do	register	void
double	return	volatile
else	short	while
enum	signed	

由於第二項命名規則的緣故，大小寫的字元會被視為是不同的字元，因此以下宣告的變數之名稱皆是正確且被 C 語言視為是「不相同」的變數：

```
int JUN, jun, Jun, JUn, JuN, jUn, jUN, juN;
```

上面這行程式碼的變數宣告是屬於比較極端的例子，通常我們並不會像這樣宣告了 8 個不同，但卻又非常容易混淆的變數名稱；相反地，我們通常會視變數在程式中所代表的意義，為變數選擇較具有意義的變數名稱。如此才能夠讓程式碼中的變數名稱容易被理解，也可進一步提升程式碼的可讀性（readability）。

9　除了變數名稱外，另有常數（constant）及函式（function）的名稱也被稱為識別字。本書後續將會陸續加以介紹。

10　Case sensitive 直譯應為對英文字母的大小寫敏感的意思，但此處取其意譯為「區分大小寫」。

> ⊕ **資訊補給站**　程式的可讀性（Readability）
>
> 　　所謂的可讀性（readability）係指程式碼容易被理解的程度，可讀性高的程式碼，閱讀起來就像行雲流水，頃刻之間就可以完全瞭解程式的內容；相反地，可讀性低的程式碼，不但難以讓人理解，有時候甚至是原始的程式創作者自己也無法理解程式的內容。為了讓程式的可讀性提升，使用有意義的變數名稱是相當重要的，有時我們甚至會使用一個以上的英文單字為變數命名，此時可以適當地調整大小寫或加上底線，例如下面是一些正確且具有高可讀性的變數宣告：
>
> ```c
> int StudentID;                 // 學生的學號
> int FinalExamScore;            // 期末考成績
> int the_number_of_students;    // 學生的人數
> int numberCourses;             // 課程的數目
> ```

　　目前有一些用於變數命名的規則可參考，例如著名的駝峰命名法（CamelCase）與匈牙利命名法（Hungarian notation）等方法。駝峰命名法是當前主流的變數命名方法，其命名方法是直接以英文將變數的意義加以描述，因此其具備良好的可讀性。採用駝峰命名法命名方法時，每個使用到的英文單字除首字母外一律以小寫表示，且單字與單字間直接連接（不須空白），但從第二個單字開始，每個單字的首字母必須使用大寫。至於第一個單字的首字母，則依其使用大寫或小寫字母，可將駝峰命名法再分類為大駝峰命名法（UpperCamelCase）與小駝峰命名法（lowerCamelCase）兩類。例如以下的幾個命名皆屬於大駝峰命名法：

```
Number, UserInputNumber, MaxNumber, Student, FulltimeStudent, CourseTime,
CamelCase, UpperCamelCase
```

至於小駝峰命名法，請參考下列的例子：

```
amy, userName, happyStory, setData, getUserInput
```

　　目前 C 語言的程式設計師通常都是採用小駝峰命名法為變數命名，不過使用匈牙利命名法的人也不在少數（限於篇幅，關於匈牙利命名法的命名方法請自行查閱相關資料）。

3-3
常數

　　在 C 語言的程式碼中，經宣告並給定初始值後，就不再（且不允許）變更其數值的資料，就被稱為常數（constant）。

3-3-1　常數宣告

C 語言的常數宣告（constant declaration）語法如下：

常數宣告（Constant Declaration）語法

> const　type　constant_name=value ,constant_name=value *;

從上面的語法可以得知，其實常數宣告的語法就如同變數宣告一樣，只不過必須在最前面加上 const 這個保留字，並且所有常數的宣告都必須給定初始值（initial value），其「=value」不再是可省略的；但「,constant_name=value*」讓我們仍然可以選擇宣告一個或多個常數 — 將最後這部份的語法單元省略或重複多次。下面的程式碼片段，依常數宣告的語法宣告了一個名為 size 的 int 整數常數：

```
const int size=3;
```

要特別注意的是，常數一經宣告後其值不可加以改變，請參考以下的例子：

```
const int size=3;
      ⋮
size=6;
      ⋮
```

上面的程式碼正確地宣告名為 size 的整數常數，但是在後續的程式碼中卻又改變了其數值 — 要知道「常數一經宣告後，其值是不允許改變的！」，這樣一來將會導致編譯時的錯誤，你會得到「error: read-only variable is not assignable（錯誤：唯讀的變數不可以指定數值）」的錯誤訊息。

依據常數宣告的語法，你也可以一次宣告兩個以上的常數 — 只要它們的型態相同，請參考以下的例子：

```
const int width=3, height=5;
const double ratio=0.85, pi=3.1415926, avg=2.5;
```

3-3-2　常數定義

除了前述的常數宣告（constant declaration）方法外，我們還可以使用 #define 這個前置處理器指令（preprocessor directive）來定義常數的內容，其語法如下：

常數定義（Constant Definition）語法

> #define　constant_name　value

使用上面的語法，我們可以定義一個常數 PI，其值為 3.1415926：

```
#define  PI  3.1415926
```

或是定義一個名為 size 的常數，其值為 100：

```
#define  size  100
```

要特別注意的是常數定義其實不是幫我們產生一個常數，而是幫我們以代換的方式，將程式碼中特定的文字串組合改以指定的內容代替。因為在 C 語言中，以 # 開頭的指令被稱為前置處理器指令（preprocessor directive），是在程式被編譯前，由前置處理器（preprocessor）先加以執行的指令。例如我們在第 1 章曾介紹過的 #include 就是一例，它會先將指定的標頭檔（副檔名為 .h 的檔案）內容載入並加入到程式中，然後才開始進行編譯。此處所使用的「#define」也是一個前置處理器指令，同樣是由前置處理器負責處理，以下面的程式碼為例：

```
#define  PI  3.1415926

int main()
{
    int radius=5;
    float area;

    area = PI * radius * radius;
      ⋮
}
```

其中第一行所定義的 #define PI 3.1425926，會先經由前置處理器將程式碼中所有出現 PI 之處加以代換為 3.1415926 後，再進行編譯。因此，上面這段程式碼經前置處理器處理後，其送交給編譯器進行編譯的內容為：

```
int main()
{
    int radius=5;
    float area;

    area = 3.1415926 * radius * radius;
      ⋮
}
```

最後還要提醒讀者注意，前置處理器指令是專供前置處理器使用的指令，不同於 C 語言的程式敘述，在其結尾處不需要使用分號。關於前置處理器指令的更多說明，可參閱本書第 16 章。

3-4
基本資料型態

　　C 語言提供多種資料型態，包含基本資料型態（primitive data type）與使用者自定資料型態（user-defined data type）兩類。本章僅就基本資料型態進行說明，關於使用者自定資料型態請參閱本書第 12 章。

3-4-1　整數型態

　　顧名思義，整數型態（integer type）就是用以表示整數的資料型態。在 C 語言中的整數型態，是以 integer 的前三個字母 int 表示，並依其所佔用的記憶體空間以及是否使用符號位元（sign bit），還可分為 short int（短整數）、long int（長整數）以及 signed int（有符號整數）與 unsigned int（無符號整數），本節後續將提供詳細的說明。

　　在現在的電腦系統中，int 通常在記憶體中佔用 32 位元（但在一些較舊的 PC 上，int 也可能只有 16 位元；在一些新穎的先進系統上，也有可能是 64 位元），其中最左邊的位元代表正負數，稱為符號位元（sign bit），其中以 0 代表非負整數（non-negative，正整數或 0），1 則代表負整數（negative）。以 32 位元的 int 整數為例，其可表達的最大正整數為：

```
(0111 1111 1111 1111 1111 1111 1111 1111)₂
= +(2³¹-1)
= +2,147,483,647
```

　　另一方面，C 語言使用 2 補數（two's complement）來表達負數[11] — 當第 1 個位元（也就是符號位元）為 1 的時候，該數值為負值，並可經由計算其補數（將數值中的 0 變為 1，1 變為 0）後再加 1 而得。以一個數值 n 為例，若其第 1 個位元為 1，則其數值為負且可計算為「-(~n +1)」，其中 ~ 表示補數運算[12]（也就是將數值中的 0 變為 1，1 變為 0）。舉例來說，請考慮下的數值：

```
(1111 1111 1111 1111 1111 1111 1010 1001)₂
```

由於此數值的第 1 個位元（也就是符號位元）的值為 1，所以此數值為負值；接著使用以下過程計算「-（~n +1）」 — 也就是先計算其補數後再加 1，即可得到該數值為十進位的 -87：

```
- (~(1111 1111 1111 1111 1111 1111 1010 1001)₂  + (1)₂)
= -((0000 0000 0000 0000 0000 0000 0101 0110)₂  + (1)₂)
= -(0000 0000 0000 0000 0000 0000 0101 0111)₂
= -87
```

11　關於 2 補數的概念請自行參閱計算機概論或數位邏輯課程的相關書籍。
12　~ 運算又稱為 bitwise NOT 運算，請參考第 4 章 4-10 節（第 4-13 頁）。

　　另一方面，對某個已知的數值 n，可使用「~n +1」計算出其的負值，意即 -n ＝ ~n+1。以十進位的 87 爲例，-87 的二進位數值可經由以下計算得出：

```
-87=~(0000 0000 0000 0000 0000 0000 0101 0111)₂  +(1)₂
  = (1111 1111 1111 1111 1111 1111 1010 1000)₂  +(1)₂
  = (1111 1111 1111 1111 1111 1111 1010 1001)₂
```

　　在本小節前面已經提到，32 位元的最大整數值爲 +2,147,483,647，其第 1 個位元爲 0，後面接 31 個 1。讀者可能會猜測最小的負數值爲 -2,147,483,647，使用上述的方法（若 n 爲最大的正整數，那麼 -n 即爲最小的負整數，且「-n ＝ ~n+1」），可計算如下：

```
~(0111 1111 1111 1111 1111 1111 1111 1111)₂  + (1)₂
=(1000 0000 0000 0000 0000 0000 0000 0000)₂  + (1)₂
=(1000 0000 0000 0000 0000 0000 0000 0001)₂
```

此數值即爲最小的負數，你也可以再使用「-（~n + 1）」進行驗算：

```
-(~(1000 0000 0000 0000 0000 0000 0000 0001)₂  + (1)₂)
= -((0111 1111 1111 1111 1111 1111 1111 1110)₂  + (1)₂)
= -(0111 1111 1111 1111 1111 1111 1111 1111)₂
= -(2³¹-1) = -2,147,483,647
```

看起來完全正確，可惜的是這並不是 32 位元的 int 整數最小的數值！最小的整數值應該是：

```
(1000 0000 0000 0000 0000 0000 0000 0000)₂
```

我們可以驗算如下：

```
-(~)1000 0000 0000 0000 0000 0000 0000 0000)₂  + (1)₂)
= -((0111 1111 1111 1111 1111 1111 1111 1111)₂  + (1)₂)
= -(1000 0000 0000 0000 0000 0000 0000 0000)₂
= -(2³¹) = -2,147,483,648
```

因爲 -2,147,483,648 比 -2,147,483,647 還要小，它才是 32 位元的 int 整數最小的數值。

　　我們可以在整數宣告前使用 signed 與 unsigned 來表示是否使用符號位元（sign bit）─ signed 表示要使用，unsigned 表示不使用。signed 與 unsigned 除了是保留字外，我們也將其稱爲修飾字（modifier），因爲它們可以加在其他保留字的前面，用以限縮或拓展其可表達的數值範圍。因爲在預設的情況下，整數本來就會使用最左邊的符號位元（也就是預設爲具有正負號的整數），因此我們通常不需要使用 signed 修飾字；而只有在明確不想使用符號位元的情況下，才會在整數型態的宣告前加上 unsigned 保留字 ─ 也就是宣告沒有負值的整數。若整數宣告爲 unsigned int 時，整數可表達的範圍爲 0 到 2^{32}-1 = 4,294,967,295（因爲沒有負數，所以最小的數值爲 0）。

　　除了 unsigned 修飾字外，整數 int 型態還可以搭配 short 與 long 兩個修飾字，將其表達空間加以調整。假設 int 為 32 位元，那麼 short int 則為 16 位元，long int 則為 64 位元。你也可以再搭配 unsigned 修飾字一起使用，因此 C 語言一共有以下 6 種整數型態：

- ❖ 有符號整數型態（Signed integer types）
  - signed short int
  - signed int
  - signed long int
- ❖ 無符號整數型態（Unsigned integer types）
  - unsigned short int
  - unsigned int
  - unsigned long int

🌐 資訊補給站　型態也可以使用縮寫

　　我們在宣告 signed、unsigned、short 或 long 的整數變數時，除了「總是」將 signed 省略外（因為預設就會使用符號位元），有時還可以將 int 省略，例如：可以 short 來代表 short int、以 unsigned 代表 unsigned int、以 long 代表 long int、unsigned short 代表 unsigned short int，以及使用 unsigned long 代表 unsigned long int 等。請參考表 3-3 所彙整的完整與縮寫的整數型態。

表 3-3：完整及縮寫的整數型態

完整的整數型態	同義的整數型態縮寫
signed short int	signed short short int short
signed int	signed int
signed long int	signed long long int long
unsigned short int	unsigned short
unsigned int	unsigned
unsigned long int	unsigned long

1.　記憶體空間

　　參考 Example 3-1 的 IntMemSize.c，下面的程式使用 sizeof 將各種整數所佔用的記憶空間輸出：

Example 3-3：印出各種整數型態所佔用的記憶體空間 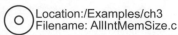 Location:/Examples/ch3
Filename: AllIntMemSize.c

```c
1   #include<stdio.h>
2
3   int main()
4   {
5       printf("List all integer data types and their memory size (type:bits)\n");
6       printf("short int:%lu\n", sizeof(short)*8);
7       printf("int:%lu\n", sizeof(int)*8);
8       printf("long int:%lu\n", sizeof(long int)*8);
9       printf("unsigned short int:%lu\n", sizeof(unsigned short int)*8);
10      printf("unsigned int:%lu\n", sizeof(unsigned int)*8);
11      printf("unsigned long int:%lu\n", sizeof(unsigned long int)*8);
12  }
```

這個程式在 Mac OS 11.0.1 的執行結果如下：

```
[2:29 user@ws example] ./a.out ⏎
List △ all △ data △ types △ and △ their △ memory △ size △ (type:bits) ⏎
short △ int:16 ⏎
int:32 ⏎
long △ int:64 ⏎
unsigned △ short △ int:16 ⏎
unsigned △ int:32 ⏎
unsigned △ long △ int:64 ⏎
[2:29 user@ws example]
```

你應該將上面這個程式在你的開發環境上執行，以得知各種整數型態所佔用的記憶體空間
— 因為記憶體空間決定了該型態可以表達的數值範圍！有時甚至決定了程式的正確與否！

2.　數值範圍

如果想要知道您所使用的系統上，各種整數資料型態的最小值與最大值，可以使用在
limits.h 標頭檔中的常數與巨集定義（macro）定義 [13]。在 limits.h 中總共定義了 9 個相關的
定義，請參考表 3-4：

表 3-4：limits.h 標頭檔定義的整數型態相關常數與巨集

常數或巨集（Constant or Macro）	說明
SHRT_MIN	short int 型態的最小值
SHRT_MAX	short int 型態的最大值
INT_MIN	int 型態的最小值
INT_MAX	int 型態的最大值

13　巨集（macro）可以想像為一個小程式，當使用特定巨集時，其對應的小程式就會被執行並傳回其執行結果
　　做為該巨集的值。關於巨集更多的說明，請參考本書第 16 章。

常數或巨集（Constant or Macro）	說明
LONG_MIN	long int 型態的最小值
LONG_MAX	long int 型態的最大值
USHRT_MAX	unsigned short int 型態的最大值
UINT_MAX	unsigned int 型態的最大值
ULONG_MAX	unsigned long int 型態的最大值

　　你可以使用上述 9 個常數與巨集，印出各個整數資料型態的最大值與最小值，請參考下面這個程式：

Example 3-4：印出各種整數型態可表示之範圍

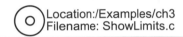
Location:/Examples/ch3
Filename: ShowLimits.c

```c
1  #include <stdio.h>
2  #include <limits.h>
3
4  int main()
5  {
6      printf("short int [%d, %d]\n",SHRT_MIN, SHRT_MAX);
7      printf("int [%d, %d]\n", INT_MIN, INT_MAX);
8      printf("long int [%ld, %ld]\n", LONG_MIN, LONG_MAX);
9      printf("unsigned short int [0, %u]\n", USHRT_MAX);
10     printf("unsigned int [0, %u]\n", UINT_MAX);
11     printf("unsigned long int [0, %lu]\n", ULONG_MAX);
12 }
```

請先計算一下各種型態的整數的最大值與最小值為何？然後編譯並執行 Example 3-4 的 ShowLimits.c 這個程式，看看執行結果是否與你計算的結果一致。

⊕ 資訊補給站　unsigned int 與 long 的格式指定子

　　在 Example 3-4 的 ShowLimits.c 程式裡，我們在 printf() 函式裡使用了 %u、%ld 以及 %lu 等 format specifier，其所代表的數值型態如下：

%u：unsigned int

%ld：long int

%lu：unsigned long int

以 64 位元的 Mac OS 11.0.1 為例，各整數型態的數值範圍如表 3-5：

表 3-5：64 位元 Mac OS 系統上的整數型態數值範圍

型態（Type）	最小值（Minimal Value）	最大值（Maximal Value）
short int	-32768	32767
int	-2147483648	2147483647
long int	-9223372036854775808	9223372036854775807
unsigned short int	0	65535
unsigned int	0	4294967295
unsigned long int	0	18446744073709551615

3. 數值表達

除了宣告變數為某種型態外，我們也可以直接在程式碼中使用整數數值。本節將說明各種型態的整數數值表示方法，其中依所使用的進位系統可分成十進制（decimal）、二進制（binary）、八進制（octal）與十六進制（hexadecimal）等四種表示法：

❖ 十進制（decimal）
- 除正負號外，以數字 0 到 9 組成，除了數值 0 之外，不可以 0 開頭，例如：0, 34, -99393 皆屬之。

❖ 二進制（binary）
- 除正負號外，僅由數字 0 與 1 組成，必須以 0b（零 b）開頭，例如：0b0, 0b101, 0b111 皆屬之。

❖ 八進制（octal）
- 除正負號外，僅由數字 0 到 7 組成，必須以 0（零）開頭，例如：00, 034, 07777 皆屬之。

❖ 十六進制（hexadecimal）
- 除正負號外，由數字 0 到 9 以及字母 (大小寫皆可)a 到 f 組成，必須以 0x 或 0X 開頭，例如：0xf, 0xff, 0X34A5, 0X3F2B01 皆屬之。

我們還可以在數值後面加上 L(或 l)、U(或 u)，強制將該數值視為 long 型態或是 unsigned 型態，甚至兩者也可以混合使用以表示 unsigned long 型態，例如：13L, 376l, 0374L, 0x3ab3L, 0xfffffUL, 03273LU 等皆屬之。

4. 輸入與輸出

除了本書已經介紹過的 %d、%u、%ld、%lu 等適用於整數型態的格式指定子外，C 語言還有 %o 與 %x 這兩個格式指定子用以表示八進制與十六進制的整數數值，請參考表 3-6 的彙整：

表 3-6：適用於整數型態的格式指定子

格式指定子（Format Specifier）	意義	備註
%d	十進制的整數	
%o	八進制的整數	
%x	十六進制的整數	
%u	unsigned 整數	
%h	short 型態的整數	可在 %d, %u, %o 與 %x 前加上 h 搭配使用
%l	long 型態的整數	可在 %d, %u, %o 與 %x 前加上 l 搭配使用

　　我們可以使用 scanf() 函式與 printf() 函式，配合格式指定子來取得或輸出特定的整數型態的數值。請參考 Example 3-5 的 GetAndShowIntegers.c 程式範例，示範如何取得各種型態的整數，並且加以輸出：

Example 3-5：取得並輸出整數在各種進制下的數值

Location:/Examples/ch3
Filename: GetAndShowIntegers.c

```
1   #include <stdio.h>
2
3   int main()
4   {
5       int x;
6       short int y;
7       long int z;
8
9       printf("Please input an integer: ");
10      scanf("%d",&x);
11
12      printf("%d_decimal = %o_octal = %x_hexadecimal.\n", x, x, x);
13
14      printf("Please input a short integer in octal: ");
15      scanf("%ho",&y);
16      printf("%hd_decimal = %ho_octal = %hx_hexadecimal.\n", y, y, y);
17
18      printf("Please input a long integer in hexadecimal: ");
19      scanf("%lx",&z);
20      printf("%ld_decimal = %lo_octal = %lx_hexadecimal.\n", z, z, z);
21  }
```

此程式的執行結果，可參考以下的顯示畫面：

```
[2:25 user@ws example] ./a.out ⏎
Please △ input △ an △ integer: △ 100 ⏎
100_decimal △ = △ 144_octal △ = △ 64_hexadecimal. ⏎
Please △ input △ a △ short △ integer △ in △ octal: △ 0734 ⏎
```

```
476_decimal △=△734_octal △=△1dc_hexadecimal.↵
Please △ input △ a △ long △ integer △ in △ hexadecimal: △ 0xff32↵
65330_decimal △=△177462_octal △=△ff32_hexadecimal.↵
[2:25 user@ws example]
```

3-4-2　浮點數型態

顧名思義，浮點數型態（floating type）就是用以表示小數的資料。在 C 語言中有 3 種浮點數的型態：float、double 與 long double，分別是實作自 IEEE 753-1985 標準[14] 當中的單精確度、倍精確度與擴充精確度：

❖ float：單精確度浮點數（single-precision floating-point）
❖ double：倍精確度浮點數（double-precision floating-point）
❖ long double：擴充精確度符點數（extended-precision floating-point）

一般而言，float 型態適用於對小數的精確度不特別要求的情況，例如體重計算至小數點後兩位、學期成績計算至小數點後一位等情況。而 double 則用在重視小數精確度的場合，例如台幣對美金的匯率、工程或科學方面的應用等。至於 long double，則提供更進一步的精確度，但一般較少使用。

1.　記憶體空間

下面這個程式，使用 sizeof 來幫助我們印出在你使用的系統中，C 語言的 float、double 與 long double 分別佔用多少記憶體空間：

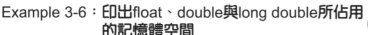

Example 3-6：印出float、double與long double所佔用的記憶體空間　　Location:/Examples/ch3　Filename: FloatingType MemorySize.c

```
1   #include <stdio.h>
2
3   int main()
4   {
5       printf("A float number takes %lu bits of memory.\n",
6               sizeof(float)*8);
7       printf("A double number takes %lu bits of memory.\n",
8               sizeof(double)*8);
9       printf("A long double number takes %lu bits of memory.\n",
10              sizeof(long double)*8);
11  }
```

14　請參考 IEEE Standard for Floating-Point Arithmetic（IEEE 753-2008）。

⊕ **資訊補給站** ▎過長的程式碼可以換行後再繼續

　　當你所撰寫的程式碼超過了文字編輯軟體一行可以顯示的字數上限時，雖然程式仍能正確地編譯與執行，但你也可以使用「Enter」來適度地換行，讓程式碼可以在同一個畫面中閱讀。例如在 Example 3-6 中的 FloatingType MemorySize.c 中的第 5 行到第 10 行間，共有三個 printf() 的敘述超過了一行；這是因為它們的內容過長，無法在同一個畫面內顯示其全部的內容，因此我們選擇在換行後繼續其內容。但是請不用擔心，這並不會在編譯時造成錯誤。事實上，C 語言的程式碼是以分號「;」做為一行程式碼的結束。所以，那怕你用了很多行才寫完一個程式的敘述，只有在其分號出現時，才算是一個 C 語言的敘述結束。

　　Example 3-6 的 FloatingTypeMemorySize.c 使用了 sizeof(type) 來取得各種浮點數型態所佔用的記憶體空間，當然這在不同的作業環境中其值不一定會相同。以 Mac OS 11.0.1 為例，其執行結果如下：

```
[2:51 user@ws example] ./a.out ⏎
A △ float △ number △ takes △ 32 △ bits △ of △ memory. ⏎
A △ double △ number △ takes △ 64 △ bits △ of △ memory. ⏎
A △ long △ double △ number △ takes △ 128 △ bits △ of △ memory. ⏎
[2:51 user@ws example]
```

2. 精確度與數值範圍

　　由於在不同平台上，浮點數型態（floating type）的實作差異甚大，在 C 語言的標準中並沒有規範 float、double 與 long double 到底該提供多少的精確度。本節以 IEEE 753-1985 標準為依據，將浮點數的數值範圍與精確度做一整理，請參考表 3-7。

表 3-7： IEEE 753-1985 標準的浮點數型態數值範圍與精確度

型態 （Type）	最小的正值（Minimal Postitive Value）	最大值（Maximal Value）	精確度（Precision）
float（單精確度）	1.17549×10^{-38}	3.40282×10^{38}	小數點後 6 位
double（倍精確度）	2.22507×10^{-308}	1.79769×10^{308}	小數點後 15 位

如果需要更準確的資訊，則可以參考 C 語言所提供的 float.h 標頭定義檔中的相關常數與巨集，這些常數與巨集是與平台相關（platform-dependent）[15] 的定義，你可以透過這些常數與巨集取得在你的作業平台上的浮點數之數值範圍及精確度等資訊。

　　在實作上，C 語言將一個浮點數以下列方式表達：

```
(sign) mantissa × base^exponent
```

---

15 與平台相關（platform-dependent）係指與所使用的作業平台或作業系統相關，意即在不同環境中這些浮點數相關的定義之數值可能會不同。

其中 sign、mantissa、base 與 exponent 分別表示：

❖ sign（正負符號）：用以決定此數值為正數或負數。

❖ mantissa（尾數）：又稱為有效數（significand）

❖ base（基底）:定義指數的基底,以 2 表示二進制（binary）、10 表示十進制（decimal）或 16 表示十六進制（hexadecimal）。

❖ exponent（指數）：指數值，其值可為正或負的整數。

舉例來說，一個浮點數 123.84923 可以使用這種方式表達為：

```
123.84923 = + 1.2384923 × 10²
```

其中這個浮點數的 sign 為「+」、mantissa 為 1.2384923、base 為 10 以及 exponent 為 2。讓我們再看看另一個例子：

```
-0.0012384923 = - 1.2384923 × 10⁻³
```

此浮點數的 sign 為「-」，且其 mantissa 與 base 仍為 1.2384923 與 10，至於 exponent 則為 -3。這兩個例子主要的目的是幫助你瞭解 C 語言用以表達浮點數的方法，其中都是以 10 做為基底（base），因此又被稱為科學記號表示法（scientific notation）。不過在大部份的 C 語言實作版本中，浮點數都是使用 2 做為指數的基底，這兩個例子只是為了說明方便起見，才選用 10 作為基底。

有了前述的基礎知識後，現在可以透過定義在 float.h 中的相關常數與巨集來瞭解在你的作業平台上的浮點數數值範圍與精確度等資訊。在 float.h 中定義了以下幾個與浮點數的精確度及其數值範圍的常數與巨集，其中以 FLT 開頭的為 float 相關的定義、DBL 開頭的為 double 相關定義，以及 LDBL 開頭的為 long double 的相關定義：

表 3-8：定義在 float.h 中與浮點數相關的重要常數與巨集

常數或巨集 （Constant/Macro）	意義
FLT_RADIX	此巨集定義了 C 語言用以做為基底的數值，2 表示二進制（binary）、10 表示十進制(decimal)以及 16 表示十六進制(hexadecimal)。由於效能的考量，在大部份的作業平台上，FLT_RADIX 的值為 2（意即採用二進制）。
FLT_MANT_DIG DBL_MANT_DIG LDBL_MANT_DIG	在採用 FLT_RADIX 所定義的進制做為基底時，此巨集定義了尾數（mantissa）所能使用的位數。如 FLT_RADIX 的值為 2，則此定義為尾數以二進制表達時的位數。此數值直接影響了浮點數的精確程度。
FLT_DIG DBL_DIG LDBL_MANT_DIG	定義了在採用十進制做為基底時，尾數所能使用的位數。雖然絕大部份的實作都是以二進制做為基底，但由於我們人類所慣用的進制為十進制，因此這組巨集所提供的是等價的十進制數值，可以便利我們使用。

FLT_MIN_EXP DBL_MIN_EXP LDBL_MIN_EXP	在採用 FLT_RADIX 所定義的進制做為基底時，此巨集定義了指數（exponent）的最小值。這個數值為一個負的整數，並且直接影響了浮點數所能呈現的小數點後最多的位數。
FLT_MAX_EXP DBL_MAX_EXP LDBL_MAX_EXP	在採用 FLT_RADIX 所定義的進制做為基底時，此巨集定義了指數的最大值。這個數值為一個正的整數，並且直接影響了浮點數所能呈現的小數點前最多的位數。
FLT_MIN_10_EXP DBL_MIN_10_EXP LDBL_MIN_10_EXP	在採用十進制做為基底時，此巨集定義了指數的最小值。這個數值為一個負的整數，並且直接影響了浮點數所能呈現的小數點後最多的位數。這組巨集所提供的是便利我們使用的等價之十進制數值。
FLT_MAX_10_EXP DBL_MAX_10_EXP LDBL_MAX_10_EXP	在採用十進制做為基底時，此巨集定義了指數的最大值。這個數值為一個正的整數，並且直接影響了浮點數所能呈現的小數點前最多的位數。這組巨集所提供的是便利我們使用的等價之十進制數值。
FLT_MIN DBL_MIN LDBL_MIN	這組巨集所定義的是浮點數所能表示的最小值。
FLT_MAX DBL_MAX LDBL_MAX	這組巨集所定義的是浮點數所能表示的最大值。
FLT_EPSILON DBL_EPSILON LDBL_EPSILON	這組巨集所定義的是浮點數的誤差，其值為數值 1 以及使用浮點數所能表達的一個大於 1 的最小值之差。此值直接影響了數字的精確性。
FLT_ROUNDS	當精確度不足而需要進位時，此巨集定義了所採用的方法，其可能的數值為： -1：未知（意即沒有一定的處理方法） 0：強制捨去 1：強制進位 2：強制為正無窮大 3：強制為負無窮大

你可以將下面這個程式範例加以執行，它可以將 float.h 中的相關巨集的數值印出：

Example 3-7：印出float.h中與float、double與long double相關數值　Location:/Examples/ch3　Filename: FloatMacro.c

```
1   #include <stdio.h>
2   #include <float.h>
3
4   int main()
5   {
6       printf("FLT_RADIX = %d\n", FLT_RADIX);
7
8       printf("\nFLT_MANT_DIG = %d\n", FLT_MANT_DIG);
```

```
 9        printf("DBL_MANT_DIG = %d\n", DBL_MANT_DIG);
10        printf("LDBL_MANT_DIG = %d\n", LDBL_MANT_DIG);
11
12        printf("\nFLT_DIG = %d\n", FLT_DIG);
13        printf("DBL_DIG = %d\n", DBL_DIG);
14        printf("LDBL_DIG = %d\n", LDBL_DIG);
15
16        printf("\nFLT_MIN_EXP = %d\n", FLT_MIN_EXP);
17        printf("DBL_MIN_EXP = %d\n", DBL_MIN_EXP);
18        printf("LDBL_MIN_EXP = %d\n", LDBL_MIN_EXP);
19
20        printf("\nFLT_MAX_EXP = %d\n", FLT_MAX_EXP);
21        printf("DBL_MAX_EXP = %d\n", DBL_MAX_EXP);
22        printf("LDBL_MAX_EXP = %d\n", LDBL_MAX_EXP);
23
24        printf("\nFLT_MIN_10_EXP = %d\n", FLT_MIN_10_EXP);
25        printf("DBL_MIN_10_EXP = %d\n", DBL_MIN_10_EXP);
26        printf("LDBL_MIN_10_EXP = %d\n", LDBL_MIN_10_EXP);
27
28        printf("\nFLT_MAX_10_EXP = %d\n", FLT_MAX_10_EXP);
29        printf("DBL_MAX_10_EXP = %d\n", DBL_MAX_10_EXP);
30        printf("LDBL_MAX_10_EXP = %d\n", LDBL_MAX_10_EXP);
31
32        printf("\nFLT_MIN = %f\n", FLT_MIN);
33        printf("DBL_MIN = %f\n", DBL_MIN);
34        printf("LDBL_MIN = %Lf\n", LDBL_MIN);
35
36        printf("\nFLT_MAX = %e\n", FLT_MAX);
37        printf("DBL_MAX = %e\n", DBL_MAX);
38        printf("LDBL_MAX = %Le\n", LDBL_MAX);
39
40        printf("\nFLT_EPSILON = %f\n", FLT_EPSILON);
41        printf("DBL_EPSILON = %f\n", DBL_EPSILON);
42        printf("LDBL_EPSILON = %Lf\n", LDBL_EPSILON);
43
44        printf("\nFLT_ROUNDS = %d\n", FLT_ROUNDS);
45
46  }
```

這個程式的執行結果如下：

```
[3:11 user@ws example] ./a.out ⏎
FLT_RADIX △ = △ 2 ⏎
⏎
FLT_MANT_DIG △ = △ 24 ⏎
DBL_MANT_DIG △ = △ 53 ⏎
LDBL_MANT_DIG △ = △ 64 ⏎
⏎
FLT_DIG △ = △ 6 ⏎
DBL_DIG △ = △ 15 ⏎
```

```
LDBL_DIG △ = △ 18 ↵
↵
FLT_MIN_EXP △ = △ -125 ↵
DBL_MIN_EXP △ = △ -1021 ↵
LDBL_MIN_EXP △ = △ -16381 ↵
↵
FLT_MAX_EXP △ = △ 128 ↵
DBL_MAX_EXP △ = △ 1024 ↵
LDBL_MAX_EXP △ = △ 16384 ↵
↵
FLT_MIN_10_EXP △ = △ -37 ↵
DBL_MIN_10_EXP △ = △ -307 ↵
LDBL_MIN_10_EXP △ = △ -4931 ↵
↵
FLT_MAX_10_EXP △ = △ 38 ↵
DBL_MAX_10_EXP △ = △ 308 ↵
LDBL_MAX_10_EXP △ = △ 4932 ↵
↵
FLT_MIN △ = △ 0.000000 ↵
DBL_MIN △ = △ 0.000000 ↵
LDBL_MIN △ = △ 0.000000 ↵
↵
FLT_MAX △ = △ 3.402823e+38 ↵
DBL_MAX △ = △ 1.797693e+308 ↵
LDBL_MAX △ = △ 1.189731e+4932 ↵
↵
FLT_EPSILON △ = △ 0.000000 ↵
DBL_EPSILON △ = △ 0.000000 ↵
LDBL_EPSILON △ = △ 0.000000 ↵
↵
FLT_ROUNDS △ = △ 1 ↵
[3:11 user@ws example]
```

當然，細心的你應該已經在 Example 3-7 的 FloatMacro.c 原始程式中，發現一些過去還未使用過的格式指定子，我們將留待本節第 4 點「輸入與輸出」中再加以說明。

3. **數值表達**

浮點數數值的表達有兩種方式：

❖ 十進制（decimal）
　■ 除正負號外，以數字 0 到 9 以及一個小數點組成。
　■ 例如：0.0, 34.3948, 3.1415926, -99.393 皆屬之。
❖ 科學記號表示法（scientific notation）
　■ 由一個十進制（decimal）數字與指數（exponent）組成。
　■ 十進制數字前可包含一個正負號，數字中可包含一個小數。

- 指數表示 10 的若干次方，並接在一個 E 或 e 的後面。
- 在 E 或 e 的後面可接一個正負號，表示該次方數為正或負。
- 例如：345E0, 3.45e+1, 3.45E-5 皆屬之。

另外，C 語言默認的浮點數型態為 double，如果您要特別強制一個數值之型態為 float 或 long double，可以在數值後接上一個 F 或 L(大小寫皆可)。例如：3.45L, 3.45f 等皆屬之。

4.　輸入與輸出

適用於浮點數型態的格式指定子（format specifier），彙整於表 3-9：

表 3-9：適用於浮點數的格式指定子

格式指定子 （Format Specifier）	意義
%f	應用於 printf() 時，%f 可做為 float 與 double 型態；但應用於 scanf() 時，%f 為 float 型態。
%e	將數值表示為科學記號表示法。
%g	在 %f 或 %e 的結果中選擇較短者。
%l	應用於 scanf() 時，可做為 double 型態，並可與 %f, %e, %g 搭配，例如 %lf。
%L	long double 型態，必須與 %f, %e, %g 搭配，例如 %Le 或 %Lf。

3-4-3　字元型態

所謂的字元型態（character type）就是用以表示文字、符號等資料，在 C 語言中只有一種字元型態 — char。在不同的系統中，字元的數值可能會代表不同意義，視其所採用的字元集（character set）而定 — 現在最常使用的字元集是 ASCII（American Standard Code for Information Interchange，美國資訊交換標準碼）。ASCII 是一個使用 7 個位元的編碼，其編碼範圍從 $(0000000)_2$ 到 $(1111111)_2$，也就是從 0 到 127，讀者可參考本書附錄 C 的 ASCII 字元編碼表。本節後續將說明 char 型態的數值範圍、運算、字元表達以及其輸入與輸出方法等。

1.　數值範圍與運算

char 型態的本質即為整數型態，只不過其所佔的記憶體空間較少 — C 語言使用 8 個位元（也就是 1 個位元組）的整數值來表達一個 char 型態的字元，其中第 1 個位元為符號位元（sign bit），再加上剩下的 7 個位元後，可表達的數值範圍為 +127 ~ -128。C 語言將其中非負的整數 0 ~ 127，對應到 ASCII 字元集；剩下的 -1 ~ -128 則沒有作用。關於 ASCII 完整的字元編碼可參考本書附錄 C，其中 0~31 與 127 為不可列印字元（non-printable character），至於 32~126 則為可列印字元（printable character）：

❖ 不可列印字元（non-printable character）：主要用於早期電腦系統的數據機資料傳輸、終端機顯示、甚至是磁帶或更早期的紙卡列印等控制用途，又稱為控制字元（control character），目前大部份已不再使用；少部份仍在使用的包含數值 7 的警示音、數值 8 的倒退鍵、數值 9 的 tab 鍵、數值 10 的換行（也就是 Enter 鍵）以及數值 27 的 Escape 鍵。

❖ 可列印字元（printable character）：包含英文字母大小寫、阿拉伯數字以及標點符號、運算符號、還有 &~@#$^&*(){}\|""`>< 等特殊符號在內共 95 個「看得到」的字元，因此可列印字元又稱為可視字元（visible character）。

由於每個字元都是使用一個整數值表示（例如字元「A」的 ASCII 數值為 65、「0」為 48 等），因此 char 型態的數值又可當成整數來進行運算，例如：

```
char c;
int i;

i ='a';      // i 的值為 97
c = 65;      // c 的值為 'A'
c = c + 1;  // c 的值為 'B'
```

要特別注意的是，在 C 語言的程式中，我們要使用一組單引號「'」來將字元包裹起來。

從上面的程式碼可以得知 char 型態可以直接當成整數來使用，那麼可不可以再配合 signed 或 unsigned 修飾字使用呢？答案是當然可以，使用 signed char 可表達的範圍是 -128 到 127，unsigned char 則可以表達 0 到 255。不過 ANSI C 並沒有強制規範 char 該實作為 signed 或 unsigned 的規範，因此在不同作業系統裡平台上或不相同，例如在 x86 平台上 char 通常實作為 signed，但在 arm 平台上則通常實作為 unsigned。如果你有一些比較小的整數資料要處理時（例如是每週的工作時數、個人的身高體重等資料），哪怕是使用 short int 也要佔 16 個位元，就可以考慮改用 char 來代替 int；不過建議你應該明確地使用 signed 或 unsigned 來修飾 char 的宣告，而不要依靠在不同平台上或不相同預設值，請參考表 3-10，我們彙整了使用 char 作為整數時的相關數值範圍。

表 3-10：char 做為整數時的數值範圍

	最小值	最大值
signed char	-128	127
unsigned char	0	255

2. 字元的表達

字元的表達方法有兩種：

❖ 字元值
  ▪ 以一對單引號 ' ' 將字元放置其中。
  ▪ 例如：'A'、'4'、'x'、'&' 等皆屬之。
❖ 整數值
  ▪ 對應在 ASCII 字元集中的整數值（詳細的數值可參考附錄 C 的 ASCII 字元編碼表）
  ▪ 可以使用十進制、八進制與十六進制的整數值。
    ● 十進制：直接使用該字元對應的十進位數值即可，例如 65、97 等皆屬之。
    ● 八進制：以 \ 開頭，後面接八進制數值，但可以不使用 0 開頭，例如 \33 或 \033 皆正確。
    ● 十六進制：以 \x 開頭，後面接十六進制數值，要注意的是其數值不可超過 FF，且不需以 0x 開頭。此外，在十六進制的數值中的 A-F 可以使用大寫或小寫的英文字母。例如 \x1B 或 \x1b 都是正確的寫法。

上述的兩種方法，讀者可以自行挑選喜好的方式使用，不過通常都是使用單引號 ' ' 來標明所要使用的字元，因為這樣比使用 ASCII 數值有更好的可讀性。

但是有些字元是「不可見字元（invisible character）」，也就是在螢幕上「看不到」的字元[16]，例如「換行」、「倒退」等字元，C 語言使用特定的字元組合來加以表示 ─ 以反斜線 \ 開頭並搭配特定字元的組合，稱之為跳脫序列（escape sequence）[17]，例如前述的「換行」與「倒退」分別以 \n 及 \b 的字元組合加以表示。除此之外，還有一些字元原本在 C 語言內就具有特殊的意義，因此也必須使用跳脫序列來表示，例如原本用以框示字串內容的雙引號，就必須以 \" 表示才不會混淆，例如下面的這兩行程式：

```
printf("Hello World\n");
printf("\"Hello World\"\n");
```

其執行結果將分別印出「Hello World ⏎」與「"Hello World" ⏎」。表 3-11 彙整了一些常用的跳脫序列字元：

表 3-11：跳脫序列彙整

跳脫序列 （Escape Sequence）	意義
\a	alert(警示)，也就是以電腦系統的蜂鳴器發生警示音。
\b	backspace（倒退），其作用為讓游標倒退一格。
\n	new line（換新行），讓游標跳至下一行。

---

[16] 大部份的字元都是「可見的（visible）」，例如 'A'、'4'、'x' 與 '&' 等皆屬之；然而，此處所謂的「不可見的（invisible）字元」指得是該字元沒有「可顯示的文字符號」加以對應，例如「換行」、「倒退」等字元，其呈現的是一種「控制」的效果，而非文字符號。

[17] 跳脫序列（escape sequence）一詞由 escape（跳脫）與 sequence（序列）組成，代表了具有特殊意義且由兩個以上字元所組成的字元序列。做為字串內容的一部份，在編譯時遇到此種跳脫字元時，會先暫時「跳脫」當前的編譯工作，先將該跳脫字元轉換為「特定字元」後，再繼續原本的工作。

跳脫序列 （Escape Sequence）	意義
\r	carriage return（歸位），讓游標回到同一行的第一個位置。
\t	horizontal tab（水平定位），讓游標跳至右側的下一個定位點。
\\	backslash（反斜線），因為 escape sequence 是以反斜線開頭，所以若要輸出的字元就是反斜線時，必須使用兩個反斜線代表。
\?	輸出問號。
\'	輸出單引號。
\"	輸出雙引號。

為了幫助讀者瞭解跳脫序列的使用方式，Example 3-8 示範如何印出如表 3-11 的內容：

Example 3-8：印出常用的跳脫序列及其意義　　Location:/Examples/ch3
Filename: EscapeSequence.c

```c
 1  #include<stdio.h>
 2
 3  int main()
 4  {
 5      printf("Escape Sequence \tMeaning\n");
 6      printf("-------------------------------------------\n");
 7      printf("\t\\a\t\talert(beep, bell)\n");
 8      printf("\t\\b\t\tbackspace\n");
 9      printf("\t\\n\t\tnew line\n");
10      printf("\t\\r\t\tcarriage return\n");
11      printf("\t\\t\t\thorizontal tab\n");
12      printf("\t\\\\\t\tbackslash\n");
13      printf("\t\\\?\t\tquestion mark\n");
14      printf("\t\\\'\t\tdouble quote\n");
15      printf("\t\\\"\t\tsignle quote\n");
16      printf("-------------------------------------------\n");
17  }
```

這個程式的執行結果如下：

```
[2:29 user@ws example] ./a.out ⏎
Escape △ Sequence △|◄──────►|Meaning ⏎
|◄──────►|\a|◄────►||◄─────►|alert(beep, △bell) ⏎
|◄─────►|\b|◄────►||◄─────►|backspace ⏎
|◄─────►|\n|◄────►||◄─────►|new △line ⏎
|◄─────►|\r|◄────►||◄─────►|carriage △return ⏎
|◄─────►|\t|◄────►||◄─────►|horizontal △tab ⏎
|◄─────►|\\|◄────►||◄─────►|backslash ⏎
|◄─────►|\?|◄────►||◄─────►|question △mark ⏎
|◄─────►|\'|◄────►||◄─────►|double △quote ⏎
|◄─────►|\"|◄────►||◄─────►|signle △quote ⏎
[2:29 user@ws example]
```

3.　輸入與輸出

適用於字元型態的格式指定子（format specifier），只有一個 %c。你可以搭配 %c 於 scanf() 函式與 printf() 函式使用，以取得或輸出字元資料。例如以下的程式片段使用 scanf() 函式與 printf() 函式來取得並輸出一個字元變數 cv：

```
char cv;  ←──────   宣告一個字元變數 cv
scanf("%c", &cv)  ←──────   以 scanf() 取得使用者所輸入的字元，並存放於變數 cv
printf("%c", cv)  ←──────   輸出字元變數 cv
```

此外，你還可以使用 getchar() 函式與 putchar() 函式來取得或輸出一個字元，請參考表 3-12 與 3-13 的函式原型：

表 3-12：getchar() 的函式原型

原型 （Prototype）	int getchar(void)
標頭檔 （Header File）	stdio.h
傳回值 （Return Value）	傳回使用者所輸入的字元，但是以整數值傳回，也就是該字元所對應的 ASCII 碼數值。
參數 （Parameters）	無

表 3-13：putchar() 的函式原型

原型 （Prototype）	int putchar(int c)	
標頭檔 （Header File）	stdio.h	
傳回值 （Return Value）	傳回使用者所輸出的字元，或是當輸出失敗時傳回 EOF（一個定義於 stdio.h 中的常數，其值為 -1，用以代表錯誤的情況）[18]。	
參數 （Parameters）	名稱	說明
	c	將字元 c 加以輸出。要注意的是，這裡的參數仍然是以整數做為其型態。

下面的例子就是使用 getchar() 函式與 putchar() 函式進行字元的取得與輸出：

```
char c;  ←──────   宣告一個字元變數 c
c = getchar();  ←──────   以 getchar() 取得使用者所輸入的字元，並存放於變數 c
putchar(c);  ←──────   輸出字元變數 c
```

18　EOF 原意為 end of file，表示已經處理到檔案結束處，無法再行處理，延伸為非正常的存取情況。

注意　**小心 Enter 鍵!**

　　不論是使用 scanf() 或是 getchar() 函式來取得字元,都必須小心處理 Enter 鍵的問題!請參考以下我們分別使用 scanf() 與 getchar() 函式所寫的例子:

```
char c1, c2;                      char c1, c2;
    ⋮                                 ⋮
scanf("%c", &c1);                 c1=getchar();
scanf("%c", &c2);                 c2=getchar();
printf("c1=%c, c2=%c\n");         printf("c1=%c, c2=%c\n");
```

不論是在上面左方或右方的程式片段,它們的執行結果都是相同的 — 取得使用者所輸入的兩個字元,然後再加以輸出:

```
[2:29 user@ws example] ./a.out⏎
ab⏎
c1=a, △c2=b⏎
[2:29 user@ws example]
```

但是請注意,在上面的執行結果裡,使用者連續輸入了「ab」兩個字元後,還必須按下 enter 鍵後才能完成輸入,將「ab」傳送給程式。因此使用者所輸入給程式的字元其實是「ab⏎」,其中的「a」與「b」將分別被程式中的「scanf("%c", &1); 與 scanf("%c", &c2);」或是「c1=getchar(); 與 c2=getchar();」所讀取,並做為 c1 與 c2 的值。

　　但是在上面的程式碼裡,c1 與 c2 是分別使用兩行獨立的程式碼所取得的,所以其設計的原意應該是希望分別取得兩個字元,也就是希望使用者輸入「a⏎ b⏎」 — 先輸入一個「a」,然後用 Enter 送出,再輸入一個「b」以及一個 Enter 將它送出。讓我們來看看這樣輸入的執行結果:

```
[2:29 user@ws example] ./a.out⏎
a⏎
c1=a, △c2=⏎
⏎
[2:29 user@ws example]
```

結果只輸入完「a⏎」,程式沒等我們繼續輸入就直接完成輸出了 — 其所輸出的結果是「c1=a, c2=⏎」。對照程式中的「scanf("%c", &1); 與 scanf("%c", &c2);」或是「c1=getchar(); 與 c2=getchar();」,你會發現其實當我們輸入「a⏎」後,一方面字元「a」透過 Enter 鍵送出給程式由 c1 接收,但另一方面,其實 Enter 鍵「⏎」則成為了第 2 個輸入的字元,並且由 c2 所接收。因此程式的執行結果就與我們所預期的結果不同。

為了解決此問題，我們可以將程式修改如下（所增加的程式碼以方框加以標示）：

```
char c1, c2;                    char c1, c2;
    ⋮                               ⋮
scanf("%c", &c1);               c1=getchar();
getchar();                      getchar();
scanf("%c", &c2);               c2=getchar();
getchar();                      getchar();
printf("c1=%c, c2=%c\n");       printf("c1=%c, c2=%c\n");
```

只要像上面這樣，在取得一個字元之後，立刻使用一個「getchar();」來將前面所「遺留」下來的 Enter 鍵處理掉，如此一來程式就可以正常執行了！其執行結果如下：

```
[2:29 user@ws example] ./a.out ⏎
a ⏎
b ⏎
c1=a, △c2=b ⏎
[2:29 user@ws example]
```

除了這種「取得字元輸入後，立刻再以一個 getchar() 函式來處理 Enter 鍵」的方法以外，我們也將在本書第 5 章 5-3-6 節介紹另外幾種處理的方法，請參考 5-18 頁。

3-5 資料型態轉換

如果在程式碼中，我們想要把某個數值之型態加以轉換，只要在想要轉型的數值前加上一組括號「( )」，並在括號中指定欲轉換的型態即可，例如：

```
int x;
long int y;

y=(long)x;          ← 強制將 x 轉換為 long int
y = (long)(x+837);  ← 強制將 x + 837 轉換為 long int
x=(int)y;           ← 強制將 y 轉換為 int
```

我們把此種對數值進行強制的型態轉換（casting）稱為顯性轉換（explicit conversion）或顯性轉型（explicit casting）[19]，是在程式設計時常用的技巧，本書後續亦會在相關的程式範例中加以說明。但本節先提供兩個簡單的相關應用：

19　顯性（explicit）表示是由程式設計師所強制要求的轉換，若是依據程式語言的語法及語意所自動進行的型態轉換，則稱為隱性轉換（implicit conversion）。

(1) 將 sizeof 轉換爲 int 整數：sizeof 可計算資料型態所佔的記憶體空間（如 Example 3-1、Example 3-3 與 Example 3-6），但因爲其運算結果爲 size_t 型態 — 定義在 stddef.h 標頭檔裡，在 64 位元的作業系統上，size_t 是被定義爲 unsigned long int[20]。請參考本章 3-4-1 節的表 3-6，你可以查到 unsigned long int 的格式指定子是 %lu，意即在使用 printf() 函式輸出時必須使用 %lu 才能正確地處理，例如以下的程式碼利用 sizeof 將 size_t 型態的記憶體大小印出：

```
printf("The memory size of size_t is %lu bytes.\n", sizeof(size_t));
```

當然，如果你所使用的是 32 位元的作業系統，size_t 的型態則爲 unsigned int，所以程式碼必須改爲：

```
printf("The memory size of size_t is %u bytes.\n", sizeof(size_t));
```

在此我們提供另一種以顯性轉換（explicit conversion）的方式，將其進行型態的轉換，就可以使用 %d 做爲其格式指定子加以輸出了，請參考下面的例子（請注意其中方框之處）：

```
printf("The memory size of size_t is %d bytes.\n", (int) sizeof(size_t));
```

當然，這種「將 unsigned long int（或 unsigned int）轉換爲 int 型態」的做法存在著一種風險 — 當原始數值很大的情況下，轉換爲相對表達範圍較小的型態時，其數值有可能變得不正確。假設要轉換的 unsigned long int 型態的數值原本就已經大於 2147483647（32 位元的 int 型態所能表達的最大值），那麼當我們將其轉換爲 int 型態後，由於沒有足夠的記憶體空間來表達該數值，因此就會發生「溢位（overflow）」的問題，轉換後的數值不但不正確而且還會變成負數！不過對於 sizeof 而言，將其結果轉換爲 int 並不會有任何問題，因爲不論是變數或是資料型態，其所佔的記憶體大小通常並不會如我們擔心的大於 2147483647 這個數字（這個數字大約等於 2GB）！

(2) 將變數的記憶體位址轉爲整數：本節的最後將示範如何使用資料型態的轉換，將變數的記憶體位址做爲亂數的種子數，以避免使用 time(NULL) 函式的缺點[21] — 因爲在同一秒內執行的程式，其所產生的亂數皆相同（因爲其種子數都相同）。本書第 2 章已經說明過程式在執行時，因爲「隨機記憶體位址空間配置（address space layout randomization，ASLR）」的關係，程式每次執行時所配置的位置都不相同（且無法預測），所以我們也可以利用相關的變數記憶體位址做爲亂數的種子數之用。請先參考以下的程式碼：

```
int seed; // 宣告一個變數，將其所配置到的記憶體位址轉爲 10 進制後輸出
printf("%lu\n", (unsigned long)&seed );
```

20　爲增進程式可讀性與可移值性，C 語言事先定義了一些型態別名（type alias），在不同平台下其所對應的型態或有不同。

21　詳見本書第 2 章 2-2-2 節。

此處我們宣告了一個名為 seed 的變數，並將它所配置到的記憶體位址轉換為 unsigned long 型態後加以輸出，其執行結果如下（以下結果僅供參考，實際數值依作業系統及實際執行情況不同或有差異）：

```
[2:29 user@ws example] ./a.out ⏎
140732714040008 ⏎
[2:29 user@ws example] ./a.out ⏎
140732826630856 ⏎
[2:29 user@ws example] ./a.out ⏎
140732808841928 ⏎
[2:29 user@ws example] ./a.out ⏎
140732878068424 ⏎
[2:29 user@ws example]
```

你應該可以發現，此程式每次執行的結果，其所顯示的變數記憶體位址（此例已轉成十進位的整數）都不相同，而且難以預測（哪怕是在同一秒內執行多次，其值仍不相同）！因此，我們將可以使用以下的方式，完成亂數種子數的給定：

```
int seed; // 宣告一個變數，並利用該變數的記憶體位址做為種子數
srand((unsigned long)&seed);
```

3-6
常值

本章介紹了變數、常數以及各種 C 語言支援的基本資料型態，且針對每一種各種不同資料型態數值的表達方式提供了說明。其實，在程式中出現的各種數值，又被稱為「常值（literal）」，例如整數的 3、-100、0 等、浮點數的 3.14159、2.5L、3.45f 等、字元的 'A'、'4'、'x' 等，分別為不同資料型態常值的例子。由於我們早已經在程式中使用過常值（在本書過往的程式中所使用過的數值都是常值），所以本節將不提供相關的常值使用範例。

另一方面，由於在程式編譯時，編譯器會依據常值的內容，自行判斷其型態並為其配置適當的記憶體空間，但就如同常數（constant）一樣，其內容在程式執行的過程中不會（也不能）被改變，因此常值又被稱為常值常數（literal constant）。Example 3-9 將幾個不同常值所被配置的記憶體空間大小輸出：

Example 3-9：印出常值所佔用的記憶體空間大小　　　Location:/Examples/ch3
Filename: Literal.c

```
1   #include <stdio.h>
2
3   int main()
4   {
5       printf("Literal 1 is allocated %lu bytes of memory.\n", sizeof(1));
6       printf("Literal 'A' is allocated %lu bytes of memory.\n", sizeof('A'));
7       printf("Literal 3.14 is allocated %lu bytes of meomry.\n", sizeof(3.14));
8       printf("Literal 3.14f is allocated %lu bytes of memory.\n", sizeof(3.14f));
9   }
```

此程式的執行結果如下：

```
[2:29 user@ws example] ./a.out ⏎
Literal △ 1 △ is △ allocated △ 4 △ bytes △ of △ memory. ⏎
Literal △ 'A' △ is △ allocated △ 4 △ bytes △ of △ memory. ⏎
Literal △ 3.14 △ is △ allocated △ 8 △ bytes △ of △ meomry. ⏎
Literal △ 3.14f △ is △ allocated △ 4 △ bytes △ of △ memory. ⏎
[2:29 user@ws example]
```

從執行結果可看出，常值 1 與 'A' 分別會被視爲 int 整數與 char 字元型態，所以都被配置了
4 個位元組；至於浮點數常值 3.14 與 3.14f 則分別被視爲 double（C 語言預設的浮點數型態）
與 float（因爲在 3.14 後面所使用的 f 表示此常值型態爲 float）型態，所以分別被配置了 8
個與 4 個位元組。

3-7
程式設計實務演練

還記得我們在第 2 章所介紹的 IPO 程式設計模型嗎？從本章開始，我們將視情況在每
一章末提供一些 IPO 程式設計方法的練習，以幫助讀者累積相關的程式開發經驗，本章將
先以兩個簡單的例子開始。

程式演練 1

十進制轉換八進制與十六進制

請使用 C 語言設計一個工具程式，讓使用者輸入一個數字（十進制），然後將這個
數字轉換成八進制與十六進制後輸出。

在開始之前，我們先為這個程式命名，由於此程式是提供數字系統轉換的功能，因此筆者建議可以取「Number」與「Convert」、「Converter」或是「Conversion」等詞的組合，例如「ConvertNumber.c」、「Number_Converter.c」或是「NumberConversion.c」都是不錯的命名。但是或許是受到早期電腦系統的檔案名稱有著「8.3」[22] 的限制，所以許多人（尤其是早期的程式設計師）在命名時，會選擇使用縮寫或是有創意的方式進行命名，使其能滿足「8.3」的限制，例如「NumConvt.c」或是「ConvtNum.c」等。請自行為這個程式命名，並慢慢開始建立你自己的習慣吧！（沒有偏好或習慣的命名方法的程式設計師不能算是個真正的程式設計師，因為這表示你寫得程式可能還不夠多！）

接下來，我們利用 IPO 模型為這個程式進行分析：

❖ I：要求使用者輸入一個數字；
❖ P：將使用者輸入的數字轉換成八進制與十六進制；
❖ O：把八進制與十六進制轉換後的數字後輸出。

現在讓我們思考一個問題，在「P」的方面（也就是 process 階段），該如何將十進制的數字轉換為不同的進制呢？依照本書目前為止的進度，並沒有教到如何將十進制的數值轉換為不同進制的辦法；但是我們可以利用 printf() 函式，並搭配使用「%o」與「%x」的格式指定子來進行特定進制的輸出，請參考本章 3-4-1 之第 4 點「輸入與輸出」。因此，我們將上述的 IPO 分析修改如下：

❖ I：要求使用者輸入一個數字；
❖ P：無；
❖ O：以 printf() 函式將使用者輸入的數字以八進制及十六進制輸出。

接下來，讓我們把更多的細節放上去：

❖ I：要求使用者輸入一個數字；
  ▪ 提示字串：「Please input an integer in decimal:」
  ▪ 以整數變數 num10 存放（此命名取自 10 進制的數字之意）
❖ P：無；
❖ O：以 printf() 函式將使用者輸入的數字以八進制及十六進制輸出。
  ▪ 格式字串：「(%d)_10 = (0%o)_8 = (0x%x)_16」
  ▪ 輸出數值：num10、num10 與 num10

最後，讓我們補上 header file section 與 variable declaration section，並且將 I 與 O 的部份直接使用 scanf() 與 printf() 來表達：

❖ H：載入 stdio.h
❖ V：int num10

22　早期電腦的檔案系統有主檔名 8 個字與副檔名 3 個字的限制，所以程式的命名也必須符合此規定。

❖ I：要求使用者輸入一個數字；
  ▪ 提示字串：「Please input an integer in decimal:」
  ▪ scanf("%d", &num10)
❖ P：無；
❖ O：以 printf() 函式將使用者輸入的數字以八進制及十六進制輸出。
  ▪ printf("(%d)_10 = (0%o)_8 = (0x%x)_16\n", num10, num10, num10)

好了，現在請你把程式完成吧！並且看看其執行結果是否正確。筆者並不打算在此把完整的程式附上，因為如果已經分析到了此一地步，卻還沒有辦法寫出正確無誤的程式的話，你應該考慮重新閱讀與學習前面的章節，先把基礎打好，當你有能力完成這個程式時，再往下繼續學習吧！

程式演練 2

字元的 ASCII 碼查詢

請使用 C 語言設計一個工具程式，讓使用者輸入一個字元後，將其對應的 ASCII 編碼（含十進制及十六進制）輸出。

第二個演練，讓我們再次從程式的命名開始，由於這個程式的目的將字元轉換為對應的 ASCII 編碼，也就是進行「convert a character to ASCII code」這個動作，因此我們可以將程式命名為「ConvertCharacterToASCII.c」！這樣是不是非常清楚？可是檔名會不會太過於冗長了？其實有一個創意的命名方式可以給你參考，我們時常會在命名時將「To」與「For」以數字「2」與「4」代替，因為它們在英文的發音上十分相似。所以這個檔案可以命名為 Character2ASCII.c」或是更精簡的「Char2ASCII.c」或是符合「8.3」限制的「Ch2ASCII.c」。

接下來在 IPO 模型方面，我們先進行以下的分析：
❖ I：要求使用者輸入一個字元；
❖ P：無；
❖ O：把該字元對應的 ASCII 之十進制與十六進制輸出。

其實，這個程式與上一個程式演練一樣，在「P」方面都不需要額外的處理，可以在取得使用者輸入的字元後，直接以 printf() 函式加以輸出其對應的十進制與十六進制即可。讓我們將上面的 IPO 分析，增加更多的細節：
❖ I：要求使用者輸入一個字元；
  ▪ 提示字串：「Please input a character:」

- 以字元變數 c 存放

❖ P：無；

❖ O：把該字元對應的 ASCII 之十進制與十六進制輸出。

- 格式字串：「%c's ASCII code is (0%o)_10 or (0x%x)_16」
- 輸出數值：c, c, and c

在「I」的部份，你必須決定要使用 scanf() 函式或 getchar() 函式來完成取得使用者輸入的動作，在此兩者並沒有差異，我們建議你使用 getchar() 函式來取得。接著，我們把標頭檔的載入及變數宣告補齊：

❖ H：stdio.h

❖ V：char c

❖ I：要求使用者輸入一個字元；

- 提示字串：「Please input a character:」
- c = getchar()

❖ P：無；

❖ O：把該字元對應的 ASCII 之十進制與十六進制輸出。

- 格式字串：「%c' s ASCII code is (0%o)_10 or (0x%x)_16」
- 輸出數值：c、c 與 c

好了，至此第二個演練的說明與分析已經完成，請自行將此程式開發完成。

CH3 本章習題

程式練習題

1. 請設計一個 C 語言的程式 MaxMinIntegerType.c，將 short int、int 與 long int 等整數型態之最大值與最小值輸出，其執行結果可參考以下的畫面：

```
[9:19 user@ws hw] ./a.out ↵
short △ int: △ MAX=32767 △ MIN=-32768 ↵
int: △ MAX=2147483647 △ MIN=-2147483648 ↵
long △ int: △ MAX=9223372036854775807 △ MIN=-9223372036854775808 ↵
[9:19 user@ws hw]
```

註：上述執行結果僅供參考，實際數值視作業系統不同或有差異。

2. 請設計一個 C 語言的程式 MaxMinUInt.c，將 unsigned short int、unsigned int 與 unsigned long int 等整數型態之最大值輸出，其執行結果可參考以下的畫面：

```
[9:19 user@ws hw] ./a.out ↵
unsigned △ short △ int: △ MAX=65535 ↵
unsigned △ int: △ MAX=4294967295 ↵
unsigned △ long △ int: △ MAX=18446744073709551615 ↵
[9:19 user@ws hw]
```

註：上述執行結果僅供參考，實際數值視作業系統不同或有差異。

3. 請設計一個 C 語言的程式 MemSizeOfIntegers.c，將 short int、int 與 long int 等整數型態所佔用的記憶體空間（單位為位元組）輸出，其執行結果可參考以下的畫面：

```
[9:19 user@ws hw] ./a.out ↵
short △ int: △ memory △ space △ = △ 2 △ bytes. ↵
int: △ memory △ space △ = △ 4 △ bytes. ↵
long △ int: △ memory △ space △ = △ 8 △ bytes. ↵
[9:19 user@ws hw]
```

註：上述執行結果僅供參考，實際數值視作業系統不同或有差異。

4. 請設計一個 C 語言的程式 MemAddress.c，宣告一個 int 型態的變數並給定其初始值為 500，將該變數的數值以及其所分配到的記憶體位址（包含開始的位元組位址到結束的位元組位址）輸出，其執行結果可參考以下的畫面：

```
[9:19 user@ws hw] ./a.out ↵
An △ int △ variable △ is △ declared △ with △ value △ 500 △ and △ it △ is △ allocated △ at △ memory △ address △ 0x7ffee1d2fa6c-0x7ffee1d2fa6f. ↵
[9:19 user@ws hw]
```

註：上述執行結果僅供參考，變數實際分配到的記憶體位址將依作業系統分配而定，每次執行結果並不相同。假設你所宣告的 int 整數變數名稱為 x，那麼你可以使用 &x 來取得 x 所分配到的記憶體位址，再利用 sizeof(int) 或 sizeof(x) 來取得一個 int 整數變數所佔用的記憶體空間後，計算出所分配到的最後一個位元組的位址為何。但是記憶體位址與整數值不能直接進行運算，所以必須先將 &x 轉型讓它和 sizeof(int) 的傳回值一致，才能正確地進行運算，也就是必須將其寫做「(unsigned long)(&x)+sizeof(int)-1」才對。最後還要提醒讀者的是，此題要求輸出的是記憶體位置，因此你還必須將該整數改以 16 進位的方式輸出 — 使用 %lx 來將一個 unsigned long 的整數以 16 進制輸出。

5.　請設計一個 C 語言的程式 NumberConverter.c，要求使用者輸入一個十進制與一個八進制的整數，並將這兩個整數轉換為十六進制後輸出，其執行結果可參考以下的畫面：

```
[9:19 user@ws hw] ./a.out
Please input an integer: 100
Decimal(100)=Hexadecimal(64).

Please input an integer in octal: 77
Octal(77)=Hexadecimal(3f).
[9:19 user@ws hw]
```

6.　請設計一個 C 語言的程式 Floating.c，要求使用者輸入一個浮點數（宣告為 float 型態），並將該浮點數改以科學記號表示法（scientific notation）輸出，其執行結果可參考以下的畫面：

```
[9:19 user@ws hw] ./a.out
Please input a floating number: 321.51236
321.512360 can be represented by 3.215124e+02.
[9:19 user@ws hw]
```

7.　請設計一個 C 語言的程式 InfoFloating.c，將 float.h 中的「FLT_DIG、FLT_MIN_EXP、FLT_MAX_EXP、FLT_MIN 及 FLT_MAX」的數值輸出，其執行結果可參考以下的畫面：

```
[9:19 user@ws hw] ./a.out
FLT_DIG = 6
FLT_MIN_EXP = -125
FLT_MAX_EXP = 128
FLT_MIN = 0.000000
FLT_MAX = 3.402823e+38
[9:19 user@ws hw]
```

註：上述執行結果僅供參考，實際數值視作業系統不同或有差異。

8. 請設計一個 C 語言的程式 InfoDoubleFloating.c，將 float.h 中的「DBL_MANT_
   DIG、DBL_DIG、DBL_MIN_EXP、DBL_MAX_EXP、DBL_MIN_10_EXP、
   DBL_MAX_10_EXP、DBL_MIN 及 DBL_MAX」的數值輸出，其執行結果可參
   考以下的畫面：

```
[9:19 user@ws hw] ./a.out⏎
DBL_MANT_DIG △=△53 ⏎
DBL_DIG△=△15 ⏎
DBL_MIN_EXP△=△-1021⏎
DBL_MAX_EXP△=△1024⏎
DBL_MIN_10_EXP△=△-307⏎
DBL_MAX_10_EXP△=△308⏎
DBL_MIN△=△0.000000⏎
DBL_MAX△=△1.797693e+308⏎
[9:19 user@ws hw]
```

   註：上述執行結果僅供參考，實際數值視作業系統不同或有差異。

9. 請設計一個 C 語言的程式 ASCII.c，要求使用者輸入一個字元，並將該字元所對
   應的 ASCII 數值以十進制的整數輸出，其執行結果可參考以下的畫面：

```
[9:19 user@ws hw] ./a.out⏎
Please△input△a△character:△A⏎
ASCII△code△=△65. ⏎
[9:19 user@ws hw]
```

10. 請設計一個 C 語言的程式 ASCII2.c，要求使用者輸入一個偏移量與一個字元，
    並將偏移前與偏移後的字元與對應的 ASCII 數值以十進制的整數輸出，其執行
    結果可參考以下的畫面：

```
[9:19 user@ws hw] ./a.out⏎
Please△input△a△character△and△an△offset:△B△3⏎
66(B)+3=69(E)⏎
[9:19 user@ws hw] ./a.out⏎
Please△input△a△character△and△an△offset:△D△5⏎
68(D)+5=73(I)⏎
[9:19 user@ws hw]
```

11. 請設計一個 C 語言的程式 GetAnInteger.c，要求使用者輸入一個整數後將其輸
    出。此程式必須提供提示字串（prompt string）以提醒使用者進行輸入，該提示
    字串必須為以下內容：

```
"Please△input△an△integer:_____\b\b\b\b\b\b\b\b"
```

其執行結果可參考以下的畫面：

```
[9:19 user@ws hw] ./a.out⏎
Please△input△an△integer:△534⏎____
Your△input△number△is△534.⏎
[9:19 user@ws hw]
```

註：關於提示字串可參考本書第 2 章。

12. 請設計一個 C 語言程式 SquareMeter2Ping.c，讓使用者以平方公尺為單位輸入一
筆土地面積（可包含小數），將其轉換為對應的坪數（台灣慣用的面積單位）後
輸出。注意，此題請以 double 型態的浮點數進行計算，並以 1 平方公尺 =0.3025
坪進行計算。本題的執行結果可參考以下的畫面：

```
[9:19 user@ws hw] ./a.out⏎
Please△input△an△area△in△square△meters:△100⏎
100.000000△square△meters=30.250000△ping.⏎
[9:19 user@ws hw] ./a.out⏎
Please△input△an△area△in△square△meters:△12.5⏎
12.500000△square△meters=3.781250△ping.⏎
[9:19 user@ws hw]
```

13. 假設某社區管理費以房屋建築坪數為基準，每戶每月收取每坪 50 元的管理費；
此外，因為該社區符合新環保規範，所以內政部獎勵補助該社區每戶每平方公
尺每年 120 元的獎勵金。該社區決議將環保獎勵金於每月收取管理費時扣除。
請設計一個 C 語言程式 ManagementFee.c，幫使用者計算應繳的管理費金額。此
題如需要使用浮點數，請一律使用 double 型態，並以 1 坪 =3.3058 平方公尺進
行計算。本題的執行結果可參考以下的畫面：

```
[9:19 user@ws hw] ./a.out⏎
How△big△is△your△apartment:△100⏎
Your△management△fee△is△1694.200000.⏎
[9:19 user@ws hw] ./a.out⏎
How△big△is△your△apartment:△38.5⏎
Your△management△fee△is△652.267000.⏎
[9:19 user@ws hw]
```

❖ 本章還有更多程式練習題，請參考光碟中名為「補充程式練習題」的 PDF 檔案。

CHAPTER

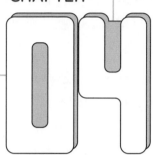

運算式

　　運算是程式設計的基礎 ─ 尤其是算術運算（arithmetic operation），許多程式的功能都是由加、減、乘、除等簡單的運算組合而成。以一個棒球電玩遊戲爲例，包含打者的打擊率、上壘率與長打率，投手的防禦率、被上壘率與三振率以及捕手的阻殺率與野手的守備率等數據，都要隨著遊戲的進程使用算術運算來計算與更新這些數據；再者，我們也需要使用算術運算來計算球從投手手中投出後的飛行路線與速度、計算打者揮棒的速度以及球棒移動的軌跡、計算兩者是否有交集？是揮空棒？還是打擊出去？就連遊戲進行時，電腦螢幕上的所有畫面與動畫的效果，也全都是算術運算的工作。

　　本章將從最基礎的運算式（expression）、運算子（operator）與運算元（operand）開始進行簡介，後續除算術運算外，我們也將針對 C 語言所支援的邏輯運算、位元運算等不同的運算式加以說明，並搭配相關的範例程式進行示範。

4-1
運算式、運算元與運算子

　　還記得本書第 1 章的 1-6-5 小節所提到的「敘述（statement）」嗎？C 語言的程式功能就是由敘述所組合而成的。本節所要介紹的運算式（expression）又被稱爲是運算敘述（expression statement），其主要的作用是負責進行程式各項相關的運算與函式呼叫。一個運算式是由運算元（operand）與運算子（operator）所組成，例如下面這一行就是一個簡單的運算式：

```
x + y;
```

其中加號「+」即爲此運算式所要進行的運算動作，我們將其稱爲運算子（operator）；至於x 與 y 則爲此加法運算的對象，稱之爲運算元（operand）。除了這個簡單的例子外，一個運算式也可以由多個運算及運算對象組成，也就是說一個運算式可以包含有多個運算子與多個運算元，並依其優先順序與關聯性加以運算。最後不要忘記我們前面剛剛提過的，運算式也是一個敘述，因此運算式也必須要以分號「;」結尾。假設有兩個變數 a 與 b，其值分別爲 3 與 5，請考慮以下的例子：

```
( a + b ) ✕ ( a - b );
```

這個運算式的執行，會先將括號中的「a+b」與「a-b」中的加法與減法的運算加以執行，得到「8 ✕（-2）」後再執行乘法「✕」運算，最後得到運算的結果爲 -16。細心的讀者應該會指出電腦鍵盤上並沒有「✕」按鍵，要如何輸入這個符號呢？沒錯，的確是沒有這個「✕」按鍵，C 語言是以星號「*」來做爲乘法的運算符號，我們會在後續再加以說明。

簡單來說，運算子為我們要進行的運算動作，運算元則為運算的對象。以下分別加以說明：

4-1-1 運算子

根據運算性質的不同，運算子（operator）可概分為算術運算子（arithmetic operator）、關係運算子（relational operator）、邏輯運算子（logical operator）等類別，本章將先針對與算術相關的運算子加以介紹。

每個運算子依其運算目的，需要不同數目的運算元才能完成其運算。一般而言，依所需的運算元數目，可將運算子區分為以下三類：

❖ 一元運算子（unary operator）：此種運算僅與一個運算元相關，例如用以表示數值的正或負的「符號」即為此種一元運算子，這個正或負的符號必須放在其運算元的左邊，例如 -3，+8 其中的「-」與「+」號皆屬於此種一元運算子。

❖ 二元運算子（binary operator）：此類運算與兩個運算元相關，常見的例如算術的四則運算，例如加法的符號為「 + 」，它必須完成將左右兩邊的值加起來的運算，例如 3+8 的運算結果為 11。有時可以有多個二元運算子組合運用，例如 3+8+6，它會由左至右，先完成 3 與 8 的加法運算，再將其運算結果 11 與 6 進行第二次的加法運算。

❖ 三元運算子（ternary operator）：此類運算與三個運算元相關，在 C 語言中僅有「?:」為三元運算子，我們將在本書第 6 章加以介紹。

在同一個運算式中，若有一個以上的運算子出現時，我們就必須依運算子的優先順序（precedence）依序執行；當然，括號的使用可以提升括號內的運算之優先順序。若遇相同優先順序的多個運算子，則依其關聯性（associativity）方向逐一加以執行。所謂的關聯性可以分成左關聯（left associativity）與右關聯（right associativity）兩種：

❖ 左關聯（left associativity）：意即在相同優先順序的情況下，由左往右加以計算，例如：「i－j－k」的執行順序應為「（i－j）－k」，也就是先執行左方的減法（也就是「i－j」），然後在將其結果與 k 進行相減。在 C 語言中，大部份的二元運算子都是屬於左關聯。

❖ 右關聯（right associativity）：與左關聯相反，右關聯是由右往左執行，例如「－＋k」會先執行最右方的「+」，然後才是左方的「－」，也就是說這個運算式會由右往左執行成為「－(＋k)」。在 C 語言中，大部份的一元運算子都是右關聯。

本書附錄B彙整了C語言運算子的關聯性及其優先順序，有需要的讀者可以自行查閱。

4-1-2　運算元

在運算式中，運算元（operand）可以是變數（variable）、常數（constant）、數值（value）以及函式（function），甚至可以是另一個運算式。例如下面的運算式：

```
123 + 456;        ← 數值 123 及 456 皆為運算元

r * 3.1415;       ← 變數 r 與數值 3.1415 皆為運算元

getchar() - 'A';  ← getchar() 函式與字元值 'A' 皆為運算元

rand()%10;        ← rand() 函式與數值 10 皆為運算元
```

其中 123、456、r、3.1415、getchar()、'A'、rand() 函式與 10 等皆為運算元，+、*、-、% 等則是運算子。

4-2
算術運算子

在 C 語言中，算術運算子（arithmetic operator）包含了基本的加、減、乘、除等四則運算，以及正、負、餘除（modulo）等運算。表 4-1 為 C 語言所支援的算術運算子：

表 4-1：C 語言的算術運算子（arithmetic operator）

運算子（Operator）	意義	一元 / 二元運算（Unary/Binary）	關聯性（Associativity）
+	正號	一元	右關聯
-	負號	一元	右關聯
+	加法	二元	左關聯
-	減法	二元	左關聯
*	乘法	二元	左關聯
/	除法	二元	左關聯
%	餘除	二元	左關聯

在表 4-1 中，前兩個運算子都是一元運算子（unary operator），其操作只需要單一個運算元（operand）即可完成，例如用以表示數值的正負的「+」與「-」。只要在運算元前加上「+」或「-」，即可用以指定運算元的正負，例如「+5」或「-x」。至於後面的幾項皆為二元運算子（binary operator），需要兩個運算元參與運算，例如加、減、乘、除等，分別以「+」、「-」、「*」與「/」表示，至於「%」被稱為「餘除」運算子，其運算結果是進行除法後的餘數。

在一個運算式中，如果出現多個運算子時，則必須依其優先順序（precedence）加以執行。如果同樣優先順序的運算子有多個時，則依其關聯性（associativity）由左至右或由右至左依序執行。當然，除了上述的規則外，我們也可以使用括號，來可以改變原本的優先順序，具體來說，括號的優先順序最高。在 C 語言中，算術運算子的優先順序如表 4-2：

表 4-2：算術運算子的優先順序

優先順序（**Precedence**）	運算子（**Operator**）
高	+ , - (unary)[1]
中	* , / , %
低	+ , - (binary)[2]

如果需要更完整的運算子優先順序與關聯性資訊，可參考本書附錄 B。

本節最後以一個範例說明算術運算子的使用：

Example 4-1：**算術運算範例**

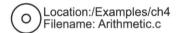
Location:/Examples/ch4
Filename: Arithmetic.c

```c
 1  #include <stdio.h>
 2
 3  int main()
 4  {
 5      int x=500;
 6      int y=120;
 7
 8      printf("x=%d and y=%d\n", x,y);
 9      printf("x+y = %d\n", x+y );
10      printf("x-y = %d\n", x-y );
11      printf("x*y = %d\n", x*y );
12      printf("x/y = %d\n", x/y );
13      printf("x%%y = %d\n", x%y );
14  }
```

在 Example 4-1 的 Arithmetic.c 中，有兩個 int 型態的變數 x 與 y，其值分別為 500 與 120；程式接著以 printf() 把 x 與 y 的加、減、乘、除以及餘除的運算結果輸出。

其執行結果如下：

```
[12:47 user@ws example] ./a.out⏎
x=500△and△y=120⏎
x+y△=△620⏎
x-y△=△380⏎
x*y△=△60000⏎
x/y△=△4⏎
x%y△=△20⏎
[12:47 user@ws example]
```

1　這裡的「+ / -」符號代表的是正負號。
2　這裡的「+ / -」符號代表的是加法與減法。

這個程式並不難瞭解，以第 9 行程式為例「printf("x + y = %d\n", x+y);」，為了要印出「x + y = 20」的結果，我們在第 9 行的程式碼中給定格式字串（format string）的內容為 "x + y = %d\n"，然後以 x+y 的運算結果來替換在格式字串中的 %d。後續第 10~13 行的做法也是類似，只是把加法換成了減法、乘法、除法與餘除等。另外請注意其中的第 13 行程式碼「printf("x %% y = %d\n", x%y);」，在 printf() 的格式字串當中出現了連續兩個百分比符號「%%」，其目的是印出一個百分比符號「%」。這是因為在 printf() 的格式字串裡，所有的格式指定子（format specifier）都是以 % 開頭，所以單一個 % 會被誤以為是格式指定子，但其內容卻不正確；因此要再多使用一個 %，才能被正確地識別為要輸出一個 %。

> **注意　除法運算常見的錯誤**
>
> 　　請仔細看一下 Example 4-1 的執行結果，有沒有發現除法的部份結果並不正確？因為 x 與 y 的數值分別是 500 與 120，x / y = 500 / 120 應該是等於 4.166667，但程式執行的結果卻是顯示 4！下面這行程式碼到底出了什麼問題？
>
> ```
> printf("x / y = %d\n", x/y );
> ```
>
> 在這裡給讀者兩個提示：
>
> 1. 因為在 printf() 函式的格式字串中，是以「%d」這個做為十進制整數的格式指定子來處理 x/y 的數值。如果想要正確地呈現浮點數的運算結果，應該要將這個格式指定子加以改變。
>
> 2. 在計算 x/y 的結果時，由於在除法「/」這個二元運算子的左右兩側都是 int 型態的數值，因此其計算結果也會「自動」地轉換為 int 型態[3]。所以原本應該是 4.166667 的值，就被轉換成為了整數 4。
>
> 　　因此，你可以考慮使用在本書 3-5 小節所提到的顯性轉換（explicit conversion）方式（請參考 3-32 頁），將 x/y 這個運算當中的某個運算元的型態進行型態轉換，以確保之運算結果能保持為浮點數的型態。例如上述的程式碼若改為（請注意其中方框的部份）：
>
> ```
> printf("x / y = %d\n", x/ (float) y );
> ```
>
> 就可以得到正確的運算結果了。
>
> 　　最後，我們可以再舉一個類似的例子：以下的程式碼使用攝氏（Celsius）轉換華氏（Fahrenheit）溫度的公式，將變數 Celsius 所代表的攝氏溫度轉換為華氏溫度：
>
> ```
> Fahrenheit = Celsius * (9/5) + 32;
> ```
>
> 很可惜上面這段程式碼並不正確！請想想看，並找出其中的錯誤為何？

3　這種情況就是隱性轉換（impilict conversion）。

4-3 賦值運算子

等號「=」在 C 語言中被稱為賦值運算子（assignment operator），用以將等號右方的數值賦與（assign[4]）給等號的左方。假設變數 length 與 width 分別代表一個形狀的長與寬，下面這行程式可以計算出該形狀的面積（以變數 area 代表）：

```
area = length * width;
```

其實很容易明瞭吧？這不就是「面積＝長 × 寬」嗎？是的，但這一行程式碼與數學上的運算並不相同！等號「＝」在數學上的意義是相等之意，意即 A ＝ B 代表 A 與 B 的數值是相等的，而且也可以改寫為 B=A；但在 C 語言中，A ＝ B 的意思是把 B 的數值賦與給 A 的意思。假設 A 與 B 的數值分別為 10 與 20，執行 A=B 的結果將會使得 A 的數值變得和 B 的數值相同（都是 20）；但執行 B=A 地結果則是讓 B 的數值變得和 A 一樣（都是 10）。

依 C 語言語法，在等號＝的左邊僅能有一個單一的變數（用以接收來自右邊的數值），右方則可以是一個運算式、變數、數值或函式呼叫，請參考以下的例子：

```
i = 5;
```
→ 讓變數 i 的數值變為 5

```
j = i;
```
→ 讓變數 j 的數值變為變數 i 的數值

```
k = 10 * i + j;
```
→ 先進行 10*i+j 的運算，再將結果做為變數 k 的數值

在使用等號進行賦值運算時，若是等號的右邊是一個運算式（就像上述例子中 10*i+j 或是 length*width），那麼就會先執行等號右邊的運算式，等到得到其運算結果以後，再將其值賦與給等號左邊的變數內。要注意的是，若等號左右兩邊的資料型態不一致時，C 語言會進行自動的隱性型態轉換（implicit conversion）。假設我們宣告兩個變數 i 與 j，分別為 int 與 float 型態，以下的程式碼故意將不同型態的值指定給這兩個變數：

```
int i;
float j;

i = 83.34f;
```
→ 將 float 型態的數值 83.34f 賦與給 int 型態的 i，其結果 i 的數值將會是 83

```
j = 136;
```
→ 將整數值 136 指定給 float 型態的 j，其結果 j 的數值將會是 j=136.0

4　其實此處的 assign 直譯應為「指定」或「指派」，但本書取其意涵譯為「賦值」。

　　另外要注意的是，賦值運算子（assignment operator）的關聯性為右關聯，所以當一個運算式中有多個等號出現時，將會依照由右往左的方向加以執行，例如：

```
i = j = k = 0;
```

等同於

```
i = ( j = ( k = 0 ) );
```

4-4 複合賦值運算子

　　有時在賦值運算子（assignment operator，也就是等號）左邊的變數，也會出現在運算式的右邊。假設變數 i 原本的數值為 3，若執行了以下的運算式：

```
i = i + 2;
```

　　其結果是會先進行等號右邊的運算，得到結果為 5 後，再將數值 5 賦與給在等號左邊的變數 i — 也就是將變數 i 的數值改變為 i+2 後的結果。

　　針對這種將某個變數的原始數值進行運算後的數值，做為其新的數值的情況，C 語言提供了複合賦值運算子（compound assignment operator），讓我們可以使用更簡單的方式來完成，例如我們可以使用「+ =」來將上面的運算式重寫為：

```
i + = 2;
```

　　我們將 C 語言所提供的複合賦值運算子整理於表 4-3，請讀者加以參考：

表 4-3：C 語言的複合賦值運算子

複合賦值運算子	意義	範例
+=	以和賦值	i+=n 等同於 i=i+n
-=	以差賦值	i-=n 等同於 i=i-n
*=	以積賦值	i*=n 等同於 i=i*n
/=	以商賦值	i/=n 等同於 i=i/n
%=	以餘數賦值	i%=n 等同於 i=i%n

　　所有的複合賦值運算子皆為二元運算子，而且都是右關聯，若是在一個運算式中出現多個複合賦值運算子時，則必須由右往左加以執行，請考慮下列的運算式：

```
i += j += k;
```

它將等同於以下的運算式：

```
i += ( j += k);
```

4-5
遞增與遞減運算子

當我們需要將某個變數 i 的數值遞增（也就是加 1）時，可以寫做「i=i+1」或是「i+=1」；除此之外，C 語言還提供「++」與「--」這兩個運算子，分別是

❖ ++：遞增運算子（increment operator），讓變數值加 1。

❖ --：遞減運算子（decrement operator），讓變數值減 1。

我們可以把「i=i+1」或「i+=1」，改寫爲「i++」，這樣同樣可以讓 i 的數值加 1；同理，「i--」則可以遞減 i 的數值。

但是比較需要注意的是，++ 與 -- 還可以選擇爲前序運算子（prefix operator）或後序運算子（postfix operator）—— 視其寫在變數的前面或後面而定。當 ++ 寫在變數的前面時，稱爲前序遞增運算子（prefix increment operator），寫在後面則稱爲後序遞增運算子（postfix increment operator）；同樣地 -- 寫在前面與後面則被稱爲前序遞減運算子（prefix decrement operator）與後序遞減運算子（postfix decrement operator）。以遞增爲例，「++i」，會先遞增 i 的數值，然後再傳回新的 i 的數值；但寫在後面時（也就是「i++」），則會先傳回 i 現有的數值，然後才將 i 的數值遞增。請考慮以下的程式碼：

```
i=1;
printf("i is %d\n", i++);
printf("i is %d\n", i);
printf("i is %d\n", i++);
printf("i is %d\n", ++i);
```

其執行結果如下：

```
i△is△1↵
i△is△2↵
i△is△2↵
i△is△4↵
```

現在，讓我們來仔細想想爲什麼會是這樣的結果：在第 1 個 printf() 函式裡，我們要印出的是 i++ 的數值，由於此時 ++ 放在後面，所以回先將 i 原本的數值 1 提供給 printf() 加以列印，然後才進行數值的遞增，因此會得到「i△is△1↵」的輸出結果，但此時 i 的數值已經變爲 2。接下來的第 2 個 printf() 函式，就把數值已經變爲 2 的 i 加以輸出。至於第 3 行的

i++，則會先印出 i 原本的數值 2，然後再加 1 成為 3。最後第 4 行的 ++i，則會先將數值為 3 的變數 i 加 1 成為 4，然後才加以輸出。

　　最後要提醒讀者，在 C 語言中並沒有「**」、「//」與「%%」運算子，只有「++」與「--」。

4-6 逗號運算子

　　在 C 語言的運算式中還可以使用一種較為特殊的運算子 ─ 逗號運算子（comma operator），它可以將多個運算式分開並依序由左至右進行運算（換句話說逗號運算子是一個左關聯的運算子），並且將左側的運算結果加以忽略，僅保留最右邊的運算結果做為此運算式的結果。請參考以下的 Example 4-2：

Example 4-2：逗號運算子範例　　　　　　　　　　　Location:/Examples/ch4
　　　　　　　　　　　　　　　　　　　　　　　　　　Filename: Comma.c

```
1   #include <stdio.h>
2
3   int main()
4   {
5       int x=3, y=2, z=0;
6       z=( x+=2, y=x*2);
7       printf("x=%d, y=%d, z=%d\n", x, y, z);
8   }
```

　　在 Example 4-2 的 Comma.c 中，首先宣告了三個 int 整數變數，分別是 x、y 與 z，其初始值分別為 2、3 與 0。接下來第 6 行的「z = (x+=2, y=x*2);」，可視為「z = (something);」的運算式，其中的 something 就是含有逗號運算子的「x+=2, y=x*2」運算式。由於在逗號左右兩邊的運算式將會依序由左至右加以執行。因此會先執行左邊的「x+=2」運算，使 x 的值成為 5；然後再執行「y=x*2」，使 y 的值等於 x 的兩倍 ─ 也就是 10。然後將此運算結果（在含有逗號的運算式中最右側的運算結果，也就是本例中的 y=x*2 的結果 10），做為整個逗號運算式的運算結果，並將其給定到等號的左邊，也就是做為 z 的值。此程式的執行結果如下：

```
[12:47 user@ws example] ./a.out ⏎
x=5, △y=10, △z=10 ⏎
[12:47 user@ws example]
```

4-7
取址運算子

　　取址運算子（address-of operator）是一個使用「&」做為運算符號的一個右關聯的一元運算子，可以讓我們取得運算元所在的記憶體位址 ─ 也就是運算元所被配置到的記憶體空間的起始位址[5]。不論是變數或常數、甚至是函式，只要是在程式執行時配置有記憶體位址的都可以透過取址運算子「&」來取得記憶體位址。在語法上，做為一個右關連的一元運算子，「&」必須寫在其運算元的左方（就像正、負號一樣），請參考以下的程式片段：

```
int x;
const int y;
printf("The memory address of variable x is %p.\n", &x);
printf("The memory address of constant y is %p.\n", &y);
printf("The memory address of function printf() is %p.\n", &printf );
```

在上面的程式碼中，為了要能夠使用 printf() 函式印出記憶體位址，我們使用了 %p 做為格式指定子，其執行結果如下：

```
The△memory△address△of△variable△x△is△0x7ffee1c536b8.⏎
The△memory△address△of△constant△y△is△0x7ffee1c536b4.⏎
The△memory△address△of△function△printf()△is△0x7fff6313a550.⏎
```

由執行結果可看出，使用「&」運算子可以取得包含變數、常數與函式的記憶體位址[6]。不過要在此提醒使用者，每次程式在執行時其所配置到的記憶體位置並不會相同，因此上述的執行結果僅供參考，其所印出的記憶體位址會依實際執行結果而有所不同。

4-8
sizeof 運算子

　　sizeof 運算子存在的目的是讓我們可以取得特定「變數」或「資料型態」所佔的記憶體空間大小。從 C 語言的語法來看，sizeof 是一個很有趣的例子，它看起來很像函式（function），但其實是個運算子 ─ 搭配單一運算元的一元運算子，其使用語法如下：

sizeof 使用語法

| sizeof variable_name | (variable_name) | (type_name); |

5　至於所配置的記憶體空間的大小，則可以由下一節所介紹的 sizeof 運算子取得。
6　關於函式的記憶體位址，可參考本書第 15 章 15-5 節。

> **注意**　**表示 or（或者）的語法符號**
>
> 　　在上面的語法說明中，我們使用「|」符號表示 or（或者），意即在其左右兩側的語法構件中進行二擇一的選擇。後續本書將繼續使用此種表示法做為語法的說明。

　　做為一個一元運算子，sizeof 必須寫在其運算元的左方。在上述的語法定義中，sizeof 的運算元共有三個選擇：「variable_name」、「(variable_name)」與「(type_name)」，其中 variable_name 與 type_name 分別代表的是變數名稱與資料型態的名稱。依語法來看，sizeof 後面必須接它們三者之一（因為在 sizeof 的語法規則中使用了兩個「|」符號，所以就是進行三選一的意思）。若要使用 sizeof 來取得一個變數所佔用的記憶體空間大小，那麼前兩個「variable_name」與「(variable_name)」選擇都可以；換句話說，使用 sizeof 取得變數的記憶體空間大小時，只要後面接著 variable_name 即可，不論有或沒有括號皆可。例如「sizeof x」與「sizeof(x)」都可以取得變數 x 所佔用的記憶體空間大小。至於資料型態所佔用的記憶體空間大小，依據語法一定要記得在 type_name 的前後加上括號，例如 sizeof(unsigned short int)。

　　在 sizeof 所傳回的記憶體空間大小方面，其單位是位元組（byte），型態則是 size_t。如同我們在第 3 章 3-2 節所說明過的，在 32 位元的作業系統中，size_t 通常被定義為 32 位元的 unsigned int；至於在 64 位元的作業系統上則被定義為 64 位元的 unsigned long int。由於目前大部份的個人電腦都是安裝 64 位元的作業系統，本節後續將 unsigned long int 為主。請參考第 3 章 3-4-1 節的表 3-6，你可以查到 unsigned long int 的格式指定子是 %lu，意即在使用 printf() 輸出時必須使用 %lu 才能正確地處理。由於記憶體空間大小通常不需要使用到 unsinged long int 那樣大的範圍，因此也可以型態轉換來將 sizeof 的結果改為一般的 int 整數型態，例如「(int)sizeof(x)」會將變數 x 所佔用的記憶體空間大小轉換為 int 型態的整數，如此一來就可以使用 %d 加以輸出。請參考以下的範例：

Example 4-3：sizeof 運算子範例　　　　　　　　　○ Location:/Examples/ch4
Filename: Sizeof.c

```
1   #include <stdio.h>
2
3   int main()
4   {
5       int x,y;
6
7       printf("The size of variable x is %lu bytes.\n", sizeof x);
8       printf("The size of variable y is %d bytes.\n", (int)sizeof(y));
9       printf("The size of a long int is %lu bytes.\n", sizeof(long int));
10      printf("The size of a float is %lu bits.\n", sizeof(int)*8);
11  }
```

此程式的第 7 行是使用 sizeof 語法的第一種型式（在 sizeof 後不使用括號，直接接一個變數）的例子 — 在 printf() 函式裡使用 %lu 做為格式指定子，將「sizeof x」的計算結果（也就是變數 x 所佔的記憶體空間大小）印出。第 8 行的「(int)sizeof(y)」則是加上括號的第二種型式，並且使用 (int) 進行型態轉換後，使用 %d 做為 printf() 函式的格式指定子後輸出。第 9 行與第 10 行則是第三種型式的例子，將資料型態以一組括號包裹起來；其中第 10 行還在取得 int 型態所佔用的空間大小後，繼續進行乘法的運算，將 sizeof(int) 的結果再乘上 8，計算出對應的位元數後輸出。此程式的執行結果如下：

```
[12:47 user@ws example] ./a.out ↵
The△size△of△variable△x△is△4△bytes. ↵
The△size△of△variable△y△is△4△bytes. ↵
The△size△of△a△long△int△is△8△bytes. ↵
The△size△of△a△float△is△32△bits. ↵
[12:47 user@ws example]
```

4-9
關係與邏輯運算子

所謂的關係運算子（relational operator）是用以比較兩個數值間的關係，例如大於 >、小於 < 等運算。至於邏輯運算子（logical operators）則是對數值進行 Boolean 值的運算，包含 AND、OR、XOR（exclusive or）與 NOT。不論是關係或是邏輯運算子，通常都和 C 語言的條件判斷敘述結合使用，因此本章將略過此部份，完整的說明及程式範例請讀者參考本書第 6 章的 6-1 節。

4-10
位元運算子

位元運算子（bitwise operator）是針對二進位數值所進行的運算[7]，包含了位元位移（bitwise shift）以及 AND、OR、XOR（exclusive or）與 NOT（又稱為補數，complement）等運算 — 由於有些位元運算與上一小節所介紹的邏輯運算子（logical operator）名稱完全相同，為了易於區別起見，後續本書將在位元運算的名稱前冠以 bitwise 以示區別，例如 bitwise AND、bitwise OR 與 bitwise XOR 等。表 4-4 為 C 語言所支援 bitwise operator（位元運算子）：

---

[7]　位元運算通常涵蓋於計算機概論或數位邏輯設計等課程，本節僅提供程式設計的示範，相關細節請自行參閱相關書籍。

表 4-4：C 語言的位元運算子（bitwise operator）

運算子 （Operator）	意義	一元 / 二元運算 （Unary/Binary）	關聯性 （Associativity）
<<	左移	二元	左關聯
>>	右移	二元	左關聯
&	bitwise AND	二元	左關聯
|	bitwise OR	二元	左關聯
^	bitwise XOR	二元	左關聯
~	bitwise NOT（補數）	一元	右關聯

　　在表 4-4 中，位元位移（bitwise shift）是將二進位數值進行左移（left shift）或右移（right shift）的運算，其因位移後產生的空位一律以 0 填補。由於二進位的左移與右移運算，就等同於將數值乘以 2 與除以 2 的運算，所以也常被用以代替乘法與除法的算術運算[8]。例如將十進位的數值 18 進行左移一位，會將其二進位的數值 $(10010)_2$ 變爲 $(100100)_2$，也就是十進位的 36；若是再左移一位，則會變爲 $(1001000)_2$，也就是十進位的 72。另一方面，若是將十進位的 18 右移一位，則會將其二進位的數值 $(10010)_2$ 變爲 $(1001)_2$，也就是十進制的 9。事實上，對一個二進位的數值進行左移或右移的操作，就等同於將該數值進行乘法與除法的操作 — 每左移一位等於乘以 2，每右移一位則等於除以 2。C 語言的左移與右移運算子分別是 << 與 >> ，使用時在運算子左方接要進行位移的數值，並在右方接要位移的位數（也就是要位移的次數）。請參考以下的程式片段：

```
printf("18<<2=%d\n18>>1=%d\n", 18<<2, 18>>1);
```

在此片段中的「18<<2」就是將 18 進行左移兩位的運算，也就等於是進行兩次的乘以 2 的運算；至於「18>>1」則是將 18 進行右移一位的運算，等於進行一次除以 2 的運算。此程式的執行結果如下：

```
18<<2=72 ↵
18>>1=9 ↵
```

　　除了位移以外，C 語言還支援位元邏輯運算子（bitwise logical operator）對數值進行的 bitwise AND、bitwise OR、bitwise XOR 與 bitwise NOT 等運算[9]，請參考表 4-5，其列示了位元邏輯運算子的運算結果：

8　位移運算的效率比起算術運算的乘法與除法效率高得多，因此左移與右移常被用來進行乘 2 與除 2 的運算。

9　這些位元運算請自行參閱計算機概論或數位邏輯等相關書籍，本書在此僅說明 C 語言程式的應用。

表 4-5：邏輯運算子的運算結果

X	Y	bitwise NOT (～ X)	bitwise AND (X & Y)	bitwise OR (X | Y)	bitwise XOR (X^Y)
0	0	1	0	0	0
0	1		0	1	1
1	0	0	0	1	1
1	1		1	1	0

從表 4-5 可得知，bitwise NOT 的運算子符號爲 ～，其所進行的是將二進位數值裡的 0 變爲 1、1 變爲 0 的運算，也就是所謂的補數（complement）運算，例如十進位的 87 的二進位數值爲：

```
87=(0000 0000 0000 0000 0000 0000 0101 0111)₂
```

若對其進行 bitwise NOT 的運算，其結果如下：

```
~87 =(1111 1111 1111 1111 1111 1111 1010 1000)₂
```

由於該數值的第 1 個位元(也就是 sign bit)爲 1，表示此數值爲負數，依照本書第 3 章 3-4-1 小節（第 3-13 頁）所介紹的方法，其值可經由計算其 2 補數（先計算補數再加 1）得到：

```
-(~(1111 1111 1111 1111 1111 1111 1010 1000)₂  + (1)₂)
= -((0000 0000 0000 0000 0000 0000 0101 0111)₂  + (1)₂)
= -(0000 0000 0000 0000 0000 0000 0101 1000)₂
= -88
```

事實上，對於任意一個整數 n 進行 ～ 補數運算，則其值將會變成 −(n+1)。

至於剩下的 bitwise AND、OR 與 XOR 方面，其運算子符號分別爲 & 、| 與 ^ [10]。依據表 4-5，當兩個位元 X 與 Y 進行 AND 位元運算時，只有在 X 與 Y 都爲 1 的情況下，其運算結果爲 1，其餘情況皆爲 0；若 X 與 Y 所進行的是 OR 運算，那麼只要 X 或 Y 兩者其中之一爲 1（兩者皆爲 1 也符合），其運算結果爲 1，否則爲 0 ― 換句話說，只要 X 與 Y 不是兩者皆爲 0，則其運算結果就爲 1。至於 XOR 運算，則是所謂的 exclusive or（互斥的 OR 運算），只有在 X 與 Y 兩者的值不相同時，其運算結果爲 1，否則爲 0。

請參考以下的 bitwise AND、bitwise OR 與 bitwise XOR 的例子：

```
            (0000 0000 0000 0000 0100 0100 0101 0111)₂
            (0000 0000 0000 0000 0011 0100 0101 1000)₂
bitwise AND ------------------------------------------
            (0000 0000 0000 0000 0000 0100 0101 0000)₂
```

10　& 與 ^ 分別位於鍵盤上方與數字鍵 7 和 6 所共用的位置，至於 | 則是在 Enter 鍵上方與反斜線共用的位置。

```
          (0000 0000 0000 0000 0100 0100 0101 0111)₂
          (0000 0000 0000 0000 0011 0100 0101 1000)₂
bitwise OR ----------------------------------------
          (0000 0000 0000 0000 0111 0100 0101 1111)₂
```

```
          (0000 0000 0000 0000 0100 0100 0101 0111)₂
          (0000 0000 0000 0000 0011 0100 0101 1000)₂
bitwise XOR ---------------------------------------
          (0000 0000 0000 0000 0111 0000 0000 1111)₂
```

　　這些位元的運算對於初學者來說，可能用處並不大，但是在許多應用領域，尤其是影像處理與多媒體應用等，位元運算可是扮演著非常重要的角色。但做為入門教材，本書在此僅就基礎的 C 語言位元運算進行演示。另外本節所介紹的位元運算子也可以和指定運算子共同使用，形成所謂的位元複合賦值運算子（bitwise compound assignment operator），相關的運算子包含「<<=」、「>>=」、「&=」、「|=」與「^=」；這些位元複合指定運算子都是二元運算子且皆為右關聯的運算子，其意義就是將運算子左方的運算元與右方的運算元進行相關的位元運算，並將結果寫回到運算子左方的運算元。舉例來說，「x&=y;」代表的是 x 與 y 進行 bitwise AND 的運算並將結果寫回至 x，等同於「x=x&y;」。

　　Example 4-4 將本節所介紹的位元運算子進行程式演示，請參考如下：

Example 4-4：各式位元運算子範例

Location:/Examples/ch4
Filename: Bitwise.c

```
1  #include <stdio.h>
2
3  int main()
4  {
5      int x=87,y=56;
6
7      printf("x=%d, y=%d\n", x,y);
8      printf("x<<1=%d\n", x<<1);
9      printf("x<<2=%d\n", x<<2);
10     printf("x<<3=%d\n", x<<3);
11     printf("y>>1=%d\n", y>>1);
12     printf("y>>2=%d\n", y>>2);
13     printf("y>>3=%d\n", y>>3);
14     printf("x<<=1 \n");   x<<=1;
15     printf("y>>=2 \n");   y>>=2;
16     printf("x=%d, y=%d\n", x,y);
17     printf("~x=%d\n", ~x);
18     printf("x&y=%d\n", x&y);
19     printf("x|y=%d\n", x|y);
20     printf("x^y=%d\n", x^y);
21  }
```

此程式宣告了兩個整數變數 x=87 與 y=56，並分別進行相關的位移運算（第 8-13 行）、bitwise NOT（補數）運算（第 14 行）、bitwise AND（第 15 行）、bitwise OR（第 16 行）與 bitwise XOR（第 17 行）。其執行結果如下：

```
[12:47 user@ws example] ./a.out ⏎
x=87, △y=56 ⏎
x<<1=174 ⏎
x<<2=348 ⏎
x<<3=696 ⏎
y>>1=28 ⏎
y>>2=14 ⏎
y>>3=7 ⏎
x<<=1 ⏎
y>>=2 ⏎
x=174, △y=14 ⏎
~x=-175 ⏎
x&y=14 ⏎
x|y=174 ⏎
x^y=160 ⏎
[12:47 user@ws example]
```

我們在此並不提供更進一步的執行結果說明，建議讀者自行針對這個程式的執行結果進行計算與驗證，確保你自己已經充份瞭解本節的內容。

4-11　優先順序與關聯性

關於 C 語言的運算子優先順序（precedence）與關聯性（associativity），可以參考本書附錄 B 的「C 語言運算子優先順序與關聯性彙整」，裡面收錄了本書所有使用到的運算子，請讀者多加利用。

4-12　常數運算式

常數運算式（constant expression），顧名思義是由常數所組成的運算式，其運算結果是在程式碼被編譯時就進行計算，而非在執行時才加以計算。常數運算式並沒有特別的語法規定，但僅能包含以下的運算元：

❖ 常值，也就是數值（請參考本書第 3 章 3-6 節）

❖ 列舉常數（請參考本書第 12 章 12-3 節）

❖ 常數（請參考本書第 3 章 3-3 節）

❖ sizeof 運算式（請參考本章 4-8 節）

常數運算式可以用在以下需要常數值的地方，包含：

❖ switch 敘述的 case 數值（請參考本書第 6 章 6-3 節）

❖ 陣列的維度大小（請參考本書第 8 章 8-2 節）

❖ 在結構體宣告時的位元欄位大小（bit field）（請參考本書第 12 章 12-1-8 小節）

❖ 列舉資料型別的數值（請參考本書第 12 章 12-3 節）

❖ 在條件式編譯前置處理器指令（conditional compilation preprocessor directive）裡的運算式，但僅能對使用 defined 定義的常數值來進行一元運算（請參考本書第 16 章 16-3 節）

我們將在後續的相關章節中提供相關的說明或範例。

4-13
程式設計實務演練

程式演練 3

台灣坪轉換為公制單位

坪（ping）為台灣慣用的面積單位，1 坪的面積等於 3.3058 平方公尺，而 1 平方公尺等於 0.3025 坪。請使用 C 語言設計一個工具程式，讓使用者輸入坪（ping）的數量，然後將其轉換為平方公尺（m^2）後輸出。

延續慣例，我們先為這個程式進行命名，由於此程式是提供坪與平方公尺的轉換，因此筆者建議可以命名為「Ping2mm.c」或是更完整的「Ping2SquareMeter.c」檔名。我們仍然使用 IPO 模型為這個程式進行分析：

❖ I：要求使用者輸入坪的數量；

❖ P：計算出對應的平方公尺面積；

❖ O：將計算後的結果輸出。

其實這個程式，對你而言應該並不困難，我們可以很快地將更細部的 IPO 分析建立起來：

❖ H: stdio.h

❖ V: double ping, mm;

❖ I：要求使用者輸入坪的數量，並儲存到變數 ping；

　　■ Prompt string:「How many ping?」

　　　　　■ scanf(" %lf", &ping);
　　❖ P：計算出對應的平方公尺面積；
　　　　　■ mm=ping*3.3058;
　　❖ O：將計算後的結果輸出。
　　　　　■ printf("%f ping = %f mm \n", mm);

　　這個程式並不困難，相信你應該已經有能力可以自行開發完成。其實這一類型的程式非常單純，讀者可以使用 IPO 模型完成其開發，其中比較需要思考的應該是程式所需要的變數及其型態為何，這會對整個程式有很大的影響。試想，如果這個題目的 ping 與 mm 變數都被宣告為 int 的話，整個程式不就無法產生正確的結果了嗎？

程式演練 4

員工識別碼驗證

Cocoro 公司發給每個員工一張識別證，每張都有一組獨一無二的員工識別碼（employee identifier，EID），此識別碼經過特別設計，可以經由驗證程序確保其正確性。該識別碼共有 9 位數，全部由數字組成，由左至右編號，最左邊為 1 號位置，最右邊為 9 號位置，可經由以下程序計算出驗證碼：

(1) 前八碼中，單數位置的數字的值加總
(2) 前八碼中，雙數位置的數字的值加總
(3) 將第 (1) 項的結果乘以 5，並與第 (2) 項的結果加總
(4) 將第 (3) 項的結果減 7 後取個位數，即為驗證碼。

請撰寫一個 C 語言程式，取得一個員工識別碼後，計算並印出其驗證碼。這個驗證碼是一個介於 0－9 之間的數字，未來在第 6 章末的程式演練 8（第 6-31 頁），我們還會針對此驗證碼進行後續處理。

　　我們還是從檔案名稱開始討論，建議你可以使用「Vcode.c」做為檔名（取自 Verification code 的縮寫）。接下來，我們仍然可以使用 IPO 模型進行分析：

　　❖ I：要求使用者輸入 9 位數的員工識別碼；
　　❖ P：計算出對應的驗證碼；
　　❖ O：將驗證碼輸出。

目前來說，這個程式其實有一點難度，主要的困難應該是在於該如何取得一個 9 位數的數字？如果使用 int 型態的方式取得這個數字，後續又該如何將一個 int 切割成 9 個獨立的數字（依各個位數切割），以便能進行驗證碼的計算？

筆者在此提供一個方法給你參考：

```
char d1, d2, d3, d4, d5, d6, d7, d8, d9;
scanf("%c%c%c%c%c%c%c%c%c",
     &d1, &d2, &d3, &d4, &d5, &d6, &d7, &d8, &d9;
d1-=48; d2-=48; d3-=48; d4-=48; d5-=48; d6-=48; d7-=48; d8-=47; d9-=48;
```

這個方法改用 9 個字元來讀取使用者的輸入（使用 9 個字元的好處之一是可以確保使用者的確輸入了 9 個數字），接著我們讓每個字元減去 48（因爲 48 是阿拉伯數字 0 的 ASCII 碼，讓每個輸入的資料都減掉 48 的目的，就是讓 d1 到 d9 的變數能夠等於使用者所輸入的數字「值」。於是，後面就可以容易地進行處理。我們以此方式，來繼續 IPO 分析：

(1) 前八碼中，單數位置的數字的值加總
(2) 前八碼中，雙數位置的數字的值加總
(3) 將第 (1) 項的結果乘以 5，並與第 (2) 項的結果加總
(4) 將第 (3) 項的結果減 7 後取個位數，即爲驗證碼。

❖ H：stdio.h
❖ V：
- char d1, d2, d3, d4, d5, d6, d7, d8, d9;
- int vcode;

❖ I：要求使用者輸入 9 位數的員工識別碼；
- scanf("%c%c%c%c%c%c%c%c%c", &d1, &d2, &d3, &d4, &d5, &d6, &d7, &d8, &d9);

❖ P：計算出對應的驗證碼；
- vcode=(((d1+d3+d5+d7)*5+(d2+d4+d6+d8))-7)%10

❖ O：將驗證碼輸出。
- printf("%d\n", vcode);

後續的程式實作就留給讀者做爲練習。

CH4 本章習題

⊖ 程式練習題

1. 設計一個 C 語言的程式 Sum2Digits.c，要求使用者輸入一個兩位數的正整數，將其十位數與個位數相加後輸出，其執行結果可參考以下的畫面：

```
[9:19 user@ws hw] ./a.out ↵
Please △ input △ a △ two-digit △ number: △ 83 ↵
The △ sum △ of △ the △ two △ digits △ is: △ 11 ↵
[9:19 user@ws hw] ./a.out ↵
Please △ input △ a △ two-digit △ number: △ 35 ↵
The △ sum △ of △ the △ two △ digits △ is: △ 8 ↵
[9:19 user@ws hw]
```

註：一個兩位數的數字除以 10 後，其商即為該數字之十位數，餘數則為個位數。

2. 設計一個 C 語言的程式 Cel2Fah.c，讓使用者輸入一個攝氏溫度，計算並輸出對應的華氏溫度。溫度轉換公式為：華氏 = 攝氏 *(9/5)+32，其執行結果可參考以下的畫面：

```
[9:19 user@ws hw] ./a.out ↵
Celsius: △ 42.5 ↵
=Fahrenheit: △ 108.500000 ↵
[9:19 user@ws hw]
```

註：本題如有使用浮點數的需求，請使用 double 做為相關變數的資料型態。

3. 設計一個 C 語言的程式 DollarExchange.c，讓使用者輸入美金兌台幣的匯率以及美金的數目，計算並輸出可換取的台幣數目並且扣除 2.5% 的手續費，其執行結果可參考以下的畫面：

```
[9:19 user@ws hw] ./a.out ↵
1 △ USD △ = △ ?TWD: △ 30.5 ↵
How △ much △ USD △ dollar △ do △ you △ want △ to △ exchange? △ 101.5 ↵
You △ can △ get △ 3018.356250 △ TWD. ↵
[9:19 user@ws hw]
```

註：本題如有使用浮點數的需求，請使用 double 做為相關變數的資料型態。

4. 設計一個 C 語言的程式 Speed.c，讓使用者輸入距離（單位為公尺，僅考慮大於 0 的正整數）與時間（單位為分鐘，僅考慮大於 0 的正整數），計算並輸出對應的速度（必須為 double 型態的浮點數）。速度公式為：速度 = 距離 / 時間，此題單位為公尺 / 分鐘，其執行結果可參考以下的畫面：

```
[9:19 user@ws hw] ./a.out ↵
distance(m): △60 ↵
time(min): △30 ↵
speed= △2.000000 △m/min ↵
[9:19 user@ws hw]
```

註：本題如有使用浮點數的需求，請使用 double 做為相關變數的資料型態。

5.　設計一個 C 語言的程式 Circle.c，讓使用者輸入圓半徑，計算並輸出對應的圓面積。圓面積公式為半徑 × 半徑 × 圓周率，圓周率為 3.14，半徑單位為公分（假設為大於 0 的正整數），計算其執行結果可參考以下的畫面：

```
[9:19 user@ws hw] ./a.out ↵
radius(cm): △5 ↵
circular △area=78.500000 △square △centimeter. ↵
[9:19 user@ws hw]
```

註：本題如有使用浮點數的需求，請使用 double 做為相關變數的資料型態。

6.　設計一個 C 語言的程式 Pythagorean.c，讓使用者輸入直角三角形兩股（legs）長（假設皆為大於 0 的正整數），計算並輸出對應的斜邊長（hypotenuse）。你可以使用畢氏定理，其公式為「若直角三角形的兩股長為 a, b，斜邊長為 c，則 $a^2 + b^2 = c^2$」，其執行結果可參考以下的畫面：

```
[9:19 user@ws hw] ./a.out ↵
Please △input △the △lengths △of △two legs △of △a △right △triangle: △3 △4 ↵
The △hypotenuse △of △the △right △triangle △is △5.000000. ↵
[9:19 user@ws hw] ./a.out ↵
Please △input △the △lengths △of △two legs △of △a △right △triangle: △13 △11 ↵
The △hypotenuse △of △the △right △triangle △is △17.029386. ↵
[9:19 user@ws hw]
```

註：本題如有使用浮點數的需求，請使用 double 做為相關變數的資料型態。另外，可以使用定義在 math.h 中的 sqrt(x) 與 pow(x,y) 函式，來計算 x 的平方根與 x 的 y 次方。

7.　設計一個 C 語言的程式 BMI.c，讓使用者輸入其體重（單位為公斤）與身高（單位為公尺），計算並輸出對應的 BMI 值。BMI 公式為：體重 / 身高^2，其執行結果可參考以下的畫面：

```
[9:19 user@ws hw] ./a.out ↵
Please △input △the △weight △(KG): △70.5 ↵
Please △input △the △height △(Meter): △1.74 ↵
BMI= △23.285771 ↵
[9:19 user@ws hw]
```

註：本題如有使用浮點數的需求，請使用 double 做為相關變數的資料型態。另外若有計算變數 h^2 的需求，請使用 h * h 代替。

8. 設計一個 C 語言的程式 HeronFormula.c，讓使用者輸入三角形的邊長 a、b 與 c（可為浮點數），並透過海龍公式計算並輸出對應的三角形面積。海龍公式為：

$$(半周長)\ p = \frac{(a+b+c)}{2} \qquad (面積)\ S = \sqrt{p(p-a)(p-b)(p-c)}$$

其執行結果可參考以下的畫面：

```
[9:19 user@ws hw] ./a.out⏎
Please△input△the△side△lengths△of△a△triangle:△3△4△5⏎
Area=6.000000⏎
[9:19 user@ws hw]
```

註：本題如有使用浮點數的需求，請使用 double 做為相關變數的資料型態。另外，可以使用定義在 math.h 中的 sqrt(x) 與 pow(x,y) 函式，來計算 x 的平方根與 x 的 y 次方。

9. 請將程式演練 3 的坪數與平方公尺的轉換程式設計完成，並將程式命名為 Ping2mm.c，其執行結果可參考以下的畫面：

```
[9:19 user@ws hw] ./a.out⏎
How△many△ping?△50.5⏎
50.500000△ping=166.942902△mm⏎
[9:19 user@ws hw]
```

註：本題如有使用浮點數的需求，請使用 double 做為相關變數的資料型態。

10. 請將程式演練 4 的程式設計完成，並將程式命名為 Vcode.c，其執行結果可參考以下的畫面：

```
[9:19 user@ws hw] ./a.out⏎
Please△input△your△employee△ID:△981383939⏎
The△verification△code△is△5⏎
[9:19 user@ws hw]
```

CHAPTER

05

格式化輸入與輸出

輸入與輸出對於程式而言，就是要提供一個電腦系統與外界溝通的管線，讓電腦系統可以取得來自外界、來自使用者的資料輸入；讓外界、讓使用者能夠得到電腦系統運算的結果。懂得如何用最適切地方式取得使用者的輸入，以及如何將各式的資訊以正確的格式輸出，這應該是每一個專業的程式設計師必備的技能之一。本章將以 scanf() 與 printf() 這兩個重要的函式為主，為你仔細說明包含其格式指定子（format specifier）以及最低欄位寬度（minimum filed width）、最長欄位寬度（maximum field width）、長度修飾字（length modifier）與精確度（precision）等格式化定義。同時，也將針對輸入與輸出的轉向（IO redirect）與管線（pipeline）處理加以介紹。

5-1
printf() 函式的格式指定子

我們已經在前面的章節中，學習過 printf() 函式的作用 — 可以依格式字串（format string）的內容要求，輸出資訊到螢幕上。其格式字串中又可使用格式指定子（format specifier）來定義變數、常數、函式、運算式或數值資料的輸出格式。到目前為止，我們已經學習到包含 %d、%o、%x、%u、%p、%c、%lu 等格式指定子的意義與用途。但其實格式指定子也是有「格式」的，請參考圖 5-1：

%	旗標 (flag)	最低欄位寬度 (minimum field width)	精確度 (precision)	長度修飾子 (length modifier)	轉換指定子 (conversion specifier)

圖 5-1：格式指定子（format specifier）的格式

從圖 5-1 中可看出，格式指定子必須以「%」開頭，至於其他欄位則於本節後續加以說明。

5-1-1　轉換指定子

因為 printf() 函式的輸出，是依照在格式字串的定義來將特定型態的資料，以格式指定子所定義的方式加以輸出。在圖 5-1 中，一個格式指定子的最後一個欄位「轉換指定子（conversion specifier）」，就是用以決定所欲輸出的資料該轉換為何種型態。最簡單的格式指定子就是以「%」開頭，然後除了轉換指定子以外的其他所有欄位全部省略（到目前為止，本書所使用的格式指定子都是屬於這種最簡單的版本）。C 語言共支持以下的轉換指定子，如表 5-1：

表 5-1：printf() 函式的轉換指定子（conversion specifier）

轉換指定子 （Conversion Specifier）	意義
d, i	十進制的整數
o	八進制的整數
x, X	十六進制的整數
u	unsigned 整數
f	float 與 double 型態
e	以 scientific notation 表示
g,G	在 %f 或 %e 的結果中選擇較短者
c	字元
s	字串
p	記憶體位址
n	將到目前為止已輸出的字元數，寫入到對應的參數中
%	輸出 %

　　在表 5-1 中的這些轉換指定子，大部份都已經在本書前面的內容中加以介紹使用過。尚未說明過的只有「s」與「n」，其中「s」是代表字串之意，將留待本書第 11 章再行說明；至於「n」的部份，其作用是計算到出現「%n」為止，printf() 函式已經輸出多少個字元到螢幕上，計算的結果會儲存到在格式字串後方所對應的記憶體位址內，請參考以下的範例：

Example 5-1：Format Specifier %n範例　　　Location:/Examples/ch5
Filename: nSpecifier.c

```c
#include <stdio.h>

int main()
{
    int x;
    printf("This is a test for %%n.%n\n", &x);
    printf("The above line has output %d characters.\n", x);
}
```

其執行結果為：

```
[2:29 user@ws example] ./a.out ⏎
This △ is △ a △ test △ for △ %n. ⏎
The △ above △ line △ has △ output △ 22 △ characters. ⏎
[2:29 user@ws example]
```

請注意這個程式的第 6 行，它利用「%n」來計算已輸出的字元數，並將其儲存到後方對應的變數 x 所在的記憶體位址中（由於在 %n 之前已輸出 22 字元，因此 x 的值將為 22）。要特別注意的是，在這裡的「&x」其作用如同在 scanf() 中用以儲存輸入結果的記憶體位址一樣，都必須在變數名稱前加上「&」符號，因為它們都是將結果寫入到特定的記憶體位址中。

此外，在這個例子中，我們也示範了如何以 printf() 印出「%n」（第 6 行），因為要印出 % 就必須要在格式字串中使用「%%」，所以印出「%n」的方法就是在格式字串中寫「%%n」！

5-1-2　旗標

如圖 5-1 所示，一個格式指定子是由多個欄位所組成，單一個欄位並不能單獨地使用，你必須以「%」開頭，最後還要加上轉換指定子做為結尾，至於中間的部份，可以視情況使用其他欄位。本小節將介紹一個選擇性[1]的欄位 — 旗標（flag）欄位，我們不但可以視需要決定是否要使用此欄位，甚至可以使用一個以上的旗標，請參考表 5-2：

表 5-2：printf() 的格式指定子的旗標（flag）欄位

旗標（flag）	意義
-	置左對齊 (預設為置右對齊)
+	強制顯示正負號 (預設僅於負數時顯示)
#	若為八進制數值，強制其以 0 開頭
	若為非 0 的十六進制數值，強制以 0x 或 0X 開頭
	若為浮點數且輔以 g 或 G 轉換指定子時，其右側 (尾端) 的 0 不予移除
0	若指定數值顯示位數時，其位數不足時於左側補 0
	若轉換指定子為 i,d,o,u,x 或 X，且有指定精確度（precision）時，則忽略此旗標
	- 旗標優先於 0

舉例來說，假設有一個數字存放在變數 x 中，若我們希望不論 x 的數值為何一律顯示正負號，那麼我們可以使用以下的方式：

```
printf("x=%+d\n", x);
```

又比如我們想要輸出八進制或十六進制的數值資料，則可以參考下面的程式碼：

```
int x=100;
printf("x=%o or x=%x\n", x, x);
```

其輸出結果為：

```
x=144 △ or △ x=64 ⏎
```

1　選擇性的欄位意味著該欄位可有可無，可視情況決定是否需要使用。

雖然結果正確地將 x 的八進制與十六進制的值加以顯示了，但因爲沒有任何關於所使用的進制之說明，所以其實這個結果是會令人困惑的。我們可以配合旗標的使用將其改成下面的程式碼：

```
int x=100;
printf("x=%#o or x=%#x\n", x, x);
```

其輸出結果會在八進制的數字前加上一個 0，並在十六進制的數字前多了一個 0x，如此輸出的資料就可以容易地被識別。下面爲其執行結果：

```
x=0144 △ or △ x=0x64 ⏎
```

　　本節還有「-」與「0」這兩個 flag 尚未說明，我們將留待下一小節介紹其他欄位後再加以示範。

5-1-3　最低欄位寬度

　　最低欄位寬度（minimum field width）也是選擇性的，用以定義當數值資料顯示時的最少位數。當位數不足時，預設會在數值的左側以空白補滿（也就是置右對齊）。當然，當位數超過時，數值資料還是會完整的顯示的。若數值爲浮點數時，此欄位後面若無指定小數點後的位數時，此欄位則用以定義小數點後的位數，不足處補 0。請參考下面的例子：

```
printf("%5d\n", 123);
printf("%5d\n", 123456);
```

其執行結果如下：

```
△△ 123 ⏎
123456 ⏎
```

正如我們所說的，使用最低欄位寬度的設定時，其預設的對齊方式爲置右對齊。如果想要改成置左對齊的話，必須搭配上一小節介紹的「-」旗標，才能顯示出效果，讓我們修改一下上面的例子，在格式指定子的前後加上一組方括號，並使用「-」使資料顯示時能以置左對齊：

```
printf("[%-5d]\n", 123);
```

其結果如下：

```
[123 △△ ] ⏎
```

我們另外測試一下「0」這個旗標與最低欄位寬度的結合，請參考下面的例子：

```
printf("[%05d]\n", 123);
```

其結果如下：

```
[00123] ⏎
```

要特別注意的是，最低欄位寬度除了可使用整數來決定要顯示位數外，也可以使用 *(星號)。一旦使用了星號，最低欄位寬度的值就要由接在格式字串後的參數來決定，請參考下面的例子：

```
printf("[%*d]\n", 10, 1234); ←
```
> 在此格式字串後面有兩個引數，其中 10 會代入前面的星號 *，爲後面的 1234 限制其最低欄位寬度。

其執行結果如下：

```
[ ∧∧∧∧∧∧ 1234] ⏎
```

5-1-4 精確度

精確度（precision）欄位也是可選擇性的，以「.」開頭後接一個整數，該整數的意義取決於所使用的轉換指定子，請參考表 5-3：

表 5-3：printf() 的格式指定子的精確度（precision）欄位與轉換指定子的關係

轉換指定子 （ConversionSpecifier）	意義
d, i, o, u, x, X	可與最低欄位寬度併用，當位數不足時，精確度的部份會在左側補0。
e, E, f, F	定義在小數點後的位數，位數不足時則在右側補 0
g, G	定義浮點數尾數（mantissa）部份的位數
s	定義最多可顯示的字元

與前一小節所介紹的最低欄位寬度合併使用後，整數的格式指定子可以定義爲：

```
%A.Bd
```

令 D 爲資料顯示的位數，其值由 A 與 B 的值決定。若 A 比 B 大，則以 A 的值做爲顯示位數，反之若 B 較大，則以 B 的值做爲顯示位數。請參考下面的式子：

$$D = \begin{cases} A, if A \geq B \\ B, if B > A \end{cases}$$

但若是當欲顯示的資料位數小於B的話，則會在B的位數範圍內把不足之位數在左側補0。請參考下面的例子（爲了方便起見，我們特別把格式字串的內容也印出來做比較，並且在格式指定子的前後加上一組方括號）：

```
printf("[%%10.5d][%10.5d]\n",123456);
printf("[%%10.8d][%10.8d]\n",123456);
printf("[%%10.10d][%10.10d]\n",123456);
printf("[%%10.12d][%10.12d]\n",123456);
```

其執行結果如下：

```
[%10.5d][△△△△123456]↵
[%10.8d][△△00123456]↵
[%10.10d][0000123456]↵
[%10.12d][000000123456]↵
```

精確度還可以搭配旗標使用，例如我們把上面的例子加上「-」：

```
printf("[%%-10.5d][%-10.5d]\n",123456);
printf("[%%-10.8d][%-10.8d]\n",123456);
printf("[%%-10.10d][%-10.10d]\n",123456);
printf("[%%-10.12d][%-10.12d]\n",123456);
```

其執行結果如下：

```
[%-10.5d][123456△△△△]↵
[%-10.8d][00123456△△]↵
[%-10.10d][0000123456]↵
[%-10.12d][000000123456]↵
```

現在，讓我們用最低欄位寬度與精確度欄位來處理浮點數的輸出，其格式指定子可以定義為：

```
%A.Bf
```

　　令 D 為資料顯示的位數，其值由 A、B 以及欲顯示浮點數的數值決定。原則上，以 A 的數值做為顯示的位數，B 的數值則用以定義小數點後要顯示位數，若 B 的位數不足以顯示完整的小數位數，則會被加以忽略。在下面的例子中，我們以 8 位數（包含小數點）來顯示一個浮點數 123.456，其中只給小數的部份 2 位數：

```
printf("[%8.2f]\n",123.456);
```

此程式碼的輸出如下（方括號幫助我們標示了 %8.2f 的作用範圍）：

```
[△△123.46]↵
```

從上述的輸出可以觀察到，包含小數點在內，整個數字的表達使用了 8 位數並且置右對齊；在小數的部份，因為只指定了 2 位數，所以原本的數值 .456 的部份，就被四捨五入地留下前兩位數，意即成為了 .46。此例子就是 B 的部份不足以顯示完整小數的情況。可是當 B 的部份可以完整地顯示小數，甚至有多餘的位數時，將會把多餘的位數補 0。請參考下面這個例子：

```
printf("[%8.5f]\n",123.456);
```

此程式碼的輸出如下：

```
[123.45600] ↵
```

其中「%8.5f」這個格式指定子為小數的部份保留了 5 位數，因此原始的 .456 不但可以完整地顯示，其沒有使用到的小數點後第四及第五位數也將補 0 後輸出。從這個補 0 後輸出的動作來看，「%A.Bf」會先以確保 B 的部份為原則，然後才是其他的部份。但以本例來看，小數點後的位數已由 B 決定（也就是 5 位數），再加上小數點本身（也佔 1 位），所以在 A 所期望的 8 位數範圍中已使用掉 6 位數，剩下的兩位數並不足以顯示小數點前的 123 共 3 位數。不過，請放心，C 語言還是會保證整數部份的正確顯示，因此最終的顯示結果為 123.45600。所以，要特別注意的是，包含整數與浮點數在內，其格式指定子的 A 部份雖然規範了整體的顯示位數，但此一規範並不是永遠能得到保證，在整數位數過長時還是會超出這個範圍。

最後，請試著想想下面這行程式碼的執行結果，然後寫一個程式來驗證你的想法是否正確：

```
printf("[%-9.3f]\n",123.4567);
```

5-1-5　長度修飾子

長度修飾子（length modifier）部份亦為選擇性的，用以補充說明欲顯示的資料之型態前是否有加上 short 或 long 修飾。視轉換指定子的不同，此長度修飾子欄位的使用請參考表 5-4：

表 5-4：printf() 的格式指定子的長度修飾子（length modifier）欄位

長度修飾子（Length Modifier）	轉換指定子（Conversion Specifier）	意義
h	d, i, o, u, x, X	short int, unsigned short int
	n	short int *（存放已輸出字元數的記憶體位址內的值為短整數）
l	d, i, o, u, x, X	long int, unsigned long int
	n	long int *（存放已輸出字元數的記憶體位址內的值為長整數）
L	a, A, e, E, f, F, g, G	long double

　　長度修飾子是用以確保格式指定子能更正確地符合欲顯示的資料型態,所以在整數部份,還可以使用長度修飾子來區分 short int 與 long int,分別以「h」與「l」來註明。此外,對於浮點數而言,%f 就可以正確地顯示 float 與 double 型態的資料了,若是 long double 型態,才需要再使用「L」來註明,例如「%Lf」則就成了 long double 型態。

5-2
scanf() 函式的格式指定子

　　scanf() 和 printf() 函式都有格式字串,但 scanf() 是用以指定輸入的資料之格式,其格式字串可包含以下的內容:

- ❖ 格式指定子(format specifier)
  - 指定要將使用者從標準輸入(也就是鍵盤)輸入的資料,轉換成何種型態的資料。
- ❖ 泛空白字元(white-space)
  - 空白(space)、tab 與 enter 三者都屬於此種泛空白字元,在格式字串中的一個或一個以上連續泛空白字元,會用以對應在輸入資料中的一個或一個以上的泛空白字元。
- ❖ 非泛空白字元(non-white-space)
  - 在格式字串中的非泛空白字元,會對應在輸入資料中的相同字元。

　　例如下面的程式碼要求使用者輸入 (XXX) XXXX-XXXX 格式的電話號碼(不過此例並沒能指定各部份的位數):

```
scanf("(%d) %d-%d", &area, &prefix, &postfix);
```

請自行試著把這個程式碼實作成一個簡單的 C 語言程式,並實際試試其資料輸入的功能。出現在上述的格式字串中的「%d」就是格式指定子是用以指定所取得的資料該以何種型態儲存。格式指定子還可再區分為以下的欄位,請參考圖 5-2:

%	*	最長欄位寬度 (maximum field width)	長度修飾子 (length modifier)	轉換指定子 (conversion specifier)

圖 5-2:scanf() 的格式指定子(format specifier)的格式

　　如圖 5-2 所示,一個 scanf() 的格式指定子仍然是以「%」開頭,其後接續的各個欄位將於本節後續加以說明。

5-2-1　轉換指定子

轉換指定子（conversion specifier）也是 scanf() 函式的格式指定子的最後一個欄位，與在 printf() 函式中的使用非常相似，但仍有不同之處，我們將其彙整於表 5-5：

表 5-5：scanf() 的格式指定子中的轉換指定子（conversion specifier）欄位

格式指定子 （Conversion Specifier）	意義
d	十進制的整數
i	整數，預設為十進制，但若輸入時以 0 或 0x、0X 開頭則視為是八進制或十六進制的整數
o	八進制的 unsigned int
x, X	十六進制的 unsigned int，x 與 X 指定十六進制數字中 a-f 為大寫或小寫
u	十進制的 unsigned int
f, e, E, g, G	取得 float 型態的浮點數，預設小數點後有六位，若不足則補 0
c	字元
s	字串 (詳細說明請參考本書第 11 章)
[	取回符合 scanset 條件的字串 (詳細說明請參考第 11 章)
p	記憶體位址
n	將到目前為此已輸入的字元數，寫入到對應的參數中
%	取回 %

5-2-2　最長欄位寬度

最長欄位寬度（maximum field width）為選擇性的，指定所取回的資料最大的字元數，但在資料左側的空白不列入計算，且若是超過的部份也不會被接受。請參考下面的程式：

Example 5-2：scanf()的格式指定子的最長欄位寬度範例　Location:/Examples/ch5
Filename: MaxFieldWidth.c

```c
#include <stdio.h>

int main()
{
    int x;
    printf("Please input a number (no more than 3 digits):___\b\b\b");
    scanf("%3d", &x);
    printf("Your input is %d.\n", x);
}
```

其執行結果為：

```
[2:29 user@ws example] ./a.out⏎
Please△input△a△number△(no△more△than△3△digits):△23⏎
Your△input△is△23.⏎
[2:29 user@ws example] ./a.out⏎
Please△input△a△number△(no△more△than△3△digits):△5678⏎
Your△input△is△567.⏎
```

5-2-3　略過部份輸入

還記得在 printf() 中，使用「*」號可以將最低欄位寬度欄位的值，由額外的參數來決定。例如：

```
printf("[%*d]\n", 4, 99);
```

是以 4 位數的寬度來顯示 99 這個數值，其結果為：

```
[△△99]⏎
```

但是在 scanf() 中，星號「*」的作用則是要略過一些輸入，例如：

```
scanf("%*d %d", &x);
```

其結果會將第一個輸入的整數加以忽略，但會把第二個整數儲存在變數 x 所在的記憶體空間。

5-2-4　長度修飾子

長度修飾子（length modifier）亦為選擇性的，指定所取回的資料為 short 或 long 型態。視轉換指定子的不同，請參考表 5-6：

表 5-6：scanf() 的格式指定子中的長度修飾子（length modifier）欄位

長度修飾子 （Length Modifier）	轉換指定子 （Conversions）	意義
h	d, i, o, u, x, X, n	short int, unsigned short int
l	d, i, o, u, x, X, n	long int, unsigned long int
	e, E, f, F, g, G	double
	c, s, [	wchar_t
L	e, E, f, F, g, G	long double

5-3
printf() 與 scanf() 應用

　　接下來在本節中，將會介紹一些與輸入輸出相關的方法，也就是與 printf() 以及 scanf() 相關的應用。其中包含 I/O 轉向（I/O redirect）與管線（pipeline）的使用方法，以及 scanf() 在取得資料上的一些特殊情形。最後則是討論 printf() 與 scanf() 的傳回值問題。

5-3-1　I/O 轉向與管線

　　我們先以下面的範例示範 I/O 轉向（I/O redirect）的用途：

Example 5-3：I/O轉向與管線範例　　　　　Location:/Examples/ch5
Filename: Redirect1.c

```
1   #include <stdio.h>
2
3   int main()
4   {
5       printf("123\n");
6   }
```

Location:/Examples/ch5
Filename: Redirect2.c

```
1    #include <stdio.h>
2
3    int main()
4    {
5        int x;
6
7        scanf("%d", &x);
8
9        printf("%d\n", x*2);
10   }
```

　　我們使用以下的命令，來將其分別編譯爲 Redirect1 與 Redirect2：

```
[12:56 user@ws example] cc△Redirect1.c△-o△Redirect1↵
[12:56 user@ws example] cc△Redirect2.c△-o△Redirect2↵
```

　　在 Linux/Unix 系統上執行程式時，預設會開啓三個通道：標準輸入（standard input, stdin），標準輸出（standard output, stdout）與標準錯誤（standard error, stderr），其中標準輸入連結到鍵盤，而後兩者都連結到螢幕。透過「<」、「>」與「>>」可以將這些預設的通道進行轉向（redirect），例如：

```
[1:18 user@ws example] ./Redirect1 ↵
123 ↵
[1:18 user@ws example] ./Redirect1 △ > △ Result.1 ↵
[1:18 user@ws example] cat △ Result.1 ↵
123 ↵
[1:18 user@ws example] ./Redirect1 △ >> △ Result.1 ↵
[1:18 user@ws example] cat △ Result.1 ↵
123 ↵
123 ↵
[1:18 user@ws example]
```

其中「>」會產生新的檔案（若檔案已存在則會被覆蓋），「>>」則是會將內容附加到檔案的後面（若檔案不存在則會建立一個新檔案）。要特別注意的是，在上面的例子中，「>」與「>>」前後的空白鍵並不是必要的，因此下面幾個命令是完全相同的：

```
[1:18 user@ws example] ./Redirect1 △ > △ Result.1 ↵
[1:18 user@ws example] ./Redirect1 △ >Result.1 ↵
[1:18 user@ws example] ./Redirect1> △ Result.1 ↵
[1:18 user@ws example] ./Redirect1>Result.1 ↵
```

我們也可以將文字檔案的內容轉向給 Redirect2，例如：

```
[1:24 user@ws example] cat △ Result.1 ↵
123 ↵
[1:24 user@ws example] ./Redirect2 △ < △ Result.1 ↵
246 ↵
[1:24 user@ws example]
```

在 Linux/Unix 系統中，還有一個有用的工具稱為管線（pipeline），我們可以將程式間的輸出與輸入串連起來，例如：

```
[1:24 user@ws example] ./Redirect1 △ | △ ./Redirect2 ↵
246 ↵
[1:24 user@ws example]
```

請熟悉及善用 I/O 轉向與管線，這可以幫助你在不同的程式間進行資料的輸出與輸出交換；換句話說，我們可以將某個程式的輸出視為是另個程式的輸入。

5-3-2　scanf() 輸入多筆資料

scanf() 函式可以讓我們一次取得一筆以上的輸入，例如：

Example 5-4：使用scanf()取得兩筆輸入

Location:/Examples/ch5
Filename: GetTwoNumbers.c

```c
1   #include <stdio.h>
2
3   int main()
4   {
5       int x,y;
6
7       scanf("%d%d", &x, &y);
8
9       printf("x=%d, y=%d\n", x, y);
10  }
```

其中第 7 行在格式字串中要求取回兩個整數，請執行這個程式，並且輸入 3 和 5。有哪些方法可以輸入這兩個整數呢？請試著輸入以下的組合（為了便於討論，我們使用分別使用△、Ⓣ與↵ 來代表 space（空白鍵）、tab 鍵與 enter 鍵）：

```
3△5↵
↵△3Ⓣ5↵
△3△△5↵
3ⓉⓉ5Ⓣ↵
Ⓣ3△△△5△△△↵
```

由結果可得知，在這兩個整數的左側、中間與右側，不論你輸入幾個空白、tab 或 enter，其結果都相同。如本章前面所說明過的，我們將連續的空白、tab 與 enter 的組合，視為一個泛空白字元（white-space）。令 W={space | tab | enter}*，其中「*」代表重複 0 次或多次，「|」代表 or（或者），則兩個整數 3 與 5 的各種可能的輸入可以歸納如下（為便利起見，我們將泛空白字元標示為 Ⓦ）：

```
Ⓦ3Ⓦ5Ⓦ↵
```

注意，我們如果把 GetTwoNumbers.c 第 7 行的格式字串，改成「△%d%d」、「%d△%d」、「%d%d△」，其結果仍相同。以下我們先列出格式字串的內容，再說明不同的輸入的結果：

❖ "%1d %1d"

1.　Ⓦ1Ⓦ1Ⓦ↵　　　→ x=1, y=1
2.　11 ↵　　　　　　→ x=1, y=1
3.　123 ↵　　　　　→ x=1, y=2

由於格式字串中的「%1d %1d」限制取回兩個 1 位數的整數，所以輸入的「11」會被視為是兩個 1 位數的整數 1，分別存放於變數 x 與 y 裡。

輸入的「123」當中的前兩個 1 位數的整數 1 與 2，會分別存放於變數 x 與 y 裡。至於多出來的 3 將會被省略。

❖ "%2d %2d"

1.　Ⓦ3Ⓦ5Ⓦ↵　　　→ x=3, y=5
2.　Ⓦ12Ⓦ34Ⓦ↵　　→ x=12, y=34
3.　Ⓦ12345Ⓦ↵　　　→ x=12, y=34

由於格式字串中的「%2d %2d」限制取回兩個 2 位數的整數，所以輸入的「12345」會被視為是兩個 2 位數的整數 12 與 34，分別存放於變數 x 與 y 裡。至於多出來的 5 將會被省略。

請自行撰寫一個程式，測試上述的輸入並把所取得的結果輸出，比對看看是不是有一樣的執行結果。

5-3-3　scanf() 略過輸入資料

如 5-2-3 小節所述，scanf() 函式也可以讓我們略過部份的輸入，請考慮以下的程式：

Example 5-5：**使用*略過部份輸入**

Location:/Examples/ch5
Filename: SkipInput.c

```c
 1  #include <stdio.h>
 2
 3  int main()
 4  {
 5      int x;
 6
 7      scanf("%*d %2d", &x);
 8
 9      printf("x=%d\n", x);
10  }
```

以下為兩個輸入的結果：

```
ⓦ1ⓦ2ⓦ↵      →  x=2
ⓦ1234 ⓦ5↵    →  x=5
```

5-3-4　printf() 與 scanf() 的傳回值

雖然我們不常這樣使用，但在使用 printf() 與 scanf() 函式時，是可以取得整數的傳回值。以 printf() 函式為例，其傳回值為其成功輸出的字元數；而 scanf() 的傳回值則為成功取得的資料個數。請參考下面的程式碼：

Example 5-6：**測試**printf()**與**scanf()**的傳回值**

Location:/Examples/ch5
Filename: GetAndShow
UserInputs.c

```c
 1  #include <stdio.h>
 2
 3  int main()
 4  {
 5      int x,y;
 6      char c;
 7
 8      y = scanf("%d %c", &x, &c);
 9
10      x = printf("The number of input data is %d.\n", y);
11
12      printf("The above line has %d characters.\n", x);
13  }
```

這程式要求使用者輸入一個整數與一個字元，當輸入正確時，scanf() 順利取得兩個資料項目，所以其傳回值為 2。假設使用者剛好將整數與字元的順序弄反了，則其一個資料項目都讀不到，其傳回值則為 0。

```
[12:49 user@ws example] ./a.out⏎
124△d⏎
The△number△of△input△data△is△2.⏎
The△above△line△has△31△characters⏎.
[12:49 user@ws example] ./a.out⏎
d△124⏎
The△number△of△input△data△is△0.⏎
The△above△line△has△31△characters.⏎
[12:49 user@ws example]
```

適當的利用這個傳回值，可以做為檢查使用者輸入資料是否正確的依據。最後，我們將 printf() 以及 scanf() 的傳回值加入到其原型中：

表 5-7：printf () 的函式原型（含傳回值）

原型 （Prototype）	int printf (format , values)	
標頭檔 （Header File）	stdio.h	
傳回值 （Return Value）	成功輸出的字元數	
參數 （Parameters）	名稱	說明
	format	描述所欲輸出的資料之格式
	values	指定要輸出的數值

表 5-8：scanf() 的函式原型（含傳回值）

原型 （Prototype）	int scanf(format , memory_address)	
標頭檔 （Header File）	stdio.h	
傳回值 （Return Value）	成功取回的資料筆數	
參數 （Parameters）	名稱	說明
	format	描述所欲取得的資料之格式
	memory_address	指定取回的資料所存放的記憶體位址

5-3-5　以 scanf() 取得具有特定格式的資料

有時候，我們已知輸入的資料具有某種格式，例如電話號碼與日期資料可能會有以下的格式：

```
0912-345-678
(08)7663800#31111
2016/7/1
2016-7-1
```

其中「-」、「( )」、「#」與「/」等符號，有時只是用以將資料分段顯示（例如前述的 0912-345-678，其「-」僅為了將 10 碼的手機號碼分段顯示），有時則用以將資料分隔為具有不同意義的欄位（例如 (08)7663800#31111，透過「( )」與「#」將其分隔為代表區域號碼的 08，電話號碼的 7663800，以及分機號碼 31111 等三個部份）。不論是哪種情況，在程式設計時，這些用以分隔的符號是不需要進行處理的，我們所要處理的應該還是那些具有意義的欄位。

當使用者依特定格式輸入資料時，我們該如何取得其中特定欄位的數值，以便進行後續的處理呢？例如，當使用者輸入「2021-7-1」時，要如何取得這樣的輸入並將 2021、7、1 等三個數字，分別存放至 y、m、d 等三個整數變數內呢？至少有以下兩種方法可以達成：

1. 第一種做法是使用 5-3-3 節所介紹的方法，使用星號「*」來略過那些用以分隔的字元（例如「-」）：

    ```
    scanf("%4d%*c%2d%*c%2d", &y, &m, &d);
        // 2021  -  7   - 1
    ```

    為了幫助你理解，我們將對應的某個日期及其分隔的字元「-」以註解的方式寫在下方，你可以發現那兩個用以分隔年月日的「-」符號，剛好都被我們以「%*c」的方式略過一個字元。。

2. 第二種方法更為簡單，我們可以把不要取得的字元直接寫在 scanf() 的格式字串裡。當使用者進行輸入時，只要不是格式字串裡的格式指定子的部份都會被略過。請參考下面的列子：

    ```
    scanf("%4d-%2d-%2d", &y, &m, &d);
        // 2021 - 7 - 1
    ```

上述這兩種做法，都可以將那些用以分隔的字元加以省略，並將所須的資料分段讀入不同的變數中。關於本小節更進一步的例子，可以參考 5-4 節的程式演練 5。

5-3-6　scanf() 與 Enter 鍵的問題

請考慮以下的程式碼：

```
char c1, c2;
      ⋮
scanf("%c", &c1);
scanf("%c", &c2);
print("c1=%c, c2=%c\n");
```

有沒有似曾相似的感覺？沒錯，這個程式片段已經在第 3 章（第 3-31 頁）出現過，它的原始設計想法是希望透過兩行「scanf("%c", &c1);」與「scanf("%c", &c2);」來分別取得兩個字元 — 讓使用者輸入「a ↵ b ↵」，也就是一次一個字元，並且用 enter 將它送出，其執行結果如下：

```
[2:29 user@ws example] ./a.out ↵
a ↵
c1=a, △ c2= ↵

[2:29 user@ws example]
```

從執行的結果可以發現，其實當我們輸入第一個字元「a」並以 enter 鍵送出後，不但字元「a」由程式裡的 c1 所接收，而且 enter 鍵「↵」也被後續的第 2 個 scanf() 取得並做為 c2 的值（換句話說，c2 的內容變成了 '\n'）。為了要解決這個問題，除了我們在第 3 章所介紹過的「取得字元輸入後，立刻再以一個 getchar() 來處理 enter 鍵」的方式以外，其實還可以利用上一小節 5-3-5 所使用的「不要取得的字元直接寫在 scanf() 的格式字串裡」。由於我們不想要的字元是「用以送出前一個輸入的 enter 鍵」，所以我們可以在第 2 個 scanf() 裡的格式字串開頭處，加上一個「\n」（請注意以下使用方框標示的部份）：

```
char c1, c2;
      ⋮
scanf("%c", &c1);
scanf("\n%c", &c2);
```

除了使用「enter 鍵來略過 enter 鍵」以外，還記得第 5-3-2 節所介紹的泛空白字元（空白鍵、tab 鍵與 enter 鍵的各種組合）嗎？我們也可以在 scanf() 的格式字串裡使用空白鍵來代表泛空白字元；換句話說，可以使用一個空白鍵，來省略掉使用者所輸入的空白鍵、tab 鍵與 enter 鍵的各種組合！因此，上面的程式還可以修改為（請注意其中方框的部份）：

```
char c1, c2;
      ⋮
scanf("%c", &c1);
scanf("△%c", &c2);
```

如此一來，其執行結果就不會被「用以送出輸入的 enter 鍵」給影響了，其執行結果如下：

```
[2:29 user@ws example] ./a.out⏎
a⏎
b⏎
c1=a, △ c2=b ⏎
[2:29 user@ws example]
```

　　另外要注意，如果在格式字串的結尾處多了一個空白，則會使 scanf() 多進行一次的資料讀取：包含一筆資料與一個 Enter。請參考以下的範例：

Example 5-7：在format string中錯誤的使用空白

Location:/Examples/ch5
Filename: WrongSpace.c

```
 1  #include <stdio.h>
 2
 3  int main()
 4  {
 5      int x;
 6
 7      printf("Please input a number: ");
 8
 9      scanf("%d △ ", &x);
10
11      printf("x=%d", x);
12  }
```

其執行結果如下：

```
[1:24 user@ws example] ./a.out⏎
Please △ input △ a △ number: △ 34 ⏎
5 ⏎
x=34 ⏎
[1:24 user@ws example]
```

有沒有發現當完成資料輸入後（按下 enter 後）程式似乎變得沒有回應，除非再繼續輸入一些資料並再按一次 enter 鍵，程式才會繼續執行。因此，正確地在格式字串中加入空白，可以幫助我們取得正確的資料；但是錯誤的使用可是會導致不正常的程式執行結果。

　　除了上述的方法以外，我們也可以使用 fflush() 函式[2]來清除緩衝區，其效果將與前述在 scanf() 函式裡使用空白字元一樣，請參考以下的例子：

```
char c1, c2;
      ⋮
scanf("%c", &c1);
fflush(stdin); // 以 stdin 標準輸入為參數，表示要清空其緩衝區
scanf("%c", &c2);
```

2　fflush() 函式是定義在 stdio.h 裡，使用前必須加以載入。

5-4
程式設計實務演練

程式演練 5

資料檔案的載入與處理

阿財最近開始從事自行車運動，他自行設計了一款手機 APP 可以幫他記錄每次戶外騎行的里程數以及時間資訊，並且透過網路將這些資訊以檔案的方式儲存在電腦系裡。他所設計用以儲存運動資訊的檔案是純文字檔，其格式如下：

- 每個檔案只有兩行；
- 第一行格式為「DU:HH:MM:SS」，其中 DU 為 duration 之意，代表運動所經歷的時間，至於 HH 為小時、MM 為分鐘以及 SS 為秒；
- 第二行格式為「DT: XXXX.XX」，其中 DT 為 distance 之意，代表運動的距離，至於 XXXX.XX 為公里數（整數部份不超過 4 位，小數不超過 2 位）。

現在，請你幫阿財設計一個程式，可以幫他把這些運動資訊檔載入，並計算平均時速（公里 / 小時）後輸出。

阿財已經先提供三個測試檔案給你，分別是 in.1、in.2 與 in.3，其內容如下：

in.1
```
DU:09:14:17
DT:196.19
```

in.2
```
DU:35:03:32
DT:1054.0
```

in.3
```
DU:01:30:00
DT:30.00
```

你所撰寫的程式執行結果應該要有以下的輸出：

```
[9:19 user@ws proj5] ./a.out △<△in.1↵
Duration:△09:14:17(HH:MM:SS) ↵
Distance:△△196.19KM↵
Average Speed:△21.24KM/H↵
[9:19 user@ws proj5] ./a.out △<△in.2↵
Duration:△35:03:32(HH:MM:SS) ↵
Distance:△1054.00KM↵
Average△Speed:△30.06KM/H↵
[9:19 user@ws proj5] ./a.out △<△in.3↵
Duration:△01:30:00(HH:MM:SS) ↵
Distance:△△△30.00KM↵
Average△Speed:△20.00KM/H↵
[9:19 user@ws proj5]
```

　　我們可以將這個程式命名為「AverageSpeed.c」，並且透過 I/O 轉向（I/O redirect）的方式將資料讀取進來，再進行後續的計算。讓我們先使用 IPO 分析如下：

❖ I：要求使用者輸入運動資訊；

❖ P：計算平均時速；

❖ O：輸出平均時速。

　　上述三點中，大概只有 output 的部份最容易，所以我們可以先從它下手料理。為了做到這點，我們先宣告一個變數用以儲存所計算的平均時速，並且在 output 階段將它輸出（以自行車運動而言，其時速在正常的情況下應該不會超過二位數，另外小數部份我們亦僅考慮兩位數，所以其格式指定子應定義為 %2.2f）：

❖ H：stdio.h

❖ V：

　■ float avgSpeed; // 宣告平均時速的變數

❖ I：要求使用者輸入運動資訊；

❖ P：計算平均時速；

❖ O：輸出平均時速。

　■ printf("Average Speed: %2.2f");

　　接下來我們應該要回過頭來思考，該如何取得輸入的資訊。其實以 I/O 轉向而言，對於程式來說其資料仍然是從標準輸入（stdin）[3] 而來，因此我們只要使用 scanf() 函式就可以順利取得輸入的資訊，因此我們可以將 IPO 模型進行更細部的分析如下：

❖ H：stdio.h

❖ V：

　■ int h, m, s; // 宣告時、分、秒的變數

　■ float dist; // 宣告距離的變數

　■ float avgSpeed; // 宣告平均時速的變數

❖ I：要求使用者輸入運動資訊；

　■ scanf("%*c%*c%*c%d%*c%d%*c%d", &h, &m, &s);

　■ scanf(" △%*c%*c%*c%f", &dist);

❖ P：計算平均時速；

　■ avgSpeed=dist/(float)(h+(m/60.0)+(s/3600.0));

❖ O：輸出平均時速。

　■ printf("Duration: △%.2d:%.2d:%.2d(HH:MM:SS)\n", h, m, s);

　■ printf("Distance: △%7.2fKM\n", dist);

　■ printf("Average △Speed: △%2.2f");

3　只不過原本的 stdin 是對應到鍵盤，但我們使用 I/O redirect 的方式將之轉換到檔案的輸入。

在上面的分析中，請特別注意有關 scanf() 的格式字串，我們使用了星號「*」號來略過那些此處不需要處理的資料。尤其請你注意在 input 階段中的第二個 scanf()，有沒有看到它的格式字串的開頭處有一個空白字元？那是有它存在的理由的（在本章中已經有說明過），如果你不瞭解為什麼需要這個空白字元，請參考本章 5-3-4 節的內容，並且試著將這個空白移除，執行看看程式會不會遇到什麼問題？另外，在 process 階段的部份，我們提供了計算平均時速的運算式，請特別注意我們有在除法的分母處加上「.0」，以強制其運算結果能為浮點數，並且我們也做了一些適切的型態轉換，以避免運算結果的錯誤。

分析至此，我們已經把這個程式「幾乎」完成了！請自行將它開發完成，如果你的程式遇到一些錯誤，想要參考完整且正確的程式碼，請別擔心，本書隨附之光碟中的「Projects/5」目錄裡有提供完整的程式碼供你參考。

程式演練 6

使用管線來串連不同的程式

請設計一個名為 NumGen.c 的程式，用以隨機產生 5 個介於 1-10 的整數，整數與整數間請以空白隔開。接著再設計另一個名 Sum5Num.c 的程式，它執行時會讀取 5 個整數做為其輸入，並將他們加總後輸出。這兩個程式，請分別使用下面的指令來進行編譯：

```
[9:19 user@ws proj6] cc △ NumGen.c △ -o △ NumGen ⏎
[9:19 user@ws proj6] cc △ Sum5Num.c △ -o △ Sum5Num ⏎
```

這樣就可以把 NumGen.c 編譯為 NumGen，並且把 Sum5Num.c 編譯為 Sum5Num。然後請以管線（pipeline）的方式執行這兩個程式：

```
[9:19 user@ws proj6] ./NumGen △ | △ ./Sum5Num ⏎
```

其執行結果應該有以下的畫面（其中數字的部份因為是隨機數，所以不會和你執行時所得到結果一致）：

```
[9:19 user@ws proj6] ./numGen ⏎
2 △ 4 △ 2 △ 8 △ 10 ⏎
[9:19 user@ws proj6] ./numGen ⏎
6 △ 3 △ 5 △ 7 △ 4 ⏎
[9:19 user@ws proj6] ./numGen | ./sum5Num ⏎
2+4+2+6+7=21 ⏎
[9:19 user@ws proj6]
```

註：請注意 numGen 程式每次執行所產生的 5 個數字並不會相同。

我們已經使用 IPO 方法進行了好幾個範例，在本例中的 NumGen.c 與 Sum5Num.c 並沒有特別困難之處，因此我們直接提供比較完整的分析結果，首先從 NumGen.c 開始：

❖ H：
- stdio.h
- stdlib.h //srand() 及 rand() 所需
- time.h // time() 所需

❖ V：
- int x1, x2, x3, x4, x5; // 代表五個隨機數的變數

❖ I：無；

❖ P：產生五個介於 1-10 之間的隨機數（亂數）；
- srand(time(NULL));
- x1=1+rand()%10;
- x2=1+rand()%10;
- x3=1+rand()%10;
- x4=1+rand()%10;
- x5=1+rand()%10;

❖ O：將這五個隨機數輸出。
- printf("%d %d %d %d %d\n", x1, x2, x3, x4, x5);

接下來則是 Sum5Num.c：

❖ H：
- stdio.h

❖ V：
- int n1, n2, n3, n4, n5; // 代表五個整數變數
- int sum; // 用以儲存加總後的結果

❖ I：取得五個由 pipeline 所傳遞過來的整數；
- scanf("%d %d %d %d %d", &n1, &n2, &n3, &n4, &n5);

❖ P：計算這五個整數的和；
- sum=n1+n2+n3+n4+n5;

❖ O：將這五個整數的和輸出。
- printf("%d+%d+%d+%d+%d=%d\n", n1, n2, n3, n4, n5, sum);

你應該已經有足夠的能力使用上面這兩個 IPO 的分析，來完成相關的程式實作。請執行看看結果如何？本例主要的目的在於示範如何使用管線將不同的程式的輸入與輸出串接起來，日後你在設計其他程式時，也可以使用這種技巧，將不同的程式功能分割到不同的程式，並且使用本例中的管線或是 I/O 轉向的方式，將它們串接起來。

CH5 本章習題

ᗡ 程式練習題

1. 設計一個 C 語言程式 Int5Right.c，讓使用者輸入一個整數，使用 printf() 函式相關的輸出格式控制，將這個整數以 5 個位置、置右對齊的方式輸出。此程式的執行結果可參考如下：

```
[9:19 user@ws hw] ./a.out⏎
Please△input△an△integer:△123⏎
Output:[△△123]⏎
[9:19 user@ws hw] ./a.out⏎
Please△input△an△integer:△12345⏎
Output:[12345]⏎
[9:19 user@ws hw] ./a.out⏎
Please△input△an△integer:△1234567⏎
Output:[1234567]⏎
[9:19 user@ws hw]
```

2. 設計一個 C 語言程式 Double8Right.c，讓使用者輸入一個 double 型態的浮點數，使用 printf() 函式相關的輸出格式控制，將這個浮點數以 8 個位置（小數點後顯示至第 3 位）、置右對齊的方式輸出。此程式的執行結果可參考如下：

```
[9:19 user@ws hw] ./a.out⏎
Please△input△a△floating△number:△123.456⏎
Output:[△123.456]⏎
[9:19 user@ws hw] ./a.out⏎
Please△input△a△floating△number:△0.123456⏎
Output:[△△△0.123]⏎
[9:19 user@ws hw] ./a.out⏎
Please△input△a△floating△number:△12345.6789⏎
Output:[12345.679]⏎
[9:19 user@ws hw]
```

3. 設計一個 C 語言程式 ScientificNotation.c，讓使用者輸入一個 double 型態的浮點數，使用 printf() 函式相關的輸出格式控制，將這個浮點數改以科學記號表示法之格式輸出。此程式的執行結果可參考如下：

```
[9:19 user@ws hw] ./a.out⏎
Please△input△a△floating△number:△123.456⏎
Output:[1.234560e+02]⏎
[9:19 user@ws hw] ./a.out⏎
Please△input△a△floating△number:△3.1415926⏎
Output:[3.141593e+]00⏎
```

```
[9:19 user@ws hw] ./a.out ↵
Please △ input △ a △ floating △ number: △ 2 ↵
Output:[2.000000e+00] ↵
[9:19 user@ws hw]
```

4.　設計一個 C 語言程式 HowManyDigits.c，讓使用者輸入一個不超過
　　18446744073709551615 的正整數，並透過 printf() 函式的 %n 格式指定子來取得
　　資訊以計算該整數為幾位數，其執行結果可參考以下的畫面：

```
[9:19 user@ws hw] ./a.out ↵
Please △ input △ an △ integer △ 4543232456443323 ↵
The △ number △ 4543232456443323 △ you △ have △ inputted △ has △ 16 △ digits. ↵
[9:19 user@ws hw] ./a.out ↵
Please △ input △ an △ integer: △ 345662 ↵
The △ number △ 345662 △ you △ have △ inputted △ has △ 6 △ digits. ↵
[9:19 user@ws hw]
```

　　提示：如果變數 x 是使用者所輸入的數字（請記得它必須宣告為適當的資料型
　　態以便能夠處理足夠大的數字），我們可以使用「printf("The number %lu%n", x,
　　&y);」將其輸出的字元數寫入到變數 y 中，若再將 y 的值減去「The number」等字
　　元數（含空白共 11 個字元），不就可以得到使用者所輸入的數字是幾位數的了嗎？

5.　請設計一個簡單的 C 語言程式 TimeInHours.c，要求使用者輸入一個時間（包含
　　時、分、秒），然後計算並轉換為小時後將其加以輸出。例如輸入「00:30:00」
　　應該轉換為 0.5 小時。在輸入的部份，使用者會遵守 HH:MM:SS 的格式來輸入
　　資料，其中 HH、MM 與 SS 分別代表時、分與秒。請使用 8 個位置來輸出轉換
　　後的結果（其中包含整數佔 2 位，小數點佔 1 位，小數點後的數值佔 5 位），若
　　有不足位數（不論是整數或是小數部份）則請補 0。此程式的執行結果可參考以
　　下的畫面：

```
[9:19 user@ws hw] ./a.out ↵
Please △ input △ a △ time △ (HH:MM:SS): △ 00:30:00 ↵
00:30:00 △ = △ 00.50000 △ hours ↵
[9:19 user@ws hw] ./a.out ↵
Please △ input △ a △ time △ (HH:MM:SS): △ 12:35:05 ↵
12:35:05 △ = △ 12.58472 △ hours ↵
[9:19 user@ws hw]
```

6.　世界各地的日期表達方式不盡相同，以美國和英國為例，其慣用的表示法分別
　　為 MM/DD/YYYY 與 DD/MM/YYYY（也就是美式的月／日／年，以及英式的日
　　／月／年）。請設計一個檔名為 DateUK2US.c 的 C 語言程式，接受使用者所輸入
　　的英式日期，將其轉換為對應的美式日期後輸出。此題的執行結果可參考以下
　　的畫面：

```
[9:19 user@ws hw] ./a.out ⏎
Date △ (UK): △ 15/9/2021 ⏎
=Date △ (US): △ 09/15/2021 ⏎
[9:19 user@ws hw] ./a.out ⏎
Date △ (UK): △ 01/2/1995 ⏎
=Date △ (US): △ 02/01/1995 ⏎
[9:19 user@ws hw] ./a.out ⏎
Date △ (UK): △ 1/12/150 ⏎
=Date △ (US): △ 12/01/0150 ⏎
[9:19 user@ws hw]
```

7. 在台灣買東西大家都會記得要索取統一發票（uniform invoice），因為每單月份的 25 號會開獎一次，從統一發票號碼的末 3 碼開始到全部的 8 碼，只要與開獎號碼相同就可以領取從 200 元到 200 萬元不等的獎金。請寫一個程式 Last3.c，讓使用者輸入一組統一發票的號碼，並且將其最後 3 碼印出。請注意統一發票號碼的格式，其前兩碼為英文字母，後面則接 8 碼的數字。程式的執行結果可參考以下的畫面：

```
[9:19 user@ws hw] ./a.out ⏎
Please △ input △ a △ uniform-invoice △ number: △ FB00960518 ⏎
The △ last △ 3 △ digits △ are △ 518. ⏎
[9:19 user@ws hw] ./a.out ⏎
Please △ input △ a △ uniform-invoice △ number: △ IG34019017 ⏎
The △ last △ 3 △ digits △ are △ 017. ⏎
[9:19 user@ws hw]
```

8. 承上題，請設計另一個程式 SumOfLast3.c 將所取得的最後三碼的值加總後輸出。程式的執行結果可參考以下的畫面：

```
[9:19 user@ws hw] ./a.out ⏎
Please △ input △ a △ uniform-invoice △ number: △ FB00960518 ⏎
The △ sum △ of △ the △ last △ 3 △ digitis △ is △ 5+1+8=14. ⏎
[9:19 user@ws hw] ./a.out ⏎
Please △ input △ a △ uniform-invoice △ number: △ IG34019017 ⏎
The △ sum △ of △ the △ last △ 3 △ digitis △ is △ 0+1+7=8. ⏎
[9:19 user@ws hw] ./a.out ⏎
```

9. 請完成程式演練 5 的實作，也就是檔名為 AverageSpeed.c 的 C 語言程式。

10. 請完成程式演練 6 的實作，也就是檔名為 NumGen.c 與 Sum5Num.c 的 C 語言程式。

CHAPTER

06

條件敘述

　　條件敘述（conditional statement），又稱為選擇敘述（selection statement），可讓程式的執行不再是一行一行的逐行執行，而是依據特定的條件決定程式執行的動線。換句話說，我們將可以為程式的執行定義特定條件，讓程式執行時視不同情況來執行不同的程式碼。本章將先介紹與條件定義相關的邏輯運算式（logical expression），以及兩個在 C 語言中常用的條件敘述 — if 及 switch。隨著我們開始使用條件敘述，程式設計的複雜性也隨之提升，原本所使用的 IPO 模型已經不敷使用；因此，本章也將介紹第二種程式設計的思維模型工具 — 流程圖（flowchart），透過此一工具，我們將能更容易地設計出結構與動線都更為複雜的程式。

6-1 邏輯運算式

　　所謂的邏輯運算式（logical expression）亦稱為布林運算式（Boolean expression），其運算結果只能有 true 與 false 兩種可能的布林值（Boolean value）[1]。其實一個邏輯運算式就是一個情況、情境或是狀態、條件的描述，在程式執行時，該描述只有「正確」與「錯誤」、「成立」與「不成立」、「真」與「偽」等「正面的」或「負面的」兩種可能；我們將這兩種可能的結果，統稱為「true（真）」與「false（假）」。在學習邏輯運算式之前，你必須先知道 C 語言並沒有提供可以表示 true 與 false 的資料型態，而是以整數值為之：

> C 語言是以整數值 0 做為 false，並將其他所有非 0 的整數值（包含正整數或負整數）都視為 true。

　　一個邏輯運算式可以使用數值、常數、變數、函式呼叫、甚至是運算式做為其運算元（operand）；至於在運算子（operator）方面，則可以使用關係運算子（relational operator）、相等運算子（equality operator）、不相等運算子（inequality operator）與邏輯運算子（logical operator），我們將在本節分別加以討論。

6-1-1 關係運算子

　　關係運算子（relational operator）是一個二元運算子，用以判斷其左右兩側的運算元（operand）之間的關係，包含了大於、小於、大於等於以及小於等於等四種可能，請參考表 6-1：

1　邏輯運算與布林值是由著名數學家 George Boole 所提出，是當代電腦科學的重要基礎。

表 6-1：C 語言所支援的關係運算子（relational operator）

符號	範例	意義
>	a > b	a 是否大於 b
<	a < b	a 是否小於 b
>=	a >= b	a 是否大於或等於 b
<=	a <= b	a 是否小於或等於 b

可以搭配表 6-1 中的關係運算子使用的運算元與一般運算式一樣，可以是數值、變數、常數、函式呼叫，甚至是運算式。舉例來說，假設 a=5 與 b=10 分別為兩個 int 整數變數、c=15 為整數常數，下列的邏輯運算式示範了不同運算元的使用：

```
a>0
12<b
a<cd
a+b>=c+2
a*b>=sizeof(int)*4
pow(a,2)<=b
a>sqrt(b)
```

在上面的例子當中，其中運算元的部份包含了數值（0、12）、變數（a 與 b）、常數（c）、函式呼叫（pow(a,2) 與 sqrt(b) [2]）以及運算式（a+b、c+2、a*b 以及 sizeof(int)*4）[3]。請試著計算出這些邏輯運算式的運算結果為何？

當然，學會寫程式的好處之一，就是可以自已寫個程式來將這些邏輯運算式的運算結果加以輸出 — 我們可以使用 printf() 函式將邏輯運算式的運算結果以整數值（因為 C 語言是使用整數值來表示布林值）的方式印出來。請參考以下的 Example 6-1：

Example 6-1：使用輸出邏輯運算式的運算結果

Location:/Examples/ch6
Filename:RelationalOP.c

```c
1   #include <stdio.h>
2   #include <math.h>
3
4   int main()
5   {
6       int a=5, b=10;
7       const int c=15;
8
9       printf("a>0 is %d.\n", a>0);
10      printf("12<b is %d.\n", 12<b);
11      printf("a<c is %d.\n", a<c);
12      printf("a+b>=c+2 is %d.\n", a+b>=c+2);
13      printf("a*b>=sizeof(int)*4 is %d.\n", a*b>sizeof(int)*4);
14      printf("pow(a,2)<=b is %d.\n", pow(a,2)<=b);
15      printf("a>sqrt(b) is %d.\n", a>sqrt(b));
16  }
```

[2] pow(x,y) 與 sqrt(x) 都是定義在 math.h 中的函式，其作用分別是計算 x 的 y 次方與 x 的平方根。
[3] 由於 c 被宣告為常數整數，所以 c+2 其實是一個常數運算式（請參考本書第 4 章 4-12 節）。

此程式的執行結果可以參考如下：

```
[12:49 user@ws example] ./a.out ↵
a>0 △ is △ 1. ↵
12<b △ is △ 0. ↵
a<c △ is △ 1. ↵
a+b>=c+2 △ is △ 0. ↵
a*b>=sizeof(int)*4 △ is △ 1. ↵
pow(a,2)<=b △ is △ 0. ↵
a>sqrt(b) △ is △ 1. ↵
[12:49 user@ws example]
```

如何？和你計算的答案一致嗎？別忘了本節一開始就已經提過：

> C 語言是以整數值 0 做為 false，並將其他所有非 0 的整數值（包含正整數或負整數）都視為 true。

因此在上述結果中，其所輸出的 0 與 1 即代表 false 與 true 的運算結果。換句話說，logical expression 的運算結果亦可以視為是整數值 0 與 1 的兩種可能之一。由於此程式的執行結果也顯示了，C 語言預設會使用整數值 1 代表 true，所以我們應該將上述的說明修改如下：

> C 語言是以整數值 0 做為 false，並將其他所有非 0 的整數值（包含正整數或負整數）都視為 true（但預設值為 1）。

另外，還要注意關係運算子（relational operator）較算術運算子（arithmetic operator）的優先順序低，以「a*b >= sizeof(int)*4」為例，其執行結果將會等同於「(a*b) >= (sizeof(int)*4)」。

6-1-2　相等與不相等運算子

相等運算子（equality operator）與不相等運算子（inequality operator）是二元運算子，用以判斷兩個運算元（數值、函式、變數或運算式）之值相等或不相等。C 語言提供以下的運算子，如表 6-2：

表 6-2：C 語言所支援的相等與不相等運算子（equality and inequality operators）

運算子	範例	意義
==	a == b	a 是否等於 b
!=	a != b	a 是否不等於 b

同樣地，相等與不相等運算子仍是以數值 0 代表運算結果為 false，以數值 1 代表 true。還要注意相等與不相等運算子與關係運算子一樣，其優先順序都較算術運算子來得低。

注意 相等運算子是兩個等號！而不是一個等號！

　　相等運算子是兩個等號＝＝，而不是一個等號＝，千萬不要將它們搞錯了！將比較兩數是否相等的＝＝寫成＝，實在是一個十分常見的錯誤！如果要列一個 C 語言常見錯誤排行榜的話，這個錯誤絕對算得上是前三名！

　　請考慮以下的例子：假設 a 是一個 int 整數，其數值為 5，以「a＝＝3」這個邏輯運算式為例，其目的是要比較 a 是否等於 3 —— 由於 a 的數值並不等於 3（依我們的假設 a 的數值是 5），所以此運算結果為 false，也就是整數值 0。但若不小心將「a==3」寫成了「a=3」，那麼其意義就變成了把 a 的數值設為 3（也就是把等號右邊的數值指定給等號左邊的變數裡）；因為 a 的數值 3 是一個非 0 的整數，對 C 語言來說，這就成為了 true 的意思 —— 和原本應該為 false 的結果完全不同。

　　更糟糕的是，像這樣的錯誤是無法由編譯器去發現的，只能透過觀察程式的執行結果來辨認。建議讀者以後如果遇到錯誤的程式執行結果，但找不出任何問題時，可以試著檢查程式內所有的＝與＝＝，有很高的機會可以改正你的程式。

6-1-3 邏輯運算子

邏輯運算子（logical operator）共有以下三種，如表 6-3：

表 6-3：C 語言所支援的邏輯運算子（logical operator）

運算子	意義	一元或二元運算子 （unary or binary）
!	NOT	一元
&&	AND	二元
||	OR	二元

其運算結果請參考表 6-4 的真值表（truth table）：

表 6-4：邏輯運算子的真值表

X	Y	! X （NOT X）	X && Y （X AND Y）	X || Y （X OR Y）
0	0	1	0	0
0	1	1	0	1
1	0	0	0	1
1	1	0	1	1

　　基本上，這裡的 AND 與 OR 都是二元的運算，必須與兩個運算元搭配運算，其運算元通常為邏輯運算式，但也可以是具有整數值的變數、常數、或可傳回整數值的函式呼叫

等（一律以 0 做為 false，以非 0 的整數值做為 true）。至於 NOT 則是一元的運算，僅和一個運算元相關。以下我們分別說明三者的用途：

❖ AND（&&）：AND 用以處理兩個條件皆成立的情形。假設變數 score 代表 C 語言的修課成績，以下使用 AND 的邏輯運算即為檢查成績是否介於 0~100：

```
((score >= 0) && (score <=100))
```

❖ OR（||）：OR 是用以判斷兩個條件中任意一個成立的情形，例如學生的修習某門課程的期末考成績大於等於 60 分或是作業成績不低於 80 分，就可以通過該課程，那麼可以表達為：

```
(( final >= 60 ) || ( homework >=80 ))
```

❖ NOT（！）：與前述兩者不同，NOT 是一個一元的運算，它只與一個運算元相關。例如 quit 是一個整數變數，其值為 0 代表不要離開（或結束）程式的執行，所以在程式中可以依使用者的設定或其他狀況將 quit 變數設定為 1，代表要離開程式的執行。因此，程式中可以

```
( ! quit )
```

來表示 Not quit，意即不要離開程式的執行。由於 quit=0 表示不想離開，所以 Not 運算就將 (!quit) 變成「不要離開」之意！

一注意　　「a < x < b」？x 是否介於 a 與 b 之間？

　　許多初學者在學習邏輯運算式（logical expression）時，通常會犯下一種常見的錯誤：以「a < x < b」來表達「是否變數 x 的值介於 a 與 b 之間」！這個式子看似正確，實則不然。因為這裡所使用的「<」為關係運算子（relational operator），其關聯性為左關聯，所以「a < x < b」其實會變成「(a < x) < b」意即先判斷 x 是否大於 a，然後將其判斷結果再與 b 進行比較。假設 a=1、b=10、x=5，「a < x < b」會等於是「(a < x) < b」，也就是「(1<5) <10」；由於「(1<5)」的結果是 true，也就是會以整數值 1 代表「(1<5)」的運算結果，所以「(1<5) <10」就變成了「1<10」，也因此其最終的運算結果將會是 true。請參考下列式子：

```
    a<x<b           因為 < 運算子是左關聯，所以從左往右運算
 =>(a<x) < b         以 a=1, b=10, x=5 代入
 =>(1<5) < 10    1< 5 為 true
 =>(true) < 10     true 值為整數 1
 =>1 < 10
 =>true
```

　　這樣的結果不就是我們所預期的嗎？「a < x < b」的結果為 true，代表 x 的值介於 a 與 b 之間！其實這是不正確的觀念，「a < x < b」所求得的是 (a<x) 的結果與 b 再進行一次比較的結果，在上述例子中，它只是剛好為 true 而已！如果將 a 與 b

的數值對調,也就是 a=10,b=1,x 的數值仍然為 5,那麼「a＜x＜b」就變成了「10＜5＜1」,其運算結果應該要為 false,但是讓我們看看其運算過程與結果:

```
    a<x<b              因為<運算子是左關聯,所以從左往右運算
=>(a<x) < b            以 a=10, b=1, x=5 代入
=>(10<5) < 1           10< 5 為 false
=>(false) < 1          false 值為整數 0
=>0 < 1
=>true
```

看到了嗎?其結果還是 true!這個結果讓人意外,因為不管是「1＜5＜10」還是「10＜5＜1」竟然都是 true!這當然是不正確的!原因在於「a＜x＜b」的意義是先進行 a＜x 的運算,再將其結果與 b 進行再一次的比較。如果你真的要進行 x 的數值是否介 a 與 b 兩者之間的判斷,你應該將其分成「a＜x」以及「x＜b」這兩個條件的運算,並且分別計算但要求兩者都為 ture;也就是說只有在「a＜x」與「x＜b」這兩個條件都同時成立的情況下,才可以得到 true 的結果。請參考以下正確的寫法:

```
(a<x) && (x<b)
```

要注意的是,邏輯運算子(例如上面的 &&)的優先順序比關係運算子(例如上面的 ＜)來得低,所以不論 a＜x 與 x＜b 有沒有使用括號其運算結果都是正確的。關於運算子的優先順序可以參考本書附錄 B。

6-1-4 優先順序

關於邏輯運算式相關的關係運算子、相等運算子與邏輯運算子之優先順序與關聯性彙整於本書附錄 B 中,請讀者自行參考。

6-2
if 敘述

當我們在進行程式寫作時,某些功能可能是要視情況來決定是否要加以執行,而不是永遠都讓程式做完全一樣的工作。C 語言提供一個條件敘述(conditional statement),又稱為選擇敘述(selection statement)— if 敘述。

if 敘述可以依特定條件成立與否,來決定該執行哪些對應的程式碼。if 的語法如下:

if 敘述語法

```
if ( test_condition )
    statement | { statement + }
```

依據此語法在 if 之後必須以一組括號將所謂的 test_condition（測試條件）[4] 包裹於其中
— test_condition 即為本章前面所介紹的邏輯運算式（logical expression），或者也可以直接
給定可以表示 true 或 false 的整數值（包含為整數值的變數、常數或函式呼叫），也就是以
0 為 false、以非 0 的數值為 true。當 test_condition 經檢測其運算結果成立時（也就是其布
林值為 true，或是其數值不為 0 時），可以執行後面的一行敘述或是使用一組大括號包裹的
多行敘述。

注意　用以表示 OR（或者）的符號

在上面的語法說明中，「|」符號（唸做 pipe）是 or（或者）的意思。以 if
敘述的語法來說，其代表可以在 statement 或 { statement+} 兩者間擇一。當然，
這裡的 + 代表的是 1 次或多次。所以在 if 敘述後面可以選擇性的接一行敘述，
或是以一組大括號將一行或多行的敘述包裹起來。

請參考下面的例子：

```
if (score >= 60)
    printf("You passed!\n");
```

上面這行程式碼的意思是，如果 score>=60 這件事情成立的話，則印出「You passed!」。當
然，若條件不成立時，後面所接的 printf() 是不會被執行的。如果條件成立時，想要進行的
處理需要一行以上的程式碼時，如前述，必須使用一組大括號將其加以包裹，這種被包裹
起來的程式碼又被稱為複合敘述（compound statement）。請參考下面的例子：

```
if (score >= 60)
{
    printf("Your score is %d\n", score);
    printf("You passed!\n");
}
```

注意　小心！別寫出錯誤的測試條件！

if 敘述的測試條件非常重要，程式執行時就是依據其 true 或 false 的運算結
果，來決定是否該執行後續的程式碼。然而，測試條件其實是很容易寫錯的，
尤其是不小心把兩個等號的相等運算子 == 寫成了一個等號 = 的 typo[5]，例如把
a==0 寫成了 a=0。假設 a 的數值為 0，原本正確的 a==0 運算結果應該為 true，
也就是整數值 1；但不小心寫錯了以後，a=0 就成了「令 a 的數值為 0」，所以整
個式子的運算結果就變成了代表 false 的整數值 0！不過有趣的是從語法上來說，

其實它並不能算是錯誤,因為它還是一個正確並能產生代表 true 或 false 的整數運算結果 — 儘管結果可能是錯誤的!當我們在開發程式時,最害怕的便是這一種錯誤,因為它是不會發生編譯錯誤的「高級」的錯誤,必須透過觀察程式的執行結果才能夠發現。

如果我們想判斷的條件不只一個,那又該怎麼辦呢? 其實 if 敘述也是敘述,所以在複合敘述中當然以可以含有其他的 if 敘述,請參考下面的程式:

```
if (score >= 60)
{
    printf("Your score is %d\n", score);
    printf("You passed!\n");

    if(score >= 90)
    {
        printf("Excellent!\n");
    }
}
```

⊕ 資訊補給站　程式碼縮排(Indentation)

所謂的程式碼縮排(indentation)(常簡稱為縮排)是指撰寫程式碼時,在程式碼前使用空白、tab 鍵、甚至是使用 enter 鍵來進行程式碼的編排。良好的縮排習慣,可以為你的程式碼帶來容易閱讀、維護與除錯等好處。請看看以下幾種編排的方法,你覺得如何?容易閱讀嗎?

```
if (score >= 60){
printf("Your score is %d\n", score);
printf("You are pass!\n");
if(score >= 90)
printf("Excellent!\n");
}
```

```
if (score >= 60){ printf("Your score is %d\n", score);
printf("You are pass!\n"); if(score >= 90)
printf("Excellent!\n"); }
```

5　Typo 為 typographical error 的縮寫,指的是早期的活版印刷時代,因使用了錯誤的活字所導致的印刷錯誤。現在雖然已不再使用活版印刷,但 typo 已延用到表達電腦打字上的錯誤。

上面這兩段程式碼都是正確的，但在閱讀上實在不容易，反而是很容易搞錯程式的意義！請善用 space 或 tab 及換行，將你的程式碼編排整齊，讓它不但能容易閱讀，並能夠反映出其正確的結構，例如：

```c
if (score >= 60)
{
    printf("Your score is %d\n", score);
    printf("You are pass!\n");
    if(score >= 90)
        printf("Excellent!\n");
}
```

這樣是不是清楚多了？！

下面是另一個例子：

```c
if (score >= 0)
{
    if(score <= 100)
    {
        printf("This score %d is valid!\n", score);
    }
}
```

不過這個例子，還可以直接使用 AND 運算子將兩個 if 敘述的測試條件改寫成一個 if 敘述的測試條件：

```c
if ((score >= 0)&&(score <=100))
{
    printf("This score %d is valid!\n", score);
}
```

延續上面的例子，若是想要在 score 超出範圍時，印出錯誤訊息，那又該如何設計呢？請參考下面的程式：

```c
if ((score >= 0)&&(score <=100))
{
    printf("This score %d is valid!\n", score);
}

if ((score<0) || (score>100))
{
    printf("Error! The score %d is out of range!\n", score);
}
```

　　在這段程式碼中的兩個 if 敘述，其實是互斥的，也就是當第一個 if 的條件成立時，第二個 if 的條件絕不會成立，反之亦然。這種情況可以利用下面的語法，把兩個 if 敘述整合成一個：

if-else 敘述語法

```
if ( test_condition )
    statement | { statement + }
else
    statement | { statement + }
```

我們可以在 else 的後面，再指定另一個敘述或是複合敘述，來表明當 if 條件不成立時，所欲進行的處理。請參考下面的例子：

```c
if ((score < 0) || (score >100))
{
    printf("Error! The score %d is out of range!\n", score);
}
else
{
    printf("This score %d is valid!\n", score);
}
```

　　再一次考慮到 if 敘述也是一種敘述，在 else 的後面，我們也可以再接一個 if 敘述，例如下面的例子：

```c
if ((score < 0) || (score >100))
{
    printf("Error! The score %d is out of range!\n", score);
}
else
{
    if(score>=60)
    {
        printf("You passed!\n");
    }
}
```

　　類似的結構延伸，下面的程式碼也是正確的：

```c
if ((score < 0) || (score >100))
{
    printf("Error! The score %d is out of range!\n", score);
}
else
```

```
{
    if(score>=60)
    {
        printf("You passed!\n");
    }
    else
    {
        printf("You failed!\n");
    }
}
```

　　上述的程式碼，也可以利用 if 敘述及 else 保留字後面可以接一個敘述（只有一個敘述時，大括號可以省略），我們可以將部份的大括號去掉，請參考下面的程式碼：

```
if ((score < 0) || (score >100))
{
    printf("Error! The score %d is out of range!\n", score);
}
else if(score>=60)
{
    printf("You passed!\n");
}
else
{
    printf("You failed!\n");
}
```

　　最後，Example 6-2 提供了使用 if 敘述進行成績判斷的完整程式碼：

Example　6-2：使用if敘述進行成績判定

Location:/Examples/ch6
Filename:Score.c

```
1    #include <stdio.h>
2
3    int main()
4    {
5        int score;
6
7        printf("Please input your score: ");
8        scanf("%d", &score);
9
10       if ((score < 0) || (score >100))
11       {
12           printf("Error! The score %d is out of range!\n", score);
13       }
14       else if(score>=60)
15       {
16           printf("You passed!\n");
```

```
17          }
18      else
19          {
20              printf("You failed!\n");
21          }
22  }
```

此程式的執行結果可以參考如下：

```
[12:49 user@ws example] ./a.out⏎
Please△input△your△score:△38⏎
You△failed!⏎
[12:49 user@ws example] ./a.out⏎
Please△input△your△score:△100⏎
You△passed!⏎
[12:49 user@ws example] ./a.out⏎
Please△input△your△score:△108⏎
Error!△The△score△108△is△out△of△range!⏎
[12:49 user@ws example] ./a.out⏎
Please△input△your△score:△-8⏎
Error!△The△score△-8△is△out△of△range!⏎
[12:49 user@ws example]
```

在本節的最後，讓我們參考表 6-5，再次使用 if 敘述來設計一個讓使用者輸入系所代碼後輸出其分機號碼的程式：

表 6-5：範例系所分機

deptID	系所名稱	分機號碼
1	資訊工程系	34201
2	電腦與通訊系	35201
3	電腦與多媒體系	33101

Example 6-3：以系代碼查詢學系聯絡資訊　　Location:/Examples/ch6　Filename:DeptID.c

```c
1   #include <stdio.h>
2
3   int main()
4   {
5       int deptID;
6       printf("Please input a department ID: ");
7       scanf("%1d", &deptID);
8
9       if( deptID == 1 )
10      {
11          printf("Department: Computer Science and Information Engineering\n");
```

```
12              printf("Phone: (08)7663800 ext.34201.\n");
13          }
14      else if( deptID == 2 )
15          {
16              printf("Department: Computer and Communications\n");
17              printf("Phone: (08)7663800 ext.35201.\n");
18          }
19      else if( deptID == 3 )
20          {
21              printf("Department: Computer and Multimedia\n");
22              printf("Phone: (08)7663800 ext.33101.\n");
23          }
24      else
25          {
26              printf("The value of deptID %d is invalid!\n", deptID);
27          }
28  }
```

此程式執行結果如下：

```
[12:49 user@ws example] ./a.out↵
Please△input△a△department△ID:△1↵
Department:△Computer△Science△and△Information△Engineering↵
Phone:△(08)7663800△ext.34201.↵
[12:49 user@ws example] ./a.out↵
Please△input△a△department△ID:△2↵
Department:△Computer△and△Communications↵
Phone:△(08)7663800△ext.35201.↵
[12:49 user@ws example] ./a.out↵
Please△input△a△department△ID:△3↵
Department:△Computer△and△Multimedia↵
Phone:△(08)7663800△ext.33101.↵
[12:49 user@ws example] ./a.out↵
Please△input△a△department△ID:△4↵
The△value△of△deptID△4△is△invalid!
[12:49 user@ws example]
```

6-3
switch 敘述

　　Example 6-3 的程式具備「給定一個數值（或運算式），依其值決定該執行的程式碼」的程式結構。針對這樣的結構，C 語言提供另一種條件敘述（conditional statement，或稱為選擇敘述 selection statement）— switch 敘述，其語法如下：

switch 敘述語法

```
switch ( int_variable | int_expression )
{
      case int_value | int_constant_expression: statement * *

      default: statement * ?

}
```

　　switch 敘述與 if 敘述類似，都可以讓程式視情況執行不同的程式碼，但 switch 針對整數變數或整數型態的運算式可能的不同數值，使用列舉式的方式提供不同的處置操作，其語法詳細說明如下：

1.　switch(int_variable | int_expression)：以 switch 開頭，緊接著以一組括號將一個 int_variable（整數變數）或是一個 int_expression（整數運算式）加以包裹。

　　(1)　int_variable 就是整數型態的變數，但也可以使用 char 字元型態的變數，因為字元的本質就是整數。

　　(2)　int_expression 就是運算結果為整數的運算式。

2.　{ … }：後續則以一組大括號與其內的敘述來定義不同情況下的處理方法。可以接受的敘述包含「case 標籤敘述（case label statement）」與「預設標籤敘述（default label statement）」兩種，分述如下：

　　(1)　case 標籤敘述（case label statement）

- 依其語法 [case int_value | int_constant_expression: statement*]*，case 標籤敘述為可選擇性的（可使用 0 次或多次，意即一個 switch 敘述內可以完全沒有任何 case 標籤敘述，也可以有多個 case 標籤敘述）。

- 每次使用必須以「case」開頭，其後接一個標籤數值（可使用 int_value 或 int_constant_expression)與一個冒號「:」，並於其後接 0 個或多個程式敘述。

　◆ int_value 也就是整數值，或是等同於整數值的字元，例如數值 1、2、3 等整數值、或是 'A'、'B'、'C' 等字元型態（字元會被自動轉換成整數）。

　◆ int_constant_expression 則是運算結果為整數的常數運算式（請參考本書第 4 章 4-12 節）。

- 程式敘述（statement）可以有 0 行或多行。當接在 switch 後的 int_variable 或 int_expression 的數值與此處的 int_value 相同時，就會從此 case 標籤處開始執行後續的程式敘述。

- 一旦開始執行，就會一直往下執行（遇到別的 case 標籤也不會停止），直到遇到 switch 敘述結尾的右大括號或是使用 break 中斷敘述為止，才會跳離 switch 敘述。

(2) 預設標籤敘述（default label statement）

- 依其語法 [default: statement*]?，此部份是選擇性的，也可以不寫，但至多使用一次。其用意就在於為 int_variable 或 int_expression 的數值，提供一個預設的處理方法。換句話說，若前面的各個 case 標籤的 int_value 或 int_constant_expression 都不等同於 switch 的 int_variable 或 int_expression 時，那麼程式就會略過前述的各個 case 標籤敘述，直接跳躍到一個名為 default 的標籤處執行敘述，直到遇到 switch 敘述結尾的右大括號或是使用 break 中斷敘述為止，才會跳離 switch 敘述。

本節後續將依照語法提供一些 switch 敘述的範例程式，但為了易於讀者理解，在一開始的範例中，我們僅分別使用 int_variable 與 int_value 接在 switch 的括號內以及 case 標籤後；至於 int_expression 與 int_const_expression 的使用，則將在本節結束前提供。

首先請讀者參考 Example 6-4，它使用 switch 敘述依據使用者所輸入的一個 int 整數 x 的數值，分別輸出「x=1」、「x=2」、「x=3」或「x is not 1, 2, or 3.」等不同訊息，其程式碼如下：

Example 6-4：switch敘述的簡單範例　　 Location:/Examples/ch6
Filename:Switch.c

```
1   #include <stdio.h>
2
3   int main()
4   {
5       int x;
6
7       printf("Please input the value of x: ");
8       scanf("%d", &x);
9
10      switch (x)
11      {
12          case 1:
13                  printf("x=1\n");
14          case 2:
15                  printf("x=2\n");
16          case 3:
17                  printf("x=3\n");
18          default:
19                  printf("x is not 1, 2 or 3\n");
20      }
21  }
```

以下是其執行結果：

```
[12:49 user@ws example] ./a.out ⏎
Please △ input △ the △ value △ of △ x: △ 3 ⏎
x=3 ⏎
x △ is △ not △ 1, △ 2, △ or △ 3 ⏎
[12:49 user@ws example]
```

有沒有覺得很奇怪？當我們輸入 3 時，除了「x=3」以外，也印出了「x is not 1, 2, or 3.」！是程式寫錯了嗎？不！程式並沒有錯誤！switch 的程式結構的確會依照變數 x 的數值，跳躍到其對應的 case 處加以執行，例如當我們輸入的值是 3 的時候，程式的執行動線就會跳躍到「case 3:」之處，然後依序往下執行。但問題就是 switch 只有在一開始時，會依變數的值跳躍到適當的地方，然後就「依序往下一直執行下去了」！所以，跳躍到「case 3:」之處，會接著印出「x=3」，然後再接著往下執行，繼續印出「x is not 1, 2, or 3」！

同一個程式，當我們輸入 1 時，結果更有趣，請參考下面的結果：

```
[12:49 user@ws example] ./a.out⏎
Please△input△the△value△of△x:△1⏎
x=1 ⏎
x=2 ⏎
x=3 ⏎
x△is△not△1,△2,△or△3⏎
[12:49 user@ws example]
```

當然它還是先跳躍到「case 1:」之處印出 x=1，但它會接續著印出「x=2」、「x=3」以及「x is not 1, 2, or 3.」！這樣看來，switch 雖然會依據 x 的數值跳躍到對應之處，但它會一直接著往下執行，所以會帶來一些預期之外的執行結果。如果要解決此一問題，可以試著搭配使用「break」敘述，讓程式跳離目前所在的程式區塊之外。以 switch 為例，在它當中的各個 case 中使用 break 就會將程式的動線跳離 switch 所屬的程式區塊之外。我們將 Example 6-4 修改如下：

Example 6-5：switch**敘述的簡單範例**2
　　　　　　（增加break**敘述**）

Location:/Examples/ch6
Filename:Switch2.c

```c
1   #include <stdio.h>
2
3   int main()
4   {
5       int x;
6
7       printf("Please input the value of x: ");
8       scanf("%d", &x);
9
10      switch (x)
11      {
12          case 1:
13                  printf("x=1\n");
14                  break;
15          case 2:
16                  printf("x=2\n");
17                  break;
18          case 3:
```

```
19              printf("x=3\n");
20              break;
21      default:
22              printf("x is not 1, 2 or 3\n");
23    }
24  }
```

在上述的程式碼中，我們將每一段的 case 的處理都加上了一個「break 敘述」，因此，當我們執行到這些 break 時，程式就會啟動另一次的跳躍，跳躍到 switch 敘述結尾處的右大括號後，意即結束這個 switch 的敘述。要特別注意的是，我們並沒有為最後一個「default 標籤」增加「break 敘述」，因為它已經是最後一項，就算沒有 break 敘述，它本來也就會結束 switch 敘述。

假設 x 的輸入值為 3，圖 6-1 為 Example 6-5 的 Switch2.c 程式的執行動線示意圖：

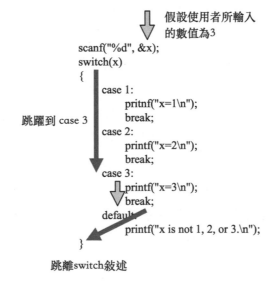

圖 6-1：搭配 break 的 switch 敘述的執行動線示意圖（假設 x = 3）

透過這個 break 敘述的幫忙，現在使用 switch 不但可以有一開始的跳躍，也可以在特定的處理完成後，使用 break 直接離開 switch 敘述。

另外，通常使用 switch 敘述所撰寫的程式碼，也都可以改成對應的 if 敘述來撰寫，請參考下面的程式碼：

Example 6-6：將switch敘述改為if敘述的範例
（修改自Example 6-5）

Location:/Examples/ch6
Filename:Switch2if.c

```
1  #include <stdio.h>
2
3  int main()
4  {
5      int x;
```

```
6
7       printf("Please input the value of x: ");
8       scanf("%d", &x);
9
10      if(x==1)
11          printf("x=1\n");
12      else if(x==2)
13          printf("x=2\n");
14      else if(x==3)
15          printf("x=3\n");
16      else
17          printf("x is not 1, 2 or 3\n");
18  }
```

上面這段程式碼與使用 switch 敘述相比，雖然 if 也可以得到一樣的效果，但在程式的可讀性與結構方面就沒有比 switch 來得好。因此，如果你以後要設計的程式具有類似「針對同一個變數之不同數值，進行不同運算與處理」的需求時，建議儘量使用 switch 敘述，它可以讓你的程式顯得更有條理，且可讀性也較高。

同樣的，有時原本以 if 敘述所撰寫的程式也可以改為使用 switch 敘述，例如 Example 6-7 即是將原本使用 if 敘述的 Example 6-3，使用 switch 敘述改寫如下：

Example 6-7：使用switch改寫Example 6-3

Location:/Examples/ch6
Filename:DeptID2.c

```
1   #include <stdio.h>
2
3   int main()
4   {
5       int deptID;
6       printf("Please input a department ID: ");
7       scanf("%1d", &deptID);
8
9       switch (deptID )
10      {
11          case 1:
12                  printf("Department: Computer Science and Information
    Engineering\n");
13                  printf("Phone: (08)7663800 ext.34201.\n");
14                  break;
15          case 2:
16                  printf("Department: Computer and Communications\n");
17                  printf("Phone: (08)7663800 ext.35201.\n");
18                  break;
19          case 3:
20                  printf("Department: Computer and Multimedia\n");
21                  printf("Phone: (08)7663800 ext.33101.\n");
22                  break;
23          default:
24                  printf("The value of deptID %d is invalid!\n", deptID);
25      }
26  }
```

　　除了上述使用 switch 的例子以外，對於一些具有操作選項的程式，我們也時常使用 switch 敘述搭配處理使用者對於功能選單的不同選擇，例如以下的程式片段，依據使用者所輸入的選擇（也就是 choice 變數的值），使用 switch 敘述來執行對應的程式功能：

```c
switch (choice)
{
    case 'i':
            insert_data();
            break;
    case 'x':
            execute();
            break;
    case 'q':
            exit(0);
            break;
}
```

　　最後，要提醒讀者注意，並不是每次使用 switch 都一定要搭配 break 使用，下面我們提供兩個例子供你參考：

Example 6-8：使用switch敘述完成國小學生放學時間查詢

Location:/Examples/ch6
Filename:AfterSchool.c

　　國小學生週一至週五，除了每週三只上半天（中午 12:00 放學）外，其餘日子皆為下午 4:00 放學。以下的程式，可以讓使用者依據星期幾查詢該日的下課時間。

```c
1  #include <stdio.h>
2
3  int main()
4  {
5      int weekday;
6      printf("Please input a weekday (1-5) : ");
7      scanf("%d", &weekday);
8
9      switch (weekday)
10     {
11         case 1:
12         case 2:
13         case 4:
14         case 5:
15                 printf("After school at 4:00pm.\n");
16                 break;
17         case 3:
18                 printf("After school at 12:00pm.\n");
19     }
20 }
```

此程式的第 9-19 行使用 switch 敘述，依據使用者所輸入的 weekday 變數的數值，分別輸出不同的放學時間；其中第 14-16 行針對週五輸出「After school at 4:00pm.」，但第 11-13 行的「case 1」、「case 2」與「case 4」，則是「故意不寫 break」，好讓它們可以一直往下執行，直到在第 15 行輸出「After school at 4:00pm.」，並在第 16 行遇到「break」為止才會跳脫這個 switch 敘述 — 這樣一來，不論是週一、週二、週四或週五都會相同的輸出下午 4:00 放學。至於週三的部份，則是在最後的第 16-18 行加以處理（此時已經是 switch 敘述裡的最後一個 case，因此不需要 break 也會結束）。此範例的執行結果可參考如下：

```
[12:50 user@ws example] ./a.out⏎
Please△input△a△weekday△(1-5):△1⏎
After△school△at△4:00pm.⏎
[12:50 user@ws example] ./a.out⏎
Please△input△a△weekday△(1-5):△3⏎
After△school△at△12:00am.⏎
[12:50 user@ws example] ./a.out⏎
Please△input△a△weekday△(1-5):△5⏎
After△school△at△4:00pm.⏎
[12:50 user@ws example]
```

Example 6-9：使用switch敘述計算並印出1+2+…+N（假設N≤10）的結果

Location:/Examples/ch6
Filename:Sum.c

```c
1  #include <stdio.h>
2
3  int main()
4  {
5      int N=0, sum=0;
6
7      printf("N=? ");
8      scanf("%d", &N);
9
10     switch(N)
11     {
12         case 10: sum+=10;
13         case 9: sum+=9;
14         case 8: sum+=8;
15         case 7: sum+=7;
16         case 6: sum+=6;
17         case 5: sum+=5;
18         case 4: sum+=4;
19         case 3: sum+=3;
20         case 2: sum+=2;
21         case 1: sum+=1;
22     }
23     printf("Sum=%d\n", sum);
24  }
```

此程式利用 switch 敘述中的 10 個 case 標籤敘述，在故意不使用 break 的設計下，程式執行時會依據 N 的數值略過 int_value 不相同的 case 標籤，直接跳躍到 int_value 數值等於 N 的數值的 case 標籤處執行。由於沒有 break 敘述的關係，程式會接續往下執行將 N，以及 N-1、N-2、…、1 等數值加總起來。此程式的執行結果可以參考如下：

```
[12:50 user@ws example] ./a.out
N=? △10
Sum=55
[12:50 user@ws example] ./a.out
N=? △5
Sum=15
[12:50 user@ws example] ./a.out
N=? △7
Sum=28
[12:50 user@ws example]
```

看懂了嗎？上面這兩個範例（Example 6-8 與 Example 6-9）都是「不一定永遠都要在 case 中搭配使用 break 敘述」的實例。

到目前為止，本節所出現過的程式都是在 switch 後面的括號裡使用 int_variable 以及在 case 標籤後使用 int_value 的範例。現在讓我們看看使用 int_expression 與 int_constant_expression 的程式範例。首先 Example 6-10 先讓使用者輸入一個學生成績，再依據以下的規則輸出其對應的成績等第：

❖ A：成績大於等於 90
❖ B：成績大於等於 80 但小於 90
❖ C：成績大於等於 70 但小於 80
❖ D：成績大於等於 60 但小於 70
❖ E：成績小於 60

Example 6-10：依成績輸出等第　　Location:/Examples/ch6　Filename:Grade.c

```
1  #include <stdio.h>
2
3  int main()
4  {
5      int score;
6      printf("Please input your score: ");
7      scanf("%d", &score);
8
9      switch(score/10)
10     {
11         case 10:
12         case 9:  printf("Your grade is A.\n"); break;
```

```
13          case 8:   printf("Your grade is B.\n"); break;
14          case 7:   printf("Your grade is C.\n"); break;
15          case 6:   printf("Your grade is D.\n"); break;
16          default:  printf("Your grade is E.\n"); break;
17      }
18  }
```

請注意第 9 行的 switch 敘述，它所使用的就是 int_expression — 運算結果為 int 整數型態的運算式；依據 score 變數的數值（也就是學生的成績）除以 10 之後的結果[6]，去執行不同 case 標籤的敘述。若是分數等於 100 或是大於等於 90，則除以 10 後的結果將會是 10 或 9，所以將會執行第 11 行或第 12 行的 case 10 與 case 9 標籤的敘述，也就是輸出「Your grade is A.↵」的 printf() 敘述；若是分數大於等於 80 但小於 90，則除以 10 之後的商數將會是 8，因此會執行第 13 行 case 8 標籤的 printf() 敘述輸出「Your grade is B.↵」；後續的第 14-15 行的程式碼則是負責處理分數除以 10 後，商數為 7 與 6 的情況；至於其他（也就是分數低於 60 分）的情況，則執行 default 標籤輸出「Your grade is E.↵」。此程式的執行結果如下：

```
[12:50 user@ws example] ./a.out↵
Please△input△your△score:△100↵
Your△grade△is△A.↵
[12:50 user@ws example] ./a.out↵
Please△input△your△score:△95↵
Your△grade△is△A.↵
[12:50 user@ws example] ./a.out↵
Please△input△your△score:△75↵
Your△grade△is△C.↵
[12:50 user@ws example] ./a.out↵
Please△input△your△score:△60↵
Your△grade△is△D.↵
[12:50 user@ws example] ./a.out↵
Please△input△your△score:△45↵
Your△grade△is△E.↵
[12:50 user@ws example]
```

接下來是本節最後一個範例 Example 6-11，我們將示範在 case 標籤後使用 int_constant_expression 的情況。假設學校規定學生可以穿著制服（uniform）、運動服（workout clothes）與便服（casual clothes）到校，但必須遵照指定的日期穿著：每個月從該月的第一個上學日開始，每天依序應穿著制服、運動服、便服、制服與體育服，直到該月份結束為止。圖 6-2 以灰色方塊標示該月的第一個上學日為星期幾，並顯示了每天應穿著服裝的順序為何，例如若本月份的第一個上學日為週三的話，則週一到週五的服裝要求依序為制服、運動服、制服、運動服以及便服。

6　由於此運算式 score/10 的兩個運算元都是整數型態，所以其運算結果當然也會是整數型態 — 意即此除法的小數部份將會被無條件捨棄。

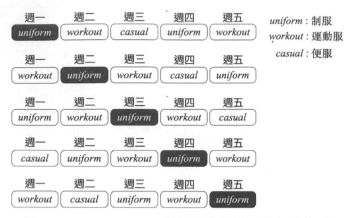

圖 6-2：Example 6-10 所假設的學校服裝規定順序

Example 6-11：學校的服裝規定

Location:/Examples/ch6
Filename:Dresscode.c

```c
#include <stdio.h>

//#define startWeekday=0;

int main()
{
    int weekday;
    const int startWeekday=0;

    printf("Please input a weekday (1-5): ");
    scanf("%d", &weekday);
    printf("You have to wear ");
    switch (weekday-1)
    {
        case (startWeekday+0)%5: printf("uniforms.\n"); break;
        case (startWeekday+1)%5: printf("workout clothes.\n"); break;
        case (startWeekday+2)%5: printf("casual clothes.\n"); break;
        case (startWeekday+3)%5: printf("uniforms.\n"); break;
        case (startWeekday+4)%5: printf("workout clothes.\n"); break;
    }
}
```

此程式利用一個整數常數 startWeekday 代表目前月份的第一個上學日是週幾，並讓使用者
輸入一個代表週幾的整數變數 weekday（兩者都是以 0 代表週一、1 代表週二、⋯、4 代表
週五），最後利用 switch 敘述輸出在該日所應穿著的服裝為何。dresscode.c 在第 8 行的整
數常數的宣告裡，將 startWeekday 的數值宣告為 0 — 代表該月份的第一個上學日為週一。
接下來在第 11 行，以 scanf() 取得使用者所輸入的 weekday 變數數值，但為了顧及一般使
用者的習慣，我們在第 10 行提示使用者應該輸入一個介於 1-5 的數值，用以代表週一至週
五。所以在接下來第 13 行的「switch(weekday-1)」，如同 Example 6-9 的 grade.c 一樣，其
所使用的仍是 int_expression，將使用者所輸入的介於 1-5 之間的數值，進行減 1 的運算後

得到介於 0-4 的數值；不過與 grade.c 不同的是，在 switch 敘述裡的 case 標籤，Dresscode.c 使用的不是固定數值的標籤數值（也就是 int_value），而是使用 int_constant_expression — 依據 startWeekday 常數的數值，計算得到應穿著不同服裝的週間日數值。以第 8 行所宣告的 startWeekday=0 為例，第 15-19 行的 case 標籤數值經計算後將分別為 0、1、2、3 與 4；但是當某個月份的第一個上學日為週三時，我們就必須將 startWeekday 的數值改成宣告為 2，且第 15-19 行的 case 標籤數值就會被計算為 2、3、4、0 與 1 — 請對照圖 6-2 所顯示的學校服裝規定順序，你應該就能理解第 15-19 行的 int_constant_expression 的設計用意了！此程式的執行結果如下：

```
[12:50 user@ws example] ./a.out⏎
Please△input△a△weekday:△1⏎
You△have△to△wear△uniforms.⏎
[12:50 user@ws example] ./a.out⏎
Please△input△a△weekday:△3⏎
You△have△to△wear△casual△clothes.⏎
[12:50 user@ws example] ./a.out⏎
Please△input△a△weekday:△5⏎
You△have△to△wear△workout△clothes.⏎
[12:50 user@ws example]
```

但是如前面所討論過的，若該月份的第一個上學日不是程式中使用常數宣告的週一，則我們必須先修改原始程式並加以編譯後才能執行得到正確的結果。例如週三為該月份的第一個上學日，則必須將第 8 行修改為「const int startWeekday=2;」，且其編譯後的新執行結果如下：

```
[12:50 user@ws example] ./a.out⏎
Please△input△a△weekday:△1⏎
You△have△to△wear△uniforms.⏎
[12:50 user@ws example] ./a.out⏎
Please△input△a△weekday:△3⏎
You△have△to△wear△uniforms.⏎
[12:50 user@ws example] ./a.out⏎
Please△input△a△weekday:△5⏎
You△have△to△wear△casual△clothes.⏎
[12:50 user@ws example]
```

此外，此程式除了使用第 8 行的常數宣告外，還可以使用常數定義的「#define startWeekday 0」的方式[7]；為了便利起見，我們已經在第 3 行先以註解的方式提供了這個常數宣告，讀者可以自行修改並加以測試。

7　關於常數定義，請參考本書第 4 章的 4-12 小節（第 4-17 頁）。

6-4
條件運算式

　　C 語言還有提供一種特別的運算式 ─ 條件運算式（conditional expression），它使用了一個三元運算子（ternary operator）「? :」[8]，可以依據特定條件的結果決定其運算結果，其語法如下：

條件運算式（Conditional Expression）語法

> test_condition ? true_expression : false_expression

　　註：此處所出現的「?」就是問號，是條件運算式必要的一部份，並不是用以指定選擇性語法單元的重複次數。

　　依此語法，條件運算式是由 test_condition、true_expression 與 false_expression 三個運算元，以及「? :」運算子所組成，其中 test_condition（測試條件）是一個邏輯運算式，而 true_expression 與 false_expression 則是一般的運算式。依據 test_condition 的運算結果（僅能為 true 或 false），此條件運算式的運算結果將會是接在問號後面、使用冒號分隔的 true_expression 或 false_expression 的運算結果。

　　接下來為了易於說明起見，讓我們用一個名為 result 的變數，來將條件運算式的運算結果保存起來：

```
result = test_condition ? true_expression : false_expression;
```

簡單來說，條件運算式的運算結果必須依據 test_condition 的運算結果而定；換句話說，若 test_condition 的結果為 true，則 result 的值將會是 true_expression 的運算結果；相反地，若 test_condition 的結果為 false，則 result 將會等於 false_expression 的運算結果。讀者也可以將上述的條件運算式視為等同於下面的 if 敘述：

```
if (test_condition)
    result = true_expression;
else
    result = false_expression;
```

　　或許正是因為像這種「如果某某條件成立，那麼則進行…；否則就改為進行…」的情況，在程式設計中出現的機率頗高的因素，所以才會有條件運算式的出現吧？！接下來，讓我們考慮一些相關的例子，首先是直接以數值做為 true_expression 與 false_expression 的例子：

8　三元運算子需搭配三個 operand（運算元）使用。

```
if(x>y)
    z=x;
else
    z=y;
```

上面這段程式碼，若以條件運算式改寫，則只需要寫成：

```
z = x > y ? x : y;
```

如何？比起前面的 if 敘述是不是簡化很多？

　　再接下來的這段程式碼，則在 false_expression 裡使用一個變數：

```
score = score > 100 ? 100 : score ;
```

這個條件運算式的 test_condition 檢查代表成績的 score 變數值是否大於 100？若其結果為 true，則以 100 分計，否則維持原本 score 的數值。換句話說，這個條件運算式的作用就是檢查學生成績，若超過 100 則以 100 分計。

　　最後讓我們以一個較為複雜的例子為本節收尾。請讀者依據本節的說明，想想下面的運算式在做些什麼呢？

```
x = (x%10)==0 ? x : x-x%10 ;
```

　　（解答請參考本章第 6-42 頁）

6-5
布林型態與數值定義

　　本章所介紹的邏輯運算式（logical expression）的運算結果只能為 true 或 false 兩種可能的布林值（Boolean value）之一。但 C 語言並沒有支援布林值的資料型態，而是以整數值的 0 視為 false，並將其他所有非 0 的整數值視為 true（但預設值為 1）。在以下的幾個程式片段中，由於 if 敘述的測試條件都是非 0 的整數（包含負數），因此它們的執行結果都會輸出「The △ test_condition △ is △ true. ↵」

```
if( 1 )
    printf("The test_condition is true.\n");
else
    printf("The test_condition is false.\n");
```

```
if( 2 )
    printf("The test_condition is true.\n");
else
    printf("The test_condition is false.\n");
```

```
if( -10 )
    printf("The test_condition is true.\n");
else
    printf("The test_condition is false.\n");
```

至於以下的程式片段中的 if 敘述，則是使用了 0 做為其測試條件：

```
if( 0 )
    printf("The test_condition is true.\n");
else
    printf("The test_condition is false.\n");
```

由於 0 代表的是 false，所以上述程式碼片段的執行結果將會輸出「The △ test_ condition △ is △ false. ↵」。

讀者必須注意的是，雖然所有非 0 的整數值都會被視為 true，但 C 語言預設使用 1 做為 true 的整數輸出數值。為了驗證起見，我們在下面的程式碼中使用 printf() 函式分別將邏輯運算式 10 > 5 與 10 < 5 的運算結果以 %d（整數型態）的格式加以輸出：

```
printf("The logical expression 10 > 5 is %d.\n", 10 > 5);
printf("The logical expression 10 < 5 is %d.\n", 10 < 5);
```

在上述的程式碼的執行結果如下：

```
The △ logical △ expression △ 10 △ > △ 5 △ is △ 1. ↵
The △ logical △ expression △ 10 △ < △ 5 △ is △ 0. ↵
```

從結果可以得知，C 語言會將 true 與 false 的數值，分別以整數的 1 與 0 代表。

為了增加程式的可讀性（readability），雖然 C 語言並不支援布林型態及 true 與 false 的數值，但我們可以使用以下的 #define 來自行定義布林型態及數值如下：

```
#define boolean char
#define true 1
#define false 0
```

上述的程式碼其實只是將 boolean 定義為 char ─ 只佔 8 個位元的整數型態[9]，並將 true 與 false 分別定義為 0 與 1。如此一來，我們就可以在程式中使用 boolean 做為資料型態，並使用 true 及 false 做為布林數值。請參考以下的程式範例：

9　由於布林值只有 true 與 false 兩種情況，使用一般佔 32 位元的整數型態未免太浪費空間，因此我們使用 char 型態（本質為 8 位元的整數型態，詳見本書第 3 章 3-4-3 節）做為布林型態，以節省記憶體空間。

Example 6-12：boolean型態與數值定義範例

Location:/Examples/ch6
Filename:Boolean.c

```
1   #include <stdio.h>
2   #include <stdio.h>
3
4   #define boolean char
5   #define true 1
6   #define false 0
7
8   int main()
9   {
10      int x, y;
11      boolean testResult;
12
13      printf("x=? ");
14      scanf("%d", &x);
15      printf("y=? ");
16      scanf("%d", &y);
17
18      testResult = x > y;
19
20      if(testResult)
21          printf("x>y\n");
22      else
23          printf("x<=y\n");
24  }
```

此程式的執行結果如下：

```
[12:50 user@ws example] ./a.out ↵
x=? △5 ↵
y=? △3 ↵
x>y ↵
[12:50 user@ws example] ./a.out ↵
x=? △15 ↵
y=? △30 ↵
x<=y ↵
[12:50 user@ws example]
```

　　為了增加範例程式的可讀性，本書後續的部份程式將會使用本節所介紹的布林型態與數值定義方法。

6-6 程式設計實務演練

程式演練 7

滿五千減五百

假設在一個售貨系統中，有一個代表銷售總金額的變數 total，當 total 的數值大於 5000 時，我們將為客戶減價 500 元。

讓我們將這個程式命名為 Discount.c，並且為你說明如何完成這個程式：首先是我們要如何判斷 total 是否大於 5000? 這可以用下面這個敘述來完成：

```
if( total > 5000 )
```

「total > 5000」是一個在 if 敘述中邏輯運算式，依據執行時的真實情況，該邏輯運算式會傳回 true 或是 false 的值。再接下來的問題是，如果傳回的值是 true，那麼我們應該將 total 的值減去 500：

```
total - = 500;
```

讓我們使用 IPO 分析如下：

❖ I：
- 取得 total 的值

❖ P：
- 判斷 total 是否大於 5000
- 若是則 total-=500

❖ O：
- 輸出 total 的值

現在讓我們把所要載入的函式的標頭檔以及變數宣告也加入 IPO 分析，並增加更多細節：

❖ H：stdio.h

❖ D：int total

❖ I：
- printf("Please input the total: ");
- scanf("%d", &total);

❖ P：
- if(total > 5000)
- total -= 500;

❖ O：
- printf("Total=%d", total);

相信你可以依據上面的分析，很容易就可以完成程式碼的實作，請參考下面的程式內容：

Location:/Projects/7
Filename:Discount.c

```c
#include <stdio.h>

int main()
{
    // 變數宣告：
    int total;

    // Input 階段：
    printf("Please input the total:");
    scanf("%d", &total);

    // Process 階段：
    if(total > 5000 )
    {
        total-=500;
    }

    // Output 階段：
    printf("Total=%d\n", total);
}
```

程式演練 8

員工身份識別

Cocoro 公司對於員工福利相當重視，員工可依年資享有員工餐廳消費優惠，其中創始員工完全免費、10 年（含）以上資深員工享 7 折優惠、5 年（含）以上員工享 8 折優惠以及 5 年以內新進員工享 9 折優惠。消費時員工只需使用識別證感應付費，再於每月底於薪資中扣除。其實 Cocoro 公司的員工識別碼就包含了年資的隱藏資訊 — 從驗證碼就可以得知員工的年資資訊，9 為創始員工、8 為 10 年(含)以上的資深員工、7 為 5 年（含）以上的員工、6-4 為年資 5 年內的新進員工，至於 0-3 則表示不是員工（可能是訪客或協力廠商相關人員）。

請回顧本書第 4-19 ～ 4-20 頁的程式演練 4，我們已經開發了一個可以驗證 Cocoro 公司員工門禁卡上的員工識別碼的程式。現在請再設計一個 C 語言的程式，透過管線（pipeline，可參考本書第 5-22 ～ 5-23 頁的程式演練 6）來將程式演練 4 中 vcode.c 的輸出，連接到此程式，並依其驗證碼求得其員工年資資訊，並輸出可享之折扣優惠，包含：100% off（創始員工）、30% off（10 年以上資深員工）、20% off（5 年以上員工）、10% off（新進員工）與 0% off（非員工）。

　　假設將這個程式命名為 Discount.c，並配合在程式演練 4 中所開發的程式（名為 Vcode.c）共同運作就可以得到員工可以享有的優惠。首先可以將這兩個程式編譯如下：

```
[12:50 user@ws proj8] cc △ Vcode.c △ -o △ Vcode ⏎
[12:50 user@ws proj8] cc △ Discount.c △ -o △ Discount ⏎
```

得到這兩個程式的執行檔後，再以下列指令來執行這兩個程式

```
[12:50 user@ws proj8] Vcode △ | △ Discount ⏎
```

上述的執行指令會先執行 Vcode，在取得使用者所輸入的公民證號後，Vcode 就會計算驗證碼，其後再由透過 pipeline 的方式，把驗證碼傳給 Discount 程式，進行員工年資的判定，如此就可以完成此程式演練的要求。

　　針對 Discount.c，我們使用 IPO 分析如下：

❖ H: stdio.h

❖ V：int vcode;

❖ I：輸入已計算出來的驗證碼；
   - scanf(" %d", &vcode);

❖ P：依驗證碼計算員工優惠；
   - 9: 100% off
   - 8: 30% off
   - 7: 20% off
   - 6-4: 10% off
   - 3-0: 0% off

❖ O：輸出其優惠

IPO 分析方法具有簡單且良好的架構，能提供許多程式設計的參考，但有時它過於明確地劃分輸入、處理與輸出，對於程式的設計也會帶來一些困擾。例如本例中的處理與輸出其實並沒有必要將其特別劃分開來，如果一同進行合併的設計應該是比較好的選擇。以本例來說，我們可以使用 switch 敘述，將計算公民身份與輸出合併處理，請參考下面的程式碼：

```
switch(vcode)
{
    case 9:
        printf("100%% off\n");
        break;
    case 8:
        printf("30%% off\n");
        break;
    case 7:
        printf("20%% off\n");
        break;
    case 6:
    case 5:
    case 4:
        printf("10%% off \n");
        break;
    default:
        printf("0%% off \n");
}
```

　　如此一來，就簡潔多了。要注意的是，在輸出「%」符號時，必須使用「%%」才能正確印出一個百分比的符號。這個例子也顯示了 IPO 模型的瓶頸，因此，我們將在下一個小節介紹另一種程式開發的工具。

6-7 流程圖與程式設計

　　經過多個 IPO 程式設計的示範與講解，相信讀者已經漸漸熟悉這種簡單的、以資料為中心的程式設計思維模型了。但是隨著我們學習到愈來愈多 C 語言的語法與功能後，IPO 模型似乎慢慢地跟不上需求，你將會發現有愈來愈多的程式無法只靠著 IPO 模型完成開發。本節將介紹另一個常用的程式設計思維工具 ─ 流程圖（flowchart），透過它應該可以涵蓋絕大多數的程式設計問題了。

　　流程圖是一種表達流程的圖示法，透過流程圖可以清楚地描述 C 語言程式的執行動線[10]，非常適合使用它來規劃與設計程式的功能。以下我們先將流程圖的幾個重要圖示進行說明，請參考表 6-6：

10　流程圖的適用範圍絕不僅限於 C 語言，包含 C++/C#、Java、Ruby、Python 等各式主流的程式語言都可以使用流程圖來進行其程式的開發。甚至是日常生活中的事情，也可以使用流程圖來表達。

表 6-6：flowchart 常用的圖示說明

圖示	意義
Begin/End	程式或功能的開始或結束
Input/ Output	資料輸入或輸出
Process	邏輯與資料處理
Decision	決策（依特定條件決定後續的程式動線）
→	流程（也就是程式的動線）

　　表 6-6 僅節錄部份常用的圖示，更完整的流程圖圖示請自行參考相關資料 [11]。圖 6-3 是將 IPO 模型以流程圖加以表達，從圖中可看出，自 Begin 圖示開始，依照 → 的指示展開資料收集的動作（使用 ▱ 圖示代表資料輸入），後續再依照 → 展開資料的處理（使用 ▭ 圖示表示資料的處理），再接下來則是資料的輸出（與輸入一樣，都使用 ▱ 圖示），以及最後的結束圖示（也就是 End 圖示）。在這個例子中，程式的執行由開始到結束都是使用單一的動線。

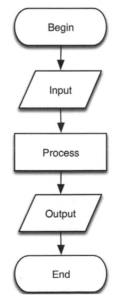

圖 6-3：使用流程圖來表達一般的 IPO 模型

11　例如教育部於 2004 年 10 月 9 日所制定的「作業標準化 (SOP) 流程圖製作規範」。

　　現在讓我們以一個簡單的例子來示範流程圖應用在程式設計的做法，首先請看圖6-4(a)，程式開始後隨即進行資料的取得，我們在 ⬭ 圖示中標示了「取得 x（取得變數 x）」，接著依照 ⟶ 的指引，接著進行的是處理的部份，本例在 ▭ 圖示中，標明了「將 x 乘上 2」，接下來則是再使用 ⬭ 圖示，將 x 的值印出（其中標示為「輸出 x」），然後程式的執行就到此結束。從這個例子中可以看出，流程圖是一種圖示法的表達工具，透過其 ⟶ 的指引，程式的執行動線以及輸入 / 輸出處理等全部都可以被清楚地表達。請再繼續參考圖 6-4(b)，我們還可以把同樣的例子改成使用 C 語言的程式碼加以表達，如此一來，使用流程圖就如同 IPO 模型一樣，也能夠輕易地轉換為 C 語言的程式。

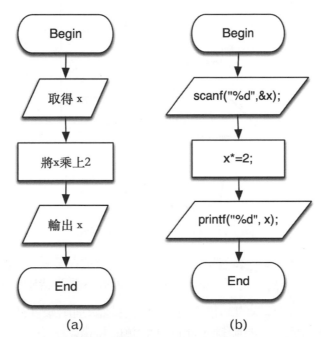

圖 6-4：一個簡單的流程圖範例（將取得的資料，乘以 2 後輸出）

　　由於流程圖是由簡單的幾種圖示來分別表達程式相關的資料輸入與輸出、處理、以及決策等程式設計要素，它所可以組合出的程式邏輯與處理流程比起 IPO 模型來得更為豐富的多，現在讓我們使用流程圖把前面所討論過的程式演練 7 與程式演練 8 加以分析如下，請參考圖 6-5 與圖 6-6：

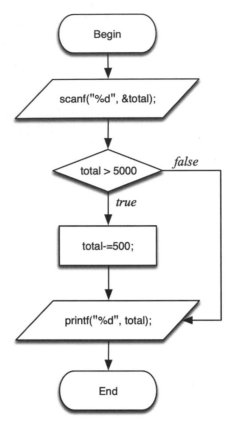

圖 6-5：程式演練 7 的流程圖

　　圖 6-5 的流程圖示範了 ⬦ 圖示的使用方式，通常在菱形內部我們會將條件式寫在其中（以圖 6-5 為例，我們寫得是「total>5000」），通常不需要特別註明所使用的是 if 或是其他的條件敘述，因為從流程圖的結構中可以很容易地識別出來（比方說本例中的 ⬦ 圖示只有 true 與 false 兩種可能的動線，此為 if 敘述的特徵之一）。

　　至於在圖 6-6 中的 ⬦ 圖示則是用以做為 switch 的範例，通常也僅在圖示內標示 ⬦ 做為 switch 敘述的 int_variable，然後搭配多個可能的動線標示其值即可。要特別注意的是，通常我們不會將 break 敘述繪製出來，但會假設每個 switch 的 case 處理完成後即會結束，不會接續進行其他的處理。

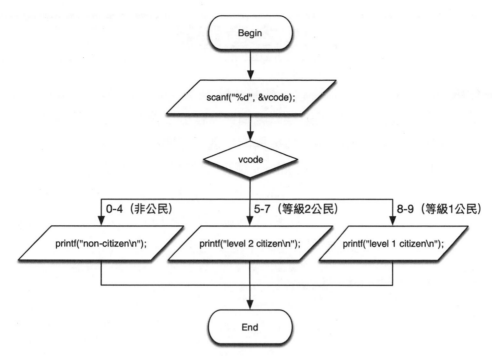

圖 6-6：程式演練 8 的流程圖

CH6 本章習題

程式練習題

由於本章介紹了流程圖（可以描述程式結構與流程的工具），因此建議你在作答以下
題目時，先構思並繪製其流程圖，然後再開始進行相關的程式設計。

1. 設計一個 C 語言程式 PassOrFail.c，讓使用者輸入成績（整數型態），若該成
績大於等於 60 分則輸出「You passed!」，若是該成績小於 60 分，則輸出「You
failed!」。另外，如果使用者所輸入的成績超過 100 分或低於 0 分，則請輸出
「Error!」，其程式執行結果可參考以下的畫面：

```
[1:18 user@ws hw] ./a.out
Input △ your △ score: △80
You △ passed!
[1:18 user@ws hw] ./a.out
Input △ your △ score: △59
You △ failed!
[1:18 user@ws hw] ./a.out
Input △ your △ score: △110
Error!
[1:18 user@ws hw] ./a.out
Input △ your △ score: △-10
Error!
[1:18 user@ws hw]
```

2. 設計一個 C 語言程式 Num.c 來完成以下的要求：讓使用者輸入一個正整數 n，
若該輸入之數值小於 10，則輸出「Your input is less than 10.」；若該輸入之數值
大於等於 10，則輸出「Your input is no less than 10.」；若該輸入之數值小於 1，
則輸出「Error!」。程式執行結果可參考以下畫面：

```
[1:18 user@ws hw] ./a.out
Please △ input △ a △ number: △3
Your △ input △ is △ less △ than △ 10.
[1:18 user@ws hw] ./a.out
Please △ input △ a △ number: △12
Your △ input △ is △ no △ less △ than △ 10.
[1:18 user@ws hw] ./a.out
Please △ input △ a △ number: △0
Error!
[1:18 user@ws hw]
```

3. 設計一個 C 語言程式 EvenOrOdd.c，要求使用者輸入一個整數並判斷該數為奇數或偶數。此程式的執行結果可參考如下：

```
[1:18 user@ws hw] ./a.out⏎
Please△input△a△number:△3⏎
3△is△an△odd△number.⏎
[1:18 user@ws hw] ./a.out⏎
Please△input△a△number:△12⏎
12△is△an△even△number.⏎
[1:18 user@ws hw]
```

4. 設計一個 C 語言程式 Wakeup.c，要求使用者輸入星期幾（以 0 代表週日、1 代表週一、2 代表週二、…、5 代表週五，6 代表週六），依據使用者的輸入值，輸出該日的起床時間，如下表：

	週一	週二	週三	週四	週五	週六	週日
起床時間	7:30	8:30	8:30	7:30	8:30	10:00	10:00

此程式執行結果可參考以下的畫面：

```
[1:18 user@ws hw] ./a.out⏎
What△day△is△it△(0△for△Sunday,△1△for△Monday,△…,△6△for△Saturday):△3⏎
You△have△to△wake△up△at△8:30.⏎
[1:18 user@ws hw] ./a.out⏎
What△day△is△it△(0△for△Sunday,△1△for△Monday,△…,△6△for△Saturday):△0⏎
You△have△to△wake△up△at△10:00.⏎
[1:18 user@ws hw]
```

5. 設計一個 C 語言程式 Grade.c，要求使用者輸入成績等第，並據以輸出評語。其中成績等第與評語對應如下表：

Grade	A	B	C	D	E
Comment	Excellent	Good	Average	Poor	Failure

成績等第可輸入大寫或小寫，如果輸入的等第超出 A-E 的範圍，則輸出「Error!」程式執行結果可參考以下的畫面：

```
[1:18 user@ws hw] ./a.out⏎
Grade (A-E):△A⏎
Excellent⏎
[1:18 user@ws hw] ./a.out⏎
Grade (A-E):△b⏎
Good⏎
[1:18 user@ws hw] ./a.out⏎
Grade (A-E):△e⏎
Failure⏎
```

```
[1:18 user@ws hw] ./a.out ↵
Grade (A-E): △G ↵
Error! ↵
[1:18 user@ws hw]
```

6. 請使用 C 語言設計一個程式 Season.c，讓使用者輸入月份後並經判斷該月份屬
   於哪一個季節並加以輸出，其中以 3~5 月為春季、6~8 月為夏季、9~11 月為秋
   季、12~2 月為冬季)，本題請參考以下的執行結果：

```
[1:18 user@ws hw] ./a.out ↵
Please △ input △ a △ month: 6 ↵
It's △ Summer ↵
[1:18 user@ws hw] ./a.out ↵
Please △ input △ a △ month: 4 ↵
It's △ Spring ↵
[1:18 user@ws hw] ./a.out ↵
Please △ input △ a △ month: 10 ↵
It's △ Autumn ↵
[1:18 user@ws hw] ./a.out ↵
Please △ input △ a △ month: 1 ↵
It's △ Winter ↵
```

7. 請使用 C 語言設計一個程式 Quadrant.c，讓使用者輸入一個整數座標 (X, Y)，
   座標值，判斷該點位於那一個象限或是在座標軸上。舉例來說，若輸入的座標
   值為 (0,0)，則優先輸出為 Origin(原點)：若輸入的座標值為 (4,0)，則輸出即為
   x-axis(x 軸)：若輸入的座標值為 (3,-2)，則輸出即為 4th Quadrant(第四象限)，
   請參考以下的執行結果：

```
[1:18 user@ws hw] ./a.out ↵
Please △ input △ (X, △ Y): △4 △ 0 ↵
x-axis ↵
[1:18 user@ws hw] ./a.out ↵
Please △ input △ (X, △ Y): △3 △ 21 ↵
1st △ Quadrant ↵
[1:18 user@ws hw] ./a.out ↵
Please △ input △ (X, △ Y): △-8 △ 2 ↵
2nd △ Quadrant ↵
[1:18 user@ws hw] ./a.out ↵
Please △ input △ (X, △ Y): △-7 △ -2 ↵
3rd △ Quadrant ↵
[1:18 user@ws hw] ./a.out ↵
Please △ input △ (X, △ Y): △3 △ -2 ↵
4th △ Quadrant ↵
[1:18 user@ws hw] ./a.out ↵
Please △ input △ (X, △ Y): △0 △ 0 ↵
Origin ↵
```

```
[1:18 user@ws hw] ./a.out↵
Please △ input △ (X, △ Y) : △ 0 △ 5↵
y-axis↵
[1:18 user@ws hw]
```

8. 請使用 C 語言設計一個程式 IsInside.c，讓使用者輸入一個整數座標 (X, Y)，判斷該座標是否在一個長寬分別為 200 與 300，且中心座標為 (0,0) 的矩形範圍之內，請參考以下的執行結果：

```
[1:18 user@ws hw] ./a.out↵
Please △ input △ (X, △ Y) : △ 20 △ 30↵
Inside↵
[1:18 user@ws hw] ./a.out↵
Please △ input △ (X, △ Y) : △ -100 △ 150↵
Inside↵
[1:18 user@ws hw] ./a.out↵
Please △ input △ (X, △ Y) : △ 100 △ -160↵
Outside↵
[1:18 user@ws hw] ./a.out↵
Please △ input △ (X, △ Y) : △ -200 △ -180↵
Outside↵
[1:18 user@ws hw]
```

9. 請使用 C 語言設計一個程式 StandardWeight.c，根據世界衛生組織計算標準體重之方法，男生標準體重 =（身高 - 80)*0.7，女生標準體重 =（身高 - 70)*0.6；試寫一個程式可以計算男生女生的標準體重，輸出結果僅顯示到小數點後 1 位，超過的部份請四捨五入。輸入資料時，以字元 M 代表男性（male）、F 代表女性（female），並可輸入包含有小數的身高資料。請參考以下的執行結果：

```
[1:18 user@ws hw] ./a.out↵
Please △ input △ your △ gender: △ M↵
Please △ input △ your △ height: △ 172.5↵
The △ standard △ weight: △ 64.8 △ kg↵
[1:18 user@ws hw] ./a.out↵
Please △ input △ your △ gender: △ F↵
Please △ input △ your △ height: △ 165↵
The △ standard △ weight: △ 57.0 △ kg↵
[1:18 user@ws hw] ./a.out↵
Please △ input △ your △ gender: △ F↵
Please △ input △ your △ height: △ 160↵
The △ standard △ weight: △ 54.0 △ kg↵
[1:18 user@ws hw]
```

10. 請使用 C 語言設計一個程式 IsTriangle.c，使用者輸入三個正整數，判斷三個正整數是否能構成三角形的三個邊長（兩邊之和要大於第三邊），請參考以下的執行結果：

```
[1:18 user@ws hw] ./a.out↵
Please △ input △ three △ sides △ of △ a △ triangle: △ 10 △ 10 △ 15 ↵
Yes ↵
[1:18 user@ws hw] ./a.out↵
Please △ input △ the △ three △ sides △ of △ the △ triangle: △ 8 △ 7 △ 24 ↵
No ↵
[1:18 user@ws hw] ./a.out↵
Please △ input △ the △ three △ sides △ of △ the △ triangle: △ 13 △ 10 △ 7 ↵
Yes ↵
[1:18 user@ws hw]
```

❖ 本章還有更多程式練習題，請參考光碟中名為「補充程式練習題」的 PDF 檔案。

第 6-27 頁問題的解答為：若變數 x 不能被 10 整除，則將其個位數捨棄。

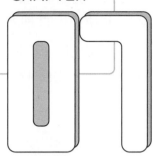

CHAPTER

07

迴圈

　　迴圈（loop）是程式語言的一種重複執行的結構，通常使用一組大括號將一些程式敘述包裹起來，並且可以重複地執行，直到特定的條件成立或不成立為止。這些被包裹起來被重複執行的程式碼被稱為迴圈主體（loop body）；其用以判斷迴圈是否要繼續執行的條件，則稱為測試條件（test condition），通常是一個運算結果必須為 true 或 false 的邏輯運算式（logical expression）。至於判斷是否繼續執行的地方，可以在迴圈區塊的進入點（entry point，意即開頭處）或是離開點（exit point，意即結束處），視所使用的迴圈敘述而定。

　　C 語言支援三種迴圈敘述，同樣都可以讓特定的程式碼重複執行，只是其進入點、離開點與或測試條件的位置與語法不同而已。本章將先從 while 迴圈敘述開始介紹 C 語言所支援的迴圈敘述，後續再針對 do while 與 for 迴圈敘述加以說明。

7-1
while 迴圈

　　while 迴圈的測試條件是在進入迴圈前執行檢查，並視其結果決定是否要執行後續迴圈內的程式碼，請參考圖 7-1。進入 while 迴圈的進入點（entry point）後，就會進行測試條件（test condition）的檢測，如果通過（意即測試的結果是 true）的話，那麼就接續執行迴圈主體（loop body）內的敘述；待迴圈主體內的敘述執行結束後，程式會再返回來進行測試條件的檢測並視結果決定是否再繼續進行後續的迴圈主體。當測試條件檢測結果為 false 時，就會結束 while 迴圈，從其離開點離開。

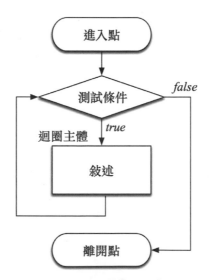

圖 7-1：while 迴圈的運作流程

7-1-1 語法

看完了 while 迴圈的運作流程，接著讓我們來看看它的語法：

while 迴圈語法

```
while ( test_condition )
    statement | { statement + }
```

while 敘述在進行其迴圈前，會先判斷 test_condition（測試條件）的值，若為 true 則執行後續在迴圈主體（loop body）裡的敘述（statement），直到測試條件的值為 false 時才結束。依其語法，我們必須先以「while」開頭，再以一組括號「( )」將測試條件寫在其中，後面則是接續一行敘述或以大括號將多個敘述包裹起來。

在 while 敘述裡的測試條件其實就是一個邏輯運算式[1]，其運算結果必須要能夠判別為 true 或 false。當然，這句話本身是不夠精確的，事實上，在 C 語言中，並沒有真正地支援布林（Boolean）型態，因此又何來的 true 與 false 呢？由於在實作上，C 語言選擇以整數值的 0 做為 false，並且將所有非 0 的值視為 ture（別忘了，預設是使用整數值 1 做為 true，請參考本書第 6 章 6-1-1 節與 6-5 節），因此，while 迴圈的測試條件除了可以是如 6-1 節所介紹的邏輯運算式外，也可以是能夠得到整數值的運算式。

7-1-2 三種迴圈主體的選項

依 while 敘述的語法，迴圈主體可以有三種可能的寫法：

1. 接一行敘述做為其迴圈主體，例如下列的程式碼可以依序遞減輸出 5、4、3、2、1：

Example 7-1：**具有單一敘述的迴圈主體之while 迴圈範例**　　Location:/Examples/ch7 Filename:WhileSingle Statement.c

```c
1  #include <stdio.h>
2  int main()
3  {
4      int i=5;
5      while(i>0)
6          printf("%d", i--);
7      printf("\n");
8  }
```

請參考圖 7-2 的流程圖，這個程式在進入 while 迴圈前，變數 i 的值為 5，所以它可以通過第一次的測試條件（意即 i > 0 為 true），然後執行其迴圈主體，也就是將 i 的值輸出的 printf()，並在輸出完成後使用「--」（後序遞減運算子，請參考第 4 章 4-5 節）將 i 的值減 1；接著程式的執行會跳回到第 5 行再行計算測試條件的值，並接續進行相同的動作，直到測試條件的結果為 false 為止。此程式的執行結果如下：

---

[1] 關於邏輯運算式請參考本書第 6 章 6-1 節。

```
[9:19 user@ws example] ./a.out⏎
54321⏎
[9:19 user@ws example]
```

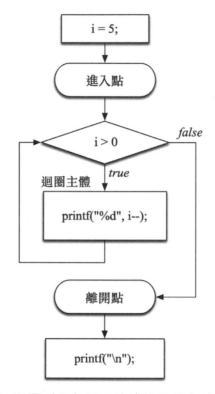

圖 7-2：while 迴圈（具有單一敘述的迴圈主體）範例流程圖

為了幫助你瞭解這個 while 迴圈執行的細節，我們在表 7-1 中詳細說明了每一個執行的步驟：

表 7-1：while 迴圈（單一敘述的迴圈主體）範例詳細執行結果。

執行之程式碼行號	變數 i 的數值	測試條件「i>0」的運算結果	說明
第 4 行	5		令 i 的數值為 5
第 5 行	5	true	測試條件的結果為 true，所以接續執行第 6 行
第 6 行	5		輸出 i 的值（也就是 5），然後將 i 的數值進行遞減
第 6 行執行後	4		跳回迴圈的進入點（也就是第 5 行）
第 5 行	4	true	測試條件的結果為 true，所以接續執行第 6 行
第 6 行	4		輸出 i 的值（也就是 4），然後將 i 的數值進行遞減
第 6 行執行後	3		跳回迴圈的進入點（也就是第 5 行）

執行之程式碼行號	變數 i 的數值	測試條件「 i>0 」的運算結果	說明
第 5 行	3	true	測試條件的結果為 true，所以接續執行第 6 行
第 6 行	3		輸出 i 的值（也就是 3），然後將 i 的數值進行遞減
第 6 行執行後	2		跳回迴圈的進入點（也就是第 5 行）
第 5 行	2	true	測試條件的結果為 true，所以接續執行第 6 行
第 6 行	2		輸出 i 的值（也就是 2），然後將 i 的數值進行遞減
第 6 行執行後	1		跳回迴圈的進入點（也就是第 5 行）
第 5 行	1	true	測試條件的結果為 true，所以接續執行第 6 行
第 6 行	1		輸出 i 的值（也就是 1），然後將 i 的數值進行遞減
第 6 行執行後	0		跳回迴圈的進入點（也就是第 5 行）
第 5 行	0	false	此時測試條件的結果為 false，所以將跳離迴圈（也就是跳躍到第 7 行）
第 7 行			輸出換行後結束程式

　　為了檢視你是否已經瞭解這個程式的細節，請參考 Example 7-1，自行設計一個使用 while 迴圈依序輸出 1 至 10 的程式。

2.　使用一組大括號將迴圈主體包裹起來，其中可以有一行或多行敘述，請參考下面的範例（為了簡化起見，我們只是將 Example 7-1 加以修改）：

Example 7-2：具有多行敘述的迴圈主體之while迴圈範例　　Location:/Examples/ch7 Filename:WhileMultipleStatement.c

```c
#include <stdio.h>
int main()
{
    int i=5;
    while(i>0)
    {
        printf("%d", i);
        i--;
    }
    printf("\n");
}
```

　　這個程式的執行結果與 Example 7-1 一樣，其流程圖可參考圖 7-3。

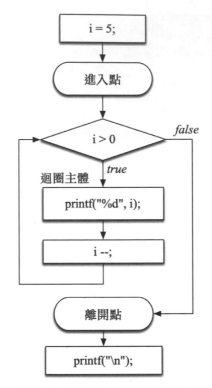

圖 7-3：while 迴圈（具有多行敘述的迴圈主體）範例流程圖

注意　**到底何時需要大括號**？

　　如本小節所介紹的，while 迴圈在語法上支援反覆執行一行或多行敘述，不過在多行的情況下必須使用一組大括號來將需要反覆執行的敘述包裹起來。換句話說，從語法上來看，while 迴圈可以直接給定一行需要反覆執行的敘述，或是接上一組使用大括號所包裹起來的敘述─可是沒有規定被包裹起來的敘述必須有多少行，所以可以是任意多行（0 行、1 行、或更多行皆可）。以下兩個使用 while 迴圈的程式片段的作用是完全相同的：

```
while(i>0)
    printf("%d", i--);
```

```
while(i>0)
{
    printf("%d",i--);
}
```

　　在上面右側的迴圈主體中僅有一行敘述，但我們仍然使用一組大括號將它包裹起來！雖然看起來大括號有點多餘的（因為在此情況下，是可以不用大括號的，例如左側的程式碼），但是這並不會帶來錯誤，程式也能正常的執行。

　　對於初學者而言，如果你暫時還分不清楚何時要需要使用大括號？何時又可以不使用？那麼可以先採用一種簡單又安全的策略：「把所有迴圈的迴圈主體都以大括號包裹起來」！反正語法上是正確！。等到以後你比較熟悉語法後，再慢慢地視情況「使用」或「不使用」大括號。

3. 什麼都不接，保持空白！依照 while 敘述的語法，你也可以在 while 迴圈中不執行任何的程式碼，但為了保持語法的正確，你必須加入一個分號做為結尾。請參考下面的程式碼：

```
int i=5;
while(i>0) ;
```

當然，請你不要寫出這樣的程式碼，因為這一點意義都沒有，而且像這樣的程式永遠不會結束，因為你的「while(i>0);」沒有迴圈主體！當然這不構成語法上的問題，但問題是你也沒有機會去讓 i>0 這個測試條件從 true 改變為 false，因此迴圈在執行時就會發生永遠不會結束的問題 — 我們將這種狀況稱為無窮迴圈（infinite loop），請參考圖 7-4 的流程圖，你可以更進一步瞭解其問題所在！我們也將在本章 7-4 節為讀者詳細說明常發生無窮迴圈的原因與相關範例。

⊕ 資訊補給站　發生無窮迴圈時，該如何讓程式停止執行？

　　若是程式在執行時遇到無窮迴圈而停不下來！該怎麼辦呢？請使用 Ctrl+C 將程式跳離（Mac OS 系統請使用 Control+C），然後在 Linux/Unix/Mac OS 系統使用 ps aux 指令查看程式的 PID，再以 kill -9 PID 指令將程式從系統中移除。至於 Windows 系統，則可以使用 tasklist 指令查看程式的 PID，再以 taskkill /PID -t 指令將程式從系統移除。

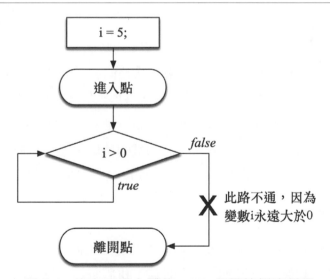

圖 7-4：沒有迴圈主體的 while 迴圈範例流程圖

如果你真的想寫出這種沒有迴圈主體的程式，下面是一個不會發生無窮迴圈的正確例子：

Example 7-3：沒有迴圈主體的while迴圈範例

Location:/Examples/ch7
Filename:WhileNoLoopBody.c

```
1  #include <stdio.h>
2  int main()
3  {
4      int i=5;
5      while(printf("%d", i--), i>0);
6      printf("\n");
7  }
```

同樣是沒有迴圈主體的迴圈，但這個程式卻不會發生無窮迴圈，而且還能夠正確地輸出 54321 的結果！依據我們在 7-1-1 節所說明的 while 迴圈語法，測試條件除了可以是一個邏輯運算式外，也可以是一個能得到整數運算結果的運算式（使用 0 以及非 0 的整數值做為 false 與 true）。請仔細看一下此程式第 5 行的 while 迴圈，它的測試條件內容為：

printf("%d", i--) `,` i>0

它是一個使用逗號運算子（comma operator，以方框標註之處）[2]，將兩個運算式「printf("%d", i--)」[3] 與「i>0」結合而成的運算式。在執行時會將使用逗號分隔的運算式由左至右進行運算，但僅保留最右側（也就是最後一個）的運算結果做為此運算式的結果。因此在程式執行時，此測試條件將會先執行左側的 printf() 函式，並將寫在變數 i 後面的後序遞減運算子「- -」加以執行（將 i 的數值減 1）後，再執行逗號運算子後面的邏輯運算式「i>0」，並將其運算結果做為整個測試條件的結果。因此這個程式將會從 5 開始輸出，每次減 1 直到 i 不再大於 0 為止，依序完成 54321 的輸出。

再繼續本章後續的說明前，筆者要提醒讀者們注意的是用以控制 while 迴圈執行次數的變數，並不是只能應用在本節所介紹的數值遞減的情境，也可以應用在包含數值的遞增在內的各種應用情境，我們將在接下來的小節中加以說明並提供相關的程式範例。

7-1-3　應用範例

從上面的討論我們可以得知：在 while 迴圈中的迴圈主體，視其測試條件的運算結果，可能會被反覆執行 0 次到無限多次。為易於討論，我們將迴圈每次所執行的迴圈主體稱為一個回合。本小節將針對常見的 while 迴圈應用加以介紹，看看它們是如何透過迴圈的執行回合來完成特定的應用目的。以下我們將依據是否事先得知迴圈所需反覆執行的回合次數，分別討論相關的應用並提供程式範例供讀者參考：

---

[2]　逗號運算子請參考本書第 4 章 4-6 節（第 4-10 頁）。此處為易於辨識，我們將運算式中的逗號使用方框加以標示。

[3]　「printf("%d",i--)」當然是運算式，只不過它沒有使用任何的運算子，僅由單一個運算元所組成。還記得我們曾說過運算元可以是數值、變數、常數、函式呼叫甚至可以是其他的運算式，在此處的 printf() 函式呼叫即為運算元。

1.　已知迴圈執行回合數

　　若是在進行程式設計時，已知需要迴圈反覆執行的回合次數爲 n 時（也就是其迴圈主體需要被執行 n 次），通常會搭配一個變數來控制迴圈執行的次數 — 我們將其稱之爲「迴圈變數（loop variable）」。例如前一小節所使用的 54321 數字遞減就是一例，它使用迴圈變數 i 來控制迴圈反覆執行 5 次 — 令 i 的初始值爲 n，並隨著迴圈回合的執行而遞減，直到其測試條件「i>0」不成立爲止。當然，迴圈變數並不限定只能使用此種「由高而低」的方式來控制迴圈，「由低而高」也是常見的做法。

　　針對此種已知所需的迴圈執行回合數的應用，我們可以套用固定的程式框架來進行設計。爲顧及各種可能的應用，以下列舉了「由低而高」以及「由高而低」的兩種框架，配合迴圈變數 i 來進行 n 個回合的迴圈主體；並且在迴圈執行回合的過程中，讓 i 的數值分別從 1、2、…遞增到 n 以及從 n、n-1、…遞減到 1：

由低而高（1、2、...、n）

```
int i=1;
while(i<=n)
{
    loop_body;
    i++;
}
```

由高而低（n、n-1、...、1）

```
int i=n;
while(i>=1)
{
    loop_body;
    i--;
}
```

　　在此框架裡，迴圈變數 i 的作用就是用來控制 while 迴圈的迴圈主體反覆執行的次數 — 以「由低而高」的做法爲例，i 的數值在 while 迴圈開始前爲 1，並且每次執行完迴圈主體後都會使用「i++;」來將其數值遞增直到其值大於 n 爲止（也就是 i<＝n 爲 false 的時候）；換句話說，在迴圈執行的過程中，i 的數值將會從 1 開始逐次遞增直到 n 爲止，達成了控制迴圈執行 n 次的目的。至於「由高而低」的做法也是類似的，只不過 i 的值是從 n 開始逐次遞減到 i>=1 不再成立爲止。

　　上述的框架也可以透過將「i++」或「i--」的動作合併到測試條件裡，來達到同樣的效果，請參考以下的框架：

由低而高

```
int i=0;
while(i++<n)
{
    loop_body;
}
```

由高而低

```
int i=n+1;
while(i-->0)
{
    loop_body;
}
```

　　現在的測試條件被改寫爲「i++ < n」與「i-->0」，由於 ++ 與 -- 寫的位置是在 i 的後面（也就是所謂的後序運算子 postfix operator），請參考第 4 章 4-5 節），所以這個測試條件在執行時將會先進行「i < n」與「i>1」的判斷，然後再進行 ++ 與 -- 的操作。要特別注意的是，爲了得到和之前相同讓 i 的數值從 1、2、…遞增到 n 以及從 n、n-1、…遞減到 1，所以我們必須將 i 的初始值分別設定為 0 與 n+1 —— 透過在測試條件裡的 i++ 與 i--，才能在迴圈開始執行迴圈主體時，讓 i 的數值能為 1 與 n。

最後，除此之外，「i++ ＜ n」與「i--＞0」這種做法還可以適用於只接一行敘述做為迴圈主體的情況：

由低而高

```
int i=0;
while(i++<n)
    loop_body;
```

由高而低

```
int i=n+1;
while(i-->0)
    loop_body;
```

不論使用那一種測試條件，我們所介紹的框架除了需要使用迴圈變數來控制回合的執行次數以外，還可以利用該變數隨著回合的執行而改變的數值，在迴圈主體裡進行與應用目的相關的運算。本節後續將提供一些使用此框架的程式範例，首先是以下的 Example 7-4（此例使用的是由低而高的做法），它利用變數 i 來控制 while 迴圈執行 10 個回合，並且也利用變數 i 的數值變化，在迴圈裡完成 1+2+ … + 10 的運算結果：

Example 7-4：使用while迴圈計算1+2+3+…+10的值

Location:/Examples/ch7
Filename:Sum1to10.c

```
1  #include <stdio.h>
2
3  int main()
4  {
5      int i=1, sum=0;
6
7      while(i<=10)
8      {
9          sum=sum+i;   // 讓 sum 的值加上 i 的值
10         i++;
11     }
12     printf("Sum of 1 to 10 is %d.\n", sum);
13 }
```

其執行結果為：

```
[2:29 user@ws example] ./a.out ↵
Sum△of△1△to△10△is△55.↵
[2:29 user@ws example]
```

Example 7-4 的 Sum1to10.c 使用了本小節所介紹的（由低而高）框架，使用變數 i 來控制 while 迴圈執行 10 次，並透過在第 10 行的 i++，讓 i 的數值隨著迴圈回合的執行而逐次遞增。另外在此程式的第 9 行，我們將 i 的數值逐次地加入到 sum 變數裡；當迴圈執行完成 10 個回合後，sum 的數值就會等於 1+2+…+10 的運算結果。為了更進一步幫助讀者瞭解這個程式的運算結果，我們將此程式執行時，相關變數在每個 while 迴圈的執行回合裡數值的變化列示於表 7-2：

表 7-2：Example 7-4 的 Sum1to10.c 程式的迴圈回合執行過程。

回合	迴圈變數 i 的數值	回合開始前 sum 的數值	sum=sum+i 的運算過程	回合結束時 sum 的數值
1	1	0	sum=0+1	1
2	2	1	sum=1+2	3，等同於 1+2
3	3	3	sum=3+3	6，等同於 1+2+3
4	4	6	sum=6+4	10，等同於 1+2+3+4
5	5	10	sum=10+5	15，等同於 1+2+3+4+5
6	6	15	sum=15+6	21，等同於 1+2+3+4+5+6
7	7	21	sum=21+7	28，等同於 1+2+3+4+5+6+7
8	8	28	sum=28+8	36，等同於 1+2+3+4+5+6+7+8
9	9	36	sum=36+9	45，等同於 1+2+3+4+5+6+7+8+9
10	10	45	sum=45+10	55，等同於 1+2+3+4+5+6+7+8+9+10

　　讀者可以從表 7-2 發現，在此程式的 10 個回合的執行過程中，變數 i 的數值將會從 1 逐次遞增到 10 為止；至於第 9 行的「sum=sum+i;」則會在每個迴圈回合裡，sum 變數的數值與變數 i 的結果相加，並將結果寫回到 sum 變數裡 — 換句話說，就是將 sum 變數在上一個回合所得到的運算結果，與 i 相加後做為目前回合的 sum 變數數值。依照此做法，當迴圈執行完成後，sum 變數的數值就會等於 1+2+…+10 的運算結果。

　　接下來的 Example 7-5，採用由高而低的做法將 100 到 1 之間，所有可以被 7 整除的數字加以輸出：

Example 7-5：使用while迴圈印出介於100到1之間可以被7整除的數字

Location:/Examples/ch7
Filename:DivisibleBy7.c

```
1   #include <stdio.h>
2
3   int main()
4   {
5       int i=100;
6
7       while(i>0)
8       {
9           if(i%7==0)
10              printf("%d△", i); // 注意，在 %d後面有一個空白
11          i--;
12      }
13      printf("\b\n");
14  }
```

此程式使用「由高而低」的框架，配合從 100 逐次遞減至 0 的迴圈變數 i，在每回合裡使用第 9 行的 if 敘述去測試 i 是否可以被 7 整除，若可則在第 10 行將 i 的值加以輸出。要特別注意的是在第 10 行的 printf() 函式裡，每次除了輸出一個整數以外，還會在其後多輸出一個空白，用來和「未來」下一個要輸出的數字間增加一個用以分隔的空白。但這也帶來了一個新的問題：對於最後一個輸出的數字而言，其後面的空白就變成多餘的了！因此，此程式的第 13 行，在整程式結束前輸出一個換行前，我們還使用了 \b 來將游標的位置退一格，以便將多出來的空白消除掉。其執行結果如下：

```
[2:29 user@ws example] ./a.out ⏎
98 △91 △84 △77 △70 △63 △56 △49 △42 △35 △28 △21 △14 △7 ⏎
[2:29 user@ws example]
```

除了使用 \b 來去除多餘的空白字元外，我們還將在本章後續的 Example 7-12 示範另一種做法。

2.　未知迴圈執行回合數

另一種更常見的 while 迴圈應用，是無法在事前預知其執行的回合次數，而是讓迴圈不斷地反覆執行，直到特定的條件發生時才結束 — 沒錯，這才是最接近 while 迴圈原始的設計用途！只要直接把所謂的「特定的條件」寫成測試條件就成了！

請參考下面的 Example 7-6 的 GetAScore.c，此程式要求使用者輸入一個分數並存放於變數 score 裡，但該分數必須大於等於 0，且小於等於 100；若是使用者所輸入的成績不符合這個要求（也就是分數小於 0 或分數大於 100），則讓使用者再次輸入，直到符合為止。因此，我們可以使用 while 迴圈來反覆接收使用者所輸入的分數，且將其測試條件設計為「(score<0)||(score>100)」 — 只要使用者所輸入的分數小於 0 或分數大於 100 就繼續迴圈的執行，讓使用者再次輸入新的成績。

Example 7-6：讓使用者輸入正確範圍的成績　　Location:/Examples/ch7　Filename:GetAScore.c

```c
1  #include <stdio.h>
2
3  int main()
4  {
5      int score=-1;
6
7      printf("Please input your score: ");
8
9      while((score<0)||(score>100))
10     {
11         scanf("%d", &score);
12     }
13
14     printf("The score you inputted is %d.\n", score);
15 }
```

正如前面所提過的，此程式的第 9 行使用「(score<0)||(score>100)」做為 while 迴圈的測試條件，若是使用者在第 11 行所輸入的成績符合「(score<0)||(score>100)」的話（也就是超出了正常分數的範圍），此 while 迴圈就會不斷地重複執行。特別提醒讀者注意的是，為了確保此迴圈在第 1 次執行時，能夠順利地通過測試條件以執行其迴圈主體，我們必須為 score 變數設定適當的初始值。此處我們選擇的是在進入迴圈前的第 5 行，將 score 變數的初始值設定為 -1 ── 一個符合「(score<0)||(score>100)」的數值。此程式的執行結果如下：

```
[2:29 user@ws example] ./a.out ⏎
Please △ input △ your △ score: △ -8 ⏎
102 ⏎
95 ⏎
The △ score △ you △ inputted △ is △ 95. ⏎
[2:29 user@ws example]
```

Example 7-6 的應用情境是「不知道迴圈究竟會執行多少回合？」，但是「知道中止條件（或者是相反的繼續條件）為何？」，因此只要適當地設計 while 迴圈的測試條件就可以完成其應用。

接下來的 Example 7-7 也是類似應用情境，它使用一個被宣告為「Boolean 型態」的變數 quit [4]，做為 while 迴圈是否要繼續執行的「開關」── 當 quit 的值為 false 時，表示不要離開（也就是要繼續執行迴圈）；相反地，當 quit 值為 true 時，則表示是要離開迴圈。一開始，quit 的值被設定為 false，並在每個迴圈回合裡，反覆地讓使用者輸入一個代表命令（command）的字元並加以執行（為簡化起見，此處我們不會真正地去執行使用者的命令，只是簡單地印出使用者的命令做為代替），直到輸入的命令是「q（離開）」為止。

Example 7-7：使用while迴圈設計可以讓程式反覆執行，直到使用者輸入「q」為止的程式　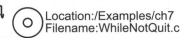　Location:/Examples/ch7
Filename:WhileNotQuit.c

```
1    #include <stdio.h>
2
3    #define boolean char
4    #define false 0
5    #define true 1
6
7    int main()
8    {
9        boolean quit=false;
10       char cmd;
11
12       while(!quit)
13       {
14           printf("CMD>");
15           cmd=getchar();
```

4　C 當然沒有支援 Boolean 型態，此處我們使用的是本書第 6 章 6-5 節所介紹的布林型態與數值定義的方法。

```
16            getchar();
17            switch(cmd)
18            {
19                case 'i':
20                    printf("insertion\n");
21                    break;
22                case 'd':
23                    printf("deletion\n");
24                    break;
25                case 'u':
26                    printf("updation\n");
27                    break;
28                case 'q':
29                    printf("quitting...\nbye\n");
30                    quit=true;
31                    break;
32                default:
33                    printf("invalid command!\n");
34            }
35        }
36  }
```

此程式的第 3-5 行定義了布林型態與數值（如第 6 章 6-5 節所介紹的做法），並在第 9 行宣告了 quit 變數 — 其初始值為 false，表示不要離開迴圈。在接下來的第 12-35 行 while 迴圈裡，第 12 行的測試條件使用「!quit」做為判斷迴圈是否繼續執行的條件。由於 quit 等於 false，加上 !（邏輯 NOT 運算子，請參考本書第 6 章 6-1-3 節）後的運算結果將會是 true — 使得第 13-34 行的迴圈主體能夠保持執行。在每一個迴圈迴合裡，第 15 行的「cmd=getchar();」將會得到代表使用者命令的一個字元，後續在第 16 行再使用另一個「getchar();」來將 enter 鍵處理掉（請參考本書第 3 章 3-4-3 節的說明）。

為了簡化起見，此 Example 7-7 的程式所接受的使用者命令都是單一的英文小寫字母，其中以 i、d、u、q 分別代表 insertion（新增）、deletion（刪除）、updation（更新）與 quit（離開）；第 17-34 行使用一個 switch 敘述，依使用者所下達的命令輸出一個對應的字串。當使用者所輸入的命令為「q」時，第 27-31 行則會將 quit 變數設定為 ture，以便離開 while 迴圈 — 因為在此情況下，做為測試條件的「!quit」的運算結果將等於 fasle。此程式的執行結果如下：

```
[2:29 user@ws example] ./a.out ⏎
CMD>i ⏎
insertion ⏎
CMD>d ⏎
deletion ⏎
CMD>u ⏎
updation ⏎
CMD>x ⏎
```

```
invalid command!↵
CMD>q↵
quitting...↵
bye↵
[2:29 user@ws example]
```

　　如果讀者以後遇到類似的「不知道迴圈究竟會執行多少回合？」，但是「知道中止條件（或者是相反的繼續條件）爲何？」的應用情境時，都可以參考 Example 7-6 與 Example 7-7 的程式範例進行相關的程式設計。

⊕ 資訊補給站　**while(!quit)**

　　while 迴圈可以在測試條件成立時，讓迴圈主體反覆地執行直到測試條件不成立爲止。我們之所以在 Example 7-7 裡使用「!quit」做爲測試條件，最主要的原因是「!quit」還有「not quit」（不結束）的意思 — 有種雙關語的感覺，一方面可用以控制 while 迴圈是否繼續執行，另一方面「while(!quit)」可唸做「while … not quit」，還具有「只要不結束的話…就繼續執行」的意涵。

7-2
do while 迴圈

　　do while 迴圈與前一小節的 while 迴圈類似，但其測試條件是在迴圈主體執行結束後才進行檢查，並視其結果決定是否要再次執行迴圈主體，請參考圖 7-5 的流程圖。相較於 while 迴圈，do while 迴圈的迴圈主體至少會被執行一次（while 迴圈則有可能因爲測試條件不成立，所以迴圈主體連一次都沒有被執行）。

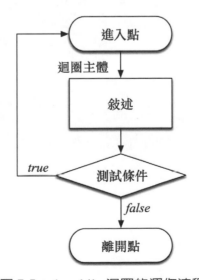

圖 7-5：do while 迴圈的運作流程

具體來說，do while 迴圈開始執行後（也就是從其進入點 entry point 開始），會直接進行迴圈主體的執行，待其執行完成後，才開始進行測試條件的檢測，如果通過（意即測試條件的結果是 true）的話，那麼就再次執行迴圈主體（loop body）內的敘述；待迴圈主體內的敘述執行結束後，程式會再返回到測試條件的檢測以及後續的迴圈主體。除非在測試條件檢測時，其結果為 false，那麼就會結束這個 do while 迴圈，從離開點（exit point）離開。

do while 迴圈與 while 迴圈的主要差異，在於其判斷測試條件之處位於離開點前（相反地，while 迴圈是在進入點後）。相較於 while 迴圈，do while 迴圈的迴圈主體至少會被執行一次。以下繼續說明 do while 迴圈的語法及相關範例。

7-2-1　語法

do while 敘述語法

```
do
    statement  |  { statement + }
while ( test_condition );
```

如前述，do while 迴圈在進行時，會直接執行其迴圈主體，然後才是測試條件的判斷，若為 true 則再次執行迴圈主體內的敘述（可以是一行或多行），直到測試條件的判定為 false 時才結束。依其語法，我們必須先以「do」開頭，接續一行或多行程式敘述，也就是稱為迴圈主體的部份。與 while 迴圈一樣，do while 迴圈的迴圈主體依語法和 while 迴圈同樣可以有三種選擇，在此不多做說明，僅提供輸出 12345 的程式碼供參考：

1. 一行敘述：

```
int i=1;
do
    printf("%d", i++);
while (i<=5);
```

2. 以大括號包裹起來的多行敘述：

```
int i=1;
do
{
    printf("%d", i);
    i++;
} while (i<=5);
```

3. 什麼都不寫，保持空白。

```
int i=1;
do;
while(i++, printf("%d", i), i<=5);
```

　　請特別注意最後一個程式，由於我們不打算爲這個 do while 迴圈撰寫迴圈主體，所以在 do 的後面要先接一個分號，表示迴圈主體的部份已經結束（此部份是引用單一敘述的迴圈主體之語法，我們保留那個分號，但將敘述加以省略）。由於缺少了迴圈主體，有可能造成其測試條件的判斷結果永遠相同 ─ 有可能永遠成立，因此形成無窮迴圈；或是無法成立，直接結束此 do while 迴圈。因此，我們在上面的程式碼中的測試條件裡使用了逗號運算子，將多個處理動作寫在一起（其中甚至可以進行函式的呼叫，例如本例中的 printf()），以便讓測試條件有成立的可能性，才不會造成無窮迴圈。

7-2-2　應用範例

　　由於 do while 迴圈與 while 迴圈在本質上是相類似的，所以使用 while 迴圈開發的程式，絕大部份都可以改用 do while 迴圈來實作。但是由於測試條件的位置不同，do while 迴圈還是與 while 迴圈有著明顯的差異：

> 不論測試條件成立與否，do while 迴圈的迴圈主體至少會被執行一次。但 while 迴圈若在測試條件不成立的情況下，其迴圈主體並不會被執行。

　　請參考下面的範例：

Example7-8：要求使用者輸入特定資料內容，直到正確爲止

Location:/Examples/ch7
Filename:DoWhile1to5.c

（本例爲要求使用者輸入介於 1-5 之間的數字）

```c
 1  #include <stdio.h>
 2
 3  int main()
 4  {
 5      int num;
 6      do
 7      {
 8          printf("Please input a number (between 1 to 5): ");
 9          scanf("%d", &num);
10      } while( (num<1) || (num>5) );
11  }
```

這個範例程式要求使用者輸入一個介於 1 至 5 之間的整數，並利用 do while 迴圈的結構，於迴圈結束前檢查所輸入的數字是不是在要求的範圍內，若否則再次執行迴圈主體，讓使用者再次輸入數字，直到所輸入的值符合要求爲止。以下是此程式的執行結果：

```
[2:29 user@ws example] ./a.out ⏎
Please△input△a△number△(between 1 to 5):△7⏎
Please△input△a△number△(between 1 to 5):△0⏎
Please△input△a△number△(between 1 to 5):△8⏎
Please△input△a△number△(between 1 to 5):△2⏎
[2:29 user@ws example]
```

在上面的執行結果中，我們連續輸入了三個錯誤的數字，直到第四次輸入 2（介於 1 至 5 之間）後，才結束此迴圈。

其實，do while 迴圈與 while 迴圈可以互換，使用 do while 迴圈所寫的程式，都可以使用 while 來改寫，反之亦然。因此，倒沒有什麼程式是一定非得使用 do while 才能撰寫的。Example 7-8 的程式可以 while 迴圈改寫如下：

Example 7-9：使用while迴圈改寫Example 7-8　　Location:/Examples/ch7　Filename:While1to5.c

```
 1  #include <stdio.h>
 2
 3  int main()
 4  {
 5      int num=-1;
 6      while( (num<1) || (num>5) )
 7      {
 8          printf("Please input a number (between 1 to 5): ");
 9          scanf("%d", &num);
10      }
11  }
```

此程式的執行結果與 Example 7-8 相同，在此不予贅述。但是要特別注意的是，由於 while 迴圈與 do while 迴圈的差異，為了確保 while 迴圈能通過第一次測試條件的條件判斷，因此必須在第 5 行先行為 num 變數設定適當的初始值，否則連一個數值都還沒輸入，while 迴圈可能就直接結束了；反觀 do while 迴圈並不需要這樣做，因為 do while 迴圈是在執行完迴圈主體後才測試測試條件。

下面這個範例與 Example 7-8、7-9 類似，都是讓使用者重複進行輸入，直到符合特定條件為止。

Example 7-10：要求使用者輸入兩個整數，直到第一個整數可以被第二個整數整除為止　　Location:/Examples/ch7　Filename:Divisible.c

```
 1  #include <stdio.h>
 2
 3  int main()
 4  {
 5      int a, b;
 6      do
 7      {
 8          printf("Please input two integers: ");
 9          scanf("△%d %d", &a, &b);
10      } while((a%b)!=0);
11  }
```

此程式的執行結果如下：

```
[2:29 user@ws example] ./a.out ⏎
Please △ input △ two △ integers: △ 7 △ 2 ⏎
Please △ input △ two △ integers: △ 71 △ 15 ⏎
Please △ input △ two △ integers: △ 10 △ 2 ⏎
[2:29 user@ws example]
```

　　看完了幾個 do while 迴圈的範例程式，讀者們應該可以發現當你要撰寫「取得符合特定條件的資料」的 do while（或是 while）迴圈時，其測試條件應該要寫成「與所欲取得的資料條件相反的條件」！例如要取回介於 1-5 的數字時，測試條件應該寫做「((num<1) || (num>5))」；又例如要取回可以彼此整除的兩個數字 a 與 b 時，那麼測試條件應該寫做「(a%b)!=0」。

7-3
for 迴圈

　　for 迴圈是 C 語言所支援的第三種迴圈結構，但它與前兩者（也就是 while 與 do while 迴圈）比較不同，通常 for 迴圈的執行必須搭配一個用以控制迴圈執行次數的迴圈變數（loop variable，亦稱為迭代變數 iteration variable），在運行時先使用初始化敘述（initialization statement）對迴圈變數進行初始化的動作，然後開始進行迴圈的測試條件（test condition）判斷（通常此測試條件也與迴圈變數相關），若成立（意即為 true）則進行迴圈主體（loop body），若不成立（意即為 false）則結束迴圈；每次迴圈主體執行完後，還必須使用更新敘述（update statement）對迴圈變數執行更新的動作，請參考圖 7-6 的流程圖。

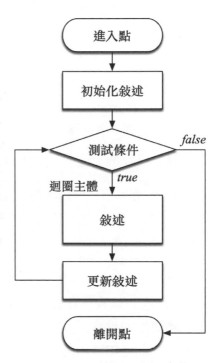

圖 7-6：for 迴圈的運作流程圖

　　由於 for 迴圈的迴圈變數可以設定其初始值以及每次要更新的方法（例如遞增或遞減迴圈變數的值），再透過測試條件來控制讓迴圈在迴圈變數符合特定條件的情況下繼續執行，對於有明確要求迴圈反覆執行次數的應用情境而言，是相當適合的一種程式結構，以下我們將分別就其語法及相關應用進行說明。

7-3-1　語法

for 迴圈敘述的語法如下：

for 敘述語法

```
for ( initialization_statement; test_condition; update_statement )
    statement  |  { statement + }
```

for 迴圈是以「for」開頭，然後在一組括號「( )」內設定其 initialization_statement、test_condition 與 update_statement，其中的 initialization_statement（初始化敘述）就是將迴圈變數進行初始值的設定，其後的 test_condition 即為用以測試迴圈是否該繼續執行的測試條件，至於 update_statement（更新敘述）則是將迴圈變數的值進行遞增或遞減。最後就如同 while 迴圈與 do while 迴圈一樣，可以接上一個或多個敘述 ─ 也就被稱為迴圈主體(loop body）的部份，當然在多個敘述的情況下，必須使用一組大括號「{ }」將它們包裹起來）。以下我們將其中幾個重要的語法構件加以介紹：

❖ initialization_statement（初始化敘述）：在迴圈初次執行前，進行初始化的設定，通常是針對迴圈變數的值做設定。

❖ test_condition（測試條件）：在迴圈的迴圈主體每次被執行前加以檢查，視其結果決定是否繼續執行，若其值為 true 則執行迴圈主體，反之若其值為 false 則結束迴圈的執行。通常其內容為與迴圈變數相關的邏輯運算式。

❖ update_statement（更新敘述）：在迴圈的迴圈主體每次執行完時加以執行，通常用以更新迴圈變數的值。常見的運算包含遞增與遞減。

我們可以把上述的初始化敘述、測試條件與更新敘述，從迴圈變數的角度思考如下：

> 在 for 迴圈開始執行時，其迴圈變數的數值等於初始化敘述所給定的初始值；後續在測試條件成立的前提之下，反覆執行迴圈主體，並在每回合結束時執行更新敘述以更新迴圈變數的數值。

另一方面，for 迴圈與 while、do while 迴圈一樣，依據語法同樣有接「一行敘述」、「多行敘述」以及「什麼都不接」等三種迴圈主體的選項。在以下用以示範 for 迴圈的迴圈主體語法的程式碼片段中，我們假設已事先宣告了一個 int 整數 i 做為 for 迴圈的迴圈變數，並分別使用「由低而高」與「由高而低」兩種做法，配合迴圈變數將在迴圈主體中將 12345 以及 54321 輸出：

1.　一行敘述：

由低而高
```
for(i=1;i<=5;i++)
    printf("%d", i);
```

由高而低
```
for(i=5;i>=1;i++)
    printf("%d", i);
```

2. 以大括號包裹起來的多行敘述：

由低而高

```
for(i=1;i<=5;i++)
{
    printf("%d", i);
}
```

由高而低

```
for(i=5;i>=1;i++)
{
    printf("%d", i);
}
```

3. 什麼都不寫，保持空白（要特別注意：因為沒有迴圈主體的關係，必須在 for() 後面接上一個分號）。

由低而高

```
for(i=1; printf("%d", i),
i<5;i++);
```

由高而低

```
for(i=5; printf("%d", i),
i>1;i--);
```

注意　同時做更多或更少運算！

　　我們除了可以在 for 迴圈裡的測試條件裡，使用逗號運算子來執行一個以上的運算外，也可以在初始化敘述或是更新敘述處來執行多個運算，例如下面的例子在 i 初始化敘述裡使用逗號運算子來同時初始化兩個變數：

```
int i,sum;

for(i=1, sum=0;i<=10;i++)
{
    sum+=i;
}
printf("sum=%d\n", sum);
```

或者是將用不到的部份加以省略，例如下面的例子把初始化敘述省略了：

```
int i=0;

for( ; i<10;i++)
    printf("i=%d.\n", i);
```

　　最後還有兩點要提醒讀者：(1) 迴圈變數「或許」可以在初始化敘述處宣告；以及 (2) for 迴圈也可以使用 while 或是 do while 來取代。讓我們逐一說明如下：

1. 迴圈變數「或許」可以在初始化敘述裡進行宣告：在本節的一些程式片段裡，迴圈變數 i 都是宣告在迴圈之外，但依據第 3 章 3-2-1 節中有關變數宣告的說明「變數必須要在其首次被使用前加以宣告」，我們可不可以在 for 迴圈中才宣告其迴圈變數呢？答案是「或許可以」— 因為自從 C99 標準後，已經支援此一做法了（原本的 C89 並不支援）。下列的程式碼以 C99 而言是正確的 [5]：

5　但是你必須確保你所使用的 C 語言編譯器有支援 C99 標準。以 GNU C 的編譯器為例，你可以使用「-std=c99」或「-std=gnu99」的參數做為編譯時的選項。假設程式檔名為「example.c」，那麼你可以使用下列的命令來完成編譯：「cc example.c -std=c99」。

```
for( int i=0; i<10; i++)
{
    printf( "%d ", i );
}
```

2. for 迴圈也可以使用 while 或 do while 來取代：正如同 while 迴圈與 do while 迴圈可以互相取代一樣，for 迴圈也可以與 while 或是 do while 來互相取代。讓我們先回顧一下 for 迴圈的語法：

for 敘述語法

```
for ( initialization_statement; test_condition; update_statement )
    statement  |  { statement + }
```

現在讓我們把 for 迴圈的語法改成 while 迴圈，其對應的語法如下：

將 for 迴圈改為 while 迴圈的對應語法

```
initialization_statement;
while ( test_condition )
{
    statement +

    update_statement;
}
```

以下面的例子示範了如何將使用 for 迴圈所寫的程式，改為使用 while 迴圈完成：

```
for(i=1;i<=5;i++)
{
    printf("%d", i);
}
```

```
i=1; // 對應 for 迴圈的初始化敘述
while (i<=5) // 對應 for 迴圈的測試條件
{
    printf("%d", i);
    i++; // 對應 for 迴圈的更新敘述
}
```

請仔細對照上面左、右兩側的程式碼，看看它們是如何轉換的。如果可能的話，你可以利用我們在下一小節（7-3-2）所提供的 for 迴圈應用範例做為練習，自行將它們轉換為使用 while 迴圈的版本。

7-3-2　應用範例

雖然 for、while 與 do while 三種迴圈都可以互相取代，但是 for 迴圈有迴圈變數（loop variable）的幫助，在明確知道該執行多少次的迴圈主體的情況下，使用 for 迴圈是比較方便一些的；反之，while 與 do while 就比較適用於只知道迴圈特定的繼續或終止條件的情況。以下筆者提供一些迴圈的應用範例：

Example 7-11：使用for迴圈將1至100間能被7或13整
除的整數印出
Location:/Examples/ch7
Filename:DivisibleBy7_13.c

```c
1   #include<stdio.h>
2
3   int main()
4   {
5       int i;
6
7       for(i=1;i<=100;i++)
8       {
9           if( ( (i%7) == 0 ) || ( (i%13) == 0 ) ) )
10          {
11              printf("%d△", i);
12          }
13      }
14      printf("\n");
15  }
```

此程式透過第 7-13 行的 for 迴圈，將 1 至 100 的整數逐一進行第 9 行的 if 敘述條件判斷，
只有這該整數能夠被 7 或是 13 整除（也就是餘數為 0）的情況下，才將該數字以及一個用
以分開不同輸出的空白加以輸出。其執行結果如下：

```
[9:19 user@ws example] ./a.out ⏎
7△13△14△21△26△28△35△39△42△49△52△56△63△65△70△77△78△84△91△98△⏎
[9:19 user@ws example]
```

此程式每次輸出一個符合條件的數字時，還會輸出一個空白來分隔連續輸出的數字，但其
缺點是會在結束時多出一個空白字元（例如在上面這個執行結果當中，在最後一個數字 98
的後面還有一個空白字元）。為了要解決此問題，除了使用本章在 Example 7-5 所介紹過的
使用 \b 的方式以外，還可以參考下面這個範例程式的另一種做法：

Example 7-12：使用for迴圈將1至100間能被7或13整
除的整數印出（移除最後一個空白）
Location:/Examples/ch7
Filename:DivisibleBy7_13_
remoreLastSpace.c

```c
1   #include<stdio.h>
2
3   #define boolean char
4   #define false 0
5   #define true 1
6
7   int main()
8   {
9       int i;
10      int firstone=true;
11
12      for(i=1;i<=100;i++)
```

```
13       {
14           if( ((i%7) == 0) || ((i%13) == 0))
15           {
16               if(!firstone)
17                   printf("△");
18               printf("%d", i);
19               if(firstone)
20                   firstone=false;
21           }
22       }
23       printf("\n");
24   }
```

此程式的執行結果如下：

```
[9:19 user@ws example] ./a.out ⏎
7 △ 13 △ 14 △ 21 △ 26 △ 28 △ 35 △ 39 △ 42 △ 49 △ 52 △ 56 △ 63 △ 65 △ 70 △ 77 △ 78 △ 84 △ 91 △ 98 ⏎
[9:19 user@ws example]
```

此程式的做法是：「第一次輸出數字時不輸出空白，而是從第二次的數字輸出開始，在每次輸出數字前先加上一個空白」。換句話說，我們不是在數字的後面輸出空白，而是在輸出數字前先輸出一個空白。如此一來，最後一個數字的後面就不會再有空白了！可是為了確保第一個數字前不要有空白，我們特別在第 6 行宣告了一個 boolean 變數 firstone 用以代表是否為第一次的數字輸出，其初始值為 true（關於 boolean 型態請參考本書第 6 章 6-5 節）。請參考在第 14 行輸出數字前的 if 敘述「if(!firstone) printf("△");」（也就是第 12-13 行），只有在「!firstone」這個條件成立時，才會將空白輸出。由於我們需要的是從第二次起才輸出空白，因此這個 !firstnone 的設計上，故意將其初始值設定為 true（表示目前處理的是第一個數字），所以在程式開始執行後，首次執行到這個 if 敘述時將會進行 !firstone 的條件判斷，且其結果為 false（因為 firstone 初始值為 true，進行 ！（Not）運算後，會將從 true 轉變為 false。至於第 15-16 行的另一個 if 敘述，則是在首次輸出數字後，負責將 firstone 的值由 true 改為 false，從此之後（也就是從第二次輸出數字開始），第 12-13 行的 if 敘述就會被加以執行，在第二次（含）之後所有輸出的數字前，都先輸出一個空白。如此一來，就完成了我們設計的目的：解決最後多出的空白！事實上，還有好多種方法都能達到此目的，你也可以自己設計喜好的方法。

Example 7-13：計算並印出 1-10 英吋等於多少公分（一英吋等於 2.54 公分）

Location:/Examples/ch7
Filename:Inch2CM.c

```
1   #include<stdio.h>
2
3   int main()
4   {
5       int i;
```

```
 6        for(i=1; i<=10;i++)
 7        {
 8            printf("%d inch(es)=%f cm(s) \n", i, i*2.54);
 9        }
10    }
```

此程式的執行結果如下：

```
[9:19 user@ws example] ./a.out⏎
1△inch(es)=2.540000△cm(s)⏎
2△inch(es)=5.080000△cm(s)⏎
3△inch(es)=7.620000△cm(s)⏎
4△inch(es)=10.160000△cm(s)⏎
5△inch(es)=12.700000△cm(s)⏎
6△inch(es)=15.240000△cm(s)⏎
7△inch(es)=17.780000△cm(s)⏎
8△inch(es)=20.320000△cm(s)⏎
9△inch(es)=22.860000△cm(s)⏎
10△inch(es)=25.400000△cm(s)⏎
[9:19 user@ws example]
```

Example 7-14：考慮複利的計算問題

Location:/Examples/ch7
Filename:CompoundInterest.c

假設借款金額為 1000 元，週利率為 3%，請計算第十二週後的應還款金額

```
 1    #include<stdio.h>
 2
 3    int main()
 4    {
 5        int i;
 6        float amount=1000.0;
 7        for(i=1; i<=12;i++)
 8        {
 9            amount=amount*1.03;
10        }
11        printf("%f\n", amount);
12    }
```

複利的計算是依靠此程式第 7-10 行的 for 迴圈所完成的，該迴圈從 i=1 開始重複執行直到 i 不再小於等於 12 為止；換句話說，此迴圈將執行 12 次，且在每次執行時，都將進行 3% 的複利率計算「amount=amount*1.03;」。最後在第 11 行將結果加以輸出。此程式的執行結果如下：

```
[9:19 user@ws example] ./a.out⏎
1425.760864⏎
[9:19 user@ws example]
```

Example 7-15：**計算並印出費伯納斯數（Fibonacci numbers）的前10項**

Location:/Examples/ch7
Filename:FibonacciNumbers.c

費伯納斯數的前兩項皆為 1，自第三項起，每一項皆為前兩項之和。

```c
1   #include<stdio.h>
2
3   int main()
4   {
5       int last1=1, last2=1, current, i;
6
7       printf("%d△%d△", last2, last1);
8       for(i=3; i<=10;i++)
9       {
10          current=last1+last2;
11          printf("%d△", current);
12          last2=last1;
13          last1=current;
14      }
15      printf("\n");
16  }
```

此程式在第 7 行先將費伯納斯數的前兩項印出（因為題目已說明前兩項的值都是 1），再由第 8-14 行的 for(i=3; i<=10;i++) 迴圈，完成後續第 3 項到第 10 項的輸出 — 從 i=3 開始，進行共 8 個回合。在這個 for 迴圈當中，除了 i 為迴圈變數外，另宣告有 current、last1 以及 last2 等三個變數，分別代表「目前所求的第 i 項」、「上一項」與「上兩項」[6]的費伯納斯數。在每個回合裡，迴圈中的第 10-11 行，負責計算第 i 項（i 為 for 迴圈的迴圈變數）的值並且加以輸出 — 透過第 10 行的「current=last1+last2;」將其前兩項相加求得第 i 項。但是在進行下一回合的計算前，必須先將 last1 與 last2 的值更新，才能在下一回合得到正確的計算結果。事實上，此回合的目前項 current 與上一項 last1，對於迴圈的下一回合而言，即為其上一項與上兩項，因此我們在迴圈內的第 12-13 行就是為下一回合進行了這些變數的更新（也就是「last2=last1;」與「last1=current;」）。此程式的執行結果可參考如下：

```
[9:19 user@ws example] ./a.out ⏎
1△1△2△3△5△8△13△21△34△55△⏎
[9:19 user@ws example]
```

---

6   更正確的說法應該是：current 是目前要求的第 i 項，last1 與 last2 則是第 i-1 與第 i-2 項。

7-4
無窮迴圈

　　迴圈可以讓我們反覆執行一段特定的程式碼，直到特定的條件不成立（也就是其測試條件為 false 的情況）為止。然而，不正確的使用迴圈有可能會發生測試條件永遠成立（意即永遠都為 true），而使得迴圈永遠不會結束其執行的問題 — 我們將此種情況稱為無窮迴圈（infinite loop），在本章 7-1-2 節所介紹的「while(i>0);」就是一例。在此我們要提醒讀者注意的是，不論是 while、do while 或是 for 迴圈都有可能會發生無窮迴圈的狀況 — 只要是在使用迴圈時沒有考慮周全，使得測試條件不論在何種情況下其值永遠為 true，就會形成無窮迴圈。

　　通常會發生無窮迴圈都是因為迴圈變數沒有適當地更新，或是測試條件有誤等情況，以下我們將逐一加以探討。首先請參考以下的程式片段：

```
int i=0;
while(i<10)
    printf("i=%d\n", i);
```

在上面這段程式中，while 迴圈的測試條件是 i<10，但是在它的迴圈主體裡並沒有改變 i 的數值，因此 i<10 將永遠為 true，導致無窮迴圈的發生。如果我們在 printf() 函式裡，使用 i++ 來將 i 的數值印出後加 1，就可以讓 i 的數值逐漸增加，使得迴圈能夠順利地在第 10 次執行後結束。下面的程式片段就是修改後的正確版本：

```
int i=0;
while(i<10)
    printf("i=%d\n", i++);
```

注意　**發生無窮迴圈該怎麼讓程式停止執行？**

　　本章 7-1-2 節已經說明過如何中止掉發生無窮迴圈的程式，但為了方便「正在練習避免發生但還是發生無窮迴圈的讀者們」查詢起見，在此還是再提供一次中斷的方法：

　　使用 Ctrl+C 將程式跳離（Mac OS 系統請使用 Control+C），然後在 Linux/Unix/Mac OS 系統使用 ps aux 指令查看程式的 PID，再以 kill -9 PID 指令將程式從系統中移除。至於 Windows 系統，則可以使用 tasklist 指令查看程式的 PID，再以 taskkill /PID -t 指令將程式從系統移除。

　　類似的情況也會發生在使用 do while 迴圈或 for 迴圈時，例如以下的程式片段也都是沒有正確更新迴圈變數：

```c
int i=0;
do
{
    printf("i=%d\n", i--);
}
while(i<10);
```

　　在上述的程式片段裡，由於迴圈變數 i 在 printf() 函式裡，被不正確的使用「i--」進行更新，所以 i 的數值將會隨著迴圈回合的執行而遞減，造成了測試條件 其「i<10」永遠都會成立！因此會發生無窮迴圈！至於接下來的例子則是另一種常見會造成無窮迴圈的情況 — 錯誤的測試條件：

```c
int i;
for(i=0; i=10; i++)
    printf("i=%d\n", i);
```

此例 for 迴圈將原本應該為「i<=10」的測試條件，不小心寫錯成「i=10」— 把 relational operator 錯寫成 assignment operator，從「比較」變成了「給定」），因此其運算結果 10（一個非 0 的數值）將會代表 true 的意思，換句話說測試條件 i<=10 將永遠成立，因此還是會發生無窮迴圈！

　　最後還有一種「錯誤使用分號」而發生無窮迴圈的情況 [7]：

```c
int i=1;
while(i<=5) ;
    printf("i=%d\n", i++);
```

在上面的例子裡，其原本的想法是透過 while 迴圈印出 54321，但不小心在「while(i<=5);」的後面寫了一個分號 — 代表此 while 敘述已經陳述完成（屬於第三種沒有迴圈主體的情況）。由於這個沒有迴圈主體的 while 迴圈，並沒有任何更新其迴圈變數 i 的程式敘述，所以其測試條件的內容永遠都會成立，造成了無窮迴圈情況的發生！

　　在本節的最後，希望讀者們可以記取範例中各種發生無窮迴圈的情境，在日後設計程式時要細心地處理迴圈的迴圈變數（包含其初始值設定與更新）以及測試條件，以避免發生非預期的無窮迴圈！

7　其實此種無窮迴圈的發生原因已經在 7-1-2 節介紹過，是初學者常犯的錯誤之一。

注意　如何「故意」寫出無窮迴圈？

　　本節的目的是希望透過介紹一些無窮迴圈的範例，讓讀者以後能避免犯同樣的錯誤。但是有時候就是需要「故意」寫出無窮迴圈（例如有一些嵌入式系統開機以後，其所執行的程式就是要週而復始地反覆進行一些事先安排好的工作），那又該怎麼辦呢？

　　其實最常見的做法是在迴圈的測試條件裡直接使用代表 true 的整數 1，例如：

```
while(1)   // 將測試條件寫成1，就表示永遠都為 true
{
    do_something();
}

for(;1;)   // 將測試條件寫成1，就表示永遠都為 true
{
    do_something();
}
```

在上面的 for 迴圈裡，除了將其測試條件寫為 1 以外，不論是初始化敘述或更新敘述都被加以省略了 — 但是這並不會造成問題，因為此處的重點是讓 for 迴圈的測試條件「永遠為 true」；至於迴圈變數的初始值或更新，並不在考慮。我們甚至可以連 for 迴圈的測試條件也省略掉：

```
for(;;)   // 連測試條件也可以省略
{
    do_something();
}
```

　　上述的程式碼仍然可以「正確地」形成 for 迴圈的無窮迴圈；但是要注意的是 while 與 do while 迴圈可不能這樣做（它們的測試條件不能省略）。

7-5 巢狀迴圈

　　到目前為止，我們在本章所介紹的各種迴圈敘述與程式範例，都是讓電腦反覆執行多個回合的工作（也就是迴圈主體），只不過何時開始與結束一個回合（也就是迴圈的進入點與離開點）以及它們的測試條件不盡相同而已。本節將更進一步運用迴圈於更複雜的應用情境 — 使用迴圈讓電腦重複執行多個回合的工作，但每個回合內的工作還需要再使用迴圈來完成。換句話說，我們將介紹在迴圈內還有迴圈的情形— 我們將其稱做巢狀迴圈（nested loop），而且還不限定只有兩層的情況，它也可以具有更多層的迴圈，其中每一層的迴圈可以是 for、while 或 do while 中的任意一個。但是為了便利讀者學習起見，以下的巢狀迴圈程式範例都將只使用 for 迴圈進行示範，有興趣的讀者可以自行代換為對應的 while 或是 do while 迴圈。

　　本節選定了三個適合示範 nested loop 的應用，包含「階乘」、「ASCII 星號藝術」以及「乘法表」，以下將分小節加以介紹。

7-5-1　階乘相關應用

　　以最簡單的方式來說，階乘就是連續的乘法 — N 的階乘定義為 N!，其值為 1 到 N 的連續乘積，意即 N! =1×2×···×(N-1) ×N。若要進行階乘的運算，使用迴圈是再適合不過的了！以下是使用 for 迴圈來計算 N 階乘的程式：

```
int i=1, factorial=1;

for(i=1; i<=N; i++)
    factorial=factorial* i;   // 讓 factorial 的值等於其原本的值再乘上 i

printf("N!= %d.\n", N, factorial);
```

　　上面的程式片段宣告了一個名為 factorial 的 int 整數變數，在重複執行 N 個回合的 for 迴圈中，其迴圈變數 i 的數值在每個回合裡，從 1 開始逐次遞增到 N 為止，並在唯一一行的迴圈主體裡執行「factorial=factorial*i」 — 讓 factorial 的值等於其自身的數值乘上迴圈變數 i 的數值。正如同本章 Example 7-4 用以計算 1+2+···+9+10 的和所使用的「sum=sum+i;」一樣，「factorial=factorial*i;」則完成了 1×2×···×N-1×N 的連續乘積的計算。為幫助讀者理解此程式的原理，我們將此程式前 10 個迴圈回合的執行的詳細過程列示於表 7-3：

表 7-3：factorial*=i 在前 10 個迴圈回合的執行過程。

回合	迴圈變數 i 的數值	回合開始前 factorial 的數值	factorial=factorial*i 的運算過程	回合結束時 factorial 的數值
1	1	1	factorial=1*1	1（也就是 1! 的數值）
2	2	1	factorial=1*2	2（也就是 2! 的數值）
3	3	2	factorial=2*3	6（也就是 3! 的數值）
4	4	6	factorial=6*4	24（也就是 4! 的數值）
5	5	24	factorial=24*5	120（也就是 5! 的數值）
6	6	120	factorial=120*6	720（也就是 6! 的數值）
7	7	720	factorial=720*7	5040（也就是 7! 的數值）
8	8	5040	factorial=5040*8	40320（也就是 8! 的數值）
9	9	40320	factorial=40320*9	362880（也就是 9! 的數值）
10	10	362880	factorial=362880*10	3628800（也就是 10! 的數值）

要特別注意的是 factorial 變數必須適當地設定初始值，若是沒有設定，則有可能會得到階乘值為 0 的錯誤計算結果 — 因為大部份的 C 語言編譯器預設會將沒有初始值的變數設定為 0，而 0 乘上任何數都會得到 0 的結果。事實上，對於連續的乘法運算而言，適當的初始值應設定為 1；而對連續的加法運算而言，其適當的初始值為 0。

以上述的程式片段為基礎，Example 7-16 提供了計算 N! 的完整程式，請讀者加以參考：

Example 7-16：計算並印出N的階乘　　Location:/Examples/ch7
Filename:FactorialsN.c

```
1  #include<stdio.h>
2
3  int main()
4  {
5      int i, N, factorial=1;
6
7      printf("N=? ");
8      scanf("%d", &N);
9
10     for(i=1;i<=N;i++)
11         factorial=factorial*i; // 注意：此行也可以改寫為 factorial*=i;
12
13     printf("%d!=%d.\n", N, factorial);
14  }
```

此程式的執行結果可參考如下：

```
[9:19 user@ws example] ./a.out
N=? △5
5!=120.
[9:19 user@ws example] ./a.out
N=? △13
13!=1932053504.
[9:19 user@ws example] ./a.out
N=? △8
8!=40320.
[9:19 user@ws example]
```

當然，Example 7-16 的程式仍然只使用了一個迴圈，還不屬於本節所要介紹的巢狀迴圈的應用，因此讓我們將它做些延伸，接下來讓我們想一想該如何連續印出 1!、2!、…、10!

其實答案非常簡單，只要在負責印出 N! 的 Example 7-16 外面，多包裹一個 10 個回合的外層 for 迴圈 — 以 N 做為其迴圈變數，並在迴圈執行的 10 個回合裡，讓 N 的數值從 1 開始逐次遞增至 10 為止，即可在每個回合內分別求得 1!、2!、…到 10! 的值：

```
int i, N, factorial;
for(N=1;N<=10;N++)  ←——— 增加一個 N 從 1 到 10 的外層迴圈
{
    factorial=1;                        ←——— 此部份即為 Example 7-17 用以
                                             求得 N! 的程式碼
    // printf("N=? ");
    // scanf("%d", &N);
    for(i=1;i<=N;i++)  ←——— 計算 N! 的內層迴圈
        factorial=factorial*i;
    printf("%d!=%d.\n", N, factorial);
}
```

依據上述的想法，我們將完整的程式碼顯示於 Example 7-17，不過「針對有兩層以上的迴圈，其迴圈變數通常習慣自外層到內層依序命名為 i、j、k 等名稱」[8]，因此我們也將 Example 7-17 的程式做了一些調整，將外層與內層的迴圈變數命名為 i 與 j。

Example 7-17：計算並印出1到10的階乘

Location:/Examples/ch7
Filename:Factorials1To10.c

```
 1  #include<stdio.h>
 2
 3  int main()
 4  {
 5      int i,j,factorial;
 6
 7      for(i=1;i<=10;i++)
 8      {
 9          factorial=1;
10          for(j=2; j<=i; j++)
11          {
12              factorial=factorial*j;
13          }
14          printf("%d!=%d.\n", i, factorial);
15      }
16  }
```

此程式是基於前面的討論所實現的，所以在此不再加以說明。不過其中第 9 行的「factorial=1」是要在每次執行內層計算階乘值的迴圈開始前，設定 factorial 的初始值。如果少了這行，內層的計算將不再正確。另外，第 10-13 行的內層迴圈，我們也將其修改為從 j=2 開始執行到 i 為止，這是因為 1!=1 可以直接輸出結果，不需要再額外以 1*1 進行計算之故。此程式的執行結果如下：

```
[9:19 user@ws example]  ./a.out ↵
1!=1 ↵
2!=2 ↵
```

8 不過此種命名方式並不是強制性的（例如有些程式設計師採用 x、y、z 的命名習慣），讀者可以依自己的偏好決定。

```
3!=6 ↵
4!=24 ↵
5!=120 ↵
6!=720 ↵
7!=5040 ↵
8!=40320 ↵
9!=362880 ↵
10!=3628800 ↵
[9:19 user@ws example]
```

接下來的 Example 7-18，則稍微修改了一下上面這個階乘程式，不但會計算出 1 到 10 的階乘，同時還會將它們加總起來：

Example 7-18：**計算並印出**1!+2!+3!+...+ 10! **的結果**　　Location:/Examples/ch7
Filename:SumOfFactorials.c

```
1   #include<stdio.h>
2
3   int main()
4   {
5       int i,j,factorial,sum=0;
6
7       for(i=1;i<=10;i++)
8       {
9           factorial=1;
10          for(j=2; j<=i; j++)
11          {
12              factorial=factorial*j;
13          }
14          sum += factorial;
15      }
16      printf("Sum of the first ten factorials is %d.\n", sum);
17  }
```

這個程式和 Example 7-17 非常類似，不同之處在於我們增加了一個名為 sum 的整數變數，其初始值為 0，並在第 7-15 行的外層迴圈裡增加第 14 行的「sum+=factorial;」，讓 sum 把每一個回合所計算出來的階乘值累加起來。最終在 10 個回合的 for 迴圈結束後，在第 16 行印出 sum 變數的內容（也就是 10 個回合的階乘值累加的和）。此程式的執行結果如下：

```
[9:19 user@ws example] ./a.out ↵
Sum△of△the△first△ten△factorials△is△4037913. ↵
[9:19 user@ws example]
```

注意　**利用階乘的特性，以單層迴圈完成 1!+2!+⋯+10! 的計算**

本節利用印出 1 到 10 的階乘或是將它們加總起來，示範了雙層的巢狀迴圈（nested loop）的用途。但是其實不需要雙層迴圈就可以完成同樣的運算目的！

依據階乘的定義，N! 等於 $1 \times 2 \times \cdots \times (N-1) \times N$，但是其中前 N-1 個數字的乘積(也就是 $1 \times 2 \times \cdots \times (N-1)$)等於 (N-1)!，因此 N! 也可以表達為 (N-1)! $\times$ N。關於此點，可以請參考以下的表 7-4，我們將原本表 7-3 的 factorial 在第 x 個回合結束時的數值，重新表達為 (x-1)!*x：

表 7-4：factorial*=i 在迴圈內的執行過程。

回合	迴圈變數 i 的數值	回合開始前 factorial 的數值	factorial=factorial*i 的運算過程	回合結束時 factorial 的數值
1	1	1	factorial=1*1	1（等同於 0!*1）
2	2	1	factorial=1*2	2（等同於 1! *2）
3	3	2	factorial=2*3	6（等同於 2!*3）
4	4	6	factorial=6*4	24（等同於 3!*4）
5	5	24	factorial=24*5	120（等同於 4!*5）
6	6	120	factorial=120*6	720（等同於 5!*6）
7	7	720	factorial=720*7	5040（等同於 6!*7）
8	8	5040	factorial=5040*8	40320（等同於 7!*8）
9	9	40320	factorial=40320*9	362880（等同於 8!*9）
10	10	362880	factorial=362880*10	3628800（等同於 9!*10）

接下來我們利用上述的階乘特性，將 Example 7-18 的程式改寫如下（僅使用單層迴圈計算並印出 1!+2!+3! + ... + 10!）：

Example 7-19：使用單層迴圈計算並印出 1!+2!+3! + ... + 10! 的結果　Location:/Examples/ch7　Filename:SingleLoopSumOfFactorials.c

```c
#include<stdio.h>

int main()
{
    int i, factorial=1, sum=0;

    for(i=1;i<=10;i++)
    {
        factorial=factorial*i;
        sum += factorial;
    }
    printf("Sum of the first ten factorials is %d.\n", sum);
}
```

　　與 Example 7-18 的程式比較，此程式只有使用到第 7-11 行的單層迴圈就完成了原本需要雙層迴圈才能完成的計算。此程式首先在第 5 行給定了 factorial 與 sum 兩個變數的初始值，分別是 1 與 0。接下來執行 10 個回合的 for 迴圈，其中第 1 個回合執行到第 9 行的「factorial=factorial*i;」時，將會讓 factorial 變數等於自己乘上 i（此時 i=1），也就是讓 factorial 等於 1! 的值並且在第 10 行將其值加入到 sum 變數；第二回合則在不重設 factorial 變數的情況下，直接執行第 9 行「factorial=factorial*i;」，由於在執行前的 factorial 的值等於 1!，因此其執行結果就等同於讓 factorial 等於 1! × i（在第 2 回合時，i=2），也就是讓 factorial 等於 2! 的值，接著在第 10 行再次把 factorial 的值（也就是 2!）加入到 sum 變數。後續的第 3 回合到第 10 回合持續相同的運作過程，分別將 3!、4!、…、10! 計算完成，在此不再贅述。

7-5-2　ASCII 星號藝術

　　ASCII 藝術（ASCII art）是指使用 ASCII 字元拼湊出的藝術作品 — 從簡單的文字、圖案到複雜的圖片等都有可能，圖 7-7 使用星號拼出了 Hello World 即為一例。

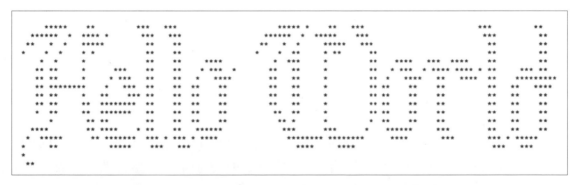

圖 7-7：使用星號所創作的「Hello World」文字作品

　　本節將使用迴圈來印出 ASCII 藝術作品，但為了讓讀者更專注於迴圈的使用方式，因此我們將示範與講解的都是全部以星號呈現的簡單作品 — 筆者將其稱之為「ASCII 星號藝術（ASCII star art）」。這類的題目首先要透過觀察找出其所具有的特定「圖案模式（pattern）」，並試著將程式的迴圈與這些模式結合起來，才能完成由 ASCII 星號所構成的作品。

　　讓我們從圖 7-8 的作品開始，首先可以觀察出來此作品必須輸出 5 行的星號，其中第 1 行有 1 個星號、第 2 行有 2 個、…、第 5 行有 5 個。所以這個圖案可以透過一個雙層的迴圈來完成，其中外層負責第 1 至 5 行的輸出，但其輸出內容則由內層的迴圈來負責處理輸出每行該有的星號數目。請參考以下的程式碼：

Example 7-20：設計一C語言程式，印出圖7-8的 ASCII星號藝術作品

Location:/Examples/ch7
Filename:StarArt1.c

```
1   #include<stdio.h>
2
3   int main()
4   {
5       int i,j;
6       for(i=1;i<=5;i++)
7       {
8           for(j=1;j<=i; j++)
9           {
10              printf("*");
11          }
12          printf("\n");
13      }
14  }
```

```
*
* *
* * *
* * * *
* * * * *
```

圖 7-8：ASCII 星號藝術作品之 1

此程式使用雙層迴圈，包含第 6-13 行的外層迴圈，以及第 7-11 行的內層迴圈。此作品需要輸出 5 行的星號內容，因此外層的迴圈將執行 5 個回合，每一回合負責一行的輸出，這也正是第 6-13 行的外層迴圈被設計為「for(i=1;i<=5;i++){…}」的原因。至於內層迴圈則是從外層迴圈的角度來看，負責在每一個回合中為該行輸出特定數目的星號；由於它的迴圈主體只有第 10 行的「printf("*")」，換句話說，要印出多少個星號完全取決於內層迴圈會執行多少個回合！這也正是此類題目的關鍵 — 透過內層迴圈的設計讓它能為每一行輸出正確個數的星號。

其實在這一類的題目裡，外層迴圈變數與內層的迴圈變數通常都存在著特定的關係，我們可以將外層迴圈執行到第 i 個回合時，內層迴圈所必須輸出的星號數目定義為與 i 相關的函數 f(i)，並將內層迴圈設計為「for(j=1; j<=f(i); j++){…}」。剩下的問題是「f(i) 函數該如何定義？」，此點可參考表 7-5 所整理的迴圈回合與相關變數變化：

表 7-5：Example 7-20 的迴圈相關變數值變化。

外層迴圈的回合	外層迴圈變數 i	f(i) 星號個數
1	1	1
2	2	2
3	3	3
4	4	4
5	5	5

在表 7-5 中，第一個欄位是外層迴圈的回合（也等於該回合所要負責輸出的行號），第二個與第三個欄位則是 i 與 f(i) 的數值，它們所代表的分別是「外層迴圈的迴圈變數 i 在該回合的數值」以及「內層迴圈在該回合必須輸出的星號個數」。從這個表中可以很容易地發

現，對每一個回合而言，其 f(i) 的數值皆等於 i，也就是說 f(i)=i, for i=1,2,…,5。有鑑於此，內層迴圈將被設計為「for(j=1; j<=i; j++){…}」，這也正是 Example 7-20 的第 8 行的內容。

最後，別忘了要由外層迴圈的第 12 行負責在每行的最後加上一個「換行」。以下是此程式的執行結果：

```
[9:19 user@ws example] ./a.out ⏎
* ⏎
** ⏎
*** ⏎
**** ⏎
***** ⏎
[9:19 user@ws example]
```

接下來的 Example 7-21 將印出圖 7-9 的作品。

Example 7-21：設計一C語言程式，印出圖7-9的 ASCII星號藝術作品

Location:/Examples/ch7
Filename:StarArt2.c

```c
1   #include<stdio.h>
2
3   int main()
4   {
5       int i,j;
6       for(i=1;i<=5;i++)
7       {
8           for(j=1;j<=(6-i); j++)
9           {
10              printf("*");
11          }
12          printf("\n");
13      }
14  }
```

```
* * * * *
* * * *
* * *
* *
*
```

圖 7-9：ASCII 星號藝術作品之 2

經過觀察可以發現，圖 7-9 與圖 7-8 有許多相似之處 ─ 同樣輸出 5 行的星號，但每行的星號數目從 5 開始逐行遞減，直到 1 顆為止。因此 Example 7-21 的程式同樣將使用雙層的迴圈 ─ 同樣地將外層與內層的迴圈變數分別命名為 i 與 j。在外層的迴圈方面，同樣可以設計為「for(i=1; i<=5; i++) {…}」來執行 5 個回合（其迴圈變數 i 從 1 到 5 逐次遞增），負責處理 5 行的輸出；至於在內層的迴圈方面，則是同樣地負責印出每一行所需要的星號，但不同之處在於內層的迴圈改為在第 1 行輸出 5 顆星號、第 2 行輸出 4 顆星號、…、第 5 行輸出 1 顆星號。為了幫助我們設計出相關的迴圈以完成圖 7-9 的作品輸出，請參考表 7-6 所整理的迴圈回合與相關變數變化：

表 7-6：Example 7-21 的迴圈相關變數值變化。

外層迴圈的回合	外層迴圈變數 i	f(i) 星號個數
1	1	5
2	2	4
3	3	3
4	4	2
5	5	1

表 7-6 的欄位與表 7-5 一樣，在此不予贅述。觀察此表可以發現 i 與 f(i) 的關係成反比 — i 的值愈大、f(i) 的值愈小。另外，請再進一步仔細觀察一下 i 與 f(i) 的關係，你應該不難發現不論 i 的數值為何，「f(i)+i = 6」一直都會成立。因此，可以很容易地得出「f(i)=6-i」。你可以將 i=1 至 5 代入式子「f(i)=6-i」來驗算一下是否正確。所以此題的內層迴圈將可以被設計為「for(j=1;j<=(6-i); j++) {…}」，這也正是 Example 7-21 的第 8 行的程式碼內容。此程式的執行結果如下：

```
[9:19 user@ws example] ./a.out ⏎
***** ⏎
**** ⏎
*** ⏎
** ⏎
* ⏎
[9:19 user@ws example]
```

接下來請參考圖 7-10，為了完成這個作品，我們同樣從觀察它的圖案模式開始（為了方便讀者準確地判斷作品的圖案模式，我們特別將每一行開頭處的空白使用「△」加以表達）。

Example 7-22：設計一C語言程式，印出圖7-10的 ASCII星號藝術作品
Location:/Examples/ch7
Filename:StarArt3.c

```c
1  #include<stdio.h>
2
3  int main()
4  {
5      int i, j, k;
6      for(i=1;i<=5;i++)
7      {
8          for(j=1;j<=(5-i); j++)
9          {
10             printf(" ");
11         }
12         for(k=1;k<=(i*2-1); k++)
13         {
14             printf("*");
15         }
16         printf("\n");
17     }
18 }
```

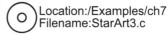

```
△ △ △ △ *
△ △ △ * * *
△ △ * * * * *
△ * * * * * * *
* * * * * * * * *
```

圖 7-10：ASCII 星號藝術作品之 3

　　讀者應該可以發現圖 7-10 同樣必須完成 5 行的輸出，因此需要一個外層的迴圈；但是每一行的輸出內容除了星號以外，現在還多了空白字元，所以內層的迴圈必須進行兩件事——輸出空白與星號，這點可以使用兩個不同的迴圈來實現。讓我們將外層迴圈的變數命名為 i，並分別將兩個內層迴圈的變數命名為 j 和 k。和上一個範例相同，我們同樣使用表格來彙整相關的變數值，請參考表 7-6：

表 7-7：Example 7-22 的迴圈相關變數值變化。

外層迴圈的回合	外層迴圈變數 i	f(i) 空白個數	g(i) 星號個數
1	1	4	1
2	2	3	3
3	3	2	5
4	4	1	7
5	5	0	9

　　與表 7-6 相同，表 7-7 的第一個欄位與第二個欄位分別是「外層迴圈所執行的回合」以及「外層迴圈的迴圈變數 i 在該回合的數值」；至於第三個與第四個欄位則分別為「每個回合（每行）所必須輸出的空白字元個數」與「每個回合（每行）所必須輸出的星號個數」。請注意觀察圖 7-10，你應可以容易地看出每一行的輸出都應該是先輸出空白字元，再輸出星號（至於星號後方直接換行即可）。觀察表 7-7，i 與 f(i) 的關係為 i+f(i)=5，因此負責輸出空白字元的內層迴圈將可以被設計為「for(j=1; j<=(5-i);j++){…}」（Example 7-22 的第 7-11 行）；至於 i 與 g(i) 的關係雖然沒有 f(i) 那麼直觀，但仔細觀察後也可以發現它們的關係可以表達為 g(i)=2*i-1，因此負責輸出星號的內層迴圈將可以被設計為「for(k=1; k<=(2*i-1); k++){…}」（Example 7-22 的第 12-15 行）。最後，還是一樣提醒你，別忘了第 16 行的「printf("\n");」，它負責處理每行最後面的換行。此程式的執行結果如下：

```
[9:19 user@ws example] ./a.out ⏎
△△△△ * ⏎
△△△ *** ⏎
△△ ***** ⏎
△ ******* ⏎
********* ⏎
[9:19 user@ws example]
```

7-5-3　乘法表

　　乘法表（multiplication table）有多種形式，用於顯示多個數字的乘積，最常見的即為 9×9 乘法表。本節將示範如何使用巢狀迴圈來輸出乘法表，請先參考以下範例：

Example 7-23：印出99乘法表

Location:/Examples/ch7
Filename:MultiplicationTable.c

```c
1   #include<stdio.h>
2
3   int main()
4   {
5       int i,j;
6       for(i=1;i<=9;i++)
7       {
8           for(j=1;j<=9; j++)
9           {
10              printf("%d x %d = %2d\n", i, j, i*j);
11          }
12          printf("\n");
13      }
14  }
```

我們可以將9×9乘法表視為是 1 至 9 的小乘法表的組合，其中每個小乘法表包含了該數字與 2 至 9 等數字的乘積。此程式使用兩層迴圈來印出9×9乘法表，其中外層的迴圈（第 6-13 行）負責印出 1 至 9 的小乘法表，並由內層的迴圈負則將每個小乘法表的內容輸出。外層的迴圈使用名為 i 的迴圈變數，i 的值從 1 到 9，共執行 9 個回合。每個回合透過內層的迴圈（第 7-11 行）來印出小乘法表，也就是印出 1 至 9 的數字與當時（也就是在該回合執行時）外層的迴圈變數 i 的數值的乘積 — 請參考程式碼第 10 行「printf("%2d x %2d = %2d\n", i, j, i*j);」，其中的 i 與 j 分別是外層的迴圈變數值以及內層的迴圈變數值（也就是變數 j，其值從 1 到 9 逐次遞增）；至於 i*j 則是它們倆的乘積。最後，請別忘了第 12 行，它會在每次印完一個小乘法表後換行。此程式的執行結果如下：

```
[9:19 user@ws example] ./a.out ↵
1 △ x △ 1 △ = △△ 1 ↵
1 △ x △ 2 △ = △△ 2 ↵
1 △ x △ 3 △ = △△ 3 ↵
1 △ x △ 4 △ = △△ 4 ↵
1 △ x △ 5 △ = △△ 5 ↵
1 △ x △ 6 △ = △△ 6 ↵
1 △ x △ 7 △ = △△ 7 ↵
1 △ x △ 8 △ = △△ 8 ↵
1 △ x △ 9 △ = △△ 9 ↵
↵
2 △ x △ 1 △ = △△ 2 ↵
2 △ x △ 2 △ = △△ 4 ↵
2 △ x △ 3 △ = △△ 6 ↵
2 △ x △ 4 △ = △△ 8 ↵
2 △ x △ 5 △ = △ 10 ↵
2 △ x △ 6 △ = △ 12 ↵
2 △ x △ 7 △ = △ 14 ↵
```

```
2 △ x △ 8 △ = △ 16 ↵
2 △ x △ 9 △ = △ 18 ↵
↵
3 △ x △ 1 △ = △△ 3 ↵
        ⋮
8 △ x △ 9 △ = △ 72 ↵
↵
9 △ x △ 1 △ = △△ 9 ↵
9 △ x △ 2 △ = △ 18 ↵
9 △ x △ 3 △ = △ 27 ↵
9 △ x △ 4 △ = △ 36 ↵
9 △ x △ 5 △ = △ 45 ↵
9 △ x △ 6 △ = △ 54 ↵
9 △ x △ 7 △ = △ 63 ↵
9 △ x △ 8 △ = △ 72 ↵
9 △ x △ 9 △ = △ 81 ↵
↵
[9:19 user@ws example]
```

註：為節省篇幅，此處省略部份輸出結果。

　　上述的 9×9 乘法表簡單地配合雙層迴圈來完成，但是 1 至 9 每個數字的小乘法表列印出來還挺佔空間的。以下的 Example 7-24 和 Example 7-23 相似，但是一次輸出三個數字的小乘法表，所以比較節省列印的空間：

Example 7-24：印出99乘法表之2　　　　Location:/Examples/ch7
Filename:MultiplicationTable2.c

```
1   #include<stdio.h>
2
3   int main()
4   {
5       int i,j;
6       for(i=1;i<=9;i+=3)
7       {
8           for(j=1;j<=9; j++)
9           {
10              printf("%d x %d = %2d\t%d x %d = %2d\t%d x %d = %2d \n"
11                  , i,   j,  i*j , i+1, j, (i+1)*j, i+2,  j,  (i+2)*j );
12          }
13          printf("\n");
14      }
15  }
```

此程式修改了第 6 行的 for 迴圈的更新敘述，將其從 i++ 改為「i+=3」，因此外層的 for 迴圈將從原本的 i 從 1 到 9 執行 9 個回合，變為 i = 1、4 與 7，共執行三個回合。但每個回合原本只要輸出一個小乘法表，也改為同時輸出三個小乘法表。請參考第 10-11 行的 printf

程式敘述，它在第 8-12 行的內層 for 迴圈內執行，隨著迴圈變數 j 從 1 到 9 逐次遞增，共會執行 9 回合；每次會印出 i*j、(i+1)*j 以及 (i+2)*j 的乘積。此行 printf 敘述比較長，為了便利閱讀起見，我們將其分成了兩行，並將要輸出的數值與格式字串中的格式指定子對齊，以便利讀者閱讀。請參考此程式的執行結果：

```
[9:19 user@ws example] ./a.out⏎
1 △ x △ 1 △ = △△ 1 ◄━━━►2 △ x △ 1 △ = △△ 2 ◄━━━►3 △ x △ 1 △ = △△ 3 ⏎
1 △ x △ 2 △ = △△ 2 ◄━━━►2 △ x △ 2 △ = △△ 4 ◄━━━►3 △ x △ 2 △ = △△ 6 ⏎
1 △ x △ 3 △ = △△ 3 ◄━━━►2 △ x △ 3 △ = △△ 6 ◄━━━►3 △ x △ 3 △ = △△ 9 ⏎
1 △ x △ 4 △ = △△ 4 ◄━━━►2 △ x △ 4 △ = △△ 8 ◄━━━►3 △ x △ 4 △ = △ 12 ⏎
1 △ x △ 5 △ = △△ 5 ◄━━━►2 △ x △ 5 △ = △ 10 ◄━━━►3 △ x △ 5 △ = △ 15 ⏎
1 △ x △ 6 △ = △△ 6 ◄━━━►2 △ x △ 6 △ = △ 12 ◄━━━►3 △ x △ 6 △ = △ 18 ⏎
1 △ x △ 7 △ = △△ 7 ◄━━━►2 △ x △ 7 △ = △ 14 ◄━━━►3 △ x △ 7 △ = △ 21 ⏎
1 △ x △ 8 △ = △△ 8 ◄━━━►2 △ x △ 8 △ = △ 16 ◄━━━►3 △ x △ 8 △ = △ 24 ⏎
1 △ x △ 9 △ = △△ 9 ◄━━━►2 △ x △ 9 △ = △ 18 ◄━━━►3 △ x △ 9 △ = △ 27 ⏎
⏎
4 △ x △ 1 △ = △△ 4 ◄━━━►5 △ x △ 1 △ = △△ 5 ◄━━━►6 △ x △ 1 △ = △△ 6 ⏎
4 △ x △ 2 △ = △△ 8 ◄━━━►5 △ x △ 2 △ = △ 10 ◄━━━►6 △ x △ 2 △ = △ 12 ⏎
4 △ x △ 3 △ = △ 12 ◄━━━►5 △ x △ 3 △ = △ 15 ◄━━━►6 △ x △ 3 △ = △ 18 ⏎
4 △ x △ 4 △ = △ 16 ◄━━━►5 △ x △ 4 △ = △ 20 ◄━━━►6 △ x △ 4 △ = △ 24 ⏎
4 △ x △ 5 △ = △ 20 ◄━━━►5 △ x △ 5 △ = △ 25 ◄━━━►6 △ x △ 5 △ = △ 30 ⏎
4 △ x △ 6 △ = △ 24 ◄━━━►5 △ x △ 6 △ = △ 30 ◄━━━►6 △ x △ 6 △ = △ 36 ⏎
4 △ x △ 7 △ = △ 28 ◄━━━►5 △ x △ 7 △ = △ 35 ◄━━━►6 △ x △ 7 △ = △ 42 ⏎
4 △ x △ 8 △ = △ 32 ◄━━━►5 △ x △ 8 △ = △ 40 ◄━━━►6 △ x △ 8 △ = △ 48 ⏎
4 △ x △ 9 △ = △ 36 ◄━━━►5 △ x △ 9 △ = △ 45 ◄━━━►6 △ x △ 9 △ = △ 54 ⏎
⏎
7 △ x △ 1 △ = △△ 7 ◄━━━►8 △ x △ 1 △ = △△ 8 ◄━━━►9 △ x △ 1 △ = △△ 9 ⏎
7 △ x △ 2 △ = △ 14 ◄━━━►8 △ x △ 2 △ = △ 16 ◄━━━►9 △ x △ 2 △ = △ 18 ⏎
7 △ x △ 3 △ = △ 21 ◄━━━►8 △ x △ 3 △ = △ 24 ◄━━━►9 △ x △ 3 △ = △ 27 ⏎
7 △ x △ 4 △ = △ 28 ◄━━━►8 △ x △ 4 △ = △ 32 ◄━━━►9 △ x △ 4 △ = △ 36 ⏎
7 △ x △ 5 △ = △ 35 ◄━━━►8 △ x △ 5 △ = △ 40 ◄━━━►9 △ x △ 5 △ = △ 45 ⏎
7 △ x △ 6 △ = △ 42 ◄━━━►8 △ x △ 6 △ = △ 48 ◄━━━►9 △ x △ 6 △ = △ 54 ⏎
7 △ x △ 7 △ = △ 49 ◄━━━►8 △ x △ 7 △ = △ 56 ◄━━━►9 △ x △ 7 △ = △ 63 ⏎
7 △ x △ 8 △ = △ 56 ◄━━━►8 △ x △ 8 △ = △ 64 ◄━━━►9 △ x △ 8 △ = △ 72 ⏎
7 △ x △ 9 △ = △ 63 ◄━━━►8 △ x △ 9 △ = △ 72 ◄━━━►9 △ x △ 9 △ = △ 81 ⏎
⏎
[9:19 user@ws example]
```

正如結果所呈現的，這個程式使用外層的迴圈，分別三個回合，每個回合分別輸出「1、2、3」、「4、5、6」與「7、8、9」的小乘法表印在一起，節省了許多的輸出空間。

接下來的 Example 7-25 與 Example 7-24 幾乎完全一樣，差別在於其輸出結果變成了「1、4、7」、「2、5、8」與「3、6、9」的組合，請自行參考程式碼如下：

Example 7-25：印出99乘法表之3

Location:/Examples/ch7
Filename:MultiplicationTable3.c

```c
1   #include<stdio.h>
2
3   int main()
4   {
5       int i,j;
6       for(i=1;i<=3;i++)
7       {
8           for(j=1;j<=9; j++)
9           {
10              printf("%d x %d = %2d\t%d x %d = %2d\t%d x %d = %2d \n"
11                      , i,  j,  i*j , i+3,  j,  (i+3)*j, i+6,  j,  (i+6)*j );
12          }
13          printf("\n");
14      }
15  }
```

此程式執行結果如下：

```
[9:19 user@ws example] ./a.out
1 x 1 =   1      4 x 1 =   4      7 x 1 =   7
1 x 2 =   2      4 x 2 =   8      7 x 2 =  14
1 x 3 =   3      4 x 3 =  12      7 x 3 =  21
1 x 4 =   4      4 x 4 =  16      7 x 4 =  28
1 x 5 =   5      4 x 5 =  20      7 x 5 =  35
1 x 6 =   6      4 x 6 =  24      7 x 6 =  42
1 x 7 =   7      4 x 7 =  28      7 x 7 =  49
1 x 8 =   8      4 x 8 =  32      7 x 8 =  56
1 x 9 =   9      4 x 9 =  36      7 x 9 =  63

2 x 1 =   2      5 x 1 =   5      8 x 1 =   8
2 x 2 =   4      5 x 2 =  10      8 x 2 =  16
2 x 3 =   6      5 x 3 =  15      8 x 3 =  24
2 x 4 =   8      5 x 4 =  20      8 x 4 =  32
2 x 5 =  10      5 x 5 =  25      8 x 5 =  40
2 x 6 =  12      5 x 6 =  30      8 x 6 =  48
2 x 7 =  14      5 x 7 =  35      8 x 7 =  56
2 x 8 =  16      5 x 8 =  40      8 x 8 =  64
2 x 9 =  18      5 x 9 =  45      8 x 9 =  72

3 x 1 =   3      6 x 1 =   6      9 x 1 =   9
3 x 2 =   6      6 x 2 =  12      9 x 2 =  18
3 x 3 =   9      6 x 3 =  18      9 x 3 =  27
3 x 4 =  12      6 x 4 =  24      9 x 4 =  36
3 x 5 =  15      6 x 5 =  30      9 x 5 =  45
3 x 6 =  18      6 x 6 =  36      9 x 6 =  54
3 x 7 =  21      6 x 7 =  42      9 x 7 =  63
```

```
3△x△8△=△24|←    →|6△x△8△=△48|←    →|9△x△8△=△72 ⏎
3△x△9△=△27|←    →|6△x△9△=△54|←    →|9△x△9△=△81 ⏎
⏎
[9:19 user@ws example]
```

7-6
從迴圈中跳離

　　除了使用迴圈的測試條件來控制迴圈的執行外，我們還可以使用 break、continue 與 goto 敘述來改變程式的動線，使其可以跳離迴圈所屬的程式區塊。

7-6-1　break 敘述

　　break 敘述在 7-3 節首次被介紹，用以跳出 switch 敘述的範圍。若 break 應用在迴圈中，一旦它被執行時，在迴圈中還未執行的敘述就會被跳過不執行，並且會結束該迴圈的執行。break 敘述對於無法事前知道迴圈中止條件的情況下特別有用，例如一個用以反覆取得使用者輸入的數值的迴圈，它必須一直不斷地執行，直到使用者所輸入值為 0 為止，請參考以下的 Example 7-26：

Example 7-26：設計一程式反覆要求使用者輸入一個整數並且將其累加，直到使用者輸入 0 為止

Location:/Examples/ch7
Filename:QuitByZero.c

```c
 1  #include<stdio.h>
 2
 3  int main()
 4  {
 5      int n, sum=0;
 6
 7      while(1)  // 或是 for(; ;) 也是一樣的意思，請參考本章 7-29 頁
 8      {
 9          printf("Please input a number (0 for quit): ");
10          scanf("%d", &n);
11          if(n==0)
12              break;
13          sum+=n;
14      }
15      printf("sum=%d.\n", sum);
16  }
```

此程式執行結果如下：

```
[9:19 user@ws example] ./a.out ⏎
Please △ input △ a △ number △ (0 △ for △ quit): △ 73 ⏎
Please △ input △ a △ number △ (0 △ for △ quit): △ 48 ⏎
Please △ input △ a △ number △ (0 △ for △ quit): △ 27 ⏎
Please △ input. a △ number △ (0 △ for △ quit): △ 0 ⏎
sum=148. ⏎
[9:19 user@ws example]
```

7-6-2　continue 敘述

continue 則和 break 相反，它並不會結束迴圈的執行，而是省略當次執行迴圈主體時未完成的程式碼，直接執行迴圈的下一回合。

Example 7-27：設計一程式反覆要求使用者輸入一個整數並且將其累加，直到使用者輸入0為止，但輸入值若為負數則加以忽略

Location:/Examples/ch7
Filename:QuitByZeroIgnoreNegative.c

```
1   #include<stdio.h>
2
3   int main()
4   {
5       int n, sum=0;
6       for(;;)
7       {
8           printf("Please input a number (0 for quit):");
9           scanf("%d", &n);
10          if(n==0)
11              break;
12          if(n<0)
13              continue;
14          sum+=n;
15          // continue 敘述使程式碼跳到了這裡
16      }
17      printf("sum=%d.\n", sum);
18  }
```

此程式執行結果如下：

```
[9:19 user@ws example] ./a.out ⏎
Please △ input △ a △ number △ (0 △ for △ quit): △ 13 ⏎
Please △ input △ a △ number △ (0 △ for △ quit): △ -8 ⏎
Please △ input △ a △ number △ (0 △ for △ quit): △ 14 ⏎
Please △ input △ a △ number △ (0 △ for △ quit): △ 0 ⏎
sum=27. ⏎
[9:19 user@ws example]
```

7-6-3　goto 敘述

　　C 語言還提供另一種無條件的跳躍敘述 – goto 敘述。我們可以在程式碼中的特定位置標記一些標記（label），其方法爲在某行以標記名稱後接冒號的方式來定義，爾後需要改變程式碼執行動線時，則使用「goto 標記名稱;」的方式即可完成。請參考以下的範例：

Example 7-28：設計一程式反覆要求使用者輸入一個整數並且將其累加，直到使用者輸入 0 為止（goto版本）

Location:/Examples/ch7
Filename:QuitByZeroGoto.c

```c
1   #include<stdio.h>
2
3   int main()
4   {
5       int n, sum=0;
6
7       for(;;)
8       {
9           printf("Please input a number (0 for quit):");
10          scanf("%d", &n);
11          if(n==0)
12              goto done;
13          sum+=n;
14      }
15
16  done:
17      printf("sum=%d.\n", sum);
18  }
```

此程式的第 16 行「done:」即爲一個標記，當第 11 行的 if 敘述的測試條件成立時，就會由第 12 行的「goto done;」跳躍到第 16 行標記之處。此程式的執行結果與 Example 7-26 一樣，在此不予贅述。但是 goto 敘述不一定要配合迴圈的使用，例如下面這個例子：

Example7-29：設計一個使用goto敘述的程式讓使用者反覆輸入一個字元直到使用者輸入 'q'為止

Location:/Examples/ch7
Filename: QuitByQuit.c

```c
1   #include<stdio.h>
2
3   int main()
4   {
5       char cmd;
6
7   begin:
8       scanf("%c", &cmd);
9       if(cmd != 'q')
10          goto begin;
11
12      printf("exit\n");
13  }
```

這個程式讓使用者不斷地輸入一個字元，直到其輸入字元為 'q' 時才結束程式。其中在程式第 7 行處定義了一個名為 begin 的標記，至於在第 9 行的 if 敘述若條件成立時則使用 goto 敘述跳躍到 begin 標記處。[9]

7-7 程式設計實務演練

從本章開始，我們在章末進行的實務演練，將選擇一些較為進階的課題加以討論，並搭配流程圖為讀者說明程式的邏輯構思以及實作等議題。

程式演練 9

終極密碼（猜數字遊戲）

我們可以設計一個「終極密碼」猜數字遊戲程式，讓電腦先產生一個介於 1-100 間的整數，然後讓使用者去猜測這個數字。每當使用者進行一次猜測後，程式要負責比對及判定猜測的結果是否正確，並給予使用者適當的提示，直到使用者猜對該數字為止。在這個例子中，你必須使用迴圈讓使用者能夠持續進行遊戲，並在過程中統計其猜測的次數；最後還要詢問使用者是否想要再次進行此遊戲。此程式執行畫面如下：

```
[1:23 user@ws proj] ./a.out⏎
Guess△a△number△(1-100):△50⏎
Too△high,△try△again!△30⏎
Too△low,△try△again!△38⏎
Congratulations!△That's△it.⏎
You△have△guessed△3△times.⏎
Do△you△want△to△play△it△again△(y/n)?△y⏎
Guess△a△number△(1-100):△50⏎
Too△low,△try△again!△80⏎
Congratulations!△That's△it.⏎
You△have△guessed△2△times.⏎
Do△you△want△to△play△it△again△(y/n)?△n⏎
[1:23 user@ws proj]
```

讓我們將這個程式命名為 GuessNumberGame.c，並且在圖 7-11 附上這個程式的流程圖，為你說明如何完成這個程式。在開始前，我們先定義以下幾個相關的變數：

❖ answer：int 型態。由電腦所產生的隨機數，其值介於 1 至 100。在每次進行一個新的遊戲回合前，由 rand() 函式產生（當然，你必須先設定好種子數）。

9　許多程式設計師一直在爭論是否該在程式碼中使用 goto，正反兩面的意見都值得參考。筆者覺得如果您覺得好用就用吧！只是每次使用時也順便想一想：同樣的功能如果不使用 goto 可以做到嗎？以免以後你不用 goto 就不會寫程式！我所認識的程式設計師裡面，兩種人都有，不過反對使用 goto 的人，通常完全無法忍受在程式中使用 goto。

❖ n：int 型態。代表使用者在此次遊戲中，已經猜測過的次數。其值在每次開始進行遊戲前，必須設定為 0。

❖ userInput：int 型態。使用者所猜測的數字。

從圖 7-11 的流程圖中可以看出，當程式開始後，先以隨機數產生答案並儲存於變數 answer 中（也就是圖中標示為「使用 rand() 函式，產生一組答案」的部份），如下列的程式碼：

```
srand(time(NULL));
answer=rand()%100 + 1;
```

接下來則是取得使用者所輸入的猜測：

```
scanf("%d", &userInput);
n++;
```

要注意的是變數 n 是代表使用者在此次遊戲中已經猜測過的次數，既然已經取得了一次使用者的輸入，所以也要記得把變數 n 加 1。

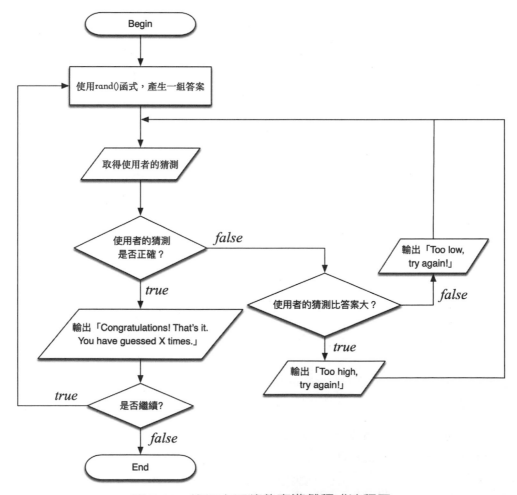

圖 7-11：終極密碼猜數字遊戲程式流程圖

接著開始比對使用者所猜測的數字與答案是否相同，並依據其猜測的數字與答案間的關係，分別印出不同的訊息：

```
if(userInput==answer)
{
    printf("Congratulations! That's it.\nYou have guessed %d times.\n", n);
}
else if(userInput > answer)
{
    printf("Too high, try again! ");
}
else
{
    printf("Too low, try again! ")
}
```

如此一來，這個程式主要的處理邏輯就大致完成了！接下來的問題是該如何讓使用者反覆地進行猜測，直到猜對為止呢？

在此我們可以設計一個 boolean 變數 quit（關於 boolean 型態請參考本書第 6 章 6-5 節），其初始值為 false（代表不要離開），再搭配迴圈來進行控制；我們可以將迴圈的測試條件寫為「!quit」，在還需要繼續猜測時，將 quit 的值保持在 false，並在使用者已經猜對並要結束迴圈時，將 quit 的值設定為 true。由於此題必須讓使用者在猜對答案前能夠反覆地進行猜測，在最理想的情況下，使用者至少也必須猜測一次（而且一次就猜對）才能結束這個反覆的行為，因此使用 do while 迴圈應該是比較適合的。本題完整的程式碼可在本書隨附光碟中的 /Project/9 目錄內取得，請讀者自行加以參考。

程式演練 10

週期性即時工作可排程性分析

週期性即時工作模型（periodic real-time task model）是由著名學者 Liu 與 Layland 於 1973 年所提出 [10]，對於一組 n 個即時工作的集合，其中的每個工作 τ_i 都擁有其週期（period）、運算時間（computation time）與截限時間（deadline）等屬性，分別定義為 T_i、C_i 與 D_i。即時工作的排程問題，必須在滿足工作的時間限制的前題下，安排工作在處理器上執行的順序。目前已有許多設計良好的即時排程方法被提出，例如 rate monotonic 排程方法（RM），它依據工作週期的長短來進行排程，具體來說，週期愈短（也就是到達系統要求 CPU 執行的頻率愈高）的工作將給定較高的優先權，反之週期愈長的工作則給定較低的優先權。

我們可將一組週期性即時工作對於處理器的需求定義為 $U=\sum_{i=1}^{n}\frac{C_i}{T_i}$，在週期等於截限時間的情況下（意即 $T_i = D_i$, for $1 \le i \le n$），只要 $U \le n(2^{1/n}-1)$，該組工作必定能以 RM 方法完成排程（意即不會違反所有工作的時間限制）。

10 有興趣的讀者可以參考 C. L. Liu and James W. Layland, Scheduling algorithms for multiprogramming in a hard real-time environment, Journal of the ACM, 20 (1), pp. 46–61, 1973.

　　請考慮以下的文字檔案 workload.1 與 workload.2，其內容如下：

workload.1

```
5
18:5:18
12:3:12
25:3:25
21:2:21
14:1:14
```

workload.2

```
3
15:2:15
10:1:10
8:1:8
```

這兩個檔案中的第一行是用以描述後續檔案中所擁有的工作數目，以 workload.1 為例，第一行的整數 5 代表後續還有五行資料需要去讀進來，每一行代表一個工作的定義；每個工作由三個欄位所組成，其格式為「X:Y:Z」，其中 X 為週期、Y 為運算時間以及 Z 為截限時間。

請設計一個 C 語言程式，使用 I/O 轉向的方式，將上述文字檔案的資料載入到程式中，並計算這組工作是否可以使用 RM 方法完成工作的排程且不違反工作的時間限制。其執行結果可參考下面的畫面：

```
[1:23 user@ws proj] ./a.out △<△ workload.1 ⏎
The △utilization △of △the △5 △tasks △is △0.814444. ⏎
Since △0.814444 △>△n(2^(1/n)-1) △=△5(2^(1/5) △=△0.743492, ⏎
these △5 △tasks △are △unschedulable △by △RM. ⏎
[1:23 user@ws proj] ./a.out △<△ workload.2 ⏎
The △utilization △of △the △3 △tasks △is △0.358333. ⏎
Since △0.358333 △<=△n(2^(1/n)-1) △=△3(2^(1/3) △=△0.779763, ⏎
these △3 △tasks △are △schedulable △by △RM. ⏎
[1:23 user@ws proj]
```

這個程式除了要使用到本章所講授的迴圈之外，也需要使用到前面數章所講述過的內容，你可以利用這個程式的實作來檢視自己的學習狀況。首先，讓我們將這個程式命名為 SchedulabilityRM.c，並宣告一個整數變數 n 代表此次要處理的工作的數目，並將它從 workload 檔案中取回（使用 I/O 轉向時，直接使用 scanf() 即可）：

```
int n;
scanf("%d", &n);
```

　　接下來使用迴圈將檔案中後續 n 行的資料逐一讀入，並且存放在相關的變數中。請注意，因為題目已經假設週期（period）與截限時間（deadline）一致，所以我們僅需要讀取其中一個即可（我們使用「*」將另一個略過），我們將所取回的資料放到變數 T 及 C 中，分別代表工作的週期（period）與運算時間（computation time），請參考以下的程式碼：

```
int i, T, C;
double U=0.0;
for(i=0;i<n;i++)
{
    scanf("%d:%d:%*d", &T, &C);
    U += (C/(double)T);
}
```

在已知有 n 個工作的情況下，我們使用 for 迴圈將每一個工作的週期及運算時間取回，並利用同一個迴圈計算 $U=\sum_{i=1}^{n}\frac{C_i}{T_i}$ 的值。我們在迴圈的迴圈主體中，以累加的方式讓 U 的值累加上 C/T 的數值（為了確保資料的精準，我們在分母 T 的前面以 (double) 將它進行強制的轉型）。

接下來要計算 $n(2^{1/n}-1)$ 的數值，此部份的計算主要的困難點在於 $2^{1/n}$ 的計算，我們將使用定義在 math.h 標頭檔中的 pow() 函式來進行計算，請先參考表 7-8 的函式定義：

表 7-8：pow() 的函式原型

原型 （Prototype）	double pow (double x, double y)	
標頭檔 （Header File）	math.h	
傳回值 （Return Value）	傳回 x 的 y 次方，意即 x^y。	
參數 （Parameters）	名稱	說明
	double x	參數 x 與 y 將分別做為基底與次方數，經計算後傳回 x 的 y 次方之值。
	double y	

有了這個 pow() 函式後，$n(2^{1/n}-1)$ 的計算就變得相當簡單了，我們先宣告一個名為 upperBound 的 double 型態變數，然後將計算的結果存放起來：

```
upperBound=n*(pow(2, 1/(double)n) -1);
```

最後，我們依照 U 以及 upperBound（也就是 $n(2^{1/n}-1)$）的數值，判斷此組工作是否可以在不違反時間限制的情況下，成功地排程（若 U ≤ upperBound 的話，則該組工作可以成功地排程），並印出適當的訊息。

本題完整的程式碼可在本書隨附光碟中的 /Project/10 目錄內取得，請讀者自行加以參考。

CH7 本章習題

⊖ 程式練習題

1. 請設計一個 C 語言程式 Power.c，使用迴圈去計算特定數字的次方，該特定數字和次方由使用者的輸入來決定，例如特定數字為 5，而次方設定為 3，那麼你應該計算 5^3 的值並將其結果加以輸出（也就是 $5^3 = 125$）。此程式的執行結果可參考以下的輸出內容：

```
[11:19 user@ws hw] ./a.out ↵
Please △ input △ a △ number: △ 1 ↵
Please △ input △ the △ power △ of △ the △ number: △ 2 ↵
The △ value △ of △ 1 △ to △ the △ power △ of △ 2 △ is △ 1. ↵
[11:19 user@ws hw] ./a.out ↵
Please △ input △ a △ number: △ 5 ↵
Please △ input △ the △ power △ of △ the △ number: △ 3 ↵
The △ value △ of △ 5 △ to △ the △ power △ of △ 3 △ is △ 125. ↵
[11:19 user@ws hw]. ./a.out ↵
Please △ input △ a △ number: △ 11 ↵
Please △ input △ the △ power △ of △ the △ number: △ 2 ↵
The △ value △ of △ 11 △ to △ the △ power △ of △ 2 △ is △ 121. ↵
[11:19 user@ws hw]
```

2. 請設計一個 C 語言程式 Num711.c，讓使用者輸入一個整數 N，計算出所有不大於 N 且能夠同時被 7 與 11 整除的整數有多少個？此程式的執行結果可參考以下的輸出內容：

```
[11:19 user@ws hw8] ./a.out ↵
N? △ 50 ↵
No △ number △ is △ divisible △ by △ 7 △ and △ 11. ↵
[11:19 user@ws hw8] ./a.out ↵
N? △ 100 ↵
1 △ number △ is △ divisible △ by △ 7 △ and △ 11. ↵
[11:19 user@ws hw8] ./a.out ↵
N? △ 1000 ↵
12 △ numbers △ are △ divisible △ by △ 7 △ and △ 11. ↵
[11:19 user@ws hw8]
```

3. 請設計一個 C 語言程式 Factors.c，讓使用者輸入一個整數 N，使用迴圈找出 N 所有的因數（factors）。此程式的執行結果可參考以下的輸出內容：

```
[11:19 user@ws hw8] ./a.out ↵
Please △ input △ a △ numbers: △ 10 ↵
The △ factors △ of △ 10 △ are: △ 1 △ 2 △ 5 △ 10. ↵
```

```
[11:19 user@ws hw8] ./a.out ⏎
Please △ input △ a △ numbers: △18 ⏎
The △ factors △ of △ 18 △ are: △1 △2 △3 △6 △9 △18. ⏎
[11:19 user@ws hw8]
```

4. 請設計一個 C 語言程式 PerfectNumber.c，讓使用者輸入一個整數 N，請檢查該
   數字是否為完全數（perfect number）後輸出結果。所謂的完全數是指該數字剛
   好等於除了其本身以外的所有因數加總的和，例如 6 是一個完全數，因為 6 的
   因數有 1，2，3 與 6，且 1+2+3=6。此程式的執行結果可參考以下的輸出內容：

```
[11:19 user@ws hw8] ./a.out ⏎
Please △ input △ a △ numbers: △6 ⏎
6 △ is △ a △ perfect △ number. ⏎
[11:19 user@ws hw8] ./a.out ⏎
Please △ input △ a △ numbers: △18 ⏎
18 △ is △ not △ a △ perfect △ number. ⏎
[11:19 user@ws hw8]
```

5. 請設計一個 C 語言程式 PerfectNumberN.c，讓使用者輸入一個整數 N，請找出所
   有小於等於 N 的完全數。此程式的執行結果可參考以下的輸出內容：

```
[11:19 user@ws hw8] ./a.out ⏎
N? △100 ⏎
Perfect △ Numbers: △6 △28 ⏎
[11:19 user@ws hw8] ./a.out ⏎
N? △10000 ⏎
Perfect △ Numbers: △6 △28 △496 △8128 ⏎
[11:19 user@ws hw8] ./a.out ⏎
N? △5 ⏎
Perfect △ Numbers: △None ⏎
[11:19 user@ws hw8]
```

6. 請設計一個 C 語言程式 GCD.c，使用迴圈去計算兩個整數的 greatest common
   divisor（GCD，最大公因數）。提示：你可以使用輾轉相除法來求得兩個整數
   的最大公因數 ─ 使用兩個數字中較大者做為被除數、較小者做為除數，進行
   除法，並將此回合的除數與餘數做為下一回合的被除數與除數，再繼續進行除
   法，反覆進行直到某一回合的餘數為 0 為止，則該回合的除數即為兩數之最大
   公因數。此程式的執行結果可參考以下的輸出內容：

```
[11:19 user@ws hw8] ./a.out ⏎
Please △ input △ two △ numbers: △18 △6 ⏎
The △ GCD △ of △ 18 △ and △ 6 △ is △ 6. ⏎
[11:19 user@ws hw8] ./a.out ⏎
Please △ input △ two △ numbers: △12 △13 ⏎
The △ GCD △ of △ 12 △ and △ 13 △ is △ 1. ⏎
```

```
[11:19 user@ws hw8] ./a.out↵
Please △ input △ two △ numbers: △110 △25↵
The △ GCD △ of △ 110 △ and △ 25 △ is △ 5.↵
[11:19 user@ws hw8]
```

7. 請設計一個 C 語言程式 LCM.c，使用迴圈去計算兩個整數的 least common
   multiple（最小公倍數），假設這兩個整數為 n1 與 n2 且 n1>n2，令 m=n1，計算
   並判斷 m 是否可以被 n1 與 n2 整除，若否則將 m 的值遞增（加 1），再以迴圈再
   次判斷新的 m 值是否可以被 n1 與 n2 整除，反覆進行直到得到一個可以同時被
   n1 與 n2 整除的 m 為止，其 m 值即為兩個整數 n1 與 n2 的最小公倍數。此程式
   的執行結果可參考以下的輸出內容：

```
[11:19 user@ws hw] ./a.out↵
Please △ input △ two △ numbers: △18 △6↵
The △ LCM △ of △ 18 △ and △ 6 △ is △18.↵
[11:19 user@ws hw] ./a.out↵
Please △ input △ two △ numbers: △12 △13↵
The △ LCM △ of △ 12 △ and △ 13 △ is △ 156.↵
[11:19 user@ws hw] ./a.out↵
Please △ input △ two △ numbers: △110 △25↵
The △ LCM △ of △ 110 △ and △ 25 △ is △ 550.↵
[11:19 user@ws hw]
```

8. 請設計一個 C 語言程式 PrintStars1.c，使用迴圈以及星號 * 來印出下列的 ASCII
   星號藝述圖案：

```
[11:19 user@ws hw] ./a.out↵
△△△ *↵
△△ ***↵
△ *****↵
*******↵
△ *****↵
△△ ***↵
△△△ *↵
[11:19 user@ws hw]
```

9. 請設計一個 C 語言程式 PrintStars2.c，使用迴圈以及星號 * 來印出下列圖案：

```
[11:19 user@ws hw] ./a.out↵
*↵
***↵
*****↵
*↵
*****↵
*********↵
*************↵
```

```
* ⏎
****** ⏎
************* ⏎
******************** ⏎
************************** ⏎
[11:19 user@ws hw]
```

10. 請設計一個 C 語言程式 PrintDiamond.c，使用迴圈以及星號 * 來印出指定長度的菱形，此程式的執行結果可參考以下的輸出內容：

```
[11:19 user@ws hw] ./a.out⏎
Please△input△the△length△of△the△diamond:△1⏎
* ⏎
[11:19 user@ws hw] ./a.out⏎
Please△input△the△length△of△the△diamond:△2⏎
△*⏎
*△*⏎
△*⏎
[11:19 user@ws hw] ./a.out⏎
Please△input△the△length△of△the△diamond:△3⏎
△△*⏎
△*△*⏎
*△△△*⏎
△*△*⏎
△△*⏎
[11:19 user@ws hw]
```

11. 請設計一個 C 語言程式 PrintSquare.c，使用迴圈以及星號 * 來印出指定長度的方形，此程式的執行結果可參考以下的輸出內容：

```
[11:19 user@ws hw] ./a.out⏎
Please△input△the△length△of△the△square:△1⏎
* ⏎
[11:19 user@ws hw] ./a.out⏎
Please△input△the△length△of△the△square:△2⏎
*△*⏎
*△*⏎
[11:19 user@ws hw] ./a.out⏎
Please△input△the△length△of△the△square:△3⏎
*△*△*⏎
*△△△*⏎
*△*△*⏎
[11:19 user@ws hw] ./a.out⏎
Please△input△the△length△of△the△square:△4⏎
*△*△*△*⏎
*△△△△△*⏎
*△△△△△*⏎
*△*△*△*⏎
```

```
[11:19 user@ws hw] ./a.out ⏎
Please △ input △ the △ length △ of △ the △ square: △ 5 ⏎
* △ * △ * △ * △ * ⏎
* △△△△△ * ⏎
* △△△△△ * ⏎
* △△△△△ * ⏎
* △ * △ * △ * △ * ⏎
[11:19 user@ws hw]
```

12. 請設計一個 C 語言程式 Summation1.c，讓使用者輸入一個整數 n，計算 $\sum_{i=1}^{n}(i-1)/(i+1)$ 的結果後加以輸出。此程式之執行結果可參考下面的畫面：

```
[11:19 user@ws hw] ./a.out ⏎
N? △ 1 ⏎
Result: △ 0.000000 ⏎
[11:19 user@ws hw] ./a.out ⏎
N? △ 2 ⏎
Result: △ 0.333333 ⏎
[11:19 user@ws hw] ./a.out ⏎
N? △ 3 ⏎
Result: △ 0.833333 ⏎
[11:19 user@ws hw] ./a.out ⏎
N? △ 4 ⏎
Result: △ 1.433333 ⏎
[11:19 user@ws hw]
```

❖ 本章還有更多程式練習題，請參考光碟中名為「補充程式練習題」的 PDF 檔案。

CHAPTER

08

陣列

　　在許多真實的應用裡，程式主要的作用就是幫助人們進行各式各樣資料的處理，因此程式裡通常都會宣告一些變數來存放使用者所輸入的資料，並進行後續相關的資料處理。例如一個（受到學生們歡迎的）在學期末用來調整學生成績的程式，它可以宣告並使用名為 score 的變數來取得學生成績，並進行「score=sqrt(score)*10;」[1] 的運算。然而當我們面對大量資料處理需求時（例如有上百筆或上千筆資料要處理時），難道也只能宣告許多的變數來處理嗎？例如一個要取得全校 10,000 位學生的段考成績並進行相關資料處理與分析的程式，難道要像下面這樣宣告 score1、score2、…、score10000 的變數嗎？

```
int score1, score2, score3, score4, score5,
    score6, score7, score8, score9, score10,
    score11, score12, score13, score14, score15,
    score16, score17, score18, score19, score20,
            ⋮
    score9991, score9992, score9993, score9994, score9995,
    score9996, score9997, score9998, score9999, score10000;
```

接著再用下面這 10,000 行程式來取回這 10,000 個代表學生成績的變數數值：

```
scanf("%d", &score1);
scanf("%d", &score2);
scanf("%d", &score3);
⋮
scanf("%d", &score9999);
scanf("%d", &score10000);
```

然後再使用以下的程式碼，來計算學生的平均成績：

```
float average;
average=(score1+score2+score3+scroe4+score5+score6+score7+score8+score9+
        score10+score11+score12+score13+score14+score15+score16+score17+
        score18+scroe19+score20+score21+score22+score23+score24+score25+
                        ⋮
        score9990+score9991+score9992+score9993+score9994+score995+
        score9996+score9997+score9998+score9999+score10000)/10000.0;
```

如果覺得上述程式還不夠麻煩的話，那請再看看下面這段找出 10,000 位學生當中有多少位成績及格的程式碼：

```
int count = 0;
if(score1>=60) count++;
if(score2>=60) count++;
if(score3>=60) count++;
```

1　sqrt() 是定義在 math.h 裡的函式，它接收一個 double 數值做為參數，計算並傳回其平方根。此處的運算是將 score 進行開根號再乘以 10 的運算。

```
        ⋮
if(score10000>=60) count++;
printf("There are %d students passed.", count);
```

相信讀者應該都可以認同像這樣的程式，雖然並不困難，但是寫起來既辛苦又無聊！而且還很容易犯錯[2]！

幸好除了僅能存放單一數值的變數之外，C 語言還有提供一種可以存放、管理大量資料的資料結構 — 陣列（array）。本章後續將針對陣列的基本概念、語法、應用範例，以及聚合運算（aggregation）與排序（sorting）等資料處理進行詳細的介紹與說明。

8-1 基本概念

陣列（array）與變數（variable）非常相似，都可以用來在程式裡存放資料，不過變數只能存放一個數值，但陣列卻可以存放多個數值，我們可以視需求決定在程式中該使用陣列還是變數來存放與處理資料。舉例來說，如果我們需要在程式中取得並處理某一位學生的成績，那麼就只需要宣告一個名為 score 的變數即可，請參考圖 8-1。

圖 8-1：使用 score 變數來存放一位學生的成績。

但是當我們需要處理多位學生的成績時，比起宣告多個變數的做法，使用能夠保存多個數值的陣列就成了比較好的選擇 — 陣列與變數類似，同樣需要宣告一個名稱、同樣會被配置一塊記憶體空間，但陣列所配置到的空間比較多，可用以存放多個數值資料。包含 C 語言在內，許多程式語言都將存放在陣列裡的數值，稱為是陣列的元素（element），我們後續也將視情況交替使用數值、資料與元素等稱呼方式。

在陣列元素相關的規定方面，C 語言要求陣列必須由相同資料型態的元素組成；換句話說，在同一個陣列裡的數值都必須具有相同的資料型態，我們將其稱為陣列的資料型態（array's data type，又常簡稱為 array type）。例如在圖 8-2 中被命名為 scores[3] 的陣列被配置了 5 個 int 整數數值的空間分別用來存放 Tony、Amy、Johnny、Peggy 與 Wendy 等 5 位學生的成績；因此，我們可以說 scores 的資料型態是整數，或是說 scores 是一個 int 整數陣列，其所配置記憶體空間一共是 5× int 整數的大小 = 5×4B= 20 個位元組[4]。

2　這種大量、重複的程式碼，其實很容易犯錯！請仔細看看這個取回 10,000 筆學生成績並進行後續計算的程式，我們故意在其中藏了兩個錯誤，你能找得到嗎？

3　因為變數只能用來存放單一數值，可是陣列可以存放多個數值，所以圖 8-1 的 score 變數命名與此處圖 8-2 的陣列 scores 命名不同，一個是單數、一個是複數。

4　假設一個 int 整數佔 4 個位元組。

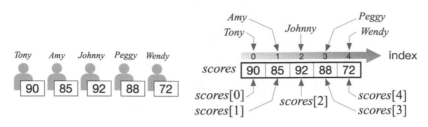

圖 8-2：用以存放 5 位學生的成績的 scores 陣列。

存放在陣列裡的元素可以使用索引值（index）來加以存取，以圖 8-2 的 scores 陣列為例，Tony、Amy、Johnny、Peggy 與 Wendy 等 5 位學生的成績，就是分別被存放在索引值為 0、1、2、3 與 4 的位置裡 — 我們可以使用 scores[0]、scores[1]、scores[2]、scores[3] 以及 scores[4] 來存取它們的數值。對於一維陣列來說，我們將其所能存放的元素個數稱為陣列的大小（array size），也就是它可以透過索引值來存取的數值個數，例如圖 8-2 中的 scores 陣列的大小為 5。

所謂的「索引（index）」就是一種編號的方法，其有兩個主要的目的：一方面讓陣列中用以存放數值的位置，能有各自不同的編號以做為區別；另一方面也可以讓我們能夠透過編號，來存取特定位置內所儲存的數值。但要特別注意的是，陣列的索引值是從 0 開始編號[5]，— 對大小為 D 的陣列而言，其索引值的範圍是從 0 開始到 D-1。所以陣列的第一個元素是存放在索引值為 0 的位置、第二個則是存放在索引值為 1 的位置，其餘依此類推。當需要存取陣列中特定位置的元素數值時，只要使用陣列名稱再加上由一組中括號所框註的索引值即可，例如在圖 8-2 中所標示的 score[0]、score[1]、score[2]、score[3] 與 score[4]。從原本僅能存放單一數值的「變數」到可以存放多個數值的「陣列」，就好比從 0 維度的「點」到 1 維度的「線」一樣，此種使用一個索引值來存取數值的陣列又被稱做「一維陣列（one-dimensional array）」，我們將在接下來的 8-2 節中詳細加以介紹。

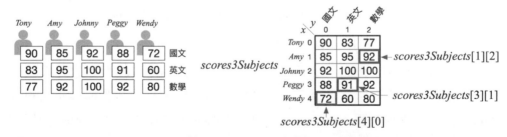

圖 8-3：使用一個 5×3 的 2 維陣列來存放 5 個學生所修習的 3 門課程的成績。

除了一維陣列以外，C 語言還支援多維度的陣列（multidimensional array），讓我們能夠視需求使用一個以上的索引值來存取數值 — 每多使用一個索引值就代表陣列具有多一個維度，每個維度都有其各自的大小以及索引值範圍（對一個大小為 D 的維度來說，其索引值範圍為 0 到 D-1）。例如圖 8-3 使用了一個具有 2 個維度的陣列，我們將其稱為二

5　陣列索引值編號從 0 開始的原因將在本章 8-3-4 節（8-38 頁）加以說明。

維陣列（two-dimensional array）。此二維陣列被命名爲 scores3Subjects，用來存放 5 位學生所修習的國文、英文與數學等 3 個科目的成績（假設它們都是整數型態）— 其第 1 個維度代表 5 個不同的學生，第 2 個維度代表 3 個不同的科目。我們可以依照維度的順序將 scores3Subjects 表達爲一個大小爲 5×3 的二維陣列，且其第 1 個維度與第 2 個維度的大小分別爲 5 與 3，至於其對應的索引值範圍則分別爲 0～4 與 0～2。

注意　**多維陣列的用途**

多維陣列的用途很廣泛，在許多的應用領域都有其適用之處，例如本章所用以示範的「成績處理」應用，可將多維陣列應用在多個學生、多個科目與多個成績項目等情況；「棋奕類遊戲」也可以利用多維陣列來定義棋盤（例如可以使用 19×19 的二維陣列做爲五子棋與圍棋的棋盤）；「多媒體影像處理」則更常使用多維陣列來表達影像資料，例如一張 4×6 吋的照片可以由 1600×2400 個像素構成，而每個像素又可由代表代表紅色、綠色與藍色的 R、G、B 數值以及明亮與對比等 5 種資訊的數值（每個數值介於 0 到 255 之間）加以定義；所以一張 4×6 吋的照片可以由 1600×2400×5 的三維陣列來加以表示。

我們可以透過 scores3Subjects 的第 1 個維度來存取 5 位學生的資料，並再透過第 2 個維度存取 3 個不同科目的成績，因此透過其兩個維度的索引值，我們可存取的元素總共有 15 個。但是通常我們並不會因此說 scores3Subjects 是一個大小爲 15 的二維陣列，而是依其維度的順序，將其稱爲是一個大小爲 5×3 的二維陣列 — 代表它是在第 1 維度與第 2 維度的大小分別爲 5 與 3。至於在 scores3Subjects 陣列所配置到的記憶體空間方面，則可計算爲 5 位學生 ×3 個科目 ×int 整數型態的大小 =5×3×4B ＝ 60 位元組。

另一方面，由於承襲自座標系統的習慣，我們通常使用 x、y、z 來表示陣列的第 1 維度、第 2 維度與第 3 維度，我們可以 scores3Subjects[x][y] 的型式來存取在此二維陣列中特定的元素，其中 $0 \leq x \leq 4$ 以及 $0 \leq y \leq 2$。例如 scores3Subjects[1][2]、scores3Subjects[3][1] 與 scores3Subjects[4][0] 分別表示 Amy 的數學成績、Peggy 的英文成績與 Wendy 的國文成績。

細心的讀者，可能會對於圖 8-3 中的 scores3Subjects 陣列的表達方式感覺不太習慣 — 因爲筆者將 x 軸（第 1 個維度）畫在垂直的方向、把 y 軸（第 2 個維度）畫在水平的方向，此點與我們一般的習慣剛好相反（通常 x 軸是水平方向、y 軸是垂直的方向[6]）。事實上，使用二維陣列來存放 5 個學生所修習的 3 個科目的成績，一共有四種可能的表示法，筆者將其歸納於圖 8-4。首先，從設計的邏輯上就可以有兩種不同的思維來詮釋這些學生的修課成績，分別是在圖中左方的「5 位學生、每位能有 3 個科目成績」或是右方的「3 個科目、

6　在一般人最常使用的平面座標系統中，x 軸與 y 軸分別爲水平與垂直方向，且 x 軸的值愈往右愈大，y 軸愈往上愈大。但在電腦系統中常見的座標系統並非如此，以電腦螢幕的座標系統爲例，左上角被視爲原點，x 軸與 y 軸仍分別是水平與垂直方向，其中 x 軸愈往右愈大，但 y 軸卻是愈往下愈大。

每科都有 5 位學生的成績」；換句話說，我們可以使用一個 5×3 或是 3×5 的二維陣列來存來這些學生成績。不論採用何種思維的方式，當我們使用圖來表達二維陣列時，各自都還有兩個選擇：包含通常慣用的「x 軸為水平方向、y 軸為垂直方向」，如圖 8-4(b) 與 (d)，以及剛好相反的「x 軸為垂直方向、y 軸為水平方向」，如圖 8-4(a) 與 (c)。在這些選擇中，5×3（5 個學生、3 個科目）或是 3×5（3 個科目、5 個學生），並不影響問題的本質，程式設計者可以依自己的偏好或習慣決定；另一方面，選擇「x 軸為水平方向、y 軸為垂直方向」或是「x 軸為垂直方向、y 軸為水平方向」，其實改變的只是數值資料的呈現方式，本質上仍不會受到影響。在此節，我們選擇使用 5×3 的二維陣列來存放 5 位學生的 3 個科目的成績[7]，並且在圖 8-4 的左方的兩種可能的表達方法中（圖 8-4(a) 與 (b)），選擇使用圖 8-4(a)— x 軸為垂直方向、y 軸為水平方向。

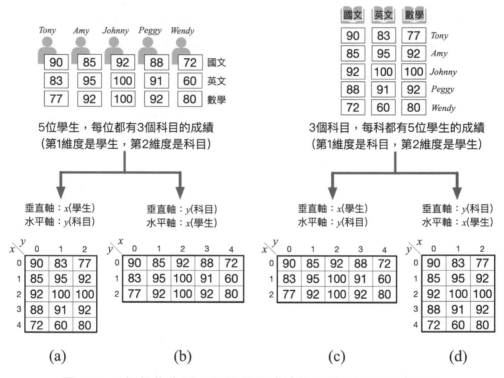

圖 8-4：5 個學生修習 3 門課程的成績的四種可能的表達方法

延續自前述的學生成績例子，我們還可以再為 scores3Subjects 陣列增加一個維度：假設每個科目還包含更詳細的期中考、期末考、平時成績與學期成績[8]等 4 項成績。因此我們可以設定為 5×3×4 的三維陣列（意即其三個維度的大小分別為 5、3 與 4），它將佔用 5×3×4×4B ＝ 240 位元組的記憶體空間。

請參考圖 8-5。我們將新的三維陣列命名為 scores3SubjectsDetails，並使用 z 軸來表示新增的第 3 個維度，至於原本的第 1 維度與第 2 維度仍然用 x 軸與 y 軸來表示學生與其所修習的科目；因此一個成績可以被表達為 scores3SubjectsDetails[x][y][z]，例如

7　這選擇並沒有對錯，總之必須做出選擇。
8　假設學期成績等於期中考、期末考與平時成績的平均。

scores3SubjectsDetails[0][2][0]、scores3SubjectsDetails[3][2][1]、scores3SubjectsDetails[4][1][2] 以及 scores3SubjectsDetails[0][1][3] 分別代表 Tony 的數學期中考成績、Peggy 的數學期末考成績、Wendy 的英文平時成績以及 Tony 的英文學期成績。為了便利理解，我們將原本應該以三維方式呈現的陣列內容，在圖 8-5 中同時以 3 個二維的表格來加以呈現。

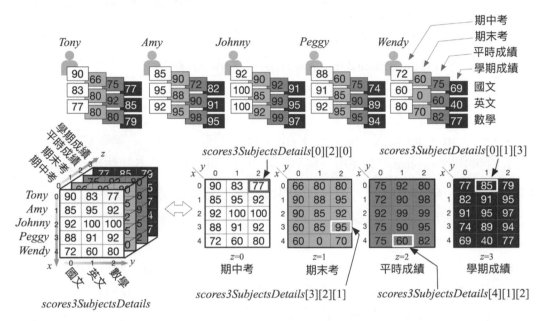

圖 8-5：使用 5×3×4 的三維陣列來存放 5 個學生修習 3 門課程的 4 項成績

　　C 語言還可以支援更多維度的陣列，但通常三個維度以內的陣列已經可以滿足絕大多數的程式需求，筆者並不建議在程式中使用過高維度的陣列 — 除非你所要設計的程式真得有不得不使用高維度陣列的需求。本章後續將為各位讀者介紹陣列宣告（array declaration）語法以及其使用上的細節，並提供陣列相關的程式範例，供各位讀者參考。

8-2 陣列宣告與存取

　　陣列與變數相似，在使用前都必須先加以宣告，然後才能在程式執行時配置一塊連續的記憶體空間供其存放數值資料，只不過陣列所配置到的空間比變數多，可用於存放多個相同資料型態的數值（又稱為元素）。為了能夠配置足夠的記憶體空間給陣列使用，C 語言要求陣列宣告時，除了像變數一樣必須提供一個用以識別的陣列名稱（array name）外，還必須提供其所存放的數值個數、資料型態 — 也就是陣列大小（array size）與陣列型態（array type），以及其維度（dimensions）。以下本節將分別針對一維陣列與多維陣列的宣告語法以及如何存取其元素的方法進行說明。

8-2-1　一維陣列

本節將針對一維陣列（one-dimensional array）的宣告（declaration）與初始化（initialization）進行說明，並提供相關的範例與講解。

1.　宣告語法

C 語言的一維陣列宣告語法如下：

一維陣列宣告（One-Dimensional Array Declaration）語法

```
array_type   array_name [dim_size];
```

其中 array_type、array_name 與 dim_size 分別代表陣列的資料型態、名稱與其維度的大小；其中要特別注意的是 dim_size 必須使用一組中括號加以包裹。我們將各語法單元詳細說明如下：

❖ array_name（陣列名稱）：其命名規則如同變數名稱一樣，可以使用「大、小寫英文字母」、「數字」以及「底線 _ 」組成，但不可用數字開頭；當然，也不可以和 C 語言的保留字相同。

❖ array_type（陣列資料型態）：由於 C 語言要求陣列只能由相同資料型態的元素組成，所以在陣列宣告時必須提供其資料型態的定義。只要是一般變數可使用的資料型態，都可以用以做為陣列的資料型態，例如 int、float、char 等皆可。要注意的是，陣列的資料型態一經宣告，後續就不可以改變。

❖ dim_size（維度大小）：此處的 dim_size 是指一維陣列的大小，也就是規範此陣列所能存放的元素個數。要注意的是，dim_size 可以是整數值、常數、變數[9]或者為常數運算式 [10]，但其數值必須為正整數，且一但宣告後就不可以更改。

現在讓我們以 8-1 節用以講述陣列概念的學生成績為例，示範圖 8-2 中的 scores 陣列該如何宣告：

```
int scores[5];
```

依據語法，此宣告的 array_type 為 int 整數型態、array_name 為 scores，且其 dim_size 為 5；因此，上述的程式碼宣告了一個名為 scores、大小為 5 的 int 整數陣列，其所配置的記憶體空間一共是 5× int 整數的大小 = 5×4B= 20 位元組，可用來存放 5 位學生的成績。

接著再讓我們考慮一些在程式中可能會使用到一維陣列宣告的例子：

```
char username[10]; // 存放使用者名稱（不超過 10 個字元）的陣列
char studentID[12]; // 存放學號（固定 12 個字元）的陣列
unsigned int monthlySalesAmount [12]; // 用以記錄 12 個月的銷售額的陣列
double dailyTemperatures[31]; // 用以存放最近一個月的氣溫資訊的陣列
```

9　使用變數做為陣列維度大小宣告是從 C99 標準後開始支援，請記得在編譯時加入 -std=c99 的編譯選項。
10　關於常數運算式請參考本書第 4 章 4-12 節。

另外，前面已經提到除了整數值以外，dim_size 也可以使用常數、變數或者爲常數運算式，當然它們的數值必須爲正整數。下面的程式片段先宣告了一個名爲 size 的常數，並使用它做爲 scores 陣列的維度宣告：

```
const int size=50; // 宣告整數常數 size
int scores[size]; // 使用常數 size 來宣告陣列維度大小
```

接下來，讓我們把 size 宣告爲整數變數，並使用它做爲陣列的維度宣告：

```
int size=50; // 宣告整數變數 size
int scores[size]; // 使用變數 size 來宣告陣列維度大小
   ⋮
size=100; // 將變數 size 的數值改爲 100
```

在上述的程式片段裡，使用整數變數 size 做爲 scores 陣列維度宣告的方式，是從 C99 標準後開始支援的，所以要確認編譯時是否包含有 -std=c99 的編譯選項。另外，在宣告時所使用的變數還是可以改變數值內容的，但不會改變當初所宣告的陣列維度大小。因此，在上述的程式片段裡，我們在宣告後將 size 變數的值從 50 改成了 100，也不會影響 scores 陣列的大小 — 其維度大小仍然會是當初所宣告的 50。

除了上述的例子之外，維度還可以使用常數運算式進行大小宣告，請參考以下的程式片段：

```
const int size=50; // 宣告整數常數 size
const int extendSize=5; // 宣告整數常數 extendSize
int scores[size+extendSize]; // 使用常數運算式來宣告陣列維度大小
```

在上述的程式片段中，scores 陣列宣告時所使用的「size+extendSize」就是一個常數運算式 — 在運算式裡僅使用常數值進行運算。當然，如同我們在第 4 章 4-12 節裡曾說明過的，常數運算式除使用常數進行運算外，也可以使用數值，因此下面的程式片段也是正確的宣告：

```
const int size=50; // 宣告整數常數 size
int scores[size+5]; // 使用常數運算式來宣告陣列維度大小
```

從 C99 標準開始，甚至是使用運算結果爲整數的運算式也可以做爲陣列維度的大小宣告，請參考以下的例子：

```
int size=50; // 宣告整數變數 size
int scores[size+5]; // 使用運算式來宣告陣列維度大小
```

這個例子和前述的常數運算式非常相似，只不過其中 size 被宣告爲變數，但因爲在編譯時，此運算式仍可計算得到整數值，所以還是可以做爲陣列大小宣告之用。

　　有時在設計程式時可能無法確定陣列的維度大小，或是擔心日後需要修改其大小，此時有一種常見的做法就是透過 #define 這個前置處理器指令（preprocessor directive）來定義一個常數，並使用該常數來進行陣列維度的大小宣告。請參考下面的例子：

```
#define SIZE 50 // 定義 SIZE 爲 50
       ⋮
int scores[SIZE]; // 使用運算式來宣告陣列維度大小
```

如此一來，在將來需要修改陣列大小時，只要針對 #define 的部份來進行修改即可；甚至也可以使用編譯器的指令，來代替 #define 指令，在不需修改任何程式碼的情況下，改變程式中陣列的大小。我們可以將上面的 #define 指令從程式中移除，只留下陣列宣告：

```
// #define SIZE 50 // 此行已被註解掉，沒有任何作用
  ⋮
int scores[SIZE]; // 使用運算式來宣告陣列維度大小，但並沒有定義 SIZE
```

當我們將此程式（假設程式檔名爲 ArrayTest.c）進行編譯後，你將會看到以下的錯誤訊息：

```
[10:17 user@ws example] cc△ArrayTest.c⏎
ArrayTest.c:8:17: error: use of undeclared identifier 'SIZE'
    int scores[SIZE];
                ^
1 error generated.
[10:17 user@ws example]
```

因爲缺少「#define SIZE 50」，所以會出現「使用未宣告的識別字 SIZE」的錯誤訊息。但是只要在編譯時增加 -D 的參數，就可以爲程式增加 SIZE 的定義：

```
[10:17 user@ws example] cc△ArrayTest.c△-D△SIZE=50⏎
[10:17 user@ws example]
```

如此一來，我們就可以在編譯時再決定陣列的維度大小，如果將來需要進行改變也只需要重新編譯即可。不過要提醒讀者注意的是，在 -D 與常數定義間的空白是可以省略的，但在常數與數值間必須使用 = 連接，且不允許使用空白鍵隔開。具體來說，上述的編譯指令如果改成「cc△ArrayTest.c△-DSIZE=50⏎」仍然是正確的，但若改成「cc△ArrayTest.c△-DSIZE△=△50⏎」則是錯誤的！

2.　初始化

　　陣列可視爲是一塊用以存放多個數值的記憶體空間，其大小依陣列的宣告而定；但是配置給陣列使用的記憶體空間，通常會遺留著內容不可預測的舊數據[11]，爲了確保存放在

11　作業系統在分配記憶體給程式使用時，不只會從未使用過的記憶體空間來進行配置，也會回收已使用過的記憶體空間供新的程式使用。因此，陣列所分配到的記憶體內可能會遺留別的程式使用過的數據，其內容完全不可預測。

陣列內的數據都是正確的，我們必須為陣列設定新的數值 — 這個動作稱為「陣列初始化（array initialization）」，其做法是在陣列的宣告後，增加一個等號與一組大括號並將欲給定的數值包裹於其中，其語法如下：

一維陣列宣告與初始化（One-Dimensional Array Declaration and Initialization）語法

```
array_type    array_name[dim_size] = { values };
```

其中 values 的部份即為欲設定的資料數值，請記得必須在任意兩個連續的數值間加上逗號「,」分隔。

依據語法，圖 8-2 的 scores 陣列可以宣告並給定初始值如下：

```
int scores[5]={90, 85, 92, 88, 72};
```

上面這行程式碼宣告了一個大小為 5、名稱為 scores 的 int 整數陣列（意即此陣列內可存放 5 個 int 整數資料），並且為其給定了 5 個初始值 — scores[0]、scores[1]、scores[2]、scores[3] 與 scores[4] 的數值分別被設定為 90、85、92、88 與 72。

(1) 初始值個數與陣列大小不符

如果我們在宣告陣列的同時，其所給定的初始值的個數與其所宣告的陣列大小不同時，會發生什麼事呢？以下將分成兩種情況加以討論，分別是「初始值個數小於陣列大小」以及「初始值個數大於陣列大小」：

(a) 初始值數目小於陣列大小

當宣告陣列時所給定的初始值個數小於陣列大小時，C 語言會把不足的部份以 0 做為其初始值，以將缺少的部份補足。請參考下面的例子：

```
int scores[5]={ 90, 85, 92};
```

由於上述的程式碼只給了 scores 陣列 3 個初始值，因此我們只能確定 scores[0]、scores[1] 與 scores[2] 的數值將會是 90、85 與 92；至於剩下的 scores[3] 與 scores[4] 的數值將會使用 0 來填補。換句話說，上面的陣列宣告將等同於以下的宣告：

```
int scores[5]={ 90, 85, 92, 0, 0};
```

我們也可以用類似的做法，將陣列中所有的元素都設定為 0：

```
int scores[5]={0};   // 等同於 int scores[5]={ 0, 0, 0, 0, 0 }
```

本節前面已說明過，在陣列所配置到的記憶體空間內可能會遺留有舊的數據，因此需要初始化來將陣列內的數值加以設定。但是在一些情況下，我們無法在設計程式時就為陣列決定適當的初始值，此時使用上面這種方式，將陣列中所有的元素都先設定為 0，是一種常見且非常實用的做法。

此外，也要提醒讀者注意 C 語言並不允許在 { } 中，連一個初始值都不給定。因此以下的宣告是錯誤的：

```
int score[5]= {};    // 這行是錯誤的，不允許 {} 中一筆數值都不給定
```

注意　「int scores[5]={1};」等同於「int scores[5]={1,1,1,1,1};」嗎？

在前述的例子當中，我們說「int scores[5]={0};」的宣告等同於「int scores[5]={0, 0, 0, 0, 0};」。這也造成了部份讀者會誤以為，只要給定陣列一個初始值，剩下的部份就會全部使用同一個數值去補足！其實當陣列的初始值個數小於其大小時，C 語言的做法將是把不足的部份全部以 0 補足，而不是用我們所給定的一個初始值來補足。因此若是宣告為「int scores[5]={1};」時，其所缺少的 4 個初始值，C 語言仍然是使用 0 來補足，其結果將等同於「int scores[5]={1, 0, 0, 0, 0};」— 你不能只提供一個初始值做為陣列裡所有數值的值，除非那個數值是 0。

(b)　初始值數目大於陣列大小

另一方面，當陣列宣告時所給定的初始值的個數大於陣列大小時，又會發生什麼事呢？請參考以下的例子：

```
int scores[5]={ 90, 85, 92, 88, 72, 100}; // 多給了 1 個初始值 100
```

在這種情況下，在編譯時就會給出以下的警告訊息[12]：

```
warning: excess elements in array initializer
    int scores[5]={ 90, 85, 92, 88, 72, 100};
                                         ^
```

儘管上述的錯誤宣告編譯時會產生警告訊息，但除此以外，只要你沒有錯誤地在程式中存取超過陣列範圍的數值，程式仍然可以順利地完成編譯，並產生可執行檔供你執行。儘管如此，還是請你不要給定超過陣列大小的初始值個數，以避免程式執行時可能發生的錯誤。

(2)　省略陣列大小的初始化

C 語言還支援在宣告陣列時省略陣列大小（也就是省略 dim_size 的宣告），但此情況下必須要給定初始值，讓編譯器依據初始值的個數自動決定陣列的大小，並進行相關的記憶體配置，其語法如下：

12　編譯時產生的警告（warning）與錯誤（Error）是不同的，警告代表程式存在著「風險」— 可能會、也可能不會在執行時發生問題，所以仍然會繼續編譯出可執行檔；但是錯誤則是明確地已知程式存在著錯誤，編譯器並不會幫我們產生可執行檔。

一維陣列宣告與初始化（One-Dimensional Array Declaration and Initialization）語法 2

> array_type　array_name[ ] = { values };

請參考以下的例子：

```
int score[] = {80, 60, 100, 80, 90}   // 陣列的大小由初始值的個數決定
```

在上面這行宣告裡，雖然 score 陣列沒有被宣告其陣列大小，但透過其所給定的初始值，編譯器將會為它配置 5 個 int 整數所需要的空間。換句話說，上面的程式碼等同於宣告了一個大小為 5 的 int 整數陣列。

8-2-2　多維陣列

本節將說明多維陣列（multidimensional array）的宣告與初始化，並針對多維陣列的結構等細節加以說明，以便讓讀者具有相關的背景知識。

1.　宣告語法

C 語言的多維陣列宣告語法如下：

多維陣列宣告（Multidimensional Array Declaration）語法

> array_type　array_name [dim_size] [dim_size]$^+$;

多維陣列的宣告語法和一維陣列大致相同，差別只在於多維陣列必須具有兩個或兩個以上的維度，所以在其語法中包含有 [dim_size] 以及會重複出現 1 次或多次的 [dim_size]$^+$ 兩個部份 [13] — 依此語法，所有多維陣列的宣告都至少會包含有兩次或兩次以上的 [dim_size]。依據 [dim_size] 出現在宣告中的順序，就代表著我們對於不同維度的大小定義。具體來說，在宣告中第一次出現的 [dim_size] 定義的是陣列在第 1 個維度的大小、第二次出現的則是定義第 2 個維度的大小、其餘依此類推；通常我們也會依維度的順序將多維陣列的大小表達為「第 1 個維度的大小 × 第 2 個維度的大小 × ⋯ × 最後一個維度的大小」，例如一個 5×3 的陣列就是指具有兩個維度，且第 1 個維度與第 2 個維度的大小分別為 5 跟 3 的二維陣列。要特別注意的是，不論是哪個維度的大小，一但宣告後就不可以更改。

要提醒讀者注意的是，我們在前一小節介紹一維陣列宣告語法時，曾說明過 dim_size 可以是整數值、常數、變數或者為常數運算式；這方面在多維陣列宣告時並沒有改變，但為節省篇幅，本小節後續的程式範例僅使用整數值來宣告維度大小，至於在使用常數、變數或者為常數運算來宣告維度大小方面，請讀者自行練習，在此不予贅述。

13　在語法中的 + 號，代表該語法單元可以重複出現 1 次或多次。

　　至於多維陣列所配置到的記憶體大小，則可以依據其各個維度的大小而定。具體來說，在一個多維陣列內的元素個數將等於其所有維度大小的乘積，再乘上一個元素所佔的記憶體空間大小（也就是該陣列的資料型態所佔的記憶體空間大小）後，就可以得出該陣列所佔用的記憶體空間大小為何。以 8-1 節所使用的學生成績範例為例，scores3Subjects 與 scores3SubjectsDetails 的兩個 int 整數陣列的宣告如下：

```
int scores3Subjects[5][3];     // 宣告一個 5×3 的二維陣列
int scores3SubjectsDetails[5][3][4]; // 宣告一個 5×3×4 的三維陣列
```

其中 scores3Subjects 被宣告為用以存放 5 位學生所修習的 3 個科目的成績 — 換言之，scores3Subjects 是一個 5×3 的二維陣列，其包含有 5×3=15 個成績，由於每個成績都是一個大小為 4 位元組的 int 整數型態，因此 score3Subjects 陣列所佔用的記憶體空間為（5×3）× 4B = 60 位元組。至於 scores3SubjectsDetails 則是內容更為詳細（又增加了一個維度）的一個 5×3×4 的三維陣列，其被宣告用以存放 5 位學生所修習的 3 個科目的成績，但每個科目都包含了更詳細的期中考、期末考、平時成績與學期成績等四項成績。因此 scores3SubjectsDetails 包含有 5×3×4=60 個大小為 4 個位元組的 int 整數成績，所以共佔用 60×4B=240 個位元組。

　　除了上述的例子以外，再讓我們考慮以下一些可能會在程式中使用到的二維陣列宣告例子：

```
// 存放 100 個使用者的名稱，每個人的名稱皆不超過 20 個字元
char username[100][20];

// 記錄 1000 位用戶，在過去一週（7 天）內，每小時的網路流量（單為 GB）
double networkUsage[1000][7][24];

// 圍棋程式用以記錄 19×19 圍棋棋盤狀態的陣列
char chessboard[19][19];

// 記錄 100 項產品在過去 12 月的銷售量
int productMonthlySales[100][12];
```

後續在本章 8-4 節中，我們將會繼續介紹及講解一些多維陣列的實際應用範例。

⊕ 資訊補給站　多維陣列可以有多少維度？維度的大小有沒有上限？

　　在多維陣列的宣告語法中的 [dim_size]⁺，代表我們可以重複 [dim_size] 一或多次，但是在語法上並沒有規範允許重複多少次，所以我們可以宣告任意維度的陣列；此外，不論是一維陣列或多維陣列，其語法並沒有對 dim_size 的數值有所規範（只要求其必須為正整數），因此從語法上來看，一個陣列可以宣告的維度數目與維度的大小並沒有上限。

　　然而事實當然不是如此！不要忘了，陣列是使用記憶體空間來存放數值的，由於系統的記憶體是有限的，所以當然不可能讓我們宣告任意維度、任意大小的陣列！具體來說，由於 C 語言的程式在執行時，陣列所需要的記憶體空間是會被配置在程式的堆疊（stack，請參考本書第 14 章），但堆疊的空間是有限的（在 MacOS 與 Linux 系統中，預設的堆疊大小是 8MB；至於 Windows 系統則是 1MB），因此陣列所能配置到的空間當然是受限的 — 陣列各個維度的乘積再乘上其資料型態的大小，不能超過堆疊空間的大小！

　　舉例來說，在 Linux 系統預設的情況下，程式在執行時的堆疊空間為 8MB，下面這個程式宣告了一個 2048×1024 的二維陣列（其型態為佔 4 個位元組的 int 整數），因此它將佔用（2048×1024）× 4 B = 8,388,608B = 8MB 的記憶體空間（剛好是 Stack 空間的上限）：

```
int main()
{
    int data[2048][1024];
}
```

此程式經編譯後執行會得到以下的錯誤訊息：

```
[3:12 user@ws example] ./a.out↵
[1]    69623   segmentation△fault  ./a.out↵
[3:12 user@ws example]
```

其中的「segmentation fault」就是「記憶體區段錯誤」，這表示此程式所需要的記憶體空間已超出堆疊的記憶體上限 — 這當然是因為我們所宣告的 8MB 大小的陣列之故。等一下！不是說上限是 8MB 嗎？這樣不是還沒超過上限嗎？這是因為堆疊是被設計用來存放變數、陣列以及負責用來儲存執行函式時所需暫存的資訊；雖然除此陣列以外，這個程式並沒有再宣告任何其它的變數，但一個程式在執行時，就連 main() 的執行也會佔用一些記憶體空間，所以我們所宣告的陣列「理論上」不能使用超過堆疊的空間，但通常還會再少一些。你可以試著將上述程式中的陣列宣告改為「int data[2048][1023];」，然後在編譯及執行看看，應該就沒有錯誤了！

　　因此，陣列的維度的上限必須取決於我們所宣告的陣列各維度大小的乘積、陣列資料型態的大小，以及作業系統預設的堆疊大小等因素而定。若以 int 整數的陣列來說，以下宣告了一個具有 21 維度的陣列，其每個維度的大小皆為 2，其大小剛好是 $2×2×\cdots×2×4B = 2^{21}×4B = 8MB$：

```
int data[2][2][2][2][2][2][2][2][2][2][2][2][2][2][2][2][2][2][2][2][2];
```

或是考慮以下大小為 $2^{23} \times 1B = 8MB$ 的 23 維度 char 字元型態陣列的宣告：

```
char data[2][2][2][2][2][2][2][2][2][2][2][2][2][2][2][2][2][2][2][2][2][2][2];
```

它們都會超出堆疊的空間，若將它們稍微縮減一下空間，例如：

```
int data[1][2][2][2][2][2][2][2][2][2][2][2][2][2][2][2][2][2][2][2][2][2];
```

或是

```
char data[1][2][2][2][2][2][2][2][2][2][2][2][2][2][2][2][2][2][2][2][2][2][2];
```

這樣就剛好比 8MB 的記憶體空間小一些，經編譯與執行後就都能夠正確地執行了！

　　不過，話說回來，你為什麼會需要宣告這麼高維度的陣列？這些例子應該都超出了正常的程式需求！一般而言，大部份的程式應用都只需要 4 個維度以內的陣列，超過 4 個的其實已經是非常罕見的情況了！

2.　多維陣列的結構

　　多維陣列在本質上就是一個一維陣列，只不過是一個由「陣列」所組成的陣列（array of arrays）[14]；換句話說，存放在多維陣列裡的元素不是數值資料，而是「陣列」。請參考圖 8-6，一個 a×b 的二維陣列（two-dimensional array），其實就是一個大小為 a 的一維陣列，但其中每個元素皆為一個大小為 b 的一維陣列；用比較精簡（但也比較繞口）的方式來說：

一個大小為 a×b 的二維陣列是「由 a 個「由 b 個元素所組成的陣列」所組成的陣列」。

　　更詳細地來說，它等同於一個由索引值為 0、1、⋯、a-1 共 a 個元素所組成的一個一維陣列，其中每個元素都是由索引值 0、1、⋯、b-1 共 b 個元素所組成的一維陣列。

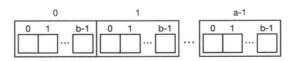

圖 8-6：a×b 二維陣列的結構

　　三維陣列同樣也適用這樣的結構，例如圖 8-7 顯示了：

一個大小為 a×b×c 的三維陣列是「由 a 個「由 b 個「由 c 個元素所組成的陣列」所組成的陣列」所組成的陣列」。

　　換句話說，三維陣列就是所謂的由陣列所組成的陣列所組成的陣列（array of arrays of arrays）。更詳細地來說，a×b×c 的三維陣列是由 a 個元素所組成的一維陣列，其中每個

14　亦可譯做「存放陣列的陣列」。

元素都是一個由 b 個元素所組成的一維陣列，且這個大小為 b 的一維陣列，其元素又是由 c 個元素所組成的一維陣列。至於超過三維以上的陣列，仍然是同樣的結構，只不過它的層次更深而已，在此不予贅述。

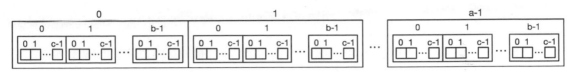

圖 8-7：a×b×c 三維陣列的結構

3. 初始化

多維陣列初始化宣告的語法與一維陣列類似，其語法如下：

多維陣列宣告與初始化（Multidimensional Array Declaration and Initialization）語法

array_type　array_name[dim_size] [dim_size]⁺ = { values };

依此語法，只要在陣列宣告後以等號接上一組由大括號所包裹起來的數值（也就是 values 的部份），就可以完成初始值的給定。多維陣列的初始值個數「應該」等於其所有維度的乘積 [15]（以 5×3 的 scores3Subjects[5][3] 二維陣列為例，其初始數值的個數就應該是 5×3 = 15 個數值），如同一維陣列的初始化一樣，我們必須在所有連續的數值間加上逗號「,」分隔；但不同的是，多維陣列是所謂的「由陣列所組成的陣列（array of arrays）」，所以我們還要依據陣列的結構來使用大括號框註數值。

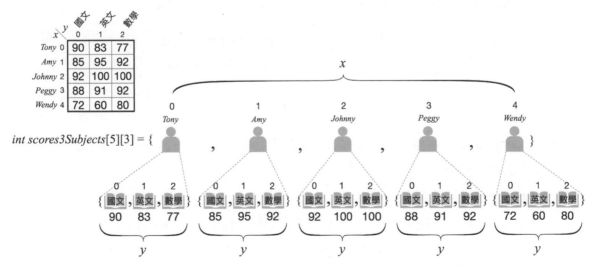

圖 8-8：scores3Subjects[5][3] 陣列的初始值宣告結構

---

[15]　注意，此處之所以使用「應該」是因為多維陣列初始值的個數其實可以少於其維度的乘積，只不過缺少的數值將會以 0 做為替代，請參考第 8-11 ～ 8-12 頁的說明。

以被宣告為「int scores3Subjects[5][3];」的 5×3 的二維陣列為例，它可以被視為是一個由 5 個元素所組成的一維陣列，但每個元素都是由 3 個 int 整數元素所組成的一維陣列；我們可以先將其初始化如下：

```
int scores3Subjects[5][3]={ array₀ , array₁ , array₂ , array₃ , array₄ };
```

在上述的宣告中，我們已經為「這個大小為 5 的一維陣列」提供了相關的初始值 — 也就是 $array_0$、$array_1$、$array_2$、$array_3$ 與 $array_4$，但是它們都是一個具有 3 個 int 整數元素的一維陣列，分別代表 Tony、Amy、Johnny、Peggy 與 Wendy 的國文、英文與數學成績。請參考圖 8-8，我們可以將這些學生的成績數值以一維陣列的方式，使用一組大括號將它們包裹起來，並在任意兩個連續的數值間使用逗號加以分隔：

- ❖ $array_0$ = {90, 83, 77}
- ❖ $array_1$ = {85, 95, 92}
- ❖ $array_2$ = {92, 100, 100}
- ❖ $array_3$ = {88, 91, 92}
- ❖ $array_4$ = {70, 60, 80}

然後再代回原本的宣告中，就可以完成 scores3Subjects 的宣告與初始值給定：

```
int scores3Subjects[5][3]={{90,83,77},{85,95,92},{92,100,100},{88,91,92},{72,60,80}};
```

至此讀者們應該已經可以理解多維陣列宣告與初始化的語法，最後我們再以 8-1 節曾使用過 scores3SubjectsDetails 三維陣列為例，示範其初始化的宣告如下：

```
int scores3SubjectsDetails[5][3][4]={{{90,66,75,77},{83,80,92,85},{77,80,80,79}},
                                     {{85,90,72,82},{95,88,90,91},{92,95,98,95}},
                                     {{92,90,92,91},{100,85,99,95},{100,92,99,97}},
                                     {{88,60,75,74},{91,85,90,89},{92,95,95,94}},
                                     {{72,60,75,69},{60,0,60,40},{90,70,82,77}}};
```

本節後續將就初始值個數與陣列大小不符，以及省略第一個維度大小來進行多維陣列初始化等情況加以說明。

(1) 初始值個數與陣列大小不符

多維陣列在進行初始化宣告時，與一維陣列一樣可以省略部份的數值；但同樣僅允許初始值個數小於其維度大小的情況，且所缺少的數值將以 0 做為替代。以 scores3Subjects 的宣告與初始化為例，省略部份數值後的宣告如下（我們將其中所缺少的數值留空，以易於讀者理解）：

```
int scores3Subjects[5][3]={{90,83,77},{85,95   },{92,100,100},{88,91,92}        };
```

由於其所缺少的數值將以 0 補足，因此上述的宣告等同於下面的宣告（為了易於比較，我們將編譯器自行補足的部份，使用方框加以標記）：

```
int scores3Subjects[5][3]={{90,83,77},{85,95, 0 },{92,100,100},{88,91,92}, { 0, 0, 0} };
```

除此之外，多維陣列的初始化與一維陣列相同，同樣不允許給定超過陣列所需的元素，例如 scores3Subjects 是一個 5×3 的二維陣列，若在宣告時給定超過 5×3=15 個數值時，在編譯時將會得到以下的警告訊息：

```
warning: excess elements in array initializer
```

(2) 省略第一維度陣列大小的初始化

多維陣列的初始化也可以省略陣列大小，但僅能省略第一個維度的大小，其餘維度的大小都必須給定。例如我們可以在省略第一個維度的情況下，將 scores3Subjects 陣列進行宣告與初始化如下：

```
int scores3Subjects[ ][3]={{90,83,77},{85,95,92},{92,100,100},{88,91,92},{72,60,80}};
```

上面的宣告雖然沒有定義第一個維度的大小，但編譯器可以自行從初始值的數目推算出這是一個 5×3 的二維陣列，因此仍能完成相關的編譯並產出可執行檔。

要再次提醒讀者，多維陣列在初始化時僅允許省略第一個維度的大小。以下的例子將score3Subjects 的第二個維度或是兩個維度的大小都加以省略：

```
int scores3Subjects[5][ ]={{90,83,77},{85,95,92},{92,100,100},{88,91,92},{72,60,80}};
int scores3Subjects[ ][ ]={{90,83,77},{85,95,92},{92,100,100},{88,91,92},{72,60,80}};
```

不論是上面的哪一種情況，只要違反「僅允許省略第一個維度的大小」此項規定，將會在編譯時得到以下的錯誤訊息：

```
error: array has incomplete element type 'int []'  （陣列的'int []'元素型態不完整）
```

(3) 將多維陣列視為一維陣列進行初始化

多維陣列的初始值個數應該等於其所有維度的乘積，並使用大括號將組成多維陣列的陣列加以框註。但是由於多維陣列的結構使然，其實我們也可以將其視為是一維陣列進行初始化的宣告 — 只要給定足夠的初始數值即可。以 scores3Subjects 為例，其初始化亦可宣告如下：

```
int scores3Subjects[5][3]={90, 83, 77, 85, 95, 92, 92, 100, 100, 88, 91, 92, 72, 60, 80};
```

　　本節前面也曾說明過，陣列初始化時其實可以省略部份的數值 — 編譯器會幫我們以 0 來補足所缺少的數值。所以以下的宣告是正確的：

```
int scores3Subjects[5][3]={90, 83, 77, 85, 95, 92, 92, 100, 100, 88};
```

在上述的例子中，由於 5×3 的二維陣列需要 15 個初始數值，除了已給定的 10 個數值外，剩下的部份都將以 0 替代，其結果等同於以下的宣告：

```
int scores3Subjects[5][3]={{90, 83, 77}, {85, 95, 92}, {92, 100, 100}, {88, 0, 0}, {0, 0, 0}};
```

當然，你也可以使用下面的宣告，將此陣列中所有學生每一個科目的成績皆初始設定為 0：

```
int scores3Subjects[5][3]={0};
```

　　另外，我們還可以省略第一個維度的大小，編譯器仍然能幫我們正確地進行初始化：

```
int scores3Subjects[][3]={90, 83, 77, 85, 95, 92, 92, 100, 100, 88, 91, 92, 72, 60, 80};
```

甚至以下的寫法也是正確的宣告：

```
int scores3Subjects[][3]={90, 83, 77, 85, 95};
```

不過要注意的是，此時 scores3Subjects 將不再是一個 5×3 的二維陣列 — 由於省略了第一個維度的大小宣告，因此編譯器僅能就已提供的 5 個數值，基於第二維度大小為 3 的前題之下，估算第一個維度的大小為 2，所以上述的宣告等同於以下的 2×3 的二維陣列：

```
int scores3Subjects[2][3]={{90, 83, 77}, {85, 95, 0}};
```

　　比較有趣的是，我們還可以混合「省略第一個維度的大小」以及「使用大括號包裹組成陣列的數值」等方式進行初始化的宣告。請參考下例：

```
int scores3Subjects[][3]={{90, 83}, 77, 85, 95, {92, 66}};
```

由於第二維度的大小已知為 3，所以編譯器可以推算出 scores3Subjects 將會是一個由若干個大小為 3 的陣列所組成的陣列。當編譯器看到「{90, 83}」時，將會為它補上一個 0，使其能夠成為一個大小為 3 的陣列「{90, 83, 0}」；接下來因為沒有使用大括號來將數值包裹成陣列，所以編譯器選擇將接下來連續的 3 個數值視為是另一個大小為 3 的陣列「{77, 85, 95}」；最後再為「{92,66}」補上一個 0，至此就完成了 3 個大小為 3 的陣列，其宣告結果等同於：

```
int scores3Subjects[3][3]={{90, 83, 0}, {77, 85, 95}, {92, 66, 0}};
```

　　請再參考下面的宣告，假設在上例中沒有使用大括號包裹的連續 3 個初始值「77, 85, 95」，少給了一個又會如何呢？

```
int scores3Subjects[][3]={{90, 83}, 77, 85, {92, 66}};
```

由於編譯器預期由 3 個連續的數值來構成的一個大小為 3 的陣列，所以你將會看到以下的警告訊息：

```
warning: excess elements in scalar initializer
    int scores3Subjects[][3]={{90, 83}, 77, 85, {92, 66}};
                                                  ^
```

此警告訊息的意思是在應該是純量的地方卻使用了多餘的元素[16]；換句話說，編譯器在看到 77 與 85 之後，接下來在它預期為一個數值的地方卻看到了一個由大括號包裹起來的陣列「{92, 66}」。因此，編譯器就會輸出上述的警告訊息，並且將「{92, 66}」僅視為是一個數值，將多餘的「66」捨棄，其宣告結果將等同於：

```
int scores3Subjects[2][3]={{90, 83, 0}, {77, 85, 92}};
```

　　下面的宣告是一個類似的情況，但連續的數值變成了 4 個：

```
int scores3Subjects[][3]={{90, 83}, 77, 85, 95, 80, {92, 66}};
```

在此情況下，編譯器會將其中的「77, 85, 95」視為一個大小為 3 的陣列，並從下一個數值 80 開始，再尋找另外的數值和它一起組成一個大小為 3 的陣列。不過在 80 的後面接得並不是數值，而是一個陣列「{92, 66}」，因此編譯器仍會輸出前述的警告訊息，並將它視為一個數值 92（將 66 加以捨棄）；由於後面已經沒有別的數值，所在編譯器會在 80 與 92 之後補上一個 0 來組成一個大小為 3 的陣列。此宣告等同於：

```
int scores3Subjects[3][3]={{90, 83, 0}, {77, 85, 95}, {80, 92, 0}};
```

　　最後，讓我們再參考以下的例子：

```
int scores3Subjects[][3]={{90, 83}, 77, 85, {92}}};
```

類似於前述的幾個例子，編譯器會先將「{90, 83}」視為「{90, 83, 0}」，然後將後面連續的 3 個數值視為另一個陣列「{77, 85, 92}」；可是此處的 92 被一組大括號包裹起來了，所以編譯器將產生以下的警告訊息：

```
warning: braces around scalar initializer
    int scores3Subjects[][3]={{90, 83}, 77, 85, {92}};
                                                  ^
```

16　純量（scalar）就是數值。換句話說，在編譯器預期該有數值的地方，卻看到了使用大括號包裹的多個數值（也就是陣列）。

此警告訊息的意思是「使用了大括號包裹了一個純量（也就是數值）」，但編譯器會將「{92}」視爲「92」，仍然可以幫我們完成初始化，其等同於以下的宣告：

```
int scores3Subjects[2][3]={{90, 83, 0}, {77, 85, 92}};
```

儘管上述的幾個例子，編譯器只會產生警告訊息，但仍可以順利地完成編譯並產生可執行檔。但筆者還是要提醒讀者注意，儘量不要犯類似的錯誤，以避免程式被編譯後執行的結果和你預期的並不相同。爲了幫助讀者更清楚地瞭解多維陣列初始化的相關細節，在本章的課後練習中，我們將提供一些此類陣列初始化練習。

8-2-3　存取陣列元素

陣列的宣告（array declaration）與初始化（initialization）都學會之後，接下來的問題就是該如何使用它？這其實非常簡單，你甚至不用特別學習，因爲對 C 語言的程式而言，在陣列中的每個元素就等同於一般的變數，在使用上並沒有不同之處 ─ 變數如何使用，在陣列的元素也就如何使用！所以，我們要學習的不是如何使用陣列中的元素，而是要學習如何指定使用特定位址的陣列元素 ─ 透過陣列各個維度的索引值來指定所要存取的元素位址，我們將其稱爲索引定址（indexed addressing），其語法如下：

Accessing Array's Element 語法

> array_name[indexing_expression]$^+$

依此語法，若要存取一個在 N 維陣列中的特定元素時，只要在該陣列的名稱後重複 N 次以一組方括號包裹一個 indexing_expression 即可；也就是在陣列名稱後接上 N 次的 [indexing_expression][17] ─ 每次針對一個維度指定其索引值。其中 [ ]（方括號）其實也是一個 operator（運算子），其名稱爲陣列下標運算子（array subscripting operator），代表要進行陣列元素的存取；至於所要存取的陣列元素的索引值，則使用索引運算式（也就是語法中的 indexing_expression）加以指定。索引運算式 indexing_expression 就是本書第 4 章已經介紹過的運算式，只要其運算結果爲整數即可，例如「3+5」、「n*(n-1)」、「i+j」、「rand()%10+1」等。不過對於任何一個大小爲 D 的陣列維度而言，其索引值範圍是從 0 開始到 D-1（也就是大於等於 0，但小於 D）」，因此索引運算式的運算結果也「應該」要符合這個範圍 [18] ─ 換句話說，索引運算式的運算結果必須爲正整數（大於 0），且其值應小於用以指定的維度大小（小於 D）。

本節後續將爲讀者說明與示範索引運算式的使用方式，包含了只有一個運算元以及具有多個運算元與運算子的各種情況。

17　別忘了在 [indexing_expression]$^+$ 裡的 $^+$，所代表的是該語法構件可出現一次或多次。

18　陣列受限由維度的大小，存取時不應該超出範圍，但由於索引運算式必須等到程式執行時，才能確定其運算結果。在撰寫程式時，不一定能確定運算結果是否符合該限制，因此我們在此處只能說索引運算式的運算結果「應該」小於，而不能說是「必須」小於維度大小。

1. 使用只有整數值的索引運算式

　　首先，最簡單的索引運算式就是一個整數值 ── 數值應大於等於 0，但小於所指定的維度大小的正整數。以被宣告爲大小爲 5 以及 5×3 的 scores 與 scores3Subjects 整數陣列爲例，其宣告及初始化如下：

```
int scores[5]={90, 85, 92, 88, 72};
int scores3Subjects[5][3]={{90,83,77},{85,95,92},{92,100,100},{88,91,92},{72,60,80}};
```

　　其中大小爲 5 的 scores 陣列只有一個維度，其索引值爲 0 到 4；而大小爲 5×3 的 scores3Subjects 陣列則有兩個維度，第 1 個維度與第 2 個維度的大小爲分別爲 5 與 3，因此其索引範圍爲分別爲 0 ~ 4 與 0 ~ 2。請參考圖 8-9，存放在 scores 陣列中的 5 個元素，可以使用其第 1 維度（也就是 x 軸）的索引值 0 ~ 4 來進行存取，例如 scores[0]、scores[1]、scores[2]、scores[3] 與 scores[4] 分別就是 scores 陣列裡的第 1 個到第 5 個數值；scores3Subjects 陣列則必須使用兩個索引值來指定所要存取的元素所在的位址，例如 scores3Subjects[1][2] 與 scores3Subjects[3][1] scores3Subjects[4][0]，分別代表第 2 位學生的第 3 個科目的成績、第 4 位學生的第 2 個科目的成績以及第 5 位學生的第 1 個科目的成績。

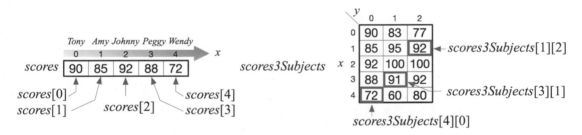

圖 8-9：scores 與 scores3Subjects 陣列內容

　　Example 8-1 的範例程式將存放在 scores 陣列中的成績資料，進行讀取與寫入的簡單操作：

Example 8-1：Jonny 的新成績　　　　　　　Location:/Examples/ch8
　　　　　　　　　　　　　　　　　　　　　　Filename:ArrayAccessing1.c

```
1  #include <stdio.h>
2
3  int main()
4  {
5      int scores[5]={90, 85, 92, 88, 72};
6      int johnnyScore;
7
8      // 讀取：取得 scores[2] 的數值並設定給變數 johnnyScore
9      johnnyScore=scores[2];
10
11     printf("Johnny\'s score was %d.\n", johnnyScore);
12
13     printf("Please input Johnny's new score: ");
```

```
14
15        // 寫入：取得使用者輸入的整數存放到 scores[2]
16        scanf("%d", &scores[2]);
17
18        // 讀取：取得 scores[2] 的數值加以輸出
19        printf("Johnny's score is %d now.\n", scores[2]);
20    }
```

在此程式中，我們直接使用「整數值」做為存取陣列元素的「indexing_expression」，例如其中的第 9 行及第 16 行的程式碼，分別「讀取」與「寫入」了 scores 陣列裡代表 Johnny 成績的第 3 個元素（也就是 scores[2]）。要注意的是，陣列元素也可以和變數一樣，使用 scanf() 函式來取得使用者的輸入並「寫入」到陣列元素裡，例如第 19 行的程式碼取回 Amy 的新成績並寫入到 scores 陣列裡的第 2 個元素即為一例；但正如我們以往使用變數時一樣，記得要在 scanf() 函式裡使用 & 來表示所要存放資料的記憶體位址（例如在第 19 行中的 &scores[2]）。最後在第 18 行使用 printf() 函式輸出 scores[2] 的數值（此時也是一種讀取的動作）。此程式的執行結果如下：

```
[10:17 user@ws example] ./a.out ⏎
Johnny's △ score △ was △ 92. ⏎
Please △ input △ Jonny's △ new △ score: △ 100 ⏎
Johnny's △ score △ is △ 100 △ now. ⏎
[10:17 user@ws example]
```

值得注意的是，在 Example 8-1 的 ArrayAccessing1.c 程式中，不論是對 scores[2] 所進行讀取與寫入動作，其實都和變數的使用方式完全相同。

接下來，我們再以 Example 8-2 示範簡易的多維陣列元素存取操作：

Example 8-2：Amy 的數學成績與平均的數學成績　　Location:/Examples/ch8　Filename:ArrayAccessing2.c

```
1   #include <stdio.h>
2
3   int main()
4   {
5       int scores3Subjects[5][3]={ {90,83,77},{85,95,92},{92,100,100},
6                          {88,91,92},{72,60,80} };
7
8       float amyAverage, mathAverage;
9
10      // 取得 Amy 的數學成績並寫入到 scores3Subjects[1][2]
11      printf("Please input Amy's Math score: ");
12      scanf("%d", &scores3Subjects[1][2]);
13
14      scores3Subjects[1][2]+=10; // 將 Amy 的數學成績加 10 分
15
```

```
16        // 計算 Amy 3 個科目成績的平均
17        amyAverage=( scores3Subjects[1][0]+scores3Subjects[1][1]+
18                    +scores3Subjects[1][2] )/3.0;
19
20        // 計算數學科目的平均成績
21        mathAverage=( scores3Subjects[0][2]+scores3Subjects[1][2]
22                     +scores3Subjects[2][2]+scores3Subjects[3][2]
23                     +scores3Subjects[4][2] ) / 5.0;
24
25        // 輸出 Amy 的數學成績
26        printf("Amy's Math score is %d after adjusted.\n", scores3Subjects[1][2]);
27
28        // 輸出 Amy 的平均成績
29        printf("Amy's average score is %.2f.\n", amyAverage);
30
31        // 輸出數學的平均成績
32        printf("The average Math score is %.2f.\n", mathAverage);
33 }
```

在這個程式中，我們同樣是直接使用「整數值」做為存取陣列元素的「indexing_expression」，不過因為 scores3Subjects 是二維陣列，所以要使用兩次 [index_value] 的定義。此程式的第 12 行利用 scanf() 函式取得使用者所輸入的數值做為 Amy 的成績，也就是將其寫入到 scores3Subjects[1][2]（當然沒有忘記要在 scanf() 裡使用 & 標明 scores3Subjects[1][2] 的記憶體位址），並在第 14 行為 Amy 調整其數學成績（加上 10 分）。第 17-18 行計算 scores3Subject 陣列中所有第一維度的索引值為 1 的數值（也就是 Amy 所有科目的成績）之平均，也就是計算 Amy 的平均成績 — 將 scores3Subjects[1][0]、scoresSubjects[1][1] 與 scoresSubject[1][2] 加總後除以 3。至於第 21-23 行，則是針對 scores3Subject 陣列中所有第二維度的索引值為 2 的數值（也就是所有學生的數學科目成績），計算其平均值。後續在第 26、29 與 32 行，將 Amy 調整後的數學成績、平均成績，以及所有學生平均的數學成績分別加以輸出。此程式的執行結果如下：

```
[10:17 user@ws example] ./a.out ⏎
Please △ input △ Amy's △ Math △ score: △ 60 ⏎
Amy's △ Math △ score △ is △ 70 △ after △ adjusted. ⏎
Amy's △ average △ score △ is △ 83.33. ⏎
The △ average △ Math △ score is △ 83.80. ⏎
[10:17 user@ws example] ⏎
```

不論是 Example 8-1 或 8-2，其實都是非常簡單的程式，其主要目的為示範在程式中對於陣列元素的存取與對變數的存取完全相同。

注意　**不要存取超出範圍的陣列元素**

　　當直接使用整數指定索引位址時，請不要使用超過範圍的數值。以一個被宣告大小為 N 的陣列為例，由於索引值是從 0 開始，其合法的存取範圍為 0 … N-1。以大小為 5 的 score 整數陣列為例，如果你在程式中存取了超出範圍的元素時，例如 score[5]，編譯器將會輸出以下的警告訊息：

warning: array index 5 is past the end of the array (which contains 5 elements)
警告：陣列索引值 5 在陣列結尾處之後（此陣列有 5 個元素）

類似的情形也發生在存取 score[-1] 的時候，請參考以下的編譯器訊息：

warning: array index -1 is before the begining of the array
警告：陣列索引值 -1 在陣列開頭處之前

2.　使用只有變數的索引運算式

　　除了直接使用整數型態的數值外，還可以使用變數來做為索引運算式。以下我們將仍然使用 scores 與 scores3Subjects 這兩個一維與二維陣列為例，示範使用變數做為索引運算式進行存取的方法。當然我們仍然要求該變數必須為整數型態，且當維度大小為 D 時，其數值應介於 0 ~ D-1 間。

　　假設變數 i 與 j 皆為 int 整數，我們可用以做為維度的索引值，來指定存取 scores 或 scores3Subjects 陣列的元素，例如 scores[i]、scores[j]、scores3Subjects[i][2]、scores3Subjects[0][i] 與 scores3Subjects[i][j] 等皆為一例。

　　使用變數做為索引值時，還常搭配迴圈來逐一存取所有在陣列內的元素。請參考 Example 8-3，它使用一個 for 迴圈來取得使用者所輸入的數值並存放到陣列裡，後續在同樣使用 for 迴圈來將所有元素的數值加以輸出：

Example 8-3：取回學生成績並加以輸出　　　　　　Location:/Examples/ch8
　　　　　　　　　　　　　　　　　　　　　　　　Filename:ArrayAccessing3.c

```c
#include <stdio.h>

int main()
{
    int scores[5];
    int i;

    for (i=0; i<5; i++)
    {
        printf("Please input a score: ");
        scanf("%d", &scores[i]);
        printf("You just inputted %d.\n", scores[i]);
    }
}
```

在上述的程式碼中，在 for 迴圈裡的第 11 行「scanf("%d", &scores[i]);」將會取得使用者所輸入的整數並存放到 scores[i] 裡 — 由於在迴圈中，i 的數值將會從 0 開始執行到 4，所以此行總共將會執行 5 次，並將所取回的使用者輸入數值寫入到 scores[0]、scores[1]、scores[2]、scores[3] 與 scores[4] 裡；接著在第 12 行，則將剛取得的 scores[i] 的數值加以輸出。此程式的執行結果如下：

```
[10:17 user@ws example] ./a.out↵
Please △ input △ a △ score: △ 75↵
You △ just △ inputted △ 75.↵
Please △ input △ a △ score: △ 88↵
You △ just △ inputted △ 88.↵
Please △ input △ a △ score: △ 55↵
You △ just △ inputted △ 55.↵
Please △ input △ a △ score: △ 92↵
You △ just △ inputted △ 92.↵
Please △ input △ a △ score: △ 100↵
You △ just △ inputted △ 100.↵
[10:17 user@ws example]↵
```

3. 使用只有陣列元素的索引運算式

除了使用變數之外，還可以使用陣列元素做為只有一個運算元的索引運算式，例如 A[B[2]] 就是使用 B[2] 的數值做為索引，來存取陣列 A 中的元素。請參考以下的程式範例：

Example 8-4：輸入學生成績並印出及格者的分數　Location:/Examples/ch8　Filename:ArrayAccessing4.c

```
1   #include <stdio.h>
2
3   int main()
4   {
5       int scores[5];
6       int passedStudents[5];
7       int i, j=0;
8
9       for (i=0; i<5; i++)
10      {
11          printf("Please input a score (Student#%d): ", i+1);
12          scanf("%d", &scores[i]);
13          if(scores[i]>=60)
14          {
15              passedStudents[j]=i;
16              j++;
17          }
18      }
19
20      printf("The following students are passed:\n");
```

```
21          for(i=0;i<j;i++)
22          {
23               printf("Student#%d %d\n",passedStudents[i]+1,
24                               scores[passedStudents[i]]);
25          }
26     }
```

此程式使用 for 迴圈讓使用者輸入 5 個學生的成績並存放到 scores 陣列中（如同 Example 8-3 一樣），但在過程中將成績及格（大於等於 60 分）的學生記錄在另一個陣列 passedStudents 當中 — passedStudents 被設計用來存放 scores 陣列的索引值，不過它只存放成績及格學生的索引值。換句話說，存放在 passedStudents 陣列裡的數值，代表的是在 scores 陣列裡及格成績所在的索引位址。由於索引值是整數型態且及格的成績不會超過 5 個 [19]，所以在第 6 行 passedStudents 被宣告為大小為 5 的 int 整數型態的一維陣列。

在第 9-18 行的 for 迴圈將會執行 5 個回合（從 i=0 執行到 4），其中第 12 行的 scanf() 函式負責取回使用者所輸入的數值寫入到 scores[i] 裡，並在後續第 13 行使用「if(scores[i]>=60)」判斷索引值為 i 的 scores 陣列元素是否為一個及格的成績，若是則將這個索引值（也就是 i 的數值）寫入到 passedStudents 陣列裡；要注意的是及格成績的索引值 i 是被寫入到 passedStudents 陣列索引值為 j 的元素裡，這也就是第 15 行「passedStudents[j]=i;」的作用。當然，我們無法預測使用者會輸入什麼樣的 5 個成績、也無法預測會有幾個成績；所以我們在第 7 行將 j 的初始值設定為 0，因此在找到第 1 個及格的成績時，其索引值將會在第 15 行被加入到 passedStudents 索引值為 0 的元素裡，並在第 16 行將 j 的值加 1 — 因此下次再找到及格的成績時，其索引值就會被加到下一個索引位址裡。當第 9-18 行的迴圈執行結束時，j 的數值將會等於在 scores 陣列裡及格成績的數目。

最後，在第 21-25 行的另一個 for 迴圈裡，再透過迴圈變數 i 從 0 開始逐一地將及格的成績輸出，直到 i 不再小於 j 為止（別忘了 j 的數值就等於及格成績的數目）；其中第 24 行的「scores[passedStudents[i]]」數值就是使用陣列元素做為索引值的例子 — 將 passedStudents[i] 的數值做為索引值來存取 scores 陣列內的及格成績，換句話說，將所有在 passedStudents 陣列裡的及格成績在 scores 陣列裡的索引值，代入到 scores 陣列以取得其及格的成績。此程式的執行結果如下：

```
[10:17 user@ws example] ./a.out ⏎
Please △ input △ a △ score △ (#1): △ 69 ⏎
Please △ input △ a △ score △ (#2): △ 43 ⏎
Please △ input △ a △ score △ (#3): △ 23 ⏎
Please △ input △ a △ score △ (#4): △ 90 ⏎
Please △ inputra △ score △ (#5): △ 82 ⏎
The △ following △ students △ are △ passed: ⏎
Student#1 △ 69 ⏎
```

---

[19] passedStudents 陣列被設計用以存放在 scores 陣列裡的及格成績的索引值，由於 scores 陣列的大小為 5，就算每個成績都大於等於 60 分，也只需要存放 5 個索引值。

```
Student#4 △ 90 ⏎
Student#5 △ 82 ⏎
[10:17 user@ws example]
```

還有一點要提醒讀者的是，在上述執行結果中，我們是使用 Student#1、Student#2、Student#3、Student#4 到 Student#5 的方式來提示使用者現在所輸入的是第幾位學生的成績，而非 scores 陣列所使用的 0 ~ 4 索引值。其實這是一種十分常見的做法，因為一般的使用者所熟悉的是從 1 開始的編號方式，而不是陣列這種從 0 開始的方式。因此在程式碼的第 11 行，我們將數值為 0 ~ 4 的迴圈變數 i，改以 i+1 來實現 1 ~ 5 的學生編號。同樣的做法也出現在第 23 行，由於及格成績的索引值 passedStudents[i] 的數值範圍為 0 ~ 4，我們也將其加 1 後再加以輸出。

4. 使用具有運算元與運算子的索引運算式

除了上述 3 個小節所討論的僅具有一個運算元（整數值、變數或陣列元素）外，本節將使用具有運算元與運算子的索引運算式，來指定存取陣列中特定位址的元素。請參考 Example 8-5，此程式使用隨機亂數選取代表兩位學生的索引值 i 與 j，並將 scores[i]、scores[i+1]、scores[i*2]、scores[j-1] 與 scores[j/2] 等陣列元素的數值加以輸出：

Example 8-5：**隨機選取兩位學生成績進行操作**　　　Location:/Examples/ch8
Filename:ArrayAccessing5.c

```
1   # include <stdio.h>
2   #include <stdlib.h>
3
4   #define SIZE 5
5
6   int main()
7   {
8       int scores[SIZE+1]={90, 85, 92, 88, 72, -1};
9       int i,j;
10
11      srand((unsigned long) &i);
12      i=rand()%5;
13      while((j=rand()%5)==i);
14
15      printf("Two students #%d and #%d are selected randomly.\n", i,j);
16
17      printf("scores[%d]=%d\n",   i, scores[i]);
18      printf("scores[%d+1]=%d\n", i, scores[i+1<SIZE?i+1:SIZE]);
19      printf("scores[%d*2]=%d\n", i, scores[i*2<SIZE?i*2: SIZE]);
20
21      printf("scores[%d]=%d\n",   j, scores[j]);
22      printf("scores[%d-1]=%d\n", j, scores[j-1>=0?j-1: SIZE]);
23      printf("scores[%d/2]=%d\n", j, scores[j/2>=0?j/2: SIZE]);
24
25      printf("scores[i>j?i:j]=%d\n", scores[i>j? i:j]);
26   }
```

此程式的第 4 行使用 #define 將 SIZE 定義爲 5，用以代表 scores 陣列內的元素數目，不過在第 8 行的 scores 陣列宣告中，其大小卻是被宣告爲 SIZE+1，而非 SIZE；這是因爲我們在 scores 陣列的 5 個元素後面，又再增加了一個用以代表錯誤存取的數值 -1。所以此程式所宣告的其實是一個大小爲 6 的 scores 陣列，其中前 5 個元素（索引值爲 0 ~ 4）爲學生的成績，最後一個（索引值爲 5）元素則是用以表示發生錯誤的 -1。接下來的第 11 行設定了產生隨機亂數所需要的種子數，然後在第 12 行與第 13 行分別產生兩個介於 0 ~ 4 的隨機亂數並存放到變數 i 與 j 裡。要特別注意的是，我們不希望第二個產生的隨機亂數與第一個相同，所以特別將第 13 行寫成一個迴圈「while((j=rand()%5)==i);」，只有在 j=rand()%5 的運算結果不等於 i 的數值的情況下，才會結束此迴圈，確保了 i 與 j 的數值將不會相同。

接下來在第 17-19 行，使用 printf() 函式透過以「i」、「i+1」和「i*2」做爲索引運算式來存取 scores[i]、scores[i+1] 與 scores[i*2] 的數值後加以輸出。若隨機產生的數值 i 爲 2，則這三行程式碼將輸出 scores[2]、scores[3] 與 scores[4] 的數值；但是只要 i 的數值再大一些，例如 i 爲 3 的時候，對於 scores[i*2] 的存取就等於是對 scores[6] 的存取 — 這已經超出了 scores 陣列所宣告的維度範圍了！因此，我們在第 19 行將存取 scores[i*2] 的數值，寫爲「scores[i*2<SIZE?i*2: SIZE]」— 利用條件運算式（conditional expression）判斷 i*2 是否小於 SIZE，若是（表示 i*2 沒有超出範圍）則傳回 i*2，若否（表示 i*2 已超出範圍）則傳回 SIZE（也就是 5），用 scores[5] 的 -1 數值，提示使用者此時已存取超出範圍；不論上述的索引運算式傳回值爲何，都會依據其運算結果再對 scores 陣列特定索引位址的元素進行存取。在此程式的第 18 行以及第 22-23 行，都有著類似的寫法，請讀者自行加以參考。最後，此程式的第 25 行，則同樣使用條件運算式判斷 i 是否大於 j，並將兩者中較大的數值傳回給 scores 陣列進行索引位址的存取。此程式執行結果可參考如下（其中陣列元素數值爲 -1 表示存取超出了 5 個元素的範圍）：

```
[10:17 user@ws example] ./a.out ↵
Two △ students △ #0 △ and △ #4 △ are △ selected △ randomly. ↵
scores[0]=90 ↵
scores[0+1]=85 ↵
scores[0*2]=90 ↵
scores[4]=72 ↵
scores[4-1]=88 ↵
scores[4/2]=92 ↵
scores[i>j?i:j]=72 ↵
[10:17 user@ws example] ./a.out ↵
Two △ students △ #3 △ and △ #0 △ are △ selected △ randomly. ↵
scores[3]=88 ↵
scores[3+1]=72 ↵
scores[3*2]=-1 ↵
scores[0]=90 ↵
scores[0-1]=-1 ↵
```

```
scores[0/2]=90 ⏎
scores[i>j?i:j]=72 ⏎
[10:17 user@ws example]
```

5. 在索引運算式裡使用函式

索引運算式內的運算元，除了整數值、變數與陣列元素外，還可以使用函式（function）的結果來指定陣列的索引位址。Example 8-5 使用了可以產生隨機亂數的 rand() 函式（詳見本書第 2 章 2-2-2 節），在 scores 陣列中隨機地存取並輸出某位學生的成績。

Example 8-6：**使用rand()函式來隨機存取陣列元素**

Location:/Examples/ch8
Filename:ArrayAccessing6.c

```
1  #include <stdio.h>
2  #include <stdlib.h>
3
4  int main()
5  {
6      int scores[5]={90, 85, 92, 88, 72};
7
8      srand((unsigned long)&scores);
9      printf("A random score is %d.\n", scores[rand()%5]);
10 }
```

為了順利使用 rand() 產生隨機亂數，此程式在第 2 行載入了 rand() 與 srand()[20] 所需的 stdlib.h，並在第 8 行利用 scores 陣列所被配置到的記憶體位址[21]設定為種子數[22]。接著在第 9 行使用「scores[rand() % 5]」來隨機存取在 scores 陣列中某位學生的成績 — 使用 rand() % 5 取得介於 0 ~ 4 的隨機數，再以該數做為索引值來存取 scores 陣列內的成績。以下是這個程式的執行結果：

```
[2:29 user@ws example] ./a.out ⏎
A△random△score△is△88. ⏎
[2:29 user@ws example] ./a.out ⏎
A△random△score△is△92. ⏎
[2:29 user@ws example] ./a.out ⏎
A△random△score△is△85. ⏎
[2:29 user@ws example]
```

---

20 srand() 為設定隨機亂數種子數的函式，詳見本書第 2 章 2-2-2 節 2-16 頁。
21 陣列就如同變數一樣，在程式執行時也會被配置到一塊記憶體位址用以儲存數值資料；使用 & 再加上陣列名稱，就可以取得陣列所配置到的記憶體位址。
22 此種設定隨機亂數種子數的做法，詳見本書第 3 章 3-5 節 3-33 頁。

注意　當存取超過範圍的陣列元素時，會發生什麼事？

　　本節曾示範過存取超過範圍的陣列元素時，編譯器會發出「警告」來提醒我們；例如對大小為 5 的 scores 陣列存取 scores[5] 或 scores[-1] 元素時，會看到以下的訊息：

warning: array index 5 is past the end of the array (which contains 5 elements)
警告：陣列索引值 5 在陣列結尾處之後（此陣列有 5 個元素）

warning: array index -1 is before the begining of the array
警告：陣列索引值 -1 在陣列開頭處之前

其實對編譯器來說，這些都是屬於相對容易發現的小問題，因為直接使用整數來指定索引位置可以很明顯地判斷是否已經超出了範圍。

　　但是在使用變數或是運算式時，編譯器就難以發現是否有問題存在，例如當程式要存取 scores[i] 或是 scores[i+1] 的數值時，由於無法確認在執行時變數 i 以及 i+1 的數值為何（說不定 i 的值是在執行時由使用者所輸入的，因此更加無法預測），編譯器也就無法確認此存取是否超出了陣列索引值的範圍。那麼在這種情況下，會發生什麼事呢？如果我們所存取的陣列元素的索引值並沒有超出範圍太多（所存取的仍是配置給程式的記憶體範圍），則程式還是會正常執行，只不過我們無法預測所取得的數值是什麼。請參考以下的程式片段：

```
int scores[5] = { 90, 85, 92, 88, 72 };
int i=3;
printf("scores[%d]=%d \n", scores[3], &scores[i+3]);
printf("scores[%d]=%d \n", scores[3], &scores[i-4]);
```

　　此例宣告了一個初始值為 3 的 int 整數變數 i，並利用 i+3 與 i-4 這兩個運算式來取得 scores[6] 與 scores[-1] 的數值 — 當然 6 與 -1 這兩個索引值已經超出的陣列的範圍；不過正如我們剛提過的，在進行編譯時無法確定索引運算式的運算結果是否會超出陣列的存取範圍，所以此程式仍能正常地編譯完成，只不過其執行結果會存取超出陣列範圍的記憶體空間，其執行結果無法預測。上述的討論說明了一個事實：

　　當程式要存取陣列內的元素時，除非直接使用整數值來指定欲存取的位址，否則編譯器也無法確認在執行時是否會超出陣列索引的範圍。所以，有可能超出存取範圍的程式仍能通過編譯，不過在執行時，儘管程式（有時）仍能正常運作，但其所取得的數值無法預測。

　　為何說「有時」仍能正常運作呢？因為當所要存取的陣列元素不但超出範圍，而且是超出很多的時候，程式將會被終止執行並輸出以下訊息：

segmentation fault（記憶體區段存取錯誤）

　　所以建議讀者在存取陣列時，一定要注意所存取的範圍，最好不要發生超出陣列索引範圍的情形。

8-3
記憶體配置

陣列在程式執行時會取得一塊連續的記憶體空間，用以存放多筆相同資料型態的數值，本節將說明其相關的記憶體配置，包含取得與計算陣列元素的記憶體位址、一維以及多維陣列的記憶體配置等主題。在本節後續的討論中，將繼續使用本章前述的學生成績陣列宣告：

```
int scores[5] = {90, 85, 92, 88, 72};
int scores3Subjects[5][3]={{90,83,77},{85,95,92},{92,100,100},{88,91,92},{72,60,80}};
int scores3SubjectsDetails[5][3][4] = {{{90, 66, 75, 77}, {83, 80, 92, 85},
                                        {77, 80, 80, 79}},
                          {{85, 90, 72, 82}, {95, 88, 90, 91}, {92, 95, 98, 95}},
                          {{92, 90, 92, 91}, {100,85,99, 95}, {100,92,99, 97}},
                          {{88, 60, 75, 74}, {91, 85, 90, 89}, {92, 95, 95, 94}},
                          {{72, 60, 75, 69}, {60, 0, 60, 40}, {90, 70, 82, 77}}};
```

為便於討論起見，我們也將在本節後續的討論中，將一個具有 N 個維度的陣列定義爲 M^N，並將其資料型態以及每個維度的大小定義爲 $Type(M^N)$ 以及 d_1、d_2、$\cdots$、d_N（其中 d_i 代表第 i 個維度的大小）。

8-3-1 陣列的記憶體空間

一個陣列所佔的記憶體空間，可依其資料型態以及所包含的數值個數計算如下：

$$sizeof\,(Type(M^1)) \times d_1 \times d_2 \times \cdots \times d_N$$

例如 scores、scores3Subjects 與 scores3SubjectsDetails 這三個陣列將分別用以存放 5 個、5×3=15 個與 5×3×4=60 個 int 整數，因此其記憶體空間可分別計算如下：

❖ scores：$sizeof\,(int) \times 5 = 4 \times 5 = 20$ 位元組

❖ scores3Subjects：$sizeof\,(int) \times 5 \times 3 = 4 \times 5 \times 3 = 60$ 位元組

❖ scores3SubjectsDetails：$sizeof\,(int) \times 5 \times 3 \times 4 = 4 \times 5 \times 3 \times 4 = 240$ 位元組

除了使用上述的方法進行計算以外，我們也可以使用 sizeof 運算子[23] 來取得陣列的記憶體空間。請參考 Example 8-7 的程式碼：

---

23 關於 sizeof 運算子可以參考本書第 4 章 4-8 節（4-11 頁）。

Example 8-7：使用sizeof運算子取得陣列記憶體空間
大小

Location:/Examples/ch8
Filename: ArraySize.c

```c
 1  #include <stdio.h>
 2
 3  int main()
 4  {
 5      int scores[5] = {90, 85, 92, 88, 72};
 6      int scores3Subjects[5][3]=
 7          {{90,83,77},{85,95,92},{92,100,100},{88,91,92},{72,60,80}};
 8      int scores3SubjectsDetails[5][3][4] =
 9          {{{90, 66, 75, 77}, {83, 80, 92, 85}, {77, 80, 80, 79}},
10           {{85, 90, 72, 82}, {95, 88, 90, 91}, {92, 95, 98, 95}},
11           {{92, 90, 92, 91}, {100,85,99, 95}, {100,92,99, 97}},
12           {{88, 60, 75, 74}, {91, 85, 90, 89}, {92, 95, 95, 94}},
13           {{72, 60, 75, 69}, {60, 0, 60, 40}, {90, 70, 82, 77}}};
14
15      printf("The size of scores is %lu bytes.\n",
16              sizeof(scores));
17      printf("The size of scores3Subjects is %lu bytes.\n",
18              sizeof(scores3Subjects));
19      printf("The size of scores3SubjectsDetails is %lu bytes.\n",
20              sizeof(scores3SubjectsDetails));
21  }
```

此程式利用第 15-20 行的 printf() 函式，將 scores、scores3Subjects 與 scores3SubjectsDetails
三個陣列所佔的記憶體空間大小加以輸出，其執行結果如下：

```
[2:29 user@ws example] ./a.out ⏎
The △ size △ of △ scores △ is △ 20 △ bytes. ⏎
The △ size △ of △ scores3Subjects △ is △ 60 △ bytes. ⏎
The △ size △ of △ scores3SubjectsDetails △ is △ 240 △ bytes. ⏎
[2:29 user@ws example]
```

🌐 資訊補給站　利用陣列的記憶體空間推算維度大小

　　有時候我們在進行陣列宣告時，並不知道陣列維度的大小，例如 8-2 節所介紹的使
用變數或索引運算式來宣告維度的情況。此時可以利用 sizeof 運算子取得記憶體空間的
大小並據以進行陣列維度的計算。具體來說，對於一個一維陣列 M^1，我們可以使用以
下的式子，將陣列所佔的記憶體空間大小除以其陣列元素的大小（也就是其資料型態所
佔的記憶體空間），來得出陣列維度的大小：

sizeof (M^1) / sizeof(Type(M^1))

例如 scores 陣列的維度可由以下計算得出：

scores 的維度大小 = sizeof (scores) / sizeof(int)
　　　　　　　　 = 20 / 4
　　　　　　　　 = 5

8-3-2 陣列與其元素的記憶體位址

取址運算子（address-of operator）是使用 & 符號的一元運算子（unary operator），可用以取得運算元的記憶體位址 — 更明確來說，是取得運算元所被配置到的記憶體空間的起始位址。過去我們已經在很多程式裡使用過 & 來取得變數所配置到的記憶體位址，例如「scanf("%d", &x)」使用 & 來指定將數值存放在變數 x 的記憶體位址。本節將示範如何使用 & 來取得陣列以及陣列元素的記憶體位址，請先參考以下的程式碼：

```c
printf("&scores at %p \n", &scores);
printf("&scores[0] at %p \n", &scores[0]);
printf("&scores[1] at %p \n", &scores[1]);
printf("&scores[2] at %p \n", &scores[2]);
printf("&scores[3] at %p \n", &scores[3]);
printf("&scores[4] at %p \n", &scores[4]);
```

在上述的程式碼中，我們使用了 printf() 函式印出 scores 陣列以及其元素的記憶體位址，其中所使用的 format specifier 為 %p（請參考本書第 5 章第 5-3 頁的表 5-1）。當然，上述的程式片段若配合迴圈將可以改寫得更為精簡，請參考以下的 Example 8-8 的程式碼：

Example 8-8：使用&運算子取得陣列及其元素的記憶體位址

Location:/Examples/ch8
Filename: ArrayAddress.c

```c
1  #include <stdio.h>
2
3  int main()
4  {
5      int scores[5] = {90, 85, 92, 88, 72};
6      int i;
7
8      printf("&scores is %p.\n", &scores);
9      for(i=0;i<5;i++)
10     {
11         printf("&scores[%d] is %p.\n", i, &scores[i]);
12     }
13 }
```

此程式在第 8 行利用 printf() 函式，將 scores 陣列所配置到的記憶體位址加以輸出，並在第 9-12 行的 for 迴圈中，將 scores 陣列的每一個元素的記憶體位址也加以輸出，其執行結果如下 [24]：

```
[2:29 user@ws example] ./a.out ⏎
&scores △ is △ 0x7ffee24479d0. ⏎
&scores[0] △ is △ 0x7ffee24479d0. ⏎
&scores[1] △ is △ 0x7ffee24479d4. ⏎
```

---

[24] 由於程式每次執行時所配置的記憶體位置都不相同，所以 scores 陣列每次執行時所配置的記憶體位置也不會相同，我們在此處所顯示的記憶體位址的數值僅供參考，其實際數值將依執行結果而定。

```
&scores[2] △ is △ 0x7ffee24479d8. ⏎
&scores[3] △ is △ 0x7ffee24479dc. ⏎
&scores[4] △ is △ 0x7ffee24479e0. ⏎
[2:29 user@ws example]
```

從上面的結果可以得知，scores 陣列被配置到 0x7ffee24479d0 位址，其元素 scores[0]、scores[1]、scores[2]、scores[3] 與 scores[4] 則分別被配置到 0x7ffee24479d0、0x7ffee24479d4、0x7ffee24479d8、0x7ffee24479dc 與 0x7ffee24479e0。注意到了嗎？其實這些位址都是連續的，我們將在接下來的小節為讀者進一步說明陣列的記憶體配置。

> **注意　為何 &scores 等於 &scores[0]？**
>
> 從 Example 8-8 的執行結果來看，讀者們可能已經發現 &scores 與 &scores[0] 具有一樣的數值，這代表了什麼意思呢？請參考以下的程式碼：
>
> ```
> int scores[5];
> printf("The size of scores is %lu \n", sizeof(scores));
> printf("The size of scores[0] is %lu \n", sizeof(scores[0]));
> ```
>
> 上述的程式碼利用 sizeof 運算子將 scores 與 scores[0] 所佔用的記憶體空間的大小加以輸出，其執行結果如下：
>
> ```
> The △ size △ of △ scores △ is △ 20 △ bytes. ⏎
> The △ size △ of △ scores[0] △ is △ 4 △ bytes. ⏎
> ```
>
> 因此我們可以知道，scores 是配置在從 0x7ffee24479d0 開始的連續 20 個位元組，而 scores[0] 則是配置在從 0x7ffee24479d0 開始的連續 4 個位元組。&scores 與 &scores[0] 的數值相同，只不過代表它們的記憶體空間都是從同一個記憶體位址開始配置，但要注意的是它們兩者所配置到的空間大小並不相同。

8-3-3　一維陣列的記憶體配置

其實陣列和變數一樣，在程式中都只是一個符號（symbol）而已，以 scores 陣列為例，在程式執行時符號表（symbol table）將會有如表 8-1 的內容：

表 8-1：Symbol table 內容範例

符號（Symbol）	型態（Type）	記憶體位址（Memory Address）
scores	int [5]	0x7ffee04589d0

當我們要存取 scores 陣列中的元素時，可以從 symbol table 中查詢到 scores 陣列是從 0x7ffee04589d0 位址開始配置；如果我們要存取的是陣列中的第 1 個元素（scores[0]），那麼就可以直接從 0x7ffee04589d0 開始存取一個 int 整數（4 個位元組）的空間，也就是從 0x7ffee04589d0 開始到 0x7ffee04589d3 的連續 4 個位元組。但是，如果我們想要存取

的是 scores 中的第 3 筆資料，由於在 symbol table 中並沒有直接儲存其第 3 筆資料所在的位址，所以必須先經由計算後才能得到應存取的位址在哪？從 scores 陣列的起始位址 0x7ffee04589d0 開始，往後的 4 個位元組是第 2 個整數所在的位置、再往後的 4 個位元組是第 2 個整數所在的位置，至於我們所想要存取的第 3 個整數則是接在第 2 個整數的後面，也就是從陣列的起始位址（0x7ffee04589d0）開始，往後加上 2 個 int 整數的大小（也就是 2×sizeof(int)）— 也就是 0x7ffee04589d8。後續我們將就陣列元素的記憶體位址之計算加以討論，並提供相關的計算公式。

對一個一維陣列 M^1 來說，我們將其型態定義為 T，並將其第一個元素的位址（也就是 $M^1[0]$ 所在的位址）稱為基底位址（base address），並且將其定義為 $BASE(M^1)$，索引值為 i 的陣列元素所在的記憶體位址（也就是 $\&M^1[i]$）可計算如下：

```
&M¹[i] = BASE(M¹) + i × sizeof(T)
```

由於基底位址就是陣列的第一個元素所在的位址，因此上式亦可將 $BASE(M^1)$ 代換為 &M1[0] 並改寫如下：

```
&M¹[i] = &M¹[0] + i × sizeof(T)
```

舉例來說，scores[3] 所在的記憶體位址可計算為：

```
&scores[3] = &scores[0] + 3 × sizeof(int)
           = 0x7ffee04589d0 + 3 × 4
           = 0x7ffee04589d0 + 0xc
           = 0x7ffee04589dc
```

另外要提醒讀者注意的是，由於程式每次執行時所配置的記憶體空間都不相同，所以陣列也會被配置到不同的記憶體位址，此處所顯示的記憶體位址的數值僅供參考，其實際數值依執行結果而定，不過它們的相對關係是不會改變的 — 不論陣列被配置到哪個位址，每個陣列元素將會依序被配置連續的記憶體空間，至於其空間大小則依陣列的資料型態所佔的記憶體空間大小而定。

為了幫助讀著更進一步瞭解陣列的記憶體空間配置，我們將上述 scores 陣列的記憶體配置顯示在圖 8-10，其中圖 8-10 (a) 是以直式的方式呈現 scores[0] 到 scores[4] 的記憶體空間以及其內容，例如從 7ffee04589d0 到 7ffee04589d3 這 4 個連續的位元組，就是 scores[0] 這個陣列元素，而其所存放的內容為「00000000 00000000 00000000 01011010」，也就是十進位的 90，同樣的內容也可以改用橫式的表示法，請參考圖 8-10(b)；由於這種表示法過於詳細，若無須強調陣列元素的二進位數值，那麼通常會改以圖 8-10(c) 或 (d) 的精簡表示法，使用十進位來呈現數值，並且以陣列的資料型態為單位，僅針對每個陣列元素加以繪製，而非每個 byte 都加以呈現。其實不論是直式或橫式，陣列的結構並不會有所差異，不同的只是其表達方法而已。

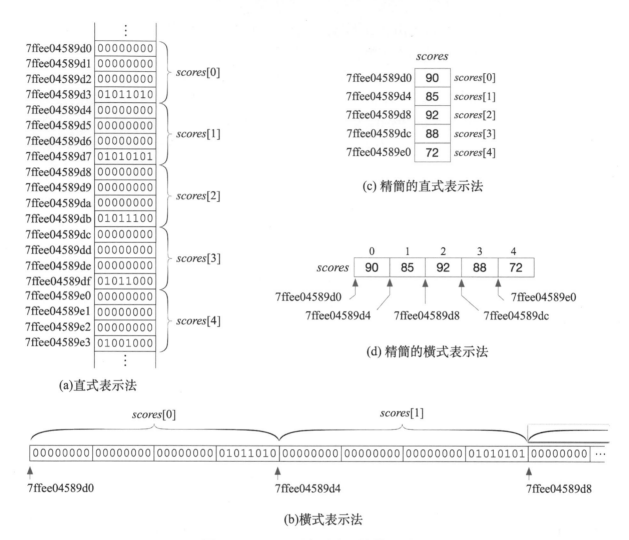

圖 8-10：scores 陣列的記憶體配置圖

8-3-4　以 0 為基礎的陣列索引

　　包含 C 語言在內，絕大多數的電腦語言都有提供陣列，讓程式設計師得以管理多筆相同型態的數值資料，且這些不同程式語言中的陣列，絕大多數也都是和 C 語言一樣 ─ 使用 0 做為索引起始值，我們將此種陣列稱為以 0 為基礎的陣列（zero-based array），或是使用以 0 為基礎的陣列索引方法（zero-based array indexing）來稱呼此種的陣列索引方法。

　　為何 C 語言要使用 0 做為陣列元素的起始編號呢？難道不能選擇 1 嗎？從 1 開始編號不是比較貼近人類的習慣嗎？比方說，你會和別人說「C 語言是我學習的第 0 個程式語言」還是「C 語言是我學習的第 1 個程式語言」？又或者「中文是我的母語，而英文是我的第 1 語言」（這到底是什麼意思？）？其實在程式語言的設計與實作上，以 1 開頭並沒有什麼技術上的問題，而是效率的問題。

本節已經說明過，一維陣列 M^1 索引值為 i 的元素，其記憶體位址可計算如下：

```
&M¹[i] = BASE(M¹) + i × sizeof(T)
```

此式所計算的是索引值為 i 的陣列元素（也就是陣列中第 i+1 個元素），其記憶體位址是由該陣列所被配置的第 1 個數值所在的位址開始，計算第 i+1 個元素與第 1 個元素間隔了幾個元素，再乘上每個元素的大小計算而來，因此在式子中的 i 其實是由 i+1 − 1 計算而得（相關的部份在以下的計算式中，以方框加以標示）：

```
&M¹[i] = BASE(M¹)
       + (第 i+1 個與第 1 個元素所間隔的元素數目) × sizeof(T)
       = BASE(M¹) + (i+1-1) × sizeof(T)
       = BASE(M¹) + i × sizeof(T)
```

假設 C 語言改成使用 1 做為陣列的起始索引，那麼上述的式子就必須改為：

```
&M¹[i] = BASE(M¹)
       + (第 i 個與第 1 個元素所間隔的元素數目) × sizeof(T)
       = BASE(M¹) + (i-1) × sizeof(T)
       = BASE(M¹) + i-1 × sizeof(T)
```

其主要的原因在於，當使用 1 做為索引起始值後，索引值為 i 的元素就是陣列中的第 i 筆資料，所以式子中的 i 就變成了 i-1。因此，以後不論存取那一個元素，在計算記憶體位址的過程中，都比起使用 0 開頭多了一個減法的運算。雖然只是一個小小的減法，但每一次陣列元素的存取若是都多了一個減法的運算，其實累積起來也是一個非常可怕的耗損，因此許多程式語言的陣列，都是以 0 做為編號的開頭，當然 C 語言也是其中之一。

8-3-5　多維陣列的記憶體配置

至於多維陣列方面，其記憶體空間的配置原則上與一維陣列相同，都是以連續的空間進行配置；不過多維陣列的本質是「由陣列所組成的陣列（array of arrays）。請參考圖 8-11，若將一個多維陣列定義為 M^N，其中 N 為其所具有的維度，並將 M^N 的資料型態及每個維度的大小分別定義為 T 以及 d_1、d_2、…、d_N（其中 d_i 代表第 i 個維度的大小），那麼這個多維陣列 M^N 就可視為是由 d_1 個大小為 d_2 的陣列 M^{N-1} 所組成（換言之，M^{N-1} 的維度為 N-1）；至於陣列 M^{N-1} 則又可視為是由 d_2 個大小為 d_3 的陣列 M^{N-2} 所組成，依此類推，直到 M^2 是由 d_{N-1} 個大小為 d_N 的陣列 M^1 所組成，而 M^1 則是由 d_N 個資料型態為 T 的數值所組成的陣列。為易於識別起見，在圖 8-11 中，我們將組成其它陣列的陣列以空心的灰框方塊表示，並將資料型態為 T 的數值以實心灰色方塊表示。

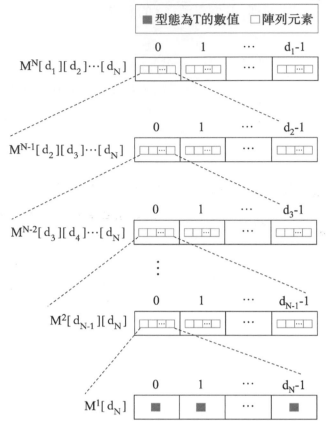

圖 8-11：多維陣列的組成結構示意圖

　　多維陣列的記憶體空間就是依照圖 8-11 這樣的結構來進行配置，以大小為 5×3 的 int 整數陣列 scores3Subjects 為例，我們可以將它定義為一個二維陣列 M^2，且其資料型態 T 為 int 整數，一維與二維的維度大小 D_1 與 D_2 分別 5 與 3；M^2 可以被視為由 $d_1=5$ 個大小為 $d_2=3$ 的陣列 M^1 所組成的一個陣列，而 M^1 則是由 $d_2=3$ 個資料型態為 T 的數值所組成的陣列。在以下的 Example 8-9 裡，我們利用雙層迴圈將 scores3Subjects 陣列所有元素的記憶體位址加以輸出：

Example 8-9：印出scores3Subjects陣列元素的記憶體位址

Location:/Examples/ch8
Filename:ArrayAddress2.c

```
1   #include <stdio.h>
2
3   int main()
4   {
5       int scores3Subjects[5][3]=
6           {{90,83,77},{85,95,92},{92,100,100},{88,91,92},{72,60,80}};
7       int i,j;
8
9       for(i=0;i<5;i++)
10      {
```

```
11            for(j=0;j<3;j++)
12            {
13                printf ("scores3Subjects[%d][%d] is %d (located at %p)\n",
14                        i, j, scores3Subjects[i][j], &scores3Subjects[i][j]);
15            }
16        }
17 }
```

此程式執行結果如下：

```
[2:29 user@ws example] ./a.out ⏎
scores3Subjects[0][0] △is△ 90 (located △at△ 0x7ffeee4549a0) ⏎
scores3Subjects[0][1] △is△ 83 (located △at△ 0x7ffeee4549a4) ⏎
scores3Subjects[0][2] △is△ 77 (located △at△ 0x7ffeee4549a8) ⏎
scores3Subjects[1][0] △is△ 85 (located △at△ 0x7ffeee4549ac) ⏎
scores3Subjects[1][1] △is△ 95 (located △at△ 0x7ffeee4549b0) ⏎
scores3Subjects[1][2] △is△ 92 (located △at△ 0x7ffeee4549b4) ⏎
scores3Subjects[2][0] △is△ 92 (located △at△ 0x7ffeee4549b8) ⏎
scores3Subjects[2][1] △is△ 100 (located △at△ 0x7ffeee4549bc) ⏎
scores3Subjects[2][2] △is△ 100 (located △at△ 0x7ffeee4549c0) ⏎
scores3Subjects[3][0] △is△ 88 (located △at△ 0x7ffeee4549c4) ⏎
scores3Subjects[3][1] △is△ 91 (located △at△ 0x7ffeee4549c8) ⏎
scores3Subjects[3][2] △is△ 92 (located △at△ 0x7ffeee4549cc) ⏎
scores3Subjects[4][0] △is△ 72 (located △at△ 0x7ffeee4549d0) ⏎
scores3Subjects[4][1] △is△ 60 (located △at△ 0x7ffeee4549d4) ⏎
scores3Subjects[4][2] △is△ 80 (located △at△ 0x7ffeee4549d8) ⏎
[2:29 user@ws example]
```

　　從結果可以看出，scores3Subjects 這個 5×3 的二維陣列是從 scores3Subjects[0][0] 開始到 scores3Subjects[4][2] 結束的 15 個 int 整數元素、每個佔 4 個位元組的記憶體空間。配置給 scores3Subjects 的記憶體空間是從 0x7ffeee4549a0 位址開始（此數值依實際執行結果而定）一直到 7ffeee4549dc（最後一個元素 scores3Subjects[4][2] 是配置在從 7ffeee4549d8 開始的連續 4 個位元組，因此結束在 7ffeee4549dc 位址）為止的連續的 60 個位元組 — 我們也可以依 sizeof(int) ×5×3 = 4×5×3 = 60 個位元組計算而得。為了幫助讀者理解這 60 個連續的位元組的配置，依據上述程式片段的執行結果，我們將 scores3Subjects 陣列的記憶體空間配置繪製於圖 8-12(a)。

　　首先，在圖 8-12(a) 裡所有的陣列元素是一個接著一個、每個佔 4 個位元組，總共佔用了連續的 60 個位元組。我們將二維陣列的第一個與第二個維度分別稱為 x 軸與 y 軸，並將它們的數值標示於圖中。由於 scores3Subjects 是一個由 5 個大小為 3 的 int 整數陣列所組成的，所以從第一個維度（也就是 x 軸）的角度來看，這個陣列是由在圖 8-12(a) 中標示為 x=0、1、…、4 的 5 個元素所組成的；再從第二個維度的角度來看，每個元素又是由標示為 y=0、1 與 2 的 3 個整數所組成的。雖然圖 8-12(a) 可以清楚地呈現 scores3Subjects 陣列的記憶體配置，但是在陣列元素較多的情況下（例如變成 500 位或 5000 位學生的 3 個科目成績），就不一定有足夠的空間以圖 8-12(a) 的方式來呈現。因此在許多情況下，我們會將其改以圖 8-12(b) 的方式，讓陣列元素每隔 3 個（也就是第二個維度的大小）元素就換行一次，並將其 x 軸與 y 軸的索引值標示在側，以便能更完整的呈現陣列的內容。不過換行只是一種抽象的想法，並不會改變記憶體空間是連續的事實，這也是圖 8-12(b) 每一行後面連接到下一行的箭頭的意義 ― 用以表示雖然為了視覺上的便利將陣列元素換行，但它們的記憶體空間仍是連續的！從圖 8-12(b) 的表示法再加以精簡，就會形成如圖 8-12(c) 這樣常見的二維陣列表示法 ― 將 x 軸與 y 軸的索引值以及其陣列元素的內容都呈現在一個表格中，這也是二維陣列最常見的表達方法，我們甚至在 8-1 節介紹陣列的概念時就已經使用過。不過，雖然在圖 8-12(c) 中沒有顯示陣列元素的記憶體位址，但你仍然應該要記得它們是被安排在連續的空間裡！圖 8-12(d) 顯示了它們的記憶體位址是如何連續地配置的 ― 從低的記憶體位址配置到高的記憶體位址，以此範例來說，從低的 7ffeee4549a0 配置到高的 7ffeee4549dc 位址。

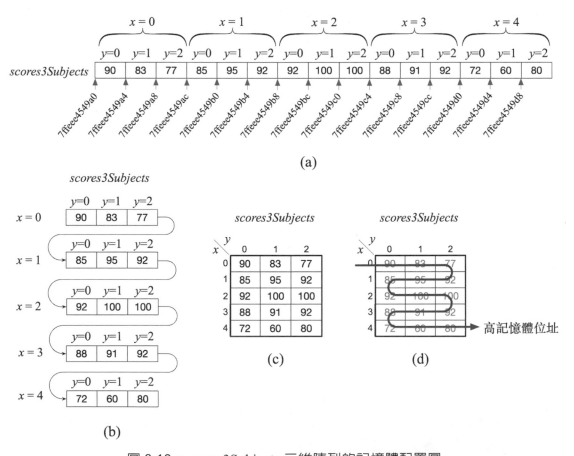

圖 8-12：scores3Subjects 二維陣列的記憶體配置圖

依據二維陣列記憶體空間配置的方法，一個二維陣列 M^2 的元素 M^2 [i][j] 的記憶體位址可計算如下：

```
&M²[i][j] = BASE(M²) + (i × d₂ + j) × sizeof(T)
```

其中 BASE(M^2) 與 T 分別爲 M^2 的基底位址（也就是其第 1 個元素所在的記憶體位址，&M^2[0][0]）以及其資料型態。以 scores3Subjects[1][2] 所在的記憶體位址爲例，其可計算爲：

```
&scores3Subjects[1][2]=&scores3Subjects[0][0]+(1×3+2)× sizeof(int)
                     = 0x7ffeee4549a0 + 0x14
                     = 0x0x7ffeee4549b4
```

至於更多維度的陣列，還是遵循和二維陣列一樣的做法，請參考圖 8-13 所顯示的 scores3SubjectsDetails 三維（5×3×4）陣列記憶體配置，它可以被視爲是由 5 個大小爲 3 的陣列所組成，而每個大小爲 3 的陣列又可以被視爲是由大小爲 4 的陣列所組成，至於大小爲 4 的陣列則是由 4 個 int 整數所組成：

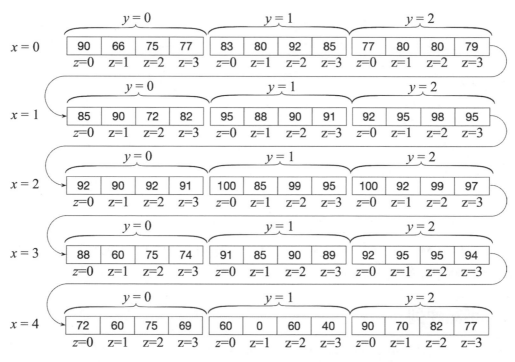

圖 8-13：scores3SubjectsDetails 三維陣列記憶體配置

由圖 8-13 可得知，雖然維度增加但其結構仍然不變，三維陣列仍然是由陣列所組成的陣列，只不過又再多了一層，所以是 ─ 由陣列所組成的陣列所組成的陣列（array of arrays of arrays）。爲節省篇幅起見，我們在此不將 scores3SubjectsDetails 每個元素的記憶體位址印出，請讀者自行練習。至於三維陣列元素的記憶體位址計算方法，仍然與二維陣列類似，其元素 M^3[i][j][k] 的記憶體位址可計算如下：

```
&M³[i][j][k] = BASE(M³) +(i × d₂ × d₃ + j × d₃ + k)× sizeof(T)
```

其中 BASE(M^3) 與 T 分別爲 M^3 的基底位址（也就是其第 1 個元素所在的記憶體位址，&M^3[0][0][0]）以及其資料型態。以 scores3SubjectsDetails[3][1][2] 所在的記憶體位址爲例，其可計算爲：

```
&scores3SubjectsDetails[3][1][2] = &scores3SubjectsDetails[0][0][0]
                                 + (3 × 3 × 4 + 1 × 4 + 2) × sizeof(int)
                                 = 0x7ffeee556280 + 42 × 4
                                 = 0x7ffeee556280 + 0xa8
                                 = 0x7ffeee556328
```

至於更高維度的陣列，其結構以及記憶體的配置仍遵循一樣的規則，在此不以贅述。

8-4
陣列應用範例

瞭解了陣列的宣告、存取與記憶體配置後，本節將會為讀者介紹一些常見的陣列應用；同樣地，我們將繼續使用學生成績做為範例，進行相關的程式講解與示範。請參考以下的宣告：

```
#define STUDENTS 50
#define SUBJECTS 3
#define ITEMS 4

int scores[STUDENTS];
int scores3Subjects[STUDENTS][SUBJECTS];
int scores3SubjectsDetails[STUDENTS][SUBJECTS][ITEMS];
```

我們將學生人數、科目以及成績項目的個數，分別使用 #define 定義了 STUDENTS、SUBJECTS 與 ITEMS 等 3 個常數定義，其值分別為 50、3 與 4。本節後續的程式講解，除另有說明外，將一律使用上述的宣告。

8-4-1　走訪陣列

我們首先要介紹的是走訪陣列（traversing array）[25]，它是許多陣列相關應用的基礎，其作用是逐一存取陣列的所有元素，以便依應用的需求去進行相關的處理，例如逐一查驗它們的數值或對它們進行相關的處理。此種逐一存取陣列元素的操作又可稱為拜訪陣列（visiting array），通常都是配合迴圈來完成。

以大小為 d_1 的一維陣列 M^1 為例，常用的走訪陣列程式碼框架如下：

```
for( i=0; i<d1; i++)
{
    do_something_to_M¹[i];
}
```

此處的 for 迴圈將會反覆執行 d_1 個回合，逐一地走訪陣列裡所有的元素；其迴圈變數 i 將會從 0 逐次遞增執行到 d_1-1（因為 for 迴圈的測試條件為 i<d_1，所以只會執行到 i=d_1-1）。換

25　Traversing 一詞除譯為走訪以外，也常被譯做遍歷。

句話說，此迴圈的迴圈主體將會反覆地執行 d_1 次，只是每次的操作對象會從元素 $M^1[0]$、$M^1[1]$ 一直到執行到 $M^1[d_1-1]$ 為止 — 也就是對陣列中所有的元素逐一進行操作。

　　至於在多維陣列的走訪方面，則必須針對每一個維度使用一個迴圈；以 N 個維度的多維陣列 M^N 的走訪為例，我們將使用 N 層的巢狀迴圈，並將第 j 個維度的迴圈變數定義為 i_j，且其值將從 0 開始逐次遞增至 d_j-1 為止。其程式碼框架如下：

```
for( i₁=0;  i₁<d₁;  i₁++)
{
    for(i₂=0;  i₂<d₂;i₂++)
    {
        ⋮
            for(i_N=0;i_N<d_N;i_N++)
            {
                do_something_to_M^N[i₁][i₂]···[i_N];
            }
        ⋮
    }
}
```

　　在上述的框架裡（包含一維與多維陣列），我們使用「do_something_to_M^1[i];」以及「do_something_to_$M^N[i_1][i_2]\cdots[i_N]$;」表示在走訪陣列的同時所欲進行的操作，讀者在進行相關程式設計時請依實際應用需求加以替換。正如本節前面所說過的，走訪陣列是許多陣列應用的基礎，本小節後續將介紹一些常用的走訪陣列應用，除了提供簡單的程式碼片段幫助讀者理解外，也將在最後提供數個完整的走訪陣列應用的程式範例。

1. 取得陣列元素數值

　　在走訪陣列相關應用中，最常見的就是透過 scanf() 函式來取得使用者輸入的數值並存放於陣列元素裡。以 scores 陣列為例，只要將「do_something_to_M^1[i];」替換為「scanf("%d", &scores[i]);」就可以透過反覆執行的迴圈取回使用者輸入的數值，並逐一地寫入到 scores 陣列中索引值為 i 的元素裡（其中 i 為迴圈變數，其值從 0 開始，逐次遞增執行到 STUDENTS-1 為止）：

```
for( i=0;  i<STUDENTS;  i++)
{
    scanf( " %d", &scores[i]);
}
```

至於維度為 N 的多維陣列，則必須使用 N 層的巢狀迴圈才能完成走訪陣列並將使用者輸入的數值存放到陣列元素裡。例如以下針對 scores3Subjects 二維陣列的程式範例，就使用了兩層的巢狀迴圈：

```
for( i=0; i<STUDENTS; i++)
{
    for(j=0; j<SUBJECTS; j++)
{
        scanf( " %d", &scores3Subjects[i][j]);
}
}
```

至於三維陣列 scores3SubjectsDetails，則需要使用三層的巢狀迴圈：

```
for( i=0; i<STUDENTS; i++)
{
    for(j=0; j<SUBJECTS; j++)
    {
        for(k=0;k<ITEMS;k++)
        {
            scanf( " %d", &scores3SubjectsDetails[i][j][k]);
        }
    }
}
```

2.　輸出陣列元素數值

使用 printf() 函式來將陣列所有的元素加以輸出也是常見的走訪陣列應用之一。以下我們以 scores 陣列為例，示範如何配合迴圈將陣列所有元素的數值加以輸出：

```
for( i=0; i<STUDENTS; i++)
{
    printf( "%d", scores[i]);
}
```

事實上，此程式碼片段與上一小節取得陣列元素數值的範例完全相同，差別只在於將「do_something_to_M[1][i]」代換為「scanf ("%d", &scores[i]);」或「printf("%d", scores[i]);」而已。至於在二維的 scores3Subjects 陣列與三維的陣列的例子也是一樣，只要將前一小節所介紹程式碼範例中的 scanf() 函式改以 printf() 代替即可，在此不予贅述。

3.　計算陣列元素數值

除了使用 scanf() 來取得陣列元素的數值外，有時我們也會透過計算來得到或變更陣列元素的數值內容。例如以下的程式碼在走訪 scores 陣列的同時，將所有學生的成績一律加上 10 分：

```
for( i=0; i<STUDENTS; i++)
{
    scores[i] += 10; // 將每位學生的成績都加上 10 分
}
```

可是一但加了 10 分後，卻又發現有些同學的分數會超過 100 分！因此，我們可以再次修改如下：

```
for( i=0; i<STUDENTS; i++)
{
    scores[i] += 10;
    if(scores[i]>100)
        scores[i]=100;
}
```

如果想要用更精簡些，還可以使用條件運算式將上面的程式碼改寫如下：

```
for( i=0; i<STUDENTS; i++)
    scores[i] = scores[i]>90 ? 100 : scores[i]+10;
```

4.　搜尋陣列元素

除了上述的應用外，在走訪陣列的同時我們也可以檢查每個陣列元素，找出符合特定條件的陣列元素 ─ 我們將此動作稱為搜尋陣列（searching array）。例如以下的程式碼可以將 scores 陣列內及格的學生座號加以輸出[26]：

```
for( i=0; i<STUDENTS; i++)
{
    if(scores[i]>= 60)
    {
        printf("Student #%d\n", i);
    }
}
```

我們也可以對符合條件的元素，進行後續相關的處置。例如以下的程式片段將會對學生的成績進行調整，只要原始分數有達到 50 分（含）以上的同學，一律加 10 分：

```
for( i=0; i<STUDENTS; i++)
{
    if(scores[i]>= 50)
    {
        scores[i] += 10;
    }
}
```

此種走訪並搜尋陣列的應用還有一種相關的衍生變化：找出陣列中是否有符合特定條件的元素；換句話說，只需要回答「有沒有符合」的元素，而不需要對符合條件的元素進行處置。例如以下的程式將回答在 scores 陣列中，是否有滿分（100 分）的成績（若有則輸出「There △ exists △ a △ student △ who △ has △ 100 △ score! ↵」）：

26　此程式假設學生的座號為 0-49 號，且 scores 陣列中索引值為 i 的元素即為座號 i 的學生的成績。

```
boolean found=false; // 使用 found 變數代表是否有找到符合條件的陣列元素
for( i=0; i<STUDENTS; i++)
{
    if(scores[i]==100)
        found=true;
}
if(found)
    printf("There exists a student who has 100 score!\n");
else
    printf("There is no student who has 100 score!\n");
```

在上面的程式碼裡，使用 boolean 型態宣告了一個名為 found 的變數[27]，用以代表在程式中是否有找到符合條件的陣列元素；請注意它的初始值被宣告為 false，代表在程式開始時還未找到。後續在走訪陣列時，只要找到符合條件（100 分）的學生成績，我們就將 found 變數設定為 true。完成陣列走訪後，依據 found 變數的數值（true 或 false），印出對應的文字訊息。

5.　走訪陣列應用實例

　　在本小節的最後，我們將綜合 (1)-(4) 所介紹的走訪陣列應用，以學生成績的陣列為例，提供兩個比較完整的應用範例供讀者參考，包含程學生成績調整與等第計算程式。

　　我們首先介紹的是 Example 8-10 的 ScoreAdjustment.c，此程式先取得學生的成績，然後進行（受學生歡迎的）成績調整 — 讓分數達到 50 分（含）以上的同學及格（也就是為他們加 10 分），但分數最高不可超過 100 分，且低於 50 分者不予加分。請參考以下的原始程式：

Example 8-10：調整學生成績

Location:/Examples/ch8
Filename:ScoreAdjustment.c
Testing file:ScoreAdjustment.in

```
 1  #include <stdio.h>
 2  #define STUDENTS 50
 3
 4  int main()
 5  {
 6      int scores[STUDENTS];
 7      int i;
 8
 9      printf("Please input scores of %d students:\n", STUDENTS);
10      for(i=0;i<STUDENTS;i++)
11      {
12          printf("Student #%d: ", i+1);
13          scanf("%d", &scores[i]);
14      }
```

27　C 語言並沒有支援 boolean 型態，此處是以本書第 6 章 6-5 節所介紹的 boolean 型態與數值定義方式來進行宣告，請參考第 6-27 頁。

```
15
16      for(i=0;i<STUDENTS;i++)
17      {
18          if(scores[i]>=50)
19          {
20              if((scores[i]+10)>100)
21                  scores[i]=100;
22              else
23                  scores[i]+=10;
24          }
25      }
26
27      printf("\nThe adjusted scores are as follows:\n");
28      for(i=0;i<STUDENTS;i++)
29      {
30          printf("The score of student #%d is %d.\n", i+1, scores[i]);
31      }
32  }
```

此程式示範了如何使用本小節前述的一些走訪陣列應用來完成工作，包含了第10-14行的取得、第16-25行的檢查與計算，以及第28-31行的輸出陣列元素。具體來說，ScoreAdjustment.c 在第10-14行使用一個 for 迴圈來走訪陣列並取得使用者所輸入的學生成績；然後在第16-25行再次使用另一個 for 迴圈來走訪陣列並逐一地檢查學生的成績，其中第18行的 if 敘述判斷成績是否大於等於50分並進行相關的分數調整，並在第20行使用另一個 if 敘述來確保學生成績加上10後不會超過100。最後，第28-31行的 for 迴圈，又再一次地走訪陣列將調整過後的成績加以輸出。此程式的執行結果如下：

```
[2:29 user@ws example] ./a.out ⏎
Please △ input △ scores △ of △ 50 △ students: ⏎
Student △ #1: △ 55 ⏎
Student △ #2: △ 95 ⏎
        ⋮
Student △ #50: △ 35 ⏎
⏎
The △ adjusted △ scores △ are △ as △ follows: ⏎
The △ score △ of △ student △ #1 △ is △ 65. ⏎
The △ score △ of △ student △ #2 △ is △ 100. ⏎
                ⋮
The △ score △ of △ student △ #50 △ is △ 35. ⏎
[2:29 user@ws example]
```

🌐 資訊補給站　使用測試檔來節省輸入時間

　　為了確保程式的正確性，在程式開發的過程中往往需要多次執行以進行測試。但是有些程式在執行時需要輸入大量的資料（例如 Example 8-10 的 ScoreAdjustment.c 在執行時需要輸入 50 位學生的分數），所以在每次執行測試時都必須花費較長的時間來進行資料輸入 — 有時甚至比撰寫程式所花的時間更多。針對這個問題，常見的做法是把用以測試的資料先行編寫為文字檔案格式的測試檔（testing file），然後在程式執行時利用 I/O 轉向（I/O redirect）將測試檔案的內容做為輸入（請參考本書第 5 章 5-3-1 節），如此就可以節省每次執行時冗長的輸入時間。

　　由於我們不可能預測到使用者在執行所會輸入的資料為何？所以我們在準備測試檔案內容時，必須將各種可能的使用情境（scenario）加以考慮，例如 Example 8-10 的 ScoresAdjustment.c 程式，我們必須考慮低於 50 分、等於 50 分、高於 50 分以及高於 90 分（也就是加了 10 分後會超過 100 分的情況）等各種可能的分數。請參考以下的測試檔內容（為節省篇幅，僅列示部份內容）：

Location:/Examples/ch8
Filename:ScoreAdjustment.in

```
 1 │ 55
 2 │ 95
 ⋮ │ ⋮
35 │ 50
 ⋮ │ ⋮
50 │ 35
```

此測試檔可以在本書隨附光碟中的 Examples/ch8 裡找到，我們可以使用下列指令來執行並使用此測試檔做為輸入：

```
[2:29 user@ws example] ./a.out △ < △ ScoreAdjustment.in ⏎
```

　　透過這種方式，我們在開發程式的過程中，就不用在每次執行程式時輸入大量的資料，而是直接使用測試檔進行 I/O 轉向，來節省耗費在輸入測試資料的時間。要提醒讀者注意的是，對於一個程式而言，為了確保其正確性所準備的測試檔案並沒有限制個數，我們可以視情況準備多個測試用的檔案，來涵蓋更多真實的執行情境。為了節省讀者輸入測試資料的時間，本書後續的實務演練與習題，若有比較大量的資料輸入需求時，也將提供讀者相關的測試檔，並在程式範例表頭處加以註明。

　　由於 Example 8-10 的目的在於示範本小節所介紹的走訪陣列應用，所以聰明的讀者應該已經發現其程式碼還有一些改進的空間，我們可以試著將原本第 10-14 行以及第 16-25 行的兩個 for 迴圈合併為一個，在取得 scores[i] 的數值後，直接進行後續的檢查與計算；除此之外，原本第 18-24 的 if 敘述也可以使用條件運算式改寫讓程式碼更為精簡。我們將修改過後（更為精簡）的程式碼顯示於 Example 8-11：

Example 8-11：調整學生成績（精簡版）

Location:/Examples/ch8
Filename:ScoreAdjustment2.c
Testing file:ScoreAdjustment.in

```c
1   #include <stdio.h>
2   #define STUDENTS 50
3
4   int main()
5   {
6       int scores[STUDENTS];
7       int i;
8
9       printf("Please input scores of %d students:\n", STUDENTS);
10      for(i=0;i<STUDENTS;i++)
11      {
12          printf("Student #%d: ", i+1);
13          scanf("%d", &scores[i]);
14          scores[i]=scores[i]>=50?scores[i]+10>100?100:scores[i]+10:scores[i];
15      }
16
17      printf("\nThe adjusted scores are as follows:\n");
18      for(i=0;i<STUDENTS;i++)
19      {
20          printf("The score of student #%d is %d.\n", i+1, scores[i]);
21      }
22  }
```

此程式的第 10-15 行的 for 迴圈在走訪陣列的同時，分別於第 13 行與第 14 行完成了取回以及檢查、計算陣列元素數值的動作。至於此程式的執行結果則與 Example 8-10 完全一致，在此不與贅述。

　　接下來我們所要介紹的 Example 8-12 是一個計算並輸出學生成績等第的程式，它將使用 traversing array 相關應用讓使用者輸入 50 位學生的國文、英文與數學成績到 scores3Subjects 二維陣列裡，在計算每位學生的平均成績後，判定學生的等第並加以輸出。成績等第評定標準如下：

❖ A：平均成績大於等於 90

❖ B：平均成績大於等於 80 但小於 90

❖ C：平均成績大於等於 70 但小於 80

❖ D：平均成績大於等於 60 但小於 70

❖ E：平均成績小於 60

Example 8-12 的程式碼如下：

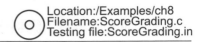

Example 8-12：**計算並輸出學生成績等第**

Location:/Examples/ch8
Filename:ScoreGrading.c
Testing file:ScoreGrading.in

```c
1   #include <stdio.h>
2   #define STUDENTS 50
3
4   int main()
5   {
6       int scores3Subjects[STUDENTS][3];
7       char grades[STUDENTS];
8       int i, j, totalScore;
9       double average;
10
11      printf("Please input scores (Chinese, English and Math) of students:\n");
12      for( i=0; i<STUDENTS; i++)
13      {
14      printf("Student #%d: ", i+1);
15          for(j=0;j<3;j++)
16          {
17              scanf("%d", &scores3Subjects[i][j]);
18          }
19          totalScore=scores3Subjects[i][0]+
20                      scores3Subjects[i][1]+
21                      scores3Subjects[i][2];
22          average=totalScore/3.0;
23
24          switch((int)average/10)
25          {
26              case 10:
27              case 9:  grades[i]='A'; break;
28              case 8:  grades[i]='B'; break;
29              case 7:  grades[i]='C'; break;
30              case 6:  grades[i]='D'; break;
31              default:  grades[i]='E'; break;
32          }
33      }
34      printf("\nThe grades of students are as follows:\n");
35      printf("Student #\tGrade\n---------\t-----\n");
36      for(i=0;i<STUDENTS;i++)
37      {
38          printf("%5d\t\t  %c\n",i+1, grades[i]);
39      }
40  }
```

此程式宣告了兩個陣列，其中一個是第 6 行用以存放每位學生的 3 個科目成績的
scores3Subjects 二維陣列，另一個則是第 7 行用以存放每位學生等第的 grades 陣列（由於
學生的等第是 A-E 的英文字母，所以被宣告為 char 型態的陣列）。在第 12-33 行的雙層巢
狀迴圈，就是負責用以取得使用者所輸入的學生成績；其中第 15-18 行是負責取回每一位
學生的國文、英文與數學成績。第 19-22 行則依據所取回的 3 個科目的成績，計算學生的

平均成績，並將其存放於 average 變數裡。後續在第 24-32 行，則利用 average 除以 10 的整數值（由於 average 是 double 型態的變數，因此 average/10 必須進行顯性型態轉換（explicit conversion）將其轉換為 int 整數型態）做為 switch 敘述的 int_expression[28]，依據平均分數除以 10 的運算結果，將分數所對應的成績等第存放於 grades 陣列裡[29]。最後在第 34-39 行，則是將學生等第以清單的方式加以輸出。此程式執行結果如下（為便利讀者測試起見，我們亦在 ScoreGrading.c 同一個目錄裡，提供了檔名為 ScoreGrading.in 的測試檔以節省讀者輸入測試資料的時間）：

```
[2:29 user@ws example] ./a.out ↵
Please △ input △ scores △ (Chinese, △ English △ and △ Math) △ of △ students: ↵
Student △ #1: △ 100 △ 90 △ 95 ↵
Student △ #2: △ 80 △ 82 △ 85 ↵
                    ⋮
Student △ #50: △ 49 △ 58 △ 37 ↵
↵
The △ grades △ of △ rstudents △ are △ as △ follows: ↵
Student△#|◀━━━━━━▶|Grade↵
-------- |◀━━━━━━▶|-----↵
△△△ 1|◀━▶|◀━━━━━━▶| △△ A↵
△△△ 2|◀━▶|◀━━━━━━▶| △△ B↵
                    ⋮
△△△ 50|◀━▶|◀━━━━━━▶| △△ E↵
[2:29 user@ws example]
```

　　正如本小節開頭處所說的，走訪陣列是許多陣列應用的基礎，除了我們已提供的程式範例外，還有許許多多的應用都會使用到走訪陣列或其衍生的操作，其中也包含我們在下一小節所要介紹的聚集運算。

8-4-2　聚集運算

　　所謂的聚集運算（arggregation）[30] 是指對所有陣列元素所進行的運算，包含求總和（sum）、平均值（average）、最大值（maximum）、最小值（minimum）以及計數（count）等運算，其中總合與平均值是將所有陣列元素進行加總與求其平均值，最大值與最小值則是找出在所有陣列元素中的最大值與最小數值，計數則是計算符合條件的陣列元素個數，以下我們分別加以說明：

1.　總合與平均

　　總合（sum）與平均（average）的運算可以使用走訪陣列的框架來完成實作，請參考以下的程式碼片段：

28　關於 switch 敘述的 int_expression，請參考本書第 6 章的 6-3 節（第 6-14 頁）。
29　關於分數與成績等第的轉換，可參考本書第 6 章 Example 6-10 的 grade.c 程式，其觀念與做法與此處完全一致，只不過 grade.c 是將等第輸出，此處則是將其存放於陣列裡。
30　Arggregation 又常被譯做「聚合運算」或「彙總運算」。

Example 8-13：**計算學生成績總和與平均**

Location:/Examples/ch8
Filename:SumAndAverage.c
Testing file:SumAndAverage.in

```c
1   #include <stdio.h>
2   #define STUDENTS 50
3
4   int main()
5   {
6       int scores[STUDENTS];
7       int sum=0,i;
8       double average;
9
10      printf("Please input scores of %d students:\n", STUDENTS);
11      for(i=0;i<STUDENTS;i++)
12      {
13          printf("Student #%d: ", i+1);
14          scanf("%d", &scores[i]);
15          sum=sum+scores[i]; // 亦可寫做 sum+=scores[i];
16      }
17      average=sum/(double)STUDENTS;
18      printf("The sum and average are %d and %.2lf.\n", sum, average);
19  }
```

此程式利用第 11-16 行的迴圈，進行走訪陣列的操作，其中第 14 行的 scanf() 逐一取回了每一個學生的成績（就如同 8-4-1 節之 (1) 所使用的方式），而第 15 行則是將取回的成績使用「sum=sum+scores[i];」逐個累加到 sum 變數裡 — 其運作的原理正如第 7 章的 Example 7-4（第 7-10 頁）一樣，只不過以前累加的是迴圈變數 i，而現在則是以迴圈變數 i 做為索引值，將 scores[i] 累加到 sum 變數裡。離開迴圈後的第 17 行，我們再將 sum 除以學生的人數，就可以得到平均成績了。此程式的執行結果如下（為便利讀者測試起見，我們亦在同一個目錄裡，提供了檔名為 SumAndAverage.in 的測試檔以節省讀者輸入測試資料的時間）：

```
[2:29 user@ws example] ./a.out ↵
Please △ input △ scores △ of △ 50 △ students: ↵
Student △ #1: △ 89 ↵
Student △ #2: △ 100 ↵
          ⋮
Student △ #50: △ 100 ↵
The △ sum △ and △ average △ are △ 4206 △ and △ 84.12. ↵
[2:29 user@ws example]
```

此程式還有兩點要提醒讀者注意，首先在第 13 行利用迴圈變數 i 的數值，在每個迴圈回合裡依序印出「Student #1：」、「Student #2」、…、「Student #50:」來提示使用者依序輸入 50 位學生的成績；但是由於在迴圈執行的過程中，迴圈變數 i 的數值是從 0 開始遞增到 STUDENTS – 1（也就是 49），而不是我們所需要的 1 到 50，所以在第 13 行的「printf("Student #%d: ", i+1);」是印出的是 i+1 的數值，而不是 i。其次，我們為了確保得到正確的除法運算結果，所以在 STUDENTS 前面使用 (double) 來進行顯性型態轉換，以避免除法運算子左右兩側的運算元都是整數而導致的不正確（或不夠精確）的運算結果。

2.　最大值與最小值

在陣列中尋找最大值（maximum）與最小值（minimum）同樣可以使用走訪陣列的框架來完成實作，且兩者基本上是相同的。請先參考以下找出最大值的程式碼：

Example 8-14：找出最高分的成績（也就是陣列中的最大值）

Location:/Examples/ch8
Filename:MaxScore.c
Testing file:Score1.in 與
Score2.in

```
1   #include <stdio.h>
2   #define STUDENTS 50
3
4   int main()
5   {
6       int scores[STUDENTS];
7       int max=0,i;
8
9       printf("Please input scores of %d students:\n", STUDENTS);
10      for(i=0;i<STUDENTS;i++)
11      {
12          printf("Student #%d: ", i+1);
13          scanf("%d", &scores[i]);
14          if(max<scores[i])
15              max=scores[i];
16      }
17      printf("The maximum score is %d.\n", max);
18  }
```

此程式在走訪陣列的同時，也將最高分的成績存放在第 7 行所宣告的變數 max 裡。在走訪陣列的過程中，max 變數代表著在已走訪過的陣列元素中的最大值 — 因此在還沒開始走訪前，其初始值在第 7 行被設定為 0。在第 10-16 行的迴圈進行回合的過程中，其迴圈變數 i 將從 0 開始遞增到 STUDENTS-1；在第 1 個回合裡，第 14 行的「if(max<scores[i])」將初始值為 0 的 max 變數與 scores [0] 進行比較，若是 scores[0] 的數值比 max 還大，那就執行第 15 行讓 max 的數值設定為 scores[0] 的數值；若是 scores[0] 沒有比 max 還大，則不用做任何處置 — 無論如何，在第 1 回合結束時，max 就成為了已走訪過（也就是已比較過）的陣列元素裡的最大值。在接下來的第 2 回合裡，第 14 行的「if(max<scores[i])」所比較的將是 max（在已比較過的數字中的最大值）與 scores[1]，若是 scores[1] 的數值比 max 還大，就將 max 的數值設定為 scores[1] — 讓 max 成為已走訪過的陣列元素中的最大值。後續依此類推，在迴圈的第 i 個回合時，已經是前面 n-1 個陣列元素中的最大值的 max 將和 scores[i-1] 比較，若是 scores[i-1] 的值比 max 還大，則將其值設定做為 max 的數值。最終，當 STUDENTS 個回合都結束時，max 就會成為全部 STUDENTS 個學生的成績中的最大值。

此程式執行結果如下：

```
[2:29 user@ws example] ./a.out ⏎
Please △ input △ scores △ of △ 50 △ students: ⏎
Student △ #1: △ 89 ⏎
Student △ #2: △ 100 ⏎
            ⋮
Student △ #50: △ 100 ⏎
The △ maximum △ score △ is △ 100. ⏎
[2:29 user@ws example]
```

　　為便利讀者測試起見，我們亦在同一個目錄裡，提供了檔名為 Score1.in 與 Score2.in 的測試檔以節省讀者輸入測試資料的時間，其中 Score1.in 的執行結果就和上面所附的結果一樣。但是另一個 Score2.in 測試檔的執行結果並不正確！因為我們在該測試檔中「故意」放置了 50 個「負」的成績（其中最大值為 -8 分）：

```
[2:29 user@ws example] cat △ Score2.in ⏎
-10 ⏎
-8 ⏎
⋮
-10 ⏎
[2:29 user@ws example]
```

當程式執行此一測試檔時，其執行結果如下：

```
[2:29 user@ws example] ./a.out △ < △ Score2.in ⏎
 ⋮
The △ maximum △ score △ is △ 0. ⏎
[2:29 user@ws example]
```

雖然學生成績不太可能（應該是根本不可能！）全部都是負的，但問題是此一尋找陣列中最大數值的程式並不是正確的！以後若將此程式應用在其它的數據處理問題時，只要所有在陣列中的數值皆為負數時，就會發生錯誤！

　　歸根究底，此程式的錯誤在於用以表示所有已走訪過的陣列元素之最大值的 max 變數，其初始值為 0 的設定並不正確！因為當所有陣列元素都為負數時，初始值 0 已經比所有的陣列元素都還要大，那麼在程式中第 14 行的「if(max<scores[i])」就永遠都不會成立。因此走訪完陣列中所有的元素後，max 的數值仍然會維持時原本的初始值，並不會是陣列中的最大值 — 甚至不是陣列中的任何一個數值！

　　要解決這個問題並不困難，我們只要將 max 的初始值改為陣列中的某個數值即可，例如將其設定為第 1 個元素 scores[0] 的數值；如此一來，就算所有元素都是負數時，也不會再發生所有元素都比 max 的初始值還小的情況 — 至少其第 1 個元素（也就是 max 的初始值）不會！以下是修改過後正確的程式：

Example 8-15：找出最高分的成績（也就是陣列中的
　　　　　　　最大值）

Location:/Examples/ch8
Filename:MaxScore2.c
Testing file:Score1.in 與
Score2.in

（令 max=scores[0] 的正確版本）

```
1   #include <stdio.h>
2   #define STUDENTS 50
3
4   int main()
5   {
6       int scores[STUDENTS];
7       int max,i;
8
9       printf("Please input scores of %d students:\n", STUDENTS);
10      for(i=0;i<STUDENTS;i++)
11      {
12          printf("Student #%d: ", i+1);
13          scanf("%d", &scores[i]);
14          if(i==0)
15              max=scores[0];
16          else if(max<scores[i])
17              max=scores[i];
18      }
19      printf("The maximum score is %d.\n", max);
20  }
```

在上述程式裡，第 14 行是用來判斷是否是迴圈的第 1 個回合（當 i 等於 0 的時候），若是則在第 15 行將 max 的初始值設定為 scores[0]，以解決當所有陣列元素皆為負數時的所發生的錯誤。

由於上述的 Example 8-14 與 8-15 都是在走訪陣列的同時，完成取得使用者所輸入的成績與進行尋找最大值的工作。但若是先取得成績後，再開始尋找最大值，則程式又可修改如下：

Example 8-16：找出最高分的成績（也就是陣列中的
　　　　　　　最大值）

Location:/Examples/ch8
Filename:MaxScore3.c
Testing file:Score1.in 與
Score2.in

（先取得成績後，再開始尋找）

```
1   #include <stdio.h>
2   #define STUDENTS 50
3
4   int main()
5   {
6       int scores[STUDENTS];
7       int max,i;
8
9       printf("Please input scores of %d students:\n", STUDENTS);
10      for(i=0;i<STUDENTS;i++)
11      {
```

```
12           printf("Student #%d: ", i+1);
13           scanf("%d", &scores[i]);
14       }
15
16       max=scores[0];
17       for(i=1;i<STUDENTS;i++)
18       {
19           if(max<scores[i])
20               max=scores[i];
21       }
22
23       printf("The maximum score is %d.\n", max);
24   }
```

由於此程式先在第 10-14 行的迴圈裡，取得了使用者所輸入的學生成績。後續在尋找最大值時，先在第 16 行設定 max 的初始值為 scores[0]，然後才在第 17-21 行的迴圈裡完成最大值的尋找。其中要特別注意的是，第 17-21 行的迴圈，其迴圈變數只需要從 1 開始逐次遞增到 STUDENTS-1，而不用從 0 開始 — 因為 scores[0] 已經做為 max 的初始值，我們可以略過 max 與 scores[0] 的比較。

有時候，某些應用所需要找出的並不是陣列中最大的數值，而是要找出最大的數值所在的索引位置。請參考以下的 Example 8-17 程式，我們將用以代表所有已走訪過的陣列元素中的最大值的 max 變數，改為 maxIndex — 代表所有已走訪過的陣列元素中的最大值所在的索引位址。

Example 8-17：找出最高分的成績的索引位址

Location:/Examples/ch8
Filename:MaxScore3.c
Testing file:Score1.in 與
Score2.in

```
1   #include <stdio.h>
2   #define STUDENTS 50
3
4   int main()
5   {
6       int scores[STUDENTS];
7       int maxIndex,i;
8
9       printf("Please input scores of %d students:\n", STUDENTS);
10      for(i=0;i<STUDENTS;i++)
11      {
12          printf("Student #%d: ", i+1);
13          scanf("%d", &scores[i]);
14      }
15
16      maxIndex=0;
17      for(i=1;i<STUDENTS;i++)
18      {
19          if(scores[maxIndex]<scores[i])
```

```
20            maxIndex=i;
21        }
22
23        printf("The student #%d has the highest score.\n", maxIndex+1);
24 }
```

此程式在第 10-14 行取得使用者所輸入的成績後，在第 17-21 行開始走訪陣列以找出最大值所在的索引位址。不過在開始走訪前，先在第 16 行將 maxIndex 設定為 0，表示索引值 0 為走訪開始前的最大值所在之處，後續第 17-21 行的 for 迴圈，則令其迴圈變數 i 從 1 開始到 49（也就是 STUDENTS-1），將除了陣列索引值為 0 的元素以外的每一個元素進行逐一的比較，只要第 19 行的「scores[maxIndex]<scores[i]」條件成立，就執行第 20 行的「maxIndex=i;」讓 maxIndex 維持為「所有已走訪過的陣列元素中的最大值所在的索引位址」。最後當完成走訪陣列後，maxIndex 就成了所有陣列元素中最大值所在的索引位址。我們在第 23 行將最大值所在的位址，使用 printf() 加以輸出 — 不過由於陣列的索引值是從 0 開頭，為了顧及一般使用者習慣於使用 1 做為開頭，所以第 23 行是將 maxIndex 的數值加 1 以後才加以輸出。此程式的執行結果如下：

```
[2:29 user@ws example] ./a.out
Please input scores of 50 students:
Student #1: 89
Student #2: 100
            ⋮
Student #50: 100
The student #2 has the highest score.
[2:29 user@ws example]
```

看完了以上討論如何找出陣列中最大值之後，現在讓我們來看看如何找出最小值，請參考以下的 Example 8-18：

Example 8-18：找出最低分的成績（也就是陣列中的最小值）

Location:/Examples/ch8
Filename:MinScore.c
Testing file:Score1.in 與 Score2.in

```
1  #include <stdio.h>
2  #define STUDENTS 50
3
4  int main()
5  {
6      int scores[STUDENTS];
7      int min,i;
8
9      printf("Please input scores of %d students:\n", STUDENTS);
10     for(i=0;i<STUDENTS;i++)
11     {
12         printf("Student #%d: ", i+1);
13         scanf("%d", &scores[i]);
```

```
14        }
15
16      min=scores[0];
17      for(i=1;i<STUDENTS;i++)
18      {
19          if(min> scores[i])
20              min=scores[i];
21      }
22
23      printf("The minimum score is %d.\n", min);
24 }
```

此程式於第 7 行所宣告的 min 變數，將用以代表已走訪過的陣列元素中的最小值，並於第 16 行將其初始值設定為陣列的第 1 個元素。後續第 17-21 行的 for 迴圈從 scores[1] 開始走訪到 scores[STUDENTS-1]（也就是 scores[49]），並在過程中於第 19 行尋找小於 min 的陣列元素，並將其在第 20 行設定為 min 的新數值。說穿了，此程式與 Example 8-16 並沒有什麼不同，差別只在於在走訪陣列時，所找的不是數值比較大的陣列元素，而是要找小的 — 也就是從「if(max<scores[i])」變成「if(min>scores[i])」而已，其程式邏輯並沒有不同。以下是其執行結果：

```
[2:29 user@ws example] ./a.out ↵
Please △ input △ scores △ of △ 50 △ students: ↵
Student △ #1: △ 89 ↵
Student △ #2: △ 100 ↵
              ⋮
Student △ #50: △ 100 ↵
The △ minimum △ score △ is △ 10. ↵
[2:29 user@ws example]
```

3.　計數

計數（count）是要在陣列中尋找符合特定條件的元素之個數[31]，只要在走訪陣列的時候，逐一比對陣列元素，並在找到符合條件的元素後，將一個用以計數的變數的數值遞增即可。以下的程式範例會找出成績及格的學生人數（也就是找出在陣列中數值大於等於 60 分的元素個數）：

Location:/Examples/ch8
Filename:NumPassed.c
Testing file:Score1.in 與 Score2.in

Example 8-19：找出及格的學生人數

```
1  #include <stdio.h>
2  #define STUDENTS 50
3
4  int main()
5  {
```

[31] 計數與 8-4-1 節所介紹的「搜尋陣列元素」類似，但計數是要找出符合特定條件的元素有幾個？而不只是找出符合的元素。

```
 6        int scores[STUDENTS];
 7        int count=0,i;
 8
 9        printf("Please input scores of %d students:\n", STUDENTS);
10        for(i=0;i<STUDENTS;i++)
11        {
12            printf("Student #%d: ", i+1);
13            scanf("%d", &scores[i]);
14        }
15
16        for(i=0;i<STUDENTS;i++)
17        {
18            if(scores[i]>=60)
19                count++;
20        }
21
22        printf("The number of passed students is %d.\n", count);
23    }
```

此程式使用第 7 行所宣告的 count 變數，來記載在陣列中有多少個及格的學生成績。當然在開始尋找之前，count 變數的初始值為 0。後續在第 16-20 行的 for 迴圈裡，利用從 0 到 STUDENTS-1（也就是 49）的迴圈變數 i，來逐一檢視學生成績是否及格（也就是第 18 行的「if(scores[i]>=60)」），並在找到及格的分數時，使用第 19 行的 count++ 來遞增 count 的數值。當迴圈結束後，count 變數的值即為及格的學生人數，並在第 22 行將其值加以輸出。此程式的執行結果如下：

```
[2:29 user@ws example] ./a.out ↵
Please △ input △ scores △ of △ 50 △ students: ↵
Student △ #1: △ 89 ↵
Student △ #2: △ 100 ↵
              ⋮
Student △ #50: △ 100 ↵
The △ number △ of △ passed △ students △ is △ 45. ↵
[2:29 user@ws example]
```

接著，讓我們來計算全班分數的加總，並且將總和除以人數以得到平均分數：

```
int sum=0;
double average;

for(i=0;i<numberOfStudents;i++)
{
    sum+=score[i];
}
average = sum /(double)numberOfStudents;
printf("sum=%d\naverage=%f\n", sum, average);
```

在上面這段程式中，初始值為 0 的 sum 整數變數在迴圈那逐一將 score[i] 的值累加起來；因為迴圈變數將會從 i=0 執行到 numberOfStudents-1，所以 score 陣列中的所有元素的值就可以被加總到 sum 變數裡。在離開迴圈後，我們再將 sum 除以學生的人數，就可以得到平均成績了。

再來，讓我們試試找出全班最高分：

```
int max;
max=score[0]; // max 為目前為止的最高分，在開始前設定第 1 筆資料為最高分

for(i=1;i<numberOfStudents;i++) // i 從 1 開始，因為 score[0] 已經放在 max 中了
{
    if( max < score[i] ) // 只要目前這一筆資料 score[i] 比目前為止的最大值還大
        max = score[i]; // 就將其設定為目前為止的最大值
}
printf("max=%d\n", max);
```

此程式先宣告一個名為 max 的變數，做為稍後在使用迴圈逐一比較陣列內的學生分數時的最大值 — 更明確來說，是所有已經比較過的學生分數中的最大值。在迴圈開始前，我們將 max 變數的值設定為 score[0]，用以表示 max 是截至目前為止，所有比較過的數字中的最大值 — 很明顯地，目前僅有第一個數字（也就是 score[0] 被比較過）。接下來透過 i=1 到 numberOfStudents-1 的迴圈變數，在迴圈的執行回合裡，逐次讓 max 變數（截至目前為止的最大值）與 score[i] 進行比較；若是 score[i] 比 max 還要大，就表示 score[i] 才是截至目前為止的最大值，因此執行 max=score[i] 以更新 max 的數值。此迴圈結束後，max 變數已和陣列中所有的數字都進行過比較（若其值較小則更新其值為 score[i]），所以 max 即為所有數字中的最大值。

接下的這段程式碼將計算全班的及格人數（分數大於等於 60 分的人數）：

```
int count=0;
for(i=0;i<numberOfStudents;i++)
{
    if(score[i]>= 60)   // 只要及格就把 count 的值遞增 1
        count++;
}
printf("count=%d\n", count);
```

此程式同樣透過反覆執行的迴圈，逐一檢視 score[i] 的值是否大於 60；若是則將 count 的數值遞增（其初始值為 0）。最後迴圈結束後，count 變數的值即為及格的學生人數。

8-4-3　排序

不論在何種領域，排序（sorting）都是十分常見的應用，例如學生成績的排序（由最高分排到最低分）、通訊錄的排序（依姓名筆劃序）、作業系統的工作排程（依據優先權由高而低執行工作）等，本小節將介紹一個常用的排序方法 — 氣泡排序法（bubble sort），並提供完整的程式碼供讀者參考。此外，排序有兩種可能的目的，分別是「由小到大」的遞增排序（incremental sort）以及「由大到小」的遞減排序（decremental sort）— 其實兩者的本質完全相同，差別只在於排序過程中如何進行數字與數字間的比較而已。後續本小節將針對遞減排序（也就是由大到小的順序）進行說明，至於遞增排序讀者可以自行加以修改。

為了便利後續的討論，以下我們先定義一個常數 N [32]，用以代表陣列元素的個數（也就是欲進行排序的數字個數），並使用它來進行 int 整數陣列 data 的宣告；未來如果需要將氣泡排序法應用在不同大小的陣列時，只需要修改 N 的常數定義即可：

```
#define N 10
int data[N]={ 10, 33, 3, 60, 65, 125, 1, 34, 110, 18 };
```

氣泡排序法方法的概念是使用一個「分隔器（splitter）」將陣列裡的數字分為兩類，一類是索引值小於分隔器的「未排序數字（unsorted numbers）」，另一類則是索引值大於等於分隔器的「已排序數字（sorted numbers）」。為了便利後續的討論，我們假設程式中存在一個名為 splitter 的變數，代表用以區分已排序和未排序數字的分隔器。在排序開始前，splitter 變數的值會設定為陣列的大小 N（以 data 陣列為例，其值為 10），如圖 8-14 所示，所有陣列元素的索引值都小於 N（也就是 10），所以在排序開始前，所有的數字都屬於未排序數字，且沒有任何數字屬於已排序數字。

圖 8-14：氣泡排序法在初始時，所有數字都是未排序的

開始進行排序後，氣泡排序法針對大小為 N 的陣列，使用一個外層的 for 迴圈來進行 N-1 個回合的操作，其中每一個回合都會在「未排序數字」中找出一個最小的數字[33]，將它搬移到索引值為 splitter -1 的陣列位址（也就是未排序數字裡的最右側），並在回合結束前將 splitter 的數值減 1 以反映新的未排序與已排序數字的分界。由於 splitter 的初始值為 N，

32　讀者可以視需求變更 N 的數值，就可以套用在更多或更少數字的排序問題。
33　此處考慮的是遞減排序，所以是找出最小的數字；相反地，若考慮遞增排序則是找出最大的數字。

當 N-1 個回合完成後，splitter 的數值將會等於 1（因爲每個回合結束前都會減 1），這就表示在已排序數字裡已包含有 N-1 個已排好序的數字（也就是 data[1] 到 data[N-1] 間的所有元素），且將僅剩下唯一一個未排序數字（也就是 data[0]）。因爲在前面 N-1 個回合裡，所有比 data[0] 還小的數字都已經搬移到已排序數字裡了，所以 data[0] 必定是所有數字中的最大值，至此從 data[0] 開始到 data[N-1]，這 N 個陣列元素已經完成由大而小的遞減排序。

至於在每個回合裡，氣泡排序法使用了一個內層的迴圈來找出最小的數字，並將其搬移到正確的位置。具體來說，此內層迴圈將逐一拜訪在未排序數字裡的所有數字，讓彼此相鄰的兩個數字進行比較，若是左方的數字小於右方則將它們加以交換；其結果會讓數值較小的數字在一次次的比較與交換中，逐漸往右方移動直到加入已排序數字爲止。這個過程就好像是水族箱中的氣泡由下往上浮動一樣，所以被稱之爲氣泡排序法（bubble sort）。爲便利後續討論起見，我們分別將外層與內層迴圈的迴圈變數分別命名爲 i 與 j，並先將氣泡排序法方法的程式框架表達如下：

```
// 外層迴圈將執行N-1 個回合
// 每個回合找出在未排序數字中的最小值，並放入已排序數字裡
for (i=0; i<N-1; i++)
{
// 內層的迴圈負責走訪陣列裡的未排序數字
// 並將較大的數字往右方移動
        for(j=0; j< N-i-1; j++)   // 從 data[0] 進行到 data[N-i-2]
        {
            // 每次比較 data[j] 與其右側的 data[j+1]
            if( data[j] < data[j+1] ) // 如果 data[j] 小於 data[j+1]，則讓兩數交換
            {
                // 將 data[j] 與 data[j+1] 進行兩數交換；
                temp=data[j];
                data[j]=data[j+1];
                data[j+1]=temp;
            }
        }
}
```

讓我們開始使用大小爲 10 的 data 陣列，來說明上面的氣泡排序法程式框架是如何在 N-1 個外層迴圈的回合裡，完成 N 個數字排序的詳細過程。

首先在第 1 個回合裡（此時外層的 for 迴圈之迴圈變數 i 的數值爲 0），內層的 for 迴圈將會把在未排序數字裡的數字（也就是 data[0]~data[N-1]，其中 data[N-1] 在此例中即爲 data[9]）進行兩兩的比對；具體來說，內層迴圈的迴圈變數 j 將從 0 開始執行到其測試條件 j<N-i-1 不成立爲止 — 由於 N=10 且此時外層迴圈的迴圈變數 i 的值爲 0，因此此條件就等同於 j<9；換句話說，內層迴間將執行 N-i-1 個回合（也就是 9 個回合），其迴圈變數 j 將從 0 逐次遞增到 8 爲止。在每個內層迴圈的回合裡，氣泡排序法將會配合變數 j，針對 data[j] 與 data[j+1] 進行數值比較，若是 data[j]<data[j+1] 就將兩個數字進行交換。

　　為了讓讀者更容易瞭解其過程，我們將此其詳細的運作過成程顯示於圖 8-15。具體來說，在 j=0 時（也就是內層的第 1 個回合），其所比較的是 data[0] 與 data[1]，由於 data[0]<data[1]，所以這兩個數字將會被交換。接著當 j=1 時（也就是內層迴圈的第 2 回合），繼續比較 data[1] 與 data[2] 的數值，由於 data[1] 沒有小於 data[2]，所以不需要進行交換。當 j=2 時（也就是第 3 回合），因為 data[2]<data[3]，所以會進行這兩個數字的交換。後續依照這個做法反覆進行，直到 j=8 時，我們比較 data[8] 與 data[9] 的數字並且進行兩數交換。至此，外層迴圈的第一個回合已經完成，如圖 8-15 所示，此回合結束時，已排序數字將會擁有第一個數字 — 所有陣列元素中的最小值！它是經由內層迴圈不斷地將相鄰數字中較小者往右方搬移而來，且最終會存放在 data[N-1]（也就是 data[9]，也是陣列的最後一個位置）裡。在此回合結束前，我們也將 splitter 數值減 1，以更新未排序數字與已排序數字的分界 — data[0] 到 data[8] 仍屬於未排序數字，但是 data[9] 已經歸屬為已排序數字。

注意　兩數交換（Swapping Two Numbers）

　　在上述氣泡排序法方法的說明裡，當我們在未排序數字裡進行 data[j] 與 data[j+1] 這兩個數字的比較時，如果 data[j] 小於 data[j+1] 的話，我們必須將這兩個數字的數值進行交換。此時，最直覺的想法是使用以下的程式碼將它們交換：

```
data[j]=data[j+1];
data[j+1]=data[j];
```

　　但是這並不是正確的寫法！因為第 1 行的「data[j]=data[j+1];」已經將 data[j] 的數值改變為 data[j+1] 的數值；當我們再執行第 2 行的「data[j+1]=data[j];」時，data[j] 的數值已經不是其原本的數值，所以最終的結果將會是 data[j] 與 data[j+1] 的數值都是相同的 — 都是 data[j+1] 的數值。

　　為了要能夠正確地進行兩個數字的交換，應該要先將 data[j] 原本的數值保存在另一個變數裡，也就是程式片段裡的 temp 變數；等到我們需要在 data[j] 原有的數值設定為 data[j+1] 的數值時，只要將 temp 變數的數值設定給 data[j+1] 即可完成這兩個數字的交換。以下的程式碼才是正確的兩數交換：

```
temp=data[j];       // 讓 temp 保存 data[j] 原本的數值
data[j]=data[j+1];  // 將 data[j] 的數值改為 data[j+1] 的數值
data[j+1]=temp;     // 將 data[j+1] 的數值改為 temp（也就是 data[j] 原本的數值）
```

　　此處所使用的 temp 變數名稱，是一種常用的命名方式 — 把暫時性或臨時性的變數以 temporal（臨時的）的前四個字母進行命名；這是一個普遍被採用的變數命名習慣，相信讀者未來應該還有很多機會看到被命名為 temp 的變數。

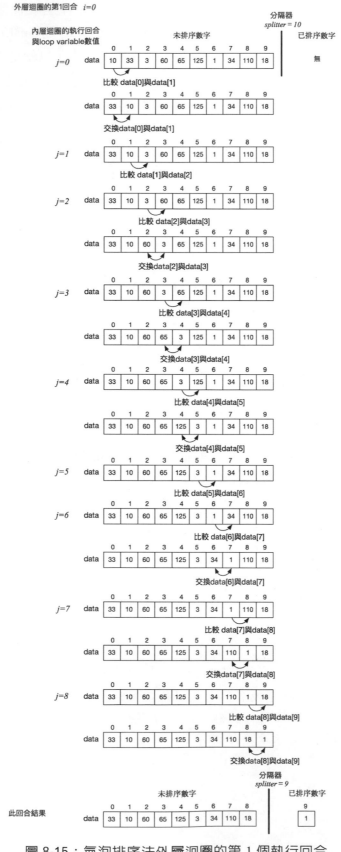

圖 8-15：氣泡排序法外層迴圈的第 1 個執行回合

接下來，讓我們繼續進行外層迴圈的第 2 個執行回合（其迴圈變數 i=1），請參考圖 8-16，如同第 1 個回合一樣，內層迴圈的迴圈變數 j 一樣是從 0 開始，將未排序數字裡的數字進行兩兩比較，若 data[j]<data[j+1] 就進行兩數交換，以確保較小的數字會往右側移動。由於未排序數字此時包含從 data[0] 到 data[8] 共 9 個數字（也就是 data[0]~data[N-i-1]），所以內層迴圈只需要執行到 j=7 時，就可以比較完所有的未排序數字。因此內層迴圈的測試條件「j<N-i-1」（由於 N=10，且此時 i=1，此測試條件就等同於「j<8」），就可以讓迴圈只執行到 j=7 時。最後在此回合結束時，在未排序數字裡最小的數字，就會被放置在 data[8] 這個位置。這個數字不但是 data[0] 到 data[8] 裡最小的數字，同時也是全部 10 個數字中第 2 小的數字 ─ 第 1 小的數字已經在上一個回合得到並放置在 data[9] 的位置裡。現在，我們只要將 splitter 的數值減 1（從 9 變為 8），就可以用以表示 data[0] 到 data[7]（陣列索引值小於 splitter）為未排序數字，至於 data[8] 與 data[9] 則是已排序數字；更重要的是，所有已排序數字都已經放置在「適當的位置」了 ─ 最小的數字放在最後一個位置，第 2 小的數字則放在倒數第 2 個位置。

後續，類似的程序將反覆持續進行，請參考圖 8-17 至圖 8-23。請特別注意這 10 個數字的排序只需要進行 9 個回合（也就是 N-1 個回合）的操作，因為第 9 個回合完成後，只要將所剩下的唯一一個未排序數字加入已排序數字就可以完成排序。

透過觀察這些回合的執行結果，我們可以歸納出的如下的結論：

在第 i 個回合結束時，我們可以在原本有 N-i 個數字的未排序數字裡找到最小的數字，並將其放置於 data[N-i-1] 裡；由於這個未排序數字中的最小值，不但是全部 10 個數字中的第 i 小的數字，同時它也大於所有在已排序數字中的數字，因此只要把它放在所有已排序數字的左側，並調整 splitter（將其數值減 1）將它涵蓋於內，就可以完成這個回合的目標：找出未排序數字中的最小值，並加入到已排序數字中的適當位置。

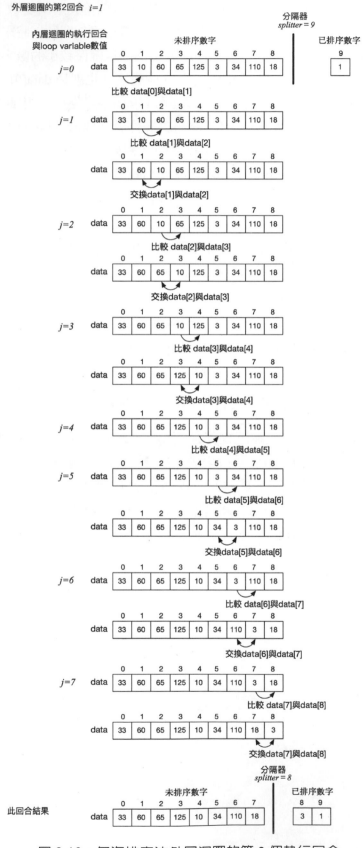

圖 8-16：氣泡排序法外層迴圈的第 2 個執行回合

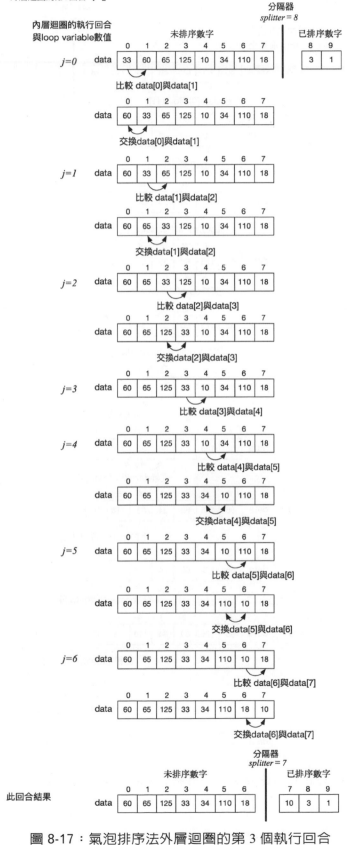

圖 8-17：氣泡排序法外層迴圈的第 3 個執行回合

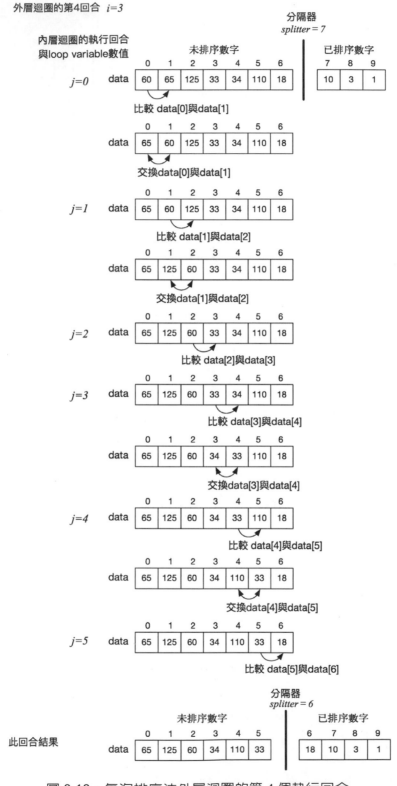

圖 8-18：氣泡排序法外層迴圈的第 4 個執行回合

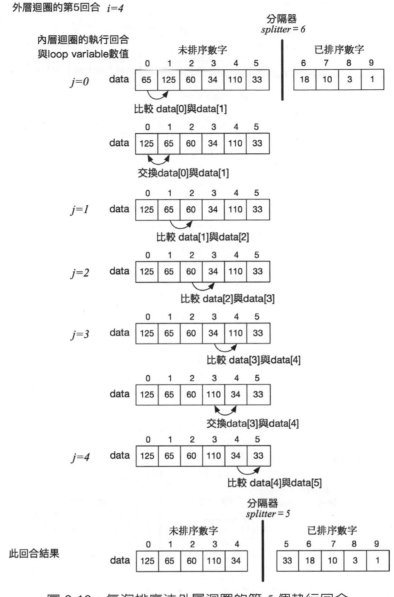

圖 8-19：氣泡排序法外層迴圈的第 5 個執行回合

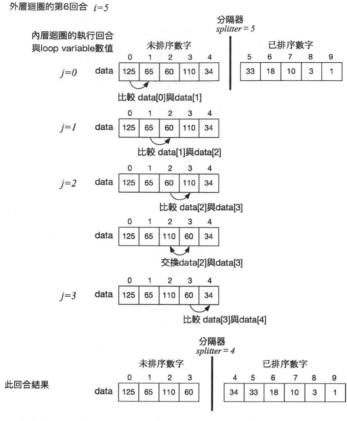

圖 8-20：氣泡排序法外層迴圈的第 6 個執行回合

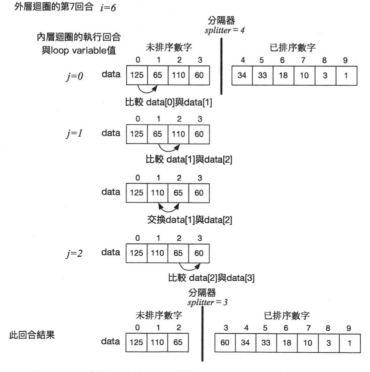

圖 8-21：氣泡排序法外層迴圈的第 7 個執行回合

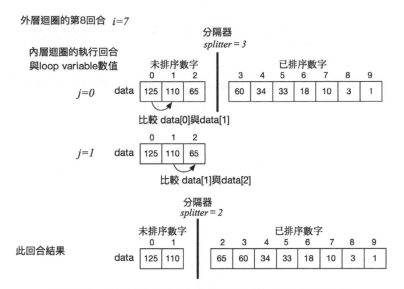

圖 8-22：氣泡排序法外層迴圈的第 8 個執行回合

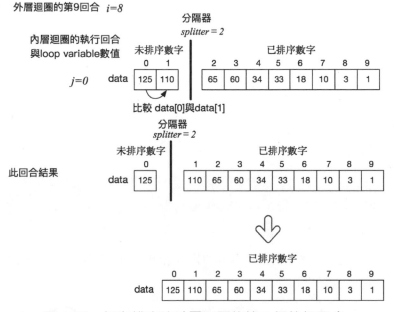

圖 8-23：氣泡排序法外層迴圈的第 9 個執行回合

　　要注意的是，氣泡排序法也可以在每次比較時，將比較大的數字往右側移動，以完成由小至大的遞增排序（incremental sort），以下 Example 8-20 與 Example 8-21，使用氣泡排序法方法分別就 data 陣列以及本章用以示範陣列操作的 scores 陣列，進行遞減與遞增的排序：

Example 8-20：遞減氣泡排序法範例（data陣列）　　Location:/Examples/ch8
Filename:DataBubbleSort.c

```c
#include <stdio.h>
#define N 10

int main()
{
    int data[N]={ 10, 33, 3, 60, 65, 125, 1, 34, 110, 18};
    int i, j, temp;

    for(i=0; i<N-1; i++)
    {
        for(j=0; j<N-i-1; j++)
        {
            if(data[j] < data[j+1])
            {
                temp=data[j];
                data[j]=data[j+1];
                data[j+1]=temp;
            }
        }
    }
    for(i=0;i<N;i++)
        printf("%d ", data[i]);
    printf("\n");
}
```

此程式的執行結果如下：

```
[2:29 user@ws example] ./a.out ⏎
125 △ 110 △ 65 △ 60 △ 34 △ 33 △ 18 △ 10 △ 3 △ 1 ⏎
[2:29 user@ws example]
```

　　細心的讀者會發現，此程式在所輸出的排序結果後還多出了一個空白字元，我們將在下一個程式範例中解決這個問題。

Example 8-21：遞增氣泡排序法範例（scores陣列）　　Location:/Examples/ch8
Filename:ScoresBubbleSort.c

```c
#include <stdio.h>
#define N 5

int main()
{
    int scores [N]={ 90, 85, 92, 88, 72};
    int i, j, temp;

    for(i=0; i<N-1; i++)
    {
```

```
11          for(j=0; j<N-i-1; j++)
12          {
13              if(scores [j] > scores [j+1])
14              {
15                  temp=scores [j];
16                  scores[j]=scores[j+1];
17                  scores[j+1]=temp;
18              }
19          }
20      }
21      for(i=0;i<N-1;i++)
22          printf("%d ", scores [i]);
23      printf("%d\n", scores [i]);
24  }
```

細心的讀者應該會發現，Example 8-21 與 Example 8-20 並沒有太多的差別，除了將 data 陣列換成 scores 陣列以外，只有以下兩點不同：(1) 內層迴圈中的第 13 行，從「data[j]<data[j+1]」的判斷改為「scores[j]>scores[j+1]」— 從小於改為大於，如此就可以將遞減改為遞增；(2) 第 21 行用以輸出結果的 for 迴圈其測試條件從「i<N」改為「i<N-1」，如此一來就會少輸出一個數字，所以還需要第 23 行在換行前負責輸出最後一個數字 — 離開第 21-22 行的迴圈後，i 的數值為 N-1，所以第 23 行所輸出的 scores[i] 就是最後一個數字，並且在換行前也沒有空白字元，如此就解決了多出一個空白字元的問題。此程式的執行結果如下：

```
[2:29 user@ws example] ./a.out ⏎
72 △ 85 △ 88 △ 90 △ 92 ⏎
[2:29 user@ws example]
```

8-5
程式設計實務演練

程式演練 11

學生作業成績處理

吳老師在屏東大學資訊工程學系開設程式設計課程，該課程使用自行開發的線上作業繳交及批改系統，當學生繳交作業後，可以自動化地得到學生的作業成績。該系統每學期末會自動產生一個成績檔案（純文字檔案），該檔案中記載了全班同學的整學期的作業成績。請設計一個 C 語言程式，以 I/O 轉向（I/O redirect）的方式將該成績檔內的資料讀入，並協助吳老師計算學生的作業成績。以下是該檔案的格式（你可以在本書隨附的光碟中的 Projects/11 目錄中找到檔名為 Homework. in 檔案）：

```
座號△成績1:成績2:成績3:成績4:成績5:成績6:成績7:成績8↵
```

全班共有 50 位同學，每位同學有 8 次作業成績，其中座號的部份是兩位數的整數（從 1 號至 50 號，並且靠右對齊），在座號後使用一個空白字元用以將其成績加以分隔，而學生所有的成績使用冒號進行分隔。在成績的數值方面，每次作業成績皆為整數，滿分為 100 分，缺交者的成績註記為 -1，若經系統判定為抄襲者將會註記為 -2。以下是檔案的部份內容：

```
1△100:90:95:100:80:90:78:90↵
2△0:-1:-1:-1:48:52:70:78↵
3△-2:-2:-2:-2:-1:-1:-1:0↵
4△90:-1:80:-1:80:70:70:60↵
            ⋮
50△100:100:100:98:99:98:100:100↵
```

　　吳老師提供的計分方式如下：

1. 平時成績的評分為全學期的 8 次作業當中最高分的 5 次成績之平均；

2. 缺交者當次作業以 0 分計；

3. 抄襲者當次作業以 0 分計，並且其平時成績改成取 8 次作業中最低 5 次分數之平均；

4. 所有同學的平時成績一律取到小數點後兩位。

請依上述要求計算出全班同學的平時成績，然後依照平時成績由高至低排序後印出同學的座號及平時成績（取到小數點後兩位，不足時補 0），其輸出結果可參考以下的結果（內容僅供參考）格式如下：

```
Rank △No.△Score↵
△1△△△43△△100.00↵
△2△△△50△△100.00↵
△3△△△△8△△△98.00↵
△4△△△13△△△98.00↵
            ⋮
10△△△29△△△94.60↵
11△△△31△△△93.00↵
12△△△△6△△△92.60↵
            ⋮
50△△△45△△△△0.00↵
```

　　此題的程式可以命名為 HomeworkScore.c，針對 50 位學生的作業成績，我們先將學生人數定義為一個常數 numStudents，其值為 50：

```
#define numStudents 50
```

然後宣告一個名為 homework 的二維陣列：

```
int homework[numStudents][9];
```

　　用以儲存 50 位學生，每位學生共有 9 筆相關資料，其中第 1 筆資料為其學號，後面的 8 筆資料則為該名學生的作業 1 至作業 8 的成績。可以使用下面的程式碼來從 Homework. in 檔案取得學生的座號及原始成績（透過 I/O 轉向的方式讀入）：

```
int i;
    for(i=0;i<numStudents; i++)
    {
        scanf("%2d△%d:%d:%d:%d:%d:%d:%d",
            &homework[i][0], &homework[i][1], &homework[i][2],
            &homework[i][3], &homework[i][4], &homework[i][5],
            &homework[i][6], &homework[i][7], &homework[i][8] );
    }
```

　　接下來，請利用氣泡排序法將每位同學的作業成績加以排序（由高而低的遞減排序），並且在排序的同時，順便將成績為 -2 的抄襲同學註記起來，以便在算成績時改採計低分的 5 次之平均。因此，我們宣告一個名為 plagiarism 陣列：

```
char plagiarism[numStudents]={0};
```

其初始值皆為 0，表示預設為未抄襲，如果遇到有抄襲的同學，就將其對應的 plagiarism 陣列中的值設定為 1。由於我們必須計算作業成績最高分（或最低分）的五次成績之平均，因此下面的程式片段，先利用氣泡排序法的方式，將每個學生的作業成績進行排序（由高而低的遞減排序），並且順便檢查是否有作業抄襲的情況（意即有沒有 -2 的分數），並適當地設定 plagiarism 陣列的值：

```
// 針對 50 位學生，逐一計算其成績
for(i=0; i<numStudents; i++)
{
    // 針對第 i 位學生的成績 (homework[i][1]~homework[i][8])
    // 使用氣泡排序法進行 decremental sort
    // 其雙層迴圈的迴圈變數分別為 j 與 k

    // 依據氣泡排序法，外層迴圈應進行 8-1 個回合
    for(j=0; j<8-1; j++)
    {
        // 依據氣泡排序法，內層迴圈應進行 8-j-1 個回合
        // 但學生作業成績是從 homework[i][1] 到 homework[i][8]
        // 所以內層迴圈變數包含初始值與測試條件都必須加 1
        for(k=1; k<8-j; k++)
        {
```

```
                if( homework[i][k]<homework[i][k+1])
                {
                    temp=homework[i][k];
                    homework[i][k]=homework[i][k+1];
                    homework[i][k+1]=temp;
                }
            }
        }

        // 針對 homework[i][1] 到 homework[i][8]，檢查是否有代表抄襲的 -2
        for(j=1; j<9; j++)
        {
            if(homework[i][j]==-2)
            {
                // 若有抄襲則設定該生的 plagiarism[i] 為 1
                // 並使用 break 離開迴圈
                plagiarism[i]=1;
                break;
            }
        }
    }
```

這是一個三層的巢狀迴圈，最外層是用以逐一計算每個學生的成績，至於內層的雙層迴圈則為氣泡排序法的程式碼。但配合此題的需求，我們調整了其迴圈變數的初始值與測試條件。對於第 i 位學生來說，其 8 個作業成績分別存放於從 homework[i][1] 到 homework[i][8] 的連續 8 個陣列位址裡，依據氣泡排序法的做法，外層迴圈必須執行 N-1 個回合，也就是 8-1 個回合；至於內層迴圈的部份，則必須執行 N-j-1 個回合 [34]，也就是應寫做「for(k=0; k<8-j-1; k++)」，但考慮到要排序的學生作業成績的索引值是從 1 到 8（也就是 homework[i][1] 到 homework[i][8]），而不是從 0 開始（homework[i][0] 為學號），所以我們必須將內層迴圈的迴圈變數 j 的初始值以及其測試條件都加 1，改寫做「for(k=1; k<8-j; k++)」才能正確地進行排序。要特別注意的是在內層的迴圈中也有一個 if 的敘述，用以判斷作業有無抄襲的情況，若有則將其對應的 plagiarism[i] 設定為 1。

　　完成每位學生的作業分數的排序後，接著便是以一個 for 迴圈走訪陣列中 50 位學生並計算其平時成績；其計算係以 plagiarism[i] 的值為依據，當 plagiarism[i] 為 1 時表示這位同學的作業有過抄襲的狀況，因此採計最低分的五次（也就是 homework[i][4] 到 homework[i][8]），且若為 -1 或 -2 等情況時（也就是小於 0 的情況），則以條件運算式來傳回 0 的數值。同樣地，若 plagiarism[i] 不等於 1（也就是等於其預設 0）時，則採計其最高分的五次成績，意即 homework[i][1] 到 homework[i][5] 的成績。此部份的程式碼先宣告一個名為 sum 的陣列，用以儲存每位學生所採計的五次作業成績的總和，以及一個名為 average 的二維陣列，

34　原本氣泡排序法內層迴圈的應執行 N-i-1 個回合，但配合迴圈變數的名稱從 i、j 改為 j、k，所以此處應寫做 N-j-1。

用以儲存每位同學的座號及平均分數，其中 average[i][0] 與 average[i][1] 即為第 i 個學生的座號及平均成績。接著依據 plagiarism[i] 的值，決定要將 homework[i][4] 至 homework[i][8] 的成績加總起來，或是將 homework[i][1] 到 homework[i][5] 的成績加總起來。最後將學生的座號及平均成績記錄在 average 陣列中。請參考下面的程式碼：

```c
int sum[numStudents]={0};
float average[numStudents][2];

for(i=0;i<numStudents; i++)
    {
        if(plagiarism[i]==1)
        {
            for(j=8; j>3; j--)
            {
                sum[i]+= (homework[i][j]>=0? homework[i][j] : 0);
            }
        }
        else
        {
            for(j=1;j<6;j++)
            {
                sum[i]+= (homework[i][j]>0? homework[i][j] : 0);
        }
    }
    average[i][0] = homework[i][0];
    average[i][1] = sum[i]/5.0;
  }
```

接下來要準備將資料輸出。由於我們要依其平時成績的高低順序輸出結果，因此我們在輸出之前，先將 average 陣列依平均成績由高而低進行排序，以下是使用氣泡排序法排序方法的結果：

```c
for(i=0;i<numStudents-1;i++)
{
    for(j=0;j<numStudents-i-1;j++)
    {
        if(average[j][1]<average[j+1][1])
        {
            temp0 = average[j][0];
            temp1 = average[j][1];
            average[j][0]=average[j+1][0];
            average[j][1]=average[j+1][1];
            average[j+1][0]=temp0;
            average[j+1][1]=temp1;
        }
    }
}
```

完成上述這些動作後，最後就可以將結果加以輸出：

```
printf("Rank△No.△Score\n");
    for(i=0;i<numStudents;i++)
    {
        printf("%2d△△△%2d△△%6.2f\n",i+1, (int)average[i][0], average[i][1]);
    }
```

　　至此，關於程式演練 11 的開發已經說明完畢，請讀者依照討論的過程，自行試著將程式開發出來；當遇到編譯或執行的錯誤時，可對照在本書隨附光碟中的 /Project/11 目錄的程式 HomeworkScore.c。

程式演練 12

Lucky 7 猜大小撲克牌遊戲

Lucky 7 是一項簡單的撲克牌遊戲，只要先準備好一副撲克牌，在完成洗牌後抽出一張牌（不能讓玩家看到內容），讓玩家猜測這張牌比 7 小還是比 7 大，若這張牌剛好是 7 則算玩家獲勝！

請設計一個 C 語言程式，讓使用者可以進行這個撲克牌遊戲。在遊戲開始時，玩家將可以得到價值 1,000 元的籌碼，並由電腦「產生一副撲克牌」且完成「洗牌」的動作。接下來由使用者擔任「玩家」輸入指令來進行遊戲。可以輸入的指令包含：

- h：印出輔助說明
- i：增加 10 元的賭注，但不得超過玩家所有的金額
- d：減少 10 元的賭注，但不得低於 100 元
- b：猜測此張撲克牌大於或等於 7
- s：猜測此張撲克牌小於或等於 7
- w：重新洗牌
- q：結束離開

每回合開始前，印出玩家的剩餘金額、押注金額與剩餘牌數等資訊，並提示玩家輸入 b 或 s 來猜測大於或小於 7，請參考以下的畫面：

```
[$1000][Bet△100]△Cards(52) ⏎
Bigger△or△Smaller△than△7△(b/s)?
```

此為遊戲一開始時的畫面，因為玩家預設會擁有 1000 元的籌碼，且最低押注不可小於 100 元，因此玩家必須先拿出 100 元來押注；此外，在遊戲一開始的時候整副牌都還未使用，所以顯示的剩餘牌數為 52，為了避免玩家記牌，所以當剩下 10 張牌（也就是已經使用了 42 張）時，就會自動進行洗牌的動作，然後再次回到剩餘牌數為 52 的情況。

玩家可以輸入 i 與 d 來調整下注的金額，其中 i 代表增加 10 元，d 則代表減少 10 元，但押注金額最多不可超過玩家現有的金額，最低則不可低於 100。如果玩家所擁有的金額低於 100 時，則無法押注，遊戲也就因而結束。當玩家完成下注金額的調整後（或是不調整，直接以 100 元做爲押注金額），則可以輸入 b 或 s，代表猜測這一張牌是大於或小於 7，然後電腦將牌的內容顯示出來，並判定輸贏，輸了則押注金額沒收，贏了則賠給玩家押注的金額。（若該張牌剛好是 7 則算玩家贏）。依遊戲進行的結果，我們必須重新計算玩家所持有的賭金，當低於 100 元而無法下注時，玩家失敗並結束遊戲。在遊戲進行時，玩家也可以輸入 w 要求立即重新洗牌，或是輸入 q 表示要結束遊戲。

以下是這個程式進行時的畫面：

```
[2:29 user@ws project] ./a.out
------------------------------
Poker Game: Bigger or Smaller?!
------------------------------
Press h for help.

[$1000][Bet 100] Cards(52)
Bigger or Smaller than 7 (b/s)?h
h for help
i for increasing your bet
d for decreasing your bet
b for guessing the card is bigger than 7
s for guessing the card is smaller than 7
w for shuffling (washing) cards
q for quit
[$1000][Bet 100] Cards(52)
Bigger or Smaller than 7 (b/s)?d
Minimum bet is 100!        ← 押注不可低於 100
[$1000][Bet 100] Cards(52)
Bigger or Smaller than 7 (b/s)?i
[$1000][Bet 110] Cards(52)
Bigger or Smaller than 7 (b/s)?i
                  ⋮
[$1000][Bet 220] Cards(52)
Bigger or Smaller than 7 (b/s)?b
The card is ♥2, You lose!
[$780][Bet 220] Cards(51)
Bigger or Smaller than 7 (b/s)?s
The card is ♠A, You win!
[$1000][Bet 220] Cards(50)
                  ⋮
[$340][Bet 220] Cards(12)
Bigger or Smaller than 7 (b/s)?b
The card is ♣2, You lose!
[$120][Bet 120] Cards(11)    ← 此時賭金只剩下 120，已低於賭注 220
Bigger or Smaller than 7 (b/s)?s     所以賭注被自動調整爲全部的賭金
The card is ♣4, You win!
[$240][Bet 120] Cards(52)    ← 只剩下 10 張牌，所以自動重新洗牌
Bigger or Smaller than 7 (b/s)?i       剩餘牌數回到 52 張
                  ⋮
```

```
[$240][Bet△240]△Cards(52)↵
Bigger△or△Smaller△than△7△(b/s)?i↵
No△more△money△to△bet!↵                    押注不可超出所持有之賭金
[$240][Bet△240]△Cards(52)↵
Bigger△or△Smaller△than△7△(b/s)?s↵
The△card△is△♠7,△You△win!↵
[$480][Bet△240]△Cards(51)↵
Bigger△or△Smaller△than△7△(b/s)?s↵
The△card△is△♥8,△You△lose!↵
[$240][Bet△240]△Cards(46)↵
Bigger△or△Smaller△than△7△(b/s)?w↵         使用 w 指令要求重新洗牌
[$240][Bet△240]△Cards(52)↵                所以剩餘牌數又回到 52 張
Bigger△or△Smaller△than△7△(b/s)?b↵
The△card△is△♦2,△You△lose!↵                此時剩餘賭金小於100
Game△Over!↵                                遊戲結束
Good△Bye!↵
[2:30 user@ws project]
```

請依上述說明，完成此程式之設計。

坦白講，對於初學者來說，這個程式真的還蠻有挑戰性的！但是不用緊張，其實只需要使用到本書到目前為此所教過的內容就可以完成了！請跟著以下的討論慢慢地一步一步來完成！首先讓我們看一下此程式的流程圖，請參考圖 8-24：

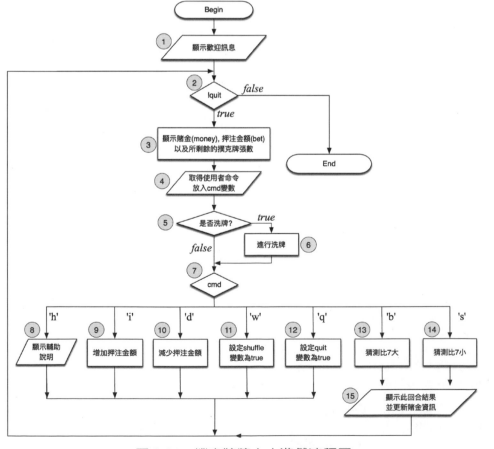

圖 8-24：撲克牌猜大小遊戲流程圖

我們可以將這個程式命名為 Lucky7.c，一開始這個程式先顯示歡迎訊息（也就是圖 8-24 標示為①之處），順便提醒使用者可以輸入 h 得到輔助說明：

```
printf("------------------------------\n");
printf("Poker△Game:△Bigger△or△Smaller?!\n");
printf("------------------------------\n");
printf("Press△h△for△help. \n");
```

接下來看到在圖 8-24 中標示為②的一個條件判斷，它其實是一個 while 迴圈的測試條件，使用如同 Example 8-6 與 Example 8-7 的方法，先完成布林型態與數值的定義，再據以進行以下的宣告與 while 迴圈：

```
#define boolean char
#define true 1
#define false 0
        ⋮
boolean quit=false; // 使用 quit 來控制程式是否要結束，false 表示不要

while(!quit) // 只要 quit 的值不為 true，就會繼續執行
{
        ⋮
}
```

做為 while 迴圈的測試條件，此處「!quit」條件就表示只要「not quit（不要結束）」的話，就讓迴圈繼續執行下去的意思[35]。

接下來標示為③的部份，是將玩家現在持有的賭金、押注的金額以及剩餘的撲克牌數加以顯示，並順便為稍後標示為④之處的 scanf() 顯示提示字串，以下是③及④的部份之程式碼：

```
printf("[$%d][Bet %d] Cards(%d)\n", money, bet, 52-current);
printf("Bigger or Smaller than 7 (b/s)?");
scanf(" %c", &cmd);
```

上面這段程式應該不需要詳細的說明，你應該能夠自己理解。不過從這段程式中，你應該會發現使用了一些新的變數，其中 money 為玩家所持有的賭金（預設為 1,000 元），bet 為玩家押注的金額，current 則是目前已經使用到整副撲克牌中的第幾張，其初始值為 0（所以 52-current 為所剩餘可進行遊戲的撲克牌張數）。另外，考慮到使用者可以在此遊戲進行時，輸入字元做為其命令。因此，我們也必須宣告一個字元變數來存放使用者的命令。以下是相關的變數宣告：

```
int money=1000, bet=100, current=0;
char cmd;
```

35　關於 quit 與 while 迴圈可以參考本書第 7 章，7-13 頁。

再接下來的部份是標示為⑤的部份，會依據 shuffle 變數的值，決定是否要進行洗牌的動作（標示為⑥）。當然，在遊戲開始時一定要先洗牌才能開始進行這個遊戲，所以在你宣告 shuffle 這個變數的時候，不要忘了也必須將其初始值設定為 true：

```
boolean shuffle=true;
```

在此，我們將先為讀者說明撲克牌遊戲在設計時，是如何處理有關「撲克牌」的部份 — 也就是在程式中該如何表示一張張的撲克牌呢？其實有許多的做法可供我們使用，其中最簡單的方式是使用「整數」來表示撲克牌：

每一張撲克牌都被視為一個整數，我們依黑桃 ♠（spades）、紅心 ♥（hearts）、方塊 ♦（diamonds）、梅花 ♣(clubs)四種花色的順序，以及每種花色從 A、2、3 到 J、Q、K 的順序，使用整數為每一張撲克牌編號。此編號從 0 開始依序遞增，其中♠A 編號為 0、♠2 編號為 1、…、♠K 編號為 12、♥A 編號為 13、♥2 編號為 14、…依此類推，一直編號到最後一張♣K（編號為 51）。請參考表 8-2 所彙整的編號與撲克牌之對應關係：

表 8-2：以整數值為整副撲克牌編號（左上角為編號，右下角為對應之撲克牌）

0 ♠A	1 ♠2	2 ♠3	3 ♠4	4 ♠5	5 ♠6	6 ♠7	7 ♠8	8 ♠9	9 ♠T	10 ♠J	11 ♠Q	12 ♠K
13 ♥A	14 ♥2	15 ♥3	16 ♥4	17 ♥5	18 ♥6	19 ♥7	20 ♥8	21 ♥9	22 ♥T	23 ♥J	24 ♥Q	25 ♥K
26 ♦A	27 ♦2	28 ♦3	29 ♦4	30 ♦5	31 ♦6	32 ♦7	33 ♦8	34 ♦9	35 ♦T	36 ♦J	37 ♦Q	38 ♦K
39 ♣A	40 ♣2	41 ♣3	42 ♣4	43 ♣5	44 ♣6	45 ♣7	46 ♣8	47 ♣9	48 ♣T	49 ♣J	50 ♣Q	51 ♣K

註：1、10、11、12 及 13 分別使用 A、T、J、Q 及 K 表示。

觀察表 8-2 可以發現，我們使用了 0 至 51（共計 52 個整數）來表示 52 張撲克牌，且其中不同的花色的撲克牌分別對應於不同的整數區間：

❖ 0 至 12 為黑桃 ♠
❖ 13 至 25 為紅心 ♥
❖ 26 至 38 為方塊 ♦
❖ 39 至 51 為梅花 ♣

並且可以使用除法與餘除計算出一個整數 i 所代表的花色及點數：

❖ i / 13 的值為 0、1、2 與 3（因為 i 與 13 皆為整數，所以除的結果也會是整數），其中 0 代表黑桃 ♠、1 代表紅心 ♥、2 代表方塊 ♦ 以及 3 代表梅花 ♣。
❖ i % 13 可得到介於 0 至 12 的數值，我們以 0 做為 A、1 做為 2、…11 做為 Q 以及 12 做為 K。另外，也可以使用 (i%13)+1 做為撲克牌的點數，因為加 1 後所得到的即為 1 至 13 的數值。

例如數值 32 經計算後，32/13 等於 2（在 C 語言中，兩個整數相除其結果也是整數），32%13 則等於 6；由於 2 代表方塊，餘數 6 代表的是點數 7，所以整數 32 代表的是方塊 7 這張撲克牌。

現在，讓我們以一個整數陣列來做為一副「虛擬的」撲克牌：

```
int cards[52];
```

這副「虛擬的」撲克牌共有 52 張，每一張就是以一個整數來表達，其整數值就是我們剛剛探討過的介於 0 至 51 間的數值。以一副撲克牌來說，我們必須給定 52 張牌 52 個不相同的數值（一副牌不能有兩張一樣的牌，所以不能有相同的數值），我們可以使用前面所討論過的介於 0 至 51 的整數來分配給這個整數陣列，請參考下面的程式碼：

```
for(i=0;i<52;i++)
{
    cards[i]=i;
}
```

上面這個 for 迴圈可以將 0 至 51 的整數分配給一副撲克牌，其結果和新買回來的撲克牌一樣，裡面也是依據黑桃 ♠（spades）、紅心 ♥（hearts）、方塊 ♦（diamonds）、梅花 ♣（clubs）的順序，以及從 A、2、3 排列到 J、Q、K。依據這個做法，cards 陣列內的 52 個整數，使用上面的迴圈給定其值後，cards[i] 的值即為 i，$0 \leq i \leq 51$。

接著我們需要一個方法將撲克牌的順序打亂（也就是進行洗牌的動作），才能開始進行遊戲。關於撲克牌的洗牌方法（shuffling cards），以程式設計來說有很多不同的方法可以做到，以下提供一個簡單的想法給讀者參考：「從第一張牌開始依序處理，每次隨機選取另一張牌與其交換。」經過 52 次的隨機交換，相信這副牌已經可以算是洗得非常乾淨了（也就是足夠亂的意思）！以下是這個想法的實作：

```
int j, temp;
srand(time(NULL));

for(i=0;i<52;i++)
{
    j = rand()%52; // 產生介於 0 至 51 的隨機數
    temp = cards[i];
    cards[i] = cards[j];
    cards[j] = temp;
}
```

讀者可能會問會不會發生每次都和自己交換的情況呢（也就是每次 i 與 j 的值都相等）？由於 j 的數值是隨機產生的，所以如果你問我有沒有連續產生 52 次隨機數（也就是亂數），然後其數值剛好是 0、1、2、…、50、51 的機會？這種機率當然是有的！只是真的、真的很不容易發生！不用太擔心！筆者也可以這樣反問你，拿一副真的撲克牌來洗牌，用一般切牌的方式反覆地洗牌，有沒有洗牌完成後與洗牌前的排列順序完全一樣的可能？你能說機率不存在嗎？

　　一旦完成初次的洗牌動作後，要等到玩家輸入 w 指令，或是為了遊戲的公平性，在剩下 10 張牌時，才會再次進行洗牌。我們可以將上述洗牌的程式碼，寫在遊戲的 while 迴圈裡，透過 shuffle 變數的數值決定是否要執行洗牌的動作。不論是什麼原因需要洗牌，只要將 shuffle 設定為 true 即可在迴圈裡進行洗牌的動作；但要記得在完成洗牌後，必須將 shuffle 變數設定為 false（避免再次洗牌），而且也要將 current 變數重設為 0，表示又要從第 1 張牌重新開始：

```
shuffle =false;
current=0;
```

　　再接下來就是圖 8-24 中標示為⑦的部份，依據玩家下達的指令（也就是 cmd 變數），進行不同的處理；此處很明顯地將會是一個 switch case 的結構，依據不同的指令進行對應的處理。其中標示為⑧的部份是用來顯示輔助說明的指令 h 的處理：

```
switch(cmd)
{
    case 'h':
        printf("h for help\n");
        printf("i for increasing your bet\n");
        printf("d for decreasing your bet\n");
        printf("b for guessing the card is bigger than 7\n");
        printf("s for guessing the card is smaller than 7\n");
        printf("w for shuffling (washing) the cards\n");
        printf("q for quit\n");
        break;
                    ⋮
```

　　如果玩家輸入的是 i 或 d，則表示要將押注金額增加或減少。在遊戲開始時，押注金額初始為最低的下限 100 元，每按一次 i 則增加 10 元，但不可以超過玩家持有賭金的總額。因此此部份（標示為⑨之處）主要判斷是否已達到押注金額的上限，若已達上限則顯示「No more money to bet!」，否則就將押注金額增加 10 元（當然也要判斷加了 10 元後會不會超過上限），請參考下面的程式碼：

```
                ⋮
    case 'i':
        if(bet==money)
            printf("No more moeny to bet!\n");
        else
```

```
        bet=(bet+10)<=money? bet+10 : money;
    break;
            ⋮
```

　　至於在標示為⑩的部份，是負責玩家輸入 d 之後將押注金額減 10 元的處理，我們首先要確認押注金額不得低於 100 元，然後才是減 10 元的處理（當然，還是會確保不得低於下限），請參考以下的程式碼：

```
            ⋮
case 'd':
    if(bet==100)
        printf("Minimum bet is 100!\n");
    else
        bet = bet>=110? bet-10 : 100;
    break;
            ⋮
```

　　如果輸入的是 w 指令，則啟動洗牌的動作，不過前面已經說明過只需要將變數 shuffle 設定為 true 即可，並且將 current 變數先設定為 0（current 變數是代表目前已經使用到整副撲克牌中的第幾張，因為重新洗牌所要歸 0）[36]，然後在 while 迴圈的下一次迴圈主體的執行時，就會啟動洗牌的動作。因此在標示為⑪的部份，其程式碼如下：

```
            ⋮
case 'w':
    shuffle =true;
    current=0;
    break;
            ⋮
```

　　然後在標示⑫之處，將 while 迴圈用以控制迴圈是否繼續執行的 quit 變數設定為 true，即可讓此遊戲離開 while 迴圈並且結束程式。請參考以下的程式碼：

```
            ⋮
case 'q':
    quit=true;
            ⋮
```

　　最後是關於玩家輸入代表「比 7 大」或「以 7 小」的 b 或 s 指令，如圖 8-24 標示為⑬與⑭的部份。在這個部份，我們將先把 current 所指到的撲克牌顯示給玩家看，然後再進行勝負的判斷。current 所指到的那張撲克牌其實就是 cards[current]，我們利用 cards[current]/13 得到其花色，並使用下列方法將花色印出：

36　細心的讀者可能已經發現，在前面所討論的洗牌動作完成後已經會將 current 歸 0，為何在此要多此一舉呢？因為在處理完此處的 switch case 敘述後，程式就會返回 while 迴圈的起始處，立刻會印出現在的 money、bet 與 current 變數的值，所以我們必須提前將 current 的值更新才行。

```
switch(cards[current]/13)
{
    case 0:
        printf("\u2660");
        break;
    case 1:
        printf("\u2665");
        break;
    case 2:
        printf("\u2666");
        break;
    case 3:
        printf("\u2663");
        break;
}
```

其中的 printf("\u2660")、printf("\u2665")、printf("\u2666") 與 printf("\u2663")，就是印出黑桃 ♠、紅心 ♥、方塊 ♦ 與梅花 ♣ 的方法。在 printf() 函式中的 \u2660、\u2665、\u2666 與 \u2663 是萬國碼（unicode）的 ♠、♥、♦、♣ 的編碼方式，在 Linux 系統上編譯此程式時，需要加上「-std=c99」的編譯器選項，才能夠順利地顯示這些萬國碼的圖案；至於在 Mac 平台則沒有這個問題，程式可以直接編譯與執行。不過在 Windows 平台上，則不能使用這個方法，你必須改用 Windows 平台所支援的 ASCII 擴充碼（extended ASCII code）[37]，以 '\6'、'\3'、'\4'、'\5' 來印出 ♠、♥、♦、♣，例如：

```
printf("%c", '\6');
printf("%c", '\3');
printf("%c", '\5');
printf("%c", '\4');
```

如果執行後還是看不到正確的圖案，請確認一下你的終端機視窗所使用的字型，必須使用點陣字型才能夠看到正確的字元符號。

　　至於在點數的部份，可以透過 cards[current]%13 得到其點數，再配合我們另外宣告的一個陣列 points 以便印出點數：

```
char points[] = {'A', '2', '3', '4', '5', '6', '7', '8', '9', 'T', 'J', 'Q', 'K'};
```

points 陣列為 0 至 12 的數字提供了對應的撲克牌點數，我們只要使用 points[i] 就可以把 i 所對應的點數變成一個字元，所以原本是 0 至 12 的數字，現在就可以變成 A、2、3、…、T、J、Q、K。下面這行程式可將撲克牌的點數印出：

```
printf("%c,", points[cards[current]%13]);
```

37　Windows 平台的 ASCII 擴充碼可參考 http://en.wikipedia.org/wiki/Code_page_437。

　　接下來，就是要進行圖 8-24 中標示為⑮的地方，判斷玩家的猜測是否正確，我們使用以下的判斷：

```
if(((cmd=='b')&&(cards[current]%13>=6))||
    ((cmd=='s')&&(cards[current]%13<=6)))
{
    printf("You win!\n");
    money+=bet;
}
else
{
    printf("You lose!\n");
    money-=bet;
    bet=money<bet?money:bet;
}
current++;
```

要特別注意的是，我們是將撲克牌的點數與 6 做比較，因為我們利用餘除所得到的點數是介於 0 至 12 之間，因此原本的 7 也應該要調整為 6 才會正確。我們也將視玩家的猜測是否正確，將 money 的值進行更新。最後則是要記得將 current 的值累加 1，以便移到下一張撲克牌繼續進行遊戲。

　　最後，還要檢查一下玩家所擁有的賭金是否還大於 100 元（也就是最低的押注金額），若已經不大於 100 的話，則印出「Game Over！」並將程式加以結束：

```
if(money<100)
{
    printf("Game Over!\n");
    quit=true;
}
```

此外，如果玩家已經將一副撲克牌用掉了剩下 10 張時（也就是 current 的數值為 41 時），我們以下列程式碼強制進行洗牌的動作：

```
if(current==41)
    shuffle =true;
```

　　至此，猜大小遊戲就差不多設計完成了，請依照討論的過程，自行試著將程式開發出來；當遇到編譯或執行的錯誤時，再對照在本書隨附光碟中的 /Project/12 目錄的程式 Lucky7.c。另外，由於在 Windows 系統與 Linux/Mac OS 系統上，關於撲克牌花色的列印方法不同，因此本範例另外提供 Windows 系統的版本，請參考 Lucky7win.c 檔案。

CH8 本章習題

程式練習題

1. 設計一個 C 語言程式 ShowArrayAddress.c，宣告一個 array 如下：

```
int data[5][2];
```

請將這個陣列的每一個元素所在的記憶體位址印出。其執行結果可參考以下的畫面：

```
[9:19 user@ws hw] ./a.out ⏎
data[0][0] △at△ 0x7ffff3400000 ⏎
data[0][1] △at△ 0x7ffff3400004 ⏎
data[1][0] △at△ 0x7ffff3400008 ⏎
data[1][1] △at△ 0x7ffff340000c ⏎
data[2][0] △at△ 0x7ffff3400010 ⏎
data[2][1] △at△ 0x7ffff3400014 ⏎
data[3][0] △at△ 0x7ffff3400018 ⏎
data[3][1] △at△ 0x7ffff340001c ⏎
data[4][0] △at△ 0x7ffff3400020 ⏎
data[4][1] △at△ 0x7ffff3400024 ⏎
[9:19 user@ws hw]
```

註：此處所顯示之記憶體位址僅供參考，其數值依實際執行結果為準。

2. 設計一個 C 語言程式 NumberOfElements.c，宣告一個 array 如下：

```
int data[] = {1, 2, 3, 4, 5, 6, 7, 8};
```

請利用 sizeof 運算子將 data 陣列內的元素個數計算出來，其執行結果可參考以下的畫面：

```
[9:19 user@ws hw] ./a.out ⏎
The △number△ of△ elements△ of△ the△ array△ data△ is△ 8. ⏎
[9:19 user@ws hw]
```

3. 考慮一個整數陣列「int data[10];」，請設計一個 C 語言程式 Statistic.c，讓使用者輸入 10 個整數（可為負值），並找出其最大值、最小值、平均值 (印到小數點後兩位，不足時補 0)。執行結果可參考以下的畫面：

```
[9:19 user@ws hw] ./a.out ⏎
Please△ input△ 10△ numbers:△ 5△ 10△ 3△ 23△ 66△ 12△ -3△ 23△ -99△ 6 ⏎
The△ maximum△ number△ is△ 66. ⏎
The△ minimum△ number△ is△ -99. ⏎
The△ average△ of△ these△ ten△ numbers△ is△ 4.60. ⏎
[9:19 user@ws hw]
```

4. 考慮一個整數陣列「int data[10];」，請設計一個 C 語言程式 Sort10Numbers.c，讓使用者輸入 10 個整數（可為負值），並將其進行遞減排序（由大到小）後印出。執行結果可參考以下的畫面：

```
[9:19 user@ws hw] ./a.out⏎
Please △ input △ 10 △ numbers: △5△10△3△23△66△12△-3△23△-99△6⏎
Sorted △ results: △66△23△23△12△10△6△5△3△-3△-99⏎
[9:19 user@ws hw]
```

5. 請設計一個 C 語言程式 MatrixInversion.c，讓使用者輸入 6 個整數，該程式必須將使用者的輸入反序輸出，此程式的執行畫面可參考如下：

```
[2:30 user@ws hw] ./a.out⏎
13△4△20△39△44△57⏎
The △Matrix△Inversion: △57△44△39△20△4△13⏎
[2:30 user@ws hw] ./a.out⏎
10△20△30△40△50△60⏎
The △Matrix△Inversion: △10△20△30△40△50△60⏎
[2:30 user@ws hw] ./a.out⏎
6△5△4△3△2△1⏎
The △Matrix△Inversion: △6△5△4△3△2△1⏎
[2:30 user@ws hw]
```

6. 請設計一個 C 語言程式 MaxMin.c，讓使用者輸入 5 個整數，該程式需找出使用者輸入十個整數的最大值與最小值後加以輸出，此程式的執行畫面可參考如下：

```
[2:30 user@ws hw] ./a.out
13△4△20△39△44⏎
The △max△number: △44⏎
The △min△number: △4⏎
[2:30 user@ws hw] ./a.out
11△47△65△29△93⏎
The △max△number: △93⏎
The △min△number: △11⏎
[2:30 user@ws hw] ./a.out
30△23△27△35△56⏎
The △max△number: △56⏎
The △min△number: △23⏎
[2:30 user@ws hw]
```

7. 請設計一個 C 語言程式 CubeSum.c，讓使用者輸入 5 個整數，該程式需計算所有整數的立方和並加以輸出，此程式的執行畫面可參考如下：

```
[2:30 user@ws hw] ./a.out
102△93△2△14△57⏎
The △cube△sum: △2053510⏎
[2:30 user@ws hw] ./a.out
```

```
10 △ 10 △ 10 △ 10 △ 10 ↵
The △ cube △ sum: △ 5000 ↵
[2:30 user@ws hw] ./a.out ↵
2 △ 2 △ 2 △ 2 △ 2 ↵
The △ cube △ sum: △ 40 ↵
[2:30 user@ws hw]
```

8. 設計一個 C 語言程式 CountRand.c，讓程式隨機產生 1000 個介於 0 到 9 的整數，並計算每個數字出現的次數，並將其結果加以輸出。其執行結果可參考以下的畫面：

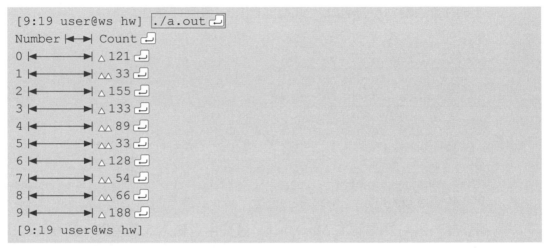

```
[9:19 user@ws hw] ./a.out ↵
Number |←——→| Count ↵
0 |←————→| △ 121 ↵
1 |←————→| △△ 33 ↵
2 |←————→| △ 155 ↵
3 |←————→| △ 133 ↵
4 |←————→| △△ 89 ↵
5 |←————→| △△ 33 ↵
6 |←————→| △ 128 ↵
7 |←————→| △△ 54 ↵
8 |←————→| △△ 66 ↵
9 |←————→| △ 188 ↵
[9:19 user@ws hw]
```

註：輸出結果僅供格式參考，其數值依實際執行結果為準。

❖ 本章還有更多程式練習題，請參考光碟中名為「補充程式練習題」的 PDF 檔案。

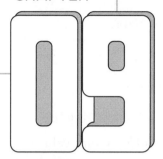

CHAPTER

09

函式

函式（function）[1] 可視爲一個「小程式」，它可以接收輸入、進行特定的處理並且輸出資料，同樣也可以使用 IPO 模型進行分析，請參考圖 9-1：

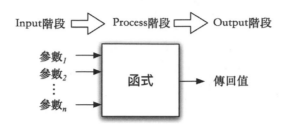

圖 9-1：Function 的 IPO 模型

要特別注意的是：「一個函式可以有 0 個或多個輸入，但只能有 0 個或一個輸出。」；我們將函式的輸入稱爲參數（parameter），且將輸出稱爲傳回值（return value）。

　　C 語言已經提供了許多預先設計好的函式供我們使用，例如 printf()、scanf()、rand()、pow()、sqrt() 等皆屬之，我們可以在程式中使用這些函式所提供的各式功能，幫助我們完成特定的應用目的。此外，我們也可以自行設計函式供自己或供給其他的程式設計師使用。本章將針對自行設計函式、以及如何在程式中使用函式（包含如何傳遞資料與呼叫）等主題進行說明。另外，章末也將提供以函式設計開發程式的實務演練供讀者參考。

9-1
函式定義

函式（function）在被使用之前必須先加以定義，其定義語法如下：

函式定義（Function Definition）語法

```
return_type  function_name ( parameters )
{
     statement *

}
```

依語法，第一個語法構件是 return_type（傳回值型態），也就是定義函式的傳回值之資料型態；換句話說，就是定義 IPO 模型中的輸出（output）爲何種資料型態。return_type 有以下的規則：

❖ 一個函式至多只能有一個輸出（output），除了不能傳回陣列外，所有資料型態皆可；
❖ 若沒有要傳回的值（也就是沒有輸出），則其 return_type 必須寫做 void，用以表示「無」傳回值。

1　C 語言的函式在某方面來說與數學的函數十分類似，且兩者的英文皆爲 function。本書針對數學與 C 語言，將 function 一詞分別譯做函數與函式，以視區別。

接著第二個語法構件 function_name，則是用來定義函式的名稱，建議依函式所欲提供的功能或是進行的處理來給定較具意義的名稱，以增進程式的可讀性（readability）。函式名稱如同變數名稱一樣，從語法結構上來說，都是屬於所謂的識別字（identifier），其命名規則如下：

❖ 只能使用英文大小寫字母、數字與底線「_」；
❖ C 語言是區分大小寫（case sensitive）的程式語言，意即大小寫會被視為不同的字元；
❖ 不能使用數字開頭；
❖ 不能與 C 語言的保留字相同（關於保留字部份可參考本書第 3-9 頁）。

在 function_name 後面，則是以一組小括號「( )」來定義輸入到函式的參數（也就是語法中的 parameters）；換句話說，就是 IPO 模型中的輸入（input）部份，其語法定義如下：

函式參數定義（Function Parameters Definition）語法

| type parameter_name |? | , type parameter_name |* |

其相關說明如下：

❖ 函式可以有 0 個或多個輸入參數；
❖ 超過一個以上的參數時，任意兩個參數間必須使用逗號「,」隔開；
❖ 與變數宣告相同，每個輸入的參數必須定義其名稱（也就是語法中的 paramemter_name）與其所屬之資料型態（也就是語法中的 type）；
❖ 參數名稱（parameter_name）亦為識別字（indentifier），其命名規則與識別字命名規則相同；
❖ 參數的資料型態（也就是語法中的 type）並無限制；

注意　函式參數宣告容易犯的錯誤

在變數宣告時我們可以使用「int i, j;」，一次宣告兩個整數，但在函式的參數定義時，不可以使用這種方式。如果需要傳入兩個整數型態的參數，那麼你必須分別宣告，例如下面的程式碼是正確的：

```
void foo(int i, int j)
{
}
```

反觀下面的程式碼是錯誤的定義：

```
void foo(int i,j)
{
}
```

　　最後，我們要在一組大括號「{ }」內定義函式的處理敘述（也就是 statements * 的部份）。此部份就是函式主要的功能定義（也就是 IPO 模型中的處理（process）），使用一組大括號 { } 加以包裹，又被稱為是函式主體（function body），在執行時，函式主體會從其左大括號開始往下執行，直到遇到右大括號為止，或使用 return 敘述提前結束執行。在函式主體裡可以使用任意的 C 語言敘述，其規則如下：

❖ 如果在函式主體內有使用變數的需求，可以進行變數宣告（variable declaration），其規則與一般變數的宣告規則一致。但在函式主體內所宣告的變數僅能在函式主體的內部使用，離開函式主體的大括號後就不能再被使用。

❖ 對於有定義傳回值型態（return_type）的函式，其函式主體中至少須包含一行 return 敘述。return 敘述的語法為：

return 敘述語法

```
return return_expression ;
```

其中 return_expression 為傳回運算式，其運算結果之型態必須與 return_type 相同。要特別注意的是，在函式執行時，若遇到 return 敘述就會進行傳回運算式的運算，並在得到運算結果後，提前結束函式的執行將結果傳回。

❖ 若無任何處理需求且函式亦無 return_type（意即其 return_type 定義為 void），則其函式主體亦可留空。

以下是一個典型的函式範例：

Example 9-1：**可傳回兩數和的函式範例**　　Location:/Examples/ch9
Filename:SumOfTwoNumbers.c

```c
1   #include <stdio.h>
2
3   int sum( int x, int y)
4   {
5       int result;
6       result = x+y;
7       return result;
8   }
9
10  int main()
11  {
12      int a, b, c;
13      printf("Please input two numbers: ");
14      scanf(" %d %d", &a, &b);
15      c=sum(a,b);
16      printf("The sum of %d and %d is %d.\n", a, b, c );
17  }
```

以 Example 9-1 所定義的 sum 函式為例，其函式名稱（function_name）為 sum，也就是加總的意思，其傳回值型態（return_type）定義為 int，傳入的參數（parameters）為兩個整數，分別命名為 x 與 y。此函式內容先定義了所需的變數 result，然後再計算 x+y 的值並以 return 敘述將結果傳回。此函式定義完成後，就可以在程式中加以使用，以 Example 9-1 為例，程式的執行動線是由第 10 行的 main() 開始（main() 是所有 C 語言程式開始執行的地方）往下執行，到了第 15 行時，執行了 sum() 函式，並且把變數 a 與 b 的值傳到函式中，所以程式的執行動線就會轉移到在第 3 行所定義的 sum() 函式，並且把 a 與 b 的數值傳過去做為 sum() 函式的 x 與 y；經過計算「result=x+y;」後把 result 的值以第 7 行的「return result;」傳回到 main() 中的第 15 行，由變數 c 接收。最後在第 16 行把結果加以輸出。此程式的執行結果如下：

```
[16:41 user@ws example] ./a.out↵
Please△input△two△numbers:△3△5↵
The△sum△of△3△and△5△is△8.↵
[16:41 user@ws example] ./a.out↵
Please△input△two△numbers:△10△53↵
The△sum△of△10△and△53△is△63.↵
[16:41 user@ws example]
```

讓我們再來看看另一個例子：

Example 9-2：可印出程式資訊的函式定義範例　　Location:/Examples/ch9　Filename:ShowInfo.c

```
1   #include <stdio.h>
2
3   void showInfo()
4   {
5       printf("This program is written by Jun Wu.\n");
6       printf("All right reserved.\n");
7   }
8
9   int main()
10  {
11      showInfo();
12  }
```

在這個例子中，我們所定義的 showInfo() 函式並沒有傳入的參數，而且也沒有傳回值，在 main() 中的第 11 行執行了 showInfo() 後，只會將第 5 及第 6 行的 printf() 加以執行印出程式的相關資訊後，程式就結束了。此程式的執行結果如下：

```
[16:41 user@ws example] ./a.out↵
This△program△is△written△by△Jun△Wu.↵
All△right△reserved.↵
[16:41 user@ws example]
```

9-2
main() 函式

打從我們一開始學習 C 語言，我們就已經開始使用函式定義了，請回想在第 1 章中的 Hello.c 範例：

Example 1-1：你的第一個C語言程式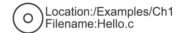
Location:/Examples/Ch1
Filename:Hello.c

```
1   /* This is my first C program */
2   #include <stdio.h>
3
4   int main()
5   {
6       printf("Hello World!\n");
7   }
```

其實在這個程式中，我們已經定義了一個函式 — main()。不過 main() 函式是一個特別的函式，它是 C 語言所規定的程式進入點（entry point，意即程式開始執行的地方），同時它有以下的特別規則：

❖ main() 函式的傳回值型態（return_type）可以為 int 或 void；
❖ 傳回值定義為 int 時：可使用 return 敘述傳回一個整數值以說明程式執行的狀態。如果忽略不寫 return 敘述，在 main() 函式結束時預設會傳回一個整數 0。
❖ 傳回值定義為 void 時：在 main() 中就不可使用 return 敘述，不過 main() 函式在結束時還是會傳回一個預設的整數 0。

注意　main() 函式的傳回值

　　main() 函式的傳回值可以讓執行程式的作業系統或其他系統呼叫瞭解程式執行的結果是否正確。在 stdlib.h 中有定義兩個相關的常數分別是：EXIT_SUCCESS 與 EXIT_FAILURE，因此在 main() 結束時我們可以用「return EXIT_SUCCESS;」或「return EXIT_FAILURE」來告訴作業系統或是系統呼叫程式是正常或不正常結束。因為在大部份的平台上 EXIT_SUCCESS 都是被定義為 0，EXIT_FAILURE 則是被定義為 1。因此也有人直接以 0 與 1 做為 main() 結束時的傳回值。當然，在此部份的規定上，並沒有強制一定要傳回 EXIT_SUCCESS 或是 EXIT_FAILURE，其實只要是整數值都可以傳回，因此也有些人選擇利用這個 return 來傳回特定的錯誤代碼，好讓呼叫執行的人可以知道這個程式的執行遇到了什麼樣的錯誤。

參考上述規則，以下的 main() 函式的寫法都是正確的：

```
int main()
{
}
```

```
int main()
{
    return 0;
}
```

```
void main()
{
}
```

但下面的寫法是錯誤的，因為你一方面宣告沒有傳回值（void），另一方面卻又在 main() 結束前傳回一個整數：

```
void main()
{
    return 0;
}
```

　　每當程式被系統載入加以執行時，main() 函式是程式首先也是唯一會被加以執行的程式區塊，也因此我們將 main() 稱為是 C 語言的進入點。一旦執行完 main() 函式的內容區塊後，程式就會結束，並將其傳回值傳回。但是這個傳回值究竟傳給誰呢？請參考下面的例子：

Example 9-3：**取回main()函式的傳回值範例**　　　　Location:/Examples/ch9　　　　　　　　　　　　　　　　　　　　　　　　　　　　　Filename:Return.c

```
1  #include <stdio.h>
2  #include <stdlib.h>
3
4  int main()
5  {
6      printf("Hello!\n");
7      return EXIT_SUCCESS;
8  }
```

當程式執行完成後，main() 函式的傳回值會被存放在系統的環境變數中，你可以使用以下的指令取得其值：

```
[16:41 user@ws example] ./a.out ↵
Hello! ↵
[16:41 user@ws example] echo △ $? ↵
0 ↵
[16:41 user@ws example]
```

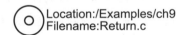

Windows 的使用者可以輸入
echo △ %ERRORLEVEL%

還要注意，系統預設取回的 main() 函式傳回值是有數值的範圍限制的，大部份的 Unix/Linux 系統只允許 main() 傳回 8 位元（bits）的 unsigned 整數（意即其值被限制為介於 0~255），至於 Windows 系統則允許傳回 32 位元（bits）的整數。如果你傳回自行定義的數值且超出範圍時，數值將會有溢位或不正確的問題。

9-3
函式呼叫

在程式中使用自己或他人所設計好的函式，就稱為「函式呼叫（function call）」[2]。其實讀者應該不會對函式呼叫感到陌生，因為本書已經在許多的程式範例中做過這件事了！只不過在過去的章節中，我們都是呼叫別人事先寫好（C 語言內建）的函式，直到本章才開始自己設計函式。先讓我們回想一下，我們過去是如何進行函式呼叫的呢？請參考下面取自於 Example 2-1 的程式碼片段：

```c
int main()
{
    printf("Hello World!\n");
}
```

此處的「printf("Hello World!\n");」就是一個函式呼叫 ─ 在 main() 函式裡對 C 語言預先設計好的 printf() 函式發起了一個函式呼叫。

我們把呼叫函式的函式稱為呼叫者函式（caller function，或簡稱為呼叫者），並且把被呼叫的函式稱為被呼叫函式（callee function，或簡稱為被呼叫者）。例如在此例中的 main() 函式就是呼叫者函式，而它所呼叫的 printf() 函式就是被呼叫函式。當呼叫者函式發起了一個對被呼叫函式的呼叫時，呼叫者函式就會被暫停執行，轉而執行被呼叫函式；等到被呼叫函式結束它的工作後，才會返回到當初發起呼叫的呼叫者函式繼續它未完成的工作，與此同時，如果被呼叫函式是以 return 敘述結束的話，也會有數值傳回給呼叫者函式使用。

本書到目前為止已為讀者介紹並示範過一些函式的使用，例如 printf()、scanf()、rand()、srand()、time()、getchar()、putchar()、power() 以及 sqrt() 等，我們如果想要在程式中呼叫並執行這些 function（也就是要對它們發起一個函式呼叫），其實是非常簡單的：只要先在程式裡使用 #include 這個前置處理器指令載入函式所需的標頭檔（header file）後，然後就可以在程式中呼叫它們，其語法如下：

函式呼叫（Function Call）語法

```
function_name( arguments )
```

2　除了將使用函式稱為呼叫（call）函式外，有時也會使用調用（invoke）一詞，將函式呼叫稱為函式調用（function invocation）。

依據此語法，當我們想要呼叫一個函式時，只要在程式敘述中使用該函式的名稱（也就是語法中的 function_name），並緊接著使用一組大括號（ ）[3]，將需要傳遞給函式使用的引數（arguments）包裹起來即可。由於引數是要傳遞給函式使用的，所以其個數與資料型態都必須匹配函式所定義的參數才能正確地傳遞。要補充說明的是，引數除了可以是數值外，也可以使用運算式（包含常數運算式 constant expersion）。

> **注意** **Parameters vs. Arguments（是參數？還是引數？）**
>
> 　　傳入函式內的資料項目到底是參數（parameter）？還是引數（argument）？其實所謂的參數是我們在定義函式時所指定的輸入變數，至於引數則是指在使用函式時所傳入的值或運算式。所以兩個名詞都對，只是適用的情況不同而已。

例如我們在 Example 9-1 所定義的 sum() 函式：

```
int sum( int x, int y)
{
    int result;
    result = x+y;
    return result;
}
```

由於此 sum() 函式定義了兩個 int 整數參數 x 與 y，所以我們在呼叫 sum() 函式時，就必須依照其定義傳遞兩個 int 整數的數值給它做為參數 x 與 y 的數值。以下是一些正確的呼叫：

```
sum(5, 3);  ◄──────  使用兩個整數數值 5 與 3 做為引數，將
                     它們傳遞給 sum() 函式的參數 x 與 y
int a=10, b=20;
sum(a, b);  ◄──────  使用兩個 int 整數變數 a 與 b 做為引數，將它們
                     的數值 10 與 20 傳遞給 sum() 函式的參數 x 與 y
    ⋮
sum(a+b, a-b);  ◄──  使用兩個運算結果為 int 整數的運算式做為引數，
                     將它們的數值傳遞給 sum() 函式的參數 x 與 y
```

另一方面，sum() 函式計算完兩個參數加總的結果後，是使用 return 敘述將 result 變數的數值傳回給呼叫它的函式（也就是呼叫者函式 caller function），所以我們在呼叫者函式裡進行呼叫時，其實是可以取得這個由被呼叫函式（callee function）所傳回的數值的，不過要注意所取回的數值型態定義於被呼叫函式的 return_type，呼叫者函式在接收被呼叫函式的傳回值時，也必須匹配其資料型態。下面再讓我們看一些取回傳回值的例子：

3　這組接在函式名稱後面的大括號，其實被稱做函式呼叫運算子（function call operator），其運算元就是由函式名稱以及要傳遞給它的引數所組成的。

```
int a, b;
a=sum(5, 3);            使用變數 a 來取得呼叫 sum(5,3) 所傳回來的運算結果 8

b=sum(a, 10);           使用變數 b 來取得呼叫 sum(a,10) 所傳回來的運算結果 18
int a=10, b=20;

        ⋮

printf("%d\n", sum(a, b));    將呼叫 sum(a,b) 的運算結果 26 傳回給 printf()
                              函式做為其引數，並將其加以輸出
```

現在你應該已經大致了解函式呼叫的方法了，請參考以下的程式範例，它提供了呼叫函式時使用一些不同引數的示範：

Example 9-4：**各種函式引數範例**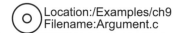

Location:/Examples/ch9
Filename:Argument.c

```
 1  #include <stdio.h>
 2
 3  int sum( int x, int y)
 4  {
 5      int result;
 6      result = x+y;
 7      return result;
 8  }
 9
10  int main()
11  {
12      int i=2, j=4, k=6;
13
14      // 使用 = 將函式的傳回值指定給變數 i
15      i = sum(10, 30);
16      printf("i = sum(10,30)\ni = %d\n", i);
17
18      // 直接把函式的傳回值當成一般的值，並傳給 printf 做為輸入
19      printf("sum(5,6) = %d\n", sum(5,6));
20
21      // 引數的部份也可以為變數
22      printf("sum(5,j) = %d\n", sum(5,j));
23
24      // 傳回值可做為運算式的一部份
25      printf("5+sum(j,k) = %d\n", 5+sum(j,k) );
26
27      // 引數的部份也可以為運算式
28      printf("sum(5,j+k) = %d\n", sum( 5 , (j+k) ) );
29
30      // 引數的部份也可以為另一個函式呼叫
31      printf("sum(5,sum(j,k)) = %d\n", sum( 5 , sum(j,k) ) );
32  }
```

此程式的執行結果如下：

```
[16:41 user@ws example] ./a.out ↵
i △ = △ sum(10,30) ↵
i △ = △ 40 ↵
sum(5,6) △ = △ 11 ↵
sum(5,j) △ = △ 9 ↵
5+sum(j,k) △ = △ 15 ↵
sum(5,j+k) △ = △ 15 ↵
sum(5,sum(j,k)) △ = △ 15 ↵
[16:41 user@ws example]
```

函式呼叫時的引數也可以為陣列，例如下面的例子：

Example 9-5：將陣列傳入函式的範例　　　　Location:/Examples/ch9
　　　　　　　　　　　　　　　　　　　　　　Filename:ArrayArg.c

```c
1   #include <stdio.h>
2   #define N 10
3
4   void showData(int num[])
5   {
6       int i;
7       for(i=0; i<N-1;i++)
8           printf("%d ", num[i]);
9       printf("%d\n", num[i]);
10  }
11
12  void sortData(int num[])
13  {
14      int i, j, temp;
15      for(i=0;i<N-1;i++)
16          for(j=0;j<N-i-1;j++)
17              if(num[j]<num[j+1])
18              {
19                  temp=num[j];
20                  num[j]=num[j+1];
21                  num[j+1]=temp;
22              }
23  }
24
25  int main()
26  {
27      int data[N]={21, 5, 34, 67, 26, 24, 9, 18, 32, 190};
28      showData(data);
29      sortData(data);
30      showData(data);
31  }
```

此例的執行結果如下：

```
[16:41 user@ws example] ./a.out ⏎
21 △ 5 △ 34 △ 67 △ 26 △ 24 △ 9 △ 18 △ 32 △ 190 ⏎
190 △ 67 △ 34 △ 32 △ 26 △ 24 △ 21 △ 18 △ 9 △ 5 ⏎
[16:41 user@ws example]
```

在這個範例中，我們設計了兩個可以接收陣列做引數的函式，分別是 showData() 與 sortData()，用以將陣列的內容印出以及進行排序。這兩個函式的內容並不困難，在此不加以說明，但我們要特別注意一下把陣列當成引數傳遞的方法：首先在函式定義時，其參數是以「int num []」的方式表明此參數為一個整數的陣列，在函式主體內部稱做為 num，至於此陣列的大小在此不需提供（如果你還是提供也是可以的，但是不會有作用，你可以試試把大小寫進去看看會發生何事？試試寫個錯誤的大小看看又會如何？）。至於在 main() 呼叫 showData() 或 sortData() 時，只需要將陣列名稱放入引數即可，例如第 28-30 行的「showData(data);」與「sortData(data);」。

9-4
變數作用範圍

在本章之前（尚未開始使用函式之前），我們把所有的程式碼都寫在 main() 函式中，所以很自然的也把所有的變數都宣告在 main() 內；但是從本章起，我們開始在程式中使用函式，因此也開始在函式內宣告一些在函式內部（也就是函式主體裡）所要使用的變數。由於變數可以在不同的地方被宣告，隨之而來的一個新的問題：

「如果有兩個變數宣告在不同地方，但卻有相同的名稱，這是可以被允許的嗎？」

要回答這個問題就必須先說明何謂變數作用範圍（variable scope）以及其相關的概念與定義 —這正是本節的主要內容與目的。我們將在 9-4-1 小節的最後，為讀者解答這個問題。

所謂的變數作用範圍（variable scope）又被稱為可視性（visibility），指的是變數具有作用的範圍，或是變數可以被使用的範圍。一般而言，一個變數如果被宣告在某一個由一組大括號所包裹起來的程式區塊（block）裡面時，那麼其作用範圍就僅限於在該程式區塊內。例如本章所介紹的函式，其函式主體就是以一組大括號所包裹起來的，因此宣告在函式主體裡面的變數其作用範圍就僅限於其內部，超出其大括號後就無法使用，例如下面的例子：

Example 9-6：**超出變數作用範圍的錯誤範例**

Location:/Examples/ch9
Filename:OutOfScope.c

```
1   #include <stdio.h>
2
3   int sum( int x, int y)
4   {
5       int result;
6       result = x+y;
7       return result;
8   }
9
10  int main()
11  {
12      result=sum(3,5);
13      printf("The sum of 3 and 5 is %d.\n", result );
14  }
```

此程式第 3-8 行所定義了一個 sum() 函式，用以接收兩個整數做為參數，計算其總和後傳回其值給呼叫者函式（caller function）。在第 5 行就是在 sum() 的函式主體裡（也就是在其所屬的、由大括號所包裹的程式區塊中），宣告了一個名為 result 的變數，其作用範圍將僅限於 sum() 的函式主體內。另外，還要注意的是 sum() 函式在執行時，還有兩個由呼叫函式在呼叫時所傳入的引數 x 與 y，這兩個變數與 result 一樣都只能在 sum() 函式的函式主體內使用。

要特別注意的是，Example 9-6 的第 12 行裡，我們使用了名為 result 的變數，但正如前面所說明過的，宣告在第 5 行的 result 變數的作用範圍僅限於在 sum() 函式裡，所以此程式在編譯時，將會得到以下的錯誤訊息：

```
[16:41 user@ws example] △cc OutOfScope.c ↵
OutOfScope.c:12:4: error: use of undeclared identifier 'result'
    result=sum(3,5);
    ^
OutOfScope.c:13:42: error: use of undeclared identifier 'result'
    printf("The sum of 3 and 5 is %d.\n", result );
                                          ^
2 errors generated.
[16:41 user@ws example]
```

上述的錯誤訊息顯示了我們在此程式的第 12 行與第 13 行，使用了未經宣告的識別字「result」，這就是因為宣告在 sum() 裡的變數，其作用範圍並不包含第 12 行與第 13 行所在的 main() 函式裡。

9-4-1　區域變數

只要是變數作用範圍（variable scope）僅限於特定的一組大括號所包裹起來的程式區塊（block）內的變數，我們就將其稱爲區域變數（local variable）— 包含函式的參數（parameter）以及在其函式主體內所宣告的變數，例如在 Example 9-6 裡，sum() 函式的參數 x 與 y，以及其所宣告的 result 變數都是區域變數；當然，它們的「區域」就是指 sum() 函式內部。

讓我們再看看下面的例子：

```
int main()
{
    int a, b, c;
    printf("Please input two numbers: ");
    scanf(" %d %d", &a, &b);
    c=sum(a,b);
    printf("The sum of %d and %d is %d.\n", a, b, c );
}
```

由於 main() 其實也是一個函式，它同樣有一組大括號將其函式主體包裹起來，同樣可以被視爲是一個程式區塊，因此基於同樣的理由，宣告在其中的變數 a、b、c 也都是區域變數。

除了函式主體被視爲是程式區塊外，C 語言還有其他的程式區塊可以使用，例如：

```
int main()
{
    int quit=0;
    while(!quit)
    {
        char cmd;
        scanf(" %c", &cmd);
        if(c== 'q')
            quit=1;
    }
}
```

在這個例子中，宣告在 main() 的函式主體內的 quit 變數，其作用範圍限於 main() 函式內；此外在 main() 中還有一個 while 迴圈，它也使用了一組大括號將其迴圈主體加以包裹。你可以發現在 while 迴圈的迴圈主體中，也宣告了一個 cmd 的字元變數，它的作用範圍就僅限於這個 while 迴圈的迴圈主體內，超出此作用範圍時，就算還在 main() 的函式主體內，仍不能使用這個 cmd 變數。這種情況下的變數就被稱爲是區塊變數（block variable）。不過依定義，區塊變數仍屬於區域變數，只不過它的區域更小了些！你也可以在其他種迴圈的迴圈主體中找到此種區塊變數。

接著請參考下面的例子：

```
for(int i=0; i<5; i++)
{
    printf(" %d", i);
}
```

這個 for 迴圈的迴圈變數 i 是直接宣告在其初始化敘述處（請參考本書第 7 章 7-3 節）[4]，所以這個變數 i 的作用範圍也被限制在此 for 迴圈的迴圈主體內。反之，請參考下面的例子：

```
int main()
{
    int i;
    for(i=0; i<5; i++)
    {
        printf(" %d", i);
    }

    for(i=10; i>0; i--)
    {
        printf(" %d", i);
    }
        ⋮
}
```

如果把迴圈變數宣告在 for 迴圈外時，則除了其迴圈主體外，該變數亦可以在其他地方被使用（當然，不可以超過其所屬的 main() 函式作用範圍）。

除了這些情況外，有時我們還可以「故意製造」一個程式區塊，例如：

```
int main()
{
    int a, b;
    printf("Please input two numbers: ");
    scanf(" %d %d", &a, &b);
    {
        int temp;
        temp=a;
        a=b;
        b=temp;
    }
    printf("a=%d b=%d\n", a, b);
}
```

4　在 for 迴圈的初始化敘述處宣告迴圈變數，是 C99 標準才開始支援的。若編譯器使用低於 C99 的版本時，就必須在編譯時使用 -std=c99 的選項。

在此例中，我們因爲需要一個臨時的變數來進行兩個變數的交換，因此我們在呼叫 scanf()
函式取回變數 a 與 b 後，「故意製造」了一個程式區塊，並在其中宣告了一個 temp 變數以
便暫時存放變數 a 的值；如此一來，不但可以順利地完成兩數的交換，同時其所需的 temp
變數也不會在離開此程式區塊後仍然存在，對於節省記憶體配置是有幫助的[5]。此處的 temp
變數被稱爲區塊變數，同時它也是一個區域變數（只不過它的區域又更小了）。

最後，我們做一個小小的總結：

> 區域變數（local variable）是僅限於特定區域內才可以使用的變數，其特定區域包含函
> 式主體（function body）、迴圈主體（loop body）或是程式區塊（block）內部。

更進一步來說，區域變數在程式執行期間，只有從進入其特定區域（例如函式主體、
迴圈主體或是程式區塊）開始，才會被配置一塊記憶體空間供其使用，並且在離開該特定
區域後，其記憶體空間將會立即被加以釋放。關於區域變數的記憶體空間配置的更多說
明，可參考本書第 14 章。

現在，讓我們來回答「如果有兩個變數宣告在不同地方，但卻有相同的名稱，這是可
以被允許的嗎？」這個問題。答案其實很簡單：「同樣名稱的變數若存在於不同的程式區塊
內是被允許的，且在使用時依變數所在的區塊視爲不同的變數」，請參考下例：

```
int foo(int x, int y)
{
if(x>y)←━━━━━　此處的 x 與 y 可以被視爲是「foo() 函式的 x」與「foo() 函式的 y」
    return x;
else
    return y;
}

int main()
{
int x=3, y=5;←━━━━　此處的 x 與 y 可以被視爲是「main() 函式的 x」與「main() 函式的 y」
printf("%d\n", foo(9,8));
}
```

在此例中，foo() 函式與 main() 函式都分別使用了名爲 x 與 y 的變數，由於區域變數的
作用範圍僅限於其所屬的函式內，所以並不會造成任何問題 — 因爲它們各自的作用範圍
並不衝突；對程式而言，儘管它們的名稱相同，但其實會被視爲是兩個不同的變數。換句
話說，我們可以把在 foo() 函式裡的 x 與 y 變數，視爲是「foo() 的 x」與「foo() 的 y」；至
於在 main() 函式裡的 x 與 y 變數，則可以將其視爲是「main () 的 x」與「main () 的 y」。

5　其實區塊變數對於節省記憶體的幫助，必須要等到本書爲你說明變數的生命週期及其相關議題後，才能清
　　楚地解釋。在此先不加以說明，待本書第 14 章再爲你詳細說明。

現在，請你將 Example 9-6 的第 11 行後面增加一行「int result;」的宣告，然後再進行編譯 — 現在程式將可以正確地完成編譯，且其執行結果也將會是正確的 — 儘管在 sum() 與 main() 裡都宣告了相同名稱的 result 變數，但它們的作用範圍並不衝突：

```
[16:41 user@ws example] cc △ OutOfScope.c↵
[16:41 user@ws example] ./a.out↵
The △ sum △ of △ 3 △ and △ 5 △ is △ 8↵
[16:41 user@ws example]
```

9-4-2 全域變數

宣告在函式外的變數稱為全域變數（global variable），可以在程式的任何地方使用。但若某區塊內有區域變數與全域變數擁有同樣的名稱，則以該區塊的區域變數為主。請參考下面的例子：

Example 9-7：全域變數範例

Location:/Examples/ch9
Filename:Global.c

```c
1   #include <stdio.h>
2
3   int x,y;  // 此處所宣告的 x 與 y 不在任何的函式內，被稱為全域變數
4             // 為便利起見，我們將它們視為「全域的 x」與「全域的 y」
5
6   int max(int x, int y)
7   {
8       // 此處可以使用的變數是它自己所擁有的區域變數 x 與 y
9       if(x>y)
10          return x;
11      else
12          return y;
13  }
14
15  int maxOfMax(int i, int j)
16  {
17      // 此處可以使用的變數為它自己所擁有的 i 與 j
18      // 以及「全域的 x」與「全域的 y」
19      return max(max(i,j),max(x,y));
20  }
21
22  int main()
23  {
24      // 這裡可以使用的變數為「全域的 x」與「全域的 y」
25      printf("x=? ");
26      scanf("%d", &x);
27      printf("y=? ");
28      scanf("%d", &y);
29      printf("max of %d and % d is %d\n", x, y, max(x,y));
30      printf("max of %d, %d, 3 and 6 is %d\n", x, y, maxOfMax(3,6));
31  }
```

此程式在第 3 行宣告了兩個全域變數 x 與 y，可以在程式中的任何地方使用，包含 main() 與 maxOfMax() 函式裡面，但第 6-13 行的 max() 函式除外，因為 max() 函式也同樣宣告了名為 x 與 y 的區域變數；為了易於思考起見，我們可以將第 3 行所宣告的 x 與 y 稱為「全域的 x」與「全域的 y」，至於在 max() 函式裡的，則稱為「區域的 x」與「區域的 y」（或是稱為「max 的 x」與「max 的 y」）。

在 main() 函式裡的第 26 行與第 28 行，取得兩個使用者所輸入的整數值後，存放於「全域的 x」與「全域的 y」裡；後續在第 29 行呼叫 max() 函式，並將 x 與 y 的數值傳遞過去，讓第 6-13 行的 max() 函式接收 — 使用它內部的區域變數 x 與 y 來接收，並找出其最大值後傳回給第 29 行後加以輸出。其後的 30 行則呼叫第 15-20 行的 maxOfMax() 函式，並將數值 3 與 6 傳遞過去。在 maxOfMax() 函式裡，它利用 max() 函式的幫助，使用「max(max(i,j),max(x,y))」來找出其區域變數 i 與 j 之間的最大值，以及全域變數 x 與 j 之間的最大值，最後傳回這兩個最大值中的最大值；換句話說，它將會找出 3、6 以及全域變數 x 與 y 裡頭最大的數值，然後傳回給第 30 行進行輸出。此程式的執行結果如下：

```
[16:41 user@ws example] ./a.out
x=? 2
y=? 4
max of 2 and 4 is 4
max of 2, 4, 3 and 6 is 6
[16:41 user@ws example] ./a.out
x=? 5
y=? 8
max of 5 and 8 is 8
max of 5, 8, 3 and 6 is 8
[16:41 user@ws example]
```

由於全域變數（global variable）可以在不同函式內被使用，所以也常被使用來代替在進行函式呼叫時所需的參數傳遞 — 將呼叫者函式與被呼叫函式間所需要傳遞的數值資料改宣告為全域變數，如此一來被呼叫函式可以直接存取到原本該由呼叫者函式傳遞的參數，被呼叫函式也可以將原本該使用 return 傳回的數值直接放入到全域變數裡供呼叫者函式使用。更棒的一點是，如果使用全域變數來取代 return，還可以解決 function 只能傳回一個數值的限制 — 只要把所有需要回傳的數值，都宣告一個對應的全域變數來存放即可。

但是全域變數也有顯著的缺點，它在程式執行的過程中，會一直佔據記憶體空間 — 從程式開始執行起，全域變數就會配置到記憶體空間，直到程式結束前，該空間都不會被釋放。對於電腦系統而言（尤其是一些記憶體受限的嵌入式系統），佔據過多的記憶體可不是個聰明的做法，不但會使可用的記憶體空間減少，也會對系統效能帶來影響。因此也有一些程式設計師，會選擇儘量不使用全域變數來進行程式的開發。

9-5
遞迴

　　我們可以把一個 C 語言程式執行的過程視為一個線性的動線，從 main() 函式的左大括號開始，一行、一行地逐行執行，直到遇到 main() 函式的右大括號為止；當然，我們也可以使用 return 敘述來提前結束 main() 函式的執行。這個執行的動線也可以在遇到函式呼叫時，先加以暫停並跳躍到所呼叫的 function 去執行它的函式主體，等到該 function 執行結束時，才又再跳回來原本的地方接續執行。本節將利用函式呼叫的做法，為讀者介紹另一種不同的程式設計思維 — 遞迴（recursion）— 在函式主體內呼叫自己！

　　讓我們使用階乘（factorial）的計算為例，為讀者介紹遞迴的概念與程式設計方法。對於任何一個正整數 N，我們使用 N! 來表示它的階乘，除了 0! 被定義為 1 以外，其他數值的階乘是所有小於等於該數的正整數的乘積，意即：

```
0!=1
1!=1
2!=1×2=2
3!=1×2×3=6
4!=1×2×3×4=24
      ⋮
N!=1×2×3×…×(N-1)×N
```

階乘的計算可以簡單地使用 for 迴圈來完成，Example 9-8 設計了一個名為 factorial() 的函式，然後在 main() 函式裡取得使用者所輸入的 N，並透過函式呼叫讓 factorial() 函式負責求出 N 的階乘後傳回其值：

Example 9-8：計算N階乘的範例

Location:/Examples/ch9
Filename:Factorial.c

```
1    #include <stdio.h>
2
3    int factorial(int N)
4    {
5        int result=1, i;
6
7        if((N==0)||(N==1)) // 當所要計算的是 0! 或 1! 時，直接傳回 1
8            return 1;
9        else if (N>1)      // 當 N>1 時，則使用 for 迴圈計算 1*2*3*…*(N-1)*N
10       {
11           for(i=2;i<=N;i++)
12           {
13               result*=i;
14           }
15           return result;
16       }
```

```
17        else            // 當 N 為負數時，傳回 -1 代表錯誤
18            return (-1);
19  }
20
21  int main()
22  {
23      int N, fac;
24
25      printf("Please input a number N: ");
26      scanf("%d", &N);
27      fac = factorial(N);  // 呼叫 factorial(N) 計算 N!，並將結果放入 fac 變數
28      if( fac != -1)
29          printf("N!=%d\n", fac); // 若結果不為 -1，則加以輸出
30      else
31          printf("Error!\n");    // 若結果為 -1，則輸出 Error
32  }
```

此程式在第 3-19 行定義了一個名為 factorial() 的 function，用以計算所傳入的參數 N 的階乘。此 factorial() 函式先定義了所需的變數 result 與 i，然後再計算 N!，並使用 return 敘述將結果傳回。當參數 N 的數值為 0 或 1 時，依階乘定義 0! 與 1! 皆為 1，所以第 7-8 行直接使用 return 敘述傳回 1。要注意的是一旦使用了 return 敘述，函式就會將指定的結果傳回，剩餘未執行的程式碼將不會被執行。若 N 的值不為 0 或 1，則比較 N 是否大於等於 2，使用一個迴圈來計算 N! 並使用 return 敘述將結果傳回。若 N 的值不為 0 或 1 且不大於等於 2，那麼唯一的可能就是 N 為負數，此時傳回 -1 表示錯誤。此程式的執行結果如下：

```
[16:41 user@ws example] ./a.out ⏎
Please △ input △ a △ number △ N: △ 5 ⏎
5!=120 ⏎
[16:41 user@ws example] ./a.out ⏎
Please △ input △ a △ number △ N: △ 0 ⏎
0!=1 ⏎
[16:41 user@ws example] ./a.out ⏎
Please △ input △ a △ number △ N: △ 1 ⏎
1!=1 ⏎
[16:41 user@ws example] ./a.out ⏎
Please △ input △ a △ number △ N: △ -2 ⏎
Error! ⏎
[16:41 user@ws example]
```

接下來讓我們改成使用遞迴的方式來重新思考階乘計算的問題，首先，讓我們把階乘的計算做一點改變：

```
0! = 1
1! = 1
2! = 1×2 = 1!×2 =2
3! = 1×2×3 = 2!×3 = 6
4! = 1×2×3×4 = 3!×4 = 24
        ⋮
N! = 1×2×3×…×(N-1)×N = (N-1)!×N
```

你將會發現除了 N=0 與 N=1 以外，N! 可以計算爲 (N-1)!×N。因此當我們在設計 factorial() 函式時，也可以考慮使用遞迴的方式重新設計 — 讓 factorial() 函式去呼叫它自己！請參考 Example 9-9：

Example 9-9：以遞迴方式計算N階乘的範例

Location:/Examples/ch9
Filename:FactorialRecursion.c

```c
1   #include <stdio.h>
2
3   int factorial(int N)
4   {
5       if((N==0)||(N==1))  // 當所要計算的是 0! 或 1! 時，直接傳回 1
6           return 1;
7       else if (N>1)      // 當 N>1 時，則呼叫並計算 factorial(N-1)*N
8           return factorial(N-1)*N;
9       else               // 當 N 爲負數時，傳回 -1 代表錯誤
10          return (-1);
11  }
12
13  int main()
14  {
15      int N, fac;
16
17      printf("Please input a number N: ");
18      scanf("%d", &N);
19      fac = factorial(N);  // 呼叫 factorial(N) 計算 N!，並將結果放入 fac 變數
20      if( fac != -1)
21          printf("N!=%d\n", fac); // 若結果不爲 -1，則加以輸出
22      else
23          printf("Error!\n");     // 若結果爲 -1，則輸出 Error
24  }
```

此程式的執行結果與 Example 9-8 一致，在此不予贅述。在程式中的第 3-11 行即爲 factorial() 函式的遞迴版本（recursive version）[6]，也稱爲遞迴函式（recursive function），或是稱爲以遞迴的方式實作的函式。此程式在執行時，將會先取得使用者所輸入的 N，然後在第 19 行呼叫「factorial(N)」，把程式的執行動線將從 main() 改爲跳躍到 factorial() 函式，並在得到結果後再傳回給 main() 函式讓 fac 變數接收，最後將結果加以輸出。

更詳細地來說，在第 3-11 行的 factorial() 函式裡，經過 if 條件判斷後，將會執行第 8 行的「return factorial(N-1)*N」 — 計算並傳回 N! 給 main() 使用。由於 N! 可以計算爲 (N-1)!×N，但是此時我們還不知道 (N-1)! 的結果爲何？因此在 factorial() 函式的第 8 行裡，先使用遞迴的方式呼叫 factorial(N-1) 函式（以 N-1 做爲引數），取回結果後再乘上 N 以得到 N! 的計算結果，然後再將結果傳回給 main() 函式。此種呼叫者函式（caller）與被呼叫函式（callee）都是同一個函式情況（也就是在 factorial() 函式裡，呼叫 factorial() 函式的情況），就是所謂的遞迴呼叫（resursive call）。

6　讀者可能會對 recursion 與 recursive 兩個單字感到混淆，但其實它們都是相同的意涵，只不過 recursion 是名詞，而 recursive 是形容詞。

　　舉例來說，若使用者所輸入的 N 數值爲 5，第 19 行就會呼叫 factorial() 函式，並以 N=5 做爲引數加以傳遞，也就是進行 factorial(5) 的呼叫，以取得 5! 的計算結果。因應此 factorial(5) 的函式呼叫，程式的執行動線就會從 main() 函式，跳躍到 factorial() 函式，並在其第 8 行執行「factorial(4)*5」的運算後將結果傳回；此時程式的執行動線又會再一次的跳躍 — 將正在執行中的 factorial() 函式暫停下來，並跳躍到一個重新執行的 factorial(4) 函式裡，只是此新的 factorial() 函式呼叫所傳入的引數爲 4。factorial(4) 執行時，又會再次地在其第 8 行呼叫 factorial(3)，然而 factorial(3) 又會再呼叫 factorial(2)；直到 factorial(2) 呼叫 factorial(1) 時，才會透過第 6 行將 1! 傳回給當初呼叫它的 factorial(2) 的「factorial(1)*2」，進行後續乘以 2 的運算，得到 1!*2 的結果後，再將其傳回給之前呼叫它的 factorial(3) 的「factorial(2)*3」，經過計算得到 2!*3 的結果（也就是 3!）後，再將其傳回到之前的呼叫它的 factorial(4) 的「factorial(3)*4」，經過計算得到 3!*4 的結果（也就是 4!）後，再將其傳回到之前的呼叫它的 factorial(5) 的「factorial(4)*5」，經過計算得到 4!*5 的結果（也就是 5!）後，將其結果傳回給之前呼叫它的 main() 函式的第 19 行，由變數 fac 存放此 5! 的運算結果，至此完成了此系列的遞迴呼叫。爲了幫助讀者瞭解此遞迴的過程，我們也將其執行動線、引數與計算結果的傳遞，顯示於圖 9-2，請讀者自行加以參考。

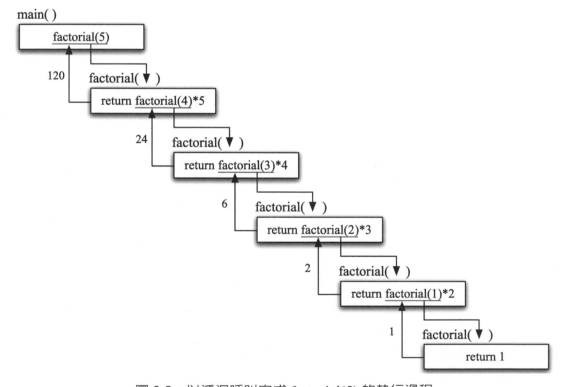

圖 9-2：以遞迴呼叫完成 factorial(5) 的執行過程

　　除了本節所示範的階乘計算以外，還有許多的應用問題都可以使用遞迴的方式加以設計，讀者可以在本章末的程式練習中看到更多的例子。

9-6
函式原型與標頭檔

　　我們自行設計的函式與變數的使用一樣，必須在第一次使用前（也就是呼叫前）先進行定義。由於 C 語言的程式是從 main() 函式開始執行，因此函式的呼叫通常也會在 main() 函式內，所以我們必須在 main() 函式前，先進行函式的定義，例如下面這個範例：

Example 9-10：在main()函式前先定義好函式的內容　　Location:/Examples/ch9　Filename:Func.c

```
1   #include <stdio.h>
2
3   void foo()
4   {
5       printf("This is foo.\n");
6   }
7
8   int main()
9   {
10      foo();
11      printf("This is main function.\n");
12  }
```

此程式的執行結果如下：

```
[16:41 user@ws example] ./a.out ⏎
This△is△foo. ⏎
This△is△main△function. ⏎
[16:41 user@ws example]
```

　　這個程式當然還是從 main() 函式開始執行。在 main() 函式中我們呼叫了一個自行定義的函式 foo()，為了要能夠正確地呼叫 foo() 函式，我們將其函式定義在 main() 函式之前。但這種做法要求所有要使用到的函式都必須定義在使用之前，有時我們並不想這麼做，那麼你可以選擇在程式開頭處先宣告函式的原型（function prototype），然後再在其他地方提供完整的函式定義，請參考下面的例子：

Example 9-11：在main()函式前先提供函式原型

Location:/Examples/ch9
Filename:FunctionPrototype.c

```
1   #include <stdio.h>
2
3   void foo();
4
5   int main()
6   {
7       foo();
8       printf("This is main function.\n");
9   }
10
11  void foo()
12  {
13      printf("This is foo.\n");
14  }
```

此程式的執行結果與 Example 9-10 一致，在此不予贅述。在這個程式中，我們將函式完整的內容寫在 main() 函式之後，並且為了讓 main() 函式還是能呼叫 foo 函式，所以我們必須在 main() 函式前先提供 foo() 函式的原型說明。

所謂的函式原型是指函式的定義，但不包含其函式主體。從函式原型中，我們可以得知函式的名稱、輸入參數的個數與型態、還有傳回值的型態為何 — 這些資訊又可稱為是函式的介面（interface），而這些資訊已經足夠讓編譯器在編譯到該函式的呼叫時，能夠正確地辨識該呼叫是否合乎語法。另一方面，函式主體（function body），則是函式實際進行處理的地方；換句話說，在函式主體內的程式敘述決定了函式所提供的功能為何？相對於我們把函式的原型稱為介面，函式主體則被稱為實作（implementation）。

函式的原型的宣告語法如下：

函式原型宣告（Function Prototype Declaration）語法

```
return_type function_name ( parameters );
```

你應該已經發現其語法與函式定義語法幾乎完全相同，只不過少了函式的主體（function body）而已，並且必須在結尾處加上一個「;」分號。

如果我們在某個程式裡設計好一個函式後，又需要在其他的程式裡再次使用它時，這又該怎麼辦呢？難道還需要在新的程式裡再重頭寫一次嗎？當然不用，我們只要把函式的內容「複製 / 貼上」到需要的程式裡就好了！？等等，請讀者別誤會筆者的意思，此處所謂的「複製 / 貼上」其實是要大家使用「#include」這個前置處理器命令來載入函式的內容！請參考以下的 Example 9-12，它包含了 foo() 函式內容的 foo.c 以及 FunctionInclusion.c 兩個程式檔案：

Example 9-12：在main()函式使用#include指令來載入所需的函式

Location:/Examples/ch9
Filename:foo.c

```
1   void foo()
2   {
3       printf("This is foo.\n");
4   }
```

Filename:FunctionInclusion.c

```
1   #include <stdio.h>
2   #include "foo.c"
3
4   int main()
5   {
6       foo();
7       printf("This is main function.\n");
8   }
```

雖然此範例包含了兩個程式檔案，但是僅需編譯 FunctionInclusion.c 即可：

```
[16:41 user@ws example] cc △ FunctionInclusion.c ⏎
```

因為我們在 FunctionInclusion.c 的第 2 行，使用了「#include "foo.c"」來將目前目錄 [7] 下的 foo.c 檔案內容加以載入，所以在編譯時將會先由前置處理器把 foo.c 的檔案內容「複製」並「貼上」到 FunctionInclusion.c 檔案內，取代第 2 行的「#include "foo.c"」指令。所以編譯器最終會「看到」的以下的程式碼並且將它進行編譯：

```
#include <stdio.h>
void foo()
{
    printf("This is foo.\n");
}
int main()
{
    foo();
    printf("This is main function.\n");
}
```

此處使用 foo.c 的檔案內容取代了原本的 #include <foo.c> 指令

　　依據這個做法，我們只要將未來會再次（甚至是多次）使用的 functions 寫在獨立的檔案裡（例如 Example 9-12 的 foo.c），就可以透過「#include "foo.c"」指令，將其內容載入到所有需要它的程式裡！但是這個做法其實有以下兩個主要的缺點：

7　因為此處指定使用 #include 指令所載入的檔案，並沒有指明其所存放的目錄，因此 preprocessor 將會選擇在原始程式所在的目錄內將其載入，所以我們將其稱為「目前目錄」。但讀者也可以選擇載入在不同目錄下的檔案，只要適當地指定相對或絕對路徑即可。

1. 要使用這個做法，我們就必須將 foo.c 的檔案分享給所有需要的人，因此其他人不但能使用到 foo() 函式的內容，同時他們也都能看到你是如何完成 foo() 函式的。對於以開發函式供其他程式設計師使用爲業的人而言，基於保密與智財權的顧慮，當然不希望公開函式實作的細節，讓自己的心血結晶被其他人取得 — 試想，當所有人都看得到函式的實作程式碼時，還需要和你購買嗎？他們甚至可以你的程式碼爲基礎，開發出功能更強大、更完整的函式！你還有什麼利基可言呢？

2. 由於使用 #include 所載入的程式內容，都會經由前置處理器將其「貼上」成爲原始程式的一部份，然後才由 compiler 進行編譯，因此你所分享的函式內容，每次被載入到其他程式後，都還要經由 compiler 進行編譯。對於一些比較複雜的函式設計來說，其編譯所需的時間可能會比要載入它的程式還要多上許多。例如我們可能寫了一個不到 100 行程式碼的程式，其中使用 #include 指令載入了一個由你使用了 10 萬行程式碼所設計出的函式，那麼絕大多數的編譯時間都是耗費在編譯你所寫的函式；更糟的是每次有人要使用你的函式，都必須付出這個編譯的時間成本。這就好比一個廠商使用 100 種各式的香草原料與水果，經過複雜的製程與三年的時間熟成發酵，開發出了一種「神奇美味」調味料供消費者使用在自己的料理當中，但是你每次要使用時，都必須先自己使用這 100 種香草原料與水果，花上三年的時間等它熟成發酵才能使用！你還想要使用這個「神奇美味」的調味料嗎？筆者相信你應該想要買到的是已經完成的調味料產品，而不是自己去製作產品！

基於上述理由，我們需要的是另一種做法 — 把函式的介面（也就是其原型）與其實作（也就是函式的內容）分別寫在不同的檔案裡，並先行將函式的實作加以編譯，讓其他的程式設計師（當然也包含你自己）可以直接使用。

具體的做法是將函式的原型定義在被稱爲標頭檔（header file）中，供需要使用的程式以 #include 指令加以載入；至於使用程式碼實作的函式內容則寫在另一個程式檔案裡，並將其編譯後的目的檔（object file）提供給需要使用的程式設計師 — 不用提供原始程式。通常函式的標頭檔案與實作的程式檔案，會分別使用 .h 與 .c 做爲副檔名以易於辨別；至於主檔名的部份，則可依函式的功能使用適當的英文翻譯爲其命名。

採用上述的做法後，對於想要使用「神奇美味」函式的程式設計師，只需要在其程式碼中使用「#include」指令來載入「神奇美味」函式的標頭檔案，然後在編譯時將事先已編譯過的「神奇美味」函式的目的檔一起納入編譯，如此即可完成程式的開發。請參考以下的範例：

Example 9-13：將函式的原型宣告與實作分別放置於 不同檔案的範例

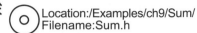
Location:/Examples/ch9/Sum/
Filename:Sum.h

```
1  int sum(int x, int y);
```

Filename:Sum.c

```
1  int sum(int x, int y)
2  {
3      return x+y;
4  }
```

Filename:Caller.c

```
1  #include <stdio.h>
2  #include "Sum.h"
3
4  int main()
5  {
6      printf("3+5=%d\n", sum(3,5));
7  }
```

此範例包含三個檔案，分別是 sum() 函式的標頭檔案（Sum.h）、實作的程式檔案（Sum.c）以及會呼叫使用 sum() 函式的 Caller.c。讓我們先使用以下的指令對 sum() 函式的實作進行編譯：

```
[12:21 user@ws example] cc△Sum.c⏎
Undefined symbols for architecture x86_64:
"_main", referenced from:
implicit entry/start for main executable
[12:21 user@ws example]
```

由於在 Sum.c 裡只有 sum() 函式的實作，而沒有 main() 函式，但每個 C 語言的程式在執行時，都必須從 main() 函式開始執行；所以其編譯結果將會得到上述的錯誤訊息，此訊息在不同的開發環境中或有不同，但都是「在程式碼中找不到 main() 這個程式進入點」的意思。讓我們修改一下此編譯指令，使用「-c」參數告知 compiler 只需要編譯 Sum.c 而不需要產生可執行檔 — 只要我們明確地告知不需要可執行檔，compiler 就不會「擔心」缺少 main() 函式的問題。以下是修改後的編譯指令：

```
[12:21 user@ws example] cc△-c△Sum.c⏎
```

「-c」參數在使用上並沒有順序上的要求，因此我們也可以使用以下的編譯指令得到一樣的結果：

```
[12:21 user@ws example] cc△Sum.c△-c⏎
```

現在，我們已經順利地完成 Sum.c 的編譯，並產生了一個名為 Sum.o 的檔案：

```
[12:21 user@ws example] ls⏎
Caller.c  Sum.c  Sum.h.  Sum.o←      Sum.o 為編譯後所產生的檔案
[12:21 user@ws example]
```

Sum.o 就是所謂的目的檔（object file），它是由可供處理器執行的機器碼所組成，但因為其中缺少了 main() 函式，其實並無法執行 ─ 但將來可以和擁有 main() 函式的程式共同組成「真正可以執行」的執行檔。在預設的情況下，「-c」參數會依據原始程式的檔名來為目的檔命名，且使用 .o 做為副檔名 ─ 這就是 Sum.o 檔案命名的由來。

⊕ 資訊補給站　指定目的檔（Object File）的檔名

我們也可以使用另一個 compiler 的參數「-o」，來指定欲產生的 object file 檔名，例如以下的編譯指令可以指定 object file 的檔名為 SumObjectFile.o：

```
[12:21 user@ws example] cc△Sum.c△-c -o SumObjectFile.o⏎
```

要注意的是，其實 -o 參數對於所要指定的檔案名稱並沒有特別的限制，但仍建議讀者維持以 .o 做為 object file 副檔名的慣例，以避免日後自己或他人對檔名產生誤解。例如下面的指令將 Sum.c 編譯為 SumObjectFile.c：

```
[12:21 user@ws example] cc△Sum.c△-c -o SumObjectFile.c⏎
```

這樣一來，當我們看到所產生的 SumObjectFile.c 檔案時，你覺得它是一個原始程式？還是一個目的檔呢？

得到目的檔後，我們就可以使用以下的編譯指令，來編譯 Caller.c 並結合已經編譯好的 Sum.o，產生可執行的 a.out 檔案：

```
[12:21 user@ws example] cc△Caller.c△Sum.o⏎
```

以下是執行的結果：

```
[12:21 user@ws example] ./a.out⏎
3+5=8⏎
[12:21 user@ws example]
```

經由本節的說明以及 Example 9-13 的實例演示，日後只要提供函式的標頭檔與目的檔（例如 Example 9-13 裡的 Sum.h 與 Sum.o），其他的程式設計師就可以使用我們所設計的函式，而不會知道是如何完成實作的。此外，他們在編譯使用到我們的函式的原始程式時，不用花費大量的時間從頭做起「神奇美味」的調味料，而只要編譯他們自己的原始程式，再結合我們已經編譯好「神奇美味」目的檔即可。

9-7 函式庫

　　延續上一節的討論，你可以現在就開始開發一些函式供別人使用（或是自用）。待完成的函式足夠多時，你可以選擇將這些函式集合成一個函式庫（function library），請參考下面的做法：

　　假設你除了 sum() 函式外，還有另一個 average() 函式，我們有兩種選擇可以將它們編譯為函式庫：

1. 使用下列指令將它們合併成一個靜態函式庫（static library），又稱為靜態連結函式庫（statically-linked library），其檔名為 myLib.a：

```
[2:2 user@ws example] ar△-r△myLib.a△Sum.o△Average.o⏎
```

2. 使用下列指令將它們合併成一個動態連結函式庫（dynamic-linked library），其檔名為 myLib.so：

```
[2:2 user@ws example] gcc△-Wall△-fpic△-shared△Sum.c△Average.c
-o myLib.so⏎
```

　　如此一來，你只要提供標頭檔與 myLib.a 或 myLib.so 給其他人，就可以使用你所設計的兩個函式（原本必須提供這兩個函式的兩個標頭檔及兩個目的檔）。假設現在有一個程式 Prog.c 使用到了你所設計的函式，那麼其編譯方法如下：

```
[12:22 user@ws example] cc△Prog.c△myLib.a⏎
```

上面是與靜態連結函式庫結合以產生可執行檔的指令，下面則是與動態連結函式庫結合產出可執行檔的指令：

```
[12:22 user@ws example] cc△Prog.c△myLib.so⏎
```

上述的編譯方法其實會得到不一樣的結果！使用靜態連結函式庫是將事前已經準備好的 myLib.a 包裹到你的程式當中，其所產生的是一個將來可以獨立執行的檔案；換句話說，使用靜態連結函式庫是將 myLib.a 與你的程式共同整併成一個可執行檔，未來如果 myLib.a 的程式內容被修改過時，原本的可執行檔也必須重新編譯才能得到變更過後的新的功能。反觀使用動態連結函式庫，則是將你的程式與 myLib.so 進行連結，並沒有把函式庫的內容整合到可執行檔中；未來執行該可執行檔時，才會將 myLib.so 這個動態連結函式庫動態地載入到記憶體中，以便讓它們完成函式的呼叫與執行。

簡單來說，靜態連結函式庫（static library）是以靜態的方式將函式庫加入到可執行檔中；而動態連結函式庫（dynamic-link library）則是以動態的方式，只有在需要使用函式時才將動態連結函式庫載入到記憶體中使用，其可執行檔中並不包含函式庫。使用動態連結函式庫的好處之一，就是未來若函式庫的內容被修改時，相關的可執行檔並不需要再次的編譯。最後，要提醒讀者注意的是，函式庫的建立與使用是與作業系統緊密相關的，本節所示範的內容不適用於 Windows 系統，有需求的讀者請自行參考相關資料。

9-8 網路資源

網路上有很多資源可以幫助我們學習 C 語言，其中也包含一些網站收錄了 C 語言所有的函式供大家查詢使用，我們不但可以從中查閱到每個函式的名稱、功用、傳入參數的型態與個數，以及傳回值的型態，甚至還提供相關的範例程式可以參考，對於 C 語言的程式設計師而言，這些網站的存在是非常重要的。以下筆者列舉幾個相關的網站供讀者參考：

❖ cplusplus.com
   網址 https://www.cplusplus.com/reference/clibrary/
❖ Cprogramming.com
   網址 https://www.cprogramming.com/function.html?inl=nv
❖ Tutorialspoint
   網址 https://www.tutorialspoint.com/c_standard_library/index.htm

9-9 程式設計實務演練

本章末的程式設計實務演練，除了再次以實務的應用程式搭配教學進度來進行演練之外，我們還將示範以函式做為模組的程式設計方法。結合自 9-6 與 9-7 小節的內容，我們將以一個簡單的例子示範將函式的定義與實作分別放置於不同的檔案並實作為一個函式庫的做法，接著示範如何使用函式來開發一個撲克牌 21 點遊戲，並以一系列 3 個程式實務演練的 1A2B 游戲，示範如何將已經開發好的函式，使用在後續的其他程式開發中。

程式演練 13

打造一個程式工具盒 [8]

除了 C 語言內建的函式之外，也有許多公司或個人開發了第三方（third party）[8] 的函式庫（function library），我們可以購買或免費取得這些函式庫來開發自己的應用程式。利用這種方式，程式設計就成了一種堆疊的過程，我們只要專注於所要開發的應用程式之邏輯與流程，至於許多繁雜、重複的功能，可以利用現有的函式來替我們完成，以節省程式開發所需的時間。

除了使用他人所開發的函式庫之外，我們也可以自行開發函式庫供自己或他人使用。或許讀者們會認為自己只是 C 語言的初學者，還沒有足夠的專業能力可以去開發函式庫；其實關於這點完全不用擔心，請你回想一下從開始接觸 C 語言迄今，有沒有寫過（或看過）一些在不同程式中重複出現的程式碼呢？剛開始，只要把這些重複出現的程式碼寫成函式，待你下次在程式中又要使用到這些程式碼時，就可以改以函式呼叫（function call）來替代這些不斷重覆地出現的程式碼，這樣一來對你自己而言就已經很有幫助了。而且慢慢累積一些經驗後，相信你對於哪些程式碼適合寫成函式（供未來撰寫其他程式時使用）會更有心得，更可以大幅地節省你開發新程式的時間。

請將到目前為止，你為了本書的「課後練習」或「程式設計實務演練」所寫過的程式檢視一遍，找出一些重複出現的程式碼，並試著將它們寫入到一個名為 Toolbox 的函式庫中，然後試著將過去所寫過的程式改以呼叫在 Toolbox 中的函式來完成。這裡所建立的函式庫，可以被視為是你自己專屬的工具箱，在每次撰寫新程式時可以呼叫其中的函式，同時也可以視情況再加入新的函式到 Toolbox 中，讓你的工具箱內容愈來愈充實。

此題要求你自己決定要完成哪些函式的設計，因此我們在此將以幾個函式為例做為本題的示範，各位讀者可以自行挑選適合的函式加以完成。首先我們時常在程式中使用「printf("\n");」來進行換行的動作 [9]，因此我們打算開發一個簡單的函式稱為「newline()」，其實作如下：

```
void newline()
{
    printf("\n");
}
```

未來我們在寫程式時，就可以用「newline()」來取代「printf("\n")」，雖然只是 9 個字元與 12 個字元的差別，但是在程式碼中出現「newline()」還可以增進程式的可讀性

---

8 第三方（third party）的指得是非官方（unofficial）的意思。就 C 語言而言，除了其內建的函式之外，由其它的廠商、組織或個人所推出的函式庫就被稱為是第三方函式庫（third party library）。

9 例如使用迴圈來逐一地將陣列中的資料印出，並在離開迴圈後以「printf("\n");」來進行換行。

（readability）。另外，我們也將時常會使用到的陣列內容的列印以及排序功能寫成函式，分別是 printArray() 以及 sortArray()。為了簡化起見，我們在此僅針對整數陣列加以討論：

```c
void printArray(int data[], int size)
{
    int i;
    for(i=0;i<size;i++)
    {
        printf("%d ", data[i]);
    }
    newline();
}
```

printArray() 的參數包含：

❖ int data[]：此處為所要印出的陣列；

❖ int size：要印出的陣列之大小。

此函式的實作相當簡單，在此並不加以解釋；但是在此處的實作中，我們已經開始使用「newline()」來進行換行的動作。至於在排序的部份，請參考下面的函式設計：

```c
void sortArray(int data[], int size, int order)
{
  int i, j, temp;

  for(i=0;i<size-1;i++)
  {
    for(j=0;j<size-i-1;j++)
    {
      if(((data[j]>data[j+1])&&(order==Increasing)) ||
        ((data[j]<data[j+1])&&(order==Decreasing)))
      {
          temp=data[j];
          data[j]=data[j+1];
          data[j+1]=temp;
      }
    }
  }
}
```

sortArray() 的實作是採用氣泡排序法（bubble sort），在本書第 8 章中已有完整的說明在此不再贅述。此 sortArray() 有三個參數：

❖ int data[]：此處為所要排序的陣列；

❖ int size：要排序的陣列之大小；

❖ int order：決定要遞增或遞減的進行排序。

其中第三個參數是用以決定要進行遞增或遞減的排序，為了提高程式的可讀性，我們將使用「#define」定義以下兩個常數：

❖ Increasing：代表要進行 incremental（遞增）排序
❖ Decreasing：代表要進行 decremental（遞減）排序

我們並沒有特別給定這兩個常數的數值，只要兩者不相同即可，例如我們可以在程式中的適當位置寫下以下的程式碼：

```
#define Increasing 0
#define Decreasing 1
```

我們利用第三個參數 order，來設定遞增排序或遞減排序；當 order==Increasing 或 order==Decreasing 時，我們將分別進行 (data[j]>data[j+1]) 與 (data[j]<data[j+1]) 的判斷：

```
if(((data[j]>data[j+1])&&(order==Increasing)) ||
  ((data[j]<data[j+1])&&(order==Decreasing)))
```

只要條件符合就接續進行 data[j] 與 data[j+1] 的數值交換，在此不再贅述。

接著我們開始進行函式庫（function library）的製作，首先我們製作以下的標頭檔：

Location:/Projects/13
Filename:Toolbox.h

```
1  #define Increasing 0
2  #define Decreasing 1
3
4  void newline();
5  void sortArray(int[], int, int);
6  void printArray(int[], int);
```

要注意的是在函式原型的部份，其參數部份僅需指定欲傳入的參數型態，而不一定要給定參數的名稱。接下來則是各個函式的實作，請參考以下的 Toolbox.c：

Location:/Projects/13
Filename:Toolbox.c

```
1  #include <stdio.h>
2  #include "Toolbox.h"
3
4  void newline()
5  {
6    printf("\n");
7  }
8
9  void sortArray(int data[], int size, int order)
10 {
11     int i, j, temp;
12
```

```
13      for(i=0;i<size-1;i++)
14      {
15          for(j=0;j<size-i-j;j++)
16          {
17              if(((data[j]>data[j+1])&&(order==Increasing)) ||
18                 ((data[j]<data[j+1])&&(order==Decreasing)))
19              {
20                  temp=data[j];
21                  data[j]=data[j+1];
22                  data[j+1]=temp;
23              }
24          }
25      }
26  }
27
28  void printArray(int data[], int size)
29  {
30      int i;
31      for(i=0;i<size;i++)
32      {
33          printf("%d ", data[i]);
34      }
35      newline();
36  }
```

要特別注意的是，上述程式碼的第 17 行與第 18 行使用了沒有在此程式中宣告或定義的 Increasing 與 Decreasing 這兩個常數，所以必須先行以第 2 行的「#include "Toolbox.h"」將相關的定義載入。

最後讓我們以一個簡單的程式，示範如何使用 Toolbox 函式庫：

Location:/Projects/13
Filename:Test.c

```
1   #include <stdio.h>
2   #include "Toolbox.h"
3
4   int main()
5   {
6       int data[]={4,2,1,5,3};
7       printArray(data,5);
8       sortArray(data, 5, Increasing);
9       printArray(data, 5);
10      sortArray(data, 5, Decreasing);
11      printArray(data, 5);
12  }
```

請使用以下的指令進行編譯：

```
[12:22 user@ws example] cc △-c △ Toolbox.c ↵
[12:22 user@ws example] cc △ Test.c △ Toolbox.o ↵
```

其中第一行是將 Toolbox.c 編譯為 Toolbox.o 的目的檔，然後再使用第二行將 Test.c 與 Toolbox.o 加以編譯為可執行檔。此程式的執行結果如下：

```
[13:14 user@ws project] ./a.out⏎
4△2△1△5△3△⏎
1△2△3△4△5△⏎
5△4△3△2△1△⏎
[13:14 user@ws project]
```

你也可以參考本章 9-7 小節，將 Toolbox.c 編譯為靜態或動態的函式庫，在此不予贅述。

⊕ 資訊補給站　Makefile

　　以「程式演練 13」為例，有時候一個應用程式的開發會包含有多個原始程式檔（source code file）與標頭檔（header file），所以其編譯也變得開始複雜起來。在此我們建議讀者可以開始使用一些編譯工具，來簡化相關的編譯動作，例如 Makefile。關於 Makefile 的介紹，讀者可以自行參考相關的文件或書籍，我們僅提供簡單的說明如下：

　　Makefile 是一個編譯的工具，請準備一個名為「Makefile」的檔案如下：

```
all: △Test.c△Toolbox.o⏎
|←        →|cc△Test.c△Toolbox.o⏎
⏎
Toolbox.o: △Toolbox.c△Toolbox.h⏎
|←        →|cc Toolbox.c -c⏎
⏎
clean:⏎
|←        →|rm△-f△*.c~△*.h~△*~△*.o△a.out⏎
```

　　在這個「Makefile」當中，我們定義了三個目標（target），分別為「all」、「Toolbox.o」以及「clean」：每個目標必須使用分號結尾，並在其後註明相依的檔案（也就是與此目標相關的檔案），換行後使用一個 tab 鍵進行縮排（注意，此 tab 鍵不可省略），然後在指定該目標所要使用的編譯或 shell 命令。此 Makefile 的三個目標將分別執行以下的命令：

❖ all：執行「cc Test.c Toolbox.o」的編譯命令，以產生 a.out 可執行檔。此 target 與 Test.c 和 Toolbox.o 相關，只有在 Test.c 的檔案內容發生變動後才會執行，且執行時目錄內必須存在 Toolbox.o 檔案。若是 Toolbox.o 檔案不存在，則會先執行 Toolbox.o 這個 target，得到所需的 Toolbox.o 後才會加以執行。

❖ Toolbox.o：執行「cc Toolbox.c -c」的編譯命令，將 Toolbox.c 加以編譯以得到 Toolbox.o。此 target 與 Toolbox.c 和 Toolbox.h 相關，只有在這兩個檔案的內容發生變動後才會執行。

❖ clean：執行「rm -f *.c~ *.h~ *~ *.o a.out」，將目錄中的一些檔案加以刪除，包含了 a.out 及所有的 object file，還有一些不需要的檔案也將一併刪除，例如文字編輯軟體的暫存檔。當我們執行「make clean」後，就可以得到一個全新的環境，只包含與這個程式相關的原始程式與標頭檔案。

有了此 Makefile 後，我們可以使用「make all」、「make Toolbox.o」以及「make clean」來分別執行上述的命令，其中「make all」也可以改為使用「make」— 因為 make 指令預設的 target 就是 Makefile 中的第一個 target。其中「make all」與「make Toolbox.o」是分別用以進行 Test.c 以及產生 Toolbox.o 的編譯動作；至於「make clean」則是整理目錄，將不必要的檔案刪除。

Makefile 可以幫助我們完成編譯的動作，且它會依據各個 target 所指定的相依檔案是否有被修改過，再決定是否要進行對應的編譯指令。換句話說，以後當我們修改過部份程式的檔案內容後，只需要簡單地直接使用「make」就會自動地檢查有哪些需要被編譯的檔案，並且逐一進行相關的編譯動作。在本書後續的「程式設計實務演練」，我們也將會繼續提供每個程式專案的 Makefile，以便利讀者完成編譯的動作。

在程式演練 13 中，我們示範了如何製作一個簡單的 Toolbox 函式庫供自己或他人使用，請你也依照所示範的方法將自己專屬的 Toolbox 建立起來！另外，當你想要將這個函式庫分享給他人使用的時後，其實你只需要將 Toolbox.h 與 Toolbox.o 提供出來即可，關於你的實作內容，也就是 Toolbox.c 並不用提供給別人。因此，你所設計的函式庫不但可以供別人使用，同時也不必擔心別人會知道你的實作細節。

程式演練 14

決戰 21 點！

21 點是一項著名的樸克牌遊戲，在本次程式演練中，我們將要實際開發一套可以進行 21 點的電腦遊戲！首先，在遊戲開始時，玩家將可以得到價值 1,000 元的虛擬賭金，並由電腦「產生一副樸克牌」且完成「洗牌」的動作。接下來由使用者擔任「玩家」與電腦所擔任的「莊家」進行競賽，每一回合開始前，由玩家進行下注，底注 100，每按一下「i」鍵即增加 10 元的賭注；每按一下「d」鍵則減少 10 元的賭注（但不得低於底注 100 元）。完成下注後，由玩家按下「p」開始進行遊戲，電腦將洗好的樸克牌分別發兩張給玩家及莊家 — 玩家的兩張牌是可以讓使用者看見的，但莊家的部份僅顯示其中一張牌。接下來玩家可以計算目前牌面的點數，A 可以做為 1 點或 11 點，J、Q、K 皆為 10 點，其餘樸克牌皆為其牌面點數。例如手上拿到的是「黑桃 5」及「紅心 K」則加起來為 15 點，又「梅花 A」及「方塊 9」則加起來為 20 點（或是將 A 視為 1 點，則點數加起來為 10 點）。使用者可以決定是否還需要再拿一張牌（我們把這個動作稱為補牌），按下「y」

鍵即可再發一張牌給使用者。若是玩家拿到了 5 張牌，且其點數不超過 21 點，此種情形稱之為「過五關」，不論莊家的牌型內容為何都直接判定為玩家獲勝！當玩家按下「n」時，則表示不再需要補牌，此時莊家應該將其所拿到的兩張牌都顯示給玩家看，並且在其牌型未達到 16 點之前持續補牌，直到其點數已經大於或等於 16 點時，才能停止補牌。雙方依其所拿到的點數進行比較，若玩家點數較高則獲勝可得到其押注金額的兩倍，但若是莊家點數較高則沒收玩家的押注金額。程式的執行結果如下：

```
[19:20 user@ws project]./a.out⏎
------------⏎
 Black Jack!⏎
------------⏎
⏎
[$1000][Bet 100] Command (h for help)? h⏎
h for help⏎
i for increasing your bet⏎
d for decreasing your bet⏎
p for playing this round⏎
w for shuffling (washing) the cards⏎
q for quit⏎
[$1000][Bet 100] Command (h for help)? i⏎
[$1000][Bet 110] Command (h for help)? i⏎
[$1000][Bet 120] Command (h for help)? d⏎
[$1000][Bet 110] Command (h for help)? p⏎
User: ♥9 ♠2⏎
 PC : ♦A⏎
Add a card (y/n)? y⏎
User: ♥9 ♠2 ♥2⏎
Add a card (y/n)? y⏎
User: ♥9 ♠2 ♥2 ♠K⏎
 PC : ♦A ♠A⏎
I Win!⏎
[$890][Bet 110] Command (h for help)? d⏎
[$890][Bet 100] Command (h for help)? w⏎
[$890][Bet 100] Command (h for help)? p⏎
User: ♥4 ♠A⏎
 PC : ♥T⏎
Add a card (y/n)? y⏎
User: ♥4 ♠A ♦4⏎
Add a card (y/n)? y⏎
User: ♥4 ♠A ♦4 ♠8⏎
Add a card (y/n)? n⏎
 PC : ♥T ♥6⏎
You Win!⏎
[$990][Bet 100] Command (h for help)? q⏎
[19:20 user@ws project]
```

截至目前為止，這個「21 點撲克牌遊戲」應該是你所遇過最困難、也最具挑戰性的程式設計題目。對於初學者來說，看到這樣的題目可能會有完全不知道該如何開始的困擾！別擔心，請跟著我們的示範講解，一步步地將這個程式實作出來吧！

首先讓我們回到上一個程式演練的函式庫設計的想法，將過去我們所開發過、且有可能在未來還會再使用到的程式功能，寫成函式以節省未來設計新程式所需的時間。還記得我們已經寫過撲克牌的遊戲了嗎？沒錯，就是「程式演練 12：Lucky 7 猜大小撲克牌遊戲」，讓我們先回顧這個程式，並將其中可以應用在以後其他的撲克牌遊戲的程式功能寫成函式，例如其中的洗牌及印出一張撲克牌等程式功能，請參考以下的程式碼（由於在 Windows 系統與 Linux/Mac OS 系統上，關於撲克牌花色的列印方法不同，因此本範例另外提供 Windows 系統的版本，請參考在光碟中的 Projects/14 目錄，其中的 win 子目錄即為可在 Windows 系統上正確顯示撲克牌花色的版本）：

Location:/Projects/14
Filename:Poker.h

```
1   extern int card[52], cindex;
2
3   void initializedCards();
4   void shuffleCards();
5   void showACard(int card);
```

我們將這個標頭檔命名為 Poker.h，其中定義了與撲克牌相關的變數宣告以及函式的原型宣告；其中變數宣告的部份包含以下兩項：

❖ int card[52]：此整數陣列用以存放介於 0 至 51 的 52 個整數，其中每個整數表示一張撲克牌，依其數值的範圍可區分為不同的花色：

■ 0 至 12 為黑桃 ♠

■ 13 至 25 為紅心 ♥

■ 26 至 38 為方塊 ♦

■ 39 至 51 為梅花 ♣

並且可以依據下列方法計算出一個整數 i 所代表的花色及點數：

■ i / 13 的值為 0、1、2 與 3（因為 i 與 13 皆為整數，所以除的結果也會是整數），其中 0 代表黑桃 ♠、1 代表紅心 ♥、2 代表方塊 ♦、3 代表梅花 ♣。

■ i % 13 可得到介於 0 至 12 的數值，我們以 0 做為 A、1 做為 2、…11 做為 Q 以及 12 做為 K，因此可以將 (i%13)+1 視為是撲克牌的點數。

❖ int cindex：大部份的撲克牌遊戲都需要發牌給玩家及莊家，因此以一副 52 張的撲克牌來說，我們必須知道現在已經發出了多少張牌、或者是下一張要發的牌是哪一張？在此我們選擇後者[10]，將下一張要發出的撲克牌以變數cindex表示，當然在每次洗完牌後，cindex 的值應該為 0。

10　其實兩者的值可以互相轉換，例如已經發出了 10 張牌，那麼下一張就是陣列中的第 11 張牌（就是 card[10]，不要忘記陣列的 index 是從 0 開始）；若已知下一張是第 11 張（或是陣列的 index 為 10 之處），那麼就表示已經發出了 10 張牌。

細心的讀者可能已經在上述的程式中發現，其第 1 行的變數宣告比起以往多了一個「extern」，關於此點我們將在稍後再加以說明。

我們在 Poker.h 中還宣告了以下三個函式的原型：

❖ initializedCards()：初始化一副撲克牌（也就是完成 card[] 陣列的初始值設定），並完成後續進行洗牌動作所需的設定隨機數（亂數）的種子數。當然，此動作也包含了對於負責洗牌的函式之呼叫。請參考下面的程式碼：

```
void initializedCards()
{
    int i;
    srand(time(NULL));
    for(i=0;i<52;i++)
        card[i]=i;
    shuffleCards();
}
```

其中的 shuffleCards() 就是呼叫負責洗牌的函式。

❖ shuffleCards()：負責進行洗牌的函式。我們利用與 Lucky7.c 中一樣的洗牌方法，請參考以下的程式碼：

```
void shuffleCards()
{
    int i,j,temp;

    for(i=0;i<52;i++)
    {
        j=rand()%52;
        temp=card[i];
        card[i]=card[j];
        card[j]=temp;
    }
    cindex=0;
}
```

除了洗牌之外，我們也將 cindex 的值設定為 0（因為已經洗牌過，所以要從第一張開始）。

❖ showACard()：此函式負責將一張撲克牌印出。我們同樣參考在 Lucky7.c 中所使用的方法，請參考下列程式碼：

```
void showACard(int card)
{
    int p;
    char points[13]={'A','2','3','4','5','6','7','8','9','T','J','Q','K'};
```

```
    switch(card/13)
    {
        case 0:
            printf("\u2660");
            break;
        case 1:
            printf("\u2665");
            break;
        case 2:
            printf("\u2666");
            break;
        case 3:
            printf("\u2663");
            break;
    }
    printf("%c ", points[card%13]);
}
```

完成了上述的討論後，我們將 Poker.c（也就是函式的實作）完整列示如下：

Location:/Projects/14
Filename:Poker.c

```
1  #include <stdio.h>
2  #include <stdlib.h>
3  #include <time.h>
4  #include "Poker.h"
5
6  int card[52], cindex;
7
8  void initializedCards()
9  {
10     int i;
11     srand(time(NULL));
12     for(i=0;i<52;i++)
13         card[i]=i;
14     shuffleCards ();
15 }
16
17 void shuffleCards()
18 {
19     int i,j,temp;
20
21     for(i=0;i<52;i++)
22     {
23         j=rand()%52;
24         temp=card[i];
25         card[i]=card[j];
26         card[j]=temp;
27     }
```

```
28        cindex=0;
29  }
30
31  void showACard(int card)
32  {
33        int p;
34        char points[13]={'A','2','3','4','5','6','7','8','9','T','J','Q','K'};
35
36        switch(card/13)
37        {
38            case 0:
39                 printf("\u2660");
40                break;
41            case 1:
42                printf("\u2665");
43                break;
44            case 2:
45                printf("\u2666");
46                break;
47            case 3:
48                printf("\u2663");
49                break;
50        }
51        printf("%c ", points[card%13]);
52  }
```

其中第 1-3 行載入所需要的標頭檔，第 4 行則是將我們所定義的 Poker.h 載入。由於「stdio. h」、「stdlib.h」與「time.h」等標頭檔是放置於系統預設的目錄中，只要使用「#include< >」就可以將其加以載入；但 Poker.h 是我們自行定義的檔案，因此必須使用「#include "Poker. h"」才能加以載入，其中的「" "」是表示目前目錄的意思，如果你是將 Poker.h 存放在目前目錄之外，那麼你必須自行調整這個目錄，例如「#include "/users/myself/inc/Poker.h"」。至於第 6 行則宣告了在此實作中會使用到的全域變數（global variable）。有些讀者可能會發現除了那個「extern」外，第 6 行的宣告與 Poker.h 中的第 1 行完全一樣！可是在 Poker. c 中的第 4 行不就是把 Poker.h 的內容載入嗎？因此，編譯器在處理 Poker.c 的編譯時，會先透過前置處理器將 Poker.h 的程式碼載入，然後才進行程式的編譯，因此編譯器會發現 card[52] 與 cindex 被宣告了兩次，進而發生編譯時的錯誤 [11]。為了解決這個問題，我們可以在宣告時加上「extern」這個保留字，其作用就是告訴編譯器，此處的變數宣告只是供編譯器知道有這些變數存在，至於該變數真正的宣告則是在其他的檔案裡面，也就是在外部（external）的意思。所以一個變數可以在多個地方重複宣告（只要你記得在前面加上「extern」即可），但是要記住在其中一處不需要使用「extern」來宣告，那裡就是該變數真正宣告的地方。通常以函式來說，我們會在其實作之處進行真正的宣告（也就是沒有「extern」的宣告），例如「int cards[52]」的宣告是在 Poker.c 中，在 Poker.h 則是以「extern int card[52]」宣告為外部的變數。

11　其實一些較先進的編譯器是可以允許此種情況的，它們會自動地將重複宣告的部份移除以避免這樣的錯誤（但這也僅適用於重複宣告但沒有指定初始值的情況）。為了確保程式能正確地在不同版本的編譯器上執行，還是建議你不要重複地宣告變數。

　　至於 Poker.c 中的其他程式碼，例如第 8-15 行、第 17-29 行以及第 31-52 行，則分別為 initializedCards()、shuffleCards() 與 showACard() 等函式之實作內容，在此不加以贅述。

　　現在讓我們開始構思 21 點撲克牌遊戲該如何進行設計。由於 21 點遊戲的英文名稱為 Black Jack，所以我們將把 21 點遊戲相關的函式放入到名為 BlackJack.h 與 BlackJack.c 這兩個標頭檔與原始程式檔中；另外，我們將把程式的主要邏輯與流程寫在 Main.c 當中。在開始之前，請先參考圖 9-3 的程式流程圖：

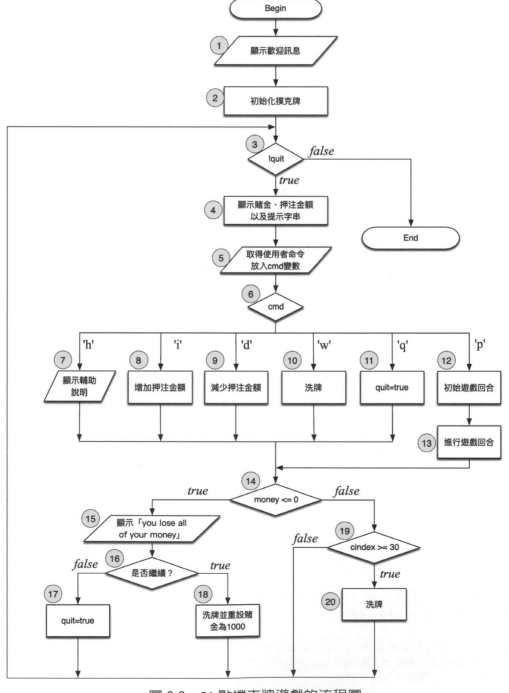

圖 9-3：21 點撲克牌遊戲的流程圖

首先在其中標示為①之處，是用以顯示遊戲的開始畫面，參考程式演練 14 的說明，我們可以將其設計為名稱叫做 showGameInfo() 的函式，請參考以下的內容：

```c
void showGameInfo()
{
    printf("-------------\n");
    printf(" Black Jack!\n");
    printf("-------------\n\n");
}
```

接著是圖 9-3 中標示為②的「初始化撲克牌」，其用意是對撲克牌進行初始化的動作（包含設定隨機數的種子數、產生一副撲克牌以及洗牌等動作），我們可以直接呼叫在「Poker.c」中所實作的「initializedCards()」函式。接著在標示為③之處，是以一個 while 迴圈做為遊戲持續進行的主要迴圈，並且在標示為④、⑤與⑥之處，分別為「顯示賭金、押注金額以及提示字串」、「取得使用者命令放入 cmd 變數」與「依使用者的指令進行對應動作的 switch 敘述」。我們先將到目前為止的規劃寫在「Main.c」當中：

```c
#include <stdio.h>
#include "BlackJack.h"

int main()
{
    boolean quit = false;
    char cmd;

    showGameInfo();
    initializedCards();
    while(!quit)
    {
        showInfoPrompt();
        cmd=getUserCommand();
        switch(cmd)
        {
            ⋮
        }
    }
}
```

請注意在上述的程式碼中，我們將用以控制主要的 while 迴圈是否繼續執行的 quit 變數宣告為整數，並且把其值設定為「false」！但是在 C 語言中並沒有 false（當然也沒有 true）的定義，所以在此我們必須在適當的地方（也就是在 BlackJack.h 中）進行以下的定義：

```c
#define boolean char
#define true 1
#define false 0
```

因此程式的主要迴圈就可以由「quit=false」或「quit=true」的方式表述是否要繼續執行，程式的可讀性也就因而得到提升。關於此部份更多的說明，可參考本書第 6 章 6-5 節（第 6-27 頁）。

至於在「顯示賭金、押注金額以及提示字串」（標示④）與「取得使用者命令放入 cmd 變數」（標示⑤）這兩個動作方面，我們則以 showInfoPrompt() 與 getUserCommand() 這兩個函式來加以完成，以下是它們的程式碼：

```c
void showInfoPrompt()
{
    printf("[$%d][Bet %d] ", money, bet);
    printf("Command (h for help)? ");
}

char getUserCommand()
{
    char c;
    scanf(" %c", &c);
    return c;
}
```

其中的 showInfoPrompt() 會將目前玩家的剩餘賭金及其押注金額顯示出來，並提示其輸入指令（也提醒可輸入「h」取得輔助說明）。在這個程式中，我們仍然是以 money 與 bet 變數做為玩家的剩餘賭金及其押注金額，因此在 BlackJack.c 中會有以下的宣告：

```c
int money=1000, bet=100;
```

並且在 BlackJack.h 中提供以下的外部變數宣告：

```c
extern int money, bet;
```

要特別注意，使用「extern」所宣告的外部變數不可以給定初始值。至於 getUserCommand() 則只是簡單地取回一個玩家所輸入的指令（char 型態），然後由 Main.c 中的 cmd 變數加以接收。

再接下來的部份，就是「依使用者的指令進行對應動作的 switch 敘述」（標示⑥），我們一樣可以先將其大致的框架寫出，其中針對「h」、「i」、「d」、「w」、「p」與「q」等指令，分別進行「輔助說明」、「增加押注金額」、「減少押注金額」、「洗牌」、「結束」與「初始遊戲回合」與等動作，也就是圖 9-3 中標示為⑦、⑧、⑨、⑩、⑪與⑫的部份：

```c
switch(cmd)
{
    case 'h':
```

```
        showHelp();
        break;
    case 'i':
        increasingBet();
        break;
    case 'd':
        decreasingBet();
        break;
    case 'w':
        shuffleCards();
        break;
    case 'q':
        quit=true;
        break;
    case 'p':
        initializedARound();
        playingARound();
        break;
}
```

其中的輔助說明是呼叫 showHelp() 來加以完成，其程式碼如下：

```
void showHelp()
{
    printf("h for help\n");
    printf("i for increasing your bet\n");
    printf("d for decreasing your bet\n");
    printf("p for playing this round\n");
    printf("w for shuffling (washing) the cards\n");
    printf("q for quit\n");
}
```

至於增加押注與減少押注，其處理邏輯與程式演練 12 的 Lucky7.c 一致，在此我們僅將其
列示如下，並不另外加以說明：

```
void increasingBet()
{
    if(bet==money)
        printf("No more money to bet!\n");
    else
        bet=(bet+10)<=money? bet+10 : money;
}

void decreasingBet()
{
    if(bet==100)
        printf("Minimum bet is 100!\n");
```

```
    else
        bet = bet>110? bet-10 : 100;
}
```

關於洗牌及結束的部份，則是分別用呼叫 shuffleCards() 函式（已經在 Poker.c 中加以實作）以及設定 quit=true 來完成，在此也不再加以說明。

此程式最重要的部份，當然就是當玩家輸入「p」以開始一個遊戲回合的部份，我們將此部份區分爲一開始的「初始遊戲回合」與「進行遊戲回合」等兩個部份，也就是圖 9-3 中標示爲⑫與⑬的地方。其中在⑫的部份，是分別爲玩家與莊家各分兩張牌；至於在⑬的部份，則是先讓玩家進行補牌的動作，然後進行莊家補牌，最後並進行勝負的判定。爲了完成相關的程式設計，我們分別爲玩家與莊家宣告兩個陣列：

```
int user[5], pc[5];
```

因爲在 21 點的遊戲中，玩家與莊家一開始各拿 2 張牌，然後他們可以視情況進行補牌的動作，但雙方各以持有 5 張牌爲上限；所以我們爲雙方各宣告了一個可以存放 5 張牌（也就是 5 個整數）的陣列。

在⑫的部份，我們將其撰寫於 initializedARound() 當中：

```
void initializedARound()
{
    user[0]=card[cindex++];
    user[1]=card[cindex++];
    pc[0]=card[cindex++];
    pc[1]=card[cindex++];
    user[2]=user[3]=user[4]=pc[2]=pc[3]=pc[4]=(-1);
}
```

要注意的是我們也將 cindex（用以表示接下來要發的撲克牌是整付當中的哪一張）的值做了適當的更新。另外，我們也把玩家及莊家還未持有的牌設定其值爲 -1。

然後就開始進行此一回合的遊戲，我們把此部份的程式碼寫在 playingARound() 函式內：

```
void playingARound()
{
    int winner;
    if((winner=userTurn())==unknownWinner)
    {
        winner=pcTurn();
        if(winner==UserWin)
        {
            money+=bet;
```

```
        }
        else if(winner==PCWin)
        {
            money-=bet;
        }
    }
    else if(winner==UserWin)
    {
        showPCCard(5);
        money+=bet;
    }
    else
    {
        money-=bet;
    }
}
```

在開始進行說明前，我們先定義以下的常數：

```
#define UserWin 0
#define PCWin 1
#define unknownWinner 2
```

每一回合的遊戲，依據雙方的牌型比較，可以區分為玩家獲勝與莊家獲勝（平手算玩家獲勝）兩種情況，我們分別以「UserWin」與「PCWin」做為表示的方法。另外，在遊戲回合尚未結束前，也存在著勝負未定的情況，我們以「unknownWinner」表示。

在 playingARound() 函式中，我們先宣告一個整數用以表示此回合的獲勝者，其值為「UserWin」、「PCWin」與「unknownWinner」三者之一。在一開始，playingARound() 呼叫 userTurn() 函式來進行玩家的部份，然後視情況決定是否還要進行莊家的部份。在 userTurn() 當中，我們會視情況傳回兩種可能的值：

❖ unknownWinner：玩家完成補牌的動作後，其點數並未超過 21 點，勝負仍有待後續莊家完成補牌動作後的點數才能決定。在此情況下，將會傳回「unknownWinner」。

❖ PCWin：如果玩家在進行捕牌的過程中，已經發生超過 21 點的情形（又稱為「爆掉」的情形），則傳回「PCWin」

現在，讓我們看一下 userTurn() 的程式碼：

```
int userTurn()
{
    int ucindex=2, quit=0;
    char c;

    showUserCard();
```

```
    showPCCard(1);
    while((ucindex<5)&&(!quit))
    {
        printf("Add a card?(y/n)");
        scanf(" %c", &c);
        if(c=='y')
        {
          user[ucindex++]=card[cindex++];
          showUserCard();
          if(userPoint()>21)
          {
              showPcCard(5);
              printf("I Win!\n");
              return PCWin;
          }
        }
        else
            quit=true;
    }
    if((ucindex==5)&&(userPoint()<=21))
        return UscrWin;
    else
        return unknownWinner;
}
```

由於此函式可以讓玩家持續地「補牌」，因此我們在此函式內也設計了一個可以反覆執行的 while 迴圈，並以 quit 變數做為控制。此外，我們也需要知道玩家已經拿到了幾張牌，因此我們也宣告了一個名為 ucindex 的整數變數，其初始值為 2（因為在遊戲一開始時玩家（以及莊家）會拿到 2 張牌）。在 userTurn() 中，我們一開始先呼叫 showUserCard() 與 showPcCard() 函式來將玩家與莊家的牌加以顯示。下面讓我們先看一下 showUserCard() 函式的程式碼：

```
void showUserCard()
{
    printf("User: ");
    showCard(user);
}
```

其實它是透過 showCards() 函式來完成的：

```
void showCards(int c[])
{
    int i;
    for(i=0;i<5;i++)
    {
```

```
        if(c[i]!=(-1))
        {
            showACard(c[i]);
            printf(" ");
        }
    }
    printf("\n");
}
```

此處的 showCard() 會接收一個陣列做為參數，其值可以是 user 或是 pc 陣列，就是存放玩家或莊家的（至多 5 張）牌的陣列。showCards() 函式使用一個 for 迴圈將陣列中不為 -1 的數值，以 Poker.c 當中的 showACard() 函式加以輸出，並且在連續的兩張牌中間插入一個空白。

　　至於 showPCCard() 則是負責將莊家的牌輸出，但我們輸出莊家的牌可以區分為兩種情況：（1）在回合開始時，只輸出莊家所持有的兩張牌中的一張，以及（2）回合結束時，將莊家所有持有的牌全部輸出。因此我們所設計 showPCCard() 函式還有一個整數做為參數，用以控制要輸出的撲克牌的數量。事實上，我們只有兩種情況要考慮：第一種是在回合開始時僅顯示莊家所拿到的第一張牌，以及第二種將莊家所有的牌全部加以顯示，其程式碼如下：

```
void showPCCard(int i)
{
    printf(" PC : ");
    if(i!=1)
        showCard(pc);
    else
    {
        showACard(pc[0]);
        printf("\n");
    }
}
```

現在，讓我們在回過來看 userTurn() 函式。顯示完玩家與莊家（只顯示第一張）後，我們使用一個 while 迴圈，讓玩家在不超過 5 張牌的情況下，可以持續地補牌，直到玩家不再補牌為止：

```
    while((ucindex<5)&&(!quit))
    {
        printf("Add a card (y/n)? ");
        scanf(" %c", &c);
            ⋮
```

當玩家表明需要補牌時，我們可以透過「user[ucindex++]=card[cindex++];」完成補牌的動作，並且使用「showUserCard();」將玩家的牌顯示出來。接著我們會使用 userPoint() 函式來計算玩家目前牌型的點數，若是已經超過 21 點，則將莊家的牌全部加以顯示，並判定為莊家獲勝傳回 PCWin；假若還未超過 21 點，則繼續詢問玩家是否需要補牌，直到玩家不再補牌為止：

```
if(c=='y')
{
    user[ucindex++]=card[cindex++];
    showUserCard();
    if(userPoint()>21)
    {
        showPCCard(5);
        printf("I Win!\n");
        return PCWin;
    }
}
```

最後在玩家的牌型未超過 21 點的情況下，傳回「unknownWinner」。在 playingARound() 函式中，若 userTurn() 所傳回的是 unknownWinner，則繼續呼叫 pcTurn() 由莊家開始補牌到其點數大於或等於 16 點為止：

```
void playingARound()
{
  int winner;
  if((winner=userTurn())==unknownWinner)
  {
    winner=pcTurn();
        ⋮
```

pcTurn() 函式的程式碼如下：

```
int pcTurn()
{
    int pcindex=2, quit=0;
    char c;

    showPCCard(5);
    while((pcindex<5)&&(pcPoint()<16))
    {
        printf("I want to add a card...\n");
        pc[pcindex++]=card[cindex++];
        showPCCard(5);
    }
    if(pcPoint()>21)
```

```
    {
        printf("You Win!\n");
        return UserWin;
    }
    else if(userPoint()>pcPoint())
    {
        printf("You Win!\n");
        return UserWin;
    }
    else if(userPoint()==pcPoint())
    {
        printf("Even! You Win\n");
        return UserWin;
    }
    else
    {
        printf("I Win!\n");
        return PCWin;
    }
}
```

我們以 pcindex 代表莊家目前已有的牌數，在「(pcindex<5)&&(pcPoint()<16)」的前題下，反覆地讓莊家進行補牌的動作，其中 pcPoint() 是用以計算莊家所持有的牌型之點數的函式。我們使用以下的程式碼來讓莊家進行補牌並將其牌型加以顯示：

```
pc[pcindex++]=card[cindex++];
showPCCard(5);
```

當莊家完成補牌後，我們依據幾種不同的情況判定雙方的勝負，並傳回給 playingARound() 函式。其判定之依據包含：

❖ pcPoint()>21：當莊家超過 21 點時，由玩家獲勝並傳回 UserWin；

❖ userPoint()>pcPoint()：當玩家點數大於莊家時，由玩家獲勝並傳回 UserWin；

❖ userPoint()==pcPoint()：當玩家點數與莊家相等時，視為玩家獲勝並傳回 UserWin。

除了上述的三種情況，則判定為莊家獲勝，傳回 PCWin。至此，我們即完成整體程式邏輯與流程之討論。接著我們將如何計算玩家與莊家的點數加以說明：

```
int pcPoint()
{
    return calculatePoint(pc);
}


int userPoint()
{
    return calculatePoint(user);
}
```

如同上述程式碼所顯示的，這兩個用以計算玩家與莊家點數的函式，其實都是透過「calculatePoint()」來完成的，我們將其程式碼列示如下：

```c
int calculatePoint(int c[])
{
    int i,p,sum=0, a=0;
    for(i=0;i<5;i++)
    {
        if(c[i]!=(-1))
        {
            p=c[i]%13+1;
            p= (p>10)? 10: p;
            if(p==1)
                a++;
            sum+=p;
        }
    }
    if(a&&((sum+10)<=21))
        sum+=10;
    return sum;
}
```

不論傳進來的引數是 user 或是 pc 陣列，calculatePoint() 函式都是以一樣的方法進行計算。calculatePoint() 使用一個 for 迴圈將陣列中的 5 個整數（也就是 5 張牌）逐一加以計算，在不為 -1 的情況下，我們以餘除 13 再加 1 的方式求得該張牌的點數：

```c
p=c[i]%13+1;
```

並且針對其中大於 10 的牌（也就是 J、Q、K），將其點數視為 10 點：

```c
p= (p>10)? 10: p;
```

我們也順便計算在這 5 張牌中，有出現幾張 A：

```c
if(p==1)
    a++;
```

並且把每張牌的點數加總起來：

```c
sum+=p;
```

最後，若是在 5 張牌中有出現一張以上的 A 時，由於 A 可以視為 1 點或 11 點，但不能同時將兩張或以上的 A 視為 11 點（如果你有兩張 11 點的 A，加起來就已經是 22 點了！已經爆掉了！）。因此，我們可以視情況將其中的一張 A 視為是 11 點：

```
if(a&&((sum+10)<=21))
    sum+=10;
```

最後，將計算完成的點數值傳回。經過上述的討論後，相信你對於這個程式已經有了初步的瞭解了，最後不要忘記在 Main.c 中的 switch 敘述後，還有以下這一段程式碼（也就是圖9-3 中標示為⑭至⑳的部份）：

```
if(money<100)
{
    printf("You lose all of your money.\n");
    if(isContinue())
    {
        shuffleCards();
        money=1000;
        bet=100;
    }
    else
    {
        quit=true;
    }
}
else
{
    if(cindex>=30)
        shuffleCards();

    if(bet>money)
        bet=money;
}
```

這段程式碼相對前面的討論來得簡單許多，大致上是先確認玩家是否還有賭金可以繼續遊戲，若是 money<100 則表示玩家已經沒有足夠的賭金，所以我們使用 isContinue() 函式以詢問玩家是否要繼續遊戲；另外，在賭金仍大於等於 100 的情況下，我們則會接著檢查是否已經使用了 30 張以上的撲克牌，若是則呼叫 shuffleCards() 函式進行洗牌，並再檢查玩家押注的金額是否大於賭金（其可能的原因是在此回合輸掉了賭金的緣故），若是則將 bet 設定為全部的賭金。關於 isContinue() 函式的內容如下：

```
int isContinue()
{
    char c;

    printf("Do you want to play again (y/n)? ");
    scanf(" %c", &c);
    if(c=='y')
        return true;
```

```
    else
        return false;
}
```

　　至此本題的所有討論皆已完成，完整的程式碼可自本書隨附光碟中的 /Project/14 目錄中取得，相關的檔案包含 Poker.h、Poker.c、BlackJack.h、BlackJack.c、HomeworkScore.c、Main.c 以及用以編譯的 Makefile，請自行加以參考。另外，由於 Windows 系統在輸出撲克牌花色的方法不同於 Linux 與 Mac OS 系統，因此在本書隨附光碟中的 /Project/14/win 目錄內，另附有適用 Windows 系統的版本。

程式演練 15

1A2B 遊戲設計（Human vs. PC）

1A2B 遊戲是一個由兩個人進行的腦力益智遊戲，其中一人稱為出題者（questioner）負責在遊戲開始前設定一組 4 位數（可以使用 0 開頭，但不可以有重複的數字）做為答案；另一人則稱為猜題者（guesser）負責猜出答案。在遊戲進行時，猜題者每次提出一組 4 位數字做為猜測，出題者必須檢視使用者的猜測與其設定的答案間相符合的程度，並分別使用 A 與 B 做為代表讓猜題者知道此次猜測有幾個數字是數值與位置相同，以及有幾個數字是數值相同但位置不同的情況。假設出題者所設定的答案為 0123，以下列示了一些可能的猜測以及其相符合的程度（以 AB 表示）：

表 9-1：猜題者的猜測與答案 0123 的相似程度範例

猜題者的猜測	與答案 0123 的相似程度
4567	0A0B
1357	0A2B
0246	1A1B
5126	2A0B
0123	4A0B

請設計一個 C 語言的程式，由我們人類來對戰電腦（Human vs. PC）— 讓電腦擔任出題者的角色，負責出題以及判斷使用者的猜測有幾 A 幾 B，我們人類則負責用我們無比聰明的小腦袋，使用邏輯推演來找出答案。此程式的執行結果可參考以下的畫面：

```
[2:30 user@ws hw] ./a.out ⏎
+----------------+ ⏎
| △△1A2B △ Game △△ | ⏎
| △ Human △ vs △ PC △ | ⏎
+----------------+ ⏎
⏎
```

```
Answer[5680]⏎  ←——————  為了便於測試，所以在此將電腦產生
Input△a△guess△(#1):△0123⏎        的答案印出，未來應該要加以移除。
-->0A1B⏎
Input△a△guess△(#2):△5567⏎
duplicated!⏎  ←——————  若猜測的答案中有重複的數字，則輸
Input△a△guess△(#2):△5678⏎       出「duplicated!」，並且不計入
-->2A1B⏎                          猜測次數。
Input△a△guess△(#3):△5680⏎    4A0B 表示猜測正確，印出猜測次數後結束程式。
-->4A0B⏎  ←——————
You△Win!△(You△have△guessed△3△times!)⏎
Good△Bye!⏎
[2:30 user@ws hw]
```

　　此程式演練相對於之前的 21 點遊戲而言，算是簡單了許多，我們將會把 1A2B 遊戲相關的函式介面與實作分別寫在 1A2B.h 與 1A2B.c 檔案裡，並撰寫一個具有 main() 函式的 1A2BMain.c 負責整個遊戲的主要流程。以下我們將從 1A2BMain.c 的設計開始談起：

Location:/Projects/15
Filename:1A2BMain.c

```c
1   #include <stdio.h>
2   #include <stdlib.h>
3   #include <time.h>
4   #include "1A2B.h"
5
6   int main()
7   {
8       boolean quit=false;
9       int cnt=1;
10
11      printf("+-------------+\n");
12      printf("|  1A2B Game  |\n");
13      printf("| Human vs PC |\n");
14      printf("+-------------+\n\n");
15
16      generateAnswer();
17      printAnswer();
18
19      while(!quit)
20      {
21          do
22          {
23              printf("Input a guess (#%d):", cnt);
24              getUserGuess();
25          }while(isDuplicate());
26          cnt++;
27
28          evaluateGuess();
```

```
29
30          printf("-->%dA%dB\n", A, B);
31
32          if((A==4)&&(B==0))
33          {
34              printf("You Win! (You have guessed %d times!)\nGood Bye\n",
35                  cnt-1);
36              quit=1;
37          }
38      }
39  }
```

此程式在第 4 行載入了一個名為 1A2B.h 的標頭檔，其中會包含一些在此程式中所需要的變數宣告與常數定義，以及所使用到的函式原型，我們將一邊講解這個程式，一邊說明 1A2B.h 以及 1A2B.c 該有些什麼內容。首先 1A2BMain.c 在其 main() 函式中，使用第 11-14 行印出遊戲的開始訊息，然後在第 16 行呼叫了一個名為 generateAnswer() 的函式，用以產生一組 4 位數不重複的數字做為讓猜題者猜測的答案。因此，我們應該要在 1A2B.h 檔案裡增加以下的內容：

```
extern int answer[4];
void generateAnswer();
```

其中 answer 陣列是被宣告用來存放做為答案的 4 個數字，且 generateAnswer() 函式就要是將所產生的 4 個不重複的數字放到 answer 陣列裡。在產生了答案後，接下來就是使用 1A2BMain.c 裡的第 17 行，呼叫 printAnswer() 函式將答案印出 — 這只是為了便利我們測試此程式的正確性而已，未來應該要將此行移除。

　　接下來在第 19-38 行，使用一個不斷執行的 while 迴圈，來進行遊戲回合 — 在每個回合裡反覆進行「取得使用者的猜測」與「評估使用者猜測與答案的相似程度」這兩件事，直到判定的結果為 4A0B 為止（在第 32-37 行的 if 判斷，就是針對 4A0B 的情況，印出遊戲結束以及花了多少次猜中答案的訊息）；其中第 24 行與第 28 行就是分別呼叫 getUserGuess() 函式與 evaluateGuss() 函式來完成「取得使用者所輸入的猜測」與「評估使用者猜測與答案的相似程度」。具體來說，getUserGuess() 函式會將所取得的使用者猜測，放在一個名為 guess 的陣列當中，供後續的 evaluateGuss() 函式使用，且 evaluateGuss() 會將判斷的結果寫到名為 A 與 B 的變數當中。此外，為了避免使用者輸入重複的數字，所以我們使用第 21-25 的 do while 迴圈，在取回輸入後先經由第 25 行（do while 迴圈的測試條件）的 isDuplicate() 函式，檢查使用者所輸入的數字是否有重複 — 若有則印出錯誤訊息，並回到迴圈開始處讓使用者再次輸入。為了實現上述的函式，下列的程式碼（包含增加程式可讀性的布林型態與數值定義）也必須加入到 1A2B.h 當中：

```
#define boolean char
#define true 1
#define false 0

extern int guess[4];
extern int A;
extern int B;

void getUserGuess();
boolean isDuplicate();
void evaluateGuess();
```

至此 1A2BMain.c 的處理流程已經說明完畢，現在讓我把 1A2B.h 的檔案內容彙整如下：

Location:/Projects/15
Filename:1A2B.h

```
1   #define boolean char
2   #define true 1
3   #define false 0
4
5   extern int answer[4];
6   extern int guess[4];
7   extern int A;
8   extern int B;
9
10  void generateAnswer();
11  void printAnswer();
12  void getUserGuess();
13  boolean isDuplicate();
14  void evaluateGuess();
```

現在距離完成整個 1A2B 遊戲的設計，只剩下在 main() 函式裡所呼叫的那些函式了，讓我們逐一加以說明。首先是 generateAnswer() 這個函式，其功能是要產生一組 4 個不重複的數字放入到 answer 陣列裡，做為遊戲的答案 — 其實這就是本書第 8 章程式練習題第 14 題的題目，讀者也可以把當時你的做法應用在此處。

在此，筆者將提供一個簡單的做法：準備 10 顆標示為 0、1、…、9 的球，將它們放入到一個盒子裡，然後從盒子中隨機地（像摸彩一樣）取出一顆球（不再放回盒子），將它所標示的數字寫入到 answer[0] 裡；接著再從剩下 9 顆球的盒子裡，隨機取出一顆球，將它所標示的數字寫入到 answer[1] 裡；後續再依照同樣的做法完成 answer[2] 與 answer[3] 的數字寫入，如此一來就成功地在 answer 陣列裡填入不同的 4 個數字。

聽起來很不錯，但是「盒子」在哪裡？要如何完成這個像摸彩一樣的程式設計？其實一點都不困難，讓我們先宣告一個代表「盒子」的陣列，並在其中放入 10 顆球：

```
int box[10]={0,1,2,3,4,5,6,7,8,9};
```

然後我們可以使用以下的程式碼，在 box 陣列裡隨機取出一顆球，並設定為 answer[0] 的數值：

```
p=rand()%10;        // 隨機選擇一個介於 0~9 之間的數字
answer[0]=box[p]; // 將盒子裡在該隨機數位置的球，設定為 answer[0] 的數值
```

比較麻煩的是，如何將已選擇的球移出盒子裡呢？在此我們所使用的方法是把盒子裡的最後一顆球，移動到剛才「隨機選取的位置」：

```
box[p]=box[9];
```

現在，在 box 陣列裡的 0~8 個位置裡的 9 顆球，就是還未被選取過的數字，我們可以再重複前面的做法，但是將隨機選取的範圍從 0~9 縮小為 0~8，並且把最後一顆球移動到所選取的位置：

```
p=rand()%9;        // 隨機選擇一個介於 0~8 之間的數字
answer[1]=box[p]; // 將盒子裡在該隨機數位置的球，設定為 answer[1] 的數值
box[p]=box[8];
```

後續只要依照這個做法，就可以完成「從盒子裡隨機選取 4 個不重複的數字，設定為 answer 陣列的數值」的目的了！最後，我們依照上述的做法，改以一個 for 迴圈來精簡程式碼如下：

```
void generateAnswer()
{
    int i,p;
    int box[10]={0,1,2,3,4,5,6,7,8,9};

    srand(time(NULL));

    for(i=0;i<4;i++)
    {
        p=rand()%(10-i);
        answer[i]=box[p];
        box[p]=box[10-i];
    }
}
```

要注意的是，由於在每個 for 迴圈回合裡，我們要產生的隨機數範圍以及要移動的「最後一顆球的位置」並不相同，因此需要在回合裡使用與迴圈變數相關的運算式，來代表這些數值。讀者還記得第 7 章 7-5-2 節所進行的 ASCII 星號藝術的程式練習嗎？現在派上用場了！在這個函式的實作中，我們在迴圈中以「rand()%(9-i)」來產生每個回合所需的隨機數，同時使用「9-i」來代表在該回合裡的「最後一顆球的位置」。為了幫助讀者理解，我們將它們的相關性整理如下：

表 9-2：產生不重複的 4 個數字迴圈回合中的數值變化

迴圈變數 i 的數值	rand()%(9-i) 所產生的隨機數範圍	9-i 的數值
0	0 ~ 9	9
1	0 ~ 8	8
2	0 ~ 7	7
3	0 ~ 6	6

　　完成 generateAnswer() 函式的設計後，現在讓我們說明 isDuplicate() 函式的設計。isDuplicate() 函式的目的是要檢查在使用者所輸入的猜測，也就是 guess 陣列裡，是否有重複出現的數字，因此其設計並不困難，只要使用雙層的 for 迴圈讓 guess 陣列裡的元素進行兩兩比對即可。至於 evaluateGuess() 函式負責比對在 answer 陣列與 guess 陣列中的數字，有幾個是數字相同且位置也相同，又有幾個是數字但位置不同，並將結果寫入到變數 A 與 B 裡面 — 其實這個函式的實作並不困難，而且它也正是本書第 8 章程式練習題第 15 題的題目，讀者也可以把當時你的做法應用在此處。最後，我們還剩下 printAnswer() 與 getUserGuess() 函式還未討論，它們分別負責印出 answer 陣列的內容，以及取得使用者所輸入的猜測並放入到 guess 陣列裡，都是相當基本的陣列操作。

　　由於上述這幾個函式的實作都不困難，因此我們不多加討論。請自行參考本書隨附光碟中的 /Project/15 目錄內的 1A2BMain.c、1A2B.h 與 1A2B.c 以及用以編譯的 Makefile 檔案。

程式演練 16

1A2B AI 遊戲設計（PC vs. Human）

在前一個程式演練當中，使用者擔任 1A2B 遊戲中的猜題者，負責想辦法去猜出由電腦所擔任的出題者所出的一組不重複的 4 位數字。現在，請設計一個 C 語言程式來對戰人類（PC vs. Human），由我們人類反過來擔任出題者，讓電腦使用它無比屬害的人工智慧（artificial intelligence，AI）來猜出答案。在開發此程式演練時，如果需要前一個程式演練所設計出的 1A2B.h 與 1A2B.c 程式，也可以直接加以利用，但請不要變更它們的內容。

假設我們所設定的答案是「1234」，此程式的執行結果可以參考如下：

```
[2:30 user@ws hw] ./a.out ⏎
+----------------+ ⏎
| △△ 1A2B △ Game △△ | ⏎
| △ PC △ vs △ Human △ | ⏎
+----------------+ ⏎
⏎
```

```
My △ guess △ (#1): △ 3287-->? △ 1A1B ⏎
My △ guess △ (#2): △ 0243-->? △ 1A2B ⏎
My △ guess △ (#3): △ 3542-->? △ 0A3B ⏎
My △ guess △ (#4): △ 1234-->? △ 4A0B ⏎
I △ Win! ⏎
Good △ Bye! ⏎
[2:30 user@ws hw]
```

　　讀者可能對如何完成這個程式一點頭緒都沒有吧？！先別急！不要看到要寫 AI（人工智慧）的程式就放棄了！其實 AI 可以分成很多種，真正厲害的 AI 是具有和人類大腦一樣會學習、會思考、懂邏輯、懂因果的「厲害到會毀滅地球」的電腦程式；簡單一點的 AI 程式則是依據我們所提供的一些規則，能夠進行有限度的分析與判斷，從而對特定問題做出回應。至於本次程式演練，則是屬於更為簡單的一種 AI，我們只是要利用電腦系統（不怕苦、不怕難，也不怕無聊）的特性，過濾所有可能的答案。我們將會把此 1A2B AI 遊戲相關的函式介面與實作分別寫在 AI1A2B.h 與 AI1A2B.c 檔案裡，並撰寫一個具有 main() 函式的 AI1A2BMain.c 負責整個遊戲的主要流程。以下我們將從 AI1A2BMain.c 的 main() 函式的內容開始說明：

　　首先，在 AI1A2BMain.c 的 main() 函式裡，將會先呼叫在 AI1A2B.c 裡實作的 generateSolSpace() 函式，以產生所有由不重複的 4 個介於 0~9 之間的數字所組成的答案 — 共有 5040 組可能[12]，我們將其稱為解答空間（solution space）[13]。為此我們將會在 AI1A2B.c 裡宣告一個可存放 5040 組可能的答案、每個答案由 4 個數字所組成的 5040×4 的二維陣列 solspace[14]：

```
int solspace[5040][4];
```

至於在 AI1A2B.c 裡所實作的 generateSolSpace() 函式，則使用了 4 層迴圈來產生所有可能的答案，再過濾掉包含重複數字的答案：

```
void generateSolSpace()
{
    int i=0;
    int w,x,y,z;

    for(w=0;w<10;w++)
        for(x=0;x<10;x++)
            for(y=0;y<10;y++)
                for(z=0;z<10;z++)
```

12　這是一個簡單的排列問題，從 10 個數字裡選取 4 個不重複的數字，共有 P_4^{10} =10!/(9-4)!=10×9×8×7=5040 種排列可能。

13　對於特定的問題而言，其所有可能的答案即為該問題的解答空間（solution space）。

14　此命名取自解答空間（solution space）英文的縮寫，代表此問題所有可能的答案。

```
                {
                    if((w!=x)&&(w!=y)&&(w!=z)&&
                      (x!=y)&&(x!=z)&&(y!=z))
                    {
                        solspace[i][0]=w;
                        solspace[i][1]=x;
                        solspace[i][2]=y;
                        solspace[i][3]=z;
                        i++;
                    }
                }
    solsize=i;
}
```

上述的實作相當簡單，它利用 4 個迴圈的迴圈變數 w、x、y 與 z 來得到所有由介於 0~9 之間的數字所組成的 4 位數字，也就是從 0000 到 9999 共 10000 種可能；在最內層的迴圈裡，使用 if 敘述檢查它們的數字沒有重複後，再將其加入到 solspace 陣列裡做為第 i 組可能的答案，並且讓 i 的值加 1。離開迴圈後（也就是找出所有可能的答案後），我們令 solsize=i，以代表目前在 solspace 陣列裡有多少組可能的答案。由於在 AI1A2BMain.c 以及以後在 AI1A2B.c 裡都會使用到 solsize 變數，所以我們會將其宣告於 AI1A2B.c 裡，並在 AI1A2B.h 裡使用 extern 宣告以供其他程式載入使用。

　　接下來，我們使用一個 while 迴圈，讓電腦開始反覆地猜測一組答案，直到猜中使用者的答案為止。具體來說，在每個迴圈回合裡，我們可以使用下面的程式碼，從代表解答空間（solution space）的 solspace 陣列裡，隨機挑選一組可能的答案做為猜測：

```
myguess=rand()%solsize;
```

然後呼叫「printAGuess(myguess)」函式，將 solspace 中特定位置（第 1 維度索引值為 myguess）的答案印出給使用者看：

```
void printAGuess(int g)
{
    int i;
    for(i=0;i<4;i++)
        printf("%d", solspace[g][i]);
}
```

此時，就換我們比對電腦所猜測的數字，與我們所設定的答案的相似程度，並使用 A 與 B 來分別表示有幾個數字與位置都相同，又有幾個是數字相同但位置不同。下面的 scanf() 敘述，就是要取回我們對電腦的猜測所做的回應：

```
scanf(" %dA%dB", &a, &b);
```

只要不是 4A0B 的情況，就必須再啟動下一個迴圈回合，讓電腦繼續猜測一組新的數字，直到猜中為止。但是這個我們所謂的 AI（雖然我們強調是比較簡單的 AI 程式），難道就是這樣「在解答空間裡的 5040 種可能的答案裡」像「亂槍打鳥」一樣，不斷地「隨機」亂猜！—這應該叫做「人工低能（artificial stupidity）[15]」而不是人工智慧（artifical intelligence）！所以我們將在啟動下一個迴圈回合前，先要一點「小聰明」把解答空間的內容加以過濾，先把已經不可能是答案的加以惕除，以縮小解答空間的大小，並增加猜中答案的可能性！

假設我們準備給電腦猜測的答案是「1234」，而電腦所挑選的是「1357」，依據遊戲的規則我們將會給予電腦「1A1B」的回應。而我們正可以依據這個回應來過濾在解答空間中還有哪些是有可能的答案，哪些又是不可能的答案。因為使用者已經將「1357」這組電腦所猜測的數字和「真正的答案」比對過，並給出了「1A1B」的回應 — 這就足以讓我們判斷在解答空間裡的其他數字有沒有可能是真正的答案！因為當某一組數字有可能是「真正的答案」時，它就必須「表現的」像真正的答案一樣！如果它是「真正的答案」，那麼它與「1357」做比對的結果，就必須是「1A1B」！

所以在不知道「真正的答案」是什麼的前提下，我們可以使用迴圈逐一走訪在解答空間裡的每一組答案，並讓它們與「1357」（剛剛所猜測的數字）進行比對，如果比對的結果也是「1A1B」，那就表示這組數字「有可能是真正的答案」（儘管我們此時還不知道答案是什麼）；但如果比對的結果不是「1A1B」那就表示這組數字「絕不可能是真正的答案」 — 我們將保留所有「有可能的真正答案」，並把不可能的答案從解答空間裡移除。在 main() 函式裡的迴圈回合結束前，會呼叫一個名為 reduceSolSpace() 的函式，並把 myguess 以及 A、B 的數值做為引數傳遞給函式，而這個 reduceSolSpace() 函式，就是上述過濾程序的實作：

```c
void reduceSolSpace(int p, int a, int b)
{
    int i,cnt=0;
    int temp[5040][4];

    for(i=0;i<solsize;i++)
    {
        // 比對在解答空間裡的第 p 組與第 i 組數字
        // 其比對結果將會保存在全域變數 A 與 B 裡
        evaluate2Sols(p,i);

        // 若比對的結果與所傳入的 a 與 b 變數一致
        // 就表示此第 i 組數字有可能為真正的答案，應該予以保留
        if((A==a)&&(B==b))
        {
            // 將有可能是真正的答案的答案放入到 temp 陣列裡
```

15　Artificial stupidity 確有其詞，通常是做為 artificial intelligence 的反義詞。

```
            temp[cnt][0]=solspace[i][0];
            temp[cnt][1]=solspace[i][1];
            temp[cnt][2]=solspace[i][2];
            temp[cnt][3]=solspace[i][3];
            cnt++;
        }
    }
    // 結束迴圈走訪後，現在所有在 temp 陣列裡的數字都是有可能的答案
    // 我們將使用以下的迴圈將 temp 陣列的內容，搬移到 solspace 陣列裡
    // 由於 temp 陣列共有 cnt 組數字，因此也更新 solsize 的數值為 cnt
    solsize=cnt;
    for(i=0;i<solsize;i++)
    {
        solspace[i][0]=temp[i][0];
        solspace[i][1]=temp[i][1];
        solspace[i][2]=temp[i][2];
        solspace[i][3]=temp[i][3];
    }
}
```

　　至此，這個「比較簡單的 AI」程式已經大致說明完成，只剩下用來比對在解答空間裡的第 p 組與第 i 組數字的 evaluate2Sols() 函式還未討論，不過其實作與我們過去在 1A2B.c 中的實作類似，所以在此不予贅述。請讀者自行參考在本書隨附光碟中的 /Project/16 目錄內的 AI1A2B.c 檔案。

　　現在讓我們看一下 AI1A2BMain.c 的程式碼：

Location:/Projects/16
Filename:AI1A2BMain.c

```
 1  #include <stdio.h>
 2  #include <stdlib.h>
 3  #include <time.h>
 4  #include "1A2B.h"
 5  #include "AI1A2B.h"
    ⋮       ⋮
36  //          printf("sol size = %d\n", solsize);
37      }
38      printf("Good Bye!\n");
39  }
```

此程式的內容大致上都已經說明過，不過細心的讀者應該會發現，我們在此程式的第 4 行還額外載入了上一個程式演練所設計的 1A2B.h — 因為我們可以使用到其中的布林型態與數值定義，以及包含 A、B 等變數。還有在第 36 行的程式，會將每一回合調整完解答空間後，還剩下多少組數字有可能是真正的答案加以輸出，如此將有助於讀者理解程式運作的過程 — 你可以從不斷變小的解答空間中看出，此程式是如何猜出答案的。可是此訊息並不屬於此程式演練的要求，所以我們將它加以註解，有需要的讀者可以視需要將其加入程式中。

　　至此，本題的開發過程已討論完畢，請讀者自行參考在本書隨附光碟中的 /Project/16 目錄內的 AI1A2BMain.c、AI1A2B.h、AI1A2B.c 以及用以編譯的 Makefile 檔案。現在，請趕快拿張寫下一組答案，試試看電腦的 AI 夠不夠聰明？能不能猜出你的答案？不過，請小心收好你的答案，可別讓電腦偷看到了！

程式演練 17

Self-Play 1A2B AI 遊戲設計（PC vs. PC）

在前面兩個程式演練當中，我們已經成功開發出可讓使用者與電腦（Human vs. PC），以及電腦與使用者（PC vs. Human）進行對戰的 1A2B 遊戲。現在，該是時候再往前跨一步，讓我們來開發電腦自己出題、自己猜答案的 1A2B 電腦自我對戰（self-play PC vs. PC）程式！此程式的執行結果可以參考如下：

```
[2:30 user@ws hw] ./a.out⏎
+---------------+⏎
| △1A2B △△ Game △|⏎
| △△ PC △ vs △ PC △△|⏎
+---------------+⏎
⏎
Answer[2765]⏎
Input △ a △ guess △ (#1):9821-->0A1B⏎
Input △ a △ guess △ (#2):6758-->1A2B⏎
Input △ a △ guess △ (#3):5769-->2A1B⏎
Input △ a △ guess △ (#4):5716-->1A2B⏎
Input △ a △ guess △ (#5):2765-->4A0B⏎
I △ Win!⏎
[2:30 user@ws hw]
```

請讀者使用前面兩個程式演練所開發出來的 1A2B.h、1A2B.c、AI1A2B.h 與 AI1A2B.c 等程式（使用其中相關的函式），來進行此程式演練的開發 — 這也是程式設計師的日常之一，使用過去已開發的函式，來加速新的應用開發。

　　此程式其實並不困難，我們只要依據前兩個程式演練的做法，寫出一個同時擔任出題者與猜題者的程式即可。請參考以下的 Self1A2BMain.c 程式：

Location:/Projects/16
Filename:Self1A2BMain.c

```
1   #include <stdio.h>
2   #include <stdlib.h>
3   #include <time.h>
4   #include "1A2B.h"
5   #include "AI1A2B.h"
6
7   int main()
```

```
 8  {
 9      boolean quit=false;
10      int myguess;
11      int i;
12      int a,b;
13      int cnt=1;
14
15      printf("+------------+\n");
16      printf("|  1A2B  Game |\n");
17      printf("|   PC vs PC  |\n");
18      printf("+------------+\n\n");
19
20      generateAnswer();
21      generateSolSpace();
22      printAnswer();
23
24      while(!quit)
25      {
26          printf("Input a guess (#%d):", cnt);
27          myguess=rand()%solsize;
28          printAGuess(myguess);
29          for(i=0;i<4;i++)
30              guess[i]=solspace[myguess][i];
31          cnt++;
32          evaluateGuess();
33          printf("-->%dA%dB\n", A, B);
34          if((A==4)&&(B==0))
35          {
36              printf("I Win!\n");
37              quit=1;
38          }
39          reduceSolSpace(myguess, A, B);
40  //        printf("sol size = %d\n", solsize);
41      }
42  }
```

此程式在第 20 行擔任出題者的角色，呼叫實作在 1A2B.c 裡的 generateAnswer() 函式，以產生一組供猜題者猜測的答案。接著又轉為擔任猜題者，呼叫實作在 AI1A2B. c 裡的 generateSolSpace()，以產生 5040 組可能的答案做為解答空間。接著在第 24-41 行的 while 迴圈裡，開始進行一個個的迴圈回合 — 先擔任猜題者，在第 27 行「myguess=rand()%solsize;」從 solspace 裡隨機選取一組數字，並在第 29-30 行使用一個 for 迴圈，將 solspace 裡所選取數字設定為 guess 陣列的內容 — 也就等於讓電腦完成了一個猜測，並將猜測的數字放在 guess 陣列裡。再接下來，又轉為擔任出題者，在第 32 行呼叫 evaluateGuess() 來比對 guess 陣列與 answer 陣列的相似程度，並將結果存放在全域變數 A 與 B 裡。在迴圈回合的最後，又再一次轉換為猜題者，呼叫 reduceSolSpace() 函式利用此回合的比對結果來將解答空間進行縮減。

　　關於此程式，我們已經不再需要提供更進一步的說明，因為全部所呼叫的函式都已經在前面兩個程式演練中討論過，在此不予贅述。請讀者自行參考在本書隨附光碟中的 / Project/17 目錄內的 Self1A2BMain.c、AI1A2B.h、AI1A2B.c、1A2B.h、1A2B.c 以及用以編譯的 Makefile 檔案。

　　在此要提醒讀者，其實此程式演練的主要目的是希望讀者能熟悉此種「使用以往所開發的函式」來加速開發新程式的做法，並且也可以開始在寫程式的同時，儘可能地想一想所要開發的功能日後有沒有再次應用的可能？該如何撰寫才能更有利於讓函式適用於更多種不同的應用情境？希望這一系列 3 個程式演練的演示，對於讀者在此方面的學習能有所助益。

CH9 本章習題

⊖ **程式練習題**

1. 請參考以下的 Main.c 程式（你可以在本書隨附光碟中的 /Exercises/ch9/1/ 裡找到所需要的檔案）：

```c
#include <stdio.h>
#include "Tools.h"

int main()
{
    char cmd;
    while( (cmd = getCommand()) != 'q' )
    {
        showCommand(cmd);
        newline();
    }
    printf("Bye!");
    newline();
}
```

這個程式以迴圈方式讓使用者輸入字元直到輸入「q」為止，請參考以下的執行畫面：

```
[3:23 user@ws hw] ./a.out ⏎
Please △ input △ a △ character: △ a ⏎
Your △ input △ is △ 'a'. ⏎
Please △ input △ a △ character: △ 3 ⏎
Your △ input △ is △ '3'. ⏎
Please △ input △ a △ character: △ T ⏎
Your △ input △ is △ 'T'. ⏎
Please △ input △ a △ character: △ q ⏎
Bye! ⏎
[3:23 user@ws hw]
```

請參考上述說明及檔案內容，完成 Tools.h 的設計，並將 getCommand()、showCommand() 與 newline() 等函式於 Tools.c 中加以實作；此外，也請準備 Makefile 以便利此題目相關程式的編譯。具體來說，請完成並繳交 Tools.h、Tools.c 以及 Makefile 等三個檔案，至於 Main.c 則不需繳交。

2. 請參考程式演練 12 的 Toolbox.h 與 Toolbox.c，以及以下的 Main.c 程式（你可以在本書隨附光碟中的 /Exercises/ch9/2/ 裡找到所需要的檔案）：

```
#include <stdio.h>
#include "Toolbox.h"

int main()
{
    int data[10];
    int i;
    printf("Please input 10 numbers: ");
    for(i=0;i<10;i++)
        scanf("%d", &data[i]);
    printArray(data, 10);
    reverseArray(data, 10);
    printArray(data, 10);
}
```

此程式使用 reverseArray() 函式，將陣列的內容反序倒置，請參考以下的執行畫面：

```
[3:23 user@ws hw] ./a.out ⏎
Please △ input △ 10 △ numbers: △ 1 △ 2 △ 3 △ 4 △ 5 △ 6 △ 7 △ 8 △ 9 △ 10 ⏎
1 △ 2 △ 3 △ 4 △ 5 △ 6 △ 7 △ 8 △ 9 △ 10 ⏎
10 △ 9 △ 8 △ 7 △ 6 △ 5 △ 4 △ 3 △ 2 △ 1 ⏎
[3:23 user@ws hw] ./a.out ⏎
Please △ input △ 10 △ numbers: △ 43 △ 23 △ 24 △ 9 △ 25 △ 47 △ 98 △ 12 △ 3 △ 77 ⏎
43 △ 23 △ 24 △ 9 △ 25 △ 47 △ 98 △ 12 △ 3 △ 77 ⏎
77 △ 3 △ 12 △ 98 △ 47 △ 25 △ 9 △ 24 △ 23 △ 43 ⏎
[3:23 user@ws hw]
```

請參考上述說明及檔案內容，將 reverseArray() 函式加入到 Toolbox.h 與 Toolbox. c。請注意本題應繳交 Toolbox.h、Toolbox.c 以及 Makefile 等三個檔案，至於 Main.c 則不需繳交。

3.　延續上一題，再為 Toolbox 增加一個函式，其 prototype 如下：

```
void swapTwoElements(int data[], int i, int j);
```

此函式可以將陣列中索引值為 i 與 j 的元素進行交換，請參考以下的 Main.c 程式（你可以在本書隨附光碟中的 /Exercises/ch9/3/ 裡找到所需要的檔案）：

```
#include <stdio.h>
#include "Toolbox.h"

int main()
{
    int data[10];
    int i,j;
    printf("Please input 10 numbers: ");
    for(i=0;i<10;i++)
```

```
        scanf("%d", &data[i]);
    printf("Which two elements you want to switch? ");
    scanf("%d %d", &i, &j);

    printArray(data, 10);
    swapTwoElements(data, i, j);
    printArray(data, 10);
}
```

此程式讓使用者輸入 10 個數字並放到 data 陣列中，接著讓使用者輸入 i 與 j 兩個整數值，並呼叫 swapTwoElements() 函式，將陣列中索引值為 i 與 j 的元素進行交換，請參考以下的執行畫面：

```
[3:23 user@ws hw] ./a.out
Please input 10 numbers: 1 2 3 4 5 6 7 8 9 10
Which two elements you want to swap: 3 5
1 2 3 4 5 6 7 8 9 10
1 2 3 6 5 4 7 8 9 10
[3:23 user@ws hw] ./a.out
Please input 10 numbers: 43 23 24 9 25 47 98 12 3 77
Which two elements you want to swap: 1 8
43 23 24 9 25 47 98 12 3 77
43 3 24 9 25 47 98 12 23 77
[3:23 user@ws hw]
```

請參考上述說明及檔案內容，將 swapTwoElements() 函式加入到 Toolbox.h 與 Toolbox.c。請注意本題應繳交 Toolbox.h、Toolbox.c 以及 Makefile 等三個檔案，至於 Main.c 則不需繳交。

4. 延續上一題，請再為 Toolbox 增加一個函式，其 prototype 如下：

```
int sumNArray(int data[], int N);
```

此函式可以將陣列中前 N 筆的資料加總後傳回其值。請參考以下的 Main.c 程式（你可以在本書隨附光碟中的 /Exercises/ch9/4/ 裡找到所需要的檔案）：

```
#include <stdio.h>
#include "Toolbox.h"

int main()
{
    int data[10];
    int i, N;
    printf("Please input 10 numbers: ");
    for(i=0;i<10;i++)
        scanf("%d", &data[i]);
    printf("N=? ");
```

```
    scanf("%d", &N);

    printArray(data, 10);
    printf("The sum of the first %d consecutive numbers is %d.\n",
        N, sumNArray(data, N));
}
```

此程式呼叫 sumNArray () 函式，將陣列中前 N 筆資料進行加總後傳回，並由
printf() 負責輸出，請參考以下的執行畫面：

```
[3:23 user@ws hw] ./a.out ⏎
Please △ input △ 10 △ numbers: △ 1 △ 2 △ 3 △ 4 △ 5 △ 6 △ 7 △ 8 △ 9 △ 10 ⏎
N=? △ 5 ⏎
1 △ 2 △ 3 △ 4 △ 5 △ 6 △ 7 △ 8 △ 9 △ 10 ⏎
The △ sum △ of △ the △ first △ 5 △ consecutive △ numbers △ is △ 15. ⏎
[3:23 user@ws hw] ./a.out ⏎
Please △ input △ 10 △ numbers: △ 43 △ 23 △ 24 △ 9 △ 25 △ 47 △ 98 △ 12 △ 3 △ 77 ⏎
N=? △ 3 ⏎
43 △ 23 △ 24 △ 9 △ 25 △ 47 △ 98 △ 12 △ 3 △ 77 ⏎
The △ sum △ of △ the △ first △ 3 △ consecutive △ numbers △ is △ 90. ⏎
[3:23 user@ws hw]
```

請參考上述說明及檔案內容，將 sumNArray() 函式的介面與實作分別加入到
Toolbox.h 與 Toolbox.c。請注意本題應繳交 Toolbox.h、Toolbox.c 以及 Makefile
等三個檔案，至於 Main.c 則不需繳交。

5. 請設計 C 語言程式 RecursiveSum.c 以及 RecursiveSum.h，以遞迴（遞迴）方式
完成 1+2+3+ … + N 的計算。請參考以下的 Main.c 程式（你可以在本書隨附光
碟中的 /Exercises/ch9/5/ 裡找到所需要的檔案）：

```
#include <stdio.h>
#include "RecursiveSum.h"

int main()
{
    int N;
    printf("N=? ");
    scanf("%d", &N);
    printf("The sum of 1 to %d is %d.\n", N, sum(N) );
}
```

提示：sum(N) = sum(N-1) + N

此程式執行畫面如下：

```
[3:23 user@ws hw] ./a.out ⏎
N=? △ 5 ⏎
The △ sum △ of △ the △ 1 △ to △ 5 △ is △ 15. ⏎
```

```
[3:23 user@ws hw] ./a.out ⏎
N=? △10 ⏎
The △ sum △ of △ the △1 △ to △10 △ is △ 55. ⏎
[3:23 user@ws hw]
```

請注意本題應繳交 RecursiveSum.h、RecursiveSum.c 以及 Makefile 等三個檔案，至於 Main.c 則不需繳交。

6. 請設計 C 語言程式 RecursivePower.c 以及 RecursivePower.h，以遞迴（recursion）方式完成 ab 的計算（意即求 a 的 b 次方）。請參考以下的 Main.c 程式（你可以在本書隨附光碟中的 /Exercises/ch9/6/ 裡找到所需要的檔案）：

```
#include <stdio.h>
#include "RecursivePower.h"

int main()
{
    int a, b;
    printf("a=? ");
    scanf("%d", &a);
    printf("b=? ");
    scanf("%d", &b);
    printf("The %d-th power of %d is %d.\n", b, a , rpower(a,b) );
}
```

提示：power(a,b) = power(a,b-1) sum(N-1) × a

此程式執行畫面如下：

```
[3:23 user@ws hw] ./a.out ⏎
a=? △2 ⏎
b=? △5 ⏎
The △5-th △ power △ of △2 △ is △ 32. ⏎
[3:23 user@ws hw] ./a.out ⏎
a=? △3 ⏎
b=? △6 ⏎
The △6-th △ power △ of △3 △ is △ 729. ⏎
[3:23 user@ws hw]
```

請注意本題應繳交 RecursivePower.h、RecursivePower.c 以及 Makefile 等三個檔案，至於 Main.c 則不需繳交。

7. 費伯納西數列（Fibonacci sequence）的第 n 項的值等於其前兩項的和：

$$F_n = F_{n-1} + F_{n-2}$$

且其前兩項的值被定義為：

$$F_0 = 0 以及 F_1 = 1$$

請設計 C 語言程式 Fibonacci.c 以及其標頭檔 Fibonacci.h，以遞迴（recursion）

方式設計一個名為「fibonacci()」的函式，並搭配下列的 Main.c 程式（你可以在本書隨附光碟中的 /Exercises/ch9/7/ 裡找到所需要的檔案）完成第 N 項費伯納西數的輸出，其中 N 為大於等於 0 的正整數：

```
#include <stdio.h>
#include "Fibonacci.h"

int main()
{
    int N;
    printf("N=? ");
    scanf("%d", &N);
    printf("F_%d=%d.\n", N, fibonacci(N));
}
```

其執行與輸出結果如下：

```
[3:23 user@ws hw] ./a.out↵
N=? △0↵
F_0=0.↵
[3:23 user@ws hw] ./a.out↵
N=? △1↵
F_1=1.↵
[3:23 user@ws hw] ./a.out↵
N=? △3↵
F_3=2.↵
[3:23 user@ws hw] ./a.out↵
N=? △10↵
F_0=55.↵
[3:23 user@ws hw]
```

請注意本題應繳交 Fibonacci.c、Fibonacci.h 以及 Makefile 等三個檔案，至於 Main.c 則不需繳交。

❖ 本章還有更多程式練習題，請參考光碟中名為「補充程式練習題」的 PDF 檔案。

CHAPTER

10

指標

　　截至目前為止，我們所寫的程式都是透過變數來儲存及操作各式的資料，同時我們也已經瞭解一個變數的值（value）其實是儲存在某個記憶體位置內，在程式中所有對該變數的操作，其結果就是對該記憶體位置內的值進行存取及運算。當然，有些讀者會指出除了變數之外，我們也可以透過陣列（array）來進行資料的處理！沒錯，但是細心的讀者也應該記得，其實陣列也是對應到特定的記憶體位置，只不過比起變數，陣列所對應的是一塊連續的記憶體空間，裡面可以存放多筆資料（就好像把好幾個相同型態的變數放在一起一樣）。所以過去我們在程式中的各種資料的存取與操作，都是對記憶體內特定位置的值所進行的，所謂的變數或陣列只不過是用於代表那些記憶體位置的符號（symbol）而已。

　　在本章中我們將為你介紹一種不同於變數的資料存取方法：透過指標（pointer）來進行資料的存取。從某個角度來看，指標其實也可以視為是一種變數（不是說不同於變數嗎？別急，請讓筆者慢慢地幫你解釋…），它也會對應到一塊記憶體空間，只不過它是一種比較特別的變數，它所存放的並不是值（value），而是記憶體位址（memory address）！因此，在程式中我們可以透過指標來取得一個記憶體位址，然後再利用這個記憶體位址來進行特定的操作。本章後續將針對指標的概念、相關的語法以及操作進行詳細的說明。

10-1
基本概念

　　如同前述，指標（pointer）所存放的是記憶體位址，在開始學習指標之前，我們先幫你複習變數與記憶體的相關概念。考慮以下的變數宣告：

```
int x = 38;
```

上述的程式碼宣告了一個名稱為 x 的變數，當程式被執行時，就會分配到一個足以放置整數的記憶體空間供它使用，通常是 4 個位元組（也就是 32 位元）。假設 x 所需的記憶體空間被配置在 0x7ffff34fff00 記憶體位址（memory address），那麼就表示從 0x7ffff34fff00 開始到 0x7ffff34fff03 為止的 4 個位元組將會被用來存放 x 的值，也就是整數值 38。請參考圖 10-1，38 的二進位數值被存放在這個從 0x7ffff34fff00 開始的記憶體空間中：

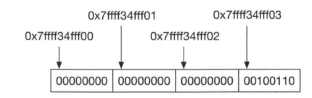

圖 10-1：用以存放變數 x 的數值的記憶體空間示意圖

　　我們在本書第 3 章中也提到了每個程式在執行時，會使用一個符號表（symbol table）來記載相關的變數及其型態與記憶體位址，例如表 10-1。

表 10-1：符號表内容範例

符號（Symbol）	型態（Type）	記憶體位址（Memory Address）
x	int	$0x7_{mm}34_{m}f00$

程式在執行時，就是透過這個符號表的幫助，才能正確地找到 x 所配置到的記憶體空間。當然，我們通常不會去注意這些細節，而是以簡單的抽象方式，把一個變數想像成為一個存放值的盒子，例如圖 10-2 所示。

x　38

圖 10-2：常用的變數在記憶體中的思考方式

　　指標與傳統的變數有一些相似之處，但是也有一些不同的地方；一個指標也會被配置到一塊記憶體空間，但它所存放的並不是值，而是一個記憶體位址。假設我們在程式中有一個名為 p 的指標，我們可以把變數 x 所配置到的記憶體位址 0x7ffff34fff00 存放在 p 這個指標裡面，請參考圖 10-3。

p　0x7ffff34fff00

圖 10-3：指標 p 所存放的是變數 x 所配置到的記憶體位址

所以指標可以視為是一種「特殊的變數」，其所存放的不是值，而是一個記憶體位址。那麼為什麼 C 語言要提供指標這樣「特殊的變數」呢？我們又要如何在程式中使用指標呢？使用指標又可以為程式帶來什麼好處呢？本章後續將為你回答這些問題。

10-2
指標變數

　　指標變數（pointer variable），顧名思義即為一個變數，但其所儲存的不是值而是某個特定的記憶體位址（memory address）；當然，我們也可以說指標所儲存的值為某個記憶體位址。其宣告方法等同一般的變數宣告，但在變數名稱前，必須加入一個星號「*」，請參考以下的宣告語法：

指標變數宣告（Pointer Variable Declaration）語法

```
type *pointer_variable_name;
```

註：此處的星號是語法的一部份，而不是代表可出現 0 次或多次的意思。

依據這個語法，我們可以宣告一個指標變數如下：

```
int *p;
```

其中 p 就是語法中的 pointer_variable_name，也就是指標變數的名稱。不過此處所出現的星號，其位置可以有些彈性，以下的兩個宣告方式也都是正確的：

```
int * p;
int* p;
```

以上這三種宣告的結果都相同，都會建立一個可以用來儲存記憶體位址的空間，不過其中以「int *p;」這種宣告的方式是最常被使用的。細心的讀者會提出一個問題：「既然只是要得到一個可以儲存記憶體位址的空間，那又為何要宣告為 int?」。這的確是一個好問題！其實這樣的宣告是要告訴編譯器，將來儲存在這裡的是一個記憶體位址，而且在那個記憶體位址中，所存放的是一個 int 型態的整數。有鑑於此，指標變數的型態又被稱為參考型態。讓我們回想一下在前一小節末的例子：指標 p 所存放的記憶體位址是 0x7ffff34fff00，而且在 0x7ffff34fff00 位址裡面所存放的是一個 int 整數，也就是變數 x 的值在此情況下，p 就應該被宣告為「int *p;」。

　　C 語言也允許我們混合一般的變數宣告與指標變數宣告，請參考下面的這些宣告：

```
int *x, y; ←──────  x 是指標變數，y 是一般變數

int i, *j; ←──────  i 是一般變數，j 是指標變數

int* p, q, r; ←──────  p 是指標變數，q 與 r 則是一般變數
```

在前述的例子中，這些指標變數 x、j 與 p 都被宣告為「應該會」指向儲存 int 整數的記憶體位址，所以上述的宣告可視為宣告了一些「int 整數型態的指標變數」。

　　要提醒讀者注意的是 C 語言允許我們將指標宣告為各種型態，例如下面這些都是可行的宣告：

```
double *p;
char *q;
float *r;
```

但為了簡化起見，本章在說明指標的語法及相關應用時，僅以 int 整數型態為例，但也都適用於其他的資料型態。

接下來，請先執行下列程式，以確認你的系統上的記憶體使用情形：

```
int main()
{
    printf("The size of an int is %d.\n", sizeof(int));
    printf("The size of an int-pointer is %d.\n", sizeof(int *));
    return 0;
}
```

雖然在不同系統上，此程式的執行結果不盡相同，但在目前大部份的系統中，上述程式的執行結果將分別為 4 與 8；由於其單位為位元組（bytes），因此就表示了一個 int 的整數佔用 32 位元的記憶體空間，而一個 int 型態的指標則佔用 64 位元。圖 10-4 顯示了一個 int 型態的變數 x 與 int 型態的指標 p（它是以 int *p 加以宣告），假設整數變數 x 是儲存於記憶體位址中的 0x7ffff34fff00 - 0x7ffff34fff03（32 位元的整數佔 4 個位元組），其值為 38；且假設指標 p 儲存於 0x7ffff34fff68-0x7ffff34fff6f（8 個位元組，也就是 64 位元），其值為 0x7ffff34fff00，也就是變數 x 所在的記憶體位址。

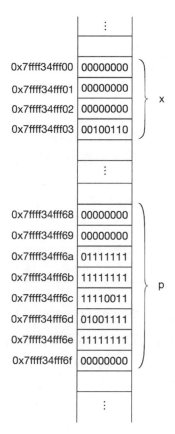

圖 10-4：變數 x 與指標 p 的記憶體內容

若不考慮記憶體位址的細節，我們可以將圖 10-4 簡化爲圖 10-5：

p　　0x7ffff34fff00　　　x　　38

圖 10-5：簡化的變數 x 與指標 p 表示法

在圖 10-5 中，p 是一個存放著 0x7ffff34fff00 位址的一個指標，因爲當初我們宣告 p 的參考型態爲 int，所以將來我們透過「某種方法」取回在 0x7ffff34fff00 位址（也就是 p 的值）時，還可以進一步去存取在 0x7ffff34fff00 - 0x7ffff34fff03 連續 4 個位元組所儲存的一個 int 型態的整數值。我們把這種情況想像成「p 指向 x 所在的記憶體位址」，因此我們更常使用圖 10-6 的方式來表達這樣的一個關係：

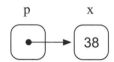

圖 10-6：指標與變數的抽象關係

現在讓我們回顧一下目前爲止的例子，變數 x 與指標 p 是以下列方法完成宣告的：

```
int x = 38;
int *p;
```

雖然我們已經做了一些關於 p 與 x 的討論，但都是基於一個假設：「p 所儲存的是 x 所在的記憶體位址」。可是在上述的兩行宣告中，我們卻看不出來有任何關於「p 所儲存的是 x 所在的記憶體位址」的描述！別擔心，在下一節中我們就會爲你說明該如何去給定指標一個特定的記憶體位址。

10-3
取址運算子

現在就讓我們來說明該如何將 x 所在的記憶體位址儲存到指標 p 裡面。還記得我們在前面的章節中，曾提過一個變數可以使用 & 運算子來取得來取得其所在的記憶體位址嗎？其實 & 是所謂的取址運算子（address-of operator），負責取得特定變數、陣列、陣列元素等所配置到的記體位址。請參考下面的程式片段：

```
int x=38;
printf("x is located at %p.\n", &x);
```

其結果會把 x 所配置到的記憶體位址加以輸出，例如我們前述的 0x7ffff34fff00 位址。

　　因此我們可以透過下面的程式碼，來將變數 x 的記憶體位址，指定給指標 p，如此一來，就如同圖 10-4 至圖 10-6 所描繪的一樣，p 成為了指向整數變數 x 的指標：

```
int x=38;
int *p;
p = &x;
```

要特別注意的是，宣告時所出現的「*」是用以定義 p 是一個指標，但是這個指標的變數的名稱是「p」，而不是「*p」；所以我們是以「p = &x;」來給定其值為 x 所在的記憶體位址。請不要將它錯誤地寫成了「*p = &x;」！

　　如同一般變數在宣告時可以順便給定初始值一樣，我們也可以把上述的程式碼改寫成：

```
int x=38;
int *p = &x;
```

不過還是要再次提醒你，這裡所出現的「int *p = &x;」是「int *p;」與「p = &x;」的結合，並不代表你可以獨立寫一行「*p = &x;」的敘述！畢竟「int p = &x;」與「*p = &x;」是不同的用法，前者是宣告 p 為一個「應該要指向 int 型態的變數所在的記憶體位址，並且順便把變數 x 的記憶體位址做為 p 的初始值；而後者並不是宣告，只是一般的敘述，而且是錯誤的敘述，正確的寫法應該是「p = &x;」！

　　在習慣上，我們常把「p=&x;」或是「int *p=&x;」的作用稱為：「讓指標 p 指向變數 x 所在的位址」。如果在宣告指標 p 的同時，還沒有決定要讓這個指標指向何處的話，我們建議你使用「NULL」做為其初始值：

```
int *p = NULL;
```

如此一來不但會配置一個記憶體空間給 p 去使用，讓它在未來用以儲存某個記憶體位址，同時也會把 NULL 做為 p 的值。由於當我們宣告「int *p;」時，可以為 p 取得一個記憶體的空間，但該空間內如果已有某些數值存在（所有的記憶體位置都有可能被別的程式使用過，所以當然可能會有「殘留的」舊的數值），那麼我們所宣告的 p 就成了指向某個「未知的」記憶體位址的指標，如果程式後續「忘了給定 p 適當的值」（也就是沒有讓 p 指向某個我們真正想要存去的記憶體位址），但卻又去存取 p 所儲存的記憶體位址內的值！如此一來，就有可能造成程式的執行錯誤。因此，我們鼓勵你在宣告指標時，若還沒決定所要指向的記憶體位址，就先以 NULL 值做為其初始值吧。

　　NULL 是定義在 stdio.h 中的常數，其值為 0。用在指標的值時，代表沒有指向任何地方，也就是「空無（nothing）」的意思。請參考圖 10-7，我們通常把這種情況畫成電路圖中的「接地」，也因此有人把「p=NULL;」稱為是「讓 p 接地」！

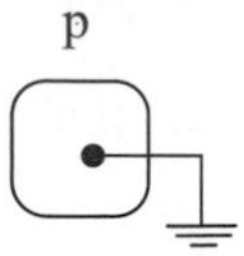

圖 10-7：指向 NULL 的指標示意圖

　　下面這個範例顯示了一個宣告後的指標的初始內容，以及將其值設為 NULL 及 0 的結果：

Example 10-1：**輸出指標原有的數值並讓p指向NULL**　　Location:/Examples/ch10
Filename:InitializedPointer.c

```
 1  #include <stdio.h>
 2
 3  int main()
 4  {
 5      int *p;
 6      printf("The memory address of p is %p.\n", &p);
 7      printf("The value of p is %p.\n", p);
 8      p=NULL;
 9      printf("Let p=NULL, the value of p is %p.\n", p);
10      p=0;
11      printf("Let p=0, the value of p is %p.\n", p);
12  }
```

此程式的執行結果如下：

```
[5:25 user@ws ch10] ./a.out⏎
The△memory△address△of△p△is△0x7fff5ad10ad8.⏎
The△value△of△p△is△0x7fff695b9036.⏎
Let△p=NULL,△the△value△of△p△is△0x0.⏎
Let△p=0,△the△value△of△p△is△0x0.⏎
[5:25 user@ws ch10]
```

本例的第 6 行先把指標 p 本身所配置到的記憶體位址輸出，其值為 0x7fff5ad10ad8（其值僅供參考，其實際執行結果將有所不同）。第 7 行則將指標 p 的內容印出，也就是輸出 0x7fff695b9036。請參考圖 10-8，其中記憶體位址 0x7fff5ad10ad8 這個位置就是指標 p 所配置到的地方，而其裡面的值為 0x7fff695b9036（此處假設此值為該記憶體位址裡原本就「殘留的」舊的數值）。我們也可以參考圖 10-9，你會發現沒有給定初始值的指標（也就是說沒有指定該指標要指向何處），還是會指向某個地方！只不過沒有人知道那個地方裡面有些什麼東西！

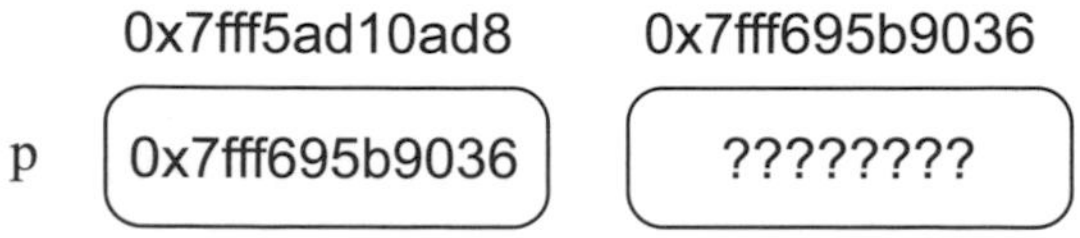

```
         0x7fff5ad10ad8      0x7fff695b9036
  p  [ 0x7fff695b9036 ]    ( ???????? )
```

圖 10-8：Example 10-1 中的指標 p 的記憶體配置示意圖

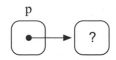

圖 10-9：Example 10-1 中的指標 p 的抽象示意圖

後續在第 8 與第 10 行，我們分別將指標 p 的值設定為 NULL 與 0；但從後續的輸出結果來看，它們都是 0x0 — 驗證了常數 NULL 的值其實是 0。建議讀者為了提高程式的可讀性，儘量使用 NULL 而不要直接使用數值 0。

接著請讓我們用下面的例子，讓指標指向特定的記憶體位址：

Example 10-2：讓指標指向特定的記憶體位址　　Location:/Examples/ch10
　　　　　　　　　　　　　　　　　　　　　　　　　　Filename:Pointing2Var.c

```
1   #include <stdio.h>
2
3   int main()
4   {
5       int *p=NULL;
6       int x=38;
7       int y=27;
8
9       printf("The memory address of p is %p.\n", &p);
10      printf("The memory address of x is %p.\n", &x);
11      printf("The memory address of y is %p.\n", &y);
12      p=&x;
13      printf("Let p=&x, the value of p is %p.\n", p);
14      p=&y;
15      printf("Let p=&y, the value of p is %p.\n", p);
16  }
```

此範例程式的執行結果如下：

```
[5:26 user@ws ch10] ./a.out ⏎
The△memory△address△of△p△is△0x7fff51e57ad8. ⏎
The△memory△address△of△x△is△0x7fff51e57ad4. ⏎
The△memory△address△of△y△is△0x7fff51e57ad0. ⏎
Let△p=&x,△the△value△of△p△is△0x7fff51e57ad4. ⏎
Let△p=&y,△the△value△of△p△is△0x7fff51e57ad0. ⏎
[5:26 user@ws ch10]
```

這個例子先將指標 p 以及變數 x 與 y 所分配到的記憶體位址輸出（如第 9-11 行），然後分別讓 p 指向 x 與 y 所在的記憶體位址後印出 p 的內容（不要忘記 p 是一個指標，儲存在內的內容是記憶體位址）。其執行結果亦可參考圖 10-10，圖中左右兩側分別將記憶體位址的細節以及較為抽象的方式加以表達。

從 Example 10-2 可以得知以下兩點：

❖ 一個變數可以使用 & 取址運算子，將自己的位置指定給指標；

❖ 一個指標的值可以視需要賦與其值，並可在執行中改變。

現在，讓我們思考一個很重要的問題：

「讓指標指向一個變數所在的記憶體位址有什麼用處呢？」

筆者覺得比較簡單的答案應該是：

「讓指標指向一個變數當然是為了要去存取那個變數的值啊！」

在下一小節中，就讓我們透過指標去存取它所指向的地方裡面的數值吧！

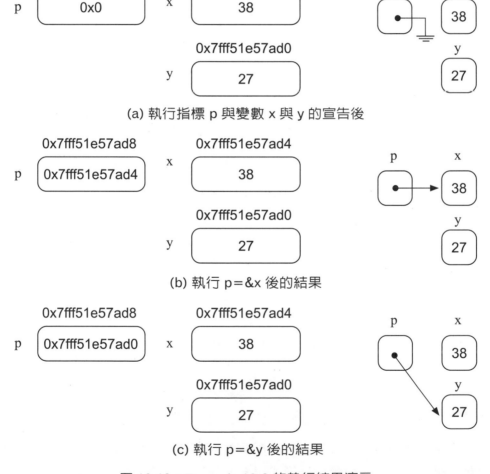

(a) 執行指標 p 與變數 x 與 y 的宣告後

(b) 執行 p=&x 後的結果

(c) 執行 p=&y 後的結果

圖 10-10：Example 10-2 的執行結果演示

10-4
間接取值運算子

「透過指標去存取它所指向的地方裡面的數值」，是一句比較冗長的句子。讓我們先以下面的兩段等價的程式碼為例：

```
int x = 38;
int *p;
p = &x;
```

```
int x = 38;
int *p = &x;
```

他們都可以得到一樣的結果，如圖 10-11 所示：

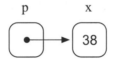

圖 10-11：指標 p 指向變數 x

如果我們要「透過指標去存取它所指向的地方裡面的數值」，那麼就必須使用指標的間接存取運算子（indirection operator）—「*」星號！例如我們可以使用「*p」來取得指標 p 所指向的記憶體位址裡面的值，請參考下面的範例：

Example 10-3：**存取指標所指向的地方裡面的數值**
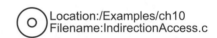
Location:/Examples/ch10
Filename:IndirectionAccess.c

```
1   #include <stdio.h>
2
3   int main()
4   {
5       int *p=NULL;
6       int x=38;
7       int y=27;
8
9       printf("The memory address of p is %p.\n", &p);
10      printf("The memory address of x is %p.\n", &x);
11      printf("The memory address of y is %p.\n", &y);
12      p=&x; // 讓 p 指向 x 的記憶體位址
13      printf("Let p=&x, the value of p is %p.\n", p);
14      printf("The value stored in %p is %d.\n", p, *p);
15      p=&y; // 讓 p 指向 y 的記憶體位址
16      printf("Let p=&y, the value of p is %p.\n", p);
17      printf("The value stored in %p is %d.\n", p, *p);
18  }
```

此範例程式的執行結果如下：

```
[5:26 user@ws ch10] ./a.out ⏎
The △ memory △ address △ of △ p △ is △ 0x7fff50787ad8. ⏎
The △ memory △ address △ of △ x △ is △ 0x7fff50787ad4. ⏎
The △ memory △ address △ of △ y △ is △ 0x7fff50787ad0. ⏎
Let △ p=&x, △ the △ value △ of △ p △ is △ 0x7fff50787ad4. ⏎
The △ value △ stored △ in △ 0x7fff50787ad4 △ is △ 38. ⏎
Let △ p=&y, △ the △ value △ of △ p △ is △ 0x7fff50787ad0. ⏎
The △ value △ stored △ in △ 0x7fff50787ad0 △ is △ 27. ⏎
[5:26 user@ws ch10]
```

在這個範例中，我們透過「p=&x」與「p=&y」來讓指標 p 指向變數 x 與 y 所在之處，並透過「*p」來取得該位址中的數值。我們把這種存取的方法稱為間接存取（indirect access），先透過 p 取得一個記憶體位址，然後再去存取那個記憶體位址裡面的數值。

從另一個角度來看，當我們把 x 所在的記憶體位址指派給指標 p 時，p 就好比是 x 的別名（alias）一樣，我們可以在程式碼中使用 x 或是透過 p（以間接存取的方式）來存取同一個記憶體空間內的值。請思考下面的程式碼片段，其執行結果為何（請自行撰寫一個程式來測試其結果）？

```
int x, *p;
p = &x;

x = 6;
printf("x=>%d *p=>%d\n", x, *p);

*p = 8;
printf("x=>%d *p=>%d\n", x, *p);
```

再思考下列的程式碼：

```
int x,y=5;
x = *&y;
```

這裡的「*&y」應該分段地思考，我們可以先加入適當的括號將此運算的優先順序明確地加以表達，先將「*&y」表示為「*(&y)」，其中「(&y)」會取得 y 所在的記憶體位址，然後再用「*」去取得該位置內的數值，所以「*&y」就等於 y 本身的數值。當然這個例子只是為了訓練讀者更加熟悉指標的觀念，以及取址運算子（address-of operator）與間接存取運算子（indirection operator）的運用而已，除了考試可能會出現這樣的用法外，一般的應用中通常都不會出現。

10-5
指標賦值

　　C 語言允許兩個相同型態的指標，彼此間進行值的賦與（assign），我們將其稱為指標賦值（pointer assignment）。當然這裡所謂的「值」其所代表的是記憶體位址（memory address）。請考慮下面的程式碼，想想看其執行結果爲何？

```
int x=5, y=8, *p, *q;
p = &x;
q = &y;
printf("x=%d y=%d *p=%d *q=%d\n", x, y, *p, *q);
```

此例子會輸出以下的結果：

```
x=5 △ y=8△*p=5△*q=8 ⏎
```

由於使用了「p=&x」與「q=&y」，所以這個例子可以用圖 10-12 來表示：

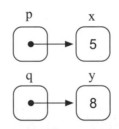

圖 10-12：指標與變數的記憶體關係圖之一

再考慮以下的程式，其執行結果又爲何？

```
int x=5, y=8, *p, *q;
p = &x;
q = &y;
*p = *q;
printf("x=%d y=%d *p=%d *q=%d\n", x, y, *p, *q);
```

此例子會輸出以下的結果：

```
x=8 △ y=8△*p=8△*q=8 ⏎
```

此例使用了「*p=*q」，把指標 q 所指向之處的值賦與給指標 p 所指向之處，所以其結果如圖 10-13 所示：

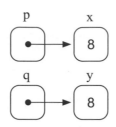

圖 10-13：指標與變數的記憶體關係圖之二

再考慮以下的程式，其執行結果又爲何？

```
int x=5, y=8, *p, *q;
p = &x;
q = &y;
p = q;
printf("x=%d y=%d *p=%d *q=%d\n", x, y, *p, *q);
```

此例子會輸出以下的結果：

```
x=5 △ y=8△*p=8△*q=8 ⏎
```

此例使用了「p=q」，將 q 的值賦與給 p。換句話說，就是把 q 所指向的記憶體位址賦與給指標 p；其結果將會讓指標 p 指向指標 q 所指向的 x 所在之處，因此 x 與 y 的數值不變，但是 p 與 q 都指向了 y，其結果如圖 10-14 所示：

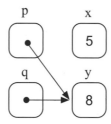

圖 10-14：指標與變數的記憶體關係圖之三

10-6 指標與函式

本節將就指標與函式（function）的應用加以說明，其中包含了如何讓指標做爲引數傳遞給函式，以及如何讓函式傳回指標。

10-6-1 以指標做為函式引數

在一般的情況下，一個 C 語言的函式（function）可以接受多個引數（arguments），並且可使用 return 將運算的結果傳回；但函式僅能傳回一個單一的值，不允許傳回多個數值。假設我們需要設計一個函式，讓它接受一個 double 數值做為引數，並將其整數與小數部份分別傳回，則可以考慮以下的做法：

```
void decompose(double val, long *int_part, double *frac_part)
{
    *int_part = (long) val;
    *frac_part = val - ((long)val);
}
```

這個 decompose() 函式並沒有任何的傳回值，可是它接受了兩個指標做為其引數，並在其計算過程中，透過間接存取運算子（indirection operator，也就是 * 星號）將其計算的結果直接存放在這兩個指標所指向的記憶體位址內。如此一來，就可以做到讓一個函式傳回（事實上並沒有傳回的動作了）一個以上的數值。下面的程式碼展示了呼叫 decompose() 函式的方法：

```
double pi = 3.1415926;
int iPart;
double fPart;

decompose(pi, &iPart, &fPart);
```

請特別注意呼叫 decompose() 函式時的第二個及第三個參數：&iPart 與 &fPart，它們是將兩個變數 iPart 與 fPart 的記憶體位址傳給 decompose() 函式，好讓它將計算出的整數與小數部份，直接寫入到該記憶體位址中。這樣就可以解決函式無法傳回兩個以上的傳回值的問題。但是要注意的是在呼叫時的傳入與函式內的接收方式必須匹配 — 在呼叫端傳入記憶體位址，而在接收端使用指標來接收。以此例子來說，decompose() 函式是以指標來宣告其用以接收記憶體位址的參數（parameter）：

```
void decompose(double val, long *int_part,  double *frac_part )
```

所以在傳入時就必須匹配其函式的參數宣告，使用記憶體位址傳入：

```
decompose(pi, &iPart, &fPart );
```

其實這樣的函式呼叫會伴隨著以下三個參數的傳遞與接收：

- ❖ double val = pi;
- ❖ long *int_part = &iPart;
- ❖ double *frac_part = &fPart;

其中的「long *int_part = &iPart;」與「double *frac_part = &fPart;」，其觀念就如同我們前面所討論過的「int *p=&x;」一樣，所以在 decompose() 函式內就取得了在呼叫的 main() 函式內的 iPart 與 fPart 這兩個變數的記憶體位址，再透過間接存取運算子（也就是 * 星號），就可以把要「傳回」的值，改成直接寫入到特定的記憶體位置中，達成「傳回多筆數值」的目的。以下是此範例的完整程式：

Example 10-4：以指標做為函式呼叫時的引數　　Location:/Examples/ch10　Filename:RealNumber.c

```
1   #include <stdio.h>
2
3   void decompose(double val, long *int_part, double *frac_part)
4   {
5     *int_part = (long) val;
6     *frac_part = val - ((long)val);
7   }
8
9   int main()
10  {
11      long int iPart;
12      double fPart;
13      double pi=3.1415926;
14      decompose(pi, &iPart, &fPart);
15      printf("The value %.7f can be divided into two parts:\n", pi);
16      printf("the integer part %ld and the fractional part %.7f.\n",
                iPart, fPart);
17  }
```

此範例程式的執行結果如下：

```
[6:29 user@ws ch10] ./a.out
The value 3.1415926 can be divided into two parts:
the integer part 3 and the fractional part 0.1415926.
[6:29 user@ws ch10]
```

10-6-2　以指標做為函式的傳回值

除了可以使用指標做為函式的引數外，我們也可以使用指標做為函式的傳回值（不過可別忘記，函式的傳回值只能有一個），請參考以下的範例：

```
int *max(int *a, int *b)
{
    if( *a > *b)
        return a;
    else
        return b;
}
```

這個名為 max() 的函式會把所傳入的兩個指標所指向的值進行比較，然後把兩者中較大者的記憶體位址傳回給呼叫者。在呼叫 max() 時，要注意必須使用一個整數型態的指標來接收來自 max() 的傳回值。例如下面的程式碼使用「p=max(&x, &y)」來將變數 x 與 y 所在的記憶體位址傳給 max() 函式，然後 max() 就會將兩者的數值較大者的記憶體位址傳回來，所以指標 p 就會取得該記憶體位址。換一種方式來說，「p=max(&x, &y)」就是讓 p 指向 x 與 y 兩者當中其值較大者。請參考下面的程式：

```
int x, y;
int *p;

scanf(" %d %d", &x, &y);
p = max( &x, &y);
```

或者，使用下列的方法取回函式執行後傳回的指標，並透過間接存取，直接存取該指標所指向的位址裡的值。例如下面的例子會把 x 與 y 兩者間擁有較大數值者設定其值為 100。

```
*max(&x, &y)=100;
```

要解釋上面這行程式碼的作用，可以把它改成以下兩行等價的程式碼：

```
p = max(&x, &y);
*p=100;
```

所以「*max(&x,&y)=100」就會先把 x 與 y 兩者間較大者的記憶體位址取回，再以間接存取的方式來把 100 這個整數設定到該位置中。

最後附上相關的完整程式範例：

Example 10-5：傳回指標的函式範例

Location:/Examples/ch10
Filename:ReturnPointer.c

```
1   #include <stdio.h>
2
3   int *max(int *a, int *b)
4   {
5       if(*a > *b)
6           return a;
7       else
8           return b;
9   }
10
11  int main()
12  {
```

```
13        int x, y;
14        int *p;
15
16        scanf(" %d %d", &x, &y);
17        p = max(&x, &y);
18        printf("The maximum value is %d.\n", *p);
19
20        *max(&x, &y)=100;
21        printf("The values of x and y are %d and %d.\n", x, y);
22   }
```

此程式的執行結果如下：

```
[8:29 user@ws ch10] ./a.out ⏎
3△5 ⏎
The△maximum△value△is△5. ⏎
The△values△of△x△and△y△are△3△and△100. ⏎
[8:29 user@ws ch10]
```

10-7
傳值呼叫與傳址呼叫

本節將為讀者說明兩個與函式呼叫（function call）相關的名詞，分別是傳值呼叫（call by value）與傳址呼叫（call by address）：

傳值呼叫（call by value）是指呼叫者函式（caller function）在進行函式呼叫時，將數值做為引數傳遞給被呼叫函式（callee function）使用。

傳址呼叫（call by address）是指呼叫者函式（caller function）在進行函式呼叫時，將記憶體位址做為引數傳遞給被呼叫函式（callee function）使用。

其中呼叫者函式是指發起函式呼叫的函式，而被呼叫函式則是指被呼叫的函式，請參考第 9 章 9-3 節。

下面我們使用兩個程式分別就傳值呼叫與傳址呼叫做一示範：

```
void swap(int x, int y)
{
    int temp=x;
    x=y;
    y=temp;
}
```

```
int main()
{
    int a=5, b=10;
    swap(a,b);
    printf("a=%d b=%d\n", a, b);
}
```

上面這個程式是傳值呼叫的例子，它取得使用者輸入的兩個整數 a 與 b 後，發起一個函式呼叫去呼叫 swap() 函式，並將 a 與 b 的數值做為引數傳遞給 swap() 函式裡的參數 x 與 y。swap() 函式在執行時，會將這兩個數值進行交換。

　　但此程式的執行結果與我們預期的並不一樣，其執行後的輸出的 a 與 b 的值並沒有交換成功。這是因為當我們呼叫 swap() 時，所傳入的是 a 與 b 的數值，雖然在 swap() 中將兩者做了交換，但回到 main() 時，在 swap() 內交換好的 a 與 b 的值，已經不存在。其原因在於這些變數都是屬於所謂的區域變數（local variable），離開函式回到 main() 時，那些在函式內的變數就不再存在。

　　如果真的要在 swap() 函式內完成在 main() 內的兩個變數的值的交換，可以參考以下使用傳址呼叫（call by address）的程式：

Example 10-6：以傳址呼叫來實作兩個變數數值交換　　Location:/Examples/ch10　Filename:Swap.c

```
 1  #include <stdio.h>
 2
 3  void swap(int *x, int *y)
 4  {
 5      int temp=*x;
 6      *x=*y;
 7      *y=temp;
 8  }
 9
10  int main()
11  {
12      int a=5, b=10;
13      swap(&a, &b);
14      printf("a=%d b=%d\n", a, b);
15  }
```

此程式在第 13 行針對 swap() 函式進行函式呼叫時，所傳遞的引數是變數 a 與 b 的記憶體位置；當這兩個記憶體位址傳送給 swap() 函式後，將會由兩個 int 整數指標 x 與 y 來接收（如第 3 行所定義的函式參數）。由於採用了傳址呼叫的方式，swap() 函式後續在進行兩個數值交換時，它其實是透過指標 x 與 y 去間接存取實際上宣告在 main() 函式裡的 a 與 b 變數。換句話說，在 swap() 函式裡所交換的是兩個記憶體位址裡面的數值 — 而這兩個記憶體位址正是位於 main() 函式裡的變數 a 與 b。等到 swap() 函式執行結束返回 main() 後，這兩個變數 a 與 b 的數值，早就已經在 swap() 函式裡完成了互相交換。

CH10 本章習題

程式練習題

1. 請設計一個 C 語言程式 PrintAddr.c，其中包含一個大小為 10 的 int 整數陣列之宣告，請將其所有陣列元素所在的記憶體位址印出。本題的執行結果可參考如下：

```
[22:21 user@ws hw] △ ./a.out ↵
x[0] △ at △ 0x7ffe767ed740 ↵
x[1] △ at △ 0x7ffe767ed744 ↵
x[2] △ at △ 0x7ffe767ed748 ↵
x[3] △ at △ 0x7ffe767ed74c ↵
x[4] △ at △ 0x7ffe767ed750 ↵
x[5] △ at △ 0x7ffe767ed754 ↵
x[6] △ at △ 0x7ffe767ed758 ↵
x[7] △ at △ 0x7ffe767ed75c ↵
x[8] △ at △ 0x7ffe767ed760 ↵
x[9] △ at △ 0x7ffe767ed764 ↵
[22:21 user@ws hw]
```

2. 設計一個 C 語言程式 PointerP.c，讓使用者輸入一個整數變數 x，並請將這個整數所在的記憶體位址指定給另一個整數型態的指標 p。請將 x、&x、p、&p 以及 *p 的值輸出如下：

```
[23:12 user@ws hw] ./a.out ↵
Please △ input △ the △ value △ of △ x: △ 38 ↵
x=38 ↵
&x=0x7fff50787ad4 ↵
p=0x7fff50787ad4 ↵
&p=0x7fff50787ad8 ↵
*p=38 ↵
[23:12 user@ws hw]
```

3. 著名的「改名免費吃迴轉壽司店」有一個橫向的用餐區設置了可左右移動的迴轉壽司轉盤，在轉盤的輸送帶上有 10 個可以放置壽司的位置；每盤放置在轉盤上的壽司都有一個整數的編號，並且會被轉盤的輸送帶由左往右傳送。不過要注意的是，當一盤壽司已經移動超出了右邊的邊界時，它就會被迴轉回最左邊的第一個位置。請幫這間迴轉壽司店設計一個 C 語言程式 SpinSushi.c，讓餐廳店長可以利用你寫的程式，將一開始轉盤上由左至右所放置的 10 盤壽司的編號（介於 0~99）加以輸入，接下來再輸入此轉盤已經由左至右移動了幾個位置（使用一個 int 整數變數 n 表示），SpinSushi.c 將會把目前轉盤上每個位置上的壽司編號，由左至右地加以輸出，這樣就可以幫助店長掌握每盤壽司目前所在的位置！本題的執行結果如下：

```
[21:53 user@ws hw] △./a.out⏎
Please △input△ten△IDs:△1△2△3△4△5△6△7△8△9△10⏎
Please△input△the△number△of△shift:△5⏎
The△sushi△dishes△on△the△conveyor△belt△are:△6△7△8△9△10△1△
2△3△4△5⏎
[21:53 user@ws hw]
```

4. 承上題，著名的「改名免費吃迴轉壽司店」又要開設新店了！這次要設置一個環狀的用餐區，請再幫店長設計一個名為 SpinSushi2.c 的程式，不過這次輸送帶的傳送方向是順時鐘方向（因為是環狀的）移動。本題的執行結果可參考如下：

```
[21:53 user@ws hw] △./a.out⏎
Please△input△ten△IDs:△1△2△3△4△5△6△7△8△9△10⏎
△1△△2△△3△△4⏎
10△△△△△△△△5⏎
△9△△8△△7△△6⏎
Please△input△the△number△of△shift：△2⏎
△9△10△△1△△2⏎
△8△△△△△△△△3⏎
△7△△6△△5△△4⏎
[21:53 user@ws hw]
```

5. 請參考下面的 Main.c 程式（你可以在本書隨附光碟中的 /Exercises/ch10/5/ 裡找到所需要的檔案），完成名為 Sort.h 與 Sort.c 的 C 語言程式，其中分別包含 sort() 函式（用以將傳入的三個整數的記憶體位址裡面的值由大到小排序）的介面與實作：

```c
#include <stdio.h>
#include "Sort.h"

int main()
{
   int x,y,z;
   scanf("%d %d %d", &x, &y, &z);
   sort(&x, &y, &z);
   printf("%d>=%d>=%d\n", x, y, z);
}
```

此程式的執行結果如下：

```
[3:23 user@ws hw] ./a.out⏎
1△2△3⏎
3>=2>=1⏎
```

```
[3:23 user@ws hw] ./a.out ⏎
14 △ 2 △ 35 ⏎
35>=14>=2 ⏎
[3:23 user@ws hw] ./a.out ⏎
21 △ 21 △ 31 ⏎
31>=21>=21 ⏎
[3:23 user@ws hw]
```

請注意本題應繳交 Sort.c、Sort.h 以及 Makefile 等三個檔案，至於 Main.c 則不需繳交。

6. 請參考下面的 Main.c 與 SumTwoArray.h 程式（你可以在本書隨附光碟中的 /Exercises/ch10/6/ 裡找到所需要的檔案），完成名為 SumTwoArray.c 的 C 語言程式，其中包含 SumTwoArray() 函式（其接收兩個同樣大小的陣列，將它們相同位置的元素兩兩相加，並將結果加以輸出）的實作：

Main.c

```c
#include <stdio.h>
#include "SumTwoArray.h"

int main()
{
    int i,data1[5],data2[5];
    printf("Please input five integers for data1: ");
    for(i=0;i<5;i++){
        scanf(" %d",&data1[i]);
    }
    printf("Please input five integers for data2: ");
    for(i=0;i<5;i++){
        scanf(" %d",&data2[i]);
    }
    SumTwoArray(data1,data2, 5);
}
```

SumTwoArray.h

```c
void SumTwoArray(const int *p, const int *q, int size);
```

其執行結果輸出如下：

```
[23:02 user@ws hw] △ ./a.out ⏎
Please △ input △ five △ integers △ for △ data1: △ 1 △ 2 △ 3 △ 4 △ 5 ⏎
Please △ input △ five △ integers △ for △ data2: △ 6 △ 7 △ 8 △ 9 △ 10 ⏎
Result: △ 7 △ 9 △ 11 △ 13 △ 15 ⏎
[23:02 user@ws hw]
```

請注意本題應繳交 SumTwoArray.c 以及 Makefile 等兩個檔案，至於 Main.c 與 SumTwoArray.h 則不需繳交。

7. 請參考下面的 Main.c 程式（你可以在本書隨附光碟中的 /Exercises/ch10/7/ 裡找到所需要的檔案），完成名為 Min.h 與 Min.c 的 C 語言程式，其中分別包含 min () 函式（其接收兩個整數的記憶體位址做為參數，並將其記憶體位址中所包含的數值最小值者的記憶體位址傳回）的介面與實作：

```c
#include <stdio.h>
#include "Min.h"

int main()
{
   int x,y, *p;
   scanf("%d %d", &x, &y);
   p = min (&x, &y);
   printf("The minimum of %d and %d is %d.\n", x, y, *p);
}
```

此程式的執行結果如下：

```
[3:23 user@ws hw] ./a.out
1 2
The minimum of 1 and 2 is 1.
[3:23 user@ws ch10] ./a.out
19 12
The minimum of 19 and 12 is 12.
[3:23 user@ws hw]
```

請注意本題應繳交 Min.c、Min.h 以及 Makefile 等三個檔案，至於 Main.c 則不需繳交。

8. 請參考下面的 Main.c 程式（你可以在本書隨附光碟中的 /Exercises/ch10/8/ 裡找到所需要的檔案），完成名為 Swap.h 與 Swap.c 的 C 語言程式，其中分別包含 show2Numbers() 函式 swap() 函式（用以將所傳入的兩個整數的記憶體位址裡面的數值進行交換）的介面與實作：

```c
#include <stdio.h>
#include "Swap.h"

int main()
{
   int x,y;
   printf("Please input two numbers: ");
   scanf("%d %d", &x, &y);
   show2Numbers(x,y);
   swap (&x, &y);
   show2Numbers(x,y);
}
```

其執行結果輸出如下：

```
[23:12 user@ws hw] ./a.out ⏎
Please △ input △ two △ numbers: △ 3 △ 8 ⏎
3, △ 8 ⏎
8, △ 3 ⏎
[23:12 user@ws hw] ./a.out ⏎
Please △ input △ two △ numbers: △ 31 △ 12 ⏎
31, △ 12 ⏎
12, △ 31 ⏎
[23:12 user@ws hw]
```

請注意本題應繳交 Swap.c、Swap.h 以及 Makefile 等三個檔案，至於 Main.c 則不需繳交。

CHAPTER

11

字串

字串（String）可以說是我們最熟悉，卻也最為陌生的主題。打從一開始的「Hello World!」程式，我們就已經在程式中使用了字串，但直到現在，本章才要開始為你詳細地說明字串。這是因為在 C 語言中的字串是由在記憶體中一塊連續空間中的多個字元所組成，這牽涉到了陣列與 pointer 等主題，所以一直到現在才有足夠的基礎為你介紹字串。本章將從字串常值（string literal）開始、就字串變數、字串的輸入與輸出、相關的函式、字串陣列以及命令列引數等主題逐一進行介紹。

11-1
字串常值

所謂的字串（string）是指一些字元的集合，例如 "Hello" 這個用雙引號包裹起來的字元集合就是一個字串。在 C 語言中，這種用雙引號包裹起來的字串又被稱為字串常值（string literal），且在程式執行的過程中，字串常值的內容是不允許被變更的。

當程式在執行時，字串常值會自動被配置到某塊連續的記憶體空間（從某個記憶體位址開始，連續若干個儲存字元的空間），用以存放多個字元，其中還包含一個特殊的字元 '\0' 做為字串的結尾 ─ '\0' 又被稱為空字元（null character），其對應的整數值為 0。請參考圖 11-1，其中顯示了一個包含有 "Hello" 的字串常值的記憶體空間，並以 '\0' 做為字串的結束。我們在圖 11-1 的例子中，是假設該字串被配置到從 0x400630 開始到 0x400635 的位置[1]，不過這些記憶體位址僅供參考，實際執行結果當然會有所差異。

		char	ASCII code
0x400630	01001000	H	72
0x400631	01100101	e	101
0x400632	01101100	l	108
0x400633	01101100	l	108
0x400634	01101111	o	111
0x400635	00000000	\0	0

圖 11-1：在記憶體中的字串常值

當然，你也可以更為簡化的方式來思考在記憶體中的字串常值，例如圖 11-2：

0x400630	H	e	l	l	o	\0

圖 11-2：在記憶體中的字串常值（簡化版）

1　細心的讀者可能已經注意到，字串常值（string literal）所配置到的記憶體位址，似乎與我們以往在本書所看到過的位址不太相同，至少位元數就不相同。這是因為字串常值和一般的變數其實是會被配置到不同的記憶體空間區域的緣故。關於此點更多的說明，可以參考本書第 14 章 14-3 節。

現在請考慮一個特殊的例子 "" — 在用以包裹字串常值的一組雙引號裡什麼都沒有！換句話說，這是一個「空字串（null string）」，但它仍然會佔有一個字元（也就是一個位元組）的記憶體空間，因為它還是會存放一個空字元（也就是 '\0'）！請參考圖 11-3 的例子，我們假設一個空字串（也就是 ""）被配置到 0x40063a 位址中，其內容僅包含一個空字元：

0x40063a | \0 |

圖 11-3：空字串的記憶體配置

還要再提醒讀者「""」與「"△"」是不一樣的字串，前者是我們剛剛介紹過的空字串，後者則是一個包含有一個空白字元的字串！你可要看仔細了！

下面這個程式，使用指標（pointer）來檢視儲存在記憶體中的字串常值，請將它加以編譯並執行看看其結果為何。

Example 11-1：**使用指標檢視字串常值**   Location:/Examples/ch11 Filename:HelloString.c

```
1  #include <stdio.h>
2
3  int main()
4  {
5      char *p;
6      char *q;
7      int i;
8
9      p="Hello";
10     q=p;
11
12     printf("%s\n", p); // %s 為字串的格式指定子
13
14     for(i=0;i<6;i++)
15     {
16         printf("%c = %d at %p\n", *q, *q, q);
17         q++;
18     }
19 }
```

此程式的執行結果如下：

```
[20:38 user@ws ch11] ./a.out ↵
Hello ↵
H △ = △ 72 △ at △ 0x400680 ↵
e △ = △ 101 △ at △ 0x400681 ↵
l △ = △ 108 △ at △ 0x400682 ↵
l △ = △ 108 △ at △ 0x400683 ↵
o △ = △ 111 △ at △ 0x400684 ↵
△ = △ 0 △ at △ 0x400685 ↵
[20:38 user@ws ch11]
```

從 Example 11-1 可以發現字串常值的確是從某個記憶體位址開始一連串的字元組合，並以 '\0' 做為字串的結束（當然，此例中所輸出記憶體位址僅供參考，其數值依實際執行結果而定）。當然，聰明的讀者可能已經想到可以使用陣列來處理字串，請參考下面的程式：

Example 11-2：使用字元陣列來處理字串

Location:/Examples/ch11
Filename:HelloString2.c

```c
#include <stdio.h>

int main()
{
    int i;

    for(i=0;i<6;i++)
    {
        printf("%c = %d at %p\n", "Hello"[i], "Hello"[i], &"Hello"[i]);
    }
}
```

此程式的執行結果如下：

```
[20:38 user@ws ch11] ./a.out
H △=△ 72 △at△ 0x400620
e △=△ 101 △at△ 0x400621
l △=△ 108 △at△ 0x400622
l △=△ 108 △at△ 0x400623
o △=△ 111 △at△ 0x400624
△=△ 0 △at△ 0x400625
[20:38 user@ws ch11]
```

在 Example 11-2 中的 HelloString2.c 裡面，在第 9 行的 printf() 函式中，"Hello" 這個字串常值被當成一個陣列來使用，且共出現了 3 次。原則上，編譯器會為程式中的每個字串常值配置一塊記憶體空間；但是針對內容完全相同的字串常值，編譯器也會有智慧地不重覆地配置空間。換句話說，內容完全相同的字串常值，不論在程式中使用多少次，都只會佔用同一塊記憶體空間。

　　此外，在字串常值中的字元，除 ASCII 的可見字元外，亦可以有跳脫序列（escape sequences）[2]，包含：\n 為換行、\t 為 tab、\b 為倒退等，詳細列表請參考表 11-1：

表 11-1：跳脫序列（escape sequence）列表

跳脫序列（Escape Sequence）	意義
\a	alert(警示)，也就是以電腦系統的蜂鳴器發生警示音。
\b	backspace（倒退），其作用為讓游標倒退一格。
\n	new line（換新行），讓游標跳至下一行。

2　跳脫序列可參考本書第 3 章 3-4-3 節。

跳脫序列（Escape Sequence）	意義
\r	carriage return（歸位），讓游標回到同一行的第一個位置。
\t	horizontal tab（水平定位），讓游標跳至右側的下一個定位點。
\\	backslash（反斜線），因為 escape sequence 是以反斜線開頭，所以若要輸出的字元就是反斜線時，必須使用兩個反斜線代表。
\?	輸出問號。
\'	輸出單引號。
\"	輸出雙引號。

請參考以下的程式：

Example 11-3：使用跳脫序列的範例

Location:/Examples/ch11
Filename:Escape.c

```
1   #include <stdio.h>
2
3   int main()
4   {
5       int x;
6
7       printf("Hello\n World\t\t!\n");
8       printf("Please input a number:_____\b\b\b\b\b");
9       scanf("%d", &x);
10      printf("Your input is %d\n", x);
11  }
```

在此我們不提供此程式的執行結果，請讀者自行撰寫並執行這個程式，看看其執行結果為何？特別是 \b 這個跳脫序列，請驗證看看它的作用為何？可以利用它做些什麼呢？例如在第 8 行與第 9 行，透過底線（underline）與 \b，我們可以讓使用者得到關於輸入資料長度的提示：

```
printf("Please input a number:_____\b\b\b\b\b");
scanf("%d", &x);
```

在 printf() 中，我們以底線來提示使用者其輸入位數，然後再以 \b 來倒退到底線的前面、number: 的後面。因此，使用者在執行此程式時，將會看到以下的提示字串（我們以□標示游標所在之處）：

```
Please input a number:□____
```

另外，當所要使用的字串常值比較長，無法在一行內表達完成時，也可以使用 \ 來串接多行，或是直接以多個字串的方式處理，C 語言的編譯器會自動將其合併，請參考下面的程式：

Example 11-4：多行的string literial的範例　　　　Location:/Examples/ch11
Filename:Multiline.c

```
1   #include <stdio.h>
2
3   int main()
4   {
5
6     printf("12345△\
7   △△6789\n");
8
9     printf("12345"
10    "6789\n");
11  }
```

此程式的執行結果如下：

```
[15:49 user@ws ch11] ./a.out ↵
12345△△△6789 ↵
123456789 ↵
[15:49 user@ws ch11]
```

　　在本節的最後，我們提供一個有趣的函式設計，只要輸入撲克牌的點數（介於 1 至 13 之間），它就會傳回一個字元用來表示該點數：

```
char point2Char(int p)
{
    return "A23456789TJQK"[p-1];
}
```

由於字串常值如同陣列一樣會配置連續的記憶體空間，因此這個 point2Char() 函式的運作就是把字串常值當成陣列來使用。

11-2
字串變數

　　在前一個小節中，我們已經瞭解字串常值是在記憶體中一塊連續的空間，因此我們可以使用陣列或指標等方式來操作字串。具體的方式是先宣告一個 char 型態的陣列，用以存放所需的字串內容。若我們要宣告一個可儲存或操作含有 10 個字元的字串陣列 str，那麼我們會使用下面的宣告：

```
char str[11];
```

爲什麼長度爲 10 的字串，其陣列宣告要配置 11 個字元呢？這是因爲考慮到字串必須以 \0 結尾的緣故。另外還有一種常見的做法，利用 #define 來把所需的字串長度宣告爲常數，然後再用該常數來宣告陣列，例如以下的例子：

```
#define STR_LEN 80

char str[STR_LEN + 1];
```

通常我們會將做爲字串的陣列，稱之爲字串變數（string variable），例如前述的 str 陣列又可稱爲 str 字串變數。

我們也可以在宣告字串變數的同時，給定其初始值，例如：

```
char str[6] = "Hello";
```

就如同圖 11-2 一樣，C 語言的編譯器會自動在其後增加一個「\0」做爲結束的標記。上述的宣告等同於下列的程式碼：

```
char str[6] = {'H', 'e', 'l', 'l', 'o', '\0'};
```

但是，如果我們的陣列宣告的過大時，所給的初始值不夠時又會如何呢？在過去談到陣列時就已經說明過，當給定的陣列初始值個數少於元素個數時，C 語言的編譯器會幫我們在不足處補 0，而 0 正是 \0 的整數值，因此，以下兩行程式碼是等價的：

```
char str[7] = "Hello";
char str[7] = {'H', 'e', 'l', 'l', 'o', '\0', '\0'};
```

如果情況反過來，初始值超過陣列的大小那又會如何？在這種情況下，C 無法幫我們在字串結束處補上 \0，因此有可能在未來的操作上出現問題，請參考下面的程式：

Example 11-5：**字串給定的初始值多於其宣告的空間**　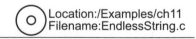 Location:/Examples/ch11
Filename:EndlessString.c

```
1  #include <stdio.h>
2
3  int main()
4  {
5      char str[5]="Hello";
6      int i;
7      for(i=0;i<6;i++)
8          printf("%c\n", str[i]);
9  }
```

請試試看編譯後執行的結果如何？雖然我們已經知道 "Hello" 的字串需要 6 個字元的儲存空間（包含一個 \0），但是這個範例僅宣告了 5 個字元的空間，幸好現在絕大多數的編譯器都會自動幫忙更正這個問題，所以此程式仍然可以順利地執行。請再試著將 str[5] 的宣告改成 str[4] 看看會發生什麼事？有些版本的 C 語言編譯器仍會幫我們處理好這個問題，但有些則不會 [3]，筆者認為此種問題最好的解決方法是改用以下宣告並給定初始值的方法：

```
char str[] = "Hello";
```

此處在等號後方的 "Hello" 並不是字串常值，而是做為 str 陣列的初始值，str 陣列將會依 "Hello" 的內容自動配置 6 個位元組（含字串內容與 \0）。

我們也可以使用指標來進行字串變數（string variable）的宣告，例如：

```
char *str = "Hello";
```

上述的程式碼同樣會產生一個字串變數（string variable）strP，它就是一個指向字串內容的指標。請參考下面的程式：

Example 11-6：使用pointer來操作字串

Locationi:/Examples/ch11
Filename:String.c

```
1   #include <stdio.h>
2
3   int main()
4   {
5       char strA[]="Hello";
6       char *strP = "World";
7
8       printf("%s %s\n", strA, strP);
9
10      strA[0]='h';
11      *strP='w';
12
13      printf("%s %s\n", strA, strP);
14  }
```

現在讓我們來討論使用陣列與指標來宣告字串有沒有什麼差異，請參考 Example 11-6 的第 5 行及第 6 行。其實以 char strA[]="Hello" 宣告的字串，其 "Hello" 只是被當成是陣列的初始值，在執行時記憶體內會建立一個連續的空間來存放該字串；可是以 char *strP="World" 所宣告的字串，它會先在記憶體內產生一個 "World" 的字串常值（string literal），然後讓 pointer strP 指向該字串常值所在的地方。由於字串常值是不可以更改其內容的，因此在第 11 行的 *strP='w' 會在執行時發生錯誤。

3　有些編譯器會發出「warning: initializer-string for char array is too long」的警告訊息。

11-3
字串的輸出

在 C 語言裡，你可以使用 printf() 與 puts() 來進行字串的輸出；其中 printf() 函式必須搭配 %s 格式指定子（format specifier）來輸出字串，並可使用 %A.Bs 進一步指定輸出的格式。如同我們在本書第 5 章中所介紹過的，%A.Bs 當中的 A 被稱為是最低欄位寬度（minimum field width），它是一個選擇性的欄位，用以定義輸出字串的最少字元數；當字元數不足時，預設會在數值的左側以空白補滿（也就是置右對齊）。當然，當位數超過時，數值資料還是會完整的顯示的。

本小節的例子皆假設有以下的字串宣告：

```
char str[] = "Hello World";
```

現在，請參考下面的例子：

```
printf("%15s\n", str);
printf("%5s\n", str);
```

其執行結果如下：

```
△△△△Hello△World↵
Hello△World↵
```

正如我們所說的，使用最低欄位寬度的設定時，其預設的對齊方式為置右對齊。如果想要改成置左對齊的話，必須搭配「-」旗標（flag）才能顯示出效果。讓我們修改一下上面的例子，在格式指定子的前後加上一組方括號，並使用「-」使資料顯示時能以置左對齊：

```
printf("[%-15s]\n", str);
```

其結果如下：

```
[Hello△World△△△△]↵
```

要特別注意的是，最低欄位寬度除了可使用整數來決定要顯示的字元數外，也可以使用 *（星號）。一但使用了星號，最低欄位寬度的值就要由接在 format string 後的的參數來決定，請參考下面的例子：

```
printf("[%*s]", 15, str);
```
← 在格式字串後面有兩個參數，其中 15 會代入前面的星號 *，為後面的 str 字串限制其最低欄位寬度其執行結果如下：

```
[ ∧∧∧∧ Hello ∧ World] ⏎
```

　　至於在 %A.Bs 當中的 B 則是用以規範所要顯示的字元數，它也是可選擇性的，以「.」開頭後接一個整數或是與前面所介紹的最低欄位寬度合併使用後，有兩種使用法：

```
%.Bs
%A.Bs
```

舉例來說，以下的程式碼先以 %.Bs 的格式進行輸出：

```
printf("[%.5s]\n", str);
```

雖然 str 字串的內容為「Hello World」，但因為使用了 %.5s 指定只要前面 5 個字元的輸出，因此其結果如下：

```
[Hello] ⏎
```

現在，讓我們混合使用 A 與 B 共同來處理字串的輸出，請參考以下的例子：

```
printf("[%10.5s]\n", str);
printf("[%-10.5s]\n", str);
printf("[%3.5s]\n", str);
```

其輸出結果如下：

```
[ ∧∧∧∧∧ Hello] ⏎
[Hello ∧∧∧∧∧ ] ⏎
[Hello] ⏎
```

其中 A 的部份決定了整體輸出的字元數，不足的地方會以空白填補，至於 B 的部份則是決定輸出字串的前 B 個字元。A 與 B 的搭配也可以再配合「-」旗標的使用，使其可以置左對齊，另外當 A>B 時，仍然會將 B 個字元完整的輸出。

　　除了 printf() 函式以外，你也可以使用 puts() 函式，來將字串加以輸出，要注意的是 puts() 函式永遠都會幫我們在最後增加一個換行的動作，其語法如下：

```
puts(str);
```

　　我們以下面這個例子，做為本小節的結尾：

Example 11-7：字串輸出範例

Locationi:/Examples/ch11
Filename:PrintString.c

```
1   #include <stdio.h>
2
3   int main()
4   {
5       char str[] = "Hello World";
6       printf("[%s]\n", str);
7       printf("[%5s]\n", str);
8       printf("[%15s]\n", str);
9       printf("[%-15s]\n", str);
10      printf("[%10.5s]\n", str);
11      printf("[%-10.5s]\n", str);
12      printf("[%3.5s]\n", str);
13
14      puts(str);
15  }
```

其輸出結果如下：

```
[15:28 user@ws ch11] ./a.out↵
[Hello△World]↵
[Hello△World]↵
[△△△△Hello△World]↵
[Hello△World△△△△]↵
[△△△△△Hello]↵
[Hello△△△△△]↵
[Hello]↵
Hello△World↵
[15:28 user@ws ch11]
```

11-4
字串的輸入

字串的輸入有幾種不同的方式，本節將逐一加以說明。

11-4-1　scanf() 函式

當我們宣告了字串變數（string variable）後，除了用給定初始值的方式產生字串的內容外，也可以用 scanf() 函式取得字串的內容。scanf() 用以讀取字串的格式指定子是 %s，下面的程式碼顯示了用 scanf() 取得使用者的姓名，並將之輸出：

Example 11-8：取得使用者輸入的名字字串　　　　　　Locationi:/Examples/ch11
Filename:GetUsername.c

```
1   #include <stdio.h>
2   #define LEN 10
3
4   int main()
5   {
6       char name[LEN + 1];
7
8       printf("Please input your name:");
9       scanf("%s", name);
10      printf("Your name is %s.\n", name);
11  }
```

此程式的執行畫面如下：

```
[15:49 user@ws ch11] ./a.out ⏎
Please △ input △ your △ name:Alice ⏎
Your △ name △ is △ Alice. ⏎
[15:49 user@ws ch11] ./a.out ⏎
Please △ input △ your △ name:Xiao △ Hua ⏎
Your △ name △ is △ Xiao. ⏎
[15:49 user@ws ch11]
```

要特別注意的是，scanf()函式是將使用者的輸入放到我們指定的記憶體位址（記憶體位址）中，所以我們常常提醒你不要忘記在變數前加上「&」來標示要使用它的記憶體位址，例如：

```
int x;
scanf("%d", &x);
```

這是將使用者所輸入的整數放置於變數 x 所在的記憶體位址中。但是請是你看看在 Example 11-8 的 GetUsername.c 中的第 9 行：

```
scanf("%s", name);
```

其中的 scanf() 並沒有在 name 的前面加上一個 & 符號！這是因為 name 本身是一個陣列，我們在第 8 章談到陣列時就已經說明過，一個陣列所在的記憶體位址可以直接以該陣列的名稱表示。所以在使用 scanf() 取得字串時，並不需要在字串變數前加上 & 符號。

關於這個程式，再請仔細看看其執行結果還有沒有什麼問題？其中第二次執行時，我們所輸入的「Xiao Hua」只剩下了「Xiao」，「Hua」不知道去哪了？其實這是使用 scanf() 取得字串輸入時的問題，scanf() 遇到空白就會視為已經完成了字串的輸入了，所以後面的 Hua 就不見了！關於這個問題的解決方法，讓我們暫時留待下一小節再加以說明。

11-4-2　scanf() 函式與 Scanset

　　在 scanf() 函式的格式字串中，[ ]（中括號）是一個特殊的格式指定子，用以指定一個稱爲 scanset 的字元集合；當使用 scanset 時，使用者所輸入的字串必須由 scanset 內的字元所組成。例如我們可以定義一個 scanset 爲 [abc] ，那麼只有由 a、b、c 這三個字元所組成的字串才能被接受，請參考下面的程式碼：

```
scanf("%[abc]", str); // 取回由 a, b, c 所組成的字串
```

依此定義，以下的輸入都是正確且可以被接受的：

```
abc ⏎
aaabbbccc ⏎
cababcbacaaac ⏎
cbaabc ⏎
```

但是若使用者所輸入的字串包含有 a、b、c 這三個字元以外的字元時，"%[abc]" 又會取回什麼樣的結果呢？請參考表 11-2 所彙整的結果：

表 11-2：scanf("%[abc]", str) 的執行結果彙整

使用者輸入的內容	scanf("%[abc]", str) 實際取得的內容
abc123	abc
aa1bb2cc3	aa
123abc	?$%?
123	?$%?

細心的讀者應該可以從表 11-2 的前兩項發現，「"%[abc]"」並不是取回包含 a、b、c 的字串而已，更正確的說法應該是：

> 將使用者所輸入的字串中，首次出現不屬於 scanset 的字元前的所有內容取回。

或者更具體來說：

> 將使用者所輸入的字串中的前 n 個字元取回，其中 n 爲首次出現不屬於 scanset 的字元的位置。

以第一項的「abc123」爲例，其所會取得的是從第 1 個字元到第 3 個字元間的內容，因爲在第 4 個位置出現了一個不屬於 a、b、c 的字元；以第二項的「aa1bb2cc3」爲例，所取回的是 1-2 位置內的「aa」，因爲第 3 個字元不屬於 scanset。至於第三項與第四項所取回的「?$%?」又是什麼啊？其實筆者也不知道！？啊！這是什麼意思？連作者也不知道？別急～聽筆者慢慢告訴你…

由於在第三項與第四項的例子中，使用者所輸入的「123abc」與「123」從第 1 個字元開始就已經不屬於 scanset，所以 scanf() 函式根本沒有辦法取回任何內容！不過讀者要特別注意，所謂的無法取回任何內容，並不是說 scanf() 所得到的是一個空字串（null string），而是真的什麼都沒有！nothing！連空字元（null characher）也沒有！真正空無一物！更準確來說，在這種情況下，scanf() 根本不會取回任何字串！請考慮下列的程式碼：

```
char str[10];
scanf("%[abc]", str);
printf("%s\n", str);
```

試試將這個程式片段組織成一個完整的程式並加以編譯與執行，然後輸入像是第三項或第四項的「123abc」或「123」看看它的執行結果為何？什麼！不是說 nothing 嗎！不是說什麼都沒有嗎？為什麼還是能看到一些長得像「?$%?」這樣怪怪的東西！讓我們詳細地為你解釋這個例子：

1. 當 str 這個字串陣列宣告時，會被配置一塊連續的記憶體空間，我們可以假設它被配置在從 0x7ffff34fff40 開始的連續 10 個位置；

2. 接著由於 scanf() 沒能取回任何東西，因此從 0x7ffff34fff40 開始的連續 10 個位置的內容完全沒有任何改變；

3. 當我們使用 printf() 將 str 字串的內容輸出時，printf() 會將從 str 所在的記憶體位址開始，一直到出現「'\0'」為止的內容輸出。

不過問題就出第 2 步驟時沒能取回任何字串，因此 str 字串的內容沒有任何的改變，其中從 0x7ffff34fff40 開始的連續多個位置的內容仍是這個程式執行前所「殘留的」內容，因此會輸出如「?$%?」這種毫無意義的內容！所以在這個程式執行的時後，從 0x7ffff34fff40 開始一直到首次出現「'\0'」為止的內容將會被當成是一個字串來加以輸出。由於我們無法預測這個 str 字串會被配置到哪裡（當然不會是 0x7ffff34fff40 這個位置，至少不會是每一次），也無法預測它所配置到的空間內會「殘留」哪些內容！？因此，像這種情況將會讓你的程式面臨因使用者的不正確輸入帶來的無法預期的程式結果，甚至會發生執行上的錯誤！所以，前面提到的為什麼會輸出像是「?$%?」這樣的字串內容？筆者的答案還是一樣：「筆者也不知道！」因為筆者無法預測 str 所會分配到的記憶體空間在哪？也無法預測其「殘留的」內容為何？

為了要解決這個問題，筆者有兩個建議：其一是給定字串陣列適當的初始值，以避免 scanf() 無法取得使用者輸入的情況；其二則是試著檢查 scanf() 到底有沒有取得使用者的輸入，然後再做出對應的處理！以下我們可以提供簡單的示範：

❖ 首先在設定字串陣列的初始值方面，可以使用下列的方法之一：

```
char str[10]={'\0'};
char str[10]= {0};
char str[10]= { };
```

利用陣列初始值給定的方法，將其值以 '\0' 來填滿。當然使用 0 也是一樣的效果，因為 '\0' 的整數值就是 0。至於第三個方法的部份，因為使用了初始值的設定，雖然沒有提供任何的內容，但 C 語言遇到這種情況本來就會用 0 來填滿，所以一樣可以得到與前兩種方法一致的結果。

❖ 至於第二種方法，則是利用 scanf() 函式的傳回值（可參考本書第 5 章 5-3-4 節的說明），來判斷它是否有順利地取回字串。請參考下面的程式片段：

```
int i;
char str[10]={'\0'};
i=scanf("%[abc]", str);
if(i!=0)
    printf("%s", str);
else
    printf("error");
```

這個程式使用 scanf() 所傳回來的參數，進行不同的處理：例如當有正確取回資料時（傳回非 0），將 str 字串內容輸出；若沒有取得任何字串內容時（傳回值為 0），則印出「error」！不過正如同本書第 5 章 5-3-5 節的說明，此傳回值是並不是傳回 0 或非 0（例如 false 與 true），而是傳回代表 scanf() 成功取得多少個輸入的一個整數，例如成功取回兩個整數則傳回 2、成功取得 1 個字串與兩個整數則傳回 3。在我們的例子中，由於 scanf() 的格式字串中只有一個取回字串的格式指定子 %s，所以其傳回值只有兩種可能 — 0 或 1。

我們也可以在 scanset 的前面再加上一個整數，用以規範所輸入的字串長度的上限，例如：

```
scanf("%3[abc]", str); // 取回由 a, b, c 所組成的字串，並限制字串長度不超過 3
```

依定義，以下的輸入都是正確且可以被接受的：

```
abc↵
aaa↵
ccc↵
cba↵
baa↵
```

如果依照同樣的邏輯，想限制輸入必須為從 a 到 z 的小寫字母，也可以寫成：

```
scanf("%[abcdefghijklmnopqrstuvwxyz]", str)
```

這樣的寫法感覺上好像太辛苦了，如果要把大寫字母也加進來，不就變成：

```
scanf("%[abcdefghijklmnopqrstuvwxyzABCDEFGHIJKLMNOPQRSTUVWXYZ]", str)
```

這樣似乎真的太辛苦了！其實這個問題可以使用連字號「-」來解決，例如

```
%[a-z]
%[a-zA-Z]
%[0-9]
%[a-zA-Z0-9]
%[0-3]
%[a-e]
```

上述這些例子都是正確的，而且應該不需要幫你解釋！這些例子應該是一看就懂的！另外，你也可以指定不由特定字元集所組成的字串，只要在 scanset 的開頭加上「^」，即可，例如：

```
scanf("%[^abc]", str); // 取回不包含 a, b, c 的字串
```

這就是取回不包含 abc 的字串，但是其執行結果與前面所討論的類似；若以 %[^abc] 為例，可具體說明如下：

將使用者所輸入的字串中，首次出現屬於 a、b、c 字元前的所有內容取回。

或者更具體來說：

將使用者所輸入的字串中的前 n 個字元取回，其中 n 為首次出現屬於 a、b、c 字元的位置。

表 11-3 將使用者可能的輸入與其所實際取得的結果列示如下：

表 11-3：scanf("%[^abc]", str) 的執行結果彙整

使用者輸入的內容	scanf("%[^abc]", str) 實際取得的內容
123abc	123
1c2b3a	1
abc	?$%?

細心的讀者應該可以從表 11-3 的前兩項發現，「"%[^abc]"」並不是取回不含 a、b、c 的字串而已，更正確的說法應該是「取回使用者輸入的字串，直到遇到第一個 a、b、c 這三個字元之一時為止」！以第一項的「123abc」為例，所取回的是前第 3 個字元，因為第 4 個字元就是 a；以第二項的「1c2b3a」為例，所取回的只有第 1 個字元，因為第 2 個字元就是 c。至於第三項的「abc」則與前面所提過的問題類似，由於在此情況下 scanf() 完全取不回任何輸入，因此其字串內容將會是其執行之前的「殘留的」數值，也就是如「?$%?」這樣的無法預期的內容。建議一樣以設定字串初始值，或是檢測 scanf() 的傳回值的方式加以處理，以避免不必要的錯誤。

我們也可以綜合使用「^」與「-」來設計以下的 scanset：

```
%[^a-z]
%[^A-Z]
%[^a-zA-Z]
%[^0-9]
```

這樣就可以限制使用者不能輸入小寫字母、不能輸入大寫字母、不能輸入大小寫字母或是不能輸入數字等各種情況。

如果我們想要限制輸入的字串含有中括號 [或] 又該怎麼辦呢？你只需要將 [或] 放到 scanset 的前面即可，例如：

```
%[]abc]
```

這就是要取回由 a、b、c 與] 所組成的字串。

11-4-2　gets() 與 fgets() 函式

使用 scanf() 函式讀取字串時，有一個必須注意的問題，就是它只會讀到第一個泛空白字元（white-space）[4] 就會停止輸入。回顧我們在 Example 11-8 中所觀察到的執行結果：

```
[15:49 user@ws ch11] ./a.out↵
Please△input△your△name:Xiao△Hua↵
Your△name△is△Xiao.↵
[15:49 user@ws ch11]
```

注意到了嗎？在這個執行的結果中，使用者所輸入的名字是「Xiao Hua」，但其所取得的只有「Xiao」，後續的字串內容「△Hua」因包含有一個空白字元（space），所以就被捨棄了。為了解決此問題，可以改用定義在 stdio.h 裡的 gets() 函式，它可以持續讀取使用者的輸入直到遇到換行為止，請參考表 11-4：

表 11-4：gets() 的函式原型

原型 （Prototype）	char *gets(char *str)	
標頭檔 （Header File）	stdio.h	
傳回值 （Return Value）	成功取回使用者所輸入的字串後，傳回指向該字串的指標；或是當無法（或失敗）取回字串時，則傳回 NULL。	
參數 （Parameters）	名稱	說明
	*str	指定取回的資料所存放的字串陣列所在的記憶體位置

4　泛空白字元（white-space）是指包含 space、tab 與 enter 在內的字元組合，可視為不同資料間的分隔，請參考第 5 章 5-2 節。

下面的例子使用了 gets() 函式來取得使用者輸入的字串：

Example 11-9：以 gets() 函式來取得使用者輸入的字串　　　○　Location:/Examples/ch11
Filename:Gets.c

```
1    #include <stdio.h>
2
3    #define LEN 20
4
5    int main()
6    {
7        char name[LEN + 1];
8        printf("Please input your name:");
9        gets(name);
10       printf("Your name is %s.\n", name);
11   }
```

其執行結果為：

```
[04:34 user@ws ch11] ./a.out↵
Please△input△your△name:Xiao△Hua↵
Your△name△is△Xiao△Hua.↵
[04:34 user@ws ch11] ./a.out↵
Please△input△your△name:△△△Xiao△Hua↵
Your△name△is△△△△Xiao△Hua.↵
[04:34 user@ws ch11]
```

我們刻意讓這個程式執行兩次，請仔細觀察有沒有什麼不同之處？是的，在第二次的執行
結果中，如果使用者在輸入姓名時先按了幾次空白鍵（space）的話，那麼連這些空白都會
被視為其輸入的一部份！

　　此外，還有一個更嚴重的問題，因為 gets() 函式會持續讀取使用輸入直到遇到換行（也
就是 enter）為止；因此，若使用者輸入的字元過多，有可能會造成系統用以讀取標準輸入
的緩衝區發生溢出（overflow）的問題[5]，如此一來會造成許多問題。因此，新版的 C 語言
（C11）已經將 gets() 函式取消，或者視所使用的版本之差異，你可能會在編譯或是執行時
看到「warning: the 'gets' function is dangerous and should not be used.」，或是「warning: this
program uses gets(), which is unsafe.」的警告。

　　要解決這個問題，可以改用同樣定義在 stdio.h 的 fgets() 函式，請參考表 11-5 的函式
原型：

5　也就是超出了鍵盤輸入的緩衝區。

表 11-5：fgets() 的函式原型

原型 （Prototype）	char *fgets(char *str, int n, FIIE *stream)	
標頭檔 （Header File）	stdio.h	
傳回值 （Return Value）	成功取回使用者所輸入的字串後，傳回指向該字串的指標；或是當無法（或失敗）取回字串時，則傳回 NULL。	
參數 （Parameters）	名稱	說明
	*str	指定取回的資料所存放的字串陣列所在的記憶體位置
	n	所要讀取的字串之長度上限（包含字串的結束字元，也就是包含 \0）在內）
	stream	一個指向檔案的指標，此函式將透過此指標取得使用者的輸入。除了檔案以外，我們也可以使用 stdin（標準輸入管道）來取得輸入。

此函式是設計用以從檔案指標 stream 中，讀取不超過 n 個字元的字串，存放到 str 指標所指向的記憶體位址中。我們可以將第三個引數改成 stdin（標準輸入管道），就可以將其用在取得使用者來自標準輸入的字串了，請參考下面的程式：

Example 11-10：使用fgets()函式從stdin讀取使用者的輸入

Location:/Examples/ch11
Filename:Fgets.c

```
1   #include <stdio.h>
2
3   #define LEN 10
4
5   int main()
6   {
7       char name[LEN+1];
8       printf("Please input your name:");
9       fgets(name, 10, stdin); // 從 stdin 讀取不超過 10 個字元至 name 字串
10      printf("Your name is %s.\n", name);
11  }
```

但是這個方法還是存在著輸入字串內容前的空白問題，我們在後續的章節中將說明如何設計函式以解決此問題。

11-4-3　逐一讀入字元來取得字串內容

當然，你也可以配合迴圈，將字串以字元的方式逐一的輸入，請參考下面的程式：

Example 11-11：利用迴圈逐一讀入字元以完成字串的輸入

Location:/Examples/ch11
Fileaname: ReadALine.c

```c
1   #include <stdio.h>
2
3   int readALine(char str[], int n)
4   {
5       int ch, i=0;
6       while(((ch=getchar())!='\n')&&(i<n))
7       {
8           if(!((i==0)&&(ch==' ')))
9           {
10              str[i++]=ch;
11          }
12      }
13      str[i]='\0';
14      return i;
15  }
16
17  int main()
18  {
19      char str[20];
20
21      printf("Please input your name:");
22      readALine(str, 20); // 使用自定的 readALine() 取得使用者輸入的字串
23      printf("Your name is %s.\n", str);
24  }
```

此程式自行設計了一個名為 readALine() 的函式，利用 while 迴圈逐一讀入字元並進行空白字元的篩選，例如其第 8 行就是用以略過前面的空白字元。你可以將這個函式加入到你自己的 ToolBox 內，以便利你未來的程式設計。

11-5
字串與函式呼叫

字串也可以做為函式設計時的參數（parameter）或傳回值（return value），以參數為例，下面的程式示範了一個可以接收字串參數，並在計算後傳回其中所包含的空白字元個數：

Example 11-12：將字串傳入到函式中計算其所擁有的空白字元數

Location:/Examples/ch11
Filename:CountSpace.c

```c
1   #include <stdio.h>
2
3   int countSpace(const char s[])
4   {
5       int count=0, i;
6       for(i=0;s[i]!='\0';i++)
7       {
```

```
8            if(s[i]==' ')
9            {
10               count++;
11           }
12       }
13       return count;
14 }
15
16 int main()
17 {
18     char str[]="This is a test.";
19
20     printf("There are %d space(s) in the string.\n", countSpace(str) );
21 }
```

要注意在宣告函式時，const char s[] 表示該參數為一個字串。更明確來說，這個參數所要接收的是一個字串所在的記憶體位址，所以在 main() 函式中呼叫 countSpace() 函式時，我們是將 str 這個字串的記憶體位址傳入。至於在參數宣告時的 const 則保證了所傳入的值不會被更改。

我們也可以使用指標的方式，來設計相同的程式，請參考下例：

Example 11-13：使用指標將字串傳入到函式中並計算其所擁有的空白字元數

Location:/Examples/ch11
Filename:CountSpacePointer.c

```
1  #include <stdio.h>
2
3  int countSpace(const char *s)
4  {
5      int count=0;
6
7      printf("the argument s at %p.\n", s);
8
9      for(;*s!='\0';s++)
10     {
11         if(*s==' ')
12         {
13             count++;
14         }
15     }
16     return count;
17 }
18
19 int main()
20 {
21     char str[]="This is a test.";
22
23     printf("%s at %p.\n", str, str);
24     printf("There are %d space(s) in the string.\n", countSpace(str) );
25 }
```

我們也可以讓字串做為函式的傳回值，但要注意的是，此情況下僅能以 char * 做為函式的傳回值，不能以 char [] 做為函式傳回值 [6]：

Example 11-14：把字串做為函式的傳回值

Location:/Examples/ch11
Filename:GetMessage.c

```
1   #include <stdio.h>
2
3   char *getMessage(int i)
4   {
5       if(i==0)
6           return "Welcome!";
7       else
8           return "Hello!";
9   }
10
11  int main()
12  {
13      char *str;
14      printf("%s\n", getMessage(0));
15
16      str=getMessage(1);
17      printf("%s\n", str);
18  }
```

11-6
字串與函式呼叫

在 C 語言的函式庫中，提供了許多與字串操作相關的函式，其宣告位於 string.h 中。我們在本節列舉部份常用的字串處理函式。首先是用以複製字串內容的函式 strcpy()，請參考表 11-6：

表 11-6：strcpy() 的函式原型

原型 （Prototype）	char *strcpy (char *dest, const char *src)	
標頭檔 （Header File）	string.h	
傳回值 （Return Value）	將傳入的 src 字串內容複製至 dest 字串，並將 dest 指標傳回。	
參數 （Parameters）	名稱	說明
	*dest	目的字串，意即用以存放複製後的字串之記憶體位置
	*src	所要複製的來源字串

6　事實上，C 語言本來就不允許將陣列做為函式的傳回值。

strcpy() 將來源字串 src 複製到目的字串 dest 中，並將 dest 字串的記憶體位址傳回，請參考下例：

Example 11-15：複製字串　　　　　　　　　　　Location:string/Examples/ch11
　　　　　　　　　　　　　　　　　　　　　　　　Filename:StringCopy.c

```c
 1  #include <stdio.h>
 2  #include <string.h>
 3
 4  int main()
 5  {
 6      char str1[10]={}, *str2 = NULL;
 7
 8      strcpy(str1, "abcd");
 9      printf("%s\n", str1);
10      str2=strcpy(str1, "hello");
11      printf("%s\n", str2);
12  }
```

這個範例在執行到第 6 行時，我們將會得到以下的記憶體配置結果：

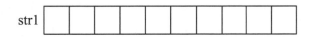

圖 11-4：Example 11-15 執行時的記憶體配置示意圖之一

圖 11-4 顯示了 str1 會被配置到記憶體某個可存放連續 10 個字元的地方，而 str2 只是一個 pointer，而且其初始值被設定為 NULL，意即「接地」或是「指向 nothing」。接下來執行第 8 行的「strcpy(str1, "abcd");」，會先在記憶體中的某處產生 "abcd" 這個字串常值（字串常值），然後把它的內容複製到 str1 所在之處，其結果如圖 11-5 所示：

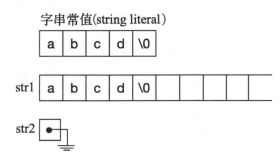

圖 11-5：Example 11-15 執行時的記憶體配置示意圖之二

至於在第 10 行的「str2=strcpy(str1, "hello");」則也是先產生一個 "hello" 字串常值，然後再將其內容複製給 str1。由於 strcpy() 會將存放複製結果的字串所在之記憶體位址傳回，因此在此例中會把 str1 所在的記憶體位址傳回給接收的 str2，所以就形成了 str2 指向了 str1 的情形，如圖 11-6 所示：

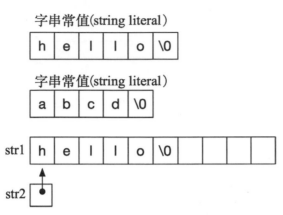

圖 11-6：Example 11-15 執行時的記憶體配置示意圖之三

所以在第 11 行要將 str2 輸出時，其實是將 str2 所指向的地方裡面的字串加以輸出，也就是把「hello」輸出。

除了 strcpy() 之外，string.h 中還定義了許多與字串操作相關的函式，我們列舉其中幾個常用的函式於表 11-7 至表 11-10，其中 strncpy() 與 strcpy() 類似，不過它還可以指定要複製的字元數目：

表 11-7：strncpy() 的函式原型

原型 （Prototype）	char *strncpy (char *dest, const char *src, size_t n)	
標頭檔 （Header File）	string.h	
傳回值 （Return Value）	將傳入的 src 字串中前 n 個字元複製至 dest 字串，並將 dest 指標傳回。	
參數 （Parameters）	名稱	說明
	*dest	目的字串，意即用以存放複製後的字串之記憶體位置
	*src	所要複製的來源字串
	n	所要複製的字元個數，其型態為 size_t（也就是 unsigned long int）

strlen() 函式則可以計算字串的長度（不包含空字元 null character），請參考下表：

表 11-8：strlen 的函式原型

原型 （Prototype）	size_t *strlen (const char *str)	
標頭檔 （Header File）	string.h	
傳回值 （Return Value）	將傳入的 str 字串的長度（也就是其所擁有的字元數）傳回，其計算不包含空字元（null character，也就是 \0）。	
參數 （Parameters）	名稱	說明
	*str	所要計算長度的字串，其型態為 size_t（也就是 unsigned long int）

strcat() 函式的命名是取自字串串接（string concatenation）之意，可以將兩個字串串接起來，請參考表 11-9：

表 11-9：strcat () 的函式原型

原型 （Prototype）	char *strcat (char *dest, const char *src)	
標頭檔 （Header File）	string.h	
傳回值 （Return Value）	將傳入的 src 字串內容串接到 dest 字串的後面，最後將 dest 指標傳回。	
參數 （Parameters）	名稱	說明
	*dest	目的字串，意即用以存放串接結果的字串之記憶體位置
	*src	所要串接的來源字串

　　除了這幾個函式以外，strcmp() 也是一個十分常用的字串相關函式，請參考表 11-10：

表 11-10：strcmp() 的函式原型

原型 （Prototype）	int strcmp (const char *str1, const char *str2)	
標頭檔 （Header File）	string.h	
傳回值 （Return Value）	比較 str1 與 str2 的內容，並將比較的結果傳回，其中若兩個字串的內容一致則傳回 0；若 str1>str2 則傳回大於 0 的值；反之，若是 str1<str2 則傳回小於 0 的數值。	
參數 （Parameters）	名稱	說明
	*str1	所要比較的字串
	*str2	所要比較的字串

其實 strcmp() 比較兩個字串的依據，就是一般字典在排列英文字的方法，我們稱之為字典序（lexicographic order）。若 str1>str2，則：

1. str1 與 str2 前面 i 個字元相同，但 str1 的第 i+1 個字元小於 str2。例如「abc」小於「abd」，或「abc」小於「bcd」。

2. str1 的內容與 str2 相同，但 str1 的長度小於 str2，例如「abc」小於「abcd」。

至於每個字元的比較基準則是以 ACSII 編碼為依據：

1. 數字小於字母
2. 大寫字母小於小寫字母
3. 空白小於字母與數字

另外，還有一些函式可用以將字串轉換為其他型態的數值，例如 atoi() 函式可以將字串轉成整數：

表 11-11：atoi() 的函式原型

原型 （Prototype）	int atoi (const char *str)	
標頭檔 （Header File）	stdlib.h	
傳回值 （Return Value）	將 str 字串轉換為整數值後傳回。	
參數 （Parameters）	名稱	說明
	*str	所要轉換的字串

請參考下面的範例：

Example 11-16：**將字串轉換為整數值**

Location:/Examples/ch11
Filename:Atoi.c

```
 1  #include <stdio.h>
 2  #include <stdlib.h>
 3
 4  int main(void)
 5  {
 6      printf("%d\n", atoi("123"));
 7      printf("%d\n", atoi("45.678"));
 8      printf("%d\n", atoi("abc"));
 9      printf("%d\n", atoi("5+2"));
10  }
```

其輸出結果為：

```
[04:34 user@ws ch11] ./a.out⏎
123⏎
45⏎
0⏎
5⏎
[04:34 user@ws ch11]
```

除了 atoi() 函式外，在 stdlib.h 中還定義了 atof() 與 atol() 等函式，用以將字串轉換爲浮點數與長整數。

11-7
字串陣列

我們也可以設計一個陣列來存放多個字串，例如：

Example 11-17：使用字串陣列來存放月份　　Location:/Examples/ch11　Filename:Month.c

```
1  #include <stdio.h>
2
3  int main()
4  {
5      int i;
6
7      char month[][9] = { "January",
8                          "February",
9                          "March",
10                         "April",
11                         "May",
12                         "June",
13                         "July",
14                         "August",
15                         "September",
16                         "October",
17                         "November",
18                         "December" };
19     for(i=0;i<12;i++)
20     {
21         printf("%s\n", month[i]);
22     }
23 }
```

此程式的執行結果如下：

```
[14:28 user@ws ch11] ./a.out⏎
January⏎
February⏎
```

```
March ↵
April ↵
May ↵
June ↵
July ↵
August ↵
SeptemberOctober ↵
October ↵
November ↵
December ↵
[14:28 user@ws ch11]
```

請觀察這個程式的執行結果，看看有沒有遇到什麼問題？有沒有發現其中 9 月的輸出結果並不正確？它與 10 月的輸出連在一起：

```
SeptemberOctober ↵
```

其實這與字串陣列的記憶體配置有關，請參考圖 11-7 的記憶體配置圖。Month.c 的第 8-17 行所宣告的 month 陣列是一個二維陣列，其第一個維度為 12（以初始值個數來決定），第二個維度則是定義為 9；意即其索引範圍分別為 0~11 與 0 ～ 8，我們把其宣告的結果與初始值顯示在圖 11-7。

	0	1	2	3	4	5	6	7	8
month[0]	J	a	n	u	a	r	y	\0	
month[1]	F	e	b	r	u	a	r	y	\0
month[2]	M	a	r	c	h	\0			
month[3]	A	p	r	i	l	\0			
month[4]	M	a	y	\0					
month[5]	J	u	n	e	\0				
month[6]	J	u	l	y	\0				
month[7]	A	u	g	u	s	t	\0		
month[8]	S	e	p	t	e	m	b	e	r
month[9]	O	c	t	o	b	e	r	\0	
month[10]	N	o	v	e	m	b	e	r	\0
month[11]	D	e	c	e	m	b	e	r	\0

圖 11-7：Example 11-17 的 Month.c 執行時的記憶體配置圖

此程式設計時犯了一個很常見錯誤：我們認為從 January 到 December，其中 September 為長的字（由 9 個字母組成），因此在設計 month 陣列時，就設計為月份的字元數不超過 9（也就是第二維度）。但此一做法忽略了每個字元都必須以 \0 結束，因此應該要將第二維度定義為 10 才正確。你可以從圖 11-7 中看到，在 month[8]（也就是 9 月份）的字串後方並沒有以 \0 結尾，這是因為當初宣告時沒有預留足夠的空間存放之故！當我們要將 month[8] 輸出時就出了問題。因為當我們將 month[8] 加以輸出時，從 month[8][0] 到 month[8][9] 都沒有遇到 \0，所以 printf() 會繼續將後面的記憶體空間的內容輸出，直到遇到 \0 為止。由於多維陣列的空間是連續配置的，所以當我們在 month[8][9] 沒有遇到 \0 的時後，就會往下一個記憶體位址（也就是 month[9][0] 所在之處）繼續尋找，然後一直到 month[9][7] 才會遇到 \0! 瞭解這個問題後，你應該也已經知道該如何修正這個錯誤了吧？

接著，我們改用指標陣列來存放這些字串：

Example 11-18：使用指標陣列來存放月份　Location:/Examples/ch11 Filename:Month2.c

```
1   #include <stdio.h>
2
3   int main()
4   {
5       int i;
6
7       char *month[] = { "January",
8                         "February",
9                         "March",
10                        "April",
11                        "May",
12                        "June",
13                        "July",
14                        "August",
15                        "September",
16                        "October",
17                        "November",
18                        "December" };
19
20       for(i=0;i<12;i++)
21       {
22           printf("&month[%d]=%p month[%d]=%p %s\n",
23                  i, &month[i], i, month[i], month[i]);
24       }
25   }
```

此程式的執行結果如下：

```
[13:24 user@ws cd12] ./a.out
&month[0]=0x7fff5b271a70 month[0]=0x10498ef2a January
&month[1]=0x7fff5b271a78 month[1]=0x10498ef32 February
&month[2]=0x7fff5b271a80 month[2]=0x10498ef3b March
&month[3]=0x7fff5b271a88 month[3]=0x10498ef41 April
&month[4]=0x7fff5b271a90 month[4]=0x10498ef47 May
&month[5]=0x7fff5b271a98 month[5]=0x10498ef4b June
```

```
&month[6]=0x7fff5b271aa0 △ month[6]=0x10498ef50 △ July ⏎
&month[7]=0x7fff5b271aa8 △ month[7]=0x10498ef55 △ August ⏎
&month[8]=0x7fff5b271ab0 △ month[8]=0x10498ef5c △ September ⏎
&month[9]=0x7fff5b271ab8 △ month[9]=0x10498ef66 △ October ⏎
&month[10]=0x7fff5b271ac0 △ month[10]=0x10498ef6e △ November ⏎
&month[11]=0x7fff5b271ac8 △ month[11]=0x10498ef77 △ December ⏎
[13:24 user@ws ch11]
```

圖 11-8 顯示了這個以指標陣列來儲存多個字串的記憶體配置示意圖，其中每個月份的字串都會被配置於記憶體內的某個連續空間，然後再由month陣列指向字串所在的記憶體位址。

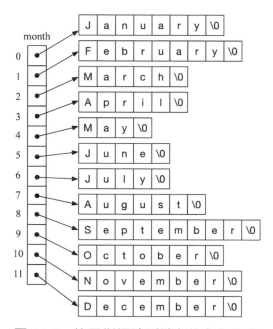

圖 11-8：使用指標陣列儲存的多個字串

搭配這個程式所輸出的每個字串的記憶體位置等資訊，我們可以進一步把這個指標陣列配置的更多細節呈現在圖 11-9：

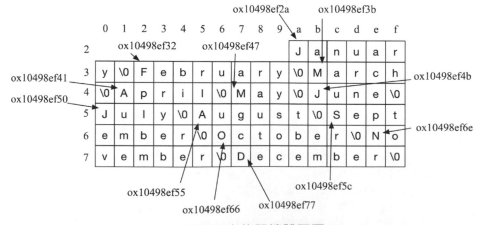

(a) 多個字串的記憶體配置

0x7fff5b271a70	ox10498ef2a
0x7fff5b271a78	ox10498ef32
0x7fff5b271a80	ox10498ef3b
0x7fff5b271a88	ox10498ef41
0x7fff5b271a90	ox10498ef47
0x7fff5b271a98	ox10498ef4b
0x7fff5b271aa0	ox10498ef50
0x7fff5b271aa8	ox10498ef55
0x7fff5b271ab0	ox10498ef5c
0x7fff5b271ab8	ox10498ef66
0x7fff5b271ac0	ox10498ef6e
0x7fff5b271ac8	ox10498ef77

(b) 指標陣列內儲存著所指向的記憶體位置

圖 11-9：關於 Example 11-18 更多的細節

從圖 11-9(a) 中可發現，這些字串其實仍是以連續的方式放置於記憶體中，然後 month 陣列其實是將指向這些字串的記憶體位址存放起來，因此每個 month[i] 就是一個指標 — 指向該月份的英文字串所在的位址。有沒有注意到在這個陣列中，每個元素的位址都相差了 8 個位元組？這是因為一個記憶體位址是以 8 個位元組來表達的緣故。

11-8 命令列引數

　　所謂的命令列引數（command-line argument），就是傳遞給 main() 函式中的引數。main() 雖然是所謂的程式進入點，但它也是一個函式，也可以有引數。不過由於 main() 函式是由我們在作業系統的命令列透過執行程式而啟動，因此其引數就稱為命令列引數。例如，我們在 linux 系統中，可以執行下列的指令：

```
ls ↵
ls △ -l ↵
ls △ *.c △ -l ↵
```

在上述例子中，「ls」為我們欲執行的指令（也就是一個可執行的程式），「-1」、「*.c」等就是命令列引數。我們自己所撰寫的程式，也可以讓 main() 函式接收這些引數，並進行後續的程式處理。若要使用命令列引數，main() 函式的原型如下：

```
int main(int argc, char *argv[])
```

其中 argc 為引數的個數，argv 為引數的指標陣列。下面這個範例程式將其所接收的命令列引數輸出。

Example 11-19：**取得並輸入命令列引數**

Location:/Examples/ch11
Filename:CMLArgument.c

```
1   #include <stdio.h>
2
3   int main(int argc, char *argv[])
4   {
5       int i;
6       for(i=0;i<argc;i++)
7       {
8           printf("%s\n", argv[i]);
9       }
10  }
```

其執行結果如下：

```
[16:48 user@ws ch11] ./a.out ⏎
./a.out ⏎
[16:48 user@ws ch11] ./a.out △ -v △ 100 △ user=jun ⏎
./a.out ⏎
-v ⏎
100 ⏎
user=jun ⏎
[16:48 user@ws ch11]
```

從上述的執行結果可發現，命令列引數是包含使用者所輸入的命令在內的，也就是說連「a.out」都算是其輸入的引數之一。至於 argc 是使用者所傳入的命令列引數的個數，argv 則是指標陣列，用以存放所接收到的命令列引數之字串，也就是 argv[0]、argv[1]、argv[2]、…、argv[argc-1]。

11-9
程式設計實務演練

程式演練 18

String Box 字串收納盒

請設計一個程式維護一個 String Box（字串收納盒）用以保存不超過 10 個字串，且其中每個字串長度皆不超過 20 個字元。此 StringBox 可以接受以下的命令，並進行對應的操作：

- i：新增一個字串到 StringBox 中。當然，需要檢查 StringBox 已放置了幾個字串，還未放滿 10 個字串時才能新增。
- l：列示 StringBox 中所保有的字串。所輸出的資訊也包含各個字串存放的位置（從 1 開始）。
- d：刪除特定字串。由使用者輸入欲刪除的字串所在的位置，經刪除後，原位置後方的字串全部往前替補。
- s：依字典序（lexicographic order）將 StringBox 內的字串排序。
- h：印出輔助說明。
- q：結束程式操作。

注意，你所設計的程式，必須將使用者所輸入的字串前的空白字元刪除。

此程式的執行結果可以參考以下的畫面：

```
[18:05 user@ws project] ./a.out ⏎
<command> ? h ⏎
h for help ⏎
i for inserting a new string into the box ⏎
d for deleting an existing string from the box ⏎
l for listing all strings in the box ⏎
s for sorting strings according to the Lexicog aphic order ⏎
q for quit ⏎
<command> ? l ⏎
The box is empty! ⏎
<command> ? d ⏎
Nothing to delete! ⏎
<command> ? i ⏎
happy ⏎
<command> ? l ⏎
1[happy] ⏎
<command> ? i ⏎
   hi this is a test ⏎
<commnad> ? l ⏎
1[happy] ⏎
2[hi this is a test] ⏎
<command> ? d ⏎
1[happy] ⏎
2[hi this is a test] ⏎
Which one you want to delete? 3 ⏎
Out of range! ⏎
<command> ? d ⏎
1[happy] ⏎
2[hi this is a test] ⏎
Which one you want to delete? 1 ⏎
<command> ? l ⏎
1[hi this is a test] ⏎
<command> ? d ⏎
1[hi this is a test] ⏎
Which one you want to delete? 1 ⏎
```

```
<command> ? l⏎
The box is empty!⏎
<command> ? i⏎
apple⏎
<command> ? i⏎
strawberry⏎
<command> ? i⏎
orange⏎
<command> ? i⏎
kiwi⏎
<command> ? i⏎
grape⏎
<command> ? i⏎
banana⏎
<command> ? i⏎
watermelon⏎
<command> ? i⏎
coconut⏎
<command> ? i⏎
cranberry⏎
<command> ? i⏎
quince⏎
<command> ? i⏎
The string box is full!⏎
<command> ? l⏎
1[apple]⏎
2[strawberry]⏎
3[orange]⏎
4[kiwi]⏎
5[grape]⏎
6[banana]⏎
7[watermelon]⏎
8[coconut]⏎
9[cranberry]⏎
10[quince]⏎
<command> ? s⏎
<command> ? l⏎
1[apple]⏎
2[banana]⏎
3[coconut]⏎
4[cranberry]⏎
5[grape]⏎
6[kiwi]⏎
7[orange]⏎
8[quince]⏎
9[strawberry]⏎
10[watermelon]⏎
<command> ? q⏎
Bye.⏎
[18:06 user@ws project]
```

　　關於這個程式，我們將不提供完整的解答給你，你必須自行完成此程式的設計。請試著把本章所傳授的字串相關之處理與函式，應用於本題之設計，並完成包含 Main.c（包含有 main() 的程式檔）、StringBox.h、StringBox.c（把相關的定義與實作分開）等程式之設計，最後也請你自行設計所需的 Makefile 以簡化編譯程序。

　　此程式演練最主要是要進行 10 個以內的字串操作，而且每個字串都不超過 20 個字元，因此我們可以先決定採用何種方式進行字串陣列的宣告，以下是筆者建議的方式：

```
#define numStrings 10
#define stringLength 20
char str[numStrings][stringLength+1];
int count=0;
```

　　其中的 str 陣列就是用以儲存字串的陣列，count 則是代表目前已有幾個字串在 StringBox 中，我們假設都宣告為全域變數。接著可以參考程式演練 14，在 Main.c 中的 main() 函式裡使用下列的程式碼做為基本的框架：

```
    while(!quit)
    {
        showInfoPrompt();
        cmd=getUserCommand();
        switch(cmd)
        {
            ⋮
        }
    }
}
```

關於 quit、cmd 等變數請自行加以宣告，另外 showInfoPrompt() 與 getUserCommnad() 可以參考程式演練 14 中的實作方式加以微幅修改如下：

```
void showInfoPrompt()
{
    printf("<command> ? ");
}

char getUserCommand()
{
    char c;
    scanf(" %c", &c);
    return c;
}
```

接著要開始針對不同的使用者命令，進行對應的處理，請參考下的程式碼：

```c
switch(cmd)
{
    case 'h':
        showHelp();
        break;
    case 'i':
        insertion();
        break;
    case 'd':
        deletion ();
        break;
    case 'l':
        showStrings();
        break;
    case 's':
        sortingStrings();
        break;
    case 'q':
        quit=true;
        break;
}
```

其中關於 h 與 q 是相對簡單的部份，你應該有能力自行完成，在此不與贅述。至於其他的部份，我們將從 insertion() 函式開始進行討論。

```c
void insertion()
{
    if(count<=numStrings)
    {
        readALine(str[count++], stringLength);
    }
    else
{
    printf("The string box is full!");
}
}
```

這裡首先使用 count 的數值判斷是否允許使用者輸入字串，或是印出「The string box is full!」的訊息。其中取得使用者輸入的字串，是透過我們在 Example 11-11 的「readALine()」函式來完成的，請自行參考相關的程式碼。

在接下來討論 deletion() 函式前，讓我們先說明 showStings() 函式該如何實作：

```
void showStrings ()
{
    int i;
    if(count==0)
    {
        printf("The box is empty!\n");
    }
    else
    {
    for(i=0;i<count;i++)
        {
        printf("%d[%s]\n", i, str[i]);
        }
    }
}
```

showStrings() 並不困難，請讀者自行閱讀並進行相關的設計。在 deletion() 方面，由於要先印出目前已有的字串，所以此部份將會先呼叫剛才完成的 showStrings() 函式，然後才開始進行刪除的動作：

```
void deletion()
{
    int i,n;
    if(count==0)
    {
        printf("Nothing to delete!\n");
    }
    else
    {
        showStrings();
        printf("Which one you want to delete? ");
        scanf(" %d", &n);
        if((n>count)||(n<=0))
        {
            printf("Out of range!");
        }
        else
        {
            count--;
            for(i=(n-1); i<count;i++)
            {
                strcpy(str[i],str[i+1]);
            }
            str[i][0]= '\0';
        }
    }
}
```

基本上，假設目前有 5 個字串在陣列中，且使用者欲刪除其中的第 3 個字串，這裡所使用的方法是將第 4 及第 5 個字串各往前複製其內容，然後把原本的最後一個字串第一個字元設定為 \0，如此便可完成刪除的動作。

我們最後所要討論的是 sortingStrings() 函式的設計，以下是透過氣泡排序法（bubble sort）所完成的實作：

```
void sortingStrings()
{
    int i,j;
    char temp[20];
    for(i=0;i<count-1;i++)
    {
        for(j=0;j<count-i-1;j++)
        {
            if( strcmp(str[j], str[j+1]) > 0 )
            {
                strcpy(temp,str[j]);
                strcpy(str[j], str[j+1]);
                strcpy(str[j+1], temp);
            }
        }
    }
}
```

相信讀者對於氣泡排序法已經相當熟悉，在此不予贅述。要特別注意的是，關於字串的字典序（lexicographic order）的比較是使用 strcmp() 函式來完成的，請讀者參考本章 11-6 小節的說明。至此，我們將這個程式的開發討論完畢，請自行將完整的程式設計完成。

程式演練 19

計算指令 Calculate A+B

請設計一個名為 Calculate.c 的程式，並將此程式的可執行檔命名為 Calculate。此程式可以透過命令列引數將一個簡單的運算式傳入，並計算其結果後加以輸出。為簡化起見，我們只考慮加、減、乘、除的運算，並且在運算元的部份也僅考慮整數。請參考以下的執行畫面：

```
[13:13 user@ws project] Calculate △ 3 △ + △ 5 ⏎
3+5=8.00 ⏎
[13:13 user@ws project] Calculate △ 3 △ - △ 5 ⏎
3-5=-2.00 ⏎
[13:13 user@ws project] Calculate △ 3 △ * △ 5 ⏎
3*5=15.00 ⏎
[13:13 user@ws project] Calculate △ 3 △ / △ 5 ⏎
3+5=0.60 ⏎
[13:13 user@ws project] Calculate △ ⏎
usage: △ Calculage △ A △ op △ B ⏎
[13:13 user@ws project]
```

　　這個程式必須透過命令列引數（command-line argument）取得三個引數，分別是兩個運算元（operand）與一個運算子（operator）。因此，我們預期使用 argc 來檢查是否有正確地輸入 4 個命令列引數（包含執行檔名及另外 3 個引數）：

```
int main(int argc, char *argv[])
{
    if(argc!=4)
    {
        printf("usage: Calculate A op B\n");
    }
    else
    {
                    ⋮
    }
}
```

當確定引數的數目正確之後，接下來就要將兩個運算元轉換成整數，請參考 Example 11-16，使用 atoi() 函式來進行運算元的轉換（從字串轉成整數）：

```
int operand1, operand2;

operand1 = atoi(argv[1]);
operand2 = atoi(argv[3]);
```

接著，使用 switch 敘述依據 argv[2][0] 的值（因為 argv[2] 是一個字串，但是我們需要其第一個字元做為 switch-case 的判斷依據）來進行對應的處理：

```
double result=0.0;

switch(argv[2][0])
{
    case '+':
        result = operand1 + operand2;
        break;
    case '-':
        result = operand1 - operand2;
        break;
    case '*':
        result = operand1 * operand2;
        break;
    case '/':
        result = operand1 / ((double)operand2);
        break;
    default:
        printf("usage: Calculate A op B\n");
        break;
}
```

我們已經在上面這段程式碼中將計算結果放在了 result 變數中，此 result 變數是被宣告為 double 型態以因應不同的運算結果（主要是爲了除法時的小數問題）。最後，這個程式只剩下把結果輸出的部份，請自行將整個程式完成！要記得輸出的結果必須符合題目的要求，要顯示小數點後兩位數。

　　還有一點要提醒讀者，如果你覺得這個工具好用，你可以將它放置到作業系統預設的 Path 搜尋路徑，就可以在任何地方執行這個程式。例如放置到 /usr/local/bin 或其他類似的路徑。在 Unix/Linux 或是 Mac 系統上，可以使用以下指令來顯示當前系統的預設搜尋路徑：

```
echo $PATH
```

　　請把你寫好的程式加到適當的目錄裡，讓你以後的工作更爲方便吧！

CH11 本章習題

◯ 程式練習題

1. 請設計一個 C 語言程式 PhoneNumber.c，讓使用者輸入一個 10 碼的行動電話號碼，並將它改以 XXXX-XXXXXX 的格式輸出。若使用者所輸入的號碼有誤，則請輸出「Error!」。此程式的執行結果如下：

```
[9:19 user@ws hw] ./a.out
Please △ input △ your △ mobile △ phone △ number: △0986123456
Your △ phone △ number △ is △ 0986-123456.
[9:19 user@ws hw] ./a.out
Please △ input △ your △ mobile △ phone △ number: △093512345
Error!
[9:19 user@ws hw]
```

2. 請設計一個 C 語言程式 Date.c，讓使用者以 yyyy/mm/dd 格式輸入一個日期，然後請將該日期改以 month dd, yyyy 的格式加以輸出（其中 month 為該月份的英文）。建議讀者可以在程式中建立一個包含有十二個月份的英文的一個字串陣列，以便利相關的程式輸出。此程式執行畫面可參考如下：

```
[9:19 user@ws hw] ./a.out
Date △ (yyyy/mm/dd)? △2021/3/2
The △ date △ is △ March △ 2nd, △ 2017.
[9:19 user@ws hw] ./a.out
Date △ (yyyy/mm/dd)? △2021/3/1
The △ date △ is △ March △ 1st, △ 2017.
[9:19 user@ws hw] ./a.out
Date △ (yyyy/mm/dd)? △2021/3/3
The △ date △ is △ March △ 3rd, △ 2017.
[9:19 user@ws hw] ./a.out
Date △ (yyyy/mm/dd)? △2021/3/4
The △ date △ is △ March △ 4th, △ 2017.
[9:19 user@ws hw] ./a.out
Date △ (yyyy/mm/dd)? △2021/3/11
The △ date △ is △ March △ 11th, △ 2017.
[9:19 user@ws hw] ./a.out
Date △ (yyyy/mm/dd)? △2021/3/21
The △ date △ is △ March △ 21st, △ 2017.
[9:19 user@ws hw] ./a.out
Date △ (yyyy/mm/dd)? △2021/3/31
The △ date △ is △ March △ 31st, △ 2017.
[9:19 user@ws hw]
```

3. 請參考下面的 Main.c 程式（你可以在本書隨附光碟中的 /Exercises/ch11/3/ 找到所需要的檔案），完成名為 ReadAndTrim.h 與 ReadAndTrim.c 的 C 語言程式，其中分別包含 readAndTrim(char str[], int n) 函式的介面與實作；其中 str 陣列是一個字串，n 為該字串之長度。此函式的作用是將 str 字串前面與後面的空白都加以去除。

```
#include <stdio.h>
#include <string.h>
#include "ReadAndTrim.h"

int main()
{
    char str[100];

    printf("Please input a string:");
    scanf("%[^\n]",str);
    readAndTrim(str,strlen(str));
    printf("output:%s\n",str);
}
```

此程式的執行結果如下：

```
[3:23 user@ws hw] ./a.out ⏎
Please △ input △ a △ string:⌇⌇⌇ Yet △ Another △ Test ⌇⌇⌇ ! ⌇⌇⌇⌇⏎
output:Yet △ Another △ Test ⌇⌇⌇ ! ⏎
[3:23 user@ws hw]
```

請注意本題應繳交 ReadAndTrim.c、ReadAndTrim.h 以及 Makefile 等三個檔案，至於 Main.c 則不需繳交。

4. 設計一 C 語言程式 IDCheck.c，讓使用者這輸入由一個大寫字母及 9 個阿拉伯數字所組成的身份證號。請以 scanset 來限制使用者的輸入，並依據下列規則進行身份證號的驗證：

- 身份證號由一個大寫字母與 9 個阿拉伯數字所組成，令其表示為：

  「$LD_1 D_2 D_3 D_4 D_5 D_6 D_7 D_8 D_9$」

- L 的部份係由出生地決定，其值可透過下表決定

A	B	C	D	E	F	G	H	I	J	K	L	M
10	11	12	13	14	15	16	17	34	18	19	20	21
N	O	P	Q	R	S	T	U	V	W	X	Y	Z
22	35	23	24	25	26	27	28	29	30	31	32	33

- 將 L 所對應的數字查出後，將其 10 位數視為 L_1，個位數則視為 L_2。
- D_1 的部份是性別，男性與女性的數值分別是 1 與 2。

- 請完成以下的計算：

$L_1 + L_2*9 + D_1*8 + D_2*7 + D_3*6 + D_4*5 + D_5*4 + D_6*3 + D_7*2 + D_8 + D_9$

若此計算後的數字可以被 10 整除，那麼就是正確的身分證字號；反之則不是正確的身份證號。

此程式的執行結果如下：

```
[3:23 user@ws hw] ./a.out ⏎
Please △ input △ an △ ID: △ A123456789 ⏎
valid △ ID ⏎
[3:23 user@ws hw] ./a.out ⏎
Please △ input △ an △ ID: △ T234345765 ⏎
invalid △ ID ⏎
[3:23 user@ws hw]
```

提示：建議將字串儲存於一個字元陣列中，在使用 scanf() 取回身份證號的字串後，可以將該陣列中特定位置的字元取回，並利用字元的 ASCII 碼計算其數值。

5. 請設計一個 C 語言程式 Replace.c，使用 I/O 轉向（I/O redirect）的方式，將一個文字檔案 NPTU.txt（你可以在本書隨附光碟中的 /Exercises/ch11/5/ 找到所需要的檔案）讀入後，請以字串搜尋替代的方式將其中的「NPTU」改成「National Pingtung University」後輸出。此程式的執行結果可參考如下：

```
[3:23 user@ws hw] cat NPTU.txt ⏎
NPTU △ was △ founded △ on △ August △ 1, △ 2014, △ upon △ the △ official △ merger △
of △ National △ Pingtung △ University △ of △ Education △ and △ National △
Pingtung △ Institute
                              ⋮
vocational △ and △ technological △ education △ along △ with △ higher △
education △ and △ to △ develop △ multilayered △ talent. ⏎
[3:23 user@ws hw] ./a.out < NPTU.txt ⏎
National △ Pingtung △ University △ was △ founded △ on △ August △ 1, △ 2014, △
upon △ the △ official △ merger △ of △ National △ Pingtung △ University △ of △
Education △ and △ Nationa
⋮
technological △ education △ along △ with △ higher △ education △ and △ to △
develop △ multilayered △ talent. ⏎
[3:23 user@ws hw]
```

提示：此題可以使用一個迴圈將文字檔從 stdin 逐行輸入為一個字串，然後再使用定義在 string.h 中的 strstr() 來搜尋「NPTU」字串是否有在其中，strstr() 函式原型如下：

```
char* strstr(const char *str, const char *substr);
```

其中第一個參數 str 是要被搜尋的字串，第二個參數 substr 則是想要搜尋的子字串。strstr() 函式將會傳回第一個符合該子字串所在位置的記憶體位址，若是找不到則傳回 NULL。

接著使用 strcpy()、strncpy() 或 strcat() 等函式，以複製或串接的方式完成將「NPTU」替換為「National Pingtung University」的動作。例如以下的字串：

```
A  NPTU  B
```

我們可以先建立一個空白字串稱為 temp，然後將 [A] 的部份複製到 temp 裡，接著串接「National Pingtung University」與 [B] 的部份到 temp 裡。如此就可以完成替換子字串的動作。

6.　請設計一個 C 語言程式 Uppercase.c，使用 I/O 轉向（I/O redirect）的方式，將一個文字檔案 NPTU.txt（你可以在本書隨附光碟中的 /Exercises/ch11/6/ 找到所需要的檔案）讀入後，請將全文中所有英文字母全部改成大寫後輸出。此程式的執行結果可參考如下：

```
[3:23 user@ws hw] cat NPTU.txt ⏎
NPTU △ was △ founded △ on △ August △ 1, △ 2014, △ upon △ the △ official △ merger △
of △ National △ Pingtung △ University △ of △ Education △ and △ National △
Pingtung △ Institute
                        ⋮
vocational △ and △ technological △ education △ along △ with △ higher △
education △ and △ to △ develop △ multilayered △ talent. ⏎
[3:23 user@ws hw] ./a.out < NPTU.txt ⏎
NPTU △ WAS △ FOUNDED △ ON △ AUGUST △ 1, △ 2014, △ UPON △ THE △ OFFICIAL △ MERGER
△ OF △ NATIONAL △ PINGTUNG △ UNIVERSITY △ OF △ EDUCATION
⋮
OCATIONAL △ AND △ TECHNOLOGICAL △ EDUCATION △ ALONG △ WITH △ HIGHER △
EDUCATION △ AND △ TO △ DEVELOP △ MULTILAYERED △ TALENT. ⏎
[3:23 user@ws hw]
```

提示：可以使用一個迴圈將文字檔從 stdin 逐行讀輸入為一個字串，然後再使用另一個迴圈將該字串中的每個字元逐一地以 toupper() 函式（該函式定義於 ctype.h）進行轉換後輸出。

❖ 本章還有更多程式練習題，請參考光碟中名為「補充程式練習題」的 PDF 檔案。

CHAPTER

使用者自定資料型態

　　程式設計的目的就是為了解決或滿足特定應用領域的問題，其中又以資料處理為最常見的需求。所以我們在設計程式時，往往需要宣告很多變數來代表真實（或抽象、虛擬）的世界中的人、事、時、地、物。以一個特定的應用題目來說，許多的變數間其實是具有相關性的，因此本章將以使用者自定資料型態（user-defined data type）來定義更為符合真實應用需求的複合資料型態（composite data type），例如我們可以定義一個學生的型態，其中包含有學生的學號、姓名、班級、成績等資訊，或是一個產品的型態，其中包含產名代碼、名稱、單價與規格等資訊。本章將就此種複合資料型態的定義、變數宣告與操作等議題加以說明。

12-1 結構體

　　在進行程式設計時，我們可以將相關的資料項目集合起來，定義為一個結構體（structure）。從程式的角度來看，結構體是一個包含有多個變數的資料集合，可用以宣告變數（稱之為結構體變數 structure variable），進行相關的處理與操作。

12-1-1 結構體變數

　　結構體變數（structure variable）的宣告，是以 struct 保留字進行相關的定義 — 可包含一個或一個以上的欄位（field，也就是相關的資料項目，又稱為資料成員 data member）的定義，每個欄位其實就是一個變數的宣告，但是不可以包含初始值的給定，其語法如下：

結構體變數宣告（Structure Variable Declaration）語法

```
struct
{
    type filename;  +
} struct_variable_name , struct_variable_name *;
```

例如，下面的程式碼片段定義了兩個整數平面座標上的點，每個點包含有 x 與 y 軸的座標值：

```
struct
{
    int x;
    int y;
} p1, p2;
```

由於結構體內部欄位的宣告就如同變數宣告一樣，所以也可以這樣寫：

```
struct
{
    int x,y;
} p1, p2;
```

上述的程式碼宣告了兩個結構體變數 p1 與 p2。我們再來看看下面的另一個例子：

```
struct
{
    int productID;
    char *productName;
    float price;
    int quantity;
    float discount;
} mfone;
```

這個例子宣告了一個名為 mfone 的結構體變數，其中包含有 productID（產品編號）、productName（名稱）、price（單價）、quantity（庫存數量）與 discount（折扣）。現在讓我們來看看前述的兩個例子在記憶體中的空間配置，如圖 12-1。

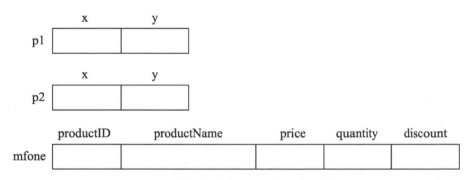

圖 12-1：結構體在記憶體中的空間配置

現在請讀者們動動腦，想想看在前述例子中的 p1, p2 與 mfone 各佔用了多少的記憶體空間呢？首先讓我們執行 Example 12-1，看看 p1 與 p2 所佔用的空間：

Example 12-1：**定義並檢視結構體 p1與p2的記憶體空間**　Location:/Examples/ch12　Filename:Structure1.c

```
1   #include <stdio.h>
2
3   struct
4   {
5       int x;
6       int y;
7   } p1, p2;
8
9   int main()
10  {
```

```
11        printf("The size of an int is %lu bytes.\n", sizeof(int));
12        printf("The size of p1 is %lu bytes.\n", sizeof(p1));
13        printf("The size of p2 is %lu bytes.\n", sizeof(p2));
14    }
```

此程式的執行結果如下：

```
[15:23 user@ws ch12] ./a.out ⏎
The△size△of△an△int△is△4△bytes. ⏎
The△size△of△p1△is△8△bytes. ⏎
The△size△of△p2△is△8△bytes. ⏎
[15:23 user@ws ch12]
```

從此結果可以得知，由於一個 int 整數佔 4 個位元組，且 p1 與 p2 裡包含有兩個 int 整數，因此 4+4=8，p1 與 p2 各佔有 8 個位元組。接著讓我們看看下一個範例：

Example 12-2：定義並檢視mfone結構體的記憶體空間　Location:/Examples/ch12　Filename:Structure2.c

```
1     #include <stdio.h>
2
3     struct
4     {
5         int productID;
6         char *productName;
7         float price;
8         int quantity;
9         float discount;
10    } mfone;
11
12    int main()
13    {
14        printf("The size of an int is %lu bytes.\n", sizeof(int));
15        printf("The size of a string pointer is %lu bytes.\n", sizeof(char *));
16        printf("The size of a float is %lu bytes.\n", sizeof(float));
17        printf("The size of mfone is %lu bytes.\n", sizeof(mfone));
18    }
```

此程式的執行結果如下：

```
[15:23 user@ws ch12] ./a.out ⏎
The△size△of△an△int△is△4△bytes. ⏎
The△size△of△a△string△pointer△is△8△bytes. ⏎
The△size△of△a△float△is△4△bytes. ⏎
The△size△of△mfone△is△32△bytes. ⏎
[15:23 user@ws ch12]
```

從此例的執行結果可以得知，一個 int 型態的整數佔 4 個位元組、一個 char 指標佔 8 個位元組，以及一個 float 型態的浮點數佔 4 個位元組；此例的 mfone 結構體變數擁有 2 個 int 型態的欄位（productID 與 quantity）、2 個 float 型態的欄位（price 與 discount）以及一個 char 指標（productName），所以整個結構體佔用的空間應為 2×4+2×4+1×8=24，但請看一下此程式的執行結果，它所輸出的是 32！這到底是怎麼回事？

　　其實在大部份的 32 位元與 64 位元的系統上，C 語言在結構體的空間配置上分別是以 4 與 8 個位元組的倍數為基礎。以 64 位元的系統為例，在空間配置時，每次會 8 個位元組為單位進行配置，當剩餘空間不足配置新欄位時，剩餘空間將會被閒置，然後再配置新的 8 個位元組給後續的欄位。因此，Example 12-2 的例子，將會先拿到一個 8 個位元組的空間配置給 productID（佔 4 個位元組），然後接下來的 productName 是一個 char 指標需要 8 個位元組，但目前僅剩餘 4 個位元組，所會將其閒置，另外配置一塊 8 個位元組的空間來存放 productName；接著再配置一塊 8 個位元組的空間給 price 與 quantity（各佔 4 個位元組），最後再配置一塊 8 個位元組的空間給最後一個欄位，也就是 discount（佔 4 個位元組）。其配置結果請參考圖 12-2：

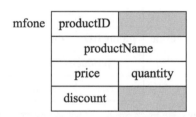

圖 12-2：mfone 結構體實際空間配置圖

　　雖然實際上只有 24 個位元組的空間需求，但 mfone 結構體仍然被配置了 32 個位元組，其中在圖 12-2 中標示為灰色的區域即為閒置（浪費）的空間。此種配置的記憶體閒置不用，當然不是件理想的事，我們將其稱之為記憶體的內部碎裂（internal fragmentation），在設計結構體時應儘量避免此一狀況的發生。同樣以 mfone 為例，只要我們稍微調整一下欄位宣告的順序，其空間配置就可以得到改善，請參考下面的程式：

Example 12-3：調整mfone結構體的記憶體空間配置　　Location:/Examples/ch12　Filename:Structure3.c

```
1  #include <stdio.h>
2
3  struct
4  {
5      int productID;
6      float discount;
7      char *productName;
8      float price;
9      int quantity;
10 } mfone;
```

```
11
12   int main()
13   {
14       printf("The size of an int is %lu bytes.\n", sizeof(int));
15       printf("The size of a string pointer is %lu bytes.\n", sizeof(char *));
16       printf("The size of a float is %lu bytes.\n", sizeof(float));
17       printf("The size of mfone is %lu bytes.\n", sizeof(mfone));
18   }
```

此程式的執行結果如下：

```
[15:23 user@ws ch12] ./a.out↵
The△size△of△an△int△is△4△bytes.↵
The△size△of△a△string△pointer△is△8△bytes.↵
The△size△of△a△float△is△4△bytes.↵
The△size△of△m△one△is△24△bytes.↵
[15:23 user@ws ch12]
```

由於我們把原本宣告在最後一項的 discount 移到了 productID 的後面，其記憶體配置就沒有任何閒置，請參考圖 12-3：

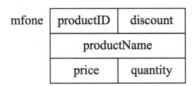

圖 12-3：調整後的 mfone 記憶體空間配置圖

　　相信讀者未來在設計結構體時，一定也會特別注意這種記憶體配置的問題，如果可以透過適當的改變配置順序而得到空間的節省，這是再好不過的情況了！

12-1-2　結構體變數初始值給定

　　關於結構體的變數其初始值可以在結構變數宣告時以「＝ { … }」方式，依欄位的順序進行給定，請參考下面的例子：

```
struct
{
    int x;
    int y;
} p1 = {0,50},
  p2 = {100, 150};

struct
{
    int  productID;
    float discount;
```

```
    char *productName;
    float price;
    int  quantity;
} mfone = {12, 0.5, "xPhone 13", 15000.0, 100};
```

　　從 C99 開始，還支援了指定初始子（designated initializer），讓我們可以在宣告初始值的同時，給定欄位的名稱，且不受原本順序的限制，請參考下例：

```
struct
{
    int x;
    int y;
} p1 = {.x=0, .y=0},
  p2 = {.y=100, .x=100};

struct
{
    int  productID;
    float discount;
    char *productName;
    float price;
    int  quantity;
} mfone = {.productName="xPhone 13",  ◄──── 此例中的 productID 並沒給定初始值
          .price=15000.0,
          .quantity=100,
          .discount=0.5 };
```

12-1-3　結構體變數的操作

　　結構體變數的操作相當簡單，我們可以使用「結構體變數名稱.欄位名稱」來存取其欄位，其中 . 被稱為直接成員選取運算子（direct member selection operator）[1],[2]」，唸做「dot（點）」，不過筆者更建議你將它唸做「的」— 表示你要存取的是結構體變數「的」欄位，例如我們可以使用 p1.x 或 p2.y 來分別存取 p1 與 p2 結構體變數裡的 x 與 y 欄位，可唸做「p1 的 x」與「p2 的 y」。要特別注意的是，. 是一個二元運算子，其運算元就是由其左右兩側的結構體變數以及欄位名稱；其運算結果就是幫我們傳回在結構體變數內的特定欄位之數值。具體的使用範例，可參考以下的程式碼片段：

```
struct
{
    int x;
    int y;
} p1 = {0,0},
```

1　結構體內部的欄位又稱為成員（member），所以成員選取運算子就是要存取在結構體內特定的欄位。
2　相對於直接（direct）一詞，稍後本節將介紹另一種間接（indirect）的選取子（selector）。

```
   p2 = {100, 100};

p1.x = 100;
```
←　使用直接成員選取運算子選取在 p1 裡面的 x 欄位的數值

```
float z;
z = sqrt(p1.x*p1.x + p1.y*p1.y);
```
↑　使用直接成員選取運算子選取在 p1 裡面的 y 欄位的數值

```
p2.x+=5;

scanf("%d", &p1.x);
```
←　使用直接成員選取運算子選取在 p1 裡面的 x 欄位，並再使用取址運算子 &，來取得它的記憶體位址

　　結構體變數除了可以選取欄位加以存取外，最為方便的是可以使用賦值運算子（也就是等號 ＝），讓兩個結構體變數可以互相給定其值，包含了其中所有的欄位，甚至也包含了字串的值。請參考下面的程式：

Example 12-4：結構體變數複製　　　　　Location:/Examples/ch12
Filename:CopyStructs.c

```
 1  #include <stdio.h>
 2  #include <string.h>
 3
 4  struct
 5  {
 6      int   productID;
 7      float discount;
 8      char *productName;
 9      float price;
10      int   quantity;
11  } mfone={12, 0.5, "xPhone 13", 15000.0, 100}, mfone2;
12
13  int main()
14  {
15
16      mfone2=mfone;
17
18      printf("mfone\n");
19      printf("Product Number:\t%d\n", mfone.productID);
20      printf("Discount:\t%.2f\n",     mfone.discount);
21      printf("Product Name:\t%s\n",   mfone.productName);
22      printf("Price:\t\t%.2f\n",      mfone.price);
23      printf("Quantity:\t%d\n\n",     mfone.quantity);
24
25      printf("mfone2\n");
26      printf("Product Number:\t%d\n", mfone2.productID);
27      printf("Discount:\t%.2f\n",     mfone2.discount);
28      printf("Product Name:\t%s\n",   mfone2.productName);
29      printf("Price:\t\t%.2f\n",      mfone2.price);
30      printf("Quantity:\t%d\n",       mfone2.quantity);
31  }
```

此程式的第 16 行「mfone2=mfone;」就是結構體變數的複製，它就像是一般變數間的數值給定，它還可以將 mfone 結構體變數裡的每一個欄位的內容，都複製到 mfone2 結構體變數裡。由於 mfone 的內容已被複製到了 mfone2，所以在第 18-23 行以及第 25-30 行所印出的內容將會完全相同。此程式的執行結果如下：

```
[15:23 user@ws ch12] ./a.out ⏎
mfone
Product △ Number:|◄►|12 ⏎
Discount:|◄──────►|0.50 ⏎
Product Name:|◄───►|xPhone 13 ⏎
Price:|◄►|◄───────►|15000.00 ⏎
Quantity:|◄──────►|100 ⏎
⏎
mfone2 ⏎
Product △ Number:|◄►|12 ⏎
Discount:|◄──────►|0.50 ⏎
Product Name:|◄───►|xPhone 13 ⏎
Price:|◄►|◄───────►|15000.00 ⏎
Quantity:|◄──────►|100 ⏎
[15:23 user@ws ch12]
```

　　此種複製結構體的方法，由於連字串內容都可以複製，對於程式設計而言是十分便利的一種方法，建議讀者可以多多採用。

　　不過在此要提醒大家，結構體的複製是將所有欄位的值加以複製，這其中也包含了指標，不過由於指標所儲存的值是記憶體位址，所以指標的複製就是對其所儲存的記憶體位址之複製 — 這可能會帶來一些潛在的問題，讓我們以 Example 12-4 的 CopyStructs.c 程式為例，其 mfone 結構體變數的 productName 欄位是宣告為 char * 的字元指標（也就是字串），其初始值是透過「mfone = {12, 0.5, "xPhone 13", 15000, 100}」所給定的。回顧我們曾在第 11 章所談過的，此處的 "xPhone 13" 其實是一個字串常值（string literal），假設它被配置到 0x400620 這個位址。所以 mfone 的初始值給定的結果將如圖 12-4 所示：

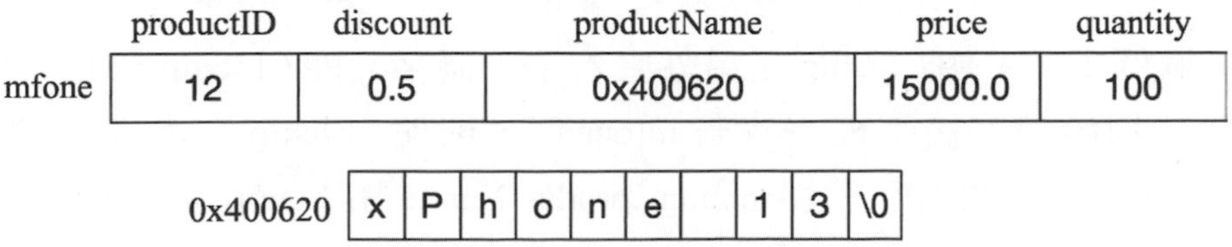

	productID	discount	productName	price	quantity
mfone	12	0.5	0x400620	15000.0	100

0x400620	x	P	h	o	n	e		1	3	\0

圖 12-4：mfone 結構體變數的初始值給定

　　第 16 行「mfone2=mfone;」將 mfone 複製到 mfone2，其結果如圖 12-5 所示：

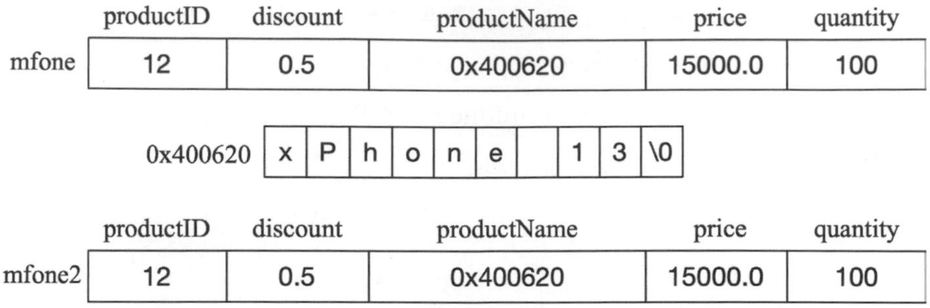

	productID	discount	productName	price	quantity
mfone	12	0.5	0x400620	15000.0	100

0x400620 | x | P | h | o | n | e | | 1 | 3 | \0

	productID	discount	productName	price	quantity
mfone2	12	0.5	0x400620	15000.0	100

圖 12-5：將 mfone 的值複製到 mfone2 後的結果

有沒有發現 mfone2 與 mfone 現在長得完全一樣！這就是使用賦值運算子（也就是等號 =）複製結構體變數的結果 — 所有欄位內容都可以被複製，其中也包含了字串！不過從圖 12-5 可以觀察到，其實 productName 這個字串欄位所複製的只是 "xPhone 13" 這個字串常值所在的記憶體位址而已，而不是複製其字串的內容。換句話說，字串其實沒有被複製，複製的只是字串所在的記憶體位址而已！至於我們在前面所提到的潛在問題，則包含以下兩個可能發生的問題：

❖ 本例中的 "xPhone 13" 是一個字串常值，其值是「不可更改的」，未來如果試圖更改 mfone.productName 或是 mfone2.productName 時，都會讓程式的執行發生異常而被中止。當然，這個問題只要別使用字串常值做為初始值，就可以解決了，例如先宣告一個 temp 字串陣列，在以其做為 mfone.productName 的初始值：

```
char temp[]="xPhone 13";        ← 此處 "xPhone 13" 並不是字串常
                                  值，而是 temp 字串陣列的初始值
struct
{
    int   productID;
    float discount;
    char *productName;          改為使用 temp 字串陣列的記憶體
    float price;                位址做為 productName 的初始值
    int    quantity;
} mfone={12, 0.5, temp, 15000.0, 100}, mfone2;
```

在這個例子中，由於 temp 是另外宣告了一個字元陣列 temp，並以 "xPhone 13" 做為其初始值；接下來在宣告 mfone 時，則使用 temp 字串陣列做為 mphone.productName 的初始值 — 讓 mphone.productName 指向 temp 字元陣列所在的記憶體位址。雖然這樣的結果仍然是將 mphone.productName 的值設定為一個記憶體位址，但該位址不再是一個被禁止存取的字串常值，我們可以對它進行任意的操作。儘管這樣已經解決了不能更改字串內容的問題，可是仍存在著以下的問題。

❖ 由於我們「以為」字串已經被複製到 mfone2 了（其實只是複製了字串內容所在的記憶體位址），所以有可能會各自去改變 mfone.productName 與 mfone2.productName

的內容，但是不論 mfone.productName 與 mfone2.productName 其實都是指向同一個地方，因此其各自的改變最終都是對同一個字串內容進行改變。

我們可以將使用賦值算子進行結構體變數的複製總結如下：

> 使用「=」運算子，可以在結構體變數間進行複製，其中包含所有欄位的數值內容都會被複製；但是指標型態的欄位，其複製的內容只是其所儲存的記憶體位址，而非該位址內的數值。

最後還有一種關於字串欄位的建議：改用字元陣列來做為其結構體的欄位，這樣就可以避免上述的問題了！請參考下面的例子：

```
struct
{
    int  productID;
    float discount;
    char productName[20];    ← 將 productName 欄位改成
    float price;                字元陣列型態
    int  quantity
} mfone = {12, 0.5, "xPhone 13", 15000.0, 100}, mfone2;
```

如此一來，就完全沒有上述的問題了，而且字串也是真正地複製到新的地方。現在，若是執行了「mfone2=mfone;」後，其結果將如圖 12-6 所示：

	productID	discount	productName	price	quantity
mfone	12	0.5	xPhone 13	15000.0	100

	productID	discount	productName	price	quantity
mfone2	12	0.5	xPhone 13	15000.0	100

圖 12-6：使用字元陣列來取代字串指標

現在，在 mfone 與 mfone2 中的 productName 是真正地存放字串的內容，而不再是指向其他記憶體位址的指標了，後續也可以各自進行操作互不影響。缺點是字元陣列的大小必須事前決定，而且不能更改！

Example 12-5：改以字元陣列來取代字串指標　　Location:/Examples/ch12
Filename:Structure4.c

```
1  #include <stdio.h>
2  #include <string.h>
3
4  struct
5  {
6      int productID;
7      float discount;
8      char productName[20];
```

```
 9        float price;
10        int quantity;
11  } mfone = {12, 0.5, "xPhone 13", 15000, 100},
12      mfone2;
13
14  int main()
15  {
16      printf("The size of mfone is %lu bytes.\n", sizeof(mfone));
17      mfone2=mfone;
18      printf("%s\n%s\n", mfone.productName, mfone2.productName);
19
20      strcpy(mfone.productName, "New Model");
21      printf("%s\n%s\n", mfone.productName, mfone2.productName);
22  }
```

此程式的執行結果如下：

```
[15:23 user@ws ch12] ./a.out ⏎
The △ size △ of △ mfone △ is △ 36 △ bytes. ⏎
xPhone △ 13 ⏎
xPhone △ 13 ⏎
New △ Model ⏎
xPhone △ 13 ⏎
[15:23 user@ws ch12]
```

從執行結果可以看出，在結構體內的字串的確可以成功地複製，同時也可以各自改變其內容。這裡也留下一個問題要讓讀者動動頭腦！請想想看為何此例的結構體大小為 36 個 bytes？

12-1-4　結構體型態

我們也可以將單獨地宣告結構體，而不用同時將其變數加以宣告。這樣做有很多的好處，尤其是當程式碼需要共享時，我們可以將結構體的宣告獨立於某個檔案，爾後其他程式可以直接以該定義來宣告其變數，其語法如下：

結構體型態宣告（Structure Type Declaration）語法

```
struct struct_name
{
    type filename; +
};
```

結構體型態的宣告必須為要為結構體命名，在上述語法中的 struct_name 即為該名稱；有了先宣告好的結構體之後，就可以在需要時再宣告之變數，請參考下面的程式：

```
struct point
{
    int x;
    int y;
};
```

上述的程式碼宣告了一個名為「point」的結構體，接著我們就可以將此結構體視為型態進行變數的宣告：

```
struct point p1, p2;
struct point p3 ={6,6};
```

當然，你也可以在宣告結構體時，順便宣告其結構體變數（正如本章之前的做法一樣），並在之後另外再宣告新的變數：

```
struct point
{
    int x,y;
} p1, p2;

struct point p3;
```

另一種方式，則是使用 typedef 保留字將結構體定義為一種新的資料型態，其語法如下：

型態定義（Type Definition）語法

```
typedef struct struct_name type_name;
或是
typedef struct
{
    type filename; +
} type_name;
```

如此一來，我們就可以利用這個新的資料型態來宣告變數，請參考下面的程式碼：

```
struct point
{
    int x,y;
};

typedef struct point Point;
```

或是

```
typedef struct
{
    int x,y;
} Point;
```

接著你就可以在需要的時候，以 Point 做為資料型態的名稱來進行變數的宣告，例如 Example 12-6：

Example 12-6：以typedef定義結構體型態　○　Location:/Examples/ch12
Filename:Point.c

```
1   #include <stdio.h>
2
3   struct point
4   {
5       int x,y;
6   };
7
8   typedef struct point Point;
9
10  int main()
12  {
13      Point p1;
14      Point p2 = {5,5};
15
16      p1=p2;
17      p1.x+=p1.y+=10;
18
19      printf("p1=(%d,%d) p2=(%d,%d)\n", p1.x, p1.y, p2.x, p2.y);
20  }
```

此程式的執行結果如下：

```
[19:53 user@ws ch12] ./a.out ⏎
p1=(20,15) △p2=(5,5) ⏎
[19:53 user@ws ch12]
```

12-1-5　結構體與函式

在結構體與函式方面，我們將先探討以結構體變數做為引數的方法，請參考下面的例子：

Example 12-7：以結構體變數做為函式之引數　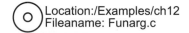　Location:/Examples/ch12
Filename: Funarg.c

```
1   #include <stdio.h>
2
3   struct point
4   {
5       int x,y;
6   };
7
8   typedef struct point Point;
9
```

```
10   void showPoint(Point p)
12   {
13       printf("(%d,%d)\n", p.x, p.y);
14   }
15
16   int main()
17   {
18       Point p1;
19       Point p2 = {5,5};
20
21       p1=p2;
22       p1.x+=p1.y+=10;
23
24       showPoint(p1);
25       showPoint(p2);
26   }
```

請看下一個程式，我們設計另一個函式，讓我們修改所傳入的 Point 的值：

Example 12-8：將傳入函式的結構體進行修改

Location:/Examples/ch12
Filename:FunargModify.c

```
1    #include <stdio.h>
2
3    struct point
4    {
5        int x,y;
6    };
7
8    typedef struct point Point;
9
10   void resetPoint(Point p)
12   {
13       p.x=p.y=0;
14   }
15
16   void showPoint(Point p)
17   {
18       printf("(%d,%d)\n", p.x, p.y);
19   }
20
21   int main()
22   {
23       Point p1;
24       Point p2 = {5,5};
25
26       p1=p2;
27       p1.x+=p1.y+=10;
28
29       showPoint(p1);
30       showPoint(p2);
31
32       resetPoint(p1);
33       showPoint(p1);
34   }
```

請你先猜猜看其執行結果爲何？然後再參考下面的實際執行結果：

```
[19:34 user@ws ch12] ./a.out⏎
(20,15) ⏎
(5,5) ⏎
(20,15) ⏎
[19:34 user@ws ch12]
```

啊～這個結果怎麼和我們預期的不一樣呢？先別急，讓我們看看另一個範例：

Example 12-9：改以指標傳入函式

Location:/Examples/ch12
Filename:FunargPointer.c

```c
1   #include <stdio.h>
2
3   struct point
4   {
5       int x,y;
6   };
7
8   typedef struct point Point;
9
10  void resetPoint(Point *p)
12  {
13      p->x=p->y=0;
14  }
15
16  void showPoint(Point p)
17  {
18      printf("(%d,%d)\n", p.x, p.y);
19  }
20
21  int main()
22  {
23      Point p1;
24      Point p2 = {5,5};
25
26      p1=p2;
27      p1.x+=p1.y+=10;
28
29      showPoint(p1);
30      showPoint(p2);
31
32      resetPoint(&p1);
33      showPoint(p1);
34  }
```

讓我們看看這個範例的執行結果：

```
[19:34 user@ws ch12] ./a.out ⏎
(20,15) ⏎
(5,5) ⏎
(0,0) ⏎
[19:34 user@ws ch12]
```

嗯～這個結果就正確了！其實這兩個例子就是傳值呼叫（call by value）與傳址呼叫（call by address）的差別。前述的 Example 12-8 是用傳值呼叫的方式，因此在函式中會產生另一個暫時性（離開函式就不再存在）的結構體變數，其值的改變與主程式中的結構體變數無關；反觀 Example 12-9 採用傳址呼叫的方式，是將主程式中的結構體變數的記憶體位址傳入，在函式中也是直接對該記憶體位址內的結構體進行操作，因此其結果才是我們所期望的。這邊要提醒讀者：

> 若採用傳址呼叫（call by address）的方式，將結構體變數所在的記憶體位址傳入函式，那麼在函式中，做為一個指向記憶體中某個結構體的指標，在存取結構體內的欄位時，必須使用 -> 運算子。

-> 被稱為是間接成員選取運算子（indirect member selection operator），其作用與直接成員選取運算子（direct member selection operator）一樣，但是它是透過指標來「間接」地選取在結構體中的欄位。

當我們在呼叫某個函式時，也可以直接產生一個新的結構體做為引數，例如：

```
showPoint( (Point) {5,6} );
```

上面這一行程式碼，其實就等同於下面兩行的結合：

```
Point p={5,6};
showPoint( p );
```

但前者的做法更好的一點是，我們不需要為這個傳入 showPoint() 函式的變數去構思一個變數名稱（如果我們後續並不需要再次使用它的話）。

我們也可以讓結構體做為函式的傳回值，請參考下面的例子：

Example 12-10：**以結構體做為函式的傳回值**　　Location:/Examples/ch12
Filename:FunReturn.c

```
1   #include <stdio.h>
2   #include <math.h>
3
4   struct point
5   {
6       int x,y;
7   };
```

```
8
9    typedef struct point Point;
10
11   Point addPoints(Point p1, Point p2)
12   {
13       Point p;
14       p.x = p1.x + p2.x;
15       p.y = p1.y + p2.y;
16       return p;
17   }
18
19   void showPoint(Point p)
20   {
21       printf("(%d,%d)\n", p.x, p.y);
22   }
23
24   int main()
25   {
26       Point p1;
27       Point p2 = {5,5};
28       Point p3;
29
30       p1=p2;
31       p1.x+=p1.y+=10;
32
33       showPoint(p1);
34       showPoint(p2);
35
36       p3=addPoints(p1,p2);
37       showPoint(p3);
38   }
```

此程式的執行結果如下：

```
[19:34 user@ws ch12] ./a.out ⏎
(20,15) ⏎
(5,5) ⏎
(25,20) ⏎
[19:34 user@ws ch12]
```

現在，讓我們看看下面這個程式：

Example 12-11：以結構體指標做為函式的傳回值　　Location:/Examples/ch12　Filename:FunReturnPointer.c

```
1    #include <stdio.h>
2
3    struct point
4    {
5        int x,y;
6    };
7
8    typedef struct point Point;
```

```
 9
10   Point * addPoint(Point *p1, Point p2)
11   {
12       p1->x = p1->x + p2.x;
13       p1->y = p1->y + p2.y;
14       return p1;
15   }
16
17   void showPoint(Point p)
18   {
19       printf("(%d,%d)\n", p.x, p.y);
20   }
21
22   int main()
23   {
24       Point *p1;
25       Point p2 = {5,5};
26       Point *p3;
27
28       p1=&p2;
29       p1->x += p1->y+=10;
30
31       showPoint(*p1);
32       showPoint(p2);
33
34       p3=addPoint(p1,p2);
35       showPoint(*p1);
36       showPoint(*p3);
37   }
```

此程式的執行結果如下：

```
[19:34 user@ws ch12]  ./a.out ⏎
(20,15) ⏎
(20,15) ⏎
(40,30) ⏎
(40,30) ⏎
[19:34 user@ws ch12]
```

12-1-6　巢狀式結構體

我們也可以在一個結構體內含有另一個結構體做為其欄位，稱為巢狀式結構體（nested structure），請參考下面的程式：

Example 12-12：巢狀式的結構體定義　　　Location:/Examples/ch12
Fileaname:Contact.c

```c
#include <stdio.h>

typedef struct { char firstname[20], lastname[20]; } Name;

typedef struct
{
    Name name;
    int phone;
} Contact;

void showName(Name n)
{
    printf("%s, %s", n.lastname, n.firstname);
}

void showContact(Contact c)
{
    showName(c.name);
    printf(" %d\n", c.phone);
}

int main()
{
    Contact someone={.phone=12345,
                     .name={.firstname="Jun", .lastname="Wu"}};

    showContact(someone);
}
```

此程式的執行結果如下：

```
[19:34 user@ws ch12] ./a.out ⏎
Wu, △ Jun △ 12345 ⏎
[19:34 user@ws ch12]
```

12-1-7　結構體陣列

我們也可以利用結構體來宣告陣列，稱之為結構體陣列（arrays of structures），請參考下面的片段：

```c
Point a={3,5};
Point twoPoints[2];
Point points[10] = {{0,0},{1,1},{2,2},{3,3},{4,4},{5,5},{6,6},{7,7},{8,8},{9,9}};

twoPoints[0].x=5;
twoPoints[0].y=6;
twoPoints[1] = a;
```

上述的程式碼只是簡單地顯示結構體陣列的使用，相信讀者可以發現使用上並不困難。有了結構體的陣列後，我們在程式設計上又多了一些思維上的增進，例如以往對於一個 50 學生的班級，其學生成績處理可能的思考方式是使用一些不同的陣列來代表學生的學號、姓名、國文成績、英文成績與數學成績等：

```
char SID[50][10];
char name[50][20];
float Chinese[50];
float English[50];
float Math[50];
```

但是如果改成結構體的思考方式，我們可意先將學生所擁有的相關資料項目定義為一個名為 Student 的結構體：

```
typedef struct
{
    char SID[10];
    char name[20];
    float Chinese;
    float English;
    float Math;
} Student;
```

然後我們再以這個結構體宣告一個 50 個學生的陣列：

```
Student csie2021[50];
```

這樣一來，程式設計的資料就從分散零落的多個陣列，變成單一的一個陣列；在陣列中的每一個元素，就是一位學生的資料，具體來說 csie2021 這個陣列就是代表一個班級（2021 年入學的 CSIE 資工學生），其中的 csie2021[i] 就是第 i 位學生的資料，包含了 csie2021[i].SID、csie2021[i].name 、csie2021[i].Chinese、csie2021[i].English 與 csie2021[i].Math 等相關的資料。從資料管理的角度來看，使用結構體將相關資料聚合起來，再以陣列來管理多筆聚合後的資料，這樣就使得資料處理變得更為便利了！同時也更貼近我們在日常生活中的思維方式！

12-1-8　位元欄位

在本節的最後，我們將介紹結構體的位元欄位（bit field），也就是可以位元為單位去限制每個欄位所使用的記憶體空間。在語法上，只要在結構體的欄位宣告後，以：分隔並加上所需的位元數目即可 — 當然必須是整數，使用運算結果為整數的常數運算式（constant expression）也行。

例如以下的例子宣告了一個用以表示顏色的 RGBColor 結構體型態，其中 red、green 與 blue 分別佔用 8 個位元：

```
typedef struct
{
    unsigned int red : 8;
    unsigned int green : 8;
    unsigned int blue : 8;
} RGBColor;
```

有了 RGBColor 的型態定義後，我們就可以宣告用以表示顏色的變數，並設定其數值：

```
RGBColor yellow;
yellow.red=255;
yellow.green=255;
yellow.blue=0;
```

由於每個欄位現在都被限制在 8 個 bits，所以其數值範圍也就被限制在 0 到 255 之間。因此，執行以下的程式片段的將會得到「red=0 ⏎」的結果 ─ 這是因為超出欄位範圍的數值將會被強制設定為 0。

```
yellow.red=256;
printf("red=%d\n", yellow.red);
```

12-2
共有體

共有體（union）[3] 與結構體非常相像，也可以宣告多個欄位，但共有體所宣告的欄位必須共用同一塊記憶體空間，且同一時間只能擁有一個欄位的數值。適用於某種資料可能有兩種以上不同型態的情況，我們可以使用下列的語法來定義一個共有體：

共有體變數宣告（Union Variable Declaration）語法

```
union
{
    type filename; +
} union_variable_name , union_variable_name *;
```

從上面的語法來看，其實共有體與結構體的語法是一樣的，但在使用上卻不一樣：結構體可以定義並使用多個欄位，反觀共有體雖然也可以定義多個欄位，但不論任何時刻只能使用其中一個欄位。請參考以下的範例：

3　除共有體以外，union 常見的翻譯還有「聯合」或「聯合體」，本書採用 union 可以宣告多個共用相同的記憶體空間的欄位之意，取「共有體」做為其中文譯名。但 union 在相關領域仍無共通性的中文譯名，請讀者多加注意。

```
union
{
    int int_value;
    double double_value;
} data;
```

在上面的例子中，我們宣告了一個名為 data 的變數，其型態為由一個整數 int_value 與一個浮點數 double_value 所組成的共有體。當我們需要它是整數時，就使用其 int_value 的欄位；若需要它是浮點數時，就使用其 double_value 的欄位，例如下面的範例：

Example 12-13：共有體的使用範例

Location:/Examples/ch12
Filename:Union.c

```
 1  #include <stdio.h>
 2
 3  union
 4  {
 5      int int_value;
 6      double double_value;
 7  } data;
 8
 9  int main()
10  {
11      data.int_value=5;
12      printf("data.int_value=%d data.double_value=%f sizeof(data)=%lu\n"
13              , data.int_value, data.double_value, sizeof(data) );
14
15      data.double_value=10.5;
16      printf("data.int_value=%d data.double_value=%f sizeof(data)=%lu\n"
17              , data.int_value, data.double_value, sizeof(data) );
18  }
```

其執行結果如下：

```
[23:34 user@ws ch12] ./a.out ⏎
data.int_value=5 △ data.double_value=0.000000 △ sizeof(data)=8 ⏎
data.int_value=0 △ data.double_value=10.500000 △ sizeof(data)=8 ⏎
[23:34 user@ws ch12]
```

讀者可以從上面的程式中發現，一個共有體變數只具有一個數值，當使用其中一個欄位時，其他欄位就無法使用。例如 Example 12-13 的程式在第 11 行「data.int_value=5」中，將 data 的 int_value 欄位的值設定為 5，此時就表示我們將 data 視為是一個數值為 5 的整數，此時 data 的其他欄位就無法使用，第 12-13 行的執行結果將會得到以下的輸出：

```
data.int_value=5 △ data.double_value=0.000000 △ sizeof(data)=8 ⏎
```

接著在第 15 行，我們以「data.double=10.5」來設定 data 的 double_value 欄位的值，也就是表示不再將 data 視為整數，而是將它視為一個浮點數。第 16-17 行的執行結果如下：

```
data.int_value=0 △ data.double_value=10.500000 △ sizeof(data)=8 ⏎
```

讀者可以發現共有體變數的確同時只能有一個欄位的數值存在，請參考圖 12-7。data 所配置到的記憶體空間是依其欄位的型態來決定，由於 data 只能保有一個數值，因此它不會為每個欄位都保留空間，而是配置一個足夠讓它能保存其任一欄位的數值之空間。以本例而言，其空間是以 int_value 與 double_value 的型態（也就是 int 與 double）所需空間的最大值。具體來說，也就是佔用 4 個位元組的 int_value（因為 int_value 是 int 型態）以及佔用 8 個位元組的 double_value（因為 double_value 為 double 型態），兩者所需空間的最大值，也就是 8 個位元組。接著，當我們設定 data.int_value 的數值後，data 就被視為是一個 int 型態的整數，如圖 12-7(b) 所示，data 使用了它所配置到的 8 個位元組的空間中的 4 個位元組，來做為存放整數數值之用。最後，當 data.double_value 的數值被設定後，data 又變成為存放浮點數的變數，因此就如同圖 12-7(c) 所示，其空間之使用又發生了改變。

data

(a) data 以欄位 int_value 與 double_value 所需的記憶體空間的最大值配置空間

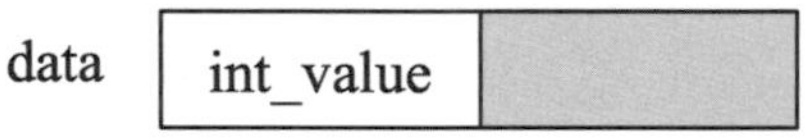

data | int_value |

(b) 當 data 使用欄位 int_value 時，僅使用了部份的記憶體空間

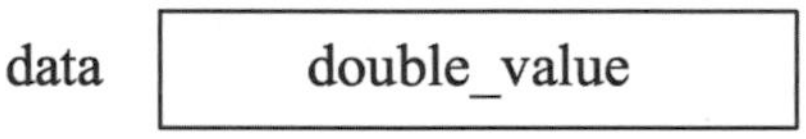

data | double_value |

(c) 當 data 使用欄位 double_value 時，使用全部的記憶體空間

圖 12-7：Example 12-13 的共有體變數 data 的記憶體配置與使用示意圖

討論至此，相信讀者已經可以瞭解共有體與結構體的差別。不過在語法上它們仍然是十分相近的，我們在 12-1 所介紹過的結構體可以應用的宣告方式與定義方式等，都可以適用在共有體上，例如下面的程式碼：

```
union
{
    int int_value;
    double double_value;
} data = {0}  ←──── 設定第一個欄位的初始值
```

```
union
{
    int int_value;
    double double_value;
} data = {.double_value=3.14}  ←──── 設定 doulbe_value 欄位的初始值
```

```
union number
{
    int int_value;
    double double_value;
};

typedef union number Number;
```

```
typedef union
{
    int int_value;
    double double_value;
} Number;
```

　　除了執行 Example 12-13 的程式之外，也希望讀者能夠動動腦，思考一下共有體可以應用在哪些程式設計的應用情境呢？筆者在此舉一個例子：某間出版社為其出版品設計了一個資訊系統，其中一般書籍的部份必須記載其頁數，而有聲書則必須記載其播放長度。因此，我們可以設計一個共有體變數如下：

```
union
{
    int numPages;
    double inHours;
} length;
```

此處宣告了一個名為 length 的 union variable 用以代表書籍的長度，其中有兩種可能的數值，分別是一般書籍使用的 int 型態的 numPages，以及有聲書所使用的 double 型態的 inHours。因此，一本書可以使用 length.numPages 去記載其頁數，有聲書則可以使用 length.inHours 去記載其播放時間。

12-3
列舉

　　C 語言可以針對僅具有特定數值的資料，使用 enum 保留字進行列舉變數（enumeration variable）的宣告，請參考以下的語法：

列舉變數宣告（Enumeration Variable Declaration）語法之一

```
enum
{
    value , value *;
} enum_variable_name , enum_variable_name *;
```

例如我們可以使用以下的宣告，來列舉出變數 s1 與 s2 可能的數值：

```
enum { spade, heart, diamond, club } s1, s2;
```

我們可以很容易地想像變數 s1 與 s2 應該是代表撲克牌中的花色，因為其可能的數值必須為黑桃（spade）、紅心（heart）、方塊（diamond）與梅花（club）其中之一。

我們也可以先把列舉定義好，然後再宣告其變數：

列舉變數宣告（Enumeration Variable Declaration）語法之二

```
enum  enum_name
{
    value , value *;
};

enum enum_name enum_variable_name , enum_variable_name *;
```

請參考以下的宣告：

```
enum suit { SPADE, HEART, DIAMOND, CLUB };
enum suit s1, s2;
```

或是使用 typedef 將列舉定義為型態，然後再使用該型態來宣告變數，其語法如下：

列舉資料型態宣告（Enumeration Type Definition）語法

```
typedef enum
{
    value , value *;
} type_name;

type_name enum_variable_name , enum_variable_name *;
```

例如以下的宣告：

```
typedef enum { SPADE, HEART, DIAMOND, CLUB } Suit;
Suit s1,s2;
```

其實列舉的實作是把列舉的數值視為整數，其中第一個數值視為 0，第二個為 1，依此類推。不過，我們也可以自行定義其數值，請參考下例：

```
enum suit { SPADE=1, HEART=13, DIAMOND=26, CLUB=39 };
```

要注意的是，此處所給定的數值也可以改以運算式為之，不過必須是常數運算式（constant expression）且其運算結果必須為整數。

12-4
程式設計實務演練

程式演練 20

截止日是星期幾？

請使用 C 語言設計一個程式，幫助使用者計算工作截止日是星期幾。該程式首先
要求使用者輸入今天是星期幾？然後再要求使用者輸入工作必須在幾天內完成。
你所設計的程式必須幫使用者計算出其截止日為星期幾，且若在星期日截止的工
作，則必須幫使用者再延長一日到星期一。你所撰寫的程式執行結果應該要有以
下的輸出：

```
[9:19 user@ws proj17] ./a.out↵
What △ day △ (of △ the △ week) △ is △ it △ today? △ Monday↵
How △ many △ days △ after △ today? △ 6↵
6 △ days △ later △ is △ Sunday. ↵
Because △ the △ end △ day △ is △ Sunday, △ it △ is △ extended △ to △ Monday! ↵
[9:19 user@ws proj17] ./a.out↵
What △ day △ (of △ the △ week) △ is △ it △ today? △ ↵
What △ day △ (of △ the △ week) △ is △ it △ today? △ Wednesday↵
How △ many △ days △ after △ today? △ 2↵
2 △ days △ later △ is △ Friday. ↵
[9:19 user@ws proj17] ./a.out↵
What △ day △ (of △ the △ week) △ is △ it △ today? △ Thursday↵
How △ many △ days △ after △ today? △ 12↵
12 △ days △ later △ is △ Tuesday. ↵
[9:19 user@ws proj17]
```

其實此題並不困難，其主要的作用是要讓讀者練習列舉（enumeration）的使用方式。
首先，我們可以將此程式命名為 Deadline.c，並先使用以下的宣告來做為表達星期一至星
期天的型態：

```c
typedef enum { Sunday=0,
               Monday=1,
               Tuesday=2,
               Wednesday=3,
               Thursday=4,
               Friday=5,
               Saturday=6,
               Undef=-1 } Weekday;
```

上面的程式碼宣告了一個名為 Weekday 的型態，其值僅能為星期一至星期天，並使用一個額外的數值「Undef」來代表未定義的情況。上述的程式碼也將各個可能的值之整數值列舉出來。

接下來我們先在 main() 函式中，以 Weekday 做為型態進行以下的宣告：

```
Weekday startDay, endDay;
```

其中的 startDay 與 endDay 分別代表工作的開始日與結束日是星期幾？也就是今天是星期幾？以及工作必須在星期幾完成？然後使用以下的程式碼取得使用者的輸入：

```
printf("What day (of the week) is it today? ");
scanf("%s", today);
```

此處要求使用者輸入的是星期幾的英文，所以是以字串做為其輸入格式的要求。當然你也必須先宣告 today 這個字串：

```
char today[10];
```

為了便利起見，我們先設計一個名為 getWeekday() 的函式，將使用者所輸入的字串傳入，然後傳回其對應的 Weekday，請參考下面的程式碼：

```
Weekday getWeekday(char day[])
{
    Weekday i=Sunday;

    for(i=Sunday;i<=Saturday;i++)
    {
        if(strcmp(day, weekdayString[i])==0)
            return i;
    }
    return Undef;
}
```

此函式以一個 for 迴圈，讓 i 從 Sunday 開始，一直到 Saturday 為止，反覆地比對使用者輸入的字串與 weekdayString 這個字串陣列的值，其中 weekdayString 的內容如下：

```
char weekdayString[][10] ={"Sunday", "Monday", "Tuesday", "Wednesday",
                           "Thursday", "Friday", "Saturday" };
```

不要忘記我們曾說明過的列舉其實是以整數做為其數值，我們在此程式中將 Sunday 與 Saturday 定義為 0 與 6，因此這個 for 迴圈就是以迴圈變數 i（從 0 開始到 6），將使用者所輸入的字串與 weedayString[i] 進行比對，然後將 i 的值傳回；當使用者所輸入的字串與 weekdayString 陣列中的每個字串都不相同時，則傳為 Undef。

當使用者輸入完星期幾之後，只要其值不爲 Undef 則進行以下的程式碼：

```
printf("How many days after today? ");
scanf(" %d", &days);
endDay = (startDay+days)%7;
printf("%d days later is %s.\n", days, weekdayString[endDay]);
if(endDay==Sunday) // how about if(endDay==0)?
    printf("The end day is Sunday. We extend it to Monday!\n");
```

首先讓使用者輸入工作從今天開始還有幾天的時間可以進行？因此，我們也需要宣告一個 days 變數：

```
int days;
```

並且讓 (startDay+days)%7，得到截止日期是星期幾，並將其值指定給 endDay 變數，並將其值加以輸出。若是其值剛好爲 Sunday 的話，我們就將該日再往後延長一日到 Monday。讀者可在本書隨附光碟中的 /Project/20 目錄內的取得 Deadline.c 檔案，請自行加以參考。

程式演練 21

紀念品店商品管理

雷阿斗在墾丁開了一些紀念品商店，請幫助他設計一個簡單的商品管理程式，可以把商品輸入到程式中，並進行簡單的商品資訊搜尋（依商品代碼列示商品資訊）。雷阿斗的紀念品商店專門販售墾丁相關的旅遊書籍、鑰匙圈與紀念 T 恤。每個商品在該系統中，應該要有商品編號（product ID）與售價（price）等基本資訊，另外不同種類的商品也有不同的屬性（attribute），例如書籍要記錄其作者、鑰匙圈要記錄其質材（copper、steel、wood 與 plastic），以及 T 恤要記錄其尺寸（XS、S、M、L、XL、XXL）。

請注意，爲了爭取雷阿斗同意採用你的程式，因此你必須先開發一個有限制的版本給他試用，待他滿意後才會付費向你購買完整版。因此，請你僅需先開發出一個支援不超過 10 件商品的版本。你的程式應以迴圈方式，讓雷阿斗可以不斷地下達指令，直到其不再執行爲止，其所支援的指令包含有：

- h：顯示輔助說明
- i：新增一筆商品資訊
- l：列示所有商品資訊
- s：讓雷阿斗輸入商品代碼，並顯示符合的商品資訊
- q：結束程式

你所撰寫的程式執行結果應該要有以下的輸出：

```
[9:19 user@ws proj18] ./a.out ↵
command?h↵
i: insert a new product. ↵
l: list all products. ↵
s: search for a product. ↵
q: quit. ↵
command?i↵
ID=?101↵
price=?100↵
type (b for book, k for keychain, t for T-shirt)=?b↵
Author?Tony Wang↵
command?i↵
ID=?102↵
price=?34.2↵
type (b for book, k for keychain, t for T-shirt)=?k↵
Material (c rfor copper, s for steel, w for wood, p for plastic )?s↵
command?i↵
ID=?103↵
price=?29.99↵
type (b for book, k for keychain, t for T-shirt)=?t↵
Size (XS, S, M, L, XL, XXL)?XL↵
command?l↵
ID:101 price=100.00 Book( Tony Wang ) ↵
ID:102 price=34.20 Keychain( steel ) ↵
ID:103 price=29.99 T Shirt( XL ) ↵
command?s↵
ID?100↵
Product not found! ↵
command?s↵
ID?101↵
ID:101 price=100.00 Book( Tony Wang ) ↵
command?s↵
ID?102↵
ID:102 price=34.20 Keychain( steel ) ↵
command?q↵
[9:19 user@ws proj18]
```

　　此程式將把商品資訊管理的功能寫在 ProductInfo.h 與 ProductInfo.c 裡，並在 SouvenirShopMain.c 裡進行主要的程式流程。首先，讓我們在 ProductInfo.h 裡使用列舉來定義一些相關的資料型態：

```
typedef enum {book, keychain, t_shirt} Type;
typedef enum {copper, steel, wood, plastic } Material;
typedef enum {XS, S, M, L, XL, XXL} Size;
```

並以結構體來定義一個名爲 Product 的型態，用以表示商品的資訊：

```
typedef struct {
  int productID;
  float price;
  Type type;
  union
  {
    char author[20];
    Material material;
    Size size;
  } attribute;
} Product;
```

當我們以 Product 型態來宣告結構體變數（structure variable）時，其內容如圖 12-8 所示：

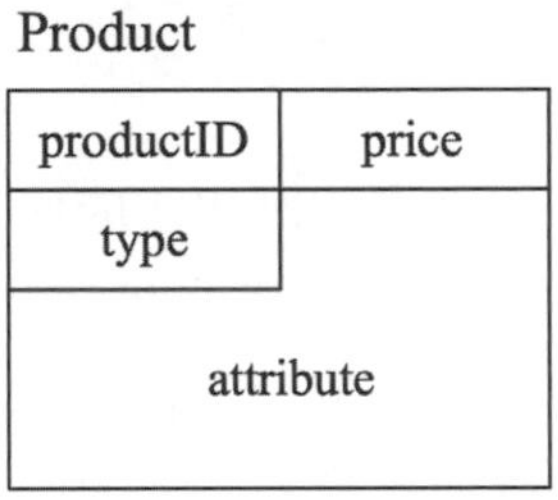

Product

productID	price
type	
attribute	

圖 12-8：Product 型態的內容示意圖

　　由於其中的 attribute 欄位被宣告爲共有體（union），因此不同型態的商品將可以在 author、material 與 size 間選定一個數值來使用。

　　接下來在開始設計主要的程式內容之前，請讀者先複習「程式演練 18：StringBox 字串收納盒」的程式碼，因此它和本程式演練有許多相似之處，甚至從功能上來看，此演練還更爲簡單。不過此演練的目的是要讓讀者熟悉使用者自定資料型態的應用，因此在邏輯處理上反倒是比較簡單。不過在此程式演練中，我們還有一個額外的要求：不要使用任何的全域變數（global variable）來開發此程式，而是全部透過函式間的參數來將所需的資料加以傳遞。如此一來，可以節省程式執行過程中所需的記憶體空間，對於愈來愈大型化的程式而言，此種設計方法將有助於效能的提升與改善。

　　接下來，讓我們開始講解 SouvenirShopMain.c 這個主要的原始程式：首先考慮到試用版本僅支援處理 10 筆以內的商品資訊，所以我們可以簡單地使用陣列來宣告 10 筆商品的資料（爲了不要使用任何全域變數，所以此陣列必須是宣告在 main() 函式內）：

```
Product products[10];
```

如同過去在「程式演練 14、15」所使用的主程式架構，此程式仍然使用以下的 while 迴圈及使用名爲 quit 的布林變數，並以 !quit 來做爲控制迴圈的測試條件：

```
while(!quit)
{
    printf("command?");
    cmd=getchar();
    switch(cmd)
    {
        case 'q':
            quit=1;
            break;
        case 10:
            printf("Wrong command!\n");
            break;
        default:
            printf("Wrong command!\n");
            getchar();
            break;
    }
}
```

但是上述的程式碼仍有些不同於以往之處，例如改成使用 getchar() 函式來取得使用者的指令字元。當然，從上述的程式碼也可發現使用了幾個變數（例如 quit 與 cmd），請讀者自行在 main() 函式中進行相關的宣告。在上述的程式碼中，已經先完成了指令「q」的處理，以及預設的錯誤指令提示。其中要特別注意的是，由於使用「cmd=getchar();」來取得雷阿斗的指令輸入，我們還必須處理輸入時所多產生的一個 enter 字元。例如，當雷阿斗輸入一個「h」指令時，其實我們會得到「h」與「enter」兩個字元；其中的「h」會被 getchar() 放置到 cmd 變數中，但「enter」就會留在 stdin（也就是鍵盤輸入）的緩衝區裡，等到 while 迴圈再次地執行「cmd=getchar()」時，就會把剛才遺留的「enter」讀入到 cmd 變數中，因此可能會造成新的問題。針對此點，我們的分別針對以下兩種情況進行不同的處置：

❖ 使用者沒有輸入指令，而是直接按下一個「enter」鍵：針對此種情況，我們在 switch 裡增加一個「case 10」來顯示錯誤訊息（10 是「enter」字元的 ASCII 數值）。

❖ 使用者輸入一個指令，並按下「enter」完成輸入：這種情況則視不同的指令進行不同的處理，但若是不正確的指令，則由「default」負責處理，在顯示完錯誤訊息後，在使用一個「getchar()」來將多餘的「enter」加以讀取，就可以避免未來可能的錯誤。至於其他指令的部份，則視情況進行不同的處置，我們將於稍候加以說明。

我們現在開始說明後續的其他指令，首先是最簡單的「h」— 印出輔助說明：

```
case 'h':
    showHelp();
    getchar();
    break;
```

當雷阿斗輸入「h」與「enter」後，我們將呼叫 showHelp() 函式，其內容（應宣告於 ProductInfo.h 裡，並實作在 ProductInfo.c 裡）如下：

```
void showHelp()
{
    printf("i: insert a new product.\n");
    printf("l: list all products.\n");
    printf("s: search for a product.\n");
    printf("q: quit.\n");
}
```

然後再使用 getchar() 將多餘的「enter」移除。接下來則是指令「i」的部份，用以新增一項商品的資訊：

```
case 'i':
    products[i++]=getAProductInfo();
    break;
```

這裡必須注意的是，我們使用一個變數 i 來記載目前已完成輸入的商品數量，並使用 getAProductInfo() 函式取回商品資訊後，將資訊放入到 products[i] 當中，並將 i 的數值累加。

關於 getAProductInfo() 函式，其程式碼（應宣告於 ProductInfo.h 裡，並實作在 ProductInfo.c 裡）如下：

```
Product getAProductInfo()
{
    Product p;
    char c;
    char sizeStr[3];
    printf("ID=?");
    scanf(" %d", &p.ID);
    printf("price=?");
    scanf("%f", &p.price);
    getchar();
```

我們先宣告一個 Product 型態的變數 p，然後開始取得其 ID 與 price，其中關於「enter」的問題，則透過在 scanf() 函式的格式字串前加一個空白，或是在 scanf() 後加一行 getchar() 來處理。後續有關殘留的「enter」字元問題，我們將不再另行說明。接著使用下列程式碼來取得該商品的種類：

```
    printf("type (b for book, k for keychain, t for T-shirt)=?");
    c=getchar();
    getchar();
```

我們以下面的 switch 敘述，針對不同商品的不同屬性分別加以處理：

```c
switch(c)
{
  case 'b':
    p.type=book;
    printf("Author?");
    fgets(p.attribute.author,20, stdin);
    p.attribute.author[strlen(p.attribute.author)-1]='\0';
    break;
  case 'k':
    p.type=keychain;
    printf("Material (c for copper, s for steel, w for wood, p for plastic )?");
    c=getchar();
    getchar();
    switch(c)
    {
      case 'c':
        p.attribute.material=copper;
        break;
      case 's':
        p.attribute.material=steel;
        break;
      case 'w':
        p.attribute.material=wood;
        break;
      case 'p':
        p.attribute.material=plastic;
        break;
    }
    break;
  case 't':
    p.type=t_shirt;
    printf("Size (XS, S, M, L, XL, XXL)?");
    scanf(" %s", sizeStr);
    if(strcmp(sizeStr,"XS")==0)
      p.attribute.size=XS;
    else if(strcmp(sizeStr,"S")==0)
      p.attribute.size=S;
    else if(strcmp(sizeStr,"M")==0)
      p.attribute.size=M;
    else if(strcmp(sizeStr,"L")==0)
      p.attribute.size=L;
    else if(strcmp(sizeStr,"XL")==0)
      p.attribute.size=XL;
    else if(strcmp(sizeStr,"XXL")==0)
      p.attribute.size=XXL;
    getchar();
```

```
        break;
    }
    return p;
}
```

完成了指令「i」的部份後，現在讓我們接著來討論指令「l」—顯示所有商品資訊，其程式碼如下：

```
case 'l':
    showAllProductInfo(products, i);
    getchar();
    break;
```

關於顯示所有商品資訊的部份，是透過 showAllProductInfo() 函式來完成的，由於此次程式演練，我們將不使用任何的 global variable，因此我們必須將存放有商品資訊的 products[] 陣列以及其目前已有的商品數傳遞給 showAllProductInfo() 函式使用，以下是其程式碼（應宣告於 ProductInfo.h 裡，並實作在 ProductInfo.c 裡）：

```
void showAllProductInfo(Product products[], int count)
{
    int i;
    for(i=0;i<count;i++)
        showAProductInfo(products[i]);
}
```

其實它也是再呼叫 showAProductInfo() 來將一筆一筆的商品資訊，各別地輸出的，請參考下面的程式碼（同樣應宣告於 ProductInfo.h 裡，並實作在 ProductInfo.c 裡）：

```
void showAProductInfo(Product p)
{
    printf("ID:%d", p.ID);
    printf(" price=%.2f", p.price);
    switch(p.type)
    {
        case book:
            printf(" Book( ");
            printf("%s )", p.attribute.author);
            break;
        case keychain:
            printf(" Keychain( ");
            switch(p.attribute.material)
            {
            case copper:
                printf("copper )");
                break;
```

```
            case steel:
                printf("steel )");
                break;
            case wood:
                printf("wood )");
                break;
            case plastic:
                printf("plastic )");
                break;
        }
        break;
    case t_shirt:
        printf(" T Shirt( ");
        switch(p.attribute.size)
        {
            case XS:
                printf("XS )");
                break;
            case S:
                printf("S )");
                break;
            case M:
                printf("M )");
                break;
            case L:
                printf("L )");
                break;
            case XL:
                printf("XL )");
                break;
            case XXL:
                printf("XXL )");
                break;
        }
        break;
    }
    printf("\n");
}
```

showAProductInfo() 函式的內容非常簡單，在此不予解釋，請讀者自行閱讀。最後，我們將進行有關搜尋的「s」指令，其程式碼如下：

```
case 's':
    printf("ID?");
    scanf(" %d", &id);
    searchProduct(products, i, id);
    getchar();
    break;
```

讀者可以輕易地發現，其功能主要是在 searchProduct() 函式中完成的，其內容如下（也是應宣告於 ProductInfo.h 裡，並實作在 ProductInfo.c 裡）：

```
void searchProduct(Product products[], int count, int id)
{
    int i;
    boolean found=false;

    for(i=0;i<count;i++)
    {
        if(products[i].ID==id)
        {
            showAProductInfo(products[i]);
            found=true;
            break;
        }
    }
    if(!found)
        printf("Product not found!\n");
}
```

由於不使用全域變數，所以我們將 products[] 陣列、商品數目以及所欲搜尋的商品 ID 都一併傳入。在此函式內使用一個迴圈將目前已儲存的商品資訊，逐一地比對，遇到符合條件的商品就使用 showAProductInfo() 將它輸出，並使用一個 found 變數來註記是否有找到符合的商品。最後就依 found 變數的值，來將「Product not found ！」加以輸出。

　　至此，這個程式就大功告成了！讀者可在本書隨附光碟中的 /Project/21 目錄內的取得 SouvenirShopMain.c、ProductInfo.h、ProductInfo.c 以及用以編譯的 Makefile 檔案。另外，本題還剩下一些進階的功能，留待課後練習時由讀者來加以完成！

CH12 本章習題

程式練習題

1.　考慮「程式演練 21」，由於測試版僅提供 10 筆商品資料的操作，但目前除了使用「Product　products[10];」宣告大小為 10 的 Product 結構體陣列外，並沒有針對當使用者新增超過 10 筆商品資料時的異常處理。因此目前的測試版當使用者輸入過多資料時，此程式的執行會發生異常，且無任何的錯誤訊息供使用者瞭解狀況。請試著修改相關程式，當使用者欲輸入超過 10 筆資料時，顯示「Can't △ insert △ more △ than △ 10 △ products!」的錯誤訊息，並且不執行該新增操作。本題請繳交 ProductInfo.h、ProductInfo.c、SouvenirShopMain.c 以及 Makefile 等檔案。

2.　承上題，考慮「程式演練 21」，請試著修改相關程式來增加一個「d」指令，詢問使用者所欲刪除的商品之代碼（ID），並在已經輸入的商品資訊中尋找符合的商品並將其加以移除。此題應繳交 ProductInfo.h、ProductInfo.c、SouvenirShopMain.c 以及 Makefile 等檔案。

3.　承上題，考慮「程式演練 21」，請試著修改相關程式來增加「b」、「k」與「t」指令，分別用以將所有書籍、鑰匙圈與紀念 T 恤的商品清單輸出。此題應繳交 ProductInfo.h、ProductInfo.c、SouvenirShopMain.c 以及 Makefile 等檔案。

❖ 本章還有更多程式練習題，請參考光碟中名為「補充程式練習題」的 PDF 檔案。

CHAPTER

指標與陣列

我們在前面的幾個章節中，已經瞭解了幾個在 C 語言中，相當重要的觀念與功能，其中包括陣列（array）、指標（pointer）與字串（string）。以字串爲例，它正好爲陣列與指標的相關性做了一個最佳的示範：不論是以 char [] 或是以 char * 來儲存字串，其實都是以連續的記憶體空間來將一連串的字元放置其中（當然還有結尾處的空字元 \0），不論是使用陣列的索引值或是指標都可以存取該字串所在的記憶體位置[1]。在本章中，我們將更進一步說明陣列與指標的關係，包含如何以指標來走訪陣列中的元素、如何將指標與陣列進行相互的轉換使用，以及其他的進階主題。

13-1
指標運算與陣列

本節將詳細說明陣列與指標的關係，首先請考慮以下的程式碼：

Example 13-1：印出陣列每個元素的記憶體位址

Location:/Examples/ch13
Filename:ArrayAddress.c

```
1  #include <stdio.h>
2
3  int main()
4  {
5      int data[5]={10, 20, 30, 40, 50};
6      int i;
7      printf("The array data is located at %p.\n", data);
8      for(i=0;i<5;i++)
9      {
10         printf("data[%d] is located at %p. \n", i, &data[i]);
11     }
12 }
```

此程式的執行結果如下（當然，此處顯示的記憶體位址僅供參考，實際執行結果將有所不同）：

```
[10:02 user@ws ch13] ./a.out ⏎
The△array△data△is△located△at△0x7fffb0aad1e0.⏎
data[0]△is△located△at△0x7fffb0aad1e0.⏎
data[1]△is△located△at△0x7fffb0aad1e4.⏎
data[2]△is△located△at△0x7fffb0aad1e8.⏎
data[3]△is△located△at△0x7fffb0aad1ec.⏎
data[4]△is△located△at△0x7fffb0aad1f0.⏎
[10:02 user@ws ch13]
```

1　當然，指標是以間接的方式來存取。

上述的程式碼宣告並在記憶體內配置了一塊連續 5 個整數的陣列，並且將其所配置的記憶體位址印出。請參考圖 13-1，由於陣列是連續的空間配置，在上面的例子中，data 位於 0x7fffb0aad1e0，那麼其第一筆資料（也就是 data[0]）自然也就是位於此一位址。更準確的說法是，data[0] 位於從 0x7fffb0aad1e0 開始到 0x7fffb0aad1e3 為止的連續 4 個位元組。這是因為 data 是一個 int 型態的陣列，且 int 型態佔 4 個位元組的記憶體，其後的每筆資料也都剛好間隔 4 個位元組。

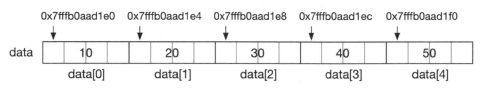

圖 13-1：Example 13-1 中的 data 陣列記憶體配置

瞭解了 data 陣列的記憶體配置後，我們先宣告一個指標 p：

```
int *p;
```

然後，我們讓指標 p 指向 data 陣列的第一筆資料：

```
p = &data[0];
```

因為 data 的位址等於 data[0] 所在的位址（如 Example 13-1 與圖 13-1 所示），所以使用下面的方法，也可以得到一樣的結果。

```
p = data;
```

或者

```
p = &data;
```

上面這行程式在編譯時，會得到「warning: incompatible pointer types assigning to 'int *' from 'int (*)[5]'」的警告，因為 p 被宣告為「int *p;」，意即 p 應該要指向一個整數所在的位址，但 &data 所代表的是一個陣列、而不是一個整數所在的記憶體位址。如果堅持要這樣使用，那麼建議你明確地告訴編譯器這個位址是一個整數所在的位址即可，也就是使用下面的程式碼：

```
p = (int *)&data;
```

這樣就沒有問題了！

不論你使用的是前述的哪一種方法，現在指標 p 都順利地指向了陣列的第 1 筆資料所在之處，如圖 13-2：

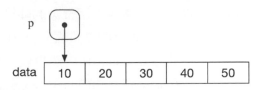

圖 13-2：指標 p 指向 data 陣列的第一筆資料

接下來，我們可以透過間接取值運算子（indirection operator）* 來存取指標 p 所指向的地方的數值，例如 *p 就表示 data[0] 的數值。

但如果我們想要透過指標 p 來存取 data 陣列的其他資料又該如何進行呢？比方說要存取其第 3 筆資料，也就是 data[2] 該怎麼做呢？其實非常簡單，只要使用

```
*(p+2)
```

就可以存取到 data[2] 的數值了！因為 p 是一個指標，所以對 p 所進行的運算結果也必須為一個記憶體位址；另外，對指標所進行的運算，也必須以指標所宣告的型態為依據來進行。由於 p 是以「int *p;」所宣告的 int 整數指標，所以上例中的「p+2」，其運算應視為是「將指標 p 所保存的記憶體位址」加上「2 × 指標 p 所宣告的型態所佔之記憶體空間」。更詳細地說，本例中的 p 所指向的是 0x7fffb0aad1e0，也就是 data[0] 所在的位址。當我們進行「p+2」運算時，並不是 0x7fffb0aad1e0+2，而是依據指標 p 所宣告的型態來進行 0x7fffb0aad1e0 + 2*sizeof(int) 的運算。因為 p 是一個指向 int 整數的指標，若對它進行加法的運算，其運算單位是以整數的大小為依據，所以 p+2 是以 p 所保存的記憶體位址再加上 2 個 int 型態的大小，其運算過程可表示為：

$$p+2 = p+sizeof(int)*2 \leftarrow \boxed{\text{依據指標 p 所宣告的型態所佔的記憶體空間大小，進行相關的運算}}$$
$$= 0x7fffb0aad1e0 + 4*2$$
$$= 0x7fffb0aad1e8 \leftarrow \boxed{\text{此即為 data[2] 所在的記憶體位址}}$$

此運算結果 0x7fffb0aad1e8 就是 data[2] 所在的位址。既然 p+2 代表的是 data[2] 所在的位址，那麼 *(p+2) 就等於 data[2] 的數值了！

指標除了可以進行加法的運算外，也可以進行減法的運算，請參考以下的例子：

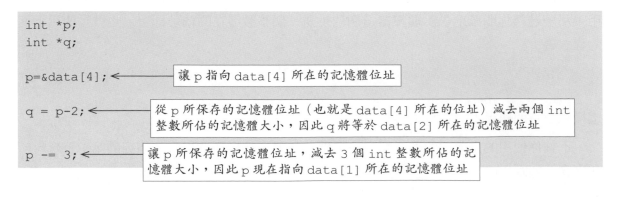

前面提到，指標的運算必須以型態的大小為依據，所以當運算元皆是指標時，其運算結果也是會轉換為其型態的大小間的差距：

```
int i;
p = &data[4];  ← 讓 p 指向 data[4] 所在的記憶體位址
q = &data[1];  ← 讓 q 指向 data[1] 所在的記憶體位址
i = p - q;  ← p - q 應視為計算 p 與 q 間差距幾個 int 整數所佔的記憶體大小，因此
               p-q=(0x7fffb0aad1f0 - 0x7fffb0aad1e4)/sizeof(int)=12/4=3
i = q - p;  ← q - p 應視為計算 q 與 p 間差距幾個 int 整數所佔的記憶體大小，因此
               q-p=(0x7fffb0aad1e4 - 0x7fffb0aad1f0)/sizeof(int)=-12/4=-3
```

指標還可以使用關係運算子（relational operator）、相等運算子（equality operator）與不相等運算子（inequality operator），包含 <、<=、>=、>、== 與 != 等進行比較，依指標值（也就是其所保存的記憶體位址）進行比較，結果可以為 false（運算結果不成立時以整數值 0 表示）或 true（運算結果成立時以整數值 1 表示）。假設 data 陣列內容如圖 13-2，請參考以下的程式：

```
p = &data[4];
q = &data[1];
if( p > q )  ← 因為 p 的值（記憶體位址）比 q 的值大，所以此判斷成立
    printf("The position of p is after that of q.\n");
if( *p > *q )  ← 因為 p 所指向 data[4] 比 q 所指向的 data[1] 大，所以此判斷成立
    printf("The value of p is larger than that of q.\n");
```

13-2
以指標走訪陣列

下面的程式，配合迴圈的使用，利用指標來將陣列中每個元素都拜訪一次：

Example 13-2：配合迴圈來使用指標來走訪陣列中每個元素的記憶體位址　　Location:/Examples/ch13　Filename:ArrayVisiting.c

```
1   #include <stdio.h>
2
3   int main()
4   {
5       int data[5]={10, 20, 30, 40, 50};
6       int i;
7       int *p;
8
9       p=&data[0];
10      for(i=0;i<5;i++)
11          printf("data[%d]=*(p+%d)=%d \n", i, i, *(p+i));
12  }
```

此程式的執行結果如下：

```
[10:02 user@ws ch13] ./a.out ↵
data[0]=*(p+0)=10△ ↵
data[1]=*(p+1)=20△ ↵
data[2]=*(p+2)=30△ ↵
data[3]=*(p+3)=40△ ↵
data[4]=*(p+4)=50△ ↵
[10:02 user@ws ch13]
```

當然，我們也可以在迴圈中直接使用指標來操作，請參考下面的範例：

Example 13-3：直接在迴圈中使用指標來走訪陣列中的每個元素

Location:/Examples/ch13
Filename:ArrayVisiting2.c

```
1   #include <stdio.h>
2   #define Size 5
3
4   int main()
5   {
6       int data[Size]={10, 20, 30, 40, 50};
7       int *p;
8
9       p=&data[0];
10      for(p=&data[0]; p<&data[Size]; p++)
11          printf("p=%p *p=%d \n", p, *p);
12  }
```

此程式的執行結果如下：

```
[10:02 user@ws ch13] ./a.out ↵
p=0x7fffb0aad1e0△*p=10△ ↵
p=0x7fffb0aad1e4△*p=20△ ↵
p=0x7fffb0aad1e8△*p=30△ ↵
p=0x7fffb0aad1ec△*p=40△ ↵
p=0x7fffb0aad1f0△*p=50△ ↵
[10:02 user@ws ch13]
```

在 Example 13-3 中的第 10 行是與 Example 13-2 差異最大之處：

```
for(p=&data[0]; p<&data[Size]; p++)
```

此迴圈直接使用指標做為迴圈變數，可稱為迴圈指標（loop pointer）！從 p=&data[0] 開始，只要 p<&data[Size] 就持續執行，且每次會進行 p++（事實上這個動作會等於 p=p+1*sizeof(int)，因為 p 是被宣告為 int 型態的指標），以便讓指標 p 指向陣列的下一個元素。細心的讀者應該也會注意到，在此程式的第 9 行其實已經不再需要，因為在第 10 行的 for 迴圈裡也做了一樣的操作。

注意　**&data[Size] 超出了陣列索引範圍！？**

　　我們在本書第 8 章曾提到存取陣列時，請不要使用超過其索引範圍！讀者可能會對上述例子中的 for 迴圈測試條件（p<&data[Size]）感到疑惑 — 因為 data 陣列被宣告為「int data[Size]」，其索引範圍應為 0 ～ Size-1，在測試條件中的 data[Size] 不是超出了索引範圍了嗎？

　　我們當然不能存取超出範圍的陣列元素，但是請不必擔心，此處我們用以判斷迴圈是否繼續執行的是「&data[Size]」而不是「data[Size]」— 前者是一個記憶體位址，後者才是我們所擔心的超出陣列索引範圍的存取。我們可以使用第 8 章所介紹的陣列元素記憶體位址計算方法，來計算 &data[Size] 所代表的記憶體位址為何：

```
&data[Size] = &data[5]
            = 0x7fffb0aad1e0 + sizeof(int)*5
            = 0x7fffb0aad1e0 + 20
            = 0x7fffb0aad1f4
```

　　雖然此記憶體位址已超出了 data 陣列所配置的記憶體空間，但這正是此處我們用以做為 for 迴圈的測試條件（p<&data[Size]）的目的 — 確保透過指標 p 存取陣列元素時，不會超出陣列所配置的空間範圍！

我們也可以用 while 迴圈改寫同一個程式，請參考下面的範例：

Example 13-4：使用while迴圈搭配指標來走訪陣列中的每個元素　Location:/Examples/ch13　Filename:ArrayVisiting3.c

```
1   #include <stdio.h>
2   #define Size 5
3
4   int main()
5   {
6       int data[Size]={10, 20, 30, 40, 50};
7       int *p;
8
9       p=&data[0];
10      while (p<&data[Size])
11      {
12          printf("p=%p *p=%d\n", p, *p);
13          p++;
14      }
15  }
```

此程式的執行結果與 Example 13-3 相同，在此不再贅述。

13-3 指標與陣列互相轉換使用

我們也可以直接把陣列當成一個指標來使用，請參考下面的範例：

Example 13-5：直接把陣列視為是一個指標來操作

Location:/Examples/ch13
Filename:ArrayAsPointer.c

```c
1  #include <stdio.h>
2  #define Size 5
3
4  int main()
5  {
6      int data[Size]={10, 20, 30, 40, 50};
7      int i;
8
9      for(i=0;i<Size;i++)
10         printf("(data+%d)=%p *(data+%d)=%d\n", i, data+i, i, *(data+i) );
11
12     printf("\n");
13
14     int *p;
15     for(p=data;p<data+Size;p++)
16         printf("p=%p *p=%d \n", p, *p);
17 }
```

此程式的執行結果如下：

```
[10:02 user@ws ch13] ./a.out ⏎
(data+0)=0x7fff5def5ac0△*(data+0)=10 ⏎
(data+1)=0x7fff5def5ac4△*(data+1)=20 ⏎
(data+2)=0x7fff5def5ac8△*(data+2)=30 ⏎
(data+3)=0x7fff5def5acc△*(data+3)=40 ⏎
(data+4)=0x7fff5def5ad0△*(data+4)=50 ⏎
⏎
p=0x7fff5def5ac0△*p=10△⏎
p=0x7fff5def5ac4△*p=20△⏎
p=0x7fff5def5ac8△*p=30△⏎
p=0x7fff5def5acc△*p=40△⏎
p=0x7fff5def5ad0△*p=50△⏎
[10:02 user@ws ch13]
```

此程式利用兩個簡單的迴圈來走訪陣列內容，其中第 9-10 行的 for 迴圈令 i 從 0 到 4，每次將 data+i 的位址以及數值加以輸出：

```c
for(i=0;i<Size;i++)
    printf("(data+%d)=%p *(data+%d)=%d\n", i, data+i, i, *(data+i) );
```

這就是把 data 陣列視為是一個指標，直接以「data+i」與「*(data+i)」來取得其位址與值。至於在第 15-16 行則再使用一個 for 迴圈，但改以指標 p 做為其迴圈變數：

```
for(p=data;p<data+Size;p++)
    printf("p=%p *p=%d \n", p, *p);
```

此迴圈讓 p 從 data 開始（意即讓 p 指向 data 陣列的第 1 筆資料）一直到 p<data+Size 為止。此處的「p=data」與「p<data+Size」都是把 data 陣列視為是一個指標的例子。

當然，我們也可以反過來，把指標當成陣列來使用，請參考下面的範例：

Example 13-6：**把指標視為是一個陣列來操作**　Location:/Examples/ch13　Filename:PointerAsArray.c

```
1  #include <stdio.h>
2  #define Size 5
3
4  int main()
5  {
6      int data[Size]={10, 20, 30, 40, 50};
7      int *p = data;
8      int i;
9
10     for(i=0;i<Size;i++)
11         printf("p[%d]=%d\n", i, p[i]);
12 }
```

此程式的執行結果如下：

```
[10:02 user@ws ch13] ./a.out
p[0]=10
p[1]=20
p[2]=30
p[3]=40
p[4]=50
[10:02 user@ws ch13]
```

此程式在第 7 行宣告了指標 p，並讓 p 指向 data 陣列：

```
int *p = data;
```

然後在第 10-11 行的迴圈中，以 p[i] 來存取 data 陣列中的元素。此處的 p[i] 就是把指標視為是陣列的一個實例。

13-4
常見的陣列處理

本節以指標來進行一些常見的陣列處理，請參考 Example 13-7 至 Example 13-9。

Example 13-7：以指標求陣列元素之和   Location:/Examples/ch13
Filename:Sum.c

```
1   #include <stdio.h>
2   #define Size 10
3
4   int main()
5   {
6       int data[Size]={1,2,3,4,5,6,7,8,9,10};
7       int i;
8       int *p;
9       int sum=0,sum2=0;
10
11      for(p=&data[0];p<&data[Size];p++)
12      {
13          sum += *p;
14      }
15      printf("sum = %d\n", sum);
16
17      while(p>(int *)&data)
18      {
19          sum2+=*--p;
20      }
21      printf("sum2 = %d\n", sum2);
22  }
```

此程式的執行結果如下：

```
[11:34 user@ws ch13] ./a.out ⏎
sum △ = △ 55 ⏎
sum2 △ = △ 55 ⏎
[11:34 user@ws ch13]
```

Example 13-7 使用兩個迴圈來進行陣列元素的加總，分別是第 11-14 行與第 17-20 行。其中第一個迴圈是以指標 p 做為其迴圈變數，其值從 data[0] 的位址開始至 data[4] 的位址為止（因為 p 不能大於或等於 &data[Size]），利用「sum+=*p;」來完成陣列所有元素的值的加總。但要注意的是，離開此迴圈時，p 的值為 data[5] 的記憶體位址。接著是第 17-20 行的 while 迴圈，只要 p 大於 data 陣列的起始位置就會持續地執行。在一開始進入這個 while 迴圈時，就如同我們前面所說明的「p 現在是指向 data[5] 的位址」，因此進入此 while 迴圈後，其「sum2+=*--p;」會先對 p 進行 -- 的運算（遞減其值），其結果就會使得 p 從指向

data[5] 變爲指向 data[4]，然後把其值加入到 sum2 中；此迴圈會接續執行直到 p 已經指向了比 data[0] 還要前面的位置時，就會結束這個 while 迴圈的使用。

接下來的範例將找出陣列中的最大值：

Example 13-8：以指標找出陣列中的最大值

Location:/Examples/ch13
Filename:FindMax.c

```
1   #include <stdio.h>
2   #define Size 10
3
4   int main()
5   {
6       int data[Size]={321, 432, 343, 44, 55, 66, 711, 84, 19, 610};
7
8       int i;
9       int *p;
10      int max;
11
12      max = *(p = &data[0]);
13      for( ; p<&data[Size]; p++)
14          max = (max < *p) ? *p : max;
15      printf("max = %d\n", max);
16  }
```

此程式的執行結果如下：

```
[13:43 user@ws ch13] ./a.out ⏎
max △ = △ 711 ⏎
[13:43 user@ws ch13]
```

此程式的第 12 行「max = *(p = &data[0]);」，讓指標 p 指向 data 陣列的第 1 個數值，並讓 max 透過間接存取得到 data[0] 的數值。接著第 13-14 行的 for 迴圈，就以 p 爲迴圈變數，反覆執行「max = (max < *p) ? *p : max;」，讓 max 與目前 p 所指向的位址裡的值比較，若 max 比較小就將其值設定爲 *p，確保 max 爲目前爲止的最大值。

接下來則是使用指標來進行排序的例子：

Example 13-9：以指標進行陣列的排序

Location:/Examples/ch13
Filename:Sort.c

```
1   #include <stdio.h>
2   #define Size 10
3
4   int main()
5   {
6       int data[Size]={3451,25,763,3454,675,256,37,842,3439,510};
7
8       int *p, i;
```

```
9
10       for(i=0;  i<Size-1;i++)
11          for(p=&data[0];p<&data[Size-i-1];  p++)
12             if(*p<*(p+1))
13             {
14                   int temp = *p;
15                   *p = *(p+1);
16                   *(p+1)  = temp;
17             }
18
19       for(p=&data[0];p<&data[Size];p++)
20          printf("%d \n", *p);
21  }
```

此程式的執行結果如下：

```
[13:24 user@ws ch13]  ./a.out ⏎
3454△ ⏎
3451△ ⏎
3439△ ⏎
842△ ⏎
763△ ⏎
675△ ⏎
510△ ⏎
256△ ⏎
37△ ⏎
25△ ⏎
[13:24 user@ws ch13]
```

此程式仍然是使用氣泡排序法來進行排序，在此不多做說明，留給讀者自行閱讀。

13-5
以陣列做為函式的引數

　　在函式的設計上，可以使用陣列做為引數。請參考下面的例子：

```
int sum( int a[], int n)
{
    int i=0, s=0;
    for(;i<n;i++)
    {
        s+=a[i];
    }
    return s;
}
```

在上面的例子中，我們設計了一個可以計算陣列中元素和的函式。我們可以使用下面的方式來呼叫它：

```
int data[10]={12,522,43,3423,23,21,34,22,55,233};
int summation = 0;
...
summation = sum(data,10);
```

由於陣列與指標可互相轉換的特性，前述的函式設計也可改成：

```
int sum( int *a, int n)
{
    int i=0, s=0;
    for(;i<n;i++)
    {
        s+=a[i];
    }
    return s;
}
```

同樣地，在呼叫時也可以用下列的方法：

```
summation = sum( &data[0], 10);
```

或者

```
summation = sum( (int *)&data, 10);
```

另外，也可以使用

```
summation = sum( &data[3], 5 );
```

來計算從陣列第 4 筆元素開始，往後 5 筆的和。

13-6
指標與多維陣列

本節以二維陣列為例，探討指標與多維陣列的關係。請參考以下的例子：

Example 13-10：二維陣列元素初始值之給定

Location:/Examples/ch13
Filename:2DArray.c

```c
#include <stdio.h>

#define ROW 3
#define COL 5

int main()
{
    int data[ROW][COL];
    int i, j;

    for(i=0;i<ROW;i++)
        for(j=0;j<COL;j++)
            data[i][j]= i*COL+j;

    for(i=0;i<ROW;i++)
    {
        for(j=0;j<COL;j++)
        {
            if(j>0)
                printf(", ");
            printf("%3d", data[i][j]);
        }
        printf("\n");
    }
}
```

在這個例子中，我們宣告了一個 ROW×COL（也就是 3×5）的二維陣列，給定其初始值後將陣列內容輸出。其執行結果可產生如圖 13-3 的陣列：

行(COLUMN)

	0	1	2	3	4
0	0	1	2	3	4
1	5	6	7	8	9
2	10	11	12	13	14

列(ROW)

圖 13-3：一個 3x5 的二維陣列

但其實在記憶體的配置上，仍是以連續的空間進行配置的，如圖 13-4 所示。

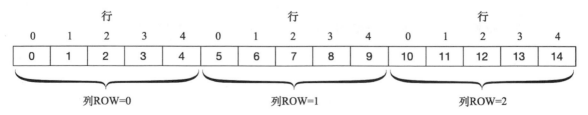

圖 13-4：連續的記憶體空間配置

所以，同樣的初始值給定的程式碼也可以改寫如下：

```
int *p;
for(i=0, p=&data[0][0]; p<= &data[ROW-1][COL-1];i++, p++)
    *p = i;
```

此處是宣告了一個指標 p，透過迴圈的使用，讓 p 指向 data[0][0] 所在的位址，進行其初始值的給定（也就是「*p=i;」），然後讓指標 p 往後移動 4 個位元組（因為 data 是一個整數的陣列，一個整數佔 4 個位元組），反覆進行直到 p 不小於 data[ROW-1][COL-1] 的位址為止（因為 data 是一個 ROW×COL 的二維陣列，其最後一筆資料就位於 data[ROW-1][COL-1]）。

我們也可以使用下面的程式碼，來宣告一個指向 int 型態的陣列的指標：

```
int (*p2a)[COL];
```

這裡的指標變數名稱 p2a 是取自「指向陣列的指標（pointer to array）」之意，，因為像這樣的宣告是定義了一個指標，且該指標應該要指向一個 int 型態的整數陣列，又該陣列內共有 COL 筆資料。換句話說，p2a 是一個指標，它應該要指向一個具有 COL 個 int 型態的元素的陣列。

　注意　**int (*p2a)[COL] vs. int *p2a[COL]**

> 有些讀者可能會將「int (*p2a)[COL]」寫成了「int *p2a[COL]」，也就是將其中的括號省略。但是如此一來，其意義卻大不相同！「int (*p2a)[COL]」宣告的是一個指標，但「int *p2a[COL]」宣告的卻是一個陣列！更明確來說，「int *p2a[COL]」宣告的是一個具有 COL 個元素的陣列，其每個元素都是一個指向 int 型態的整數之指標！換句話說，此時的 p2a 變成了「指標陣列（array of pointers）」！意即由指標做為元素所組成的陣列，它應該要寫成 aop 而不是 p2a！

我們可以透過此種宣告方法，來產生一個可以指向二維陣列中某一個列（row）的指標，例如：

```
int (*p)[COL];
p = &data[0];
```

這樣就可以讓 p 指向 data 的第一列。我們再使用下面的程式，將該 row 中的資料輸出：

```
for(i=0;i<COL;i++)
{
    printf("%d\n", (*p)[i]);
}
```

其輸出結果為：

```
0 ↵
1 ↵
2 ↵
3 ↵
4 ↵
```

因為每一列都擁有 COL 筆資料，所以 for 迴圈的迴圈變數就從 0 開始到 COL-1，每次將 (*p)[i] 的值加以輸出。因為 (*p) 是以間接存取的方式，得到 p 所指向的位址裡的值，但前面已經說明過此值為一個整數陣列，所以我們可以在其後以陣列索引方式來存取陣列中的元素。

此處又要再提醒讀者注意，千萬不可以把「(*p)[i]」寫成「*p[i]」，因為「*p[i]」是以間接存取的方是，取得第 i 個 p 所在的位址裡面的值。以本例來說，p 是以「int (*p)[COL]」所宣告，因此所謂的一個 p 就是一個 COL 個元素的 int 型態的陣列的大小，也就是 sizeof(int) ×COL；p[i] 就是把 p 當成陣列來存取，p[0] 就是所謂的第 1 個 p，其位置就在原本所指定的位址（也就是 data[0] 所在的位址，因為是以 p=&data[0] 所指定的）。但是，p[i] 則是用 p 所在的位址再加上 i×size(int) ×COL 的位址，若以二維陣列的角度來看，此時的 p[i] 就成為在同一行（column）中的往下第 i 列（row）的資料；用更簡單的方式來說，就是從目前所在的位置，往下移動到下面的第 i 列。若使用二維陣列的角度來看，原本 p 或 p[0] 都是指向 data[0][0] 所在的位址（別忘了 data[0] 與 data[0][0] 是同一個位址），至於 p[1] 則是 data[0][0] 所在位址加上 1×size(int) ×COL，也就是 &data[0][0]+1×4×5。請讀者驗算看看，這個位址是不是剛好就是 data[1][0] 所在之處？若是 p[2] 則是指 &data[0][0]+2×4×5，驗算看看是不是 data[2][0] 所在的位置？

了解了 p[i] 所代表的意義後，現在在前面再加上一個星號，就變成 *p[i]，也就是以間接存取的方式，去存取 p[i] 所指向的位址裡面的數值。因為 p[i] 指向了同一行（column）的下一列（row）的陣列元素，因此此間接存取就是去取得在二維陣列中垂直往下的一筆資料。簡單來說，*p[i] 變成了存取 p 的行方向的第 i 筆資料！也就是從 p 目前所在的位置，「往下」存取 i 個元素！因此，下面這段程式看起來與前一個程式頗為相像，但它的作用是把同一行的數值輸出！

```
int (*p)[COL];
p = &data[0];
for(i=0;i<ROW;i++)
{
    printf("%d\n", *p[i]);
}
```

其輸出結果為：

```
0
5
10
```

由於 p 所指向的是一個大小為 COL 的 int 整數陣列，我們也可以改用 p[i][0] 來存取 data 陣列第 0 行的數值，並將上述程式改寫如下：

```
int (*p)[COL];
p = &data[0];
for(i=0;i<ROW;i++)
{
    printf("%d\n", p[i][0]);
}
```

其執行結果仍然相同。

　　以下的範例，完整示範了本節所討論的內容：

Example 13-11：使用pointer來將二維陣列中特定列
(row)與行(column)的元素值輸出

Location:/Examples/ch13
Filename:Pointer2Array.c

```
 1  #include <stdio.h>
 2
 3  #define ROW 3
 4  #define COL 5
 5
 6  int main()
 7  {
 8      int data[ROW][COL];
 9      int i, j;
10      int (*p2a)[COL];
11
12      for(i=0;i<ROW;i++)
13          for(j=0;j<COL;j++)
14              data[i][j]= i*COL+j;
15
16      p2a=&data[0];
17
18      printf("The values of the first row are ");
19      for(i=0;i<COL;i++)
20      {
21          if(i==COL-1)
22              printf("and %d.\n", (*p2a)[i]);
23          else
24              printf("%d, ", (*p2a)[i]);
25      }
```

```
26        printf("The values of the first column are ");
27        for(i=0;i<ROW;i++)
28        {
29            if(i==ROW-1)
30                printf("and %d.\n", *p2a[i]);
31            else
32                printf("%d, ", *p2a[i]);
33        }
34  }
```

此程式執行結果如下：

```
[15:57 user@ws ch13] ./a.out ⏎
The △ values △ of △ the △ first △ row △ are △ 0, △ 1, △ 2, △ 3, △ and △ 4. ⏎
The △ values △ of △ the △ first △ column △ are △ 0, △ 5, △ and △ 10. ⏎
[15:57 user@ws ch13]
```

13-7 程式設計實務演練

程式演練 22

誰贏了五子棋？

易季龍剛加入一間頗具規模的電腦游戲製作公司，他被安排在開發棋奕游戲的部門擔任助理程式設計師，該部門目前主要的工作是開發五子棋的電腦游戲。五子棋是一項非常有趣的棋奕遊戲，由分持白子與黑子的雙方在縱橫 19 道的棋盤上輪流落子，由率先形成縱、橫或斜的五子連線的一方獲勝！易季龍的工作是負責開發用以檢測是否有人獲勝的函式，這些函式必須使用 C 語言開發，並且符合定義在 Gomoku.h 中的函式原型定義。請參考以下的 Gomoku.h 內容：

```
typedef enum {Black=49, White=48, None=0} Player;

Player checkHorizontal(char (*p)[5]);
Player checkVertical(char (*p)[19]);
Player checkDiagonal(char (*p)[19]);
Player checkBackDiagonal(char (*p)[19]);
Player check4Winner(char chessboard[19][19]);
```

由其他程式設計師所設計完成的程式，會把需要判定勝負的棋盤以文字檔方式提供給易季龍所開發的程式模組來進行驗證，意即他可以使用 I/O redirect 的方式來取得輸入。為了驗證易季龍的程式是否正確，他的主管已經提供了一個測試用的程式檔 Test.c，其內容如下：

```c
#include <stdio.h>
#include "Gomoku.h"

int main()
{
  char chessboard[19][19];
  int i,j;
  Player winner;

  for(i=0;i<19;i++)
    for(j=0;j<19;j++)
      scanf(" %c",&chessboard[i][j]);

  for(i=0;i<19;i++)
  {
    for(j=0;j<19;j++)
    {
      printf("%c ", chessboard[i][j]);
    }
    printf("\n");
  }

  winner = check4Winner(chessboard);
  if(winner==Black)
    printf("Black win!\n");
  else if(winner==White)
    printf("White Win!\n");
  else
    printf("Even!\n");
}
```

這個測試用的程式會先以 I/O 轉向（I/O redirect）的方式，將需要測試的檔案讀入，然後將其內容輸出在畫面上，最後呼叫「check4Winner()」函式，來取得獲勝的人是誰，並加以輸出。主管也提供了以下的 Makefile：

```makefile
all: Test.c Gomoku.o
        cc Test.c Gomoku.o

Gomoku.o: Gomoku.c
        cc -c Gomoku.c

clean:
        rm *.o a.out *.*~
```

現在，請你幫助易季龍完成這個程式的設計。請參考以下的測試檔 chess.in：

```
· △ · △ · △ · △ · △ · △ · △ · △ 1 △ · △ · △ · △ · △ ·
· △ · △ · △ · △ · △ 1 △ 0 △ · △ · △ · △ 0 △ · △ · △ ·
· △ · △ · △ 1 △ 0 · △ 1 △ · △ · △ · △ 0 △ · △ · △ ·
· △ · △ · △ 1 △ · △ · △ 1 △ 0 △ · △ 0 △ 0 △ · △ 1 △ ·
· △ · △ · △ 0 △ · △ · △ 1 △ · △ 1 △ · △ 0 △ · △ · △ ·
· △ · △ · △ · △ 1 △ 1 △ · △ 1 △ 0 △ · △ 1 △ · △ · △ ·
· △ · △ · △ · △ 0 △ · △ 1 △ 0 △ 0 △ · △ 1 △ · △ · △ ·
· △ · △ · △ · △ 0 △ · △ 0 △ 1 △ 0 △ 0 △ · △ · △ · △ ·
· △ · △ · △ · △ · △ 0 △ 1 △ 0 △ 1 △ 0 △ · △ · △ · △ ·
· △ · △ · △ · △ 0 △ 1 △ 1 △ 0 △ · △ 1 △ · △ · △ · △ ·
· △ · △ · △ · △ 1 △ 1 △ 0 △ 1 △ 0 △ · △ · △ · △ · △ ·
· △ · △ · △ 0 △ · △ 0 △ · △ · △ · △ · △ · △ 1 △ · ·
· △ · △ · △ 0 △ 1 △ 1 △ 1 △ 1 △ · △ · △ · △ · △ 0 ·
· △ · △ · △ 1 △ · △ · △ · △ · △ 1 △ · △ · △ · △ · ·
· △ · △ · △ 1 △ · △ · △ · △ · △ · △ · △ · △ · △ 1 ·
· △ · △ 0 △ 1 △ · △ · △ 0 △ · △ 1 △ 0 △ 0 △ 0 △ 0 ·
· △ · △ 1 △ · △ · △ · △ 1 △ · △ 0 △ · △ 0 △ · △ · ·
· △ · △ · △ 0 △ · △ · △ · △ 0 △ · △ · △ 0 △ 1 △ · 0 ·
· △ · △ · △ 1 △ · △ · △ · △ 1 △ · △ 0 △ 0 △ 1 △ 0 1
```

此檔案共有 19 列，每列由 19 個棋盤位置所組成，其中以「1」代表黑子、「0」代表白子，並以「.」表示未落子處，且在任意兩個位置中使用一個空白鍵加以分隔。請回顧定義在 Gomoku.h 中的列舉資料型態 ─ Player：

```
typedef enum {Black=49, White=48, None=0} Player;
```

它就是以字元 1 與 0 的 ASCII 數值做為 Black 與 White 的數值。以 chess.in 為例，此程式演練的應該要有以下的輸出：

```
[9:19 user@ws proj19] ./a.out < chess.in
White △ Win!
[9:19 user@ws proj19]
```

當然，依棋盤內容的不同，此程式的輸出將有下列幾種可能：

- 輸出「White △ Win! 」：若棋盤中有五個連線的白子；
- 輸出「Black △ Win! 」：若棋盤中有五個連線的黑子；
- 輸出「Even! 」：若棋盤中沒有五個連線的白子或黑子。

請注意，本題不考慮同時有五個連線的白子與黑子的情況。另外，此題所有需要的檔案可以在本書隨附光碟中的 /Projects/22 目錄中找到。

　　此程式演練的主要目的是讓讀者練習以指標來操作陣列，且主要的程式架構皆已完成，你需要實作的只有 Gomoku.c 的內容。現在，就讓我們來看看這個 Gomoku.c 該如何完成。由於在 Test.c 中的 main() 函式裡，是透過 check4Winner() 來判定勝負的，所以我們就從這個函式開始討論。依 Gomoku.h，check4Winner() 的函式原型如下：

```
Player check4Winner(char chessboard[19][19]);
```

也就是說，此函式被呼叫時將接收一個 19×19 的二維陣列（也就是棋盤），然後判定勝負後將勝方（Black 或 White）傳回，如沒人獲勝則傳回 None。注意，此處的 Black、White 與 None 都是定義在 Player 這個列舉資料型態的數值。此函式最簡單的設計策略就是使用迴圈（雙層的巢狀迴圈）來逐一地走訪棋盤上的每個位置，並就每個位置可能的五子連線進行檢查。因此，我們可以先設計出以下的框架：

```
Player check4Winner(char chessboard[19][19])
{
    int i,j;
    Player winner;

    for(i=0;i<19;i++)
    {
        for(j=0;j<19;j++)
        {
            在此處進行每個位置的檢查
        }
    }
}
```

所以現在我們將可以在此雙重迴圈裡，檢查是否有五子連線的情況發生。請參考圖 13-5，就棋盤中的某個位置 chessboard[i][j] 而言（圖 13-5 中標示為黑色的位置），check4Winner() 函式的目的就是從 chessboard[i][j] 所在的位置，往其東、南、西、北、東北、東南、西北與西南等八個方向進行檢查，看看是否有連續的 5 個相同顏色的棋子。（也就是圖 13-5 中所標示的八個方向與灰色之處）。舉例來說，對一個棋盤位置 chessboard[i][j] 而言，往東進行檢查就是針對 chessboard[i][j]、chessboard[i][j+1]、chessboard[i][j+2]、chessboard[i][j+3] 與 chessboard[i][j+4] 等 5 個陣列元素的內容是否都是黑子或都是白子。

另外，對 chessboard[i][j] 而言，我們只要就其東方（也就是往右側檢查是否五子連線）即可，而不需再往西方（也就是左側）進行檢查 [2]！請參考圖 13-6，因為往 chessboard[i][j] 西方的五子連線檢查，也就是檢查 chessboard[i][j]、chessboard[i][j-1]、chessboard[i][j-2]、chessboard[i][j-3] 與 chessboard[i][j-4] 等五個陣列元素，其實已經包含在 chessboard[i][j-4] 這個位置往東方（也就是右側）的檢查了，因為 chessboard[i][j-4] 往東方必須檢查 chessboard[i][j-4]、chessboard[i][j-3]、chessboard[i][j-2]、chessboard[i][j-1] 與 chessboard[i][j] — 等同於 chessboard[i][j] 往西方的檢查。基於同樣的理由，如果已針對南方做了檢查，就不再需要檢查北方、已經針對西南方檢查，就不需要檢查東北方。有鑑於此，我們僅就八個方向選擇其中四個方向加以檢查，如圖 3-15 中標示為實心黑線的 4 個方向：東、南東南與西南；至於標示為虛線的另外 4 個方向則不必進行檢查。

2　其實這是一個二擇一的選擇，實作上也可以改成檢查西方，而省略東方。

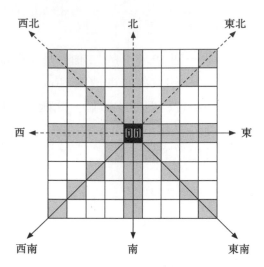

圖 13-5：對 chessboard[i][j] 位置檢查五子連線的方向

圖 13-6：對任意位置檢查往東方向的五子連線

　　check4Winner() 函式的實作，只要在雙層迴圈中針對每個棋盤位置 chessboard[i][j] 進行四個方向的簡查即可，圖 13-7 顯示了每個方向所需要呼叫的函式：

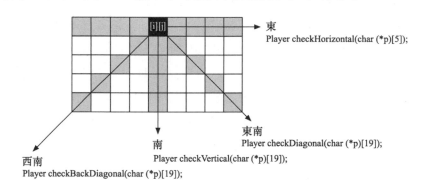

圖 13-7：針對 chessboard[i][j] 所要進行的四個方位檢查及其相關函式

　　現在讓我們從東方開始，討論其對應的 checkHorizontal() 函式的設計。此函式必須從 chessboard[i][j] 開始往右檢查連續的 5 個位置。在 Gomoku.h 中，checkHorizontal() 函式的原型宣告如下：

```
Player checkHorizontal( char (*p)[5] );
```

此函式接收一個指向具有 5 個元素的字元陣列之指標 p 做為參數（對此部份尚不熟悉的讀者，請仔細參閱本章 13-6 節）。因應這個函式的參數需要，所以我們在呼叫它時，要將需要檢查的 chessboard[i][j] 所在的記憶體位址視為是一個具有 5 個字元的陣列的起始記憶體位址，然後傳給 checkHorizontal() 函式使用：

```
checkHorizontal( (char (*)[5]) &chessboard[i][j] );
```

其中的「&chessboard[i][j]」即為該記憶體位址，其前綴的 (char (*)[5]) 就是以顯性轉換（explicit conversion）的方式，將此記憶體位址視為是一個具有 5 個字元的陣列所在的記憶體位址。

此參數一但傳入 checkHorizontal() 函式後，要進行相關的檢查將會相當地容易，因為從該函式的角度來看，其所接收是一個簡單的一維陣列，因此我們可以使用下列程式碼來完成檢查：

```
Player checkHorizontal(char (*p)[5])
{
    int i,b=0,w=0;
    for(i=0;i<5;i++)
    {
        if((*p)[i]==Black) b++;
        else if((*p)[i]==White) w++;
    }
    if(b==5) return Black;
    else if(w==5) return White;
    else return None;
}
```

其中所宣告的變數 b 與 w，分別用來計算在這個連續的 5 個字元中，其出現字元 '1'（代表黑子）與 '0'（代表白子）的次數。經過一個簡單的 for 迴圈的檢查後，再依變數 b 與 w 的值來判定勝負即可。要注意的是，我們在檢查是否為黑子或白子時，是使用列舉資料型態中的 Black 與 White，這樣比較具有可讀性；當然 Black 與 White 值被定義為 1 與 0 的 ASCII 數值，因此這樣的檢查是正確的。此外，還要注意的是，此處我們是使用 (*p)[i] 做為要進行比對的對象，此程式碼所代表的是所傳入的那個指標所指向的那個陣列的第 i 個字元。

現在，讓我們再回到 check4Winner() 函式，當 checkHoriaontal() 完成東方（也就是往右的水平方向）的檢查後，我們可以依其傳回值判定勝負：

```
winner=checkHorizontal((char (*)[5])&chessboard[i][j]);
if(winner!=None) return winner;
```

最後還有一點要提醒讀者：我們並不是永遠都需要去進行東方的檢查！如果在某個位置其往右的方向已經少於 5 個位置，那麼就不可能找到從此處出發的五子連線！因此，上述的程式碼還可以再加入一個條件如下：

```
if(j<=14)
{
    winner=checkHorizontal((char (*)[5])&chessboard[i][j]);
    if(winner!=None) return winner;
}
```

如此便完成了往「東」方向的檢查。

　　接下來讓我們看看「南」的方向該如何檢查，此部份必須要從目前所在的 chessboard[i][j] 這個位置開始，往下檢查合計 5 個位置 — 所以我們將其命名爲 checkVertical() 函式，取其進行垂直方向的檢查之意。請參考圖 13-8(a)，若要檢查的是 chessboard[i][j] 這個位置，那麼往南的垂直方向就是要檢查包含 chessboard[i][j]、chessboard[i+1][j]、chessboard[i+2][j]、chessboard[i+3][j] 與 chessboard[i+4][j] 等 5 個位置的陣列元素值，爲便利讀者思考，這些位置在圖 13-8 中使用灰色方塊表示。

　　此函式將會使用到 13-6 節所介紹的存取二維陣列行（column）方向的陣列元素的做法。請先參考在 Gomoku.h 中所定義的 checkVertical () 函式的原型：

```
Player checkVertical( char (*p)[19] );
```

　　此函式與前述的 checkHorizontal() 非常相似，但其參數的部份從 5 個元素的陣列指標，變成了擁有 19 個元素的陣列指標！這是因爲我們要利用此指標進行垂直方向（也就是行的方向）的檢查，當我們在呼叫此函式時，會將 chessboard[i][j] 所在的記憶體位址傳入，並使用顯性轉換把它視爲是一個指向一個大小爲 19 的 char 陣列的指標：

```
checkVertical( (char (*)[19]) &chessboard[i][j]);
```

此時對 checkVertical() 函式而言，其指標 p 所接收的記憶體位址就會指向一個由 chessboard[i][j]~chessboard[i][18] 以及 chessboard[i+1][0]~chessboard[i+1][j-1] 所構成的一個大小爲 19 的 char 陣列，如圖 13-8(a) 所示。此時，*p[i] 的值就等於從 p 目前所在的位置往下移動 i 列，我們只要配合迴圈變數 i（令其從 0 到 4 遞增），那麼就透過比較 *p[i] 的值是否爲黑子或白子，即可完成 chessboard[i][j]、chessboard[i+1][j]、chessboard[i+2][j]、chessboard[i+3][j] 與 chessboard[i+4][j] 等 5 個位置的陣列元素值的檢查。當然，p 所指到的地方就是一個大小爲 19 的 char 陣列，我們也可以將對 *p[i] 的檢查改成對 p[i][0] 的檢查，同樣可以完成對 chessboard[i][j]、chessboard[i+1][j]、chessboard[i+2][j]、chessboard[i+3][j] 與 chessboard[i+4][j] 等 5 個位置的陣列元素值的檢查，請讀者自行選擇喜好的方式。爲了便立讀者思考起見，我們也在圖 13-8(b) 顯示了從指標 p 的角度所看到的陣列結構 — 你可以明顯地看出，我們所要檢查的位置就位於每一個大小爲 19 的 char 陣列的開頭處。

			[i][j]		...	[i][18]
[i+1][0]	...	[i+1][j-1]	[i+1][j]		...	[i+1][18]
[i+2][0]	...	[i+2][j-1]	[i+2][j]		...	[i+2][18]
[i+3][0]	...	[i+3][j-1]	[i+3][j]		...	[i+3][18]
[i+4][0]	...	[i+4][j-1]	[i+4][j]		...	[i+4][18]
[i+5][0]	...	[i+5][j-1]				

(a)

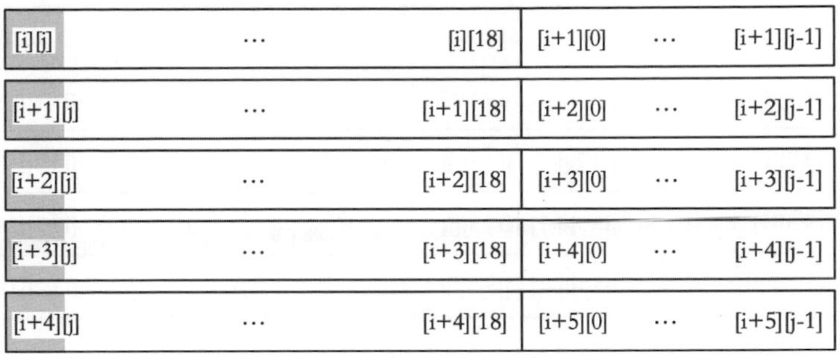

[i][j]	…	[i][18]	[i+1][0]	…	[i+1][j-1]
[i+1][j]	…	[i+1][18]	[i+2][0]	…	[i+2][j-1]
[i+2][j]	…	[i+2][18]	[i+3][0]	…	[i+3][j-1]
[i+3][j]	…	[i+3][18]	[i+4][0]	…	[i+4][j-1]
[i+4][j]	…	[i+4][18]	[i+5][0]	…	[i+5][j-1]

(b)

圖 13-8：對 chessboard[i][j] 進行往南方向的五子連線檢查

考慮到垂直方向最多只有 19 列，所以對 checkVertical() 函式的呼叫同樣需要 if 敘述檢查往
「南」（也就是往下）的方向是否還有 5 個以上的位置：

```
if(i<=14)
{
    winner=checkVertical( (char (*)[19]) &chessboard[i][j]);
    if(winner!=None) return winner;
}
```

以下則是 checkVertical() 函式的內容：

```
Player checkVertical(char (*p)[19])
{
    int i,b=0,w=0;
    for(i=0;i<5;i++)
    {
        if(*p[i]==Black) b++;
        else if(*p[i]==White) w++;
    }
    if(b==5) return Black;
    else if(w==5) return White;
    else return None;
}
```

當然，上述程式碼中的 *p[i] 的檢查也可以改為相同意義的 p[i][0]，請讀者自行練習。

接下來的「東南」方向，是要從 chessboard[i][j] 往右下角方向進行檢查，其對應的函
式被命名為 checkDiagonal()。我們仍是使用 char (*p)[19] 做為其參數的型態定義，並在呼
叫時同樣將要檢查的 chessboard[i][j] 的記憶體位址，轉換為一個指向一個大小為 19 的 char
陣列的位址後，傳給 checkDiagonal() 函式裡的指標參數 p 使用，請參考圖 13-9(a) 與 (b)，
此時我們所要檢查的則是 5 個大小為 19 的字元陣列，並分別檢查它們的第 0 個、第 1 個、
第 2 個、第 3 個與第 4 個陣列元素：

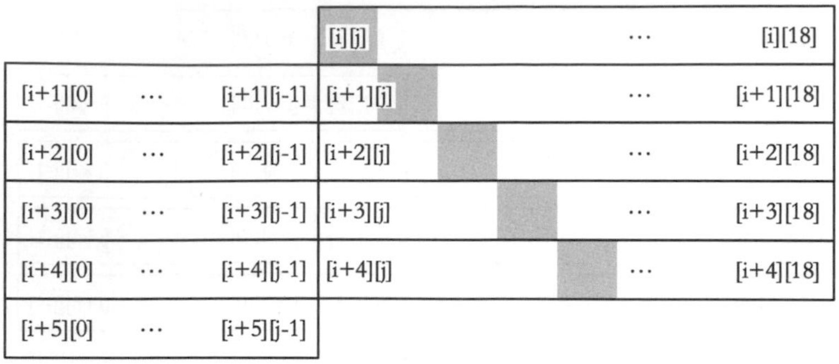

(a)

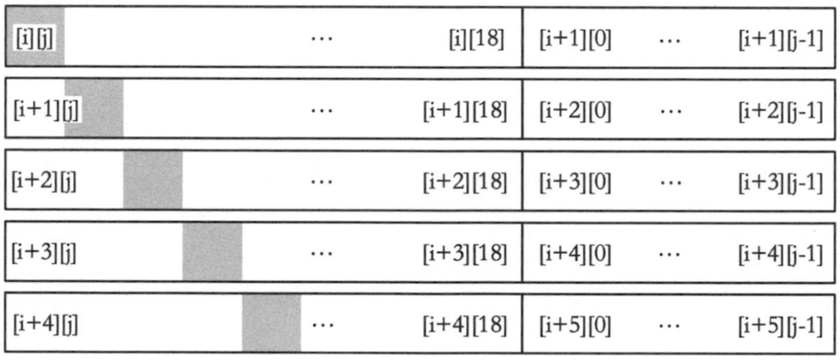

(b)

圖 13-9：對 chessboard[i][j] 進行往東南方向的五子連線檢查

　　在呼叫時，也要注意往右下的方向必須要不少於 5 個的位置（因此設計了「((i<=14)&&(j<=14))」條件）：

```
if((i<=14)&&(j<=14))
{
    winner=checkDiagonal( (char (*)[19])&chessboard[i][j] );
    if(winner!=None) return winner;
}
```

至於在 checkDiagonal() 函式的內容方面，請參考以下的程式碼：

```
Player checkDiagonal(char (*p)[19])
{
    int i,b=0,w=0;
    for(i=0;i<5;i++)
    {
        if((*p)[i]==Black) b++;
        else if((*p)[i]==White) w++;
        p++;
    }
    if(b==5) return Black;
    else if(w==5) return White;
    else return None;
}
```

這裡仍是使用 (*p)[i] 來進行比對，但是在迴圈累加 i 而往右移動的同時，我們也使用 p++ 來將指標 p 往下移動一列；此兩個動作的結合，就完成了往右下方向移動的目的。

最後，我們來看看往「西南」方向的檢查，由於要從 chessboard[i][j] 往左下角方向進行檢查，其對應的函式被命名為 checkBackDiagonal()。此函式之設計與 checkDiagonal() 相似，同樣要確保其左方與下方有足夠之位置（因此設計了「((i<=14)&&(j>=4))」條件）：

```
if((i<=14)&&(j>=4))
{
    winner=checkBackDiagonal((char (*)[18])&chessboard[i][j]);
    if(winner!=None) return winner;
}
```

但讀者應該已經注意到，此處在呼叫 checkBackDiagonal() 函式時，我們將 chessboard[i][j] 的記憶體位址轉換為一個大小為「18」的 char 陣列，而不是之前所使用的大為為「19」的 char 陣列！請參考圖 13-10(a) 與 (b)，其原因在於我們要往西南方向進行的檢查時，若是將指標 p 視為一個大小為 19 的 char 陣列，那麼就必須比較第一個陣列的開頭處、第一個陣列的結尾處、第 2 個陣列的結尾處、第 3 個陣列的結尾處以及第 4 個陣列的結尾處；但是若改成將指標 p 視為一個大小為 18 的 char 陣列的話，每次就可以對該陣列開頭處的元素進行比較即可 — 比起使用大小為 19 的 char 陣列簡單許多。

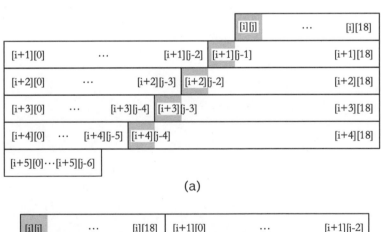

(a)

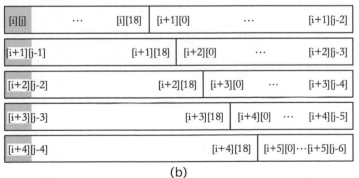

(b)

圖 13-10：對 chessboard[i][j] 進行往西南方向的五子連線檢查

至於在 checkBackDiagonal() 函式的內容方面，請參考以下的程式碼：

```
Player checkBackDiagonal(char (*p)[18])
{
    int i,b=0,w=0;
    for(i=0;i<5;i++)
    {
        if((*p)[0]==Black) b++;
        else if((*p)[0]==White) w++;
        p++;
    }
    if(b==5) return Black;
    else if(w==5) return White;
    else return None;
}
```

至此，本題的開發過程已經討論完畢，請讀者自行在本書隨附光碟中的 /Project/22 目錄內取得完整的程式碼。另外，在本章後續的課後練習中，還有一系列的作業引導你逐步完成五子棋遊戲的設計！

CH13 本章習題

程式練習題

1. 請參考下面 Main.c 與 ReverseString.h 的程式（你可以在本書隨附光碟中的 / Exercises/ch13/1/ 目錄裡找到所需要的檔案，其中也包含 Makefile），完成名為 ReverseString.c 的 C 語言程式，其中包含將所傳入的字串反轉的 reverseString () 函式之實作。

Main.c

```
#include <stdio.h>
#include "ReverseString.h"

int main()
{
    int i;
    char str[] = "Reslab and ASLab";
    printf("Original△△String:%s\n", str);
    reverseString(str, sizeof(str)-1);
printf("Reversed String:%s\n", str);
}
```

ReverseString.h

```
void reverseString(char *str, int size);
```

此題的執行結果如下：

```
[14:51 user@ws hw] ./a.out⏎
Original△△String:Reslab△and△ASLab⏎
Reversed△String:baLSA△dna△balseR⏎
[14:51 user@ws hw]
```

請注意本題僅需繳交 ReverseString.c，其他檔案都不需繳交。

2. 請參考下面 Main.c 與 SumArrayData.h 的程式（你可以在本書隨附光碟中的 /Exercises/ch13/2/ 目錄裡找到所需要的檔案，其中也包含 Makefile），完成名為 SumArrayData.c 的 C 語言程式。在 SumArrayData.c 當中，你必須完成 getArrayData() 與 sumArrayData () 兩個函式的實作；getArrayData() 與 sumArrayData() 函式的作用分別是讓使用者輸入整數資料到陣列裡以及進行加總。

Main.c

```
#include <stdio.h>
#include <stdlib.h>
#include "SumArrayData.h"

int main(int argc, char *argv[])
{
    int i,size=atoi(argv[1]);
    int data[size];
    getArrayData(data, size);
    printf("The sum of these %d numbers is %d.\n",
            size, sumArrayData(data, size));
}
```

SumArrayData.h

```
void getArrayData(int *data, int size);
int sumArrayData(int *data, int size);
```

此題的執行結果如下：

```
[14:51 user@ws hw]  ./a.out △ 3 ⏎
Please △ input △ 3 △ numbers: 10 △ 20 △ 30 ⏎
The △ sum △ of △ these △ 3 △ numbers △ is △ 60. ⏎
[14:51 user@ws hw]  ./a.out △ 5 ⏎
Please △ input △ 5 △ numbers: △ 23 △ 65 △ 33 △ 9 △ 32 ⏎
The △ sum △ of △ these △ 5 △ numbers △ is △ 162. ⏎
[14:51 user@ws hw]  ./a.out △ 10 ⏎
Please △ input △ 3 △ numbers: △ 10 △ 8 △ 3 △ 2 △ 9 △ 7 △ 1 △ 4 △ 5 △ 6 ⏎
The △ sum △ of △ these △ 3 △ numbers △ is △ 55. ⏎
[14:51 user@ws hw]
```

請注意本題僅需繳交 SumArrayData.c，其他檔案都不需繳交。

本章後續的程式練習題，全部是延伸至程式演練 22，建議你先多花些的時間與精神去理解它的內容。為了統一以下題目的輸出格式，我們將五子棋 19×19 的棋盤中的每個位置都使用由水平及垂直方向所構成的編號加以表示，其中水平方向使用大寫英文字母 A、B、C、…、R 與 S 編號，垂直方向則使用阿拉伯數字 1、2、3、…、18 到 19 進行編號。如果表達在棋盤的最左上角處，則使用「A,△1」，最右下角則為「S,△19」。

3. 考慮「程式演練 22」，請修改程式、增加功能，讓程式可以找出棋盤中所有活四的位置。所謂的「活四」是指已經完成四子連線（縱、橫或斜向的連續四個相同顏色的旗子），且其前後兩端都沒有棋子，只要任意在其兩端中擇一加入同顏色的旗子即可完成五子連線。為簡化起見，本題不需找出洞四，也就是在連續五個位置中，除頭尾外中間某個位置留空，但另外四子為同一方的棋子的情況：

當然洞四的頭尾外側也沒有對手防堵的棋子。此題的輸出格式可參考如下：

```
[14:51 user@ws hw] ./a.out △< chess.1↵
Black△live△fours△are:↵
none↵
White△live△fours△are:↵
none↵
[14:51 user@ws hw] ./a.out △< chess.2↵
Black△live△fours△are:↵
<F,△6>,△<F,△7>,△<F,△8>△and△<F,△9>↵
White△live△fours△are:↵
<M,△11>,△<N,△11>△<O,△11>△and△<P,△11>↵
<H,△8>,△<I,△9>,△<J,△10>△and△<K,△11>↵
[14:51 user@ws hw]
```

本題不限定所繳交的程式檔名，但必須繳交 Makefile，並將可執行檔編譯為 a.out；另外，你可以在本書隨附光碟中的 /Exercises/ch13/3/ 目錄裡找到 chess.1 與 chess.2 測試檔。

4. 承上題，考慮「程式演練 22」，請修改程式、增加功能，讓程式可以找出棋盤中所有死四的位置。所謂的「死四」是指已經完成四子連線（縱、橫或斜向的連續四個相同顏色的旗子），但其前後兩端有一端有對手的棋子。同樣為簡化起見，本題不需找出洞死四，也就是在連續四個位置中，除頭尾外中間某個位置留空，但另外三子為同一方的棋子的情況；當然洞死四的頭尾某側已有對手防堵的棋子。此題的輸出格式可參考如下：

```
[14:51 user@ws hw] ./a.out △< chess.1↵
Black△dead△fours△are:↵
none↵
White△dead△fours△are:↵
none↵
[14:51 user@ws hw] ./a.out △< chess.2↵
Black△dead△fours△are:↵
<F,△7>,△<F,△8>,△<F,△9>△and△<F,△10>↵
White△dead△fours△are:↵
<I,△9>,△<J,△10>,△<K,△11>△and△<L,△12>↵
<A,△1>,△<A,△2>,△<A,△3>△and△<A,△4>↵
[14:51 user@ws hw]
```

本題不限定所繳交的程式檔名，但必須繳交 Makefile，並將可執行檔編譯為 a.out；另外，你可以在本書隨附光碟中的 /Exercises/ch13/4/ 目錄裡找到 chess.1 與 chess.2 測試檔。

5.　承上題，請修改程式、增加功能，讓程式可以找出棋盤中所有活三的位置。所謂的「活三」是指已經完成三子連線（縱、橫或斜向的連續三個相同顏色的旗子），且其前後兩端都沒有棋子，只要任意在其兩端中擇一加入同顏色的旗子即可完成四子連線。為簡化起見，本題不需找出洞三，也就是在連續四個位置中，除頭尾外中間某個位置留空，但另外三子為同一方的棋子的情況；當然洞三的頭尾外側也沒有對手防堵的棋子。此題的輸出格式可參考如下：

```
[14:51 user@ws hw] ./a.out △< chess.1↵
Black△live△threes△are:↵
none↵
White△live△threes△are:↵
none↵
[14:51 user@ws hw] ./a.out △< chess.2↵
Black△live△threes△are:↵
<F,△6>,△<F,△7>△and△<F,△8>↵
White△live△threes△are:↵
<L,△11>,△<M,△11>△and△<N,△11>↵
<H,△8>,△<I,△9>△and△<J,△10>↵
[14:51 user@ws hw]
```

本題不限定所繳交的程式檔名，但必須繳交 Makefile，並將可執行檔編譯為 a.out；另外，你可以在本書隨附光碟中的 /Exercises/ch13/5/ 目錄裡找到 chess.1 與 chess.2 測試檔。

❖ 本章還有更多程式練習題，請參考光碟中名為「補充程式練習題」的 PDF 檔案。

CHAPTER

14

記憶體配置與管理

在本書的第 9 章，我們首次介紹了區域變數（local variable）與全域變數（global variable）的概念（詳如 9-4 節），本章將進一步說明變數的生命週期（lifetime）與可視性（visibility），最後並將介紹 C 語言程式的記憶體佈局（memory layout）。

14-1 變數範圍

變數的範圍（scope），又稱爲可視性（visibility）或稱爲可作用範圍，是指變數可有效使用的範圍，可分爲三類：

❖ 區域變數（local variable）：宣告在函式（包含 main() 函式）內的變數，其作用範圍僅限於其所在的函式內。

❖ 區塊變數（block variable）：宣告在函式內的程式區塊內的變數，其作用範圍僅限於其所在的區塊內。所謂的區塊（block，或稱爲程式區塊）是指使用大括號包裹起來的範圍。

❖ 全域變數（global variable）：宣告在函式之外（意即其宣告不位於任何的函式內），可在程式任何地方使用。

請參考下面的例子：

Example 14-1：各種變數範圍的展示

Location:/Examples/ch14
Filename:Scope.c

```
 1  #include <stdio.h>
 2  int g;  // 這是宣告在所有函式之外的全域變數
 3  void foo(int a, int b)   // 所傳入的參數也是屬於 foo() 函式的區域變數
 4  {
 5      int x=1, y=2, z;     // 這是屬於 foo() 函式的區域變數
 6      z = a+b;
 7      printf("x=%d y=%d z=%d g=%d \n", x, y, z, g); // x=1 y=2 z=15 g=8;
 8  }
 9
10  int main()
11  {
12      int x=3, y=5;   // 這是屬於 main() 函式的區域變數
13      g = x+y;
14      printf("x=%d y=%d g=%d\n", x, y, g); // x=3 y=5 g=8;
15
16      {
17          int z;     // 這是區塊變數
18          z = x+y;
19          printf("x=%d y=%d z=%d g=%d\n", x, y, z, g); // x=3 y=5 z=8 g=8;
20      }
21      foo(6, 9);
22  }
```

此程式的執行結果如下：

```
[20:25 user@ws ch14]  ./a.out ⏎
x=3 △ y=5 △ g=8 ⏎
x=3 △ y=5 △ z=8 △ g=8 ⏎
x=1 △ y=2 △ z=15 △ g=8 ⏎
[20:25 user@ws ch14]
```

其實此部份變數範圍說明在第 9 章中已經做過說明，在此僅為讀者做個複習，相關說明請自行參閱本書第 9 章。

14-2
生命週期

變數的生命週期（lifetime）是指其存在於記憶體內的時間，上一節所提到的三種變數，其生命週期如下：

❖ 區域變數（local variable）：從其宣告開始至函式結束為止。
❖ 區塊變數（block variable）：從其宣告開始至區塊結束為止。
❖ 全域變數（global variable）：從程式開始到程式結束為止。

在程式中的變數，其實只是一個符號，用以代表某個值（value）。所謂的程式設計，就是透過程式碼對這些值進行邏輯上的操作，以滿足特定的應用目的。在程式執行時，變數所代表的值，必須存在於記憶體內，才能進行各式操作。由於記憶體是有限的，所以變數所對應的記憶體空間，也需要有妥善的方法管理，C 語言在這方面可分成三種處理方法：自動（automatic）、靜態（static）與動態（dynamic），以下分項說明。

14-2-1　自動記憶體配置

在 C 語言中，區域變數與區塊變數是以自動的方式管理，稱之為自動記憶體配置（automatic memory allocation）。每當變數被宣告後，就會自動地在記憶體中配置適合的空間供其使用，且當變數所在的函式或區塊結束時，所配置的記憶體空間就會被釋放。

從這個角度來看，宣告在 main() 函式內的變數，其記憶體空間是從其宣告開始進行配置，一直到 main() 函式結束時（也就是程式結束時），才會被釋放。對於程式中存在的其他函式而言，函式內所宣告的變數的記憶體空間，也是從宣告開始進行配置，但其所在的函式結束（或使用 return 敘述返回時），就會被釋放。在宣告時，如有給定初始值，則依其值填入記憶體內，否則保留該記憶體原有的值（通常是對程式而言無意義的資料，最好要記得將變數的初始值明確地加以設定）。

　　以這種方式使用記憶體的變數又稱為自動變數（automatic variable），每次在其所處的函式或區塊內自動地被配置，也自動地被釋放。此類變數常見於 main() 函式中宣告用以負責相關的資料儲存、運算等功用，又或者是配合迴圈所宣告的變數，都是屬於這種自動變數的類別。它們的作用範圍（scope）是從其被宣告開始，一直到它所屬的區塊結束為止。自動變數如果不在一開始就設定初始值的話，其內容將會在記憶體中過往其他程式執行所殘留下的值，對我們而言並沒有意義。就算是同一個程式，某個屬於特定函式或區塊的自動變數，也是在每次執行到該函式或該區塊內的宣告時，才會重新建立此變數，並不是一直都保留著。

14-2-2　靜態記憶體配置

　　在程式編譯時，全域變數與字串常值（string literal）都會被配置到一塊特別的記憶體空間，且在程式執行的過程中，所配置的空間將持續保留給這些變數使用，直到程式結束為止。我們將此種方式稱為靜態記憶體配置（static memory allocation）。除了全域變數與字串常值外，C 語言還允許我們在變數宣告時，使用 static 保留字來修飾宣告，將該變數的記憶體空間強制改以靜態方式處理。例如下面的例子：

Example 14-2：靜態變數示範　　　Location:/Examples/ch14　Filename:Static.c

```
1  #include <stdio.h>
2  void foo()
3  {
4      static int i=1;
5      printf("i=%d\n", i++);
6  }
7
8  int main()
9  {
10     int i;
11     for(i=0;i<10;i++)
12         foo();
13 }
```

此程式的執行結果如下：

```
[20:43 user@ws ch14] ./a.out
i=1
i=2
i=3
i=4
i=5
i=6
i=7
```

```
i=8 ↵
i=9 ↵
i=10 ↵
[20:43 user@ws ch14]
```

在此例中，foo() 函式內的變數 i，被宣告為 static，其結果會在編譯時就為其配置好所需的記憶體空間，且其生命週期亦延長至程式結束為止，我們將其稱為靜態變數（static variable）」。要注意的是，在 foo() 函式內的「static int i=1;」宣告，其中「i=1」是初始的設定，只會作用一次，當 foo() 函式再次（及後續每一次）被呼叫時，將不會再為其設定初始值。在沒有設定初始值的情況下，全域變數與靜態變數將會以 0 做為其預設的初始值。

14-2-3　動態記憶體配置

動態記憶體配置（synamic mameory allocation），是由我們明確地以 malloc() 等函式來取得記憶體空間，並以 free() 釋放不再需要的記憶體空間。以此種方式配置的記憶體空間是不會自動被釋放的，如果我們沒有在程式中使用 free() 來加以釋放，則其生命週期將會一直持續到程式結束為止。

此類的記憶體空間通常都是以指標來存取，我們必須小心地加以操作。假設在程式中，有一個使用動態配置的記憶體空間已經沒有任何的指標指向它，此時該空間將無法被使用！同時也無法被釋放！我們將此現像稱為記憶體洩漏（memory leak）。

C 語言提供以下三個有關動態記憶體配置的函式，它們的函式原型都定義於 stdlib.h 中。首先是 malloc() 函式，它可以用以配置一塊大小為 size 的記憶體空間，但不進行初始化，請參考表 14-1：

表 14-1：malloc() 的函式原型

原型 （Prototype）	void * malloc (size_t size)	
標頭檔 （Header File）	stdlib.h	
傳回值 （Return Value）	當配置成功時，傳回一個指向該記憶體空間的指標；若是配置失敗則傳回 NULL。要注意的是，其傳回值型態為 void *，可以任意地轉換為其他型態的指標。	
參數 （Parameters）	名稱	說明
	size	所要配置的空間大小，以 byte 為單位，且必須為正整數，其型態為 size_t（在大部份 64 位元的系統上，此型態為 unsigned long int）。

請參考下面的程式片段，它配置了 1000 個整數的空間，並在發生記憶體配置錯誤時，印出警告訊息：

```
int *p;
p = malloc(4000);
```
配置 1000 個整數的空間（因爲 int 佔 4 個位元組，所以 4000 個位元組就等於 1000 個整數所需的空間。

```
if(p==NULL)
    printf("Allocation failed!\n");
```

或是搭配 sizeof() 來求得 int 型態所需的空間，以避免在不同作業環境中資料型態大小不同的狀況：

```
if((p=malloc(1000*sizeof(int))) == NULL)
    printf("Allocation failed!\n");
```

接著則是 calloc() 函式，它也是用以在記憶體內配置空間的函式，與 malloc() 不同之處在於：(1) 它所接收的參數並不是所要配置的空間大小，而是所要配置的元素個數以及每個元素的大小；(2) 所配置好的空間會以 0 做爲初始值，意即每個位元組都會被清空，但 malloc() 則不會這樣做。關於 calloc() 函式的原型請參考表 14-2：

表 14-2：calloc() 的函式原型

原型 （Prototype）	void * calloc (size_t num_element, size_t size_element)	
標頭檔 （Header File）	stdlib.h	
傳回值 （Return Value）	當配置成功時，傳回一個指向該記憶體空間的指標；若是配置失敗則傳回 NULL。要注意的是，其傳回值型態爲 void *，可以任意地轉換爲其他型態的指標。除此之外，所配置的空間的每一個位元組都會以 0 做爲其初始值。	
參數 （Parameters）	名稱	說明
	number_element	所要配置的元素個數，此參數必須爲正整數，因此被宣告爲 size_t（通常爲 unsigned long int）。
	size_element	每個要配置的元素所需要的記憶體空間，其值也必須爲正整數，因此被宣告爲 size_t（通常爲 unsigned long int）。

其實 calloc() 函式很適合用來配置類似陣列的空間，因爲其效果就如同配置了陣列一樣，且其所有元素都會被設定爲 0。例如我們可以使用 calloc() 來配置 1000 個 int 整數的空間：

```
int *p;
if((p=calloc(1000, 4))==NULL)
    printf("Allocation failed!\n");
```

或是一樣搭配 sizeof() 來使用：

```
if((p=calloc(1000, sizeof(int)))==NULL)
    printf("Allocation failed!\n");
```

這個效果正如同使用「int p[1000];」的宣告一樣，都是在記憶體中配置了 1000 個整數所需要的空間，更重要的是該空間內所有的位元組都會被初始設定為 0。然而，使用 calloc() 就不需要像陣列一樣，在設計程式時就必須決定陣列的元素個數（也就決定了所需的記憶體空間）；calloc() 更適合在程式執行時，視當時的情況或條件，動態地配置並建立「類似」陣列的空間。不過此處所謂的「類似」其實也可以說是「完全一樣」！因為使用了上述的 calloc() 後，指標變數 p 指向了 calloc() 所配置的空間，你不但可以透過指標 p 來存取這 1000 個整數，你甚可以把 p 視為是陣列來使用！例如下面的程式碼把所配置的 1000 個整數的初始值設定為 1 至 1000 的整數：

```
int i;
for(i=0;i<1000;i++)
    p[i]=i+1;
```

由於可以把動態配置回來的空間，使用與陣列一樣的操作方法，因此在許多情況下，我們都會使用 calloc() 來建立動態的陣列。

⊕ 資訊補給站　設定記憶體空間的內容

在此補充一個 C 語言的函式 — memset()，它可以幫助我們設定特定記憶體空間的內容，請參考表 14-3：

表 14-3：memset() 的函式原型

原型 （Prototype）	void * memset (void *ptr, int value, size_t num)	
標頭檔 （Header File）	string.h	
傳回值 （Return Value）	將 ptr 參數所指向的記憶體空間內的前 num 個位元組的內容設定為 value 的值，完成後將 ptr 指標傳回。	
參數 （Parameters）	名稱	說明
	ptr	ptr 指向所要設定內容的記憶體空間。
	value	value 為所要設定的值。雖然被宣告為 int 型態，但 memset() 函式會將這個值轉型為 unsigned char 後才進行設定。
	num	num 為所要設定的位元組個數，其型態為 size_t（通常為 unsigned long int）。

透過 memset() 可以幫助我們快速地將記憶體空間設定為我們想要的內容，請參考以下的程式片段：

```
int *p=malloc(100);      // 配置100/4=25 個整數的空間
memset(p, 0, 100);       // 將前100 個（也就是全部）的 bytes 都設定為 0
                         // 其結果就是把 25 個整數都設為數值 0
char *str=malloc(80);    // 配置一個 80 個字元的空間
                         // 也就是可放置 80 個字元的字串
memset(p, 32, 10);       // 將前10 個字元設定為 32，也就是空白鍵的意思
```

或者是使用以下的程式碼，來動態配置一個 19×19 的棋盤，並使用 memset() 設定其初始值為「.」字元（請參考程式演練 22）：

```
int *p=malloc(19*19*sizeof(char)); // 配置一個 19×19 的棋盤
memset(chessboard, 46, 19*19);      // 設置其內容為 46，也就是 '.' 的 ASCII 值
```

當然，你也可以直接以字元來設定其值：

```
memset(chessboard, '.', 19*19);
```

最後一個則是 realloc() 函式，它可以把已配置好的記憶體空間大小進行調整，請參考表 14-4：

表 14-4：realloc() 的函式原型

原型 （Prototype）	void * realloc(void *ptr, size_t new_size)	
標頭檔 （Header File）	stdlib.h	
傳回值 （Return Value）	將 ptr 參數所指向的記憶體空間，進行大小的調整，其新的大小由 new_size 參數決定。當調整成功時，傳回一個指向調整後的記憶體空間的指標；若是調整失敗則傳回 NULL。要注意的是，其傳回值型態為 void *，可以任意地轉換為其他型態的指標。	
參數 （Parameters）	名稱	說明
	ptr	ptr 是一個指向所要調整大小的記憶體空間之指標。
	new_size	new_size 為所要調整的新大小，由於記憶體空間的大小必須為正整數，因此被宣告為 size_t（通常為 unsigned long int）。

我們也可以透過 realloc() 的幫助，來動態地改變指標 p 所指向的記憶體空間的大小，例如：

```
if((p = realloc(p, 2000*sizeof(int)))==NULL)
    printf("Resize failed!\n");
```

上述這三個函式的共通特性就是它們的傳回值都一樣，當配置成功時傳回所配置好的記憶體空間位址，且其傳回值是以 void * 做爲型態，你可以視需要進行相關的轉換。更明確來說，void * 代表的是指標，但卻沒有指定其型態。因此所傳回的記憶體位址內所儲存的可以是任意的型態。基於這些理由，我們將 void * 稱爲泛型指標（generic pointer）」。另一方面，這三個函式若遇記憶體空間不足或其他原因無法成功地配置記憶體時，則會傳回 NULL。NULL 被定義在多個標頭檔中，例如 stddef.h、stdio.h、stdlib.h、string.h 及 time.h 中，代表「空」、「無」等狀態。在動態記憶體配置方面，NULL 則代表空指標（pointer to nothing，也就是沒有指向任何地方的指標）。另外，在 C 語言的實作上，NULL 是以數值 0 加以定義。

最後，要特別提醒讀者，以上這些所配置到的空間，當不再使用時，必須使用定義在 stdlib.h 裡的 free() 函式來加以釋放，例如當指標 p 所指向的記憶體空間不再被使用時，可以下述程式碼釋放：

```
free(p);
```

14-3
C 語言程式的記憶體佈局

典型的 C 語言程式經編譯後執行時，其記憶體配置（memory layout）具有以下六個區段，如圖 14-1 所示：

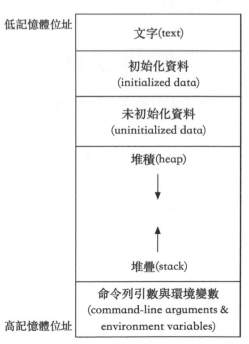

圖 14-1：典型的 C 語言程式記憶體佈局

1. 文字區段（text segment）：又稱爲程式碼區段（code segment），用以存放編譯後所產生的機器碼（machine code）。

2. 初始化資料區段（initialized data segment）：有時也簡稱爲資料區段（data segment），用以存放在程式中有給定不爲 0 的初始值的全域變數、靜態變數與字串常值。

3. 未初始化資料區段（uninitialized data segment）：又常被稱爲符號啓始區塊（block started by symbol segment，bss segment），用以存放未宣告初始值或宣告爲 0 的全域變數與靜態變數。未給定初始值的全域變數與靜態變數，在程式開始執行前，其數值會被設定爲 0。

4. 命令列引數與環境變數區段（command-line arguments and environment variables segment）：放置使用者執行程式時所傳入的命令列引數與相關環境變數。

5. 堆疊（stack）區段：放置區域變數與區塊變數（也稱爲自動變數）的地方，以及每次函式呼叫時，儲存資訊的地方（包含函式未來返回的位址以及呼叫當時的處理器暫存器值等）。一個函式一旦被呼叫執行，其所需的區域或區塊變數也會在堆疊中被配置。堆疊中的資料是以後進先出（last-in first-out，LIFO）的方式管理，先配置的變數會放在底層，最後配置的變數放在最上層。

6. 堆積（heap）區段：此區段是用以放置動態配置的記憶體空間。它與堆疊區段共同使用同一塊記憶體空間，但與堆疊成長的方向相反。在此區段所使用的空間，從配置開始直到使用「free()」釋放以前都會存在。

14-4
程式設計實務演練

程式演練 23

Random Number Box 亂數收納盒

還記得我們曾在第 11 章所介紹的程式演練 18 — StringBox 字串收納盒嗎？此程式演練是一個類似的題目，但其所管理的從字串變成了一些隨機產生的亂數，我們將這個程式稱爲 Random Number Box 亂數收納盒。

請設計一個程式名爲 RandomNumberBox.c，使用一個名爲 nums 的指標指向一塊動態配置的記憶體空間。在初始時，該空間可以存放 10 個整數，並使用介於 1~100 的隨機數（亂數）填滿此空間（亦即初始時必須產生 10 個隨機數放入其中）。後續，此程式接收使用者以下的指令，並進行適當的處理：

- l：列示所有數字。
- i：將現有的空間擴充一倍，多出來的空間同樣以隨機數填滿。
- d：將現有空間縮減一半。假設原先有 20 個數字，使用指令 d 會將第 11 個至第 20 個數字捨棄。當數字僅有 10 個或 10 個以內時，則不可以再縮減，並印出「Can't△resize△it！↵」
- q：結束程式。

此程式執行結果如下：

```
[15:26 user@ws proj20] ./a.out↵
<command>? △l↵
23->45->3->98->28->33->82->54->19->39↵
<command>? △i↵
<command>? △l↵
23->45->3->98->28->33->82->54->19->39->67->34->11->9->62->79->27->49->91->4↵
<command>? △d↵
<command>? △l↵
23->45->3->98->28->33->82->54->19->39↵
<command>? △d↵
Can't△resize△it!↵
<command>? △l↵
23->45->3->98->28->33->82->54->19->39↵
<command>? △q↵
Bye↵
[15:26 user@ws proj20]
```

這個程式相當地簡單，首先我們先宣告以下的變數：

```
int size=10;
int *nums;
```

分別做為初始時預設擁有的數字個數，以及用以指向儲存這些數字的記憶體空間。接著我們可以使用以下的敘述來建立可以存放 10 個數字的記憶體空間，並讓 nums 指向該空間：

```
nums = malloc(sizeof(int)*size);
```

並使用以下的程式碼完成初始時的 10 個亂數，並將它們放在 nums 所指向的記憶體位置中的適當位置：

```
srand(time(NULL));
for(i=0;i<size;i++)
{
    nums[i]=rand()%100+1;
}
```

上述的程式碼除了設定亂數的種子數外，也使用迴圈配合使用 nums 所指向的記憶體位置來存放所產生的介於 1-100 的隨機亂數。其中要特別注意的是，雖然 nums 所指向的位置是使用動態記憶體配置的方式所取得的，但在使用上可以直接將其視為是一個陣列，透過 nums[i] 的方式使用。

接下來，我們使用一個 quit 變數做為 while 迴圈的條件控制，讓程式持續地接收使用者的命令，並做出對應的函式呼叫：

```c
while(!quit)
    {
        printf("command? ");
        cmd=getchar();
        switch(cmd)
        {
            case 'h':
                showHelp();
                getchar();
                break;
            case 'l':
                showAllNumbers(nums, size);
                getchar();
                break;
            case 'i':
                size=increasingSpace(nums, size);
                getchar();
                break;
            case 'd':
                size=decreasingSpace(nums, size);
                getchar();
                break;
            case 'q':
                quit=1;
                break;
        }
    }
```

具體來說，當使用者輸入的指令是 h、l、i 與 d 時，分別呼叫 showHelp()、showAllNumbers()、increasingSpace() 與 decreasingSpace() 等函式，來完成對應的操作。其中 showHelp() 是用以顯示操作指令說明，其實作最為簡單，請參考以下的程式碼片段：

```c
void showHelp()
{
    printf("l: list all numbers.\n");
    printf("i: increasing space.\n");
    printf("d: decreasing space.\n");
    printf("q: quit.\n");
}
```

　　至於 showAllNumbers() 函式，則是負責將所有已儲存的數字印出來。由於 size 變數代表目前數字盒內已有的數字個數，因此我們可以將 nums 所指向的記憶體空間視為陣列，並使用迴圈逐一地將這些數字輸出，請參考以下的程式碼：

```c
void showAllNumbers(int nums[], int size)
{
    int i;
    if(size>=1)
    {
        printf("%d",nums[0]);
    }
    for(i=1;i<size;i++)
    {
        printf("->%d", nums[i]);
    }
    printf("\n");
}
```

　　在 increasingSpace() 方面，則是透過 realloc() 函式來動態地將已配置到的記憶體空間加倍，也就是使用以下的程式碼：

```c
nums = realloc(nums, sizeof(int)*size*2);
```

所新增加的空間，還要再搭配迴圈來將新的亂數值存入：

```c
    for(i=size;i<newSize;i++)
    {
        nums[i]=rand()%100+1;
    }
```

因此，increasingSpace() 函式的完整程式碼如下：

```c
int increasingSpace(int nums[], int size)
{
    int i, newSize;
    newSize=size*2;
    nums = realloc(nums, sizeof(int)*size*2);
    for(i=size;i<newSize;i++)
    {
        nums[i]=rand()%100+1;
    }
    return newSize;
}
```

　　至於 decreasingSpace() 函式也是透過 realloc() 函式來完成記憶體空間的縮減，請參考下面的程式碼：

```c
int decreasingSpace(int nums[], int size)
{
    if(size<=10)
    {
        printf("Can\'t resize it!\n");
        return size;
    }
    else
    {
        nums = realloc(nums, sizeof(int)*(size/2));
        return size/2;
    }
}
```

　　經過上述的討論，相信您已經有能力自行將完整的程式加以完成，請試著自行開發。如果遇到任何問題，也可以參考本書隨附光碟中的 /Projects/23 目錄。

CH14 本章習題

☾ 程式練習題

建議你在作答本章的程式練習題時，若是在編譯的過程中遇到錯誤，請將錯誤訊息列出，並說明你是如何解決這些問題。

1. 請設計一個 C 語言程式 GoldenRatio.c，動態地建立一個可存放 21 個整數的記憶體空間，並將這 21 個整數的值設定如下：

$$n_1 = 1;$$
$$n_2 = 1;$$

這裡的數列 n，其實就是著名的費伯那西數（Fibonacci number）。若讓連續兩項的費伯那西數相除就可以得到黃金比率（golden ratio）的近似值，其計算方式為：

$$gr_i = n_{i+1} / n_i$$

請計算並輸出 gr_i 的前 20 項，其中每一項都必須顯示到小數點後 30 位，請參考以下的執行結果：

```
[14:51 user@ws hw] ./a.out⏎
1.000000000000000000000000000000⏎
2.000000000000000000000000000000⏎
1.500000000000000000000000000000⏎
1.666666666666666740681534975010⏎
1.600000000088817841970013⏎
1.625000000000000000000000000000⏎
1.615384615384615418776093065389⏎
1.619047619047619068766152850003⏎
1.617647058823529437887600579415⏎
1.618181818181818165669483278180⏎
1.617977528089887595541540576960⏎
1.618055555555555580227178325003⏎
1.618025751072961426757501612883⏎
1.618037135278514559999507582688⏎
1.618032786885245988273140937963⏎
1.618034447821681931500847895222⏎
1.618033813400125309200916490227⏎
1.618034055727554099135545584431⏎
1.618033963166706445946374515188⏎
1.618033998521803296100074476271⏎
[14:51 user@ws hw]
```

2. 請參考下面的 Main.c 程式（你可以在本書隨附光碟中的 /Exercises/ch14/2/ 目錄裡找到所需要的檔案），完成名為 ShowStars.h 與 ShowStars.c 的 C 語言程式，其中分別包含 show() 函式的介面與實作。show() 函式有兩個整數參數，其中第一個參數是要輸出的空白字元數，第二個參數則是要輸出的「*」星號字元數。此函式之實作，必須以動態記憶體配置的方式建立一個擁有連續空白與星號字元的字串，然後再將其輸出，並在輸出完成後將該記憶體空間釋放。

```
#include <stdio.h>
#include "ShowStars.h"

int main()
{
    int i,j;

    for(i=5,j=1;i>=0;i--,j+=2)
        show(i,j);
}
```

此程式的執行結果為：

```
[15:14 user@ws hw] ./a.out ↵
∧∧∧∧∧* ↵
∧∧∧∧*** ↵
∧∧∧***** ↵
∧∧******* ↵
∧********* ↵
*********** ↵
[15:14 user@ws hw]
```

請注意本題應繳交 ShowStars.c、ShowStars.h 以及 Makefile 等三個檔案，至於 Main.c 則不需繳交。

3. 承上題，請在 show() 函式內增加一個 static 變數，用以記載此函式已被呼叫過多少次，並在印出「*」星號後將該數字輸出，其執行結果如下：

```
[15:14 user@ws hw] ./a.out ↵
∧∧∧∧∧*1 ↵
∧∧∧∧***2 ↵
∧∧∧*****3 ↵
∧∧*******4 ↵
∧*********5 ↵
***********6 ↵
[15:14 user@ws hw]
```

請注意本題應繳交 ShowStars.c、ShowStars.h 以及 Makefile 等三個檔案，至於 Main.c（可在本書隨附光碟中的 /Exercises/ch14/3 目錄裡找到）則不需繳交。

4. 請參考程式演練 23 將其加以完成（本題應繳交的檔案為 RandNumber.c）。

CHAPTER

高階指標應用

　　在本書的第 10 章與第 13 章，我們已經說明過指標的意義以及與陣列的關係。此外，我們亦已在本書第 11 章，就字串進行過相關的說明。聰明的讀者應該已經注意到了字串、陣列與指標其實都是對記憶體的操作，做為操作記憶體最直接的方式，指標將在本章中進一步說明其更高階的應用，包含其與字串的關係、與結構體的結合以及函式指標等概念。

15-1
指標與字串

　　本書第 11 章，已經就字串（string）此一主題進行說明，其中包含了兩種 C 語言的字串，分別是字串陣列（string array）與字串指標（string pointer），請參考下面的程式：

Example 15-1：以陣列和指標存取字串　　Location:/Examples/ch15　Filename:String.c

```c
#include <stdio.h>
#include <string.h>

int main()
{
    char str[]="Hello";
    char *p;
    int i;

    printf("str at %p\n", str);

    for(i=0;i<strlen(str);i++)
    {
        printf("str[%d] at %p\n", i, &str[i]);
    }

    p = str;

    for(i=0;i<strlen(str);i++)
    {
        printf("*(p+%d)=str[%d]=%c at %p\n", i, i, *(p+i), p+i);
    }

    str[0]='h';
    *(p+3)='L';

    puts(str);
    puts(p);
}
```

此程式之執行結果如下：

```
[16:33 user@ws ch15] ./a.out ⏎
str △ at △ 0x7fff517c7ad6 ⏎
str[0] △ at △ 0x7fff517c7ad6 ⏎
str[1] △ at △ 0x7fff517c7ad7 ⏎
str[2] △ at △ 0x7fff517c7ad8 ⏎
str[3] △ at △ 0x7fff517c7ad9 ⏎
str[4] △ at △ 0x7fff517c7ada ⏎
*(p+0)=str[0]=H △ at △ 0x7fff517c7ad6 ⏎
*(p+1)=str[1]=e △ at △ 0x7fff517c7ad7 ⏎
*(p+2)=str[2]=l △ at △ 0x7fff517c7ad8 ⏎
*(p+3)=str[3]=l △ at △ 0x7fff517c7ad9 ⏎
*(p+4)=str[4]=o △ at △ 0x7fff517c7ada ⏎
helLo ⏎
helLo ⏎
[16:33 user@ws ch15]
```

在這個程式中，我們先宣告了一個字串陣列，然後讓指標 p 指向該字串，接著再以陣列與指標的方式存取在記憶體中的這個字串。其實這兩種方式所存取的都是相同的記憶體空間，其差別只在於我們是以陣列的索引值來存取，亦或是使用指標來存取。換句話說，一個字串陣列可以當成指標字串來使用，反之亦然。請參考下面的程式：

Example 15-2：將指標視為陣列存取字串內容
Location:/Examples/ch15
Filename:String2.c

```c
1   #include <stdio.h>
2   #include <string.h>
3
4   int main()
5   {
6       char str[]="Hello";
7       char *p;
8
9       p = str;
10
11      p[0]='H';
12      *(str+3) = 'L';
13
14      puts(str);
15      puts(p);
16  }
```

此程式之執行結果如下：

```
[16:33 user@ws ch15] ./a.out ⏎
helLo ⏎
helLo ⏎
[16:33 user@ws ch15]
```

15-2 動態配置字串

我們可以使用 malloc() 函式來動態地在記憶體中配置字串所需的空間，例如：

```
#define LEN 10;
char *str = malloc((LEN+1)*sizeof(char));
```

因為 char 型態剛好佔 1 個位元組的空間，所以也可以不乘上 sizeof(char)：

```
char *str = malloc(LEN+1);
```

當然，同樣的動態字串空間配置，也可以使用 calloc() 函式來實現：

```
#define LEN 10;
char *str = calloc (LEN+1, sizeof(char));
```

或是

```
char *str = calloc (LEN+1, 1);
```

但是要特別注意的是，這種動態配置的字串，從其配置開始至程式結束，都會一直存在記憶體中，除非我們以 free() 函式將之釋放。為了在程式執行時，不要過度佔用記憶體，當我們不再需要該字串時，應該適時地使用 free() 來釋放空間：

```
free(str);
```

如果要動態地宣告由多個字串所組成的陣列，又該如何做呢？請參考下面的例子：

Example 15-3：動態配置字串陣列並取得使用者輸入　　Location:/Examples/ch15　Filename:StringArray.c

```
1   #include <stdio.h>
2   #include <stdlib.h>
3   #include <string.h>
4
5   #define numString 10
6   #define LEN 20
7
8   int main()
9   {
10      char *strs[numString];
11      int i;
12
```

```
13      for(i=0;i<numString;i++)
14      {
15          strs[i] = (char *)(malloc(LEN+1));
16      }
17
18      for(i=0;i<numString;i++)
19      {
20          printf("String %d = ", i+1);
21          scanf(" %[^\n]", strs[i]);
22      }
23
24      for(i=0;i<numString;i++)
25      {
26          puts(strs[i]);
27      }
28  }
```

此程式之執行結果如下：

```
[16:33 user@ws ch15] ./a.out⏎
String △1△=△WICKED△is△good!⏎
String △2△=△The△Maze△Runner△is△good!⏎
String △3△=△C△is△good!⏎
String △4△=△Becoming△a△programming△is△good!⏎
String △5△=△Learning△C△is△fun.⏎
String △6△=△And,△it△is△good!⏎
String △7△=△The△Maze△Runner△is△running!⏎
String △8△=△You△are△learning△C!⏎
String △9△=△You△are△as△good△as△the△Mazer△unner!⏎
String △10△=△Everything△is△good!⏎
WICKED△is△good!⏎
The△Maze△Runner△is△good!⏎
Cris△good!⏎
Becoming△a△programming△is△good!⏎
Learning△C△is△fun.⏎
And,△it△is△good!⏎
The△Maze△Runner△is△running!⏎
You△are△learning△C!⏎
You△are△as△good△as△the△Maze△RunnEverything△is△good!⏎
Everything△is△good!⏎
[16:33 user@ws ch15]
```

我們也可以將上述程式，改成以指向指標的指標的方式來完成：

Example 15-4：改以指標方式處理多個字串

Location:/Examples/ch15
Fileanme: StringArray2.c

```
1  #include <stdio.h>
2  #include <stdlib.h>
3  #include <string.h>
4
5  #define numString 10
6  #define LEN 20
7
8  int main()
9  {
10     char **strs;
11     int i;
12
13     strs = malloc(numString*sizeof(void *));
14     for(i=0;i<numString;i++)
15         *(strs+i) = malloc(LEN+1);
16
17     for(i=0;i<numString;i++)
18     {
19         printf("String %d = ", i+1);
20         scanf(" %[^\n]", *(strs+i));
21     }
22
23     for(i=0;i<numString;i++)
24         puts(*(strs+i));
25  }
```

此程式之執行結果與 Example 15-3 一致，請自行參閱。基本上，這個程式宣告了一個雙重指標（double pointer，或稱為 pointer to pointer）：

```
char **strs;
```

接著，以下面這一行來配置 numString 個可以存放指標的空間：

```
strs = malloc(numString*sizeof(void *));
```

最後，再以下面的迴圈，動態地配置一個又一個長度為 LEN+1 的字串空間，並讓前面所配置好的 numString 個指標分別指向它們：

```
for(i=0;i<numString;i++)
  *(strs+i) = malloc(LEN+1);
```

如此一來，我們就得到了一個存取多個字串的方法。

15-3
動態陣列

　　在上一小節中,我們介紹了如何在記憶體中動態地配置字串空間的方法,並說明如何以指標進行操作,或是將所配置的空間視爲陣列來存取。其實字串只不過是由一些連續的 char 型態的字元所組成,若是將 char 型態換成其他的型態,不論是使用指標或是將這些連續的空間視爲陣列,我們仍然能操作或存取其內容 ─ 這也就是本節所要介紹的動態陣列(dynamic array)。

　　以 int 整數型態爲例,我們可以動態地配置一個連續的空間來存放多個 int 型態的整數,並且以一個 int 整數型態的指標來指向它。下面這行程式就是配置一個可以存放 5 個 int 型態的整數的記憶體空間,並由指標 p 去指向它:

```
int *p=malloc(sizeof(int)*5);
```

我們可以透過 p 來存取在該空間中的不同整數,例如第 1 個整數可以用「*p」來取得,而第 4 個整數可以用 *(p+3) 來取得;或是使用更簡單的方式 ─ 直接把 p 視爲是一個陣列,使用 p[0] 與 p[3] 來存取其第 1 個與第 4 個元素。

　　下面這個程式利用動態配置的方法,建立了一個陣列,並在執行時間改變其大小:

Example 15-5:動態陣列的建立與空間調整　　　Location:/Examples/ch15
　　　　　　　　　　　　　　　　　　　　　　　　　Filename:DynamicArray.c

```
1   #include <stdio.h>
2   #include <stdlib.h>
3
4   void showArray(int *p, int n)
5   {
6       int i;
7       for(i=0;i<n-1;i++)
8           printf("%d ", p[i]);
9       printf("%d\n", p[i]);
10  }
11
12  int main()
13  {
14      int *data;
15      int size, i;
16
17      printf("Array Size=? ");
18      scanf(" %d", &size);
19
```

```
20          data = malloc(size*sizeof(int));  // 依使用者輸入的數字建構陣列
21
22          for(i=0;i<size;i++)
23              data[i]=i;
24
25          showArray(data, size);  // 此時有 size 筆資料
26
27          // 動態增加 10 筆資料
28          data = realloc(data, (size+10)*sizeof(int));
29          for(i=0;i<size+10;i++)
30              data[i]=i;
31
32          showArray(data, size+10);  // 此時有 size+10 筆資料
33
34          // 動態移除 5 筆資料
35          data = realloc(data, (size+5)*sizeof(int));
36
37          showArray(data, size+10-5);  // 此時有 size+10-5 筆資料 (先加 10 筆再減 5 筆)
38      }
```

此程式之執行結果如下：

```
[16:33 user@ws ch15] ./a.out↵
Array△Size=?△3↵
0△1△2↵
0△1△2△3△4△5△6△7△8△9△10△11△12↵
0△1△2△3△4△5△6△7↵
[16:33 user@ws ch15]
```

除了一維陣列以外，下面的程式則示範了如何以雙重指標（double pointer）來操作二維陣列：

Example 15-6：以雙重指標來建立並操作二維陣列  Location:/Examples/ch15
Filename:DynamicArray2D.c

```
1   #include <stdio.h>
2   #include <stdlib.h>
3
4   int main()
5   {
6       int **data;
7       int Row, Col;
8       int i,j;
9
10      Row=3;
11      Col=2;
12
13      data = malloc(sizeof(int *)*Row);
14      for(i=0;i<Row;i++)
```

```
15              data[i] = malloc(Col*sizeof(int));
16
17      for(i=0;i<Row;i++)
18          for(j=0;j<Col;j++)
19              data[i][j]=i*Col+(j+1);
20
21      for(i=0;i<Row;i++)
22      {
23          for(j=0;j<Col-1;j++)
24              printf("%d ", data[i][j]);
25          printf("%d\n", data[i][j]);
26      }
27  }
```

此程式之執行結果如下：

```
[16:33 user@ws ch15] ./a.out ⏎
1 △ 2 ⏎
3 △ 4 ⏎
5 △ 6 ⏎
[16:33 user@ws ch15]
```

在這個例子中，data 在語法上是一個指向整數指標的指標（pointer to int pointer），請參考第 6 行：

```
int **data;
```

意即 data 應該是一個指標，而它所指向的記憶體位址裡所存放的又是另一個指標，且該指標應該要指向一個存放整數的記憶體位址，如圖 15-1 所示：

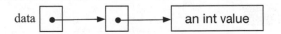

圖 15-1：data 是一個指向 int 整數指標的指標

但是依據本節前面的討論，以「int **data」所宣告的 data 也可以視為一個儲存多個整數指標的陣列。我們使用第 13 行的程式碼進行記憶體空間的配置，為 data 配置了一個大小為 Row 個 int 指標的連續空間：

```
data = malloc(sizeof(int *)*Row);
```

意即 data 所指向的空間，可以容納 Row 個整數的指標。我們可以使用 data 指標去存取這 Row 個整數指標，或是乾脆把 data 視為是一個陣列，直接以 data[i] 來存取第 i+1 個整數指標，例如以 data[0] 與 data[3] 去取得第 1 個及第 4 個整數的指標。

接下來，我們再利用一個 for 迴圈，爲每個 data[i] 配置一塊可以容納 Col 個 int 整數的記憶體空間，並分別讓 data[0] 到 data[Row-1] 的整數指標[1] 指向它們：

```
for(i=0;i<Row;i++)
    data[i] = malloc(Col*sizeof(int));
```

但這樣的宣告，使得每個 data[i] 所指到的地方又成爲了一個陣列。因此「int **data;」的宣告就得到了如圖 15-2 的記憶體配置。

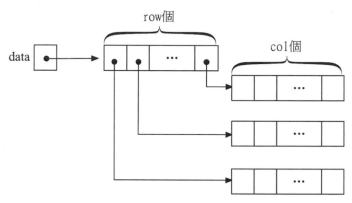

圖 15-2：Example 15-6 的 **data 記憶體配置圖

雖然 data 並不是一個二維陣列，但依本程式的示範結果，它卻有著等同於二維陣列的效果，甚至我們還可以透過 data[i][j] 的方式來存取其中的資料項目。若將其中的第 10 及第 11 行改成讓使用者輸入數值，這就變成了大小在執行時才能動態配置的二維陣列範例。

15-4
動態結構體

下面這個程式動態產生了一個 Point 的結構體：

Example 15-7：動態的結構體空間配置與操作

Location:/Examples/ch15
Filename:DynamicStruct.c

```
1  #include <stdio.h>
2  #include <stdlib.h>
3
4  typedef struct
5  {
6      int x;
7      int y;
8  } Point;
```

1　data[i] 為一個 int 整數指標的意思是，它裡面應該要存放一個記憶體位址，且該記憶體位址裡所存放的應該是一個 int 的整數。用白話一點的方式來講，data[i] 是一個應該要指向一個 int 整數所在位址的指標。

```
 9
10   void showPoint(Point p)
11   {
12       printf("(%d,%d)\n", p.x, p.y);
13   }
14
15   int main()
16   {
17       Point *p1 = malloc(sizeof(Point));
18       p1->x=5;
19       p1->y=10;
20       showPoint(*p1);
21   }
```

此程式之執行結果如下：

```
[16:33 user@ws ch15] ./a.out ⏎
(5,10) ⏎
[16:33 user@ws ch15]
```

其實此程式非常簡單，其關鍵在於第 17 行的「malloc(sizeof(Point));」，將 Point 這個結構體型態所需的空間計算出來後，再使用 malloc() 進行配置即可。但是也要提醒讀者，當結構體是以指標來操作時，就不能再使用「.」來存取其欄位，而必須改以「->」才能正確地存取，如其中的第 18 與第 19 行。

我們也可以產生一個動態的陣列用以存放多個結構體：

Example 15-8：動態產生的結構體陣列　　　　　　Location:/Examples/ch15
Filename: DynamicStructArray.c

```
 1   #include <stdio.h>
 2   #include <stdlib.h>
 3   #define LEN 5
 4
 5   typedef struct
 6   {
 7       int x;
 8       int y;
 9   } Point;
10
11   void showPoint(Point p)
12   {
13       printf("(%d,%d)\n", p.x, p.y);
14   }
15
16   int main()
17   {
18       Point *ps = malloc(sizeof(Point)*LEN);
19       int i;
```

```
20
21        for(i=0;i<LEN;i++)
22        {
23            ps[i].x=i;
24            ps[i].y=i;
25            showPoint(ps[i]);
26            showPoint(*(ps+i));
27        }
28    }
```

此程式之執行結果如下：

```
[16:33 user@ws ch15] ./a.out ⏎
(0,0) ⏎
(0,0) ⏎
(1,1) ⏎
(1,1) ⏎
(2,2) ⏎
(2,2) ⏎
(3,3) ⏎
(3,3) ⏎
(4,4) ⏎
(4,4) ⏎
[16:33 user@ws ch15]
```

此程式使用第 18 行的程式碼，來完成結構體陣列的空間配置：

```
Point *ps = malloc(sizeof(Point)*LEN);
```

接下來在第 21 行至 27 行的 for 迴圈中，分別使用指標與陣列方式存取陣列內的元素，例如第 23 與 24 行使用陣列的方式去操作第 i 個結構體的 x 與 y 欄位：

```
ps[i].x=i;
ps[i].y=i;
```

要注意的是，ps[i] 已經變成是陣列的元素，其型態為 Point 的結構體；而不再是指標！所以可以使用「.」來存取！但如果寫成 ps 就是指標，必須要使用 ps->x 與 ps->y 來存取。後續在第 25 與 26 行，則分別使用兩種方式來傳值，分別是 ps[i] 以及 *(ps+i)：

```
showPoint(ps[i]);
showPoint(*(ps+i));
```

　　其中「(ps+i)」當然是指標的操作，但變成「*(ps+i)」時，則又變成了間接存取的值，所以其結果與 ps[i] 一致。

15-5
函式指標

　　函式指標（functioin pointer）為指向函式的指標。在 C 語言裡，若使用函式名稱但不接後續的括號，就會被視為是一個指向該函式的指標（也就是該函式在記憶體中的位址），請參考下例：

```
int foo(int f)
{
    return f*f;
}

int main()
{
    printf("Function foo at %p.\n", foo);
    printf("The address of Function foo is %p.\n", &foo);
    return 0;
}
```

請執行上述的程式，看看其結果。就如同一個陣列「int data[]」，若使用「data」或「&data」都是代表該陣列所配置到的空間；我們在此例中使用「foo」與「&foo」也都是代表 foo() 函式在記憶體中的位址。因此，我們還可以宣告一個指標指向該位址，例如：

```
int (*f)(int); // 其中第一個 int 是函式的傳回值，第二個 int 則是引數
```

我們可以在程式中以下列程式碼，讓指標「f」指向「foo() 函式」，並且加以呼叫（也就是因為我們打算讓 f 指像擁有一個 int 整數參數的 foo() 函式，所以其宣告時才會需要有後面的「(int)」）：

```
f=foo; // 讓指標 f 指向 foo() 函式
printf("%d\n", f(3));
```

或是

```
printf("%d\n", (*f)(3));
```

　　這樣一來，在程式執行時，我們也可以讓指標動態地指向不同的函式，以完成不同的操作。請參考下面的程式：

Example 15-9：函式指標範例

Location:/Examples/ch15
Filename:FunctionPointer.c

```c
#include <stdio.h>
#include <stdlib.h>
#include <math.h>

int maximum(int d[], int n)
{
    int max=d[0];
    int i;

    for(i=1;i<n;i++)
        if(max<d[i])
            max=d[i];
    return max;
}

int minimum(int d[], int n)
{
    int min=d[0];
    int i;

    for(i=1;i<n;i++)
        if(min>d[i])
            min=d[i];
    return min;
}

int median(int d[], int n)
{
    double average=0.0;
    int i,med;
    double temp;

    for(i=0;i<n;i++)
    {
        average+=d[i];
    }
    average/=n;

    med=d[0];
    for(i=1;i<n;i++)
        if(fabs(med-average) > fabs(d[i]-average))
            med=d[i];
    return med;
}

int functionPicker( int (*func)(int d[], int s), int data[], int size)
{
```

```
48        return (*func)(data,size);
49   }
50
51   int main()
52   {
53        int data[10] = { 113, 345, 23, 75, 923, 634, 632, 134, 232, 98 };
54        int num;
55
56        num = functionPicker(maximum, data, 10);
57        printf("The maximum is %d.\n", num);
58        num = functionPicker (minimum, data, 10);
59        printf("The minimum is %d.\n", num);
60        num = functionPicker (median, data, 10);
61        printf("The median is %d.\n", num);
62   }
```

此程式之執行結果如下：

```
[16:33 user@ws ch15] ./a.out ⏎
The △ maximum △ is △ 923. ⏎
The △ minimum △ is △ 23. ⏎
The △ median △ is △ 345. ⏎
[16:33 user@ws ch15]
```

這個程式在第 5-14 行、第 16-25 行以及第 27-44 行，分別定義了三個函式 — maximum()、minimum() 與 median()。然後在第 46-49 處，宣告了一個名為 functionPicker() 的函式，此函式共有三個參數，其中第一個「int (*func)(int d[], int s)」參數，就是一個函式指標。在第 56、58 與 60 行呼叫時，就是把 maximum()、minimum() 與 median() 這三個函式所在的記憶體位址傳入（請注意看下面框起來的部份），以第 56 行為例：

```
num = functionPicker( maximum , data, 10);
```

至於 functionPicker() 被呼叫後，其中唯一的一行程式碼（第 48 行）：

```
return ( *func )(data,size);
```

其中框起來的部份，就是 *func 這個引數，由於它是一個函式指標，此時就指向了 maximum() 函式所在的記憶體位址；但是 maximum() 要能夠順利執行，還必須傳入兩個參數，因此在 (*func) 的後面又把其所取得的 data 與 10 這兩個引數在傳給 *func 這個函式指標所指向的 maximum() 函式去執行。最後，當其 maximum() 函式執行結束後，其傳回值會回到 functionPicker() 中，再傳回給第 56 行它被呼叫之處。至此，這就是使用函式指標指向函式所在位址的應用範例。要注意的是在第 41 行的程式碼裡，使用了定義在 math.h 裡的 fabs() 函式，其作用為計算並傳回浮點數的絕對值。

我們也可以延伸此做法，設計宣告一個指向多個函式的指標陣列，例如：

```
void (*funcs[])(void) = {insert, delete, update};
...
(*funcs[i])(); // 呼叫第 i 個函式
```

15-6
結構體的彈性陣列成員

C99 開始提供一個新的功能，允許我們為結構體設計彈性陣列成員（flexible array member），也就是允許結構體擁有未定義大小的陣列，但必須為所有成員的最後一個，且只能有一個。請參考下面的程式：

Example 15-10：結構體的彈性陣列成員

Location:/Examples/ch15
Filename:FlexibleMember.c

```
1   #include <stdio.h>
2   #include <stdlib.h>
3
4   struct vstring
5   {
6       int len;
7       char chars[];
8   };
9
10  int main()
11  {
12      struct vstring *str = malloc(sizeof(struct vstring)+10);
13      str->len=10;
14      printf("Please input a string:");
15      fgets(str->chars, str->len, stdin);
16      printf("%s\n", str->chars);
17  }
```

此程式的執行結果如下：

```
[18:34 user@ws ch15] ./a.out ⏎
Please △ input △ a △ string:Hello ⏎
Hello ⏎
[18:34 user@ws ch15]
```

要特別注意的是第 12 行：

```
struct vstring *str = malloc(sizeof(struct vstring) +10 );
```

比起過去所使用的空間配置方法，此處多了 10 個字元的空間（如框起來的地方），因此才能讓這個結構體配置有足夠的空間來容納該字串。

CH15 本章習題

◯ 程式練習題

1. 請參考第 11 章的「程式演練 18 ─ 字串收納盒」，請把原本的「保存不超過 10 個字串」的條件放寬為：初始時，StringBox 預先配置了可以保存 10 個字串的容量，並視情況進行以下調整：

   • 當字串數超過目前容量時，動態調整為兩倍的容量。

   • 當字串數少於目前容量的 1/3 時，動態調整為 1/2 的容量。

   請注意本題應繳交 StringBox.c、StringBox.h、Main.c 以及 Makefile 等 4 個檔案。若你在實作時新增了一些檔案，也請一併繳交，並在 Makefile 裡進行相應的安排。

2. 承上題，請參考第 11 章的「程式演練 18 ─ 字串收納盒」，請把原本的「每個字串長度皆不超過 20 個字元」的條件放寬為「每個字串長度皆不超過 80 個字元，並依使者輸入時的長度動態配置適當的空間」。例如當使用者輸入「Hello World」時，才動態配置一個長度為 12（含字串結束的空字元）的字串。

   請注意本題應繳交 StringBox.c、StringBox.h、Main.c 以及 Makefile 等 4 個檔案。若你在實作時新增了一些檔案，也請一併繳交，並在 Makefile 裡進行相應的安排。

3. 參考第 12 章的「程式演練 21 ─ 紀念品店商品管理」，將試用版的 10 筆資料的限制放寬，改成不限制資料的筆數 ─ 也就是終於要發佈正式版了！此題應繳交 ProductInfo.h、ProductInfo.c、SouvenirShopMain.c 以及 Makefile 等檔案。若你在實作時新增了一些檔案，也請一併繳交，並在 Makefile 裡進行相應的安排。

4. 參考第 12 章程式練習題 (4) ─ 聯絡人資訊管理，該練習原本僅能管理 10 個聯絡人，請將其修改為不限人數 ─ 也就是要使用動態的記憶體配置，視情況增加或減少聯絡人的結構體配置。此題應繳交 Contact.h、Contact.c、Main.c 以及 Makefile 等檔案。若你在實作時新增了一些檔案，也請一併繳交，並在 Makefile 裡進行相應的安排。要特別注意的是，由於改為不限人數，所以原本的 Main.c 必須修改為可讓使用者輸入任意多筆的聯絡人資料，以及其相關的操作。另外，請附上一個 Readme 文字檔案做為你的程式的「使用手冊」。

5. 請參考下面的 Main.c 程式（你可以在本書隨附光碟中的 /exercises/ch15/5/ 目錄裡找到所需要的檔案）：

```
#include <stdio.h>
#include "ArrayMan.h"

int main()
{
    int d[]={323,442423,23,342,48,52, 882, 428,200, 211 };
    array_manipulation(show, d, 10);
    array_manipulation(reverse, d, 10);
    array_manipulation(show, d, 10);
    array_manipulation(bubble_sort, d, 10);
    array_manipulation(show, d, 10);
}
```

請完成名為 ArrayMan.h 與 ArrayMan.c 的 C 語言程式，其中包含本題所需之函式的介面與實作。在所需要完成的函式中，有一個名為 array_manipulation() 的函式，其 prototype 如下：

```
void array_manipulation(void (*func)(int [], int), int data[], int num);
```

此函式的第一個參數為一個函式指標，用以進行各式的陣列操作。該函式指標應該要指向具有以下的 prototype 的函式：

```
void XXX(int [], int)
```

其中「XXX」為函式的名稱，包含「show」、「reverse」與「bubble_sort」。在本題前述的 main() 函式裡，我們將以 array_manipulation() 函式來執行所需的各項操作，包含：

- show：將所傳入的陣列 data 的前 num 筆資料輸出。
- reverse：將所傳入的陣列 data 的前 num 筆資料反序排列。
- bubble_sort：將所傳入的陣列 data 的前 num 筆資料，使用氣泡排序法由小到大排序。

請將這個程式完成後繳交 ArrayMan.h、ArrayMan.c 以及 Makefile 等檔案，至於 Main.c 則不需繳交。

CHAPTER

前置處理器指令

　　前置處理器指令（preprocessor directives）係指在編譯之前所進行的程式碼處理動作，如圖 16-1 所示，原始程式在編譯前可先經前置處理器（preprocessor）[1] 進行程式碼的修改，然後才交由編譯器進行真正的編譯動作，最後才會得到編譯好的目的檔（也就是可執行檔）。

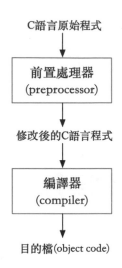

圖 16-1：前置處理流程

　　讀者們通常不會發覺這個前置處理的動作，因為它是在我們對程式碼下達編譯命令時，和編譯的動作一併完成的。在 C 語言的程式碼中，存在以下三種前置處理的指令：

❖ 巨集定義（macro definition）
❖ 檔案引入（file inclusion）
❖ 條件式編譯（conditional compilation）

在開始介紹這些前置處理器指令前，先說明相關的規定：

❖ 所有的前置處理器指令皆以井字號「#」開頭。
❖ 在指令中可以「空白字元」或「tab」將出現在指令中的符號加以分隔。
❖ 所有指令皆以「換行」結尾（不需要使用分號）
❖ 超過一行的指令可以使用斜線 \ 連接。
❖ 指令可以在程式任何地方出現。
❖ 註解也可以與指令位於同一行。

以下讓我們針對三種前置處理器指令，於本章後續小節裡分別加以介紹：

1　此處的 preprocessor 雖然譯做前置處理器，但請不要以為它是一項硬體裝置，它其實是包含在編譯器裡但會在編譯前先被執行的軟體工具。

16-1
巨集

　　所謂的巨集（macro）指的是　些程式碼的集合，並使用一個巨集名稱（macro name）加以代表。一個已定義好的巨集，可以在程式碼中用其名稱代表其程式碼集合。就好比有時我們會以一些縮寫或代號，來替代較長的文字敘述，比方說我們可以用「USA」代替「The United States of American」一樣。不過在 C 語言中的巨集可以提供的功用遠超過縮寫的功用，我們將在以下的內容中加以介紹。

16-1-1　簡單巨集

　　簡單巨集（simple macro）顧名思義就是其定義內容較為單純的巨集（其實我們已在本書的第 3 章中的 3-3 節中介紹過），它使用 #define 來進行定義，其語法如下：

簡單巨集定義（Simple Macro Definition）語法

```
#define identifier replacement
```

　　其中 identifier 就是巨集的名稱，replacement 則是我們要用以替換的內容。例如：

```
#define PI 3.1415
```

這種型式的巨集，因為其用途多是將特定的數值以具有意義的名稱來代替，因此又稱為具意義的常數（manifest constant）」，或者更常被稱為常數定義（constant definition）。在程式碼中使用常數定義巨集有以下的好處：

❖ 使程式更具可讀性
❖ 使程式更容易被修改
❖ 避免程式中的不一致（例如有時寫 3.14 有時寫 3.1415）
❖ 可修改 C 語言的語法
　　■ 將「{ }」改成「Begin … End」。
　　■ 賦與型態別名，如 #define BOOL int

16-1-2　參數式巨集

　　參數式巨集（parameterized macro）可以讓巨集接收參數，在替換時能依參數的內容動態地產生不同內容，其語法如下：

參數式巨集定義（Parameterized Macro Definition）語法

```
#define identifier(x₁, x₂, ⋯, xₙ) replacement
```

其中在 identifier 後所接的「$(x_1, x_2, \cdots, x_n)$」即爲該巨集的參數，與 identifier 間不可以有空白隔開[2]。本節將先使用一個可以求兩者之間的最大值的巨集做爲例子，爲你說明使用巨集應該注意的事項，後續除了輔以更多的例子外，也會爲你介紹與參數式巨集相關的運算子。

1. MAX(x,y)

讓我們以下面這個例子做爲本小節的開端：

```
#define MAX(x,y)    ((x)>(y)?(x):(y))
```

這個例子當中，名爲 MAX 的巨集它會接收兩個參數並透過條件運算式（conditional expression）進行其值的比對，並傳回兩者間較大的數值。當我們要執行此巨集時，只要使用巨集的名稱再使用一組小括號將參數包裹起來即可 — 我們將其稱爲巨集呼叫（macro call），就像函式呼叫一樣，參數的值會成爲在該巨集內的 x 與 y。請參考下面的巨集呼叫：

```
MAX(8,6);
```

這樣的呼叫會被代換爲：

```
((8)>(6)?(8):(6));
```

因爲 8 的確大於 6，所以此次呼叫會傳回 8。

接著讓我們看一個完整的程式：

Example 16-1：一個簡單的巨集定義與使用範例　Location:/Examples/ch16　Filename:Macro.c

```
1  #include <stdio.h>
2  #include <string.h>
3
4  #define MAX(x,y)  ((x)>(y)?(x):(y))
5
6  int main()
7  {
8      printf("%d\n", MAX(8,6));
9  }
```

此範例程式的執行結果如下：

```
[5:26 user@ws ch16] ./a.out ⏎
8 ⏎
[5:26 user@ws ch16]
```

2　此點非常重要，也是許多初學者乃至於有經驗的程式設計師常犯的錯誤之一。

2. 括號問題

　　細心的讀者可能會注意到在這個 MAX 巨集的定義當中，它把所有參數都使用括號將其包裹起來，這樣做有什麼用意呢？在本小節中，請先讓我們把括號移走，原本的巨集就會變成：

```
#define MAX(x,y)    x>y?x:y
```

對它的呼叫「MAX(8,6);」將會被代換為：

```
8>6?8:6;
```

好像沒有任何差別啊！仍然可以得到正確的結果啊！但是讓我們思考下面這個例子：

```
MAX(MAX(8,6),10);
```

它使用巢狀式的呼叫，以內、外兩層的方式呼叫 MAX 巨集，以找出 8、6 與 10 三者之間的最大值。請想一想這樣的呼叫其傳回值仍然會正確嗎？

　　當然，這一行巢狀的巨集 call 程式碼一樣會被 preprocessor 代換，其結果如圖 16-2 所示：

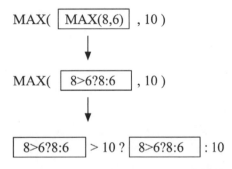

圖 16-2：MAX(MAX(8,6),10) 的代換圖

　　首先內層的 MAX(8,6) 會先被代換為「8>6?8:6」，然後再把它視為是外層的 MAX 巨集的第一個參數進行代換，所得到結果「8>6?8:6>10?8>6?8:6:10」真的能得到正確的結果嗎？請參考圖 16-3：

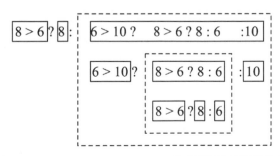

圖 16-3：MAX(MAX(8,6),10) 的代換後的語意結構

在圖 16-3 中，我們將 MAX(MAX(8,6),10) 的代換後的語意結構加以剖析。其實代換後的「8>6?8:6>10?8>6?8:6:10」雖然在語法上正確，但在語意上會被視為是「8>6?8:6>10?8>6?8:6:10」這樣的結構。由於一開始的「8>6」就已經成立，所以就已經傳回 8 做為這個雙層的巨集 call 的傳回值了！當然，這並不是個正確的結果。為了避免這個問題，你還是應該在所有使用到參數之處都包裹以一組括號。若有正確地使用括號來包裹參數，MAX(MAX(8,6),10) 的代換結果將會是：

```
(((8)>(6)?(8):(6))>(10)?(((8)>(6)?(8):(6))):(10))
```

在語意上，它會具有以下的結構：

```
(  ((8)>(6)?(8):(6))  >  (10)  ?  (((8)>(6)?(8):(6)))  :  (10)  )
```

也就因為如此，它就可以真正巢狀地先執行「((8)>(6)?(8):(6))」的運算，得到 8 之後再和 10 進行比對，最終就可以得到正確的結果。

3. 函式或巨集

沒有想到吧！想不到一個簡單的括號卻會帶來這麼麻煩的問題！似乎使用巨集不是個很好的選擇，尤其是考慮到剛才討論到的「括號問題」。讀者或許會想，其實不一定要使用巨集才能完成兩個數字的最大值比較，我們也可以使用函式來完成！例如：

```
int max(int a, int b)
{
    if(a>b) return a;
    else return b;
}
```

這個函式的呼叫還有產生剛才所討論的「括號問題」嗎？答案是否定的！並不會！那就不要使用巨集了！改用本來就學過的 function 不就好了嗎？是嗎？真的是這樣嗎？讓我們再思考以下這個巨集 call：

```
MAX(8.5, 6.23);
```

這行程式經代換後可得：

```
((8.5)>(6.23)?(8.5):(6.23));
```

它仍然可以得到正確的答案！但是若改為使用函式，則其函式呼叫要寫成：

```
max(8.5, 6.23);
```

這行能夠能到正確的答案嗎？筆者告訴你：「這個函式呼叫連編譯都不會通過」！因爲它的參數型態並不正確！如果你要讓它正確，你就必須修改 max() 函式的參數型態，或是增加新的函式來處理浮點數的兩數比較。

函式與巨集的比較，突顯了巨集的一個十分重要的好處：

巨集的參數並沒有型態的問題，同一個巨集可以適用於多種不同的資料型態！。

這點正是函式所做不到的！雖然參數式巨集的參數不具備型態，但它卻可以套用在許多不同的型態之上，例如這裡所討論的 MAX(x,y) 巨集可以套用在 int、float、double、char 等多種不同的型態，也因此我們也稱其參數爲泛型型態（generic type，意即不受型態侷限）。不過，這種泛型的參數也不是萬能的，例如以下的這個例子僅能接受 int 型態的參數：

```
#define printINT(x) printf("%d\n",x)
```

在這個例子中，printf() 的格式字串中具有 %d 這個格式指定子，所以不適用於其他非整數的型態。此外，當巨集的參數爲運算式時，也有可能帶來一些問題，例如：

```
MAX(i++, j);
```

會被替換爲：

```
((i++)>(j)?(i++):(j));
```

有沒有發現出了什麼問題？有沒有注意到「i++」被執行了兩次，這當然會造成問題！

4. 其他範例

接下來，讓我們再提供一些參數式巨集的例子：

```
#define IS_EVEN(n) ((n)%2==0)
```

上面這個例子把過去使用函式來完成的事情，改成用巨集來完成。這樣做的好處除了前面剛討論過的參數型態問題，還可以省略函式呼叫所須的參數傳遞與記憶體配置等成本。其中 IS_EVEN(n) 透過將 n%2 的結果的來判定並傳回 n 是否爲偶數。

接下來是把小寫英文字母改成大寫的巨集：

```
#define TOUPPER(c) ('a'<=(c)&&(c)<='z'?(c)-'a'+'A':(c))
```

這個 TOUPPER(c) 巨集是利用條件運算視來檢查 c 是否爲小寫字母（透過「'a'<=(c)&&(c)<='z'」條件進行判定），再確認爲小寫字母後則讓它減去 'a' 後再加上 'A'，也就是「(c)-'a'+'A'」，就可以讓 c 變成大寫字母了（給各位讀者一個提示：請從英文字母的 ASCII 碼的數值去思考）。

　　最後是一個簡單的應用：

```
#define newline()  printf("\n")
```

這裡的 newline() 是用來替代「printf("\n")」的巨集，對於提升程式的可讀性有一些幫助。其實，這個巨集根本沒有參數傳入，之所以還是接上括號的原因，只是爲了讓 newline() 被呼叫時看起來比較像 function 而已！這沒有對錯！純粹只是個人偏好問題～

5.　字串化運算子

　　# 運算子被稱爲字串化（stringization）運算子。依照巨集語法，在 replacement 中使用參數時若冠以 # 運算子，則可以將該參數轉換爲字串常值（string literal），其內容爲該參數的名稱，請參考以下的範例：

```
#define PRINT_INT(n) printf(#n "=%d\n", n)
```

現在，我們假設在程式中出現了以下的巨集呼叫：

```
PRINT_INT(i/j);
```

此處把 i/j 做爲這個巨集呼叫的參數，它會被前置處理器代換爲：

```
printf( "i/j" "=%d\n", i/j );
```

如同前述，冠以 # 運算子時會把該參數轉換爲字串常值，所以此處會得到一個內容爲 "i/j" 的字串常值（請注意是 "i/j"，而不是 i/j）。現在只剩下一個疑問：「"i/j" "=%d\n"」兩個字串放在一起會發生什麼事？還記得本書第 11 章的 Example 11-4 嗎？答案就是編譯器會自動將連續兩個字串常值合併爲一個！所以最終我們將得到以下的轉換結果：

```
printf( "i/j=%d\n", i/j );
```

因此「PRINT_INT(n)」將可以幫助我們印出變數的名稱及其數值，對於開發中、或者需要除錯的程式，往往需要這一類的巨集以幫助我們觀察特定變數的內容。

6.　字符拼接運算子

　　## 運算子被稱爲字符拼接（token-pasting），可用以將參數的值與其他部份連接起來，例如下面的例子：

```
#define MakeVar(n) var##n
```

在程式中，「MakeVar(1)」就會變成「var1」、「MakeVar(2)」變成「var2」等，依此類推，將其應用在變數的宣告，則以下的程式碼：

```
int MakeVar(1), MakeVar(2);
```

會轉換產生

```
int var1, var2;
```

我們也可以利用這個運算子，來設計可產生適用於不同型態的函式樣板（template），例如：

```
#define GENERIC_MAX(type) \
type type##_max(type x, type y) \
{                                \
    return x > y ? x : y;        \
}
```

如果我們在程式中使用該巨集 GENERIC_MAX(double) 則可以產生以下的程式碼：

```
double double_max(double x, double y) { return x > y ? x : y; }
```

當然，我們也可以用以產生支援其他型態的函式，例如 GENERIC_MAX(int)。

7. 取消巨集定義

在程式碼中，使用 #undef，可以將已定義過的巨集移除。例如，我們可以使用

```
#undef MAX
```

來將我們在前面定義過的 MAX 巨集取消掉！

Example 16-2：將已定義好的函式取消　　Location:/Examples/ch16　Filename:Macro2.c

```
 1  #include <stdio.h>
 2  #include <string.h>
 3
 4  #define MAX(x,y)  ((x)>(y)?(x):(y))
 5
 6  int main()
 7  {
 8      printf("%d\n", MAX(8,6));
 9  #undef MAX
10      printf("%d\n", MAX(3,5));
11  }
```

此範例程式因為在第 9 行將在第 4 行所定義的 MAX(x,y) 巨集給取消掉了，但在第 10 行又再次進行巨集 call，所以在編譯時會發生錯誤，無法產生可執行檔。請試著將第 9 行註解掉再進行編譯，看看是否正常。

8. **預定義巨集**

C 語言已預先定義了一些巨集，可稱爲預定義巨集（predefined macro），例如：

❖ _ _LINE_ _，使用 _ _LINE_ _ 來顯示所在的行號，型態爲整數。

❖ _ _FILE_ _，程式檔名，執行結果會傳回一個字串常値。

❖ _ _DATE_ _，當前日期，執行結果會傳回一個字串常値，其格式爲 Mmm dd yyyy，例如 Feb 14 2021。

❖ _ _TIME_ _，當前時間，執行結果會傳回一個字串常値，其格式爲 hh:mm:ss，例如 14:35:50。

❖ _ _STDC_ _，是否以 C89 或 C99 編譯器編譯，型態爲 int，1 表示編譯器符合 C89 或 C99。

我們可以在程式中使用這些預先定義好的巨集，例如：

```
printf("%d %s %s %s %d\n", __LINE__, __FILE__, __TIME__, __DATE__, __STDC__);
```

16-2
檔案引入

　　檔案引入（file inclusion）即爲我們時常使用的 #include，用以將所需的檔案載入。通常我們會把常數的定義或是函式的宣告等，寫在獨立的標頭檔案（header file）中，並在需要使用時，以 #include 加以載入 — 就好比「複製／貼上」一樣，將標頭檔案的內容複製起來，貼上在程式中使用 #include 的地方加以代替。

16-3
條件式編譯

　　所謂的條件式編譯（conditional compilation）是指透過前置處理器指令來將原始程式做一些條件註記，依條件成立與否決定哪些程式碼需要進行編譯（或是不用編譯）。例如 #if 與 #endif 這兩個前置處理器指令，可以依 #if 的條件決定在編譯時是否要將到 #endif 爲止的部份進行編譯。

　　我們通常會先使用 #define 定義一個非 0 的常數做爲條件，例如：

```
#define DEBUG 1
```

然後再使用這個定義過的 DEBUG 常數做為編譯與否的條件，例如：

```
#if DEBUG
printf("value of x = %d\n", x);
printf("value of y = %d\n", y);
#endif
```

如此一來，從 #if 開始到 #endif 為止，其內部的程式碼是否要進行編譯就受到 DEBUG 這個常數[3]的影響，形成了有條件的編譯。請參考下面這個範例：

Example 16-3：使用#if進行條件式編譯

Location:/Examples/ch16
Filename:ConditionalCompile.c

```
 1  #include <stdio.h>
 2
 3  #define DEBUG 1
 4
 5  int main()
 6  {
 7      int i,j,k=0;
 8      for(i=0; i<=3; i++)
 9      {
10          for(j=0;j<i;j++)
11          {
12              k+=(i+j);
13  #if DEBUG
14              printf("i=%d j=%d k=%d\n", i, j, k);
15  #endif
16          }
17      }
18      printf("k=%d\n", k);
19  }
```

這個程式利用巢狀的雙重迴圈計算並輸出 k 的數值，但是在程式開發期間，因為想要進一步確認每一個步驟的計算是否正確，所以在第 14 行將每一步驟當下的變數 i、j 與 k 的值加以輸出，好讓我們能進行檢查。此程式的執行結果如下：

```
[6:02 user@ws ch16] ./a.out ⏎
i=1 △ j=0 △ k=1 ⏎
i=2 △ j=0 △ k=3 ⏎
i=2 △ j=1 △ k=6 ⏎
i=3 △ j=0 △ k=9 ⏎
i=3 △ j=1 △ k=13 ⏎
i=3 △ j=2 △ k=18 ⏎
k=18 ⏎
[6:02 user@ws ch16]
```

3　其實此處寫在 #if 後面的 DEBUG 常數，也可以改用常數運算式（constant expression）代替。

等到確認這個結果是正確的以後，我們可以把第 3 行的程式碼改成：

```
#define DEBUG 0
```

然後再次進行編譯與執行。其執行結果將會變成：

```
[6:02 user@ws ch16] ./a.out ⏎
k=18 ⏎
[6:02 user@ws ch16]
```

那些只在開發期間需要的除錯資訊，就不會呈現在這個完成後的「發佈版」當中了！

16-3-1　defined 運算子

在前置處理器指令中，除了「#」與「##」外，還有一個 defined 運算子，通常與 #if 搭配使用，例如：

```
#if defined(DEBUG)
```

或者

```
#if defined DEBUG
```

這兩行的寫法都是使用 #if 來檢查 DEBUG 是否「被定義過」？是不是已經有 defined ？但是要「定義」這個 DEBUG 並不是在程式中進行，而是在編譯時使用 -D 的編譯器參數來進行定義，例如下面的編譯命令：

```
cc △ -DDEBUG △ someprog.c ⏎
```

這個編譯命令的例子使用了 -D 參數，並在其後接著 DEBUG，如此就可以完成 DEBUG 常數的定義了！這種方式可以在不需要修改原始程式的情況下，分別編譯出包含或不包含特定程式碼的版本。我們通常會把一些開發過程中，用以顯示特定的除錯資訊（例如將特定變數內容輸出）的程式碼使用此種方法包裹起來，如此就可以透過編譯器的參數來產生「除錯版」與「發佈版」的不同程式。反觀前一小節所使用的「#define DEBUG 1」方式，就必須修改原始程式才能達成此一目的。請參考以下的範例：

Example 16-4：使用編譯器參數進行條件式編譯　　Location:/Examples/ch16
Filename:ConditionalCompile2.c

```
1  #include <stdio.h>
2
3  int main()
4  {
5      int i,j,k=0;
```

```
 6         for(i=0;  i<=3;  i++)
 7         {
 8             for(j=0;j<i;j++)
 9             {
10                 k+=(i+j);
11  #if defined(DEBUG)
12                 printf("i=%d j=%d k=%d\n", i, j, k);
13  #endif
14             }
15         }
16         printf("k=%d\n", k);
17  }
```

此範例可以使用

```
cc△-DDEBUG△ConditionalCompile2.c⏎
```

或者

```
cc△ConditionalCompile2.c⏎
```

來編譯出包含與不包含第 12 行除錯資訊的「除錯版」與「發佈版」了！

16-3-2　#ifdef 與 #ifndef

　　#ifdef 與 #ifndef 這兩個指令其實等同於「#if defined」與「#if defined !」，例如原本可以寫成：

```
#if deined DEBUG
```

或是

```
#if defined !PUBLISH
```

現在可以使用 #ifdef 與 #ifndef 來代替，也就是將上面兩行分別改為：

```
#ifdef DEBUG
```

以及

```
#ifndef PUBLISH
```

16-3-3　#elif 與 #else

　　如同 if 敘述一樣，#if 與 #endif 這兩個前置處理器指令也可以搭配與 #else 與 #elif 進行更複雜的條件式編譯，其中 #elif 代表了 else if 之意。

16-4
行內函式

　　在開始介紹行內函式（inline function）[4] 前，我們必須先強調這並不是一個前置處理器指令，也不是由前置處理器來負責處理。事實上，行內函式是由編譯器所支援的一項效能提升的技術；之所以安排在本章介紹此一技術，只是因爲它常被拿來與巨集進行比較。

　　所謂的行內函式，是指在函式定義前面加上一個 inline 修飾字的函式，請參考 Example 16-5 的第 3-6 行：

Example 16-5：Inline函式範例

Location:/Examples/ch16
Filename:Inline.c

```
 1  #include <stdio.h>
 2
 3  inline int foo(int x, int y)
 4  {
 5      return x+y;
 6  }
 7
 8  int main()
 9  {
10      printf("%d\n", foo(3,5));
11  }
```

在上面這個範例程式中，foo() 函式的定義前被加上了 inline，所以在編譯時編譯器就會幫忙把函式呼叫的地方直接改成該函式的內容來替代。例如在第 10 行的程式碼：

```
printf("%d\n", foo(3,5));
```

將會被編譯器試著把其中對於行內函式（inline function）的呼叫，改以其內容來代替，也就是會將其代換爲：

```
printf("%d\n", 3+5);
```

　　因此，從原本要從呼叫處跳躍到函式內執行，然後再返回到呼叫處的動作就不再需要了，這樣將可以節省執行的成本進而提升執行效率。但是要注意的是，編譯器並不是永遠都可以用行內函式(inline function)的內容來取代其函式呼叫；編譯器會先進行評估與檢查，再決定是否進行代換，若是代換後效能未能提升或是有參數型態轉換上的問題等情形時，編譯器都都不會進行代換。有些編譯器甚至預設不支援行內函式的處理，你必須使用 -O 的編譯器參數，才能強制讓編譯器啓動行內函式的處理動作。

4　除譯做行內函式外，inline function 亦常被譯做內嵌函式。

CH16 本章習題

程式練習題

1. 請參考以下的 C 語言程式 Twice.c，在 main() 函式中的「TWICE(3+5)」是一個巨集呼叫（而非函式呼叫），可以將所傳入的參數值變為兩倍後傳回，以此例而言，所傳入的「3+5」應該會傳回「16」。請在程式中的適當位置插入定義 TWICE 巨集的程式碼，以便讓這個程式可以順利的編譯與執行。

```
#include <stdio.h>

int main()
{
    printf("%d\n",TWICE(3+5));
}
```

2. 請參考以下的 C 語言程式 Loop.c：

```
#include <stdio.h>

int main()
{
    loop(i,5)
    {
        printf("%d\n", i);
    }
}
```

在 main() 函式中的「loop(i, 5)」是一個巨集呼叫（而非函式呼叫），其作用是產生可重覆執行 5 次的迴圈，它與下面的程式是等價的：

```
#include <stdio.h>

int main()
{
    for(int i; i<5; i++)
    {
        printf("%d\n", i);
    }
}
```

請在 Loop.c 程式中的適當位置插入定義 loop 巨集的程式碼，以便讓這個程式可以順利的編譯與執行。

3. 為了便利程式開發，我們經常會設計一些顯示除錯訊息的函式或巨集。請設計一個名為「showInteger」的巨集，可以接收一個整數值的參數，並將其參數名稱與值都加以輸出，例如下面的 ShowInteger.c 程式碼：

```
#include <stdio.h>
int main()
{
    int i=3, j=5;
    showInteger(i);
    showInteger(j);
}
```

它應該要有以下的輸出結果：

```
[11:07 user@ws hw]  ./a.out ⏎
i=3 ⏎
j=5 ⏎
[11:07 user@ws hw]
```

請在 ShowInteger.c 程式中的適當位置插入定義 showInteger 巨集的程式碼，以便讓這個程式可以順利的編譯與執行。

4. 請參考下面的 ShowValue.c：

```
#include <stdio.h>
GenerateShowValueFunc(double)
GenerateShowValueFunc(int)
int main()
{
    double i=5.2;
    int j=3;
    showValue_double(i);
    showValue_int(j);
}
```

透過「GenerateShowValueFunc(double)」與「GenerateShowValueFunc(int)」這兩行的巨集呼叫，可以幫我們產生名為「showValue_double(double)」與「showValue_int(int)」的函式，並且在 main() 函式中被進行呼叫。此程式的執行結果如下：

```
[11:07 user@ws hw]  ./a.out ⏎
i=5.200000 ⏎
j=3.000000 ⏎
[11:07 user@ws hw]
```

請在 ShowValue.c 程式中的適當位置插入定義 GenerateShowValueFunc 巨集的程式碼，以便讓這個程式可以順利的編譯與執行。

附錄

附錄 A　各作業平台 C 語言編譯及開發工具簡介

由於不同作業平台的 C 語言開發環境並不相同，為便利讀者學習與進行 C 語言的程式設計，本附錄將為讀者介紹在幾個主要的作業平台上的 C 語言編譯器與相關開發工具，包含 Linux/Unix、Mac OS 與 Microsoft Windows。請特別注意，本附錄僅就相關工具加以介紹，關於各工具的詳細使用方式，請自行參閱其入門或教學文件。

A-1　Linux/Unix 作業系統

由於 Linux/Unix 系統通常皆已附有 C 語言的編譯與開發工具，讀者不必另行安裝就可以直接在 terminal 裡以 console 模式的 text editor 來進行程式的編寫，並使用 cc 或 gcc 進行編譯即可；其中 cc 是源自於 Unix 系統的 C's compiler，gcc 則是由 GNU 所提供的 GNU compiler collection（GNU 的編譯器工具集）。由於授權的問題，在大多數的 Linux 系統中已不再提供 cc，而是以 gcc 代替；但為了便利起見，仍然提供一個名為 cc 的連結，當你在 Linux 系統上使用 cc 時，其實系統會以連結的方式幫你執行 gcc。如果你的系統上並未安裝有這些編譯器，則可以使用 yum 等軟體安裝工具進行安裝，以 gcc 的安裝為例，你可以使用以下的指令來完成安裝：

```
[1:37 user@ws appendix]$ yum groupinstall "Development Tools"
```

至於在 text editor 方面，在 Linux/Unix 系統裡亦已有許多相關工具可供我們選用，常見的工具包含 vi、vim、emacs、pico 與 joe 等，其中又以 vi、vim 與 emacs 為最普遍與最多人使用的 text editor。如果你還未有慣用的 text editor，筆者建議你可以使用 vim 做為你主要的程式編寫工具。vim 是「vi improved」的縮寫，顧名思義它是 vi 的一個增強的版本，其基本操作與 vi 一致，在絕大多數的 Linux/Unix 系統中都可以找到此一軟體工具。

A-2　Mac OS X 作業系統

Apple 公司的 Mac OS X 也是目前常見的作業系統之一，由於 Mac OS X 並未預先安裝有相關的 C 語言編譯工具，因此讀者必須先至 https://developer.apple.com/xcode/ 下載及安裝 Xcode 開發工具，才能取得包含 cc 與 gcc 在內的相關工具。至於 text editor 方面，不論是 vi、vim、emacs、pico 與 joe 等，都可以在 Mac OS X 內找到並加以使用。至於其程式編譯與執行都與 Linux/Unix 系統上一致，在此不予贅述。

A-3
Microsoft Windows 作業系統

　　在 Windows 之下有一些工具可以幫助我們建立並使用 Linux/Unix-like 的操作環境，其中包含了 cygwin 與 MinGW。只要安裝了這類型的工具，就可以在 Windows 作業系統中使用 Linux/Unix 的各項指令，當然其中也包含了相關的 text editor 與 C 語言的編譯工具。以 cygwin 為例，可以至其官方網站 https://www.cygwin.com 取得並加以安裝；至於 MinGw 則可以至 http://www.mingw.org 取得並加以安裝。

A-4
跨平台開發工具

　　除了使用 text editor 進行程式的編寫，並使用 cc 或 gcc 等編譯器進行程式的編譯外，我們還可以選用一些跨平台的開發工具來進行 C 語言的程式開發。所謂的跨平台工具是指可以在不同作業系統上使用的工具程式，通常包含了程式的編寫、編譯、執行、除錯以及專案管理等功能，又被稱為是 integrated development environment（IDE，整合式開發環境）。此類工具常見的有 eclipse 與 NetBeans，有興趣的讀者可以至 http://www.eclipse.org 以及 https://netbeans.org 取得並加以安裝。

附錄 B　C 語言運算子優先順序與關聯性彙整

Precedence（優先順序）[1]					註[1] 數值愈小優先權愈高
	Operator 運算子	Unary/Binary/Ternary [2]			註[2] U: 一元　B: 二元　T: 三元
			Associativity（關聯性）[3]		註[3] L: 左關聯　R: 右關聯
				Description（描述）	相關章節 / 頁數
1	++	U		Postfix increment（後序遞增）	4-5 節 (4-9 頁)
	--			Postfix decrement（後序遞減）	4-5 節 (4-9 頁)
	( )	B	L	Function call（函式呼叫）	9-3 節 (9-8 頁)
	[ ]			Array subscripting（陣列下標）	8-2-3 節 (8-22 頁)
	.			Direct member selection（直接成員選取）	12-1-3 節 (12-7 頁)
	->			Indirect member selection（間接成員選取）	12-1-5 節 (12-14 頁)
2	++	U	R	Prefix increment（前序遞增）	4-5 節 (4-9 頁)
	--			Prefix decrement（前序遞減）	4-5 節 (4-9 頁)
	+			Positive sign（正號）	4-2 節 (4-4 頁)
	-			Negative sign（負號）	4-2 節 (4-4 頁)
	!			Logical NOT（邏輯 NOT）	6-1-3 節 (6-5 頁)
	~			Bitwise NOT（位元 NOT）	4-10 節 (4-13 頁)
	(type)			Explicit conversion/casting（顯性型態轉換）	3-5 節 (3-32 頁)
	*			Indirection（間接取值）	10-4 節 (10-11 頁)
	&			Address-of（取址）	4-7 節 (4-11 頁) 10-3 節 (10-6 頁) 8-3-2 節 (8-35 頁)
	sizeof			Size-of（取得記憶體空間大小）	4-8 節 (4-11 頁)
3	*	B	L	Multiplication（乘法）	4-2 節 (4-4 頁)
	/			Division（除法）	4-2 節 (4-4 頁)
	%			Modulo Remainder（餘除）	4-2 節 (4-4 頁)
4	+			Addition（加法）	4-2 節 (4-4 頁)
	-			Subtraction（減法）	4-2 節 (4-4 頁)
5	<<			Bitwise left shift（位元左移）	4-10 節 (4-13 頁)
	>>			Bitwise right shift（位元右移）	4-10 節 (4-13 頁)

6	<	B	L	Relational operator <（小於）	6-1-1 節 (6-2 頁)
	<=			Relational operator <=（小於等於）	6-1-1 節 (6-2 頁)
	>			Relational operator >（大於）	6-1-1 節 (6-2 頁)
	>=			Relational operator >=（大於等於）	6-1-1 節 (6-2 頁)
7	==			Equality（相等）	6-1-2 節 (6-4 頁)
	!=			Inequality（不相等）	6-1-2 節 (6-4 頁)
8	&			Bitwise AND（位元 AND）	4-10 節 (4-13 頁)
9	^			Bitwise XOR（位元 XOR）	4-10 節 (4-13 頁)
10	|			Bitwise OR（位元 OR）	4-10 節 (4-13 頁)
11	&&			Logical AND（邏輯 AND）	6-1-3 節 (6-5 頁)
12	||			Logical OR（邏輯 OR）	6-1-3 節 (6-5 頁)
13	?:	T		Conditional operator（條件運算子）	6-4 節 (6-26 頁)
14	=	B	R	Assignment（賦值）	4-3 節 (4-7 頁)
	+=			Assignment by sum（以和賦值）	4-4 節 (4-8 頁)
	-=			Assignment by difference（以差賦值）	4-4 節 (4-8 頁)
	*=			Assignment by product（以積賦值）	4-4 節 (4-8 頁)
	/=			Assignment by quotient（以商賦值）	4-4 節 (4-8 頁)
	%=			Assignment by remainder（以餘數賦值）	4-4 節 (4-8 頁)
	<<=			Assignment by bitwise left shift（以位元左移賦值）	4-10 節 (4-13 頁)
	>>=			Assignment by bitwise right shift（以位元右移賦值）	4-10 節 (4-13 頁)
	&=			Assignment by bitwise AND（以位元 AND 賦值）	4-10 節 (4-13 頁)
	^=			Assignment by bitwise XOR（以位元 XOR 賦值）	4-10 節 (4-13 頁)
	|=			Assignment by bitwise OR（以位元 OR 賦值）	4-10 節 (4-13 頁)
15	,		L	Comma operator（逗號運算子）	4-6 節 (4-10 頁)

附錄 C　ASCII 編碼表

10進制	16進制	跳脫序列	字元	10進制	16進制	字元	10進制	16進制	字元	10進制	16進制	字元
0	00		Null 空字元	32	20	Space	64	40	@	96	60	`
1	01		Start of Heading	33	21	!	65	41	A	97	61	a
2	02		Start of Text	34	22	"	66	42	B	98	62	b
3	03		End of Text	35	23	#	67	43	C	99	63	c
4	04		End of Transmission	36	24	$	68	44	D	100	64	d
5	05		Enquiry	37	25	%	69	45	E	101	65	e
6	06		Acknowledge	38	26	&	70	46	F	102	66	f
7	07	\a	Bell 警示音	39	27	'	71	47	G	103	67	g
8	08	\b	Backspace 倒退	40	28	(	72	48	H	104	68	h
9	09	\t	Horizontal Tab	41	29	)	73	49	I	105	69	i
10	0A	\n	New Line 換行	42	2A	*	74	4A	J	106	6A	j
11	0B	\v	Vertical Tab	43	2B	+	75	4B	K	108	6B	k
12	0C	\f	New Page	44	2C	,	76	4C	L	108	6C	l
13	0D	\r	Carriage Return 歸位	45	2D	-	77	4D	M	109	6D	m
14	0E		Shift Out	46	2E	.	78	4E	N	110	6E	n
15	0F		Shift in	47	2F	/	79	4F	O	111	6F	o
16	10		Data Link Escape	48	30	0	80	50	P	112	70	p
17	11		Device Control 1	49	31	1	81	51	Q	113	71	q
18	12		Device Control 2	50	32	2	82	52	R	114	72	r
19	13		Device Control 3	51	33	3	83	53	S	115	73	s
20	14		Device Control 4	52	34	4	84	54	T	116	74	t
21	15		Negative Acknowledge	53	35	5	85	55	U	117	75	u
22	16		Synchronous Idle	54	36	6	86	56	V	118	76	v
23	17		End of Trans. Block	55	37	7	87	57	W	119	77	w
24	18		Cancel	56	38	8	88	58	X	120	78	x
25	19		End of Meduum	57	39	9	89	59	Y	121	79	y
26	1A		Substitute	58	3A	:	90	5A	Z	122	7A	z
27	1B		Escape 跳脫	59	3B	;	91	5B	[	123	7B	{
28	1C		File Separator	60	3C	<	92	5C	\	124	7C		
29	1D		Group Separator	61	3D	=	93	5D	]	125	7D	}
30	1E		Record Separator	62	3E	>	94	5E	^	126	7E	~
31	1F		Unit Separator	63	3F	?	95	5F	_	127	7F	Delete

INDEX

※ 十劃